工业和信息化部“十四五”规划教材

航天科学与工程教材丛书

航天飞行动力学

（第2版）

方　群　朱战霞　李新国　王志刚　许　志　闫晓东　编

科学出版社

北　京

内 容 简 介

本书系统地阐述航天飞行动力学的基本原理和方法，对涉及对象(战术导弹、远程火箭、航天器、高超声速飞行器等)和飞行环境(大气层内、大气层外)的动力学问题的相关基本概念和原理，坐标系建立和描述方法，力学环境特性分析方法，动力学特性建模和分析方法，运动特性建模和分析方法，导引飞行的轨道特性分析方法，航天飞行动力学的前沿、统一和一些特殊性问题等进行论述。

本书既可作为航空、航天类专业高年级本科生及研究生的教材，又可作为相关交叉学科师生的参考书，还可作为航天器设计、研制、试验和应用单位专业技术人员的主要参考书。

图书在版编目（CIP）数据

航天飞行动力学 / 方群等编. —2 版. —北京：科学出版社，2024.1
(航天科学与工程教材丛书)
工业和信息化部“十四五”规划教材
ISBN 978-7-03-077380-7

Ⅰ. ①航… Ⅱ. ①方… Ⅲ. ①航空器–飞行力学–高等学校–教材
Ⅳ. ①V212.1

中国国家版本馆 CIP 数据核字（2024）第 001969 号

责任编辑：宋无汗　郑小羽 / 责任校对：崔向琳
责任印制：赵　博 / 封面设计：陈　敬

科学出版社 出版
北京东黄城根北街 16 号
邮政编码：100717
http://www.sciencep.com

北京富资园科技发展有限公司印刷
科学出版社发行　各地新华书店经销

*

2015 年 9 月西北工业大学出版社第一版
2024 年 1 月第　二　版　开本：787×1092　1/16
2026 年 1 月第二次印刷　印张：21 1/4
字数：504 000

定价：108.00 元

（如有印装质量问题，我社负责调换）

前　言

本书是在工业和信息化部“十二五”规划教材《航天飞行动力学》的基础上，根据读者的反馈情况和教学实践中发现的问题，经认真修订、完善和合理编排后撰写完成。

飞行力学是研究飞行器在复杂飞行环境中，在各种力作用下的运动规律及其伴随现象、总体性能的科学，是一门建立在刚体力学、弹性结构力学、空气动力学、流体力学、多体系统动力学、振动理论、运动稳定性等力学基础之上，依赖于现代控制论和计算技术的发展，并与测量技术密切相关的综合性应用力学。同时，其也是航空、航天类专业高年级本科生和研究生需要掌握的专业基础知识，对于从事航天器设计、研究和研制的工程技术人员，是不可缺少的理论基础。航天飞行动力学涉及的知识内容、原理、方法、技术和手段是各类航天飞行器总体设计、气动外形设计、控制系统设计、动力系统设计和效能分析的重要依据。

本书不仅介绍战术导弹、远程火箭、航天器及高超声速飞行器在设计、研制、试验和应用中主要的飞行动力学理论和方法，还介绍能够启迪和开拓读者思维的航天飞行动力学前沿问题，并在部分章节配有与工程实际问题相结合的习题。本书知识内容更注重基础性、综合性、全面性、充实性和前沿性，同时在空天飞行环境的全面覆盖性、动力学特性分析的统一性和完整性、与其他相关学科的融会贯通性，以及学科发展的前瞻性等方面体现出不同于同类教材的特色。全书共 5 章，第 1 章由方群编写，第 2 章由李新国编写，第 3 章由许志编写，第 4 章由王志刚编写，第 5 章由朱战霞、闫晓东编写，全书由方群统稿。本书内容比较全面，作为教材选用时，可根据专业需求、教学课时、教学对象等确定教学的侧重点，从而进行内容的取舍。

在撰写本书过程中，阅读和参考了大量的文献资料，在此向所有参考文献的作者表示诚挚的谢意。同时，特别对德高望重、令人敬仰的恩师陈士橹院士，以及我们敬重的恩师曾颖超教授、霍秀芳教授、施志佳教授、吕学富教授、陆毓峰教授、严恒元教授等前辈致以衷心的感谢。

由于水平有限，书中不妥之处在所难免，恳请广大读者提出宝贵意见。

作　者

2023 年 9 月

前言

目　录

第 1 章

绪　论

1.1　概　述

飞行力学(flight mechanics)是研究飞行器在复杂飞行环境中，在各种力作用下的运动规律及其伴随现象、总体性能的科学，是一门建立在刚体力学、弹性结构力学、空气动力学、流体力学、多体系统动力学、振动理论、运动稳定性等力学基础之上，依赖于现代控制论和计算技术的发展，并与测量技术密切相关的综合性应用力学。其研究内容具有鲜明的综合性、有效性和边缘性等特点。研究飞行力学的目的在于为飞行器的研制和使用从基本原理和性能分析技巧方面提供理论基础[1,2]。

飞行力学大致可分为两部分，即弹道学/轨道力学、动态特性分析。图 1-1 所示为飞行力学“家族”的纵向关系。

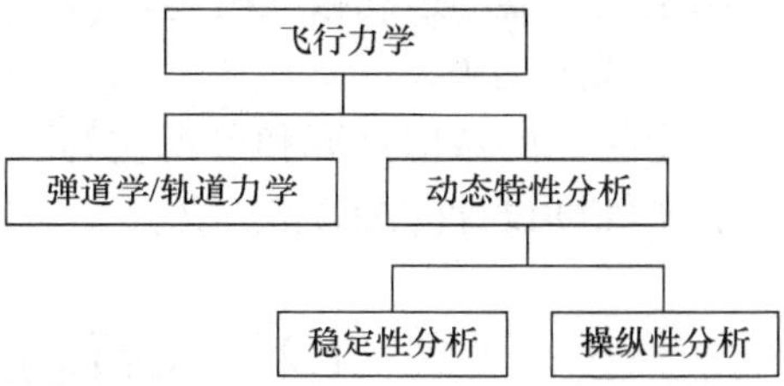

图 1-1　飞行力学“家族”的纵向关系

飞行动力学是研究作用于飞行器上的力、力矩与飞行器运动之间关系的学科。通常，在飞行力学中，飞行动力学占有相当大或主要的比重。

研究飞行器的飞行动力学，首先研究作用在飞行器上各种力和力矩在运动过程中的变化特性，进而研究在这些力和力矩作用下飞行器的运动特性。

飞行器的运动特性按其特点可以分为以下两种类型[2]。

(1) 飞行器的整体运动，即飞行器质心运动和飞行器绕质心转动的姿态运动。

(2) 飞行器局部的物体运动，如操纵面运动、弹性结构变形和振动、贮箱内液体的晃动等。这些局部运动的特性对飞行器整体运动也产生影响。

研究飞行器的飞行动力学需要掌握工程数学、物理学、理论力学、高等数学等基础理论知识，还必须掌握空气动力学、自动控制原理、飞行器总体设计、计算机技术等专业知识，如此才能正确了解飞行过程中各种力的相互作用，精确地建立描述飞行器运动特性的数学模型，并得到有关问题的解。

现代飞行动力学的研究方法主要有以下三种[2]。

1) 理论分析

应用现有的知识，将所研究的飞行器运动状态和过程用数学模型的形式(代数方程、微分或积分方程、统计数学方程，模型参数是有限的、超越的、确定的、随机的，等等)加以表达。方程的数量决定于所研究飞行器系统的复杂程度，以及要求的精确程度。要研究的问题越复杂和要求越精确，所列的方程组就越复杂，求该方程组的解也就越困难。另外，通常这种描述飞行器运动的数学模型是变系数、非线性微分方程组，因此大多数问题需要用数值解法才能求解。

在求解飞行动力学问题时，利用某些简化的假设(如小扰动、线性化等)可以得到一些简易的解析解，这些解析解对于初步分析飞行动力学问题的物理现象和物理本质是有意义的。假设飞行器无惯性，控制系统理想工作，则飞行器质心运动与飞行器绕质心的转动可以分开研究。如果飞行器的外形和质量分布相对于它的纵向平面是对称的，飞行器原先运动在对称平面内，忽略飞行器转动部件的陀螺力矩效应，则对于小扰动运动，可以将纵向运动和横侧运动分开研究，从而使飞行器的运动分析大为简化。但是，对于飞行器的大多数运动情况，纵向运动和横侧运动是难以分开的，求解飞行器的运动方程组也十分困难。计算机技术的发展，对飞行动力学的研究有很大的促进作用。利用电子计算机可以进行飞行航迹(弹道)和飞行性能的计算、动态特性的分析，还可以解决大量的复杂的非线性飞行动力学问题。

2) 实验或试验

常用的手段有飞行仿真器、(缩比模型的)物理仿真(风洞试验、自由飞)、半实物仿真、(全实物)飞行试验。利用从飞行试验所获得的数据对飞行动力学模型进行验证和校正，最后给定飞行器的运动数学模型。

3) 高速计算

定量化的数值计算和可视化的图像计算对计算机的运算速度要求很高，主要内容是计算机辅助设计(CAD)和仿真。

1.2 飞行动力学的重要作用及地位

随着航空航天科学技术的发展，飞行力学作为一门具有显著航空航天特色的学科，在先进飞行器设计、研制、试验及使用等领域的作用日益显著。从狭义上来说，传统飞行力学主要采用力学原理研究飞行器的运动规律和特性，是力学学科的分支。从广义上来说，飞行器运动特性与飞行器所受的空气动力、发动机推力及飞行器结构弹性变形、飞行控制等密切相关，直接决定了飞行器的总体特性、完成任务能力和使用需求，已成为飞行器设计的出发点和归宿点。因此，飞行力学正逐步发展为一门飞行器设计领域系统的综合性学科，为飞行器的使用提供基础理论指导。另外，飞行动力学研究结果还是各类飞行器总体设计、气动外形设计、控制系统设计、动力系统设计及效能分析的重要依据。

图 1-2 描述了飞行动力学与飞行器设计中其他学科知识的关系，体现了多学科交叉的特点。随着科学技术的发展，许多学科势必交叉，你中有我，我中有你。因此，研究一个问题时，一定要从学科交叉和跨学科的角度去思考。由图 1-2 可见，研究飞行动力学问题，需要掌握自动控制、结构力学、飞行器总体设计、空气动力学和一般力学。反过来，研究

飞行器的控制问题，总体设计问题，结构设计问题，气动外形设计问题，动力系统和有效载荷设计问题，导航、制导与控制(GNC)系统设计问题等也离不开飞行动力学[3]。

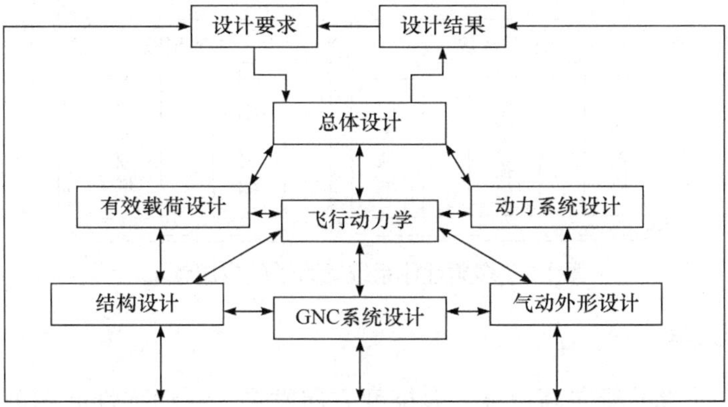

图 1-2 飞行动力学与飞行器设计中其他学科知识的关系

另外，在飞行器设计、型号研制及使用中，飞行动力学的重要作用同样是不可忽视的。其原因主要在于[3]：①飞行动力学是型号设计的重要理论基础；②飞行动力学是新型号设计或改型设计的关键技术之一，它决定了型号的飞行性能和使用条件，与飞行器的总体布局、部位安排、载荷、强度、结构、动力装置、战斗部、控制和制导系统设计等有着密切的关系；③飞行动力学是研究飞行器的可靠性、精度、攻防对抗、作战效能和飞行任务规划的理论基础；④飞行动力学是进行飞行器的 CAD、飞行仿真和飞行试验的理论基础；⑤飞行动力学是研究飞行器相关应用问题的理论基础。

1.3 航天飞行动力学的前沿问题

1.3.1 飞行器多柔性体系统动力学建模方法

随着大运载能力空天飞行器的发展，空天飞行器为了实现吸气式爬升或水平起降，必然带有很大的机翼或气动舵面，某些情况下，为实现飞行器的精确控制，机翼和气动舵面不能被视作刚体。此外，由于翼面与机身之间的惯性耦合现象，飞行器不能视作一个整体的刚体或柔性体，而是一个多柔性体系统。因此，研究多柔性体系统的建模理论和方法，以此建立柔性飞行器的动力学模型，实现飞行力学和气动弹性力学之间的统一，是航天飞行动力学的前沿问题之一[4]。

柔性体系统的特点：①相邻的柔性体之间可以发生较大的相对刚体位移；②刚体位移总是和弹性位移同时发生、相互耦合；③实际应用中需要进行精确控制。多柔性体系统动力学的研究开始于 20 世纪 80 年代，当时由于部件尺寸的增大、结构重量的减轻、运行速度的提高，在航天器、机器人和精密机械等领域都提出了多柔性体系统建模的需求。进入 21 世纪，多柔性体系统动力学研究逐步向航空飞行器领域渗透；在当前空天飞行器研究的推动下，可以预见不久的将来空天飞行器领域也将提出多柔性体系统建模的需求。图 1-3 所示为多柔性体系统动力学的应用领域。

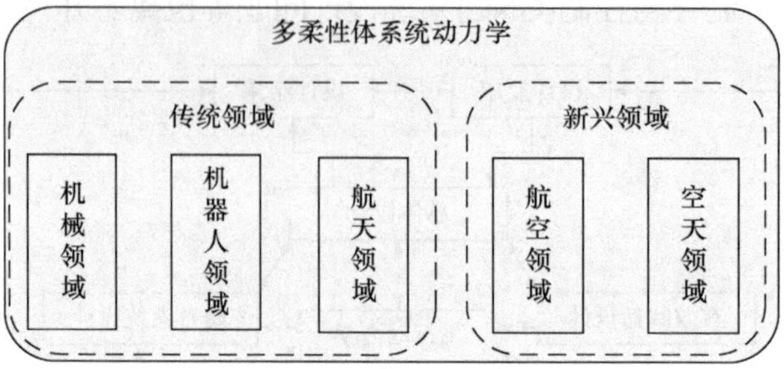

图 1-3　多柔性体系统动力学的应用领域

1.3.2　弹性飞行力学

随着现代飞行器不断向高速度、大挠度方向发展，气动弹性问题就显得更加复杂，并成为现代飞行器设计与分析中不可忽略的因素。气动弹性问题是指，当弹性体在空气中运动或受空气流动的作用时，弹性体会发生变形或振动，气动力也随之变化。这种反馈过程的相互作用一直持续下去，既可能达到平衡状态，也可能趋于发散而导致结构破坏。

大气飞行力学在过去被分为三个相互独立的学科：飞行性能、飞行力学和气动弹性力学。飞行性能通过将飞行器看作受重力、空气动力(简称“气动力”)和推力作用的质点来确定航程、航时、轨迹等性能指标。性能指标计算的精度取决于空气动力和推力计算的精度。飞行力学将飞行器当作六自由度运动的刚体，考虑飞行器在扰动作用下的运动。飞行力学不仅需要精确的气动力和推力，还需要它们的导数。气动弹性力学关心的是与惯性力、弹性力和空气动力之间的相互作用有关的物理现象。图 1-4 所示为气动弹性力学涉及的研究内容[5]。

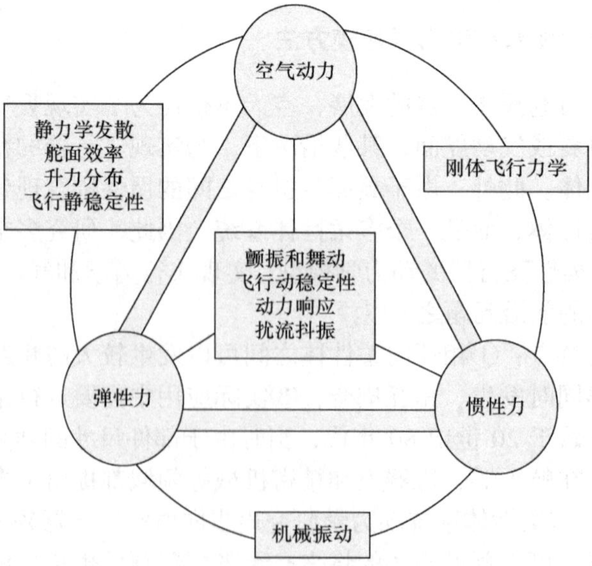

(a) 经典气动弹性力学

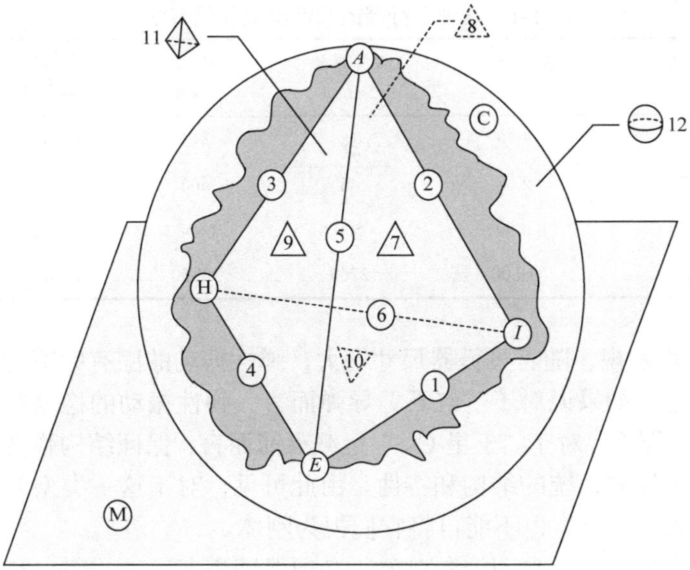

(b) 气动热弹性力学

图 1-4 气动弹性力学涉及的研究内容

A-气动力；*I*-惯性力；*E*-弹性力；H-热；C-控制；M-材料；1-振动；2-稳定性；3-气动热力学；4-热弹性力学；5-静气动弹性力学；6-热分析；7-动气动弹性力学；8-热环境下的稳定性；9-静气动热弹性力学；10-热环境下的振动；11-动气动热弹性力学；12-气动伺服热弹性力学

1.3.2.1 气动弹性问题

气动弹性问题包含的内容相当广泛，其中主要有颤振、弹翼扭转发散、扰流抖振、结构对阵风的响应，以及气动弹性对稳定性和操纵性的影响，等等。总的来看，可以分为两大类不同性质的问题：一类主要可看作气动弹性对结构本身的影响(如颤振、扰流抖振、结构对阵风的响应等)；另一类则可以看成是气动弹性对稳定性和操纵性的影响(如操纵面效率降低、气动弹性对稳定性的影响及结构变形与自动控制系统耦合等)，涉及飞行力学的主要内容。

将飞行器作为弹性体看待，重点研究其飞行品质、操纵性、稳定性及动力响应，这些与传统的刚体飞行力学有根本区别。这时，飞行器的动力学模型中应当包括在气动载荷作用下的弹性变形自由度，与飞行器为绝对刚体的质心运动发生相互耦合。

当飞行器作为自动控制对象时，保证飞行器有效飞行的自动控制系统和稳定系统将与弹性振动发生耦合，这主要来自以下两方面的原因。

一方面，现代飞行器为了提高飞行速度，减少阻力，采用长细比较大和相对厚度较小的弹身结构，加上尽可能减小结构质量，以至于减小了结构刚度，具有较低的弹性振动固有频率，如表 1-1 所示。这种频率往往处于控制系统的工作频带之内，控制力可能激励弹性自由度的运动。

表 1-1 几种飞行器的几何参数和固有频率

飞行器	长度 L/m	最大直径 D/m	起飞重量 G/t	推力 P/kN	刚体振动频率/Hz	弹性振动固有频率/Hz
红石	21	1.78	18	313	0.5	10
木星	20	2.68	45	666	0.4	9
土星 C-1	60	6.50	500	6668	0.3	2
土星 C-5	106	10.00	2700	33350	0.2	1

由表 1-1 不难发现，随着飞行器尺寸增大，弹性振动的固有频率与刚体绕质心的振动频率越来越接近。如果说对于“红石”导弹而言，弹性振动的稳定在控制系统工作中不是很重要的话，那么，对于“土星 C-5”运载火箭而言，保证结构弹性振动的稳定性在很大程度上决定了控制系统的结构和特性。由此可见，对于这一类型的飞行器而言，即使在研究绕质心的运动时，也不能再将它们视为刚体。

另一方面，飞行器作为自动控制对象，必须保证姿态运动的稳定和良好品质。以导弹为例，采用闭环控制结构的导弹自动驾驶仪对姿态运动进行控制和稳定，其工作原理可以简述为，当导弹受到干扰偏离预定弹道时，控制设备的敏感元件(如陀螺仪、加速度计等)立即测出偏差，并输出与偏差成正比的信号，通过舵机使舵面相应偏转，消除弹道偏差。当把导弹视为弹性变形体时，所测量的导弹运动参数，如姿态角速度、角加速度及法向过载等信号中，不可避免地包含弹性变形所产生的附加信号。这一附加信号相当于控制系统的一种干扰输入，并通过导弹的气动弹性效应形成回路反馈，影响控制的精度与飞行动态品质。尤其当控制系统工作频带与弹性振动频带相交时，可能因为两者的相位差较大而导致失稳，这类现象称为“伺服气动弹性问题”。

为此，对弹性飞行器的动力学与控制问题进行研究，成为近代飞行力学发展的重要方向之一。了解飞行器结构弹性、气动力与控制系统耦合的物理本质，揭示耦合机理，将为现代飞行器总体设计、控制系统分析与设计提供完整可靠的理论和技术手段。弹性飞行器的动力学与控制研究属于飞行力学、空气动力学、结构动力学、气动弹性力学和现代控制理论等学科知识交叉综合的新领域，涉及众多关键理论和技术的突破[6,7]。

1.3.2.2 非定常气动力预测技术

需要考虑飞行器结构–气动–控制系统耦合效应时，结构做任意运动时的非定常气动力的预测就显得至关重要。研究弹性飞行器动力学与控制问题，首先必须确定作用在飞行器结构上的非定常气动力，这是弹性飞行器动力学与控制研究的基础。非定常气动力预测技术是伴随着气动弹性力学的发展而发展起来的。非定常气动力预测技术经历了从频域到时域、从线性到非线性的发展过程。20 世纪 30 年代，飞机设计对颤振计算提出了需求。首先建立的是基于线性化理论二维不可压缩流的非定常气动力计算方法，最著名的是泰奥多森函数法。20 世纪 40 年代发展的二维亚音速和跨音速非定常气动力计算方法，由于计算过于复杂没有得到实际应用。进入 20 世纪 50～60 年代后，随着计算机的发展，基于小扰动线性化理论的三维非定常气动力计算方法相继发展起来，并进入了工程应用。著名的有 Watkins 等[8]提出的计算亚音速三维谐振荡非定常气动力的核函数法和 Albano 等[9]在 20 世纪 60 年代末提出的偶极子格网法。同时，基于线性化理论的三维亚、超音速非谐振荡非定常气动力计算方法也得到蓬勃发展。可以看到，这个时期的各种非定常气动力计算方法基本上是基于线性化理论的，且是在频域内计算，不能解决跨音速非线性非定常气动力的计算问题[10]。

随着计算机和计算流体力学的飞速发展，20 世纪 80 年代以后，在时域内基于全位势和 Euler 方程的非定常气动力的数值模拟方法得到了突飞猛进的发展。20 世纪 90 年代初、中期，基于 N-S 方程的非定常气动力模拟方法成为国际学术界的研究热点，发展了多种有效的离散方法和差分格式。

1.3.2.3 弹性飞行器建模理论

与刚体飞行器不同的是，建立弹性飞行器的状态空间模型的时候，非定常气动力不能用气动力系数简单地来表示。同时，由于考虑了弹性结构的变形，传统的六自由度飞行动力学方程已经不能有效描述弹性飞行器的飞行品质和动态特性。弹性飞行器建模理论因此成为弹性飞行器动力学与控制研究的关键。

弹性飞行器考虑了弹性变形自由度后，从本质上讲是由偏微分方程描述的分布参数系统，这样的系统难以求解和进行分析。常见的处理方法是利用分离变量法将偏微分方程描述的动力学方程转化为有限维集中参数系统。如果仅仅研究弹性飞行器结构颤振问题，可以将弹性飞行器的刚体运动作为零频率模态，经过这样处理后的弹性飞行器动力学模型能够满足研究所需。但是，当弹性飞行器作为控制对象来研究其稳定性、操纵性和阵风响应时，经典的气动弹性力学处理方法不能满足要求。

从 20 世纪 70 年代到 20 世纪 80 年代中期，人们对上述问题进行了广泛的探讨。Tayor、Swaim 和 David 等提出的选择适当的“平均体轴系”来消除刚体和弹性模态之间惯性耦合的方法得到了较广泛的应用。进入 20 世纪 90 年代后，人们越来越倾向于通过有限元模型直接建立弹性飞行器飞行动力学模型，从而支持弹性飞行器稳定性、操纵性的研究和飞行控制系统的设计。

1.3.3 计算飞行力学

在飞行器飞行过程中，存在大量的干扰、偏差和参数的不确定性，这些干扰、偏差和参数不确定性是客观存在的，无法消除，它们对飞行器的飞行性能有着十分重要的影响，因此对这些干扰、偏差和参数不确定性进行分析是飞行器设计过程中的一项重要内容，它为飞行器的飞行性能分析、飞行包线分析、发射条件分析、分系统指标考核、工艺设计规范等提供了分析设计依据[11]。

在分析诸多干扰或偏差对飞行过程的影响时，由于飞行器造价昂贵，不可能通过多次飞行试验来进行评估，因而先通过实验飞行力学的方法来评估导弹相关飞行特性及命中精度，再通过飞行试验予以验证，这是主要的分析途径。

蒙特卡罗打靶法是统计打靶的一种方法，它是通过随机变量的统计试验(或随机模拟)，求解数学、物理、工程技术问题近似的数值方法，又称为统计试验法(或随机模拟法)。

用蒙特卡罗打靶法进行数学模拟打靶，可以减少复杂而又昂贵的飞行器飞行试验，以此完成飞行器研制、试验、定型等方面的统计分析工作，其内容包括：

(1) 各种干扰下的飞行器飞行特性；

(2) 各种干扰下的飞行包线；

(3) 导弹命中目标概率；

(4) 导弹击毁目标概率；

(5) 制导精度；

(6) 启控点散布。

蒙特卡罗打靶法的思想：针对待求问题，根据物理现象本身的统计规律，或人为构造一个合适的依赖随机变量的概率模型，使某些随机变量的统计量为待求问题的解，进行大统计量($N\to\infty$)的统计试验或计算机随机模拟。其理论依据概括起来主要有：

(1) 大数定理：均匀分布的算术平均收敛于真值；

(2) 中心极限定理：置信水平下的统计误差。

蒙特卡罗打靶法实现统计打靶的基本步骤：

(1) 确定导弹飞行过程中的各种随机扰动变量及其分布；

(2) 根据各种随机扰动变量的分布规律，构造相应的数学概率模拟，以产生各随机扰动变量的抽样值；

(3) 建立一个比较精确的导弹系统数学模型；

(4) 将随机扰动变量的抽样值输入导弹系统的数学模型(导弹系统运动方程组)，进行计算机解算弹道，也就是进行计算机模拟打靶，即可得到随机扰动弹道参数；

(5) 重复步骤(4)，进行多次模拟打靶，可以得到随机弹道参数子样；

(6) 对模拟打靶结果进行处理，得到弹道参数的统计特征值。

蒙特卡罗打靶法流程如图 1-5 所示。

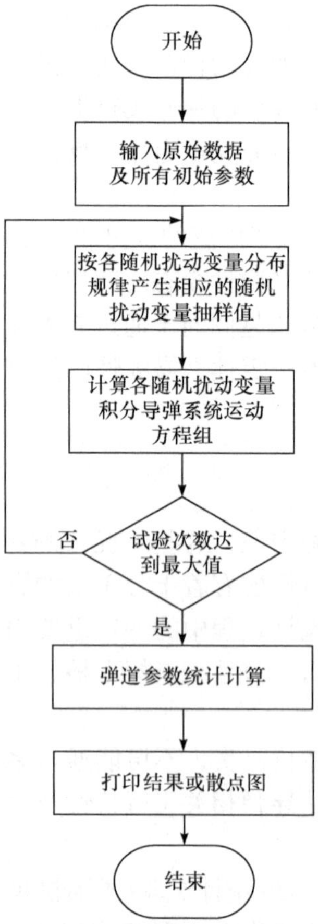

图 1-5　蒙特卡罗打靶法流程

由于蒙特卡罗打靶法只有在打靶次数 N 足够大时才具有较高的准确度，对于飞行器这种复杂系统而言，不确定参数多，往往打靶次数很大才能满足要求。当仿真系统复杂时，统计打靶需要很长的计算时间。如果能减少试验次数，且能得到一些有价值的结论，将十分有助于飞行性能的分析和评估。

1.3.4　试验设计方法

试验设计(design of experiment)是数理统计学的一个分支，是科学试验和统计分析方法相互交叉形成的一门学科。试验设计是由英国生物统计学家罗纳德 · 艾尔默 · 费希尔(Ronald Aylmer Fisher, 1890～1962)在 20 世纪 20 年代创立的。

现今，试验设计已经得到了广泛的发展与完善，统计学家和各领域的科研工作者一起发现了很多非常有效的试验设计方法，试验设计也在众多的科研领域发挥着巨大的作用。

良好的试验设计可以合理地安排试验，最大限度地排除各种非试验因素的干扰，提高科学试验的效率和精确度，减少试验次数，缩短试验周期，提高效益(当因素水平较多时，效果更为显著)。良好的试验设计还有助于：

(1) 在众多影响因素中分清主次，找出影响指标的主要因素；

(2) 分析研究因素之间交互作用影响的大小；

(3) 分析出试验误差影响的大小，提高试验的精度；

(4) 尽快找出较优的设计参数或工艺条件，并通过对试验结果的分析、比较，找出达到最优方案进一步试验的方向；

(5) 对最优方案的指标值进行预测。

正交试验设计法和均匀设计法就是两种试验设计方法。试验设计方法常用的术语定义如下：

试验指标：试验研究过程中的因变量，常为试验结果特征量(如脱靶量、命中精度等)。

因素：试验研究过程中的自变量，常常是造成试验指标按某种规律发生变化的因素，如飞行过程中的干扰、不确定量等。

水平：试验中因素所处的具体状态、情况或取值，又称为等级。

1.3.4.1 正交试验设计法

正交试验设计是研究多因素多水平的一种试验设计方法。根据正交性从全面试验中挑选出部分有代表性的点进行试验，这些有代表性的点具备均匀分散、整齐可比的特点。正交试验设计是分式析因设计的主要方法。析因设计是一种多因素的交叉分组设计，其不仅可检验每个因素各水平间的差异，而且可检验各因素间的交互作用。如果两个或多个因素存在交互作用，表示各因素不是各自独立的，而是一个因素的水平有所改变时，另一个或几个因素的效应也相应有所改变；反之，如果不存在交互作用，表示各因素具有独立性，一个因素的水平有所改变时不影响其他因素的效应。因此，当试验涉及的因素在三个或三个以上，而且因素间可能有交互作用时，试验工作量就会变得很大，甚至难以实施。针对这个困扰，正交试验设计无疑是一种更好的选择。正交试验设计的主要工具是正交表，试验者可根据试验的因素数、因素的水平数以及是否具有交互作用等需求查找相应的正交表，再依托正交表的正交性从全面试验中挑选出部分有代表性的点进行试验，可以实现以最少的试验次数得到与大量全面试验等效的结果。因此，应用正交表设计试验是一种高效、快速而经济的多因素试验设计方法。

日本著名的统计学家田口玄一将正交试验选择的水平组合列成表格，称为正交表。例如，做一个三因素三水平的试验，按全面试验要求，需进行 $3^3 = 27$ 种组合的试验，且尚未考虑每一种组合的重复数。若按 $L9(3)$正交表安排试验，只需做 9 次，显然大大减少了工作量，因而正交试验设计在很多领域的研究中已经得到广泛应用。

正交表是一整套规则的设计表格，设 L 为正交表的代号，n 为试验的次数，t 为水平数，c 为列数，也就是可能安排最多的因素个数。例如，$L9(3^4)$表示需做 9 次实验，最多可观察 4 个因素，每个因素均为 3 水平。一个正交表中也可以各列的水平数不相等，此时称其为混合型正交表，如 $L8(4^1\times 2^4)$，此表的 5 列中，有 1 列为 4 水平，4 列为 2 水平。

1. 正交表的性质

(1) 每一列中，不同的数字出现的次数是相等的。例如，在 2 水平正交表中，任何一列都有数字“1”与“2”，且任何一列中它们出现的次数是相等的；再如，在 3 水平正交表中，任何一列都有“1”“2”“3”，且在任一列中的出现次数均相等。

(2) 任意两列中数字的排列方式齐全且均匀。例如，在 2 水平正交表中，任何两列(同一横行内)有序对子共有 4 种：(1,1)、(1,2)、(2,1)、(2,2)，每种对子的出现次数相等，在 3 水平情况下，任何两列(同一横行内)有序对子共有 9 种：(1,1)、(1,2)、(1,3)、(2,1)、(2,2)、(2,3)、(3,1)、(3,2)、(3,3)，且每对的出现次数也均相等。

以上两点充分体现了正交表的两大优越性，即“均匀分散性”“整齐可比性”。通俗地说，每个因素的每个水平与另一个因素各水平各碰一次，这就是正交性。

正交表的获得有专门的算法，对应用者来说，不必深究。

2. 安排

正交试验设计的关键在于试验因素的安排。通常，在不考虑交互作用的情况下，可以自由地将各个因素安排在正交表的各列，只要不在同一列安排两个因素即可(否则会出现混杂)。但是，当要考虑交互作用时，就会受到一定的限制，如果任意安排，就会导致交互效应与其他效应混杂的情况。

因素所在列是随意的，但是一旦安排完成，试验方案即确定，之后的试验以及后续分析将根据这一安排进行，不能再改变。对于部分表，如 $L18(2\times 3^7)$，则没有交互作用列，如果需要考虑交互作用，就需要选择其他正交表。

3. 极差分析

在完成试验和收集完数据后，将要进行的是极差分析(也称“方差分析”)。

极差分析就是在考虑 A 因素时，认为其他因素对结果的影响是均匀的，从而认为 A 因素各水平的差异是由 A 因素本身引起的。

用极差法分析正交试验结果应引出以下几个方面的结论：

(1) 在试验范围内，各列对试验指标的影响从大到小排队。

某列的极差最大，表示该列的数值在试验范围内变化时，使试验指标数值的变化最大。因此，各列对试验指标的影响从大到小排队，就是各列极差 D 的数值从大到小排队。

(2) 试验指标随各因素的变化趋势。

(3) 使试验指标最优的适宜操作条件(适宜的因素水平搭配)。

(4) 对所得结论和进一步研究方向的讨论。

4. 条件选择

接下来探讨各因素的优水平加在一起，是否就是较优试验条件。理论上，如果各因素都不受其他因素的水平变动影响，那么把各因素的优水平简单地组合起来就是较优试验条件。但是，实际上选取较优生产条件时，还要考虑因素的主次，以便在满足同样指标要求的情况下，对于一些次要因素按照优质、高产、低消耗的原则选取水平，得到更为符合试验实际要求的较优生产条件。

以上介绍了如何分析各因素水平的变动对指标的影响。讨论 A 因素时，不管其他因素处在什么水平，只从 A 的极差就可判断它所起作用的大小。对其他因素也做同样的分析，在此基础上选取各因素的较优水平。

实践中发现，有时不仅因素的水平变化对指标有影响，而且有些因素间各水平的联合搭配对指标也产生影响，这种联合搭配作用称为交互作用。交互作用应该在试验设计时考虑到。

5. 分析方法

1) 直接对比法

直接对比法就是对试验结果进行简单的直接对比。直接对比法虽然对试验结果给出了一定的说明，但是这个说明是定性的，而且不能肯定地告知最佳的成分组合。显然这种分析方法虽然简单，但是不能令人满意 。

2) 直观分析法

直观分析法是通过每一因素的平均极差来分析问题。极差就是平均效果中最大值和最小值的差。有了极差，就可以找到影响指标的主要因素，并可以帮助找到最佳因素水平组合。

6. 基本思想

考虑进行一个三因素、每个因素有三个水平的试验。如果做全面试验，需做 $3^3 = 27$ 次。

若从 27 次试验中选取一部分试验，将 A 和 B 分别固定在 A1 和 B1 水平上，与 C 的三个水平进行搭配：A1B1C1、A1B1C2、A1B1C3。做完这 3 次试验后，若 A1B1C3 最优，则取定 C3 这个水平，让 A1 和 C3 固定，再分别与 B 因素的两个水平搭配：A1B2C3、A1B3C3。这两次试验做完以后，若 A1B2C3 最优，取定 B2、C3 这两个水平，再做两次试验 A2B2C3、A3B2C3，然后比较，若 A3B2C3 最优，则可断言 A3B2C3 是欲选取的最佳水平组合。这样仅做了 7 次试验就选出了最佳水平组合。

分析发现，这些试验结果都分布在立方体的一角，代表性较差，所以按上述方法选出的试验水平组合并不是真正的最佳组合。

如果进行正交试验设计，利用正交表安排试验，对于三因素三水平的试验来说，需要做 9 次试验，用“△”表示，如图 1-6 所示。如果每个平面都表示一个水平，共有 9 个平面，可以看到每个平面上都有 3 个“△”，立方体的每条直线上都有 1 个“△”，并且这些“△”是均匀分布的，因此这 9 次试验的代表性很强，能较全面地反映全面试验的结果，这就是正交试验设计所特有的均匀分散性。本书正是利用这一特性来合理地设计和安排试验，以便通过尽可能少的试验次数找出最佳水平组合。

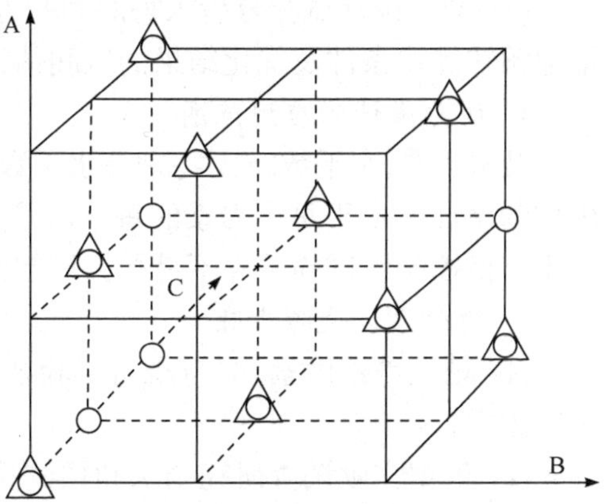

图 1-6　正交试验设计图

7. 设计过程

(1) 确定试验因素及水平数；

(2) 选用合适的正交表；

(3) 列出试验方案及试验结果；

(4) 对正交试验设计结果进行分析，包括极差分析和方差分析；

(5) 确定最优或较优因素水平组合。

8. 正交试验与遗传算法的联系

(1) 正交试验设计法是遗传算法的一种特例，即正交试验设计法是一种初始种群固定、只使用定向变异算子、只进化一代的遗传算法。

(2) 遗传算法的步骤比正交试验设计法复杂，所需的试验次数也多于正交试验设计法的试验次数，但它产生的解优于正交试验设计法产生的解。

(3) 遗传算法的隐并行性使得它在处理交互作用项时，效率比正交试验设计法高。

(4) 正交试验设计法可解决一般遗传算法中的最小欺骗问题。

1.3.4.2 均匀设计法

均匀设计是我国数学家方开泰将数论的原理和多元统计结合创立的一种安排多因素多水平的试验设计，这种设计是利用均匀设计表安排试验，可减少试验次数，从而让试验点在试验范围内均匀分散、具有更好的代表性。

对应多因素多水平试验，正交试验设计具有“均匀分散、整齐可比”的特点，均匀分散性使试验点均匀地分布在试验范围内，具有充分的代表性，即使在正交表各列都排满的情况下，也能得到满意的结果。整齐可比性使试验结果的分析十分方便，易于估计各因素的效应和部分交互作用，从而掌握各指标的影响大小和变化规律。然而，正交试验为了达到“整齐可比”，试验次数往往比较多。例如，一个 9 水平试验，正交试验至少要进行 9^2 次，一般很难实现这么多试验次数。为此，不考虑“整齐可比”，让试验点在试验范围内充分地均匀分散，具有更好的代表性，这种从均匀性出发的试验设计称为均匀设计。均匀设计具有如下优点：

(1) 试验次数少。均匀设计让试验点在其试验范围内尽可能地“均匀分散”，试验次数降为与水平数相等，如 6 水平时，只需要 6 次试验就可以了。

(2) 因素的水平数可多设，可适当调整，可避免高低水平相遇，防止试验中发生意外或反应速度太慢。尤其适合在反应剧烈的情况下考察工艺条件。

(3) 均匀设计试验分析求得的回归方程，便于分析各因素对试验结果的影响，可以定量地预知优化条件及优化结果的区间估计。

1. 均匀设计的应用范围

凡多因素(水平数≥5)，特别是水平数需从量变关系进行考察分析的试验设计，都可采用均匀设计。由于每个因素的每一水平只做一次试验，故要求被试因素与非处理因素均易于严格控制，试验条件不易严格控制或考察因素不易数量化的不宜用均匀设计。

2. 均匀设计试验步骤

(1) 精选考察因素，只将既对试验结果影响很大又未明确适宜数量化的水平因素作为考察因素；

(2) 根据文献调查研究结果和预试验结果，结合实际需要和可能(如溶液量的可读性，温度范围的可控制性，固体物料称量仪器的灵敏度等)，确定各因素的水平数范围；

(3) 根据要考察的因素个数确定均匀设计表的大小(试验次数)，根据均匀设计表的大小确定各因素应取的水平数；

(4) 对号入座，将各因素的相应水平填入均匀设计表内，组成试验方案表，按照试验方案表安排的条件进行试验，为了较好地了解试验误差，提高结论的可靠性，在条件允许时，每个试验方案宜重复 3～5 次，取平均值；

(5) 将试验结果进行多元回归分析，求得回归方程；

(6) 结合试验经验及专业知识分析回归方程，寻找优化条件，计算出预测的优化结果及区间估计；

(7) 按照优化条件安排试验进行验证，其优化结果应在预测范围内，且做过试验为宜。

上述各步骤中，较为关键的是根据所研究的因素与水平数选择适宜的均匀设计表，对试验结果进行数据处理两个步骤。

均匀设计由于每个因素水平较多，而试验次数又较少，分析试验结果时不能采用一般的方差分析法。因为试验数据统计过程复杂，通常需用电子计算机处理，因素间无交互作用时，用多元线性回归分析；因素间有交互作用时，若考察一级交互作用，则用二次回归分析(增加一级交互作用作为考察因素)，若考察二级交互作用，则用三次回归分析(不仅增加一级交互作用作为考察因素，而且增加二级交互作用作为考察因素)。利用其多因素多水平的特点，用多元回归分析(多元逐步回归方法)建立试验结果与多因素之间的回归方程，结合实践经验及专业知识，分析各因素对试验结果的影响，定量地预测优化条件及优化结果的区间估计。无电子计算机时，可以从试验点中挑一个指标最优的，相应的试验条件即为欲选的条件。这种方法建立在试验散布均匀的基础上，由于试验散布均匀，其中最优条件离试验范围内的最优条件不会太远。这个分析看起来粗糙，但在正交试验中有混杂时常用，证明是有效的。另外，用直观分析法对各试验结果直接进行比较分析，也可大体判断适宜的组合条件。

1.3.5 飞行轨迹优化设计方法

在飞行器轨迹设计过程中，除采用某些固定规律的飞行方案外，常常要考虑满足某些指标最优的轨迹，即最优轨迹设计。2006 年 11 月 5 日，国际空间站执行了一次大规模的姿态调整。与以往不同的是，这次被称为“零推进剂机动”的任务基于伪谱最优控制理论进行了预先的轨迹优化，这是伪谱方法首次获得大规模的实际应用。伪谱方法不仅使美国国家航空航天局(National Aeronautics and Space Administration，NASA)节省了 150 万美元的推进剂费用，而且完成了用原国际空间站控制算法不能完成的任务[12]。

最优轨迹设计问题事实上是最优控制问题的一类。近年来，由于数值计算方法的快速发展，轨迹优化方法也得到了快速发展。一些轨迹优化方法在飞行器最优轨迹设计中得到了成功应用，如打靶法、配点法、动态规划法、微分包含法、遗传算法、序列二次规划法等。一般地，轨迹优化方法可分为间接法和直接法两大类。间接法基于极大(极小)值原理推导最优控制的一阶最优必要条件，它们构成了求解最优轨迹的 Hamilton 边值问题(Hamiltonian boundary value problem，HBVP)。由于不对性能指标函数直接寻优，因此该方法称为间接法。直接法采用参数化方法将连续空间的最优控制问题求解转化为一个非线性规划(nonlinear programming ，NLP)问题，通过数值求解非线性规划问题来获得最优轨迹[13]。

1.3.5.1 间接法

轨迹优化间接法的基础是最优控制理论。最优控制理论源于经典的变分原理，并于 20 世纪 50～60 年代在复杂优化问题(控制允许集不是开集)的求解方面由苏联科学家 Pontryagin 取得突破，因此也称为 Pontryagin 极大值原理。该方法通过引入 Hamilton 函数和协态变量推导了最优轨迹需要满足的一阶最优必要条件。以这些最优必要条件为基础，间接法将轨迹优化问题转为两点或多点边值问题。

1.3.5.2 直接法

直接法将最优控制问题通过一定离散策略转化成非线性规划问题，然后采用非线性规划算法进行求解。直接法根据转化方法的不同可分为直接打靶法和配点法。

直接打靶法只离散控制量，是一种控制向量参数化方法，只将离散点处的控制量作为设计变量，积分状态方程计算目标及约束函数，每次设计变量的迭代都需对动力学方程进行不少于一次积分。直接多重打靶法是直接打靶法的一种改进，其将整个时间区间划分为多个子区间，将各段的初值也作为设计变量，在子区间上使用直接打靶法，然后用连续性条件将各段连起来。直接多重打靶法比直接打靶法有更好的鲁棒性和实用价值。

将控制变量和状态变量同时离散的方法通常被称为配点法。配点法首先将时间离散、控制变量参数化。与直接打靶法不同，配点法状态变量不是通过积分系统动力学方程获得，而是采用多项式族来表示节点间状态变量随时间的变化关系。选择配点，以使得多项式求导得到的 $\dot{\boldsymbol{x}}$ 与飞行器运动方程求得的 $\dot{\boldsymbol{x}}$ 在一定精度条件下相匹配，从而将动力学微分方程约束转换为一组代数约束。将配点处的状态变量和控制变量作为优化设计变量，将优化问题转换为一般的非线性规划问题。由于状态量和控制量均为优化变量，采用此方法得到的 NLP 问题规模很大，需要选用大规模稀疏 NLP 求解器。

1.3.6 飞行轨迹的统一性

1.3.6.1 轨道与弹道的区别

飞行空域的区别。当飞行器在运动过程中受到的空气动力作用对其运动参数有较为明显的影响时，飞行器的运动轨迹称为弹道。一般距地面 80km 之内的飞行器运动轨迹称为弹道，高度大于 80km 的飞行器运动轨迹称为轨道。

力学环境方面的差异。飞行器的轨道运动受力环境和飞行器的弹道运动受力环境不同。在轨道上运动，飞行器受到的力主要是天体引力(摄动力等)，以及飞行器的操纵力；在弹道上运动，飞行器受到的力主要是重力、空气动力、推力和控制力。

1.3.6.2 轨道/弹道的统一力学模型

弹道与轨道的共同点：飞行器的轨道和弹道可以采用圆锥轨道来进行描述，即飞行器的轨道可以采用椭圆、双曲线、抛物线轨道或者三者的拼接来进行描述。飞行器的轨道主要是椭圆轨道。飞行器轨道可以视为存在摄动力(空气动力)的不同椭圆拼接轨道。

1.3.6.3 轨道/弹道的切换条件

将飞行器的运动轨迹分为弹道段和轨道段，主要是基于其运动中所处的动力学环境不同。在轨道段，主要考虑地球引力；然而在弹道段，空气动力对其运动的影响很大，不能忽略。随着高度的上升，大气越来越稀薄，因此飞行高度参数是弹道段和轨道段主要考虑的切换参数。然而根据不同的任务，轨道/弹道切换高度是不同的。

从任务的角度看，任何在轨运动的航天器都有其任务生命周期。例如，当卫星在近地轨道上运动时，在各种摄动力的作用下，其运动速度和轨道高度都会降低。在轨道高度降低到某一特定高度时，卫星上的载荷将失去本身任务所要求的功能(如对地观测的相机、通信设备等)。本书将该特定高度称为生存高度，记为 r_{L} 。在此高度之上的飞行轨迹称为轨道，在此高度之下的飞行轨迹称为弹道。生存高度也是轨道/弹道切换条件参数。生存高度(轨道/弹道切换高度)往往是由航天器完成任务要求在空间停留的时间来决定的。不同的任务需求，其生存高度也不同。

描述轨道/弹道切换条件的参数还有切换因子。假定航天器整个运动轨迹入轨点高度为 r_{K}，则入轨点高度和生存高度的比值称为轨道/弹道切换因子。切换因子随任务的不同而不同。对于运载发射卫星任务，切换因子往往小于 1.1。导弹主要在大气层内飞行，其切换因子大于 1.6。对于高超声速飞行器、亚轨道飞行器等的飞行任务，其切换因子为 1.1～1.6。

1.3.7 面向任务的圆锥曲线统一拼接法飞行器轨迹设计

1.3.7.1 基于圆锥曲线统一拼接法的参数优化轨道设计

面向具体任务，基于形状法设计轨道，进而求解飞行器的推力，这种方法可能由于工程上难以实现而不能应用。基于圆锥曲线统一拼接法的参数优化方法进行轨道设计，能够解决这一问题。该方法的思路：首先面对具体任务要求，设计一条理想的飞行器轨迹，并将理想轨道进行离散化；其次针对每一段离散的轨道，应用圆锥曲线的几何、力学、数学特性，进行相应的圆锥曲线轨道逼近；最后将每一段逼近的圆锥曲线轨道拼接起来，便可形成拼接轨道。其轨道优化的对象：拼接轨道与理想轨道的误差、整体轨道的时间、轨道机动的能量消耗三者的加权和[14,15]。

针对任务设计出理想轨道后，需要将理想轨道进行离散化处理，在此过程中离散拼接点的选取很重要，必须考虑理想轨道所具有的特征(如轨道的拐点、曲率较大点等)。针对每一段离散轨道的几何、数学特性和约束条件，采用圆锥曲线进行拟合。例如，假设飞行器在时刻 t_0 以初始位置 r_0 和速度 v_0 出发，经过时间 $t_{\mathrm{span}2}$ 在时刻 t_2 施加速度脉冲 $\Delta\bar{\boldsymbol{v}}_2$，经时间 $t_{\mathrm{span}3}$ 到达时刻 t_3，以此类推，在时刻 t_i 施加速度脉冲 $\Delta\bar{\boldsymbol{v}}_i=[\Delta v_{ix}\ \ \Delta v_{iy}\ \Delta v_{iz}]$，经过时间 $t_{\mathrm{span}i+1}$ 到达时刻 t_{i+1}。因此，脉冲机动过程可以描述为四个参数：一个时间参数 t_i 和三个脉冲参数 $\Delta\bar{\boldsymbol{v}}_i=[\Delta v_{ix}\ \ \Delta v_{iy}\ \Delta v_{iz}]$。如果一次拼接轨道是由 n 段圆锥曲线轨道拼接而成的，那么就有 $n+1$ 次脉冲变轨，则轨道机动优化参数有 $4(n+1)$ 个。每一组脉冲都对应一段圆锥曲线(圆、椭圆、抛物线或者双曲线)。通常情况下，每一段圆锥曲线轨道和理想轨道都有一个误差，假定其为$\Delta\varepsilon_i$，则整条轨道的误差为$\sum_{i=1}^{n}\Delta\varepsilon_i$。若整条轨道消耗的能量为$\sum_{i=1}^{n}\Delta\overline{v}_i$，时间为$\sum_{i=1}^{n}\Delta t_i$，则整体轨道优化目标函数为

$$J = a*\sum_{i=1}^{n+1}\|\Delta v_i\| + b*\sum_{i=1}^{n}\Delta t_i + c*\sum_{i=1}^{n}\Delta\varepsilon_i$$

式中，n为整体轨道拼接段数。实现整体轨道转移需要$n+1$次脉冲。

1.3.7.2 基于圆锥曲线轨道统一拼接法的运载火箭轨道/弹道一体化设计与优化

随着空间技术的进步，空间快速响应以及快速进入空间和应用空间成为发展趋势。空间快速响应是指发生战争或自然灾害等突发事件时，运载系统能够在短时间内实现机动、完成测试并发射，当有效载荷入轨后能马上执行预定任务，而不须经过长时间的在轨调整。针对突发事件，运载器需要满足“机动性”和“快速性”的要求，与液体火箭比较，小型固体运载器更适合作为“空间快速响应”任务的发射工具。当前航天器飞行轨迹规划的研究主要分为轨道规划和弹道规划两部分。通常轨道规划任务主要完成轨道要素的设计。弹道规划将轨道要素作为终端约束，选择发射点和发射时刻，并设计从发射点到入轨点的飞行弹道。轨道规划和弹道规划须进行反复迭代，最终完成规划任务。

空间快速响应的特点是任务具有不确定性，轨道参数与发射诸元参数须在接到任务后进行规划设计，要求轨道／弹道规划设计的时间越短越好。如果采用传统设计方法，规划迭代时间较长，势必影响其“快速性”。因此，将轨道／弹道作为一个整体进行优化设计是实现快速性的有效方法。由于设计参数多，单一优化算法很难对此复杂问题进行优化。近年来，改进的智能优化算法在飞行器轨迹优化设计领域得到应用。另外，混合优化方法和分级规划策略，由于综合收敛性好，也在轨迹优化中得到迅速发展。

飞行器轨道/弹道一体化设计优化问题描述如下：

$$\begin{cases}\min\limits_{x} f(x,p) = \min\limits_{x}[M(x,p)] \\ \text{s.t.}\quad g_{i1} \leqslant g_i(x,p) \leqslant g_{i2};\quad x_{\min} \leqslant x \leqslant x_{\max} \\ \boldsymbol{x} = [x_1, x_2, \cdots, x_n]^{\mathrm{T}};\quad \boldsymbol{p} = [p_1, p_2, \cdots, p_n]^{\mathrm{T}}\end{cases}$$

式中，$\boldsymbol{x} = [x_1, x_2, \cdots, x_n]^{\mathrm{T}}$为设计变量；$\boldsymbol{p} = [p_1, p_2, \cdots, p_n]^{\mathrm{T}}$为总体设计参数；$g_i(x,p)$为约束条件；$f(x,p)$为优化设计目标函数；$M(x,p)$为变轨所消耗推进剂的质量。

针对上述优化模型，目标函数选择为给定有效载荷和轨道高度，优化目标是变轨所消耗推进剂的质量最小。约束条件：最大轴向过载、最大法向过载、轨道倾角、主动段关机点高度以及最大动压。图 1-7 给出了轨道要素与弹道规划参数的对应关系。

由图 1-7 可以看出，设计变量为程序角参数、方位角、发射点经纬度、发射时刻等。

飞行程序控制模型：点火起飞后，在一级主动段设计程序转弯段，转弯段结束后，各阶段飞行器保持零攻角飞行；将火箭上升段弹道模型、轨道模型和运载火箭总体参数统一到优化目标函数中，采用自适应模拟退火法或逐次近似法可以得到寻优结果，将减少能量

消耗作为最终的优化目标。通过仿真分析可以得出该方法比传统方法节省约12%能量[16]。

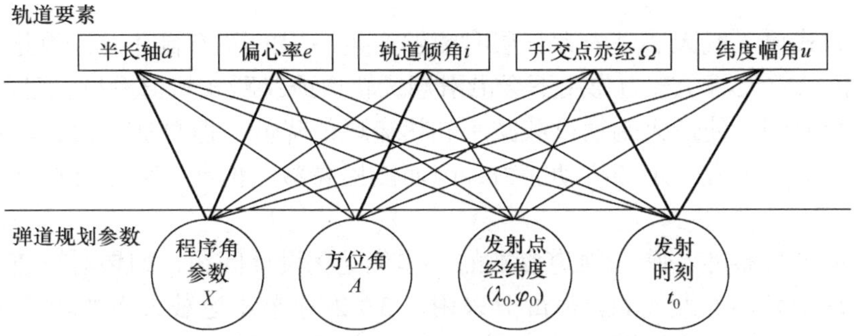

图1-7 轨道要素与弹道规划参数的对应关系

1.3.7.3 轨道飞行器再入弹道/轨道参数的一体化优化设计

轨道飞行器再入的核心技术是如何处理一个质量很大的轨道飞行器的巨大能量，且要求保证其再入返回时安全准确地返回地面。在再入段，轨道飞行器利用大气减速把巨大的能量(势能加动能)转化为热能，将其大部分散发到稠密大气层中。因此，实际上只有少量能量被轨道飞行器的结构或者防热护层吸收，即便如此，很少的热量也足以引起很大的气动加热。

再入航天器以宇宙速度进入大气层将经受严酷的再入环境，但再入航天器气动外形的合理设计和再入轨道控制，可以使航天器在再入大气层过程中既达到减速目的，又保证制动过载和气动加热不超过允许的限度。按航天器气动特性和轨道特征，再入有弹道再入和升力再入两种方式。

弹道再入是以急转弯弧线下落，会出现很高的热流峰值，但再入过程经历的时间很短，因此传递给再入航天器的总热量并不是很多。在弹道系数和再入速度确定的情况下，热流峰值和总加热量的主要参数仍决定于再入角。再入航天器气动外形的合理设计和再入角的合理选择，可以使再入过程所产生热量的98%～99%被耗散掉。但是，仅1%～2%的热量传递给再入航天器也会使驻点区温度升高到2000℃以上，足以引起再入航天器在空中解体并烧毁。因此，弹道式再入航天器须采用以烧蚀防热为主的防热结构，以保证再入航天器承力结构有足够的强度和防止乘员座舱过热。使弹道式再入航天器(通常为轴对称旋成体形)产生升力的最简单方法，是将其重心配置在离对称轴很小的一段距离处。再入大气层时，航天器便会产生一定的攻角(称为“配平攻角”)，相应地产生一定的升力。利用滚动控制系统改变再入体的倾角便能控制升力的方向，调整再入弹道。由此产生的升力(Y)虽然仅是阻力(X)的一小部分，但足以减小最大制动过载，降低热流峰值，补偿再入初始扰动所引起的偏差，提高落点精度。提高升阻比可以减小制动过载，降低热流峰值，增大再入角范围，加宽再入走廊，有利于再入过程。航天器返回舱采用重心偏置的方法能够提高升阻比，如“阿波罗”号飞船的升阻比靠这种方法提高到0.4，从而为飞船载人月球飞行和安全返回创造了必要的条件。从任一行星或行星的卫星轨道返回时，再入地球大气层的速度远大于第二宇宙速度。以这样高的速度再入的再入走廊，比以第二宇宙速度再入的再入走廊要狭窄得多。在这种情况下，唯有采用升力再入以加宽再入走廊的宽度，这样有利于应用导航和制导系统使航天器穿入预定的再入走廊，完成从行星直接返回。

由于升力式再入航天器进入大气层时能够产生一定的可控制升力，因此称其为升力再入。升力再入航天器在升力作用下会沿滑翔式轨道或跳跃式轨道滑行，缓和减速过程，延长能量转换时间，使最大制动过载减小和热流峰值降低，但总加热量会增加。通过升力控制，再入航天器有一定的机动能力，因而能提高落点精度，甚至可在预定场地水平着陆。

针对轨道飞行器再入弹道/轨道参数的一体化优化设计问题，如果对轨道飞行器大气上层的轨道部分和再入大气的轨道部分采用 1.3.7.2 小节中运载火箭的轨道/弹道一体化设计及优化方法进行设计与优化，理论上也可以得到更好的优化结果。

轨道飞行器轨迹一体化设计与优化的基本数学模型与航天器轨道/弹道一体化优化问题的模型相同，不同的是约束条件。轨道飞行器的再入约束：法向过载的限制，动压的限制，最大热流的限制，以及平衡滑翔边界的限制。进行优化所涉及的变量：总攻角，倾斜角，再入段的升阻比，再入点。优化函数可以选择进入大气轨道段的轨迹所产生的热量，最终可使优化得到的整体轨道达到一个满足优化指标和约束要求的最优值。

轨道/弹道统一模型为

$$m\frac{\mathrm{d}^2\boldsymbol{r}}{\mathrm{d}t^2}=-\frac{\mu m}{r^3}\boldsymbol{r}+\boldsymbol{f}$$

优化数学模型为

$$\begin{cases}\min\limits_{x} f(x,p)=\min\limits_{x}[M(x,p)]\\ \text{s.t.}\quad g_{i1}\leqslant g_i(x,p)\leqslant g_{i2};\quad x_{\min}\leqslant x\leqslant x_{\max}\\ \boldsymbol{x}=[x_1,x_2,\cdots,x_n]^{\mathrm{T}};\quad \boldsymbol{p}=[p_1,p_2,\cdots,p_m]^{\mathrm{T}}\end{cases}$$

式中，$\boldsymbol{x}=[x_1,x_2,\cdots,x_n]^{\mathrm{T}}$ 为设计变量；$\boldsymbol{p}=[p_1,p_2,\cdots,p_m]^{\mathrm{T}}$ 为总体设计参数；$g_i(x,p)$ 为约束条件；$f(x,p)$ 为优化设计目标函数。

1.3.8 高超声速飞行姿态动力学的非线性问题

高超声速飞行器作为航空航天技术的结晶，其主要技术有总体技术、空气动力技术、气动热及热防护技术、推进技术、材料与结构技术、制导与控制技术等。高超声速飞行器的研制是一项多技术高度融合和具有巨大挑战的任务。高超声速飞行器是指飞行速度超过 5*Ma* 的飞行器，广义上来讲，高超声速飞行器可以分为以下三种类型：基于吸气式动力的高超声速运载飞行器(吸气式高超声速巡航导弹、吸气式高超声速飞机、吸气式单级入轨空天飞机等)，基于火箭动力的高超声速运载飞行器(亚轨道飞行器、飞回式火箭助推器、跨大气层飞行器等)，基于火箭助推的高超声速再入滑翔飞行器(航天飞机、X-37B、AHW、HTV-2、HX 等)。高超声速飞行器新型的气动布局以及复杂的空气动力特性，使得飞行器在进行复杂的高机动指令性任务时，可能诱发未知的超预期指令或非指令的非可控行为。尤其是在姿态动力学方面，高超声速飞行器飞行过程中的非线性动力学特征会极大程度上影响飞行器飞行稳定性及安全性[15]。

在此，以吸气式高超声速飞行器(AHFV，简称“高超声速飞行器”)运动为例，具体分析高超声速飞行器所具有的非线性特征，说明非线性项展开的高阶项对线性项的影响。吸气式高超声速飞行器是指飞行马赫数大于 5，以吸气式超燃冲压发动机为动力的飞行器。吸气式高超声速飞行器采用了先进的机身/发动机一体化外形设计，并具有大范围快速机动的运动特点，导致飞行器的运动范围大、运动过程中受到各种严重干扰，使得高超声速飞行器呈现出复杂的动力学特性，其主要体现在以下几个方面：第一，强耦合的动力学特性。为了提高飞行器的升阻比，高超声速飞行器外形设计采用机身/发动机一体化的设计方法。然而机身/发动机一体化设计造成了高超声速的推力/气动/结构强耦合效应。高超声速飞行器的细长体机身使得飞行器的弹性结构特性特别明显，由此造成飞行器呈现出刚体和弹性体相耦合的特性。另外，在高超声速飞行环境下，飞行器的横侧向运动的耦合相当大，很小的侧向运动参数的变化都会对飞行器的纵向运动产生很大的影响。第二，动力学模型的强非线性。吸气式高超声速飞行器复杂的动力学特性还体现在其动力学模型的强非线性上。该非线性特性主要体现在以下几点：首先，飞行器的气动模型具有强非线性。在高超声速飞行环境下，大气很稀薄，在分析高超声速飞行器的气动特性时，必须考虑到真实气体效应，而依据真实气体效应建立的气动模型具有很强的非线性特性。其次，发动机推力模型具有很强的非线性特征。吸气式发动机对于飞行姿态很敏感，很小的飞行姿态变化都会对发动机推力产生剧烈影响。最后，强非线性还体现在吸气式高超声速飞行器的结构模型上，细长体的机身决定了整体结构模型既有刚体的特性，也会有弹性体的特性，而刚体特性和弹性体特性是相互耦合的，这就更加增加了整体模型的非线性特性。第三，模型参数不确定性。吸气式高超声速飞行器的模型参数不确定性主要体现在以下几个方面：首先，由于缺乏高超声速飞行试验数据，所建立的气体动力学数据库不完整，使得气动建模参数存在不确定性；其次，复杂的动力学耦合效应会增加动力学建模的模型不确定性；再次，在高超声速飞行条件下，飞行器的气动热效应很剧烈，这会对飞行器表面的气动压强分布产生影响，从而加剧气动模型的不确定性，气动热效应对于飞行器的结构参数会产生一定的影响，这会造成结构动力学模型的不确定性；最后，在高超声速飞行过程中，不可预知的外界干扰，会对飞行器的运动状态产生很大的影响，这些都会加剧飞行器动力学建模的不确定性。

传统的飞行器动态特性分析方法是基于小扰动假设，对动力学方程进行线性化处理，将非线性方程转化为线性方程，求出非线性方程的线性近似解。传统方法虽然能够给出非线性高超声速飞行器动力学方程，然而在针对具有强非线性特性的动力学方程进行动态特性分析时，存在不足之处。针对高超声速飞行器扰动较大的特性，采用非线性方程在平衡点处进行泰勒展开并保留高阶项，依据一定的准则，对其进行简化，用非线性特征量对传统的线性化结果进行修正。同时，可以利用特征值扰动理论对传统的线性化和带有非线性特征量修正的线性化结果进行对比分析。然后在满足给定精度要求的条件下，应用范数法则来判定在何种条件(主要考虑扰动的幅值范围)下基于小扰动的线性化模型可以适用，在何种条件下必须考虑高阶项的非线性特性。

1.3.9 空天飞行器弹道/轨道/姿态一体化优化设计

空天飞行器是航空航天飞行器的简称，是航空技术与航天技术高度结合的飞行器。在现代空天飞行器的飞行任务中，越来越多地涉及大气层内外的穿梭，因此弹道/轨道/姿态一体化设计的需求也越来越凸显。弹道/轨道/姿态一体化设计具有精度高、易于优化的优点，同时也能从宏观角度整体、全面地描述和设计空天飞行器的整个任务轨迹。目前，针对弹道/轨道/姿态一体化设计的研究主要集中在任务一体化和参数一体化上：任务一体化的设计方法是根据飞行器的飞行任务将飞行轨迹分为弹道段和轨道段分别建模设计，然后将设计结果按照任务要求进行拼接，最终得到完整的弹道/轨道/姿态设计结果；参数一体化的设计方法是将轨道六要素用弹道及姿态的相关参数来表示，从而统一整个弹道段和轨道段参数，将飞行器整体轨迹设计转化为弹道/姿态参数的设计。然而上述方法存在的主要问题是没有建立统一的空天飞行器动力学模型，因此不能真实准确地描述空天飞行器的受力和运动情况，同时弹道方程较为复杂，参数数量多，不易于优化[17]。

由于弹道是飞行器在大气层内飞行时质心的运动轨迹，而轨道则是飞行器运动在外层空间中质心的运动轨迹，因此两者虽然都是表征飞行器运动轨迹的特征曲线，但却有区别较大的飞行环境，以及不同的动力学特性。为此，针对大气层内和大气层外力学环境不同难以统一动力学建模的问题，罗亚中等[18,19]采用将轨迹拆分再拼接的建模方法，将整个任务轨迹拆分为弹道段和轨道段来分别求解，最后将所得结果拼接获得整个空天飞行器的轨迹解。该方法的特点是利用拆分再拼接的方法将任务轨迹拆分为弹道段和轨道段，使得原本变量耦合的复杂问题变成了采用两种算法以一定的时间顺序分别求解的两个相对简单的问题，所建立的算法和模型具有较广泛的适应性。由于这种简单的拆分拼接反映的是一种单一任务过程，针对多次重复往返大气层的任务该方法将难以反映真实情况，同时这种建模方法在弹道和轨道的转换段精度较低，并且由于这种方法要进行弹道和轨道的联合设计，所以如果有一方设计结果不理想，将会影响到另一方的设计结果和精度。另外，这种分段设计再拼接的方法也难以进行轨道的优化设计。

针对上述方法优化难以进行的问题，肖飞等[16]提出了一种弹道/轨道参数一体化建模和优化方法。该方法利用弹道参数和轨道参数之间的转化关系来统一处理任务轨迹，利用弹道的参数来表示轨道根数，从而实现了将整个过程转化为对弹道发射参数以及控制的优化。该方法实现了弹道/轨道的参数一体化，从而使得对任务轨迹的整体优化问题转化为对发射初始参数和控制律的优化问题，得到了满足任务需求的优化结果。然而，这种方法依然没有摆脱将任务轨迹分解为弹道和轨道简单叠加的建模方法，将一个实际上存在较强的耦合问题人为地线性化，一个实际上较为复杂的任务进程顺序化、简单化，从而导致无论是建模的精度还是优化的程度都存在明显的不足。

由此可见，目前针对空天飞行器轨道设计所采用的方法主要是将飞行器的任务轨迹拆分为弹道段和轨道段，对弹道段和轨道段分别进行设计，再拼接产生空天飞行器轨道设计结果。这种方法计算效率较低，并且不利于后续的优化设计。为此，亟待解决针对空天飞行器的弹道/轨道/姿态一体化建模以及整体优化设计的问题。因此，作者团队提出采用轨道方程统一描述弹道/轨道/姿态的空天飞行器弹道/轨道/姿态一体化建模思想，即将除引力之外的合力都视为摄动力，并写入轨道摄动方程中的摄动力项中，从而建立弹道/轨道/姿态一体化动力学模型，然后在此基础上提出基于轨道设计反方法的弹道/轨道/姿态一体化设计方法，为空天飞行器的轨道设计提供了新思路。

1.4　西北工业大学“航天飞行动力学”课程简介

航天飞行动力学是飞行器设计与工程专业的顶层学科，“航天飞行动力学”课程知识内容、原理和方法是航天飞行器总体设计、气动外形设计、控制系统设计等方面的重要基础，在飞行器设计学科中具有重要地位。该课程的教学任务是使学生掌握航天飞行动力学的基础知识、基本理论、基本方法；对飞行规律进行准确分析和设计；围绕国家和国防重大战略需求，培养具有创新引领能力的高素质航天专业人才。

“航天飞行动力学”课程是随着我国国防建设和西北工业大学专业设置的需要而设立的，有着悠久的历史，并不断地改进以适应社会、技术、创新和国家发展的需要。1978年西北工业大学宇航工程系(现航天学院)开设“弹道学”和“动态特性分析”两门课程，后合并为“导弹飞行力学”课程，一大批教学名师先后讲授过该门课程。经过多年精心建设，该门课程建设了丰富的教学资源，取得了良好的教学效果，于 2007 年被评为国家级精品课程。从 1978 年宇航工程系设立飞行力学专业至今，该课程已经历了四十多年的发展，从而使得：

(1) 授课对象范围不断扩大，层次不断提高(本科生、硕士研究生、博士研究生、科研单位在职人员)；

(2) 教师队伍不断成长，并形成知识结构、年龄结构合理的梯队；

(3) 教学内容和教材不断更新、充实、完善；

(4) 教学理念充分体现航天创新人才的培养；

(5) 教学方法和手段注重传统和现代的结合。

为了适应大类培养，2014 年开展了课程改革，在“导弹飞行力学”课程的基础上，融入远程火箭飞行力学和轨道力学知识，形成了目前开设的“航天飞行动力学”课程。该课程知识内容主要是研究与飞行器质心运动有关的飞行器飞行性能问题，以及与绕质心旋转运动有关的飞行器稳定性和操纵性问题。该课程教学内容对所涉及对象(战术导弹、远程火箭、航天器等)和飞行环境(大气层内、大气层外)的动力学问题的相关基本概念和原理，坐标系建立和描述方法，力学环境特性分析方法，动力学特性建模和分析方法，运动特性建模和分析方法，导引飞行的轨道特性分析方法，以及飞行动力学前沿问题等进行讲述。该课程内容是从事航天器设计、分析和应用等不可缺少的理论基础。

思　考　题

1.1　飞行动力学与控制、空气动力学、理论力学等学科的密切关系体现在哪些方面？请由此说明学科交叉的必要性和优势所在。

1.2 论述高超声速导弹建模方法。

1.3 论述飞行动力学原理和方法在解决飞行器设计难点问题中所处的重要地位。

1.4 论述采用 BTT 控制方式的大气飞行器具有的动力学特性及其优缺点。

参 考 文 献

[1] 关世义. 关于飞行力学的再思考[J]. 战术导弹技术, 2003, (2): 1-12.

[2] 张有济. 战术导弹飞行力学设计[M]. 北京: 宇航出版社, 1998.

[3] 关世义. 有控飞行力学在无人飞行器研制和使用中的作用[J]. 宇航学报, 1995, 16(4): 29-35.

[4] 黄文虎, 邵成勋. 多柔体系统动力学[M]. 北京: 科学出版社, 1996.

[5] 伏欣. 气动弹性力学原理[M]. 上海: 上海科学技术文献出版社, 1982.

[6] 樊则文. 导弹伺服弹性稳定性分析方法[D]. 西安: 西北工业大学, 2005.

[7] 方群, 李新国, 朱战霞, 等. 航天飞行动力学[M]. 西安: 西北工业大学出版社, 2015.

[8] WATKINS C E, WOOLSTON D S, CUNNINGHAM H J. A systematic kernel function procedure for determining aerodynamic forces on oscillating or steady finite wings at subsonic speeds[R]. NASA, 1959.

[9] ALBANO E, RODDENPW A. Doublet-lattice method for calculating lift distributions on oscillating surfaces in subsonic flows[J]. AIAA Journal, 1969, 7(2): 279-285.

[10] 管德. 非定常空气动力计算[M]. 北京: 北京航空航天大学出版社, 1991.

[11] 关世义. 计算飞行力学的产生和发展[J]. 航空学报, 2001, 22(1): 1-5.

[12] KANG W, BEDROSSIAN N. Pseudospectral optimal control theory makes debut flight, saves NASA $1M in under three hours[J]. SIAM News,2007, 40(7): 1-3.

[13] 雍恩米, 陈磊, 唐国金. 飞行器轨迹优化数值方法综述[J]. 宇航学报, 2008, 29(2): 398-406.

[14] 王雪峰. 基于傅立叶级数展开的航天器连续推力机动轨道设计[D]. 西安: 西北工业大学, 2016.

[15] 方群, 刘怡思, 王雪峰. 空天飞行器弹道/轨道一体化设计[J]. 航空学报, 2018, 39(4): 1-10.

[16] 肖飞, 向敏, 张卫华. 多级运载火箭总体/弹道/轨道一体化设计与优化[J]. 空军工程大学学报, 2008, 9(5): 19-23.

[17] 方群, 朱战霞, 孙冲. 飞行器飞行动力学与制导[M]. 西安: 西北工业大学出版社, 2021.

[18] 罗亚中, 唐国金, 梁彦刚. 基于分解策略的 SSO 发射轨道遗传全局优化设计[J]. 航空学报, 2004, 25(5): 443-446.

[19] 罗亚中, 唐国金, 梁彦刚, 等. GTO 发射轨道的两级分解全局优化设计策略[J]. 中国空间科学技术, 2004, 24(4): 36-46.

第 2 章

战术导弹飞行动力学

本章主要研究近程战术导弹在飞行过程中的动力学和运动学问题，主要内容有导弹飞行的力学环境分析、力和力矩的计算方法、导弹运动建模的基础知识、常用坐标系及其变换、导弹六自由度运动建模、简化的导弹运动(平面运动和质心运动)模型、过载的定义及其应用、方案飞行和导引飞行等。

对实际系统中的物理现象或过程进行定性或定量的分析研究时，通常需要先建立描述系统特性的数学模型。如果其变量不含时间，则为静态模型；如与时间有关，则为动态模型。根据所建立的数学模型可在数字计算机上进行仿真实验，以获得真实系统的行为特性。研究导弹的运动也不例外，分析、计算或模拟导弹的运动轨迹及其动态特性的基础，仍是建立描述导弹运动的数学模型。

导弹运动方程组是表征导弹运动规律的数学模型，是飞行动力学的重要内容。建立导弹运动方程组的理论基础是牛顿第二定律和动量矩定理，同时涉及变质量力学、空气动力学、推进和自动控制理论等学科。

建立导弹运动模型从受力分析开始。飞行过程中，作用在导弹上的力主要有空气动力、发动机推力和重力。本章介绍作用在导弹上的空气动力、空气动力矩、推力和重力的有关特性。

2.1 空 气 动 力

空气动力是空气对在其中运动的物体的作用力。当可压缩的黏性气流流过导弹表面时，因压强分布不对称，产生了压强差；另外，空气和导弹表面之间又有黏性，会产生摩擦力。这两部分力合在一起，就形成了作用在导弹上的空气动力。空气动力的作用线一般不通过导弹的质心，因此将形成对质心的空气动力矩。

2.1.1 空气动力的表达式

空气动力 R 沿速度坐标系(其定义见 2.6.1.4 小节)三个轴分解为三个分量，分别称为阻力 X、升力 Y 和侧向力 Z。实验分析表明：空气动力的大小与来流的动压头和导弹的特征面积成正比，即

$$\begin{cases} X = C_x qS \\ Y = C_y qS \\ Z = C_z qS \\ q = \dfrac{1}{2}\rho V^2 \end{cases} \tag{2-1}$$

式中，C_x、C_y、C_z 为无量纲比例系数，分别称为阻力系数、升力系数和侧向力系数(统称为“气动力系数”或“气动力因数”)；q 为动压；ρ 为空气密度；V 为导弹飞行速度；S 为参考面积，通常取弹翼面积或弹身最大横截面积。

由式(2-1)可见，在导弹外形尺寸、飞行速度和高度(影响大气密度)给定(q、S 给定)的情况下，研究导弹飞行中所受的气动力，可简化成研究这些气动力的系数 C_x、C_y、C_z。

2.1.2 升力

全弹的升力可以看成是弹翼、弹身、尾翼(或舵面)等各部件产生的升力之和，再加上各部件之间的相互干扰所引起的附加升力。弹翼是提供升力的最主要部件，而导弹的尾翼(或舵面)和弹身产生的升力较小。升力的计算公式如下：

$$Y = C_y \frac{1}{2}\rho V^2 S$$

在导弹气动布局和外形尺寸给定的条件下，升力系数 C_y 基本上取决于马赫数 Ma、攻角 α 和升降舵的舵面偏转角 δ_z (简称“舵偏角”，按照通常的符号规则，升降舵的后缘相对于中立位置向下偏转时，舵偏角定义为正)，即

$$C_y = f\left(Ma, \alpha, \delta_z\right)$$

在攻角和舵偏角不大的情况下，升力系数可以表示为攻角 α 和舵偏角 δ_z 的线性函数，即

$$C_y = C_{y0} + C_y^{\alpha}\alpha + C_y^{\delta_z}\delta_z \tag{2-2}$$

式中，C_{y0} 为攻角和升降舵偏角均为零时的升力系数，简称零升力系数，主要是由导弹气动外形不对称产生的；$C_y^{\alpha} = \partial C_y / \partial \alpha$ 为升力系数对攻角的偏导数，又称升力线斜率，表示当攻角变化单位角度时升力系数的变化量；$C_y^{\delta_z} = \partial C_y / \partial \delta_z$ 为升力系数对舵偏角的偏导数，表示当舵偏角变化单位角度时升力系数的变化量。

对于轴对称外形的导弹而言，有 $C_{y0} = 0$，于是

$$C_y = C_y^{\alpha}\alpha + C_y^{\delta_z}\delta_z$$

若导弹外形尺寸给定，C_y^{α}、$C_y^{\delta_z}$ 则是马赫数 Ma 的函数。C_y^{α} 与马赫数的函数关系如图 2-1 所示，$C_y^{\delta_z} \sim Ma$ 的关系曲线与此相似。

当马赫数 Ma 固定时，升力系数 C_y 随着攻角 α 的增大呈线性增大，但升力曲线的线性关系只能保持在小攻角范围内，而且随着攻角的继续增大，升力曲线斜率可能还会下降。

当攻角增至一定程度时，升力系数将达到极值。与极值相对应的攻角，称为临界攻角。超过临界攻角以后，由于气流分离迅速加剧，升力急剧下降，这种现象称为失速(图 2-2)。

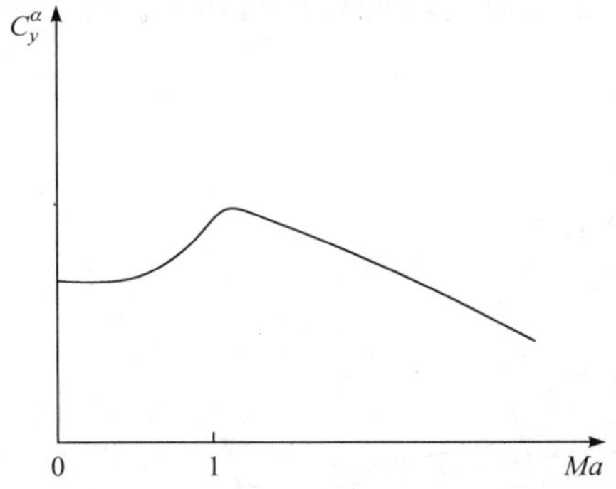

图 2-1　$C_y^\alpha = f(Ma)$ 关系曲线

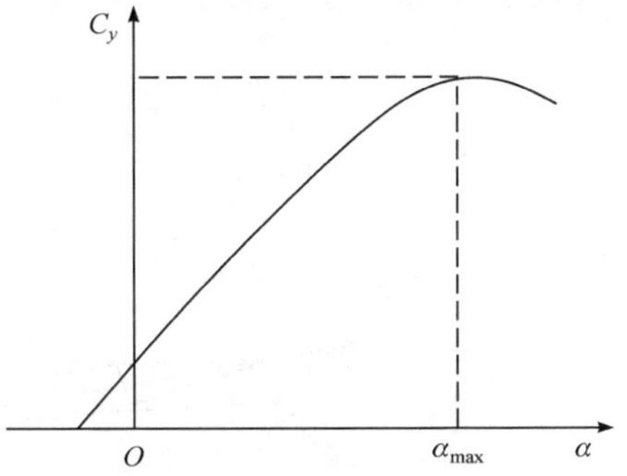

图 2-2　升力曲线示意图

系数 C_y^α 和 $C_y^{\delta_z}$ 的数值可以通过理论计算得到，也可由风洞实验或飞行试验确定。当已知系数 C_y^α 和 $C_y^{\delta_z}$，飞行高度 H(用于确定空气密度 ρ)和速度 V，以及导弹的飞行攻角 α 和舵偏角 δ_z 之后，就可以确定升力的大小，即

$$Y = Y_0 + \left(C_y^\alpha \alpha + C_y^{\delta_z}\delta_z\right)\frac{\rho V^2}{2}S$$

或写成

$$Y = Y_0 + Y^\alpha \alpha + Y^{\delta_z}\delta_z$$

式中，

$$Y^\alpha = C_y^\alpha \frac{\rho V^2}{2}S$$

$$Y^{\delta_z} = C_y^{\delta_z} \frac{\rho V^2}{2}S$$

因此，对于给定的导弹气动布局和外形尺寸，升力可以看成是四个参数，即导弹速度、飞行高度、飞行攻角和升降舵偏角的函数。

2.1.3　侧向力

侧向力(简称“侧力”)Z 与升力 Y 类似，在导弹气动布局和外形尺寸给定的情况下，侧向力系数取决于马赫数 Ma、侧滑角 β 和方向舵偏转角 δ_y (后缘向右偏转为正)。当 β、δ_y 较小时，侧向力系数 C_z 可以表示为

$$C_z = C_z^\beta \beta + C_z^{\delta_y}\delta_y \tag{2-3}$$

根据所采用的符号规则，正的 β 值对应于负的 C_z 值，正的 δ_y 值也对应于负的 C_z 值，因此偏导数 C_z^β 和 $C_z^{\delta_y}$ 永远是负值。

对于轴对称外形的导弹，侧向力的求法和升力是相同的。如果将导弹看成是绕速度

坐标系 Ox_3 轴转过了 90°，这时侧滑角将起攻角的作用，方向舵偏角 δ_y 起升降舵偏角 δ_z 的作用，而侧向力则起升力的作用，如图 2-3 所示。由于所采用的符号规则不同，所以在计算公式中应该用 $-\beta$ 代替 α，而用 $-\delta_y$ 代替 δ_z，于是对气动轴对称的导弹，有

$$C_z^{\beta} = -C_y^{\alpha}$$

$$C_z^{\delta_y} = -C_y^{\delta_z}$$

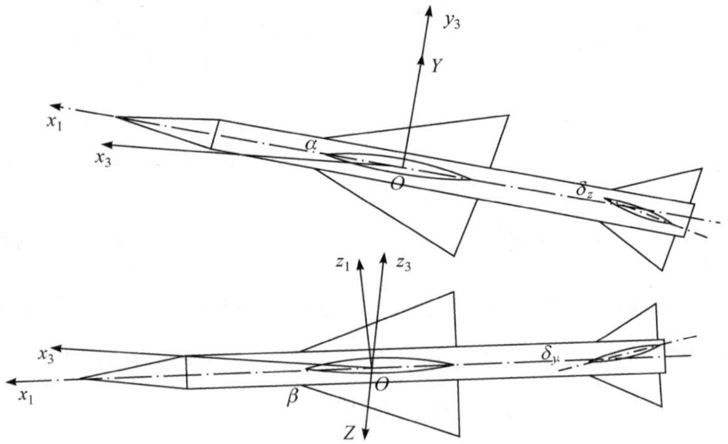

图 2-3 轴对称型导弹的升力和侧向力

2.1.4 阻力

作用在导弹上的空气动力在速度方向的分量称为阻力，它总是与速度方向相反，起阻碍导弹运动的作用。阻力受空气的黏性影响最为显著，用理论方法计算阻力必须考虑空气黏性的影响。但无论采用理论方法还是风洞实验方法，要想求得精确的阻力都比较困难。

导弹阻力的计算方法：先分别计算出弹翼、弹身、尾翼(或舵面)等部件的阻力，再求和，最后加以适当的修正(一般是放大10%)[1]。

导弹的空气阻力通常分成两部分来进行研究。与升力无关的部分称为零升阻力(升力为零时的阻力)；另一部分取决于升力的大小，称为诱导阻力。因此，导弹的空气阻力为

$$X = X_0 + X_i$$

式中，X_0 为零升阻力；X_i 为诱导阻力。

零升阻力包括摩擦阻力和压差阻力，是由气体的黏性引起的。在超音速情况下，空气还会产生另一种形式的压差阻力——波阻。大部分诱导阻力是由弹翼产生的，弹身和舵面产生的诱导阻力较小。必须指出：当有侧向力时，与侧向力大小有关的那部分阻力也是诱导阻力。影响诱导阻力的因素与影响升力和侧力的因素相同。计算分析表明，导弹的诱导阻力近似地与攻角、侧滑角的平方成正比。

定义阻力系数为

$$C_x = \frac{X}{\frac{1}{2}\rho V^2 S}$$

相应地，阻力系数也可表示成两部分，即

$$C_x = C_{x0} + C_{xi} \tag{2-4}$$

式中，C_{x0} 为零升阻力系数；C_{xi} 为诱导阻力系数。

阻力系数 C_x 可通过理论计算或实验确定。在导弹气动布局和外形尺寸给定的条件下，阻力系数主要取决于马赫数、雷诺数、攻角和侧滑角。在给定攻角和侧滑角的情况下，C_x 与 Ma 的关系曲线如图 2-4 所示。当马赫数接近于1时，阻力系数急剧增大。这种现象可由在导弹的局部地方和头部形成的激波来解释，即这些激波产生了波阻。之后，随着马赫数的增加，阻力系数逐渐减小。

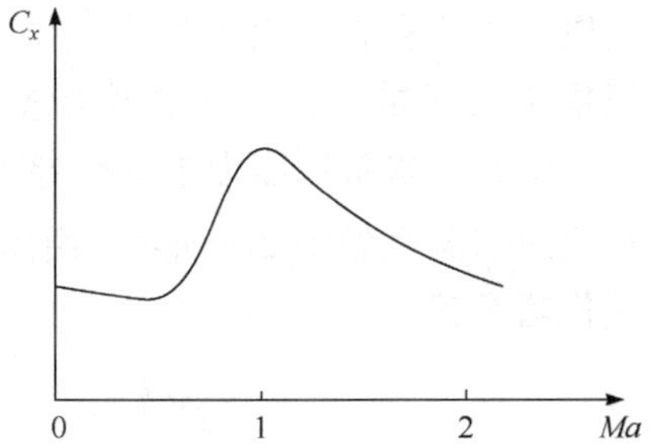

图 2-4 $C_x = f(Ma)$ 曲线

因此，在导弹气动布局和外形尺寸给定的情况下，阻力随着导弹的速度、攻角和侧滑角的增大而增大。但是，随着飞行高度的增加，大气密度减小，阻力亦减小。

2.2 空气动力矩

2.2.1 空气动力矩的表达式

为了便于分析导弹的旋转运动，把总的气动力矩 $\boldsymbol{M}$ 沿弹体坐标系 $Ox_1y_1z_1$ (见 2.6.1.3 小节)三个轴分解为三个分量，分别称为滚转力矩 M_{x1} (与 Ox_1 轴的正向一致时定义为正)、偏航力矩 M_{y1} (与 Oy_1 轴的正向一致时定义为正)和俯仰力矩 M_{z1} (与 Oz_1 轴的正向一致时定义为正)。与研究气动力时一样，用对气动力矩系数的研究来取代对气动力矩的研究。气动力矩表达式为

$$\begin{cases} M_{x1} = m_{x1}qSL \\ M_{y1} = m_{y1}qSL \\ M_{z1} = m_{z1}qSL \end{cases} \tag{2-5}$$

式中，m_{x1}、m_{y1}、m_{z1} 为无量纲的比例系数，分别称为滚转力矩系数、偏航力矩系数和俯仰力矩系数(统称为“气动力矩系数”)；L 为特征长度。工程应用通常选用弹身长度为特征长度，有的也将弹翼的翼展长度或平均气动力弦长度作为特征长度。

必须指出，当涉及气动力、气动力矩的具体数值时，应注意它们所对应的特征尺寸。另外，在不产生歧义的情况下，为了书写方便，通常将与弹体坐标系相关的下标“1”省略。

2.2.2 压力中心和焦点

在确定气动力相对于重心(或质心，本书不严格区分)的气动力矩时，必须知道气动力的作用点。空气动力的作用线与导弹纵轴的交点称为全弹的压力中心(简称“压心”)。在攻角不大的情况下，常近似地把全弹升力作用线与纵轴的交点作为全弹的压力中心。如前文所述，升力可按下式计算：

$$Y = Y_0 + Y^{\alpha}\alpha + Y^{\delta_z}\delta_z$$

由攻角引起的那部分升力 $Y^{\alpha}\alpha$ 的作用点，称为导弹的焦点。由升降舵偏角引起的那部分升力 $Y^{\delta_z}\delta_z$ 作用在舵面的压力中心上。

对于有翼导弹，弹翼是产生升力的主要部件，因此这类导弹的压心位置在很大程度上取决于弹翼在弹身上的安装位置。此外，压心位置还与飞行马赫数 Ma 、攻角 α 、舵偏角 δ_z 等参数有关，这是因为这些参数变化时，导弹上的压力分布改变了。

压心位置常用压力中心至导弹头部顶点的距离 x_{p} 来表示。压心位置 x_{p} 与飞行马赫数和攻角的关系如图 2-5 所示。由图 2-5 可以看出，当飞行速度接近于音速时，压心位置的变化幅度较大。

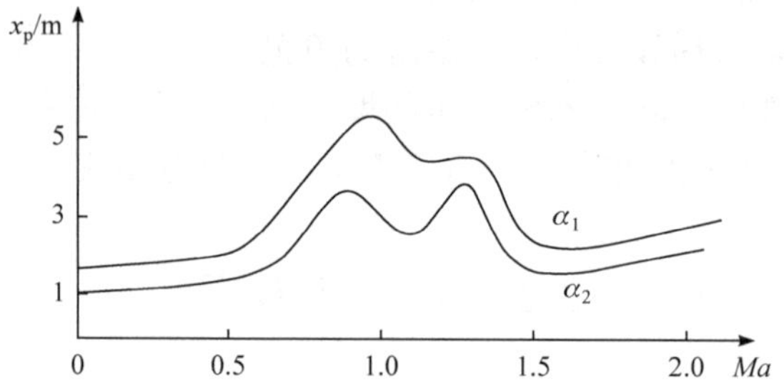

图 2-5　压心位置随 Ma 、α 的变化

焦点到导弹头部顶点的距离称为焦点位置，用 x_F 来表示。注意，焦点和压力中心是两个概念，在大多数情况下，焦点并不与压力中心重合，仅当 $\delta_z = 0$ 且导弹相对于纵向平面完全对称($C_{y0} = 0$)时，焦点才与压力中心重合。

根据上述焦点的概念，还可以这样来定义焦点：该点位于纵向对称平面之内，且升力对该点的力矩与攻角无关。

2.2.3　俯仰力矩

俯仰力矩 M_z 又称纵向力矩，它的作用是使导弹绕横轴 Oz_1 做抬头或低头的转动。在气动布局和外形参数给定的情况下，俯仰力矩的大小不仅与飞行马赫数 Ma 、飞行高度 H 有关，还与飞行攻角 α 、升降舵偏角 δ_z 、导弹绕 Oz_1 轴的旋转角速度 ω_z (下标 “1” 省略，下同)、攻角的变化率 $\dot{\alpha}$ 以及升降舵的偏转角速度 $\dot{\delta}_z$ 等有关。因此，俯仰力矩可表示成如下函数形式：

$$M_z = f\left(Ma, H, \alpha, \delta_z, \omega_z, \dot{\alpha}, \dot{\delta}_z\right)$$

当 α、δ_z、$\dot{\alpha}$、$\dot{\delta}_z$ 和 ω_z 较小时，俯仰力矩与这些量的关系是近似线性的，其一般表达式为

$$M_z = M_{z0} + M_z^{\alpha}\alpha + M_z^{\delta_z}\delta_z + M_z^{\omega_z}\omega_z + M_z^{\dot{\alpha}}\dot{\alpha} + M_z^{\dot{\delta}_z}\dot{\delta}_z$$

严格地说，俯仰力矩还取决于其他一些参数，如侧滑角 β 、副翼偏转角 δ_x 、导弹绕 Ox_1 轴的旋转角速度 ω_x 等，通常这些参数的影响不大，一般予以忽略。

为了讨论方便，俯仰力矩系数用无量纲力矩系数

$$m_z = m_{z0} + m_z^{\alpha}\alpha + m_z^{\delta_z}\delta_z + m_z^{\bar{\omega}_z}\bar{\omega}_z + m_z^{\bar{\dot{\alpha}}}\bar{\dot{\alpha}} + m_z^{\bar{\dot{\delta}}_z}\bar{\dot{\delta}}_z \tag{2-6}$$

来表示，式中 $\bar{\omega}_z = \omega_z L/V$ 、$\bar{\dot{\alpha}} = \dot{\alpha}L/V$ 、$\bar{\dot{\delta}}_z = \dot{\delta}_z L/V$ 分别是与旋转角速度 ω_z 、攻角变化率 $\dot{\alpha}$ 和升降舵的偏转角速度 $\dot{\delta}_z$ 对应的无量纲参数；m_{z0} 是当 $\alpha = \delta_z = \bar{\omega}_z = \bar{\dot{\alpha}} = \bar{\dot{\delta}}_z = 0$ 时的俯仰力矩系数，是由导弹气动外形不对称引起的，主要取决于飞行马赫数、导弹的几何形状、弹翼(或安定面)的安装角等；m_z^{α}、$m_z^{\delta_z}$、$m_z^{\bar{\omega}_z}$、$m_z^{\bar{\dot{\alpha}}}$、$m_z^{\bar{\dot{\delta}}_z}$ 是 m_z 关于 α、δ_z、$\bar{\omega}_z$、$\bar{\dot{\alpha}}$、$\bar{\dot{\delta}}_z$ 的偏导数。

由攻角 α 引起的力矩 $M_z^{\alpha}\alpha$ 是俯仰力矩中最重要的一项，是作用在焦点的导弹升力 $Y_z^{\alpha}\alpha$ 对重心的力矩，即

$$M_z^{\alpha}\alpha = Y^{\alpha}\alpha\left(x_{\mathrm{g}} - x_F\right) = C_y^{\alpha} qS\alpha\left(x_{\mathrm{g}} - x_F\right)$$

式中，x_F 、x_{g} 分别为导弹的焦点、重心至头部顶点的距离。

又因为

$$M_z^{\alpha}\alpha = m_z^{\alpha} qSL\alpha$$

于是有

$$m_z^{\alpha} = C_y^{\alpha}\left(\bar{x}_{\mathrm{g}} - \bar{x}_F\right) \tag{2-7}$$

式中，$\bar{x}_F = x_F / L$ 、$\bar{x}_{\mathrm{g}} = x_{\mathrm{g}} / L$ 分别为导弹的焦点、重心位置对应的无量纲值。

为方便起见，先讨论定常飞行情况下(此时 $\omega_z = \dot{\alpha} = \dot{\delta}_z = 0$)的俯仰力矩，然后研究由 ω_z、$\dot{\alpha}$、$\dot{\delta}_z$ 引起的附加俯仰力矩。

2.2.3.1　定常直线飞行

定常飞行是指导弹的飞行速度 V、攻角 α 、舵偏角 δ_z 等不随时间变化的飞行状态。但是，导弹几乎不会有严格的定常飞行。即使导弹做等速直线飞行，燃料的消耗使得导弹质量发生变化，保持等速直线飞行所需的攻角也要随之改变，因此只能说导弹在一段比较小的距离上接近于定常飞行。

若导弹做定常直线飞行，即 $\omega_z = \dot{\alpha} = \dot{\delta}_z = 0$ ，则俯仰力矩系数的表达式变为

$$m_z = m_{z0} + m_z^{\alpha}\alpha + m_z^{\delta_z}\delta_z \tag{2-8}$$

对于外形为轴对称的导弹，$m_{z0} = 0$ ，则有

$$m_z = m_z^{\alpha}\alpha + m_z^{\delta_z}\delta_z$$

实验表明：只有在小攻角和小舵偏角的情况下，m_z 与 α、δ_z 的线性关系才成立，随着 α、δ_z 增大，线性关系将被破坏。

偏导数 m_z^{α} 和 $m_z^{\delta_z}$ 主要取决于马赫数、重心位置和导弹的几何外形。对应于一组 δ_z 值，可画出一组 m_z 随 α 的变化曲线，如图 2-6 所示。这些曲线与横坐标轴的交点满足 $m_z = 0$ ；偏导数 m_z^{α} 表示这些曲线相对于横坐标轴的斜率；m_{z0} 值代表 $\delta_z = 0$ 时 $m_z = f(\alpha)$ 曲线在

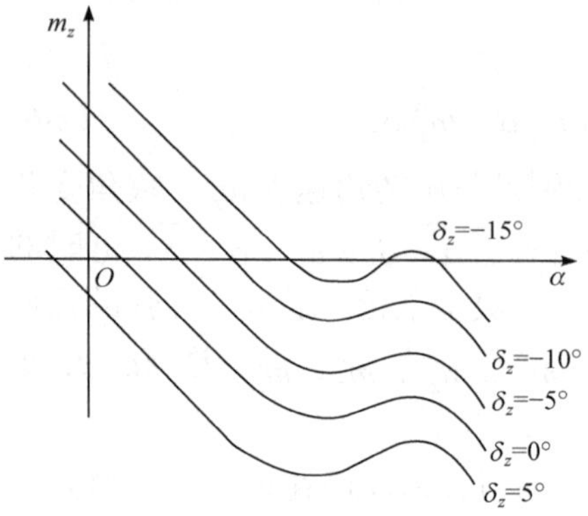

图 2-6 $m_z = f(\alpha)$ 曲线示意图

纵坐标轴上所截的线段长度。

2.2.3.2 纵向静平衡状态

$m_z = f(\alpha)$ 曲线与横坐标轴的交点称为静平衡点，对应于 $m_z = 0$，即作用在导弹上的升力对重心的力矩为零，即导弹处于力矩平衡状态。这种俯仰力矩的平衡又称为导弹的纵向静平衡。

为使导弹在某一飞行攻角下处于纵向静平衡状态，必须使升降舵偏转一个相应的角度，这个角度称为升降舵的平衡舵偏角，以符号 δ_{zb} 表示。平衡状态时的导弹升力，称为平衡升力。平衡升力系数的计算方法如下：

$$\begin{aligned} C_{yb} &= C_y^{\alpha}\alpha_b + C_y^{\delta_z}\delta_{zb} \\ &= \left(C_y^{\alpha} - C_y^{\delta_z}\frac{m_z^{\alpha}}{m_z^{\delta_z}} \right)\alpha_b \end{aligned}$$

在进行弹道计算时，若假设每一瞬时导弹都处于上述平衡状态，则可用上式来计算导弹在弹道各点上的平衡升力。这种假设通常称为“瞬时平衡”假设，即认为导弹从某一平衡状态改变到另一平衡状态是瞬时完成的，也就是忽略了导弹绕质心的旋转运动。此时作用在导弹上的俯仰力矩只有 $m_z^{\alpha}\alpha$ 和 $m_z^{\delta_z}\delta_z$，而且这两个力矩总是处于平衡状态，即

$$m_z^{\alpha}\alpha_b + m_z^{\delta_z}\delta_{zb} = 0 \tag{2-9}$$

导弹初步设计阶段采用“瞬时平衡”假设，可大大减少计算工作量。

2.2.3.3 纵向静稳定性

导弹的平衡有稳定平衡和不稳定平衡。在稳定平衡中，导弹由于某一小扰动的瞬时作用而破坏了它的平衡之后，经过某一过渡过程仍能恢复到原来的平衡状态。在不稳定平衡中，即便是很小的扰动瞬时作用于导弹，使其偏离平衡位置，导弹也没有恢复到原来平衡位置的能力。判别导弹纵向静稳定性的方法是看导数 m_z^{α} 的性质，即当 $m_z^{\alpha}\big|_{\alpha=\alpha_b} < 0$ 时，为纵向静稳定；当 $m_z^{\alpha}\big|_{\alpha=\alpha_b} > 0$ 时，为纵向静不稳定；当 $m_z^{\alpha}\big|_{\alpha=\alpha_b} = 0$ 时，是纵向静中立稳定，因为当 α 稍离开 α_b 时，它不会产生附加力矩。

图 2-7 给出了 $m_z = f(\alpha)$ 的三种典型情况，它们分别对应静稳定、静不稳定和静中立稳定的三种气动特性。

图 2-7(a)中力矩特性曲线 $m_z = f(\alpha)$ 显示 $m_z^{\alpha}\big|_{\alpha=\alpha_b} < 0$。如果导弹在平衡状态下($\alpha = \alpha_b$)飞行，由于某一微小扰动的瞬时作用，攻角 α 偏离平衡攻角 α_b，增加了一个小量 $\Delta\alpha > 0$，那么，在焦点上将有一附加升力 ΔY 产生，它对重心形成附加俯仰力矩：

$$\Delta M_z = m_z^{\alpha}\Delta\alpha qSL$$

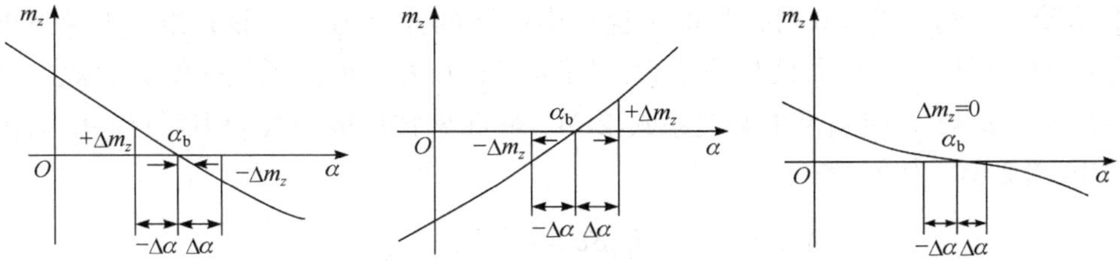

(a) 静稳定　　(b) 静不稳定　　(c) 静中立稳定

图 2-7　$m_z = f(\alpha)$ 的三种典型情况

由于 $m_z^\alpha < 0$，故 ΔM_z 是个负值，它使导弹低头，即力图减小攻角，由($\alpha_b + \Delta\alpha$)值恢复到原来的 α_b 值。导弹的这种物理属性称为纵向静稳定性。力图使导弹恢复到原来平衡状态的气动力矩 ΔM_z 称为静稳定力矩或恢复力矩。

图 2-7(b)表示导弹静不稳定的情况($m_z^\alpha\big|_{\alpha=\alpha_b} > 0$)。当导弹一旦偏离平衡状态后，所产生的附加力矩将使导弹更加偏离平衡状态。

图 2-7(c)表示导弹静中立稳定的情况($m_z^\alpha\big|_{\alpha=\alpha_b} = 0$)。当导弹偏离平衡状态后，不产生附加力矩，则干扰造成的攻角偏量 $\Delta\alpha$ 既不增大，也不能被消除。

综上所述，纵向静稳定性的定义可概述如下：导弹受到外界干扰作用而偏离原来平衡状态，在干扰消失的瞬间，若导弹不经操纵能产生附加气动力矩，使导弹具有恢复到原来平衡状态的趋势，则称导弹是静稳定的；若产生的附加气动力矩使导弹更加偏离原平衡状态，则称导弹是静不稳定的；若附加气动力矩为零，导弹既无恢复到原平衡状态的趋势，也不再继续偏离，则称导弹是静中立稳定的。必须指出，静稳定性只是说明导弹偏离平衡状态那一瞬间的力矩特性，并不能说明整个飞行过程导弹最终是否具有稳定性。

工程上常用 $m_z^{C_y}$ 评价导弹的纵向静稳定性。与偏导数 m_z^α 一样，偏导数 $m_z^{C_y}$ 也能对导弹的纵向静稳定性给出质和量的估计，其计算表达式为

$$m_z^{C_y} = \frac{\mathrm{d}m_z}{\mathrm{d}C_y} = \frac{\mathrm{d}m_z}{\mathrm{d}\alpha}\frac{\mathrm{d}\alpha}{\mathrm{d}C_y} = \frac{m_z^\alpha}{C_y^\alpha} = \bar{x}_g - \bar{x}_F$$

显然，对于具有纵向静稳定性的导弹，存在关系式 $m_z^{C_y} < 0$，这时重心位于焦点之前($\bar{x}_g < \bar{x}_F$)。当重心逐渐向焦点靠近时，静稳定性逐渐降低。当重心后移到与焦点重合($\bar{x}_g = \bar{x}_F$)时，导弹是静中立稳定的。当重心后移到焦点之后($\bar{x}_g > \bar{x}_F$)时，$m_z^{C_y} > 0$，导弹则是静不稳定的。因此，把焦点无量纲坐标与重心的无量纲坐标之间的差值$\left(\bar{x}_F - \bar{x}_g\right)$称为静稳定度。

导弹的静稳定度会影响飞行性能。为了保证导弹具有适当的静稳定度，设计过程中常采用两种办法：一是改变导弹的气动布局，从而改变焦点的位置，如改变弹翼的外形、面积以及相对弹身的安装位置，改变尾翼面积，添置小前翼，等等；二是改变导弹内部器件的部位安排，以调整重心的位置。

2.2.3.4　俯仰操纵力矩

对于采用正常式气动布局(舵面安装在弹身尾部)，且具有静稳定性的导弹来说，当舵

面向上偏转一个角度 $\delta_z<0$ 时，舵面上会产生向下的操纵力，并形成相对于导弹重心的抬头力矩 $M_z(\delta_z)>0$，从而使攻角增大，则对应的升力对重心形成一低头力矩。当达到力矩平衡时，α 与 δ_z 应满足平衡关系式(2-9)。舵面偏转形成的气动力对重心的力矩称为操纵力矩(图 2-8)，其值为

$$M_z^{\delta_z}\delta_z=m_z^{\delta_z}\delta_z qSL=C_y^{\delta_z}\delta_z qS\left(x_{\mathrm{g}}-x_r\right)$$

由此得

$$m_z^{\delta_z}=C_y^{\delta_z}\left(x_{\mathrm{g}}-x_r\right) \tag{2-10}$$

式中，$x_r=\overline{x}_r L$ 为舵面压力中心至弹身头部顶点的距离；$m_z^{\delta_z}$ 为舵面偏转单位角度时所引起的操纵力矩系数，称为舵面效率；$C_y^{\delta_z}$ 为舵面偏转单位角度时所引起的升力系数，随马赫数的变化规律如图 2-9 所示。

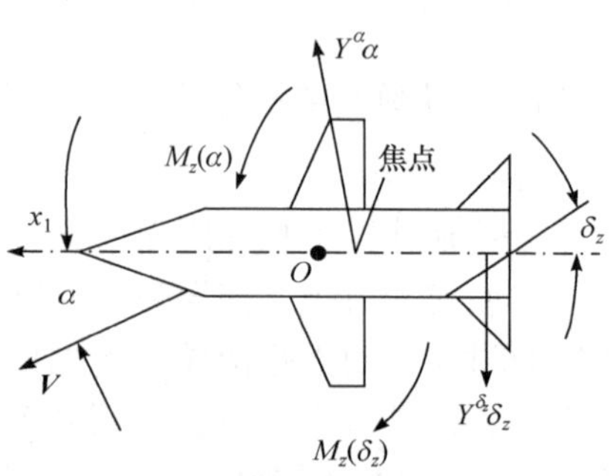

图 2-8 操纵力矩的示意图

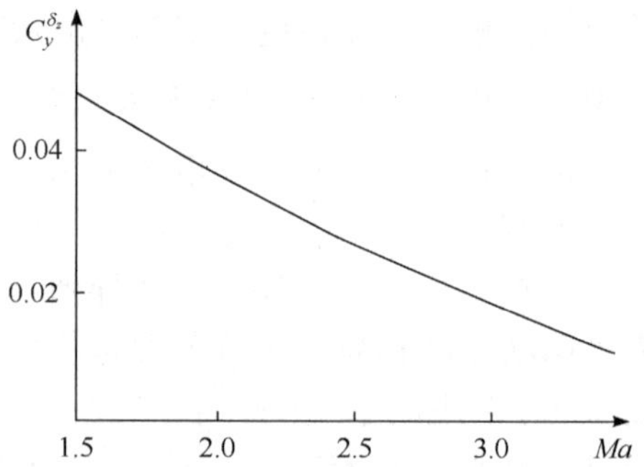

图 2-9 $C_y^{\delta_z}$ 与 Ma 的关系曲线

对于正常式导弹，重心总是在舵面之前，故 $m_z^{\delta_z}<0$；对于鸭式导弹，则 $m_z^{\delta_z}>0$。

2.2.3.5 俯仰阻尼力矩

俯仰阻尼力矩是由导弹绕 Oz_1 轴的旋转运动所引起的，其大小与旋转角速度 ω_z 成正比，而方向与 ω_z 相反。该力矩总是阻止导弹的旋转运动，故称为俯仰阻尼力矩(或纵向阻尼力矩)。

假定导弹质心速度为 $\boldsymbol{V}$，同时又以角速度 ω_z 绕 Oz_1 轴旋转。旋转使导弹表面上各点均获得一附加速度，其方向垂直于连接重心与该点的矢径 $\boldsymbol{r}$，大小等于 $\omega_z r$，如图 2-10 所示。若 $\omega_z>0$，则重心之前的导弹表面上各点的攻角将减小 $\Delta\alpha$，其值为 $\Delta\alpha=\mathrm{tg}^{-1}\dfrac{r\omega_z}{V}$。

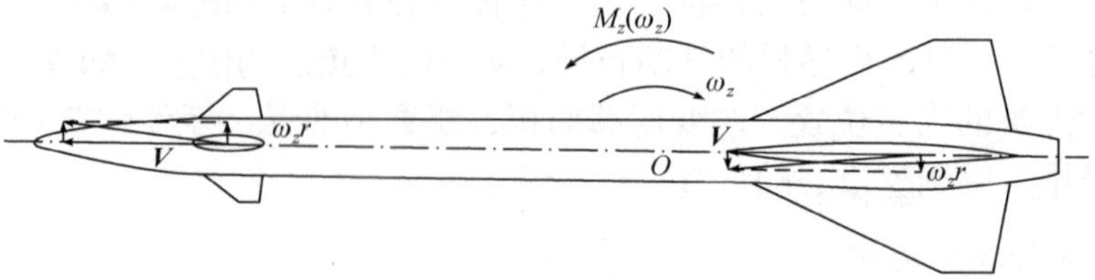

图 2-10 俯仰阻尼力矩

处于重心之后的导弹表面上各点将增加 $\Delta\alpha$ 值。攻角的变化导致附加升力的出现，在重心之前附加升力向下，而在重心之后附加升力向上，因此所产生的俯仰力矩与 ω_z 的方向相反，即力图阻止导弹绕 Oz_1 轴的旋转运动。

俯仰阻尼力矩常用无量纲俯仰阻尼力矩系数来表示，即有

$$M_z(\omega_z) = m_z^{\bar{\omega}_z}\bar{\omega}_z qSL \tag{2-11}$$

式中，$m_z^{\bar{\omega}_z}$ 总是一个负值，它的大小主要取决于飞行马赫数、导弹的几何外形和质心位置，通常为书写方便，将 $m_z^{\bar{\omega}_z}$ 简记作 $m_z^{\omega_z}$，但它的原意并不因此而改变。

一般情况下，阻尼力矩相对于稳定力矩和操纵力矩来说是比较小的。对某些旋转角速度 ω_z 较小的导弹来说，甚至可以忽略它对导弹运动的影响。但是，它对导弹运动的过渡过程品质的影响却不能忽略。

2.2.3.6　下洗延迟俯仰力矩

前面所述关于计算升力和俯仰力矩的方法，严格地说，仅适用于导弹定常飞行这一特殊情况。

在一般情况下，导弹是非定常飞行，其运动参数、空气动力和力矩都是时间的函数。这时空气动力系数和力矩系数不仅取决于该瞬时的 α、δ_z、ω_z、Ma 等参数值，还取决于这些参数随时间变化的特性。但是，作为初步的近似计算，可以认为作用在导弹上的空气动力和力矩仅取决于该瞬时的运动参数，这个假设通常称为“定常假设”。采用此假设，不但可以大大减少计算工作量，而且由此所求得的空气动力和力矩也非常接近实际值。但在某些情况下，如在研究下洗对导弹飞行的影响时，按“定常假设”计算的结果是有偏差的。

对于正常式布局的导弹，流经弹翼和弹身的气流，受到弹翼、弹身的反作用力作用，气流速度方向发生偏斜，这种现象称为“下洗”。由于下洗，尾翼处的实际攻角将小于导弹的飞行攻角。若导弹以速度 V 和随时间变化的攻角(如 $\dot{\alpha}>0$)做非定常飞行，则弹翼后的气流也是随时间变化的，但是被弹翼下压了的气流不可能瞬间到达尾翼，必须经过某一时间间隔 Δt (其大小取决于弹翼与尾翼间的距离和气流速度)，此即“下洗延迟”现象。因此，尾翼处的实际下洗角 $\varepsilon(t)$ 是与 Δt 间隔以前的攻角 $\alpha(t-\Delta t)$ 相对应的。例如，在 $\dot{\alpha}>0$ 的情况下，实际下洗角 $\varepsilon(t)=\varepsilon^{\alpha}\cdot(\alpha(t)-\dot{\alpha}\Delta t)$ 比定常飞行时的下洗角 $\varepsilon^{\alpha}\cdot\alpha(t)$ 要小，也就是说，按“定常假设”计算得到的尾翼升力偏小，应在尾翼上增加一个向上的附加升力，由此形成的附加气动力矩将使导弹低头，其作用是使攻角减小(阻止 α 值的增大)；当 $\dot{\alpha}<0$ 时，“下洗延迟”引起的附加力矩将使导弹抬头以阻止 α 值的减小。总之，“下洗延迟”引起的附加气动力矩相当于一种阻尼力矩，力图阻止 α 值的变化。

同样，若导弹的气动布局为鸭式或旋转弹翼式，当舵面或旋转弹翼的偏转角速度 $\dot{\delta}_z \neq 0$ 时，也存在“下洗延迟”现象。同理，由 $\dot{\delta}_z$ 引起的附加气动力矩也是一种阻尼力矩。

当 $\dot{\alpha}\neq 0$ 和 $\dot{\delta}_z \neq 0$ 时，由“下洗延迟”引起的两个附加俯仰力矩系数分别写成 $m_z^{\bar{\dot{\alpha}}}\bar{\dot{\alpha}}$ 和 $m_z^{\bar{\dot{\delta}}_z}\bar{\dot{\delta}}_z$，为书写方便，简记作 $m_z^{\dot{\alpha}}\dot{\alpha}$ 和 $m_z^{\dot{\delta}_z}\dot{\delta}_z$，它们都是无量纲量。

在分析了俯仰力矩的各项组成后，必须指出，尽管影响俯仰力矩的因素很多，但通常情况下，起主要作用的是由攻角引起的 $m_z^{\alpha}\alpha$ 和由舵偏角引起的 $m_z^{\delta_z}\delta_z$ 。

2.2.4 偏航力矩

偏航力矩 M_y 是空气动力矩在弹体坐标系 Oy_1 轴上的分量，它将使导弹绕 Oy_1 轴转动。偏航力矩与俯仰力矩产生的物理成因是相同的。

对于轴对称型导弹而言，偏航力矩特性与俯仰力矩类似。偏航力矩系数的表达式可仿照式(2-6)写成如下形式:

$$m_y = m_y^{\beta}\beta + m_y^{\delta_y}\delta_y + m_y^{\bar{\omega}_y}\bar{\omega}_y + m_y^{\bar{\dot{\beta}}}\bar{\dot{\beta}} + m_y^{\bar{\dot{\delta}}_y}\bar{\dot{\delta}}_y \tag{2-12}$$

式中，$\bar{\omega}_y = \omega_y L/V$ 、$\bar{\dot{\beta}} = \dot{\beta}L/V$ 、$\bar{\dot{\delta}}_y = \dot{\delta}_y L/V$ 是无量纲参数；m_y^{β}、$m_y^{\delta_y}$、$m_y^{\bar{\omega}_y}$、$m_y^{\bar{\dot{\beta}}}$、$m_y^{\bar{\dot{\delta}}_y}$ 是 m_y 关于 β、δ_y、$\bar{\omega}_y$ 、$\bar{\dot{\beta}}$、$\bar{\dot{\delta}}_y$ 的偏导数。

由于所有战术导弹外形相对于 x_1Oy_1 平面都是对称的，故在偏航力矩系数中不存在 m_{y0} 这一项。

m_y^{β} 表征导弹航向静稳定性，若 $m_y^{\beta}<0$ ，则是航向静稳定的。对于正常式导弹，$m_y^{\delta_y}<0$ ；对于鸭式导弹，则 $m_y^{\delta_y}>0$ 。

对于面对称型(飞机型)导弹，当存在绕 Ox_1 轴的滚动角速度 ω_x 时，安装在弹身上方的垂直尾翼的各个剖面上将产生附加的侧滑角 $\Delta\beta$ 和侧向力，从而产生相对于 Oy_1 轴的偏航力矩。这个力矩对于面对称型导弹是不可忽视的。该力矩使导弹有做螺旋运动的趋势，故称之为螺旋偏航力矩。因此，对于面对称型导弹，式(2-12)右端必须加上一项 $m_y^{\bar{\omega}_x}\bar{\omega}_x$ ，即

$$m_y = m_y^{\beta}\beta + m_y^{\delta_y}\delta_y + m_y^{\bar{\omega}_y}\bar{\omega}_y + m_y^{\bar{\omega}_x}\bar{\omega}_x + m_y^{\bar{\dot{\beta}}}\bar{\dot{\beta}} + m_y^{\bar{\dot{\delta}}_y}\bar{\dot{\delta}}_y \tag{2-13}$$

式中，$\bar{\omega}_x = \omega_x L/V$ ；$m_y^{\bar{\omega}_x} = \partial m_y / \partial \bar{\omega}_x$ ，是无量纲交叉导数，其值总为负。

2.2.5 滚转力矩

滚转力矩(又称“滚动力矩”或“倾斜力矩”) M_x 是绕导弹纵轴 Ox_1 的气动力矩，它是由于迎面气流不对称地流过导弹而产生的。当存在侧滑角、操纵机构偏转或导弹绕 Ox_1 及 Oy_1 轴旋转时，气流流动的对称性均会受到破坏。此外，生产工艺误差造成的弹翼(或安定面)不对称安装或尺寸大小不一致，也会破坏气流流动的对称性。因此，滚动力矩的大小取决于导弹的形状和尺寸、飞行速度和高度、攻角、侧滑角、舵面偏转角、角速度及制造误差等多种因素。

与分析其他气动力矩一样，只讨论滚转力矩的无量纲力矩系数：

$$m_x = \frac{M_x}{qSL}$$

若影响滚转力矩的上述参数都比较小时，可略去一些次要因素，则滚转力矩系数可用如下线性关系近似地表示：

$$m_x = m_{x0} + m_x^{\beta}\beta + m_x^{\delta_x}\delta_x + m_x^{\delta_y}\delta_y + m_x^{\bar{\omega}_x}\bar{\omega}_x + m_x^{\bar{\omega}_y}\bar{\omega}_y \tag{2-14}$$

式中，m_{x0} 是由制造误差引起的外形不对称产生的；m_x^{β}、$m_x^{\delta_x}$、$m_x^{\delta_y}$、$m_x^{\bar{\omega}_x}$、$m_x^{\bar{\omega}_y}$ 是滚转力矩系数 m_x 关于 β、δ_x、δ_y、$\bar{\omega}_x$、$\bar{\omega}_y$ 的偏导数，主要与导弹的几何参数和马赫数有关。对于轴对称型导弹，式(2-14)等号右边的第二、四、六项可忽略。

2.2.5.1　横向静稳定性

偏导数 m_x^{β} 表征导弹的横向静稳定性，它对面对称型导弹来说具有重要意义。为了说明这一概念，以导弹做水平直线飞行为例，假定出于某种原因导弹突然向右倾斜了某一角度 γ (图 2-11)，因升力 Y 总在纵向对称平面内，故当导弹倾斜时，会产生水平分量 $Y\sin\gamma$，它使飞机做侧滑飞行，产生正的侧滑角。

若 $m_x^{\beta}<0$，则 $m_x^{\beta}\beta<0$，于是该力矩使导弹具有消除出于某种原因所产生的向右倾斜运动的趋势，因此，若 $m_x^{\beta}<0$，则导弹具有横向静稳定性；若 $m_x^{\beta}>0$，则导弹是横向静不稳定的。

影响面对称型导弹横向静稳定性的因素比较复杂，但静稳定性主要是由弹翼和垂直尾翼产生的，因而弹翼的 m_x^{β} 又主要与弹翼的后掠角和上反角有关。

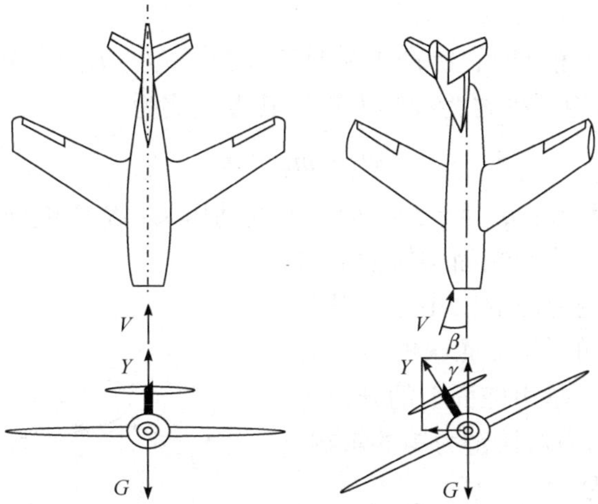

图 2-11　面对称型导弹倾斜时产生的侧滑

2.2.5.2　滚动操纵力矩

面对称型导弹绕纵轴 Ox_1 转动或保持倾斜稳定，主要是由一对副翼产生滚动操纵力矩实现的。副翼一般安装在弹翼后缘的翼梢处，两边副翼的偏转角方向相反。

轴对称型导弹则利用升降舵和方向舵的差动实现副翼的功能。如果升降舵的一对舵面上下对称偏转(同时向上或向下)，那么它们将产生俯仰力矩；如果方向舵的一对舵面左右对称偏转(同时向左或向右)，那么它们将产生偏航力矩；如果升降舵或方向舵不对称偏转(方向相反或大小不同)，那么它们将产生滚转力矩。

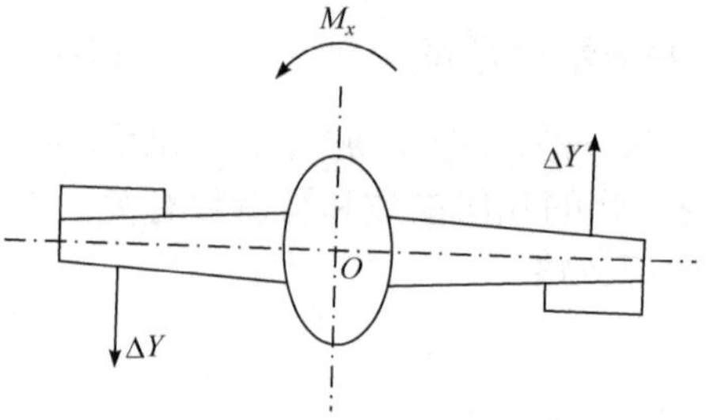

图 2-12 副翼工作原理示意图(后视图)

现以副翼偏转 δ_x 角后产生的滚动操纵力矩为例，由图 2-12 可以看出，从弹的尾部看去，后缘向下偏转的右副翼产生正的升力增量 ΔY，而后缘向上偏转的左副翼则使升力减小了 ΔY，由此产生了负的滚动操纵力矩 $M_x < 0$，该力矩一般与副翼的偏转角 δ_x 成正比，即

$$M_x(\delta_x) = M_x^{\delta_x}\delta_x$$

式中，$M_x^{\delta_x}$ 为副翼的操纵效率。通常定义，从弹的尾部看去，右副翼后缘向下偏转、左副翼后缘向上偏转时 δ_x 为正，因此 $M_x^{\delta_x} < 0$。

对于面对称型导弹，垂直尾翼相对于 x_1Oz_1 平面是非对称的。如果在垂直尾翼后缘安装有方向舵，那么当舵面偏转 δ_y 角时，作用于舵面上的侧向力不仅使导弹绕 Oy_1 轴转动，还将产生一个与舵偏角 δ_y 成比例的滚动力矩，即

$$M_x(\delta_y) = M_x^{\delta_y}\delta_y$$

式中，$M_x^{\delta_y}$ 为滚转力矩 M_x 对 δ_y 的偏导数，$M_x^{\delta_y} < 0$。

2.2.6 铰链力矩

当操纵面偏转某一角度时，除产生相对于导弹质心的力矩之外，还会产生相对于操纵面铰链轴(转轴)的力矩，称之为铰链力矩，其表达式为

$$M_h = m_h q_t S_t b_t \tag{2-15}$$

式中，m_h 为铰链力矩系数；q_t 为流经舵面气流的动压头；S_t 为舵面面积；b_t 为舵面弦长。

对于导弹而言，驱动操纵面偏转的舵机所需的功率取决于铰链力矩的大小。以升降舵为例，当舵面处的攻角为 α，舵偏角为 δ_z 时(图 2-13)，铰链力矩主要是由舵面上的升力 Y_t 产生的。若忽略舵面阻力对铰链力矩的影响，则铰链力矩的表达式为

$$M_h = -Y_t h\cos(\alpha + \delta_z)$$

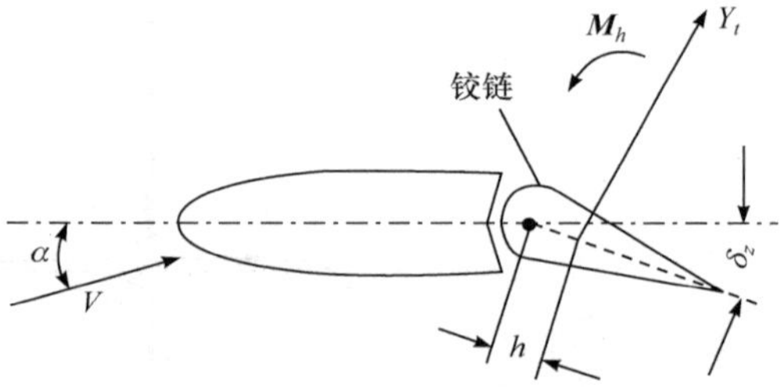

图 2-13 铰链力矩

式中，h 为舵面压心至铰链轴的距离。

当攻角 α 和舵偏角 δ_z 较小时，升力 Y_t 可视为与 α 和 δ_z 成线性关系，且 $\cos(\alpha + \delta_z) \approx 1$，则上式可改写成

$$\begin{aligned} M_h &= -\left(Y_t^{\alpha}\alpha + Y_t^{\delta_z}\delta_z\right)h \\ &= M_h^{\alpha}\alpha + M_h^{\delta_z}\delta_z \end{aligned}$$

相应的铰链力矩系数也可写成

$$m_h = m_h^{\alpha}\alpha + m_h^{\delta_z}\delta_z$$

铰链力矩系数 m_h 主要取决于操纵面的类型及形状、马赫数、攻角(对于垂直安装的操纵面则取决于侧滑角)、操纵面的偏转角，以及铰链轴的位置等因素。

2.3 推　　力

推力是发动机工作时，发动机内燃气流高速喷出，从而在导弹上形成与喷流方向相反的作用力，它是导弹飞行的动力。

战术导弹常采用固体火箭发动机或空气喷气发动机。发动机的类型不同，推力特性也不一样。

火箭发动机推力的计算表达式为

$$P = m_s \mu_e + S_e \left(p_e - p_H \right) \tag{2-16}$$

式中，m_s 为单位时间内的燃料消耗量；μ_e 为燃气介质相对弹体的喷出速度；S_e 为发动机喷管出口处的横截面积；p_e 为发动机喷管出口处燃气流的压强；p_H 为导弹所处高度的大气压强。

由式(2-16)可以看出，火箭发动机推力的大小主要取决于发动机性能参数，也与导弹的飞行高度有关，而与导弹的飞行速度无关。式(2-16)等号右边第一项是由于燃气介质高速喷出而产生的推力，称之为动力学推力或动推力；第二项是由发动机喷管截面处的燃气流压强 p_e 与大气压强 p_H 的压差引起的推力，一般称之为静力学推力或静推力，它与导弹的飞行高度有关。

空气喷气发动机的推力，不仅与导弹飞行高度有关，还与导弹的飞行速度 $\boldsymbol{V}$、攻角 α、侧滑角 β 等运动参数有关。

发动机推力 $\boldsymbol{P}$ 的作用方向，一般情况下是沿弹体纵轴并通过导弹的质心，因此不存在推力矩，即 $\boldsymbol{M}_p = 0$。推力矢量 $\boldsymbol{P}$ 在弹体坐标系 $Ox_1y_1z_1$ 各轴上的投影分量可写成

$$\begin{pmatrix} P_{x_1} \\ P_{y_1} \\ P_{z_1} \end{pmatrix} = \begin{pmatrix} P \\ 0 \\ 0 \end{pmatrix}$$

如果推力矢量 $\boldsymbol{P}$ 不通过导弹质心，且与弹体纵轴构成某夹角，设推力作用线至质心的偏心矢径为 $\boldsymbol{R}_p$，它在弹体坐标系中的投影分量分别为 $\left(x_{1p} \quad y_{1p} \quad z_{1p} \right)^{\mathrm{T}}$，那么推力产生的力矩 $\boldsymbol{M}_p$ 可表示成

$$\boldsymbol{M}_p = \boldsymbol{R}_p \times \boldsymbol{P} = \hat{\boldsymbol{R}}_p \boldsymbol{P}$$

式中，

$$\hat{\boldsymbol{R}}_p = \begin{bmatrix} 0 & -z_{1p} & y_{1p} \\ z_{1p} & 0 & -x_{1p} \\ -y_{1p} & x_{1p} & 0 \end{bmatrix}$$

是矢量 $\boldsymbol{R}_p$ 的反对称矩阵，所以有

$$\begin{pmatrix} M_{x_1} \\ M_{y_1} \\ M_{z_1} \end{pmatrix} = \begin{bmatrix} 0 & -z_{1p} & y_{1p} \\ z_{1p} & 0 & -x_{1p} \\ -y_{1p} & x_{1p} & 0 \end{bmatrix} \begin{pmatrix} P_{x_1} \\ P_{y_1} \\ P_{z_1} \end{pmatrix} = \begin{pmatrix} P_{z_1} y_{1p} - P_{y_1} z_{1p} \\ P_{x_1} z_{1p} - P_{z_1} x_{1p} \\ P_{y_1} x_{1p} - P_{x_1} y_{1p} \end{pmatrix} \tag{2-17}$$

2.4 重　　力

导弹在空间飞行将会受到地球、太阳、月球等星球的引力。对于战术导弹而言，由于它是在近地球的大气层内飞行，所以只须考虑地球对导弹的引力。在考虑地球自转的情况下，导弹除受地心的引力 G_1 外，还要受到因地球自转而产生的离心惯性力 $\boldsymbol{F}_\mathrm{e}$ 。因此，作用于导弹上的重力就是地心引力和离心惯性力的矢量和：

$$\boldsymbol{G} = \boldsymbol{G}_1 + \boldsymbol{F}_\mathrm{e}$$

重力 $\boldsymbol{G}$ 的大小和方向与导弹所处的地理位置有关。根据牛顿万有引力定律，引力 $\boldsymbol{G}_1$ 与地心至导弹的距离的平方成反比。离心惯性力 $\boldsymbol{F}_\mathrm{e}$ 则与导弹至地球极轴的距离有关。

实际上，地球是个外形凹凸不平的不规则几何体，其质量分布也不均匀。为了研究方便，通常把它看成是均质的椭球体，如图 2-14 所示。若导弹在椭球体地球表面上的质量为 m，地心至导弹的距离为 r ，地心纬度为 ϕ，地球绕极轴的旋转角速度为 ω_e ，则地球对导弹的引力 $\boldsymbol{G}_1$ 与 r 共线，方向相反；离心惯性力的大小为[1]

$$F_\mathrm{e} = mr\omega_\mathrm{e}^2 \cos\phi$$

式中，$\omega_\mathrm{e} = 7.2921 \times 10^{-5} \mathrm{rad/s}$ 。

重力的作用方向与悬垂线的方向一致，即与导弹所处的地面法线 $\boldsymbol{n}$ 共线，方向相反，如图 2-14 所示。

计算表明，离心惯性力 $\boldsymbol{F}_\mathrm{e}$ 比地心引力 $\boldsymbol{G}_1$ 小得多，因此通常把引力 $\boldsymbol{G}_1$ 视为重力，即

$$\boldsymbol{G} = m\boldsymbol{g} \tag{2-18}$$

这时，作用在物体上的重力总是指向地心，事实上就是把地球看成是圆球形状(圆球模型)，如图 2-15 所示。

重力加速度 $\boldsymbol{g}$ 的大小与导弹的飞行高度有关，即

$$g = g_0 \frac{R^2}{(R+h)^2} \tag{2-19}$$

式中，g_0 为地球表面处的重力加速度，一般取值为 $9.81\mathrm{m/s^2}$ ；R 为地球平均半径，一般取值为 6371km；h 为导弹离地球表面的高度。

由式(2-19)可知，重力加速度 g 是导弹飞行高度 h 的函数。当 h=32km 时，g=0.99 g_0 ，重力加速度仅减小 1%。因此，对于近程有翼导弹，在整个飞行过程中，重力加速度可认为是常量，且可视航程内的地面为平面，即重力场是平行力场。

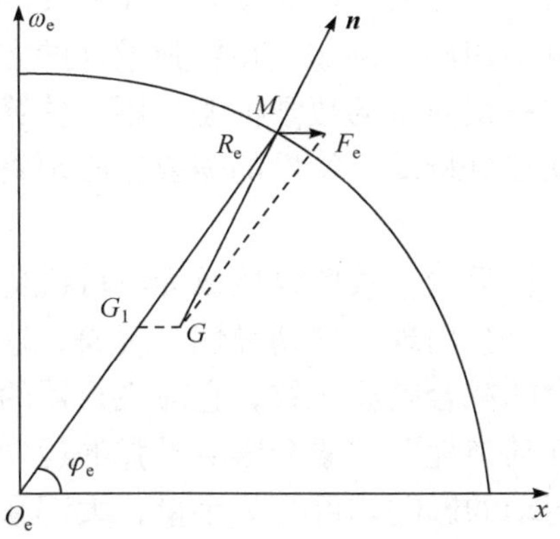

图 2-14 椭球模型上 M 点的重力方向

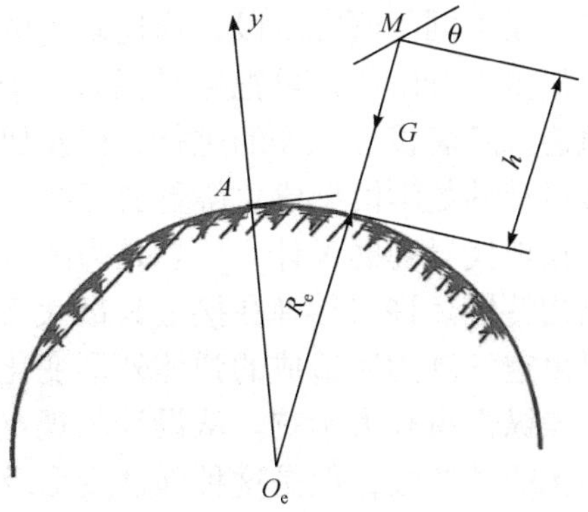

图 2-15 圆球模型上 M 点的重力方向

2.5 导弹运动的建模基础

2.5.1 理论基础

由理论力学可知，任何自由刚体在空间的任意运动，都可以把它视为刚体质心的平移运动和绕质心旋转运动的合成，即决定刚体质心瞬时位置的三个自由度和决定刚体瞬时姿态的三个自由度。对于刚体，可以应用牛顿第二定律来研究质心的移动，用动量矩定理研究刚体绕质心的转动。

若 m 表示刚体的质量，$\boldsymbol{V}$ 表示刚体质心的速度，$\boldsymbol{H}$ 表示刚体相对于质心的动量矩，则描述刚体质心移动和绕质心转动的动力学基本方程为

$$m\frac{\mathrm{d}\boldsymbol{V}}{\mathrm{d}t}=\boldsymbol{F}$$

$$\frac{\mathrm{d}\boldsymbol{H}}{\mathrm{d}t}=\boldsymbol{M}$$

式中，$\boldsymbol{F}$ 为作用于刚体上的合外力；$\boldsymbol{M}$ 为合外力对刚体质心的合力矩。

值得注意的是，上述定理的应用是有条件的：第一，运动物体是常质量的刚体；第二，运动是在惯性坐标系中考察的，即描述刚体运动应采用绝对运动参数，而不是相对运动参数。

2.5.2 导弹运动建模的简化处理

导弹飞行过程中，操纵机构、控制系统的电气和机械部件都可能有相对于弹体的运动。同时，产生推力的火箭发动机也不断喷出推进剂的燃烧介质，使导弹质量随时间不断变化。因此，研究导弹的运动不能直接应用经典的动力学定理，而应采用变质量力学定理，这比研究刚体运动要复杂得多。

由于实际物理系统的物理现象或过程往往是比较复杂的，因此建立描述系统的数学

模型时，应抓住反映物理系统最本质和最主要的因素，舍去那些非本质、非主要因素。当然，在不同的研究阶段，描述系统的数学模型也不相同。例如，在导弹设计的方案论证或初步设计阶段，可把导弹视为一个质点，建立一组简单的数学模型，用于估算其运动轨迹。随着设计工作的进行，以及研究导弹运动和分析动态特性的需要，必须将描述导弹运动的数学模型建立得更加复杂、更加完善。

在现代导弹的设计中，总是力图减小弹体的结构重量，致使柔性成为不可避免的导弹结构特性。许多导弹在接近其最大飞行速度时，总会出现“气动弹性”现象，这种现象是由空气动力所造成的弹体外形变化与空气动力的耦合效应所致，它对飞行器的稳定性和操纵性有较大影响。从设计的观点来看，“气动弹性”现象会影响导弹的运动特性和结构的整体性，但是这种弹性变形及其对导弹运动的影响均可视为小量，大都采用线性化理论进行处理。

一般在研究导弹运动规律时，为使问题简化，可以把导弹质量与喷射出的燃气质量合在一起考虑，转换为一个常质量系，即采用“固化原理(或刚化原理)”：在任意研究瞬时，将变质量系的导弹视为虚拟刚体，把该瞬时导弹所包含的所有物质固化在虚拟的刚体上，同时忽略一些影响导弹运动的次要因素，如弹体结构的弹性变形、科氏惯性力(液体发动机内流动液体因导弹的转动而产生的惯性力)、变分力(由液体发动机内流体的非定常运动引起的力)。

采用“固化原理”后，某一研究瞬时的变质量导弹运动方程可简化成常质量刚体的方程形式，用该瞬时的导弹质量 $m(t)$取代原来的常质量 m。关于导弹绕质心转动的研究也可以用类似的方法处理。这样，导弹运动方程的矢量表达式可写成

$$\begin{cases} m(t)\dfrac{\mathrm{d}\boldsymbol{V}}{\mathrm{d}t}=\boldsymbol{F} \\ \dfrac{\mathrm{d}\boldsymbol{H}}{\mathrm{d}t}=\boldsymbol{M} \end{cases} \tag{2-20}$$

大量实践表明，采用上述简化方法，具有较高的精度，能满足大多数情况下研究问题的需要。

另外，对于近程有翼导弹而言，在建立导弹运动方程时，通常将大地当作静止的平面，也就是不考虑地球的曲率和旋转，这样的处理大大简化了导弹运动方程的形式。

2.6 常用坐标系及其变换

建立描述导弹运动的标量方程，常常需要定义一些坐标系。由于选取不同的坐标系，所建立的导弹运动方程组的形式和复杂程度也会有所不同，因此选取合适的坐标系是十分重要的。选取坐标系的原则：既能正确地描述导弹的运动，又要使描述导弹运动的方程形式简单、清晰。

2.6.1 坐标系定义

导弹飞行力学中经常用到的坐标系有地面坐标系 $Axyz$ 、弹道坐标系 $Ox_2y_2z_2$ 、弹体

坐标系 $Ox_1y_1z_1$ 和速度坐标系 $Ox_3y_3z_3$，它们都是右手直角坐标系。下面逐一进行介绍。

2.6.1.1　地面坐标系

地面坐标系 $Axyz$ 与地球固联，原点 A 通常取为地面上某一参考点，Ax 轴在水平面内，指向目标(或目标在地面的投影)为正；Ay 轴与地面垂直，向上为正；Az 轴按右手定则确定，如图 2-16 所示。为了便于进行坐标变换，通常将地面坐标系平移，即原点 A 移至导弹质心 O 处，各坐标轴平行移动。

对于近程战术导弹而言，地面坐标系就是惯性坐标系。其主要是用来作为确定导弹质心位置和空间姿态的基准。

2.6.1.2　弹道坐标系

弹道坐标系 $Ox_2y_2z_2$ 的原点 O 取在导弹的质心上；Ox_2 轴同导弹质心的速度矢量 $\boldsymbol{V}$ 重合；Oy_2 轴位于包含速度矢量 $\boldsymbol{V}$ 的铅垂平面内，且垂直 Ox_2 轴，向上为正；Oz_2 轴按照右手定则确定，如图 2-17 所示。显然，弹道坐标系与导弹的速度矢量 $\boldsymbol{V}$ 固联，是一个动坐标系。该坐标系主要用于研究导弹质心的运动特性。在以后的研究中将会发现，利用该坐标系建立的导弹质心运动的动力学方程，在分析、研究弹道特性时比较简单清晰。

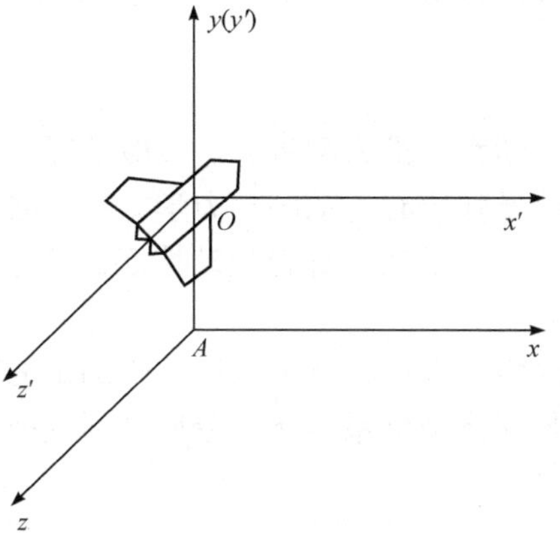

图 2-16　地面坐标系

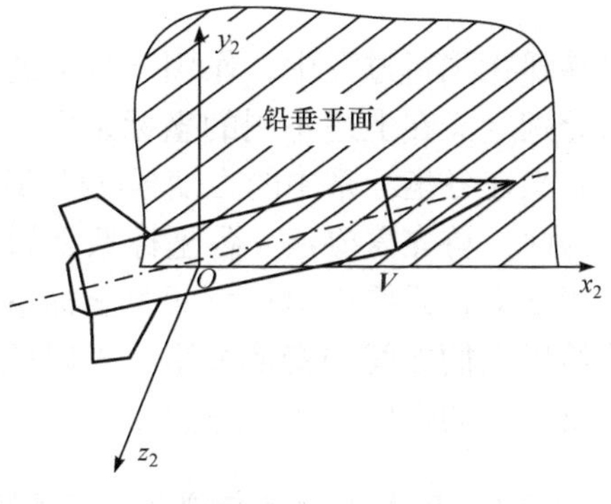

图 2-17　弹道坐标系

2.6.1.3　弹体坐标系

弹体坐标系 $Ox_1y_1z_1$ 的原点 O 取在导弹的质心上；Ox_1 轴与弹体纵轴重合，指向头部为正；Oy_1 轴在弹体纵向对称平面内，垂直于 Ox_1 轴，向上为正；Oz_1 轴垂直于 x_1Oy_1 平面，方向按右手定则确定，如图 2-18 所示。此坐标系与弹体固联，也是动坐标系。它与地面坐标系配合，可以确定弹体的姿态。另外，研究作用在导弹上的推力、推力偏心形成的力矩和气动力矩时，利用该坐标系也比较方便。

2.6.1.4　速度坐标系

速度坐标系 $Ox_3y_3z_3$ 的原点 O 取在导弹的质心上；Ox_3 轴与速度矢量 $\boldsymbol{V}$ 重合(也与弹

道坐标系的 Ox_2 轴完全一致)；Oy_3 轴位于弹体纵向对称面内，与 Ox_3 轴垂直，向上为正；Oz_3 轴垂直于 x_3Oy_3 平面，其方向按右手定则确定，如图 2-18 所示。此坐标系与导弹速度矢量固联，是一个动坐标系，常用来研究作用于导弹上的空气动力 $\boldsymbol{R}$。该力在速度坐标系各轴上的投影分量就是阻力 X、升力 Y 和侧向力 Z。

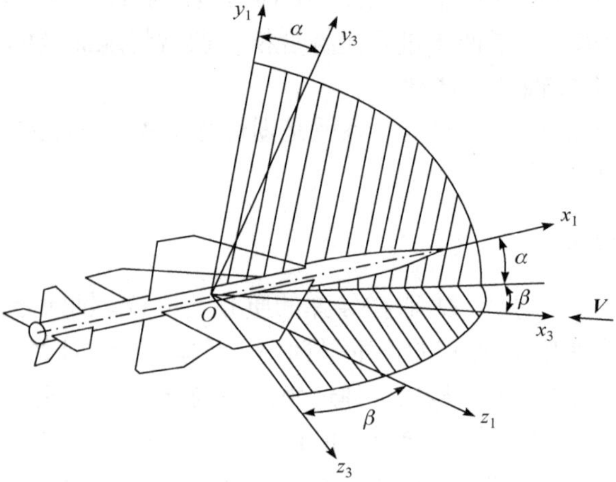

图 2-18　速度坐标系与弹体坐标系

2.6.2　坐标系变换

导弹在飞行过程中，作用于其上的力包括空气动力、推力和重力。一般情况下，各个力分别定义在上述不同的坐标系中。要建立描绘导弹质心运动的动力学方程，必须将分别定义在各坐标系中的力变换(投影)到某个选定的、能够表征导弹运动特征的动坐标系中。为此，首先需要建立各坐标系之间的变换关系。

实际上，只要知道任意两个坐标系各对应轴的相互方位，就可以用一个确定的变换矩阵给出它们之间的变换关系。先以地面坐标系与弹体坐标系为例，分析坐标变换的过程以及相应的坐标变换矩阵。

2.6.2.1　地面坐标系与弹体坐标系之间的变换矩阵

将地面坐标系 $Axyz$ 平移，使原点 A 与弹体坐标系的原点 O 重合。弹体坐标系 $Ox_1y_1z_1$ 相对地面坐标系 $Axyz$ 的方位，可用三个姿态角来确定，它们分别为偏航角 ψ 、俯仰角 φ 、滚转角(又称“倾斜角”)γ ，如图 2-19(a)所示。其定义如下所述。

偏航角 ψ : 导弹的纵轴 Ox_1 在水平面上的投影与地面坐标系 Ax 轴之间的夹角。由 Ax 轴逆时针方向转至导弹纵轴的投影线时，偏航角 ψ 为正(转动角速度方向与 Ay 轴的正向一致)，反之为负。

俯仰角 φ : 导弹的纵轴 Ox_1 与水平面之间的夹角。若导弹纵轴在水平面之上，则俯仰角 φ 为正(转动角速度方向与 Az' 轴的正向一致)，反之为负。

滚转角 γ : 导弹的 Oy_1 轴与包含弹体纵轴 Ox_1 的铅垂平面之间的夹角。从弹体尾部顺着 Ox_1 轴往前看，若 Oy_1 轴位于铅垂平面的右侧，形成的夹角 γ 为正(转动角速度方向与

Ox_1 轴的正向一致)，反之为负。

以上定义的三个角度，通常称为欧拉角，又称为弹体的姿态角。借助它们可以推导出地面坐标系 $Axyz$ 到弹体坐标系 $Ox_1y_1z_1$ 的变换矩阵 $L(\psi,\varphi,\gamma)$。按照姿态角的定义，绕相应坐标轴依次旋转 ψ、φ 和 γ，每一次旋转称为基元旋转[2]，相应地，得到三个基元变换矩阵(又称为“初等变换矩阵”)，这三个基元变换矩阵的乘积，就是坐标变换矩阵 $L(\psi,\varphi,\gamma)$。具体过程如下所述。

先将地面坐标系 $Axyz$ 绕 Ay 轴旋转 ψ 角，形成过渡坐标系 $Ax'yz'$ (图 2-19(b))。

若某矢量在地面坐标系 $Axyz$ 中的分量为 x、y、z，分量列矩阵为 $\begin{pmatrix} x & y & z \end{pmatrix}^{\mathrm{T}}$，则转换到坐标系 $Ax'yz'$ 后的分量列矩阵为

$$\begin{pmatrix} x' \\ y \\ z' \end{pmatrix} = L_y(\psi)\begin{pmatrix} x \\ y \\ z \end{pmatrix} \tag{2-21}$$

式中，

$$L_y(\psi) = \begin{pmatrix} \cos\psi & 0 & -\sin\psi \\ 0 & 1 & 0 \\ \sin\psi & 0 & \cos\psi \end{pmatrix} \tag{2-22}$$

称为绕 Ay 轴转过 ψ 角的基元变换矩阵。

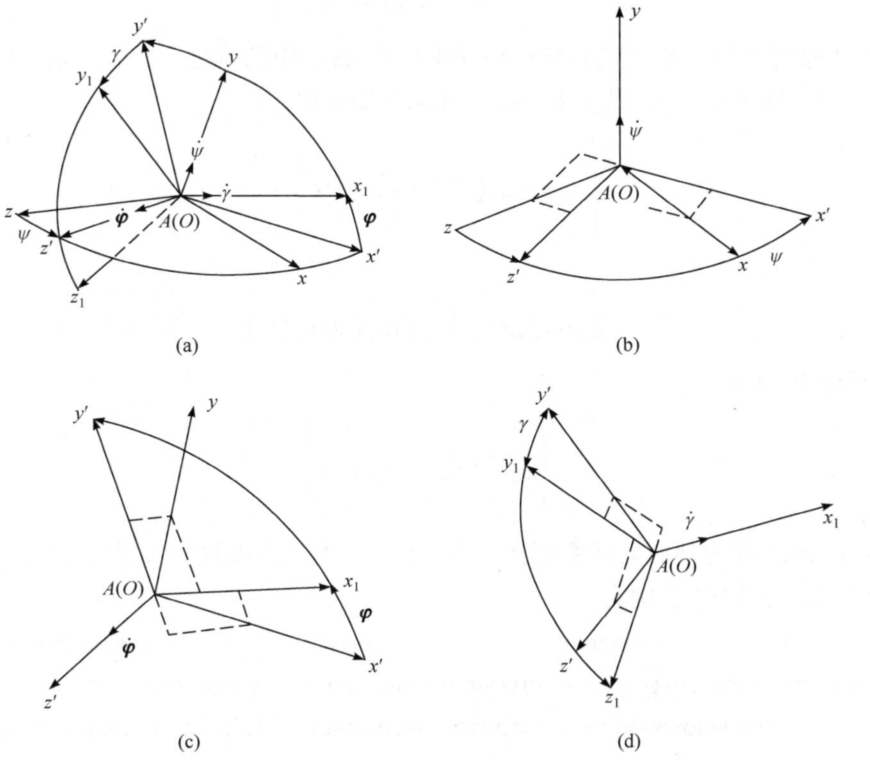

图 2-19 地面坐标系 $Axyz$ 与弹体坐标系 $Ox_1y_1z_1$ 的相对关系

再将坐标系 $Ax'yz'$ 绕 Az' 轴旋转 φ 角，组成新的坐标系 $Ax_1y'z'$ (图 2-19(c))。同样，得到

$$\begin{pmatrix} x_1 \\ y' \\ z' \end{pmatrix} = L_z(\varphi)\begin{pmatrix} x' \\ y \\ z' \end{pmatrix} \tag{2-23}$$

式中，基元变换矩阵 $L_z(\varphi)$为

$$L_z(\varphi) = \begin{pmatrix} \cos\varphi & \sin\varphi & 0 \\ -\sin\varphi & \cos\varphi & 0 \\ 0 & 0 & 1 \end{pmatrix} \tag{2-24}$$

最后将坐标系 $Ax_1y'z'$ 绕 Ax_1 轴转过 γ 角，得到弹体坐标系 $Ox_1y_1z_1$ (图 2-19(d))。相应的分量列矩阵存在如下关系：

$$\begin{pmatrix} x_1 \\ y_1 \\ z_1 \end{pmatrix} = L_x(\gamma)\begin{pmatrix} x_1 \\ y' \\ z' \end{pmatrix} \tag{2-25}$$

式中，基元变换矩阵 $L_x(\gamma)$ 为

$$L_x(\gamma) = \begin{pmatrix} 1 & 0 & 0 \\ 0 & \cos\gamma & \sin\gamma \\ 0 & -\sin\gamma & \cos\gamma \end{pmatrix} \tag{2-26}$$

由以上推导可知，要将某矢量在地面坐标系 $Axyz$ 中的分量 x、y、z 转换到弹体坐标系 $Ox_1y_1z_1$ 中，将式(2-21)和式(2-23)代入式(2-25)即可得到：

$$\begin{pmatrix} x_1 \\ y_1 \\ z_1 \end{pmatrix} = L_x(\gamma)L_z(\varphi)L_y(\psi)\begin{pmatrix} x \\ y \\ z \end{pmatrix} \tag{2-27}$$

令

$$L(\psi,\varphi,\gamma) = L_x(\gamma)L_z(\varphi)L_y(\psi) \tag{2-28}$$

则式(2-27)又可写成

$$\begin{pmatrix} x_1 \\ y_1 \\ z_1 \end{pmatrix} = L(\psi,\varphi,\gamma)\begin{pmatrix} x \\ y \\ z \end{pmatrix} \tag{2-29}$$

式中，$L(\psi,\varphi,\gamma)$ 称为地面坐标系到弹体坐标系的坐标变换矩阵。将式(2-22)、式(2-24)、式(2-26)代入式(2-28)中，则有

$$L(\psi,\varphi,\gamma) = \begin{pmatrix} \cos\varphi\cos\psi & \sin\varphi & -\cos\varphi\sin\psi \\ -\sin\varphi\cos\psi\cos\gamma + \sin\psi\sin\gamma & \cos\varphi\cos\gamma & \sin\varphi\sin\psi\cos\gamma + \cos\psi\sin\gamma \\ \sin\varphi\cos\psi\sin\gamma + \sin\psi\cos\gamma & -\cos\varphi\sin\gamma & -\sin\varphi\sin\psi\sin\gamma + \cos\psi\cos\gamma \end{pmatrix} \tag{2-30}$$

地面坐标系与弹体坐标系之间的坐标变换方向余弦表如表 2-1 所示。

表 2-1　地面坐标系与弹体坐标系之间的坐标变换方向余弦表

坐标轴	Ax	Ay	Az
Ox_1	$\cos\varphi\cos\psi$	$\sin\varphi$	$-\cos\varphi\sin\psi$
Oy_1	$-\sin\varphi\cos\psi\cos\gamma+\sin\psi\sin\gamma$	$\cos\varphi\cos\gamma$	$\sin\varphi\sin\psi\cos\gamma+\cos\psi\sin\gamma$
Oz_1	$\sin\varphi\cos\psi\sin\gamma+\sin\psi\cos\gamma$	$-\cos\varphi\sin\gamma$	$-\sin\varphi\sin\psi\sin\gamma+\cos\psi\cos\gamma$

由上述过程可以看出，两个坐标系之间的坐标变换矩阵就是各基元变换矩阵的乘积，且基元变换矩阵相乘的顺序与坐标系旋转的顺序相反(左乘)。根据这一规律，可以直接写出任何两个坐标系之间的变换矩阵。关于基元变换矩阵的写法也是有规律可循的，请读者自行总结。注意：坐标系旋转的顺序并不是唯一的，有关说明可参见文献[2]。

如果已知某矢量在弹体坐标系中的分量为 x_1、y_1、z_1，那么在地面坐标系中的分量可按式(2-31)计算：

$$\begin{pmatrix} x \\ y \\ z \end{pmatrix} = L^{-1}(\psi,\varphi,\gamma)\begin{pmatrix} x_1 \\ y_1 \\ z_1 \end{pmatrix} \tag{2-31}$$

而且 $L^{-1}(\psi,\varphi,\gamma)=L^{\mathrm{T}}(\psi,\varphi,\gamma)$，因此，坐标变换矩阵是规范化正交矩阵，它的元素满足如下条件：

$$\begin{cases} \sum\limits_{k=1}^{3} l_{ik}l_{jk}=\delta_{ij} \\ \sum\limits_{k=1}^{3} l_{ki}l_{kj}=\delta_{ij} \\ \delta_{ij}=1, \quad i=j \\ \delta_{ij}=0, \quad i\neq j \end{cases} \tag{2-32}$$

另外，坐标变换矩阵还具有传递性：假设有三个坐标系 A、B、C，若 A 到 B、B 到 C 的变换矩阵分别为 L_{BA}、L_{CB}，则 A 到 C 的变换矩阵为

$$L_{CA}=L_{CB}L_{BA} \tag{2-33}$$

2.6.2.2　地面坐标系与弹道坐标系之间的变换矩阵

地面坐标系 $Axyz$ 与弹道坐标系 $Ox_2y_2z_2$ 的变换，可通过两次旋转完成，如图 2-20 所示。它们之间的相互方位可由两个角度确定，分别定义如下。

弹道倾角 θ：导弹的速度矢量 $\boldsymbol{V}$(Ox_2 轴)与水平面 xAz 之间的夹角。若速度矢量 $\boldsymbol{V}$ 在水平面之上，则 θ 为正，反之为负。

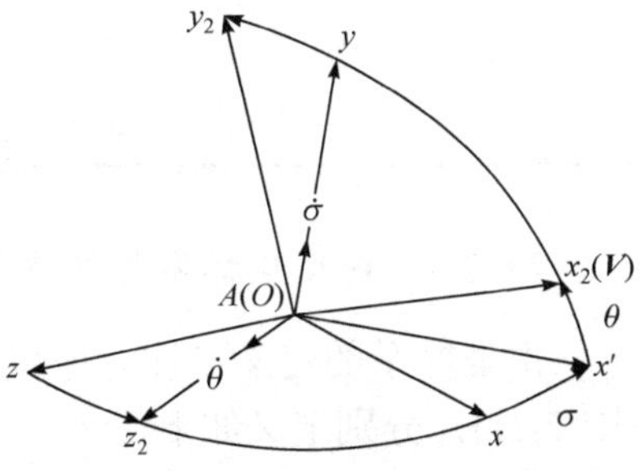

图 2-20　地面坐标系 $Axyz$ 与弹道坐标系 $Ox_2y_2z_2$ 的变换

弹道偏角 σ (第 1 版中为 ψ_v)：导弹的速度矢量 $\boldsymbol{V}$ 在水平面 xAz 上的投影线 Ox' 与 Ax 轴之间的夹角。沿 Ay 轴向下看，当 Ax 轴逆时针方向转到投影线 Ox' 上时，弹道偏角 σ 为正，反之为负。

显然地面坐标系到弹道坐标系的变换矩阵可通过两次旋转求得。首先将地面坐标系绕 Ay 轴旋转 σ 角，组成过渡坐标系 $Ax'yz_2$，得到基元旋转矩阵的相对关系：

$$L_y(\sigma)=\begin{pmatrix}\cos\sigma & 0 & -\sin\sigma\\ 0 & 1 & 0\\ \sin\sigma & 0 & \cos\sigma\end{pmatrix} \tag{2-34}$$

然后，使过渡坐标系 $Ax'yz_2$ 绕 Az_2 轴旋转 θ 角，基元旋转矩阵为

$$L_z(\theta)=\begin{pmatrix}\cos\theta & \sin\theta & 0\\ -\sin\theta & \cos\theta & 0\\ 0 & 0 & 1\end{pmatrix} \tag{2-35}$$

因此，地面坐标系与弹道坐标系之间的变换矩阵为

$$\begin{aligned}L(\sigma,\theta)&=L_z(\theta)L_y(\sigma)\\ &=\begin{pmatrix}\cos\theta\cos\sigma & \sin\theta & -\cos\theta\sin\sigma\\ -\sin\theta\cos\sigma & \cos\theta & \sin\theta\sin\sigma\\ \sin\sigma & 0 & \cos\sigma\end{pmatrix}\end{aligned}$$

若已知地面坐标系 $Axyz$ 中的列矢量 x、y、z，求在弹道坐标系 $Ox_2y_2z_2$ 各轴上的分量 x_2、y_2、z_2，则利用上式可得

$$\begin{pmatrix}x_2\\ y_2\\ z_2\end{pmatrix}=L(\sigma,\theta)\begin{pmatrix}x\\ y\\ z\end{pmatrix} \tag{2-36}$$

地面坐标系与弹道坐标系之间的坐标变换方向余弦表如表 2-2 所示。

表 2-2　地面坐标系与弹道坐标系之间的坐标变换方向余弦表

坐标轴	Ax	Ay	Az
Ox_2	$\cos\theta\cos\sigma$	$\sin\theta$	$-\cos\theta\sin\sigma$
Oy_2	$-\sin\theta\cos\sigma$	$\cos\theta$	$\sin\theta\sin\sigma$
Oz_2	$\sin\sigma$	0	$\cos\sigma$

2.6.2.3　速度坐标系与弹体坐标系之间的变换矩阵

由坐标系的定义可知，速度坐标系与弹体坐标系之间的相对关系可由两个角度确定(图 2-21)，分别定义如下。

攻角 α：速度矢量 $\boldsymbol{V}$ 在纵向对称平面上的投影与纵轴 Ox_1 的夹角。当纵轴位于投影线的上方时，攻角 α 为正，反之为负。

侧滑角 β：速度矢量 $\boldsymbol{V}$ 与纵向对称平面之间的夹角。若来流从右侧(沿飞行方向观察)流向弹体，则所对应的侧滑角 β 为正，反之为负。根据攻角 α 和侧滑角 β 的定义，首先将速度坐标系 $Ox_3y_3z_3$ 绕 Oy_3 轴旋转 β 角，得到过渡坐标系 $Ox'y_3z_1$(图 2-21)，其基元旋转矩阵为

$$L_y(\beta)=\begin{pmatrix}\cos\beta & 0 & -\sin\beta\\ 0 & 1 & 0\\ \sin\beta & 0 & \cos\beta\end{pmatrix}$$

然后，将坐标系 $Ox'y_3z_1$ 绕 Oz_1 轴旋转 α 角，即得到弹体坐标系 $Ox_1y_1z_1$，对应的基元旋转矩阵为

$$L_z(\alpha)=\begin{pmatrix}\cos\alpha & \sin\alpha & 0\\ -\sin\alpha & \cos\alpha & 0\\ 0 & 0 & 1\end{pmatrix}$$

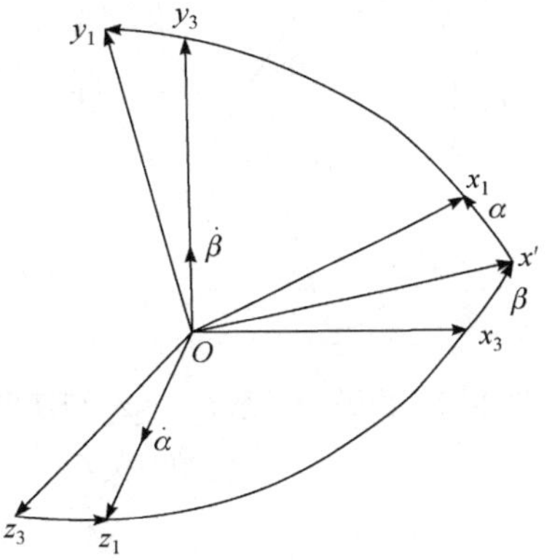

图 2-21　弹体坐标系 $Ox_1y_1z_1$ 与速度坐标系 $Ox_3y_3z_3$ 的相对关系

因此，速度坐标系 $Ox_3y_3z_3$ 到弹体坐标系 $Ox_1y_1z_1$ 的变换矩阵可写成

$$L(\beta,\alpha)=L_z(\alpha)L_y(\beta)=\begin{pmatrix}\cos\alpha\cos\beta & \sin\alpha & -\cos\alpha\sin\beta\\ -\sin\alpha\cos\beta & \cos\alpha & \sin\alpha\sin\beta\\ \sin\beta & 0 & \cos\beta\end{pmatrix}$$

利用上式，可将速度坐标系中的分量 x_3、y_3、z_3 转换到弹体坐标系中，即

$$\begin{pmatrix}x_1\\ y_1\\ z_1\end{pmatrix}=L(\beta,\alpha)\begin{pmatrix}x_3\\ y_3\\ z_3\end{pmatrix}\tag{2-37}$$

速度坐标系与弹体坐标系的坐标变换方向余弦表如表 2-3 所示。

表 2-3　速度坐标系与弹体坐标系的坐标变换方向余弦表

坐标轴	Ox_3	Oy_3	Oz_3
Ox_1	$\cos\alpha\cos\beta$	$\sin\alpha$	$-\cos\alpha\sin\beta$
Oy_1	$-\sin\alpha\cos\beta$	$\cos\alpha$	$\sin\alpha\sin\beta$
Oz_1	$\sin\beta$	0	$\cos\beta$

2.6.2.4　弹道坐标系与速度坐标系之间的变换矩阵

由弹道坐标系和速度坐标系的定义可知，Ox_2 轴和 Ox_3 轴都与速度矢量 $\boldsymbol{V}$ 重合，因此它们之间的相互方位只用一个角参数 ν 即可确定。ν 称为速度滚转角(第 1 版中为 γ_V)，定义成位于导弹纵向对称平面 x_1Oy_1 内的 Oy_3 轴与包含速度矢量 $\boldsymbol{V}$ 的铅垂平面之间的夹角(Oy_2 轴与 Oy_3 轴的夹角)，沿着速度方向(从导弹尾部)看，Oy_2 轴顺时针方向转到 Oy_3 轴时，

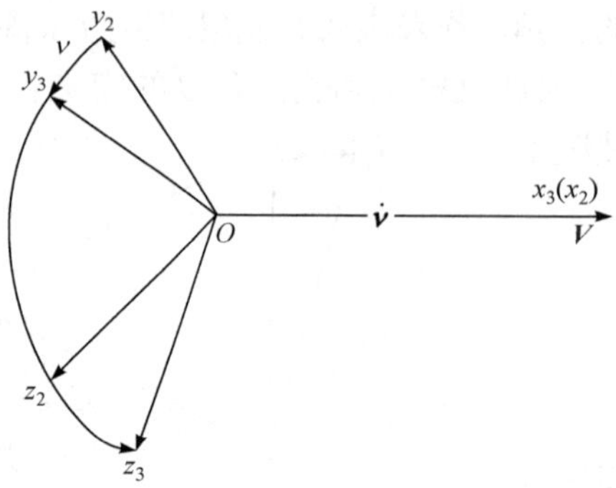

图 2-22 弹道坐标系 $Ox_2y_2z_2$ 与速度坐标系 $Ox_3y_3z_3$ 的相对关系

ν 为正，反之为负(图 2-22)。

弹道坐标系和速度坐标系之间的变换矩阵就是绕 Ox_2 轴旋转 ν 角所得的基元旋转矩阵：

$$L(\nu)=L_x(\nu)=\begin{pmatrix}1 & 0 & 0\\ 0 & \cos\nu & \sin\nu\\ 0 & -\sin\nu & \cos\nu\end{pmatrix}$$

应用上式，可将弹道坐标系中的坐标分量变换到速度坐标系中，即

$$\begin{pmatrix}x_3\\ y_3\\ z_3\end{pmatrix}=L(\nu)\begin{pmatrix}x_2\\ y_2\\ z_2\end{pmatrix} \tag{2-38}$$

弹道坐标系与速度坐标系的坐标变换方向余弦由表 2-4 给出。

表 2-4 弹道坐标系与速度坐标系的坐标变换方向余弦表

坐标轴	Ox_2	Oy_2	Oz_2
Ox_3	1	0	0
Oy_3	0	$\cos\nu$	$\sin\nu$
Oz_3	0	$-\sin\nu$	$\cos\nu$

2.6.2.5 地面坐标系与速度坐标系之间的变换矩阵

以弹道坐标系作为过渡坐标系，将式(2-36)代入式(2-38)，即可得到地面坐标系与速度坐标系之间的变换关系：

$$\begin{pmatrix}x_3\\ y_3\\ z_3\end{pmatrix}=L(\nu)L(\sigma,\theta)\begin{pmatrix}x\\ y\\ z\end{pmatrix} \tag{2-39}$$

因此，地面坐标系到速度坐标系的变换矩阵为

$$L(\sigma,\theta,\nu)=L(\nu)L(\sigma,\theta)$$

地面坐标系与速度坐标系之间的坐标变换方向余弦表如表 2-5 所示。

表 2-5 地面坐标系与速度坐标系之间的坐标变换方向余弦表

坐标轴	Ax	Ay	Az
Ox_3	$\cos\theta\cos\sigma$	$\sin\theta$	$-\cos\theta\sin\sigma$
Oy_3	$-\sin\theta\cos\sigma\cos\nu+\sin\sigma\sin\nu$	$\cos\theta\cos\nu$	$\sin\theta\sin\sigma\cos\nu+\cos\sigma\sin\nu$
Oz_3	$\sin\theta\cos\sigma\sin\nu+\sin\sigma\cos\nu$	$-\cos\theta\sin\nu$	$-\sin\theta\sin\sigma\sin\nu+\cos\sigma\cos\nu$

2.6.2.6　弹道坐标系与弹体坐标系之间的变换矩阵

以速度坐标系作为过渡坐标系，将式(2-38)代入式(2-37)，即可得到弹道坐标系与弹体坐标系之间的变换关系：

$$\begin{pmatrix} x_1 \\ y_1 \\ z_1 \end{pmatrix} = L(\beta,\alpha)L(\nu)\begin{pmatrix} x_2 \\ y_2 \\ z_2 \end{pmatrix} \tag{2-40}$$

因此，弹道坐标系到弹体坐标系的变换矩阵为

$$L(\nu,\beta,\alpha) = L(\beta,\alpha)L(\nu)$$

为便于查阅，将 $L(\nu,\beta,\alpha)$ 展开，弹道坐标系与弹体坐标系之间的坐标变换方向余弦表如表 2-6 所示。

表 2-6　弹道坐标系与弹体坐标系之间的坐标变换方向余弦表

坐标轴	Ox_2	Oy_2	Oz_2
Ox_1	$\cos\alpha\cos\beta$	$\sin\alpha\cos\nu+\cos\alpha\sin\beta\sin\nu$	$\sin\alpha\sin\nu-\cos\alpha\sin\beta\cos\nu$
Oy_1	$-\sin\alpha\cos\beta$	$\cos\alpha\cos\nu-\sin\alpha\sin\beta\sin\nu$	$\cos\alpha\sin\nu+\sin\alpha\sin\beta\cos\nu$
Oz_1	$\sin\beta$	$-\cos\beta\sin\nu$	$\cos\beta\cos\nu$

2.7　导弹运动模型的建立

导弹运动方程组是描述作用在导弹上的力、力矩与导弹运动参数之间关系的一组方程。它由描述导弹质心运动和弹体姿态变化的动力学方程、运动学方程、导弹质量变化方程、角度几何关系方程和描述控制系统工作的操纵关系方程所组成。

2.7.1　动力学方程

前面已经提到，导弹的空间运动可看成变质量物体的六自由度运动，由两个矢量方程描述。为研究方便起见，通常将矢量方程投影到坐标系上，写成三个描述导弹质心运动的动力学标量方程和三个导弹绕质心转动的动力学标量方程。

2.7.1.1　导弹质心运动的动力学方程

坐标系的选取方法，将直接影响到所建立的导弹质心运动方程的繁简程度。工程实践表明：研究近程战术导弹质心运动的动力学问题时，将矢量方程投影到弹道坐标系 $Ox_2y_2z_2$ 是最方便的。

对于近程战术导弹而言，将地面坐标系视为惯性坐标系，能保证所需要的计算准确度。弹道坐标系 $Ox_2y_2z_2$ 是动坐标系，它相对地面坐标系既有位移运动(其速度为 $\boldsymbol{V}$)，又有转动运动(其角速度为 $\boldsymbol{\Omega}$)。

在动坐标系中建立动力学方程，需要引用矢量的绝对导数和相对导数之间的关

系，即

$$\frac{\mathrm{d}\boldsymbol{V}}{\mathrm{d}t}=\frac{\delta\boldsymbol{V}}{\delta t}+\boldsymbol{\Omega}\times\boldsymbol{V}$$

式中，$\mathrm{d}\boldsymbol{V}/\mathrm{d}t$ 为在惯性坐标系(地面坐标系)中矢量 $\boldsymbol{V}$ 的绝对导数；$\delta\boldsymbol{V}/\delta t$ 为在动坐标系(弹道坐标系)中矢量 $\boldsymbol{V}$ 的相对导数。

导弹质心运动的动力学方程可写成

$$m\left(\frac{\delta\boldsymbol{V}}{\delta t}+\boldsymbol{\Omega}\times\boldsymbol{V}\right)=\boldsymbol{F} \tag{2-41}$$

式中，各矢量在弹道坐标系 $Ox_2y_2z_2$ 各轴上的投影定义为

$$\left(\frac{\mathrm{d}V_{x2}}{\mathrm{d}t}\quad\frac{\mathrm{d}V_{y2}}{\mathrm{d}t}\quad\frac{\mathrm{d}V_{z2}}{\mathrm{d}t}\right)^{\mathrm{T}},$$

$$\left(\Omega_{x2}\quad\Omega_{y2}\quad\Omega_{z2}\right)^{\mathrm{T}},$$

$$\left(V_{x2}\quad V_{y2}\quad V_{z2}\right)^{\mathrm{T}},$$

$$\left(F_{x2}\quad F_{y2}\quad F_{z2}\right)^{\mathrm{T}}$$

将式(2-41)展开，得到

$$m\begin{pmatrix}\dfrac{\mathrm{d}V_{x2}}{\mathrm{d}t}+\Omega_{y2}V_{z2}-\Omega_{z2}V_{y2}\\ \dfrac{\mathrm{d}V_{y2}}{\mathrm{d}t}+\Omega_{z2}V_{x2}-\Omega_{x2}V_{z2}\\ \dfrac{\mathrm{d}V_{z2}}{\mathrm{d}t}+\Omega_{x2}V_{y2}-\Omega_{y2}V_{x2}\end{pmatrix}=\begin{pmatrix}F_{x2}\\ F_{y2}\\ F_{z2}\end{pmatrix} \tag{2-42}$$

根据弹道坐标系 $Ox_2y_2z_2$ 的定义，速度矢量 $\boldsymbol{V}$ 与 Ox_2 轴重合，故 $\boldsymbol{V}$ 在弹道坐标系各轴上的投影分量为

$$\begin{pmatrix}V_{x2}\\ V_{y2}\\ V_{z2}\end{pmatrix}=\begin{pmatrix}V\\ 0\\ 0\end{pmatrix} \tag{2-43}$$

由坐标变换知，地面坐标系经过两次旋转后与弹道坐标系重合，两次旋转的角速度大小分别为 $\dot{\sigma}$、$\dot{\theta}$，则弹道坐标系相对地面坐标系的旋转角速度为两次旋转的角速度合成。它在 $Ox_2y_2z_2$ 各轴上的投影可利用变换矩阵得到：

$$\begin{pmatrix}\Omega_{x2}\\ \Omega_{y2}\\ \Omega_{z2}\end{pmatrix}=L(\sigma,\theta)\begin{pmatrix}0\\ \dot{\sigma}\\ 0\end{pmatrix}+\begin{pmatrix}0\\ 0\\ \dot{\theta}\end{pmatrix}=\begin{pmatrix}\dot{\sigma}\sin\theta\\ \dot{\sigma}\cos\theta\\ \dot{\theta}\end{pmatrix} \tag{2-44}$$

将式(2-43)和式(2-44)代入式(2-42)中，得

$$\begin{pmatrix} m\dfrac{\mathrm{d}V}{\mathrm{d}t} \\ mV\dfrac{\mathrm{d}\theta}{\mathrm{d}t} \\ -mV\cos\theta\dfrac{\mathrm{d}\sigma}{\mathrm{d}t} \end{pmatrix} = \begin{pmatrix} F_{x2} \\ F_{y2} \\ F_{z2} \end{pmatrix} \tag{2-45}$$

式中，$\mathrm{d}V/\mathrm{d}t$ 为加速度矢量在弹道切线(Ox_2)上的投影,又称为切向加速度；$V\mathrm{d}\theta/\mathrm{d}t$ 为加速度矢量在弹道法线(Oy_2)上的投影，又称为法向加速度；$-V\cos\theta(\mathrm{d}\sigma/\mathrm{d}t)$ 为加速度矢量在 Oz_2 轴上的投影分量，也称为法向加速度。

如图 2-23 所示，法向加速度$V\mathrm{d}\theta/\mathrm{d}t$ 使导弹质心在铅垂平面内做曲线运动。若在 t 时刻，导弹位于 A 点，经 $\mathrm{d}t$ 时间间隔，导弹飞过弧长 $\mathrm{d}s$ 到达 B 点，弹道倾角的变化量为$\mathrm{d}\theta$，这时法向加速度为$a_{y_2}=V^2/\rho$，其中曲率半径 ρ 又可写成

$$\rho=\frac{\mathrm{d}s}{\mathrm{d}\theta}=\frac{\mathrm{d}s}{\mathrm{d}t}\frac{\mathrm{d}t}{\mathrm{d}\theta}=\frac{V}{\dfrac{\mathrm{d}\theta}{\mathrm{d}t}}=\frac{V}{\dot{\theta}}$$

故

$$a_{y_2}=\frac{V^2}{\rho}=V\frac{\mathrm{d}\theta}{\mathrm{d}t}=V\dot{\theta}$$

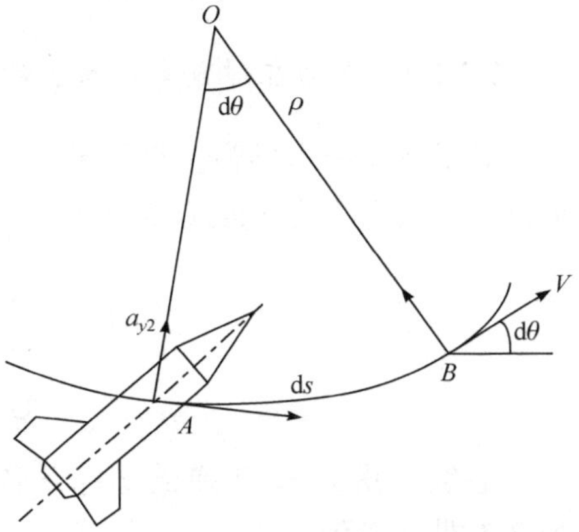

图 2-23　导弹在铅垂平面内做曲线运动

法向加速度 $a_{z2}=-V\cos\theta(\mathrm{d}\sigma/\mathrm{d}t)$ 的“负号”表明，根据弹道偏角 σ 所采用的正负号定义，当$-\pi/2<\theta<\pi/2$ 时，正的侧向力将产生负的角速度$\dot{\sigma}$。

下面讨论式(2-45)等号右端项，即合外力在弹道坐标系各轴上的投影分量，它们可利用有关变换矩阵得到。

2.7.1.2　空气动力在弹道坐标系上的投影

作用在导弹上的空气动力 $\boldsymbol{R}$ 在速度坐标系 $Ox_3y_3z_3$ 的分量形式最为简单，分别与阻力 X、升力 Y 和侧向力 Z 相对应。根据弹道坐标系和速度坐标系之间的坐标变换矩阵式(2-38)或方向余弦表 2-4，空气动力在弹道坐标系 $Ox_2y_2z_2$ 各轴上的投影分量为

$$\begin{pmatrix} R_{x2} \\ R_{y2} \\ R_{z2} \end{pmatrix} = L^{-1}(\nu)\begin{pmatrix} -X \\ Y \\ Z \end{pmatrix} = L^{\mathrm{T}}(\nu)\begin{pmatrix} -X \\ Y \\ Z \end{pmatrix} = \begin{pmatrix} -X \\ Y\cos\nu - Z\sin\nu \\ Y\sin\nu + Z\cos\nu \end{pmatrix} \tag{2-46}$$

2.7.1.3　推力在弹道坐标系上的投影

假设发动机的推力 $\boldsymbol{P}$ 与弹体纵轴 Ox_1 重合，那么推力 $\boldsymbol{P}$ 在弹道坐标系 $Ox_2y_2z_2$ 各轴上的投影表达式利用表 2-6 所示弹道坐标系与弹体坐标系之间的坐标变换方向余弦关系，即可得到推力 $\boldsymbol{P}$ 在弹道坐标系各轴上的投影。若推力 $\boldsymbol{P}$ 在弹体坐标系 $Ox_1y_1z_1$ 中的分量用

P_{x1}、P_{y1}、P_{z1}表示，则有

$$\begin{pmatrix} P_{x1} \\ P_{y1} \\ P_{z1} \end{pmatrix} = \begin{pmatrix} P \\ 0 \\ 0 \end{pmatrix} \tag{2-47}$$

利用表 2-6，得到推力 $\boldsymbol{P}$ 在弹道坐标系各轴上的投影分量为

$$\begin{pmatrix} P_{x2} \\ P_{y2} \\ P_{z2} \end{pmatrix} = \begin{pmatrix} P\cos\alpha\cos\beta \\ P(\sin\alpha\cos\nu + \cos\alpha\sin\beta\sin\nu) \\ P(\sin\alpha\sin\nu - \cos\alpha\sin\beta\cos\nu) \end{pmatrix} \tag{2-48}$$

2.7.1.4 重力在弹道坐标系上的投影

对于近程战术导弹，常把重力矢量 $\boldsymbol{G}$ 视为平行力场，即重力与地面坐标系的 Ay 轴平行，且其大小为 mg(式(2-18))，故有

$$\begin{pmatrix} G_{Ax} \\ G_{Ay} \\ G_{Az} \end{pmatrix} = \begin{pmatrix} 0 \\ -G \\ 0 \end{pmatrix} = \begin{pmatrix} 0 \\ -mg \\ 0 \end{pmatrix} \tag{2-49}$$

显然，重力 $\boldsymbol{G}$ 在弹道坐标系各轴上的投影只要利用变换矩阵式(2-36)或方向余弦表 2-2 即可得到：

$$\begin{pmatrix} G_{x2} \\ G_{y2} \\ G_{z2} \end{pmatrix} = L(\sigma,\theta)\begin{pmatrix} G_{Ax} \\ G_{Ay} \\ G_{Az} \end{pmatrix} = \begin{pmatrix} -mg\sin\theta \\ -mg\cos\theta \\ 0 \end{pmatrix} \tag{2-50}$$

将式(2-46)、式(2-48)和式(2-50)代入式(2-45)，即可得到描述导弹质心运动的动力学方程：

$$\begin{pmatrix} m\dfrac{\mathrm{d}V}{\mathrm{d}t} \\ mV\dfrac{\mathrm{d}\theta}{\mathrm{d}t} \\ -mV\cos\theta\dfrac{\mathrm{d}\sigma}{\mathrm{d}t} \end{pmatrix} = \begin{pmatrix} P\cos\alpha\cos\beta - X - mg\sin\theta \\ P(\sin\alpha\cos\nu + \cos\alpha\sin\beta\sin\nu) + Y\cos\nu - Z\sin\nu - mg\cos\theta \\ P(\sin\alpha\sin\nu - \cos\alpha\sin\beta\cos\nu) + Y\sin\nu + Z\cos\nu \end{pmatrix} \tag{2-51}$$

2.7.1.5 导弹绕质心转动的动力学方程

导弹绕质心转动的动力学矢量方程投影到弹体坐标系上的标量形式最为简单。

弹体坐标系 $Ox_1y_1z_1$ 是动坐标系，假设弹体坐标系相对地面坐标系的转动角速度为 $\boldsymbol{\omega}$，在弹体坐标系中，导弹绕质心转动的动力学方程为

$$\frac{\mathrm{d}\boldsymbol{H}}{\mathrm{d}t}=\frac{\delta\boldsymbol{H}}{\delta t}+\boldsymbol{\omega}\times\boldsymbol{H}=\boldsymbol{M} \tag{2-52}$$

式中，$\mathrm{d}\boldsymbol{H}/\mathrm{d}t$、$\delta\boldsymbol{H}/\delta t$ 分别为动量矩的绝对导数、相对导数。

设 $\boldsymbol{i}_1$、$\boldsymbol{j}_1$、$\boldsymbol{k}_1$ 分别为沿弹体坐标系各轴的单位矢量，ω_{x1}、ω_{y1}、ω_{z1} 分别为弹体坐标系转动角速度 $\boldsymbol{\omega}$ 沿弹体坐标系各轴的分量。动量矩可表示成

$$\boldsymbol{H}=\boldsymbol{J}\cdot\boldsymbol{\omega}$$

式中，$\boldsymbol{J}$ 为惯性张量，其矩阵表示形式为

$$\boldsymbol{J}=\begin{bmatrix} J_{x1} & -J_{x1y1} & -J_{z1x1} \\ -J_{x1y1} & J_{y1} & -J_{y1z1} \\ -J_{z1x1} & -J_{y1z1} & J_{z1} \end{bmatrix}$$

式中，J_{x1}、J_{y1}、J_{z1} 为导弹对弹体坐标系各轴的转动惯量；J_{x1y1}、J_{y1z1}、J_{z1x1} 为导弹对弹体坐标系各轴的惯性积。

若导弹为轴对称型，则弹体坐标系的轴 Ox_1、Oy_1 与 Oz_1 就是导弹的惯性主轴，此时导弹对弹体坐标系各轴的惯性积为零。于是，动量矩 $\boldsymbol{H}$ 沿弹体坐标系各轴的分量为

$$\begin{pmatrix} H_{x1} \\ H_{y1} \\ H_{z1} \end{pmatrix}=\begin{bmatrix} J_{x1} & 0 & 0 \\ 0 & J_{y1} & 0 \\ 0 & 0 & J_{z1} \end{bmatrix}\begin{pmatrix} \omega_{x1} \\ \omega_{y1} \\ \omega_{z1} \end{pmatrix}=\begin{pmatrix} J_{x1}\omega_{x1} \\ J_{y1}\omega_{y1} \\ J_{z1}\omega_{z1} \end{pmatrix}$$

而

$$\frac{\delta\boldsymbol{H}}{\delta t}=\frac{\mathrm{d}H_{x1}}{\mathrm{d}t}i_1+\frac{\mathrm{d}H_{y1}}{\mathrm{d}t}j_1+\frac{\mathrm{d}H_{z1}}{\mathrm{d}t}k_1=J_{x1}\frac{\mathrm{d}\omega_{x1}}{\mathrm{d}t}i_1+J_{y1}\frac{\mathrm{d}\omega_{y1}}{\mathrm{d}t}j_1+J_{z1}\frac{\mathrm{d}\omega_{z1}}{\mathrm{d}t}k_1 \tag{2-53}$$

$$\begin{aligned}\boldsymbol{\omega}\times\boldsymbol{H}&=\begin{vmatrix} i_1 & j_1 & k_1 \\ \omega_{x1} & \omega_{y1} & \omega_{z1} \\ H_{x1} & H_{y1} & H_{z1} \end{vmatrix}=\begin{vmatrix} i_1 & j_1 & k_1 \\ \omega_{x1} & \omega_{y1} & \omega_{z1} \\ J_{x1}\omega_{x1} & J_{y1}\omega_{y1} & J_{z1}\omega_{z1} \end{vmatrix} \\ &=\left(J_{z1}-J_{y1}\right)\omega_{z1}\omega_{y1}i_1+\left(J_{x1}-J_{z1}\right)\omega_{x1}\omega_{z1}j_1+\left(J_{y_1}-J_{x1}\right)\omega_{y1}\omega_{x1}k_1\end{aligned} \tag{2-54}$$

将式(2-53)、式(2-54)代入式(2-52)，则导弹绕质心转动的动力学方程就可化成(为了书写方便，将注脚“1”省略)

$$\begin{pmatrix} J_x\dfrac{\mathrm{d}\omega_x}{\mathrm{d}t}+\left(J_z-J_y\right)\omega_z\omega_y \\ J_y\dfrac{\mathrm{d}\omega_y}{\mathrm{d}t}+\left(J_x-J_z\right)\omega_x\omega_z \\ J_z\dfrac{\mathrm{d}\omega_z}{\mathrm{d}t}+\left(J_y-J_x\right)\omega_y\omega_x \end{pmatrix}=\begin{pmatrix} M_x \\ M_y \\ M_z \end{pmatrix} \tag{2-55}$$

式中，M_x、M_y、M_z 分别为作用于弹上的所有外力对质心之力矩在弹体坐标系 $Ox_1y_1z_1$ 各轴上的分量。若推力矢量 $\boldsymbol{P}$ 与 Ox_1 轴完全重合，则只考虑气动力矩。

如果导弹是面对称型的(关于导弹纵向平面 x_1Oy_1 对称)，即 $J_{yz}=J_{zx}=0$，那么导弹绕质心转动的动力学方程可写成

$$\begin{pmatrix} J_x\dfrac{\mathrm{d}\omega_x}{\mathrm{d}t}-J_{xy}\dfrac{\mathrm{d}\omega_y}{\mathrm{d}t}+\left(J_z-J_y\right)\omega_z\omega_y+J_{xy}\omega_x\omega_z \\ J_y\dfrac{\mathrm{d}\omega_y}{\mathrm{d}t}-J_{xy}\dfrac{\mathrm{d}\omega_x}{\mathrm{d}t}+\left(J_x-J_z\right)\omega_x\omega_z-J_{xy}\omega_z\omega_y \\ J_z\dfrac{\mathrm{d}\omega_z}{\mathrm{d}t}+\left(J_y-J_x\right)\omega_y\omega_x+J_{xy}\left(\omega_y^2-\omega_x^2\right) \end{pmatrix}=\begin{pmatrix} M_x \\ M_y \\ M_z \end{pmatrix}$$

2.7.2 运动学方程

研究导弹质心运动的运动学方程和绕质心转动的运动学方程，其目的是确定质心每一瞬时的坐标位置以及导弹相对地面坐标系的瞬时姿态。

2.7.2.1 导弹质心运动的运动学方程

在地面坐标系中，导弹速度分量为

$$\begin{pmatrix} V_x \\ V_y \\ V_z \end{pmatrix}=\begin{pmatrix} \dfrac{\mathrm{d}x}{\mathrm{d}t} \\ \dfrac{\mathrm{d}y}{\mathrm{d}t} \\ \dfrac{\mathrm{d}z}{\mathrm{d}t} \end{pmatrix}$$

根据弹道坐标系 $Ox_2y_2z_2$ 的定义可知，速度矢量 $\boldsymbol{V}$ 与 Ox_2 轴重合，利用弹道坐标系和地面坐标系之间的变换矩阵又可得到：

$$\begin{pmatrix} V_x \\ V_y \\ V_z \end{pmatrix}=L^{\mathrm{T}}\left(\sigma,\theta\right)\begin{pmatrix} V_{x_2} \\ V_{y_2} \\ V_{z_2} \end{pmatrix}=L^{\mathrm{T}}\left(\sigma,\theta\right)\begin{pmatrix} V \\ 0 \\ 0 \end{pmatrix}=\begin{pmatrix} V\cos\theta\cos\sigma \\ V\sin\theta \\ -V\cos\theta\sin\sigma \end{pmatrix}$$

比较上述两式，得到导弹质心运动的运动学方程为

$$\begin{bmatrix} \dfrac{\mathrm{d}x}{\mathrm{d}t} \\ \dfrac{\mathrm{d}y}{\mathrm{d}t} \\ \dfrac{\mathrm{d}z}{\mathrm{d}t} \end{bmatrix}=\begin{bmatrix} V\cos\theta\cos\sigma \\ V\sin\theta \\ -V\cos\theta\sin\sigma \end{bmatrix} \tag{2-56}$$

通过积分，可以求得导弹质心相对于地面坐标系 $Axyz$ 的位置坐标 (x,y,z) 。

2.7.2.2 导弹绕质心转动的运动学方程

要确定导弹在空间的姿态，就需要建立描述导弹相对地面坐标系姿态变化的运动学

方程，即建立导弹姿态角 ψ 、 φ 、 γ 对时间的导数与转动角速度分量 ω_{x1} 、 ω_{y1} 、 ω_{z1} 之间的关系式。

根据弹体坐标系与地面坐标系之间的变换关系，导弹相对地面坐标系的旋转角速度 $\boldsymbol{\omega}$ 实际上是三次旋转的转动角速度的矢量合成(图 2-19)。这三次旋转的转动角速度在弹体坐标系中的分量分别为 $L_x(\gamma)L_z(\varphi)(0\ \ \dot{\psi}\ \ 0)^{\mathrm{T}}$ 、 $L_x(\gamma)(0\ \ 0\ \ \dot{\varphi})^{\mathrm{T}}$ 、 $(\dot{\gamma}\ \ 0\ \ 0)^{\mathrm{T}}$ ，因此导弹转动角速度在弹体坐标系中的分量为

$$\begin{pmatrix}\omega_{x1}\\ \omega_{y1}\\ \omega_{z1}\end{pmatrix}=L_x(\gamma)L_z(\varphi)\begin{pmatrix}0\\ \dot{\psi}\\ 0\end{pmatrix}+L_x(\gamma)\begin{pmatrix}0\\ 0\\ \dot{\varphi}\end{pmatrix}+\begin{pmatrix}\dot{\gamma}\\ 0\\ 0\end{pmatrix}$$

$$=\begin{pmatrix}\dot{\psi}\sin\varphi+\dot{\gamma}\\ \dot{\psi}\cos\varphi\cos\gamma+\dot{\varphi}\sin\gamma\\ -\dot{\psi}\cos\varphi\sin\gamma+\dot{\varphi}\cos\gamma\end{pmatrix}=\begin{bmatrix}1 & \sin\varphi & 0\\ 0 & \cos\varphi\cos\gamma & \sin\gamma\\ 0 & -\cos\varphi\sin\gamma & \cos\gamma\end{bmatrix}\begin{pmatrix}\dot{\gamma}\\ \dot{\psi}\\ \dot{\varphi}\end{pmatrix}$$

经变换后得

$$\begin{pmatrix}\dot{\gamma}\\ \dot{\psi}\\ \dot{\varphi}\end{pmatrix}=\begin{bmatrix}1 & -\mathrm{tg}\varphi\cos\gamma & \mathrm{tg}\varphi\sin\gamma\\ 0 & \dfrac{\cos\gamma}{\cos\varphi} & -\dfrac{\sin\gamma}{\cos\varphi}\\ 0 & \sin\gamma & \cos\gamma\end{bmatrix}\begin{pmatrix}\omega_{x1}\\ \omega_{y1}\\ \omega_{z1}\end{pmatrix}$$

将上式展开，就得到了导弹绕质心转动的运动学方程(同样将注脚“1”省略)：

$$\begin{pmatrix}\dfrac{\mathrm{d}\varphi}{\mathrm{d}t}\\ \dfrac{\mathrm{d}\psi}{\mathrm{d}t}\\ \dfrac{\mathrm{d}\gamma}{\mathrm{d}t}\end{pmatrix}=\begin{pmatrix}\omega_y\sin\gamma+\omega_z\cos\gamma\\ \dfrac{1}{\cos\varphi}\left(\omega_y\cos\gamma-\omega_z\sin\gamma\right)\\ \omega_x-\mathrm{tg}\varphi\left(\omega_y\cos\gamma-\omega_z\sin\gamma\right)\end{pmatrix}\tag{2-57}$$

要注意，方程(2-57)在某些情况下是不能应用的。例如，当俯仰角 $\varphi=90°$ 时，第二个方程是奇异的，不能用来确定偏航角 ψ 。此时，可用双欧法克服运动学方程的奇异性，但较复杂。更常用的方法是四元数法，以四元数表示导弹的姿态，并建立四元数形式的导弹绕质心转动的运动学方程组。四元数法还经常被用来研究航天器的大角度姿态运动[1]。

2.7.3　导弹质量变化方程

导弹在飞行过程中，由于发动机不断地消耗燃料，导弹的质量不断减小，因此，在描述导弹运动的方程组中，还需有描述导弹质量变化的微分方程，即

$$\frac{\mathrm{d}m}{\mathrm{d}t}=-m_{\mathrm{s}}(t)\tag{2-58}$$

式中，$\mathrm{d}m/\mathrm{d}t$ 为导弹质量变化率，其值总为负；$m_{\mathrm{s}}(t)$ 为导弹在单位时间内的质量消耗量(燃料质量秒流量)。

$m_{\mathrm{s}}(t)$ 的大小主要取决于发动机的性能，通常认为 $m_{\mathrm{s}}(t)$ 是已知的时间函数，可能是常量，也可能是变量。这样，式(2-58)可独立于导弹运动方程组之外单独求解，即

$$m = m_0 - \int_{t_0}^{t_{\mathrm{f}}} m_{\mathrm{s}}(t)\mathrm{d}t$$

式中，m_0 为导弹初始质量；t_0 为发动机开始工作时间；t_{f} 为发动机工作结束时间。

2.7.4 角度几何关系方程

前面定义了四个常用的坐标系，从研究它们之间的变换矩阵可知，这四个坐标系之间的关系是由八个角度参数 θ、σ、ν、φ、ψ、γ、α、β 联系起来的(图 2-24)。但是，这八个角度参数并不是完全独立的。例如，速度坐标系相对于地面坐标系 $Axyz$ 的方位，既可以通过 θ、σ 和 ν 确定(弹道坐标系作为过渡坐标系)，也可以通过 φ、ψ、γ、α、β 来确定(弹体坐标系作为过渡坐标系)。这就说明，八个角度参数中，只有五个是独立的，其余三个角度参数可以由这五个独立的角度参数来表示，相应的三个表达式称为角度几何关系方程。这三个几何关系可以根据需要表示成不同的形式，也就是说，角度几何关系方程并不是唯一的。

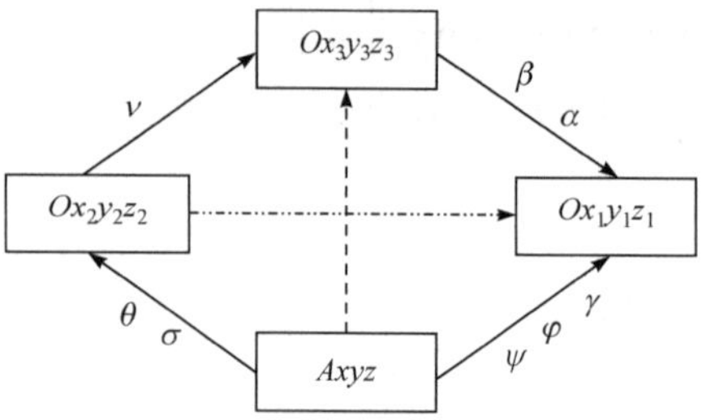

图 2-24 四个坐标系之间的关系

由于在式(2-51)和式(2-57)中，对 θ、σ 和 φ、ψ、γ 角已有相应的方程来描述，因此，可用这五个角度参数分别求 α、β、ν，从而建立三个相应的几何关系方程。

建立角度几何关系方程，可采用球面三角、四元数和方向余弦等方法。下面介绍利用方向余弦和有关矢量运算的知识来建立三个角度几何关系方程。

已知过参考坐标系原点的任意两个单位矢量夹角 $\forall$ 的余弦，等于它们各自与坐标系对应轴的方向余弦乘积之和，即

$$\cos\forall = \cos A_1 \cos A_2 + \cos B_1 \cos B_2 + \cos C_1 \cos C_2 \tag{2-59}$$

设 $\boldsymbol{i}$、$\boldsymbol{j}$、$\boldsymbol{k}$ 分别为参考坐标系 $Axyz$ 各对应轴的单位矢量，过原点 A 的两个单位矢量夹角的余弦记作 $\langle \boldsymbol{l}_1 \cdot \boldsymbol{l}_2 \rangle$，则式(2-59)又可写成

$$\langle \boldsymbol{l}_1 \cdot \boldsymbol{l}_2 \rangle = \langle \boldsymbol{l}_1 \cdot \boldsymbol{i} \rangle \langle \boldsymbol{l}_2 \cdot \boldsymbol{i} \rangle + \langle \boldsymbol{l}_1 \cdot \boldsymbol{j} \rangle \langle \boldsymbol{l}_2 \cdot \boldsymbol{j} \rangle + \langle \boldsymbol{l}_1 \cdot \boldsymbol{k} \rangle \langle \boldsymbol{l}_2 \cdot \boldsymbol{k} \rangle \tag{2-60}$$

若把弹体坐标系 Oz_1 轴和弹道坐标系 Ox_2 轴的单位矢量分别视为 $\boldsymbol{l}_1$ 和 $\boldsymbol{l}_2$，以地面坐标系 $Axyz$ 为参考坐标系，将 $Ox_2y_2z_2$ 和 $Ox_1y_1z_1$ 两坐标系平移至参考系，使其原点 O 与原点 A 重合，查方向余弦表 2-1、表 2-2 和表 2-6，可得式(2-60)的各单位矢量夹角的余弦项，经整理得

$$\sin\beta = \cos\theta\left[\cos\gamma\sin(\psi-\sigma) + \sin\varphi\sin\gamma\cos(\psi-\sigma)\right] - \sin\theta\cos\varphi\sin\gamma \tag{2-61}$$

若把弹体坐标系 Ox_1 轴和弹道坐标系 Ox_2 轴的单位矢量分别视为 $\boldsymbol{l}_1$ 和 $\boldsymbol{l}_2$，则可得

$$\cos\alpha=\left[\cos\varphi\cos\theta\cos(\psi-\sigma)+\sin\varphi\sin\theta\right]/\cos\beta \tag{2-62}$$

若把弹体坐标系 Oz_1 轴和弹道坐标系 Oz_2 轴的单位矢量分别视为 $\boldsymbol{l}_1$ 和 $\boldsymbol{l}_2$，则可得

$$\cos\nu=\left[\cos\gamma\cos(\psi-\sigma)-\sin\varphi\sin\gamma\sin(\psi-\sigma)\right]/\cos\beta \tag{2-63}$$

式(2-61)～式(2-63)即为三个角度几何关系方程。

有时几何关系方程显得很简单。例如，当导弹做无侧滑、无滚转飞行时，存在 $\alpha=\varphi-\theta$；当导弹做无侧滑、零攻角飞行时，存在 $\gamma=\nu$；当导弹在水平面内做无滚转、小攻角($\alpha\approx 0$)飞行时，则有 $\beta=\psi-\sigma$。

至此，已建立了描述导弹质心运动的动力学方程(2-51)、导弹绕质心转动的动力学方程(2-55)、导弹质心运动的运动学方程(2-56)、导弹绕质心转动的运动学方程(2-57)、导弹质量变化方程(2-58)和角度几何关系方程(2-61)～方程(2-63)，这 16 个方程构成了无控弹的运动方程组。如果不考虑外界干扰，只要给出初始条件，求解这组方程，就可唯一地确定一条无控弹道，并得到 16 个相应的运动参数 $V(t)$、$\theta(t)$、$\sigma(t)$、$\varphi(t)$、$\psi(t)$、$\gamma(t)$、$\omega_x(t)$、$\omega_y(t)$、$\omega_z(t)$、$x(t)$、$y(t)$、$z(t)$、$m(t)$、$\alpha(t)$、$\beta(t)$、$\nu(t)$ 随时间的变化规律，故方程组是封闭的。但是，对于可控导弹来说，仅有上述 16 个方程还不能求解，因为方程组中的力和力矩不仅与上述一些运动参数有关，还与操纵机构的偏转角 $\delta_x(t)$、$\delta_y(t)$、$\delta_z(t)$ 和发动机的调节参数 $\delta_{\mathrm{p}}(t)$ 有关。也就是说，仅给出起始参数，还不能唯一地确定可控导弹的飞行弹道。要想唯一确定导弹的飞行弹道，还必须增加约束导弹运动的操纵关系方程。

2.7.5 操纵关系方程

2.7.5.1 操纵飞行原理

按照导弹命中目标的要求，改变导弹速度方向和大小的飞行，称为控制飞行。导弹是在控制系统作用下，遵循一定的操纵关系来飞行。要想改变飞行速度的大小和方向，就必须改变作用于导弹上的外力大小和方向。作用于导弹上的力主要有空气动力 $\boldsymbol{R}$、推力 $\boldsymbol{P}$ 和重力 $\boldsymbol{G}$。由于重力 $\boldsymbol{G}$ 始终指向地心，其大小和方向也不能随意改变，因此，控制导弹的飞行只能依靠改变空气动力 $\boldsymbol{R}$ 和推力 $\boldsymbol{P}$，其合力称为控制力 $\boldsymbol{N}$，即

$$\boldsymbol{N}=\boldsymbol{P}+\boldsymbol{R} \tag{2-64}$$

控制力 $\boldsymbol{N}$ 可分解为沿速度方向和垂直于速度方向的两个分量(图 2-25)，分别称为切向控制力和法向控制力，即

$$\boldsymbol{N}=\boldsymbol{N}_\tau+\boldsymbol{N}_n$$

切向控制力用来改变速度的大小，其计算关系式为

$$\boldsymbol{N}_\tau=\boldsymbol{P}_\tau-\boldsymbol{X}$$

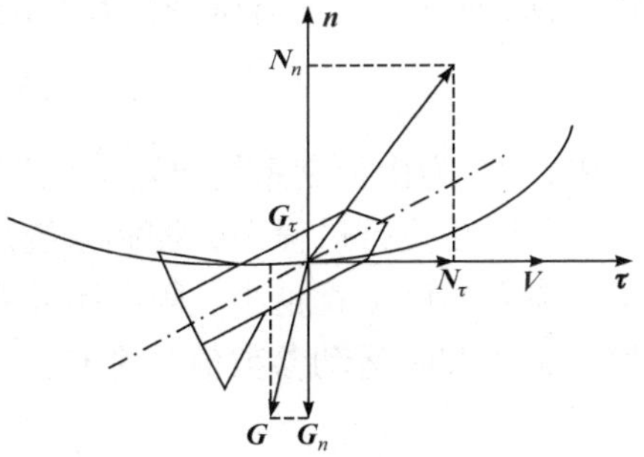

图 2-25　导弹的切向控制力和法向控制力

式中，$\boldsymbol{P}_\tau$、$\boldsymbol{X}$ 分别为推力在弹道切向的投影和空气阻力。

通常采用推力控制来实现速度大小的改变，通过控制发动机节气阀偏转角 $\delta_{\mathrm{p}}(t)$ 达到调节发动机推力大小的目的。

法向控制力 $\boldsymbol{N}_n$ 用来改变速度的方向，即导弹的飞行方向，其计算关系式为

$$\boldsymbol{N}_n = \boldsymbol{P}_n + \boldsymbol{Y} + \boldsymbol{Z}$$

式中，$\boldsymbol{P}_n$、$\boldsymbol{Y}$、$\boldsymbol{Z}$ 分别为推力 $\boldsymbol{P}$ 的法向分量、升力和侧向力。

法向控制力的改变主要是依靠改变空气动力的法向力(升力和侧向力)来实现。当导弹上的操纵机构(如空气舵、气动扰流片等)偏转时，操纵面上会产生相应的操纵力，它对导弹质心形成操纵力矩，使得弹体绕质心转动，从而导致导弹在空中的姿态发生变化。导弹姿态的改变，将会引起气流与弹体相对流动状态的改变，攻角、侧滑角也将随之变化，从而改变了作用在导弹上的空气动力。

对于轴对称型导弹，它装有两对弹翼，并沿纵轴对称分布，所以气动效应也是对称的。通过改变升降舵的偏转角 δ_z 来改变攻角 α 的大小，从而改变升力 $\boldsymbol{Y}$ 的大小和方向；改变方向舵的偏转角 δ_y，则可改变侧滑角 β，使侧向力 $\boldsymbol{Z}$ 的大小和方向发生变化；若同时使 δ_z、δ_y 各自获得任意角度，那么 α、β 都将改变，这时将得到任意方向和大小的空气动力。

对于面对称型导弹，外形与飞机相似，有一对较大的水平弹翼，其升力要比侧向力大得多。俯仰运动的操纵仍是通过改变升降舵偏角 δ_z 的大小来实现；偏航运动的操纵则是通过差动副翼，使弹体倾斜来实现。当升力转到某一方向(不在铅垂平面内)时，升力的水平分量将使导弹偏航，面对称型导弹的倾斜运动如图 2-26 所示。

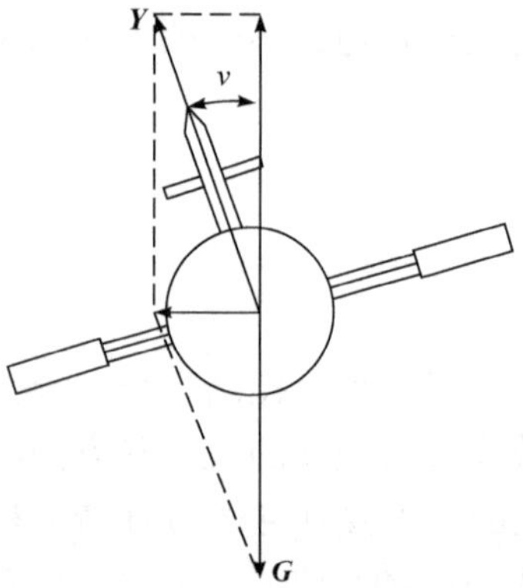

图 2-26　面对称型导弹的倾斜运动

2.7.5.2　操纵关系方程

导弹控制系统和其他自动控制系统一样，也是误差控制系统。当导弹的实际运动参数与导引关系所要求的运动参数不一致时，就会产生控制信号。例如，导弹飞行中的俯仰角 φ 与要求的俯仰角 φ_* 不相等时，控制系统将根据 $\Delta\varphi$ 的大小使升降舵偏转相应的角度 $\Delta\delta_z$，即(正常式)

$$\Delta\delta_z = K_\varphi\left(\varphi - \varphi_*\right) = K_\varphi \Delta\varphi$$

式中，K_φ 为由控制系统决定的比例系数，或称增益系数。

导弹在飞行过程中，控制系统总是做出消除误差信号 $\Delta\varphi$ 的反应。制导系统越准确，运动参数的误差就越小。假设制导系统的误差用 ε_i 表示，x_{i*} 为导引关系要求的运动参数值，x_i 为实际运动参数值，则有

$$\varepsilon_i = x_i - x_{i*},\quad i = 1,2,3,4$$

一般情况下，ε_i 不可能为零，此时控制系统将偏转相应的舵面和发动机调节机构，以求消除误差。舵面偏转角的大小和方向取决于误差 ε_i 的数值和正负，通常情况下，操纵关系方程可写成

$$\begin{cases} \delta_x = f(\varepsilon_1) \\ \delta_y = f(\varepsilon_2) \\ \delta_z = f(\varepsilon_3) \\ \delta_{\mathrm{p}} = f(\varepsilon_4) \end{cases} \tag{2-65}$$

在设计导弹弹道时，需要综合考虑导弹的运动方程与控制系统加在导弹上的约束方程，问题比较复杂。在导弹初步设计时，可做近似处理：假设控制系统是按“无误差”工作的理想控制系统，运动参数始终能保持导引关系所要求的变化规律，则有

$$\varepsilon_i = x_i - x_{*i} = 0,\quad i = 1,2,3,4 \tag{2-66}$$

式(2-66)称为理想操纵关系方程。在某些特殊情况下，理想操纵关系方程的形式非常简单。例如，当轴对称型导弹做等速直线飞行时，理想操纵关系方程为

$$\begin{cases} \varepsilon_1 = \theta - \theta_* = 0 \\ \varepsilon_2 = \sigma - \sigma_* = 0 \\ \varepsilon_3 = \gamma = 0 \\ \varepsilon_4 = V - V_* = 0 \end{cases} \tag{2-67}$$

再如，面对称型导弹做正常盘旋时，理想操纵关系方程为

$$\begin{cases} \varepsilon_1 = \theta_* = 0 \\ \varepsilon_2 = \gamma - \gamma_* = 0 \\ \varepsilon_3 = \beta = 0 \\ \varepsilon_4 = V - V_* = 0 \end{cases} \tag{2-68}$$

式(2-67)和式(2-68)中的 θ_*、σ_*、γ_*、V_* 为导引关系要求的运动参数值；θ、σ、γ、V、β 为导弹飞行过程中的实际运动参数值。

2.7.6　导弹运动方程组

综合前面得到的方程(2-51)、方程(2-55)～方程(2-58)、方程(2-61)～方程(2-63)和方程(2-66)，即可得到描述导弹飞行的运动方程组(2-69)。

方程组(2-69)以标量的形式给出了导弹的空间运动方程，它是一组非线性常微分方程。在这 20 个方程中，除需要计算出推力 P，气动力 X、Y、Z 和力矩 M_x、M_y、M_z 外，还包含 20 个未知参数：$V(t)$、$\theta(t)$、$\sigma(t)$、$\omega_x(t)$、$\omega_y(t)$、$\omega_z(t)$、$\varphi(t)$、$\psi(t)$、$\gamma(t)$、$x(t)$、$y(t)$、$z(t)$、$\alpha(t)$、$\beta(t)$、$\nu(t)$、$m(t)$、$\delta_x(t)$、$\delta_y(t)$、$\delta_z(t)$、$\delta_{\mathrm{p}}(t)$。因此，方程组(2-69)是可以封闭求解的。在给定各参数的初值之后，即可用数值积分法求解该方程组，从而获得可控弹道及其相应参数的变化规律。

$$
\begin{cases}
m\dfrac{\mathrm{d}V}{\mathrm{d}t}=P\cos\alpha\cos\beta-X-mg\sin\theta\\
mV\dfrac{\mathrm{d}\theta}{\mathrm{d}t}=P\left(\sin\alpha\cos\nu+\cos\alpha\sin\beta\sin\nu\right)+Y\cos\nu-Z\sin\nu-mg\cos\theta\\
-mV\cos\theta\dfrac{\mathrm{d}\sigma}{\mathrm{d}t}=P\left(\sin\alpha\sin\nu-\cos\alpha\sin\beta\cos\nu\right)+Y\sin\nu+Z\cos\nu\\
J_x\dfrac{\mathrm{d}\omega_x}{\mathrm{d}t}+\left(J_z-J_y\right)\omega_y\omega_z=M_x\\
J_y\dfrac{\mathrm{d}\omega_y}{\mathrm{d}t}+\left(J_x-J_z\right)\omega_z\omega_x=M_y\\
J_z\dfrac{\mathrm{d}\omega_z}{\mathrm{d}t}+\left(J_y-J_x\right)\omega_x\omega_y=M_z\\
\dfrac{\mathrm{d}x}{\mathrm{d}t}=V\cos\theta\cos\sigma\\
\dfrac{\mathrm{d}y}{\mathrm{d}t}=V\sin\theta\\
\dfrac{\mathrm{d}z}{\mathrm{d}t}=-V\cos\theta\sin\sigma\\
\dfrac{\mathrm{d}\varphi}{\mathrm{d}t}=\omega_y\sin\gamma+\omega_z\cos\gamma\\
\dfrac{\mathrm{d}\psi}{\mathrm{d}t}=\dfrac{1}{\cos\varphi}\left(\omega_y\cos\gamma-\omega_z\sin\gamma\right)\\
\dfrac{\mathrm{d}\gamma}{\mathrm{d}t}=\omega_x-\mathrm{tg}\varphi\left(\omega_y\cos\gamma-\omega_z\sin\gamma\right)\\
\dfrac{\mathrm{d}m}{\mathrm{d}t}=-m_{\mathrm{s}}\\
\sin\beta=\cos\theta\left[\cos\gamma\sin\left(\psi-\sigma\right)+\sin\varphi\sin\gamma\cos\left(\psi-\sigma\right)\right]-\sin\theta\cos\varphi\sin\gamma\\
\cos\alpha=\left[\cos\varphi\cos\theta\cos\left(\psi-\sigma\right)+\sin\varphi\sin\theta\right]/\cos\beta\\
\cos\nu=\left[\cos\gamma\cos\left(\psi-\sigma\right)-\sin\varphi\sin\gamma\sin\left(\psi-\sigma\right)\right]/\cos\beta\\
\varepsilon_1=0\\
\varepsilon_2=0\\
\varepsilon_3=0\\
\varepsilon_4=0
\end{cases}
\tag{2-69}
$$

2.8 导弹运动方程组的简化与分解

方程组(2-69)用 20 个方程来描述导弹的空间运动。在工程上，实际用于弹道计算的导弹运动方程个数远不止这些。一般而言，运动方程组的方程数目越多，导弹运动就描述得越完整、越准确，但研究和解算也就越麻烦。在导弹设计的某些阶段，特别是在导弹和制导系统的初步设计阶段，通常在求解精度允许范围内，应用一些近似方法对导弹运动方程组进行简化求解。实践证明，在一定的假设条件下，把导弹运动方程组(2-69)分解为纵向运动和侧向运动方程组，或简化为在铅垂平面和水平面内的运动方程组，都具有一定的实用价值。

2.8.1　导弹的纵向运动和侧向运动

纵向运动，是指导弹运动参数 β 、γ 、ν 、ψ 、σ 、ω_x 、ω_y 、z 恒为零的运动。

导弹的纵向运动，由导弹质心在飞行平面或对称平面 x_1Oy_1 内的平移运动和绕 Oz_1 轴的旋转运动所组成。在纵向运动中，参数 V 、θ 、φ 、ω_z 、α 、x 、y 是随时间变化的，通常称为纵向运动参数。

在纵向运动中等于零的参数 β 、γ 、ν 、ψ 、σ 、ω_x 、ω_y 、z 等称为侧向运动参数。

侧向运动，是指侧向运动参数 β 、γ 、ν 、ψ 、σ 、ω_x 、ω_y 、z 随时间变化的运动。它由导弹质心沿 Oz_1 轴的平移运动和绕弹体 Ox_1 轴与 Oy_1 轴的旋转运动所组成。

由方程组(2-69)不难看出，导弹的飞行过程由纵向运动和侧向运动所组成，它们之间相互关联、相互影响。但当导弹在给定的铅垂平面内运动时，只要不破坏运动的对称性(不进行偏航、滚转操纵，且无干扰)，纵向运动是可以独立存在的。这时，描述侧向运动参数的方程可以去掉，只剩下 10 个描述纵向运动参数的方程，方程中包含 V 、θ 、φ 、ω_z 、α 、x 、y 、m 、δ_z 、δ_{p} 等 10 个参数。然而，描述侧向运动参数的方程则不能离开纵向运动而单独存在。

2.8.1.1　纵向运动方程

若将导弹的一般运动方程组(2-69)分解成两个独立的方程组：一个是描述纵向运动参数变化的方程组；另一个是描述侧向运动参数变化的方程组。当研究导弹运动规律时，就会使联立求解的方程数目减少。为了能独立求解描述纵向运动参数变化的方程组，必须去掉该方程组中的侧向运动参数 β 、γ 、ν 、ψ 、σ 、ω_x 、ω_y 、z 。也就是说，要把纵向运动和侧向运动分开，应满足下述假设条件。

(1) 侧向运动参数 β 、γ 、ν 、ψ 、σ 、ω_x 、ω_y 、z 及舵偏角 δ_x 、δ_y 都是小量，这样可以令 $\cos\beta = \cos\gamma = \cos\nu \approx 1$ ，并略去各小量的乘积，如 $\sin\beta\sin\gamma$ 、$\omega_y\sin\gamma$ 、$\omega_y\omega_x$ 、$z\sin\nu$ 等，以及 β 、δ_x 、δ_y 对空气阻力的影响。

(2) 导弹基本上在某个铅垂平面内飞行，即其飞行弹道与铅垂平面内的弹道差别不大。

(3) 俯仰操纵机构的偏转仅取决于纵向运动参数；偏航、滚转操纵机构的偏转仅取决于侧向运动参数。

利用上述假设，就能将导弹运动方程组分为描述纵向运动的方程组和描述侧向运动的方程组。

描述导弹纵向运动的方程组为

$$\begin{cases} m\dfrac{\mathrm{d}V}{\mathrm{d}t}=P\cos\alpha-X-mg\sin\theta \\ mV\dfrac{\mathrm{d}\theta}{\mathrm{d}t}=P\sin\alpha+Y-mg\cos\theta \\ J_z\dfrac{\mathrm{d}\omega_z}{\mathrm{d}t}=M_z \\ \dfrac{\mathrm{d}x}{\mathrm{d}t}=V\cos\theta \\ \dfrac{\mathrm{d}y}{\mathrm{d}t}=V\sin\theta \\ \dfrac{\mathrm{d}\varphi}{\mathrm{d}t}=\omega_z \\ \dfrac{\mathrm{d}m}{\mathrm{d}t}=-m_\mathrm{s} \\ \alpha=\varphi-\theta \\ \varepsilon_1=0 \\ \varepsilon_4=0 \end{cases} \tag{2-70}$$

纵向运动方程组(2-70)就是描述导弹在铅垂平面内运动的方程组。它共有 10 个方程，包含 10 个未知参数：V、θ、φ、ω_z、α、x、y、m、δ_z、δ_p(力和力矩单独计算)。因此，方程组(2-70)是封闭的，可以独立求解。

2.8.1.2 侧向运动方程组

方程组(2-69)去掉 10 个纵向运动方程后，剩余的 10 个运动方程就构成了描述导弹侧向运动的方程组：

$$\begin{cases} -mV\cos\theta\dfrac{\mathrm{d}\sigma}{\mathrm{d}t}=P(\sin\alpha+Y)\sin\nu-(P\cos\alpha\sin\beta-Z)\cos\nu \\ J_x\dfrac{\mathrm{d}\omega_x}{\mathrm{d}t}=M_x-(J_z-J_y)\omega_z\omega_y \\ J_y\dfrac{\mathrm{d}\omega_y}{\mathrm{d}t}=M_y-(J_x-J_z)\omega_z\omega_x \\ \dfrac{\mathrm{d}z}{\mathrm{d}t}=-V\cos\theta\sin\sigma \\ \dfrac{\mathrm{d}\psi}{\mathrm{d}t}=\dfrac{1}{\cos\varphi}(\omega_y\cos\gamma-\omega_z\sin\gamma) \\ \dfrac{\mathrm{d}\gamma}{\mathrm{d}t}=\omega_x-\mathrm{tg}\varphi(\omega_y\cos\gamma-\omega_z\sin\gamma) \\ \sin\beta=\cos\theta\left[\cos\gamma\sin(\psi-\sigma)+\sin\varphi\sin\gamma\cos(\psi-\sigma)\right]-\sin\theta\cos\varphi\sin\gamma \\ \cos\nu=\left[\cos\gamma\cos(\psi-\sigma)-\sin\varphi\sin\gamma\sin(\psi-\sigma)\right]/\cos\beta \\ \varepsilon_2=0 \\ \varepsilon_3=0 \end{cases} \tag{2-71}$$

侧向运动方程组(2-71)共有 10 个方程，除了含有σ、ψ、γ、ν、β、ω_x、ω_y、z、δ_x、δ_y等 10 个侧向运动参数，还包括除坐标x外的纵向运动参数V、θ、φ、ω_z、α等。无论怎样简化方程组(2-71)，都不能从中消去这些纵向运动参数。因此，若要由方程组(2-71)求得侧向运动参数，就必须首先求解纵向运动方程组(2-70)，然后将解出的纵向运动参数代入侧向运动方程组(2-71)中，才可解出侧向运动参数的变化规律。

将导弹运动分解为纵向运动和侧向运动，能使联立求解的方程数目减小一半，同时能获得比较准确的计算结果。但是，当侧向运动参数不满足上述假设条件时，即侧向运动参数变化较大时，就不能再将导弹的运动分为纵向运动和侧向运动来研究。

2.8.2　导弹的平面运动

通常情况下，导弹是在三维空间内运动的，平面运动只是导弹运动的一种特殊情况。在某些情况下，导弹的运动可近似地视为在一个平面内。例如，地–空导弹在许多场合是在铅垂平面或倾斜平面内飞行；飞航式导弹在爬升段和末制导段也可近似地认为是在铅垂平面内运动；空–空导弹的运动，在许多场合也可看成是在水平面内。因此，在导弹的初步设计阶段，研究、解算导弹的平面弹道，是具有一定应用价值的。

2.8.2.1　导弹在铅垂平面内的运动

导弹在铅垂平面内运动时，导弹的速度矢量$\boldsymbol{V}$始终处于该平面内，弹道偏角σ为常值(若选地面坐标系的Ax轴位于该铅垂平面内，则$\sigma=0$)。设弹体纵向对称平面x_1Oy_1与飞行平面重合，推力矢量$\boldsymbol{P}$与弹体纵轴重合。若要保证导弹在铅垂平面内飞行，那么在水平方向的侧向力应恒等于零。此时，导弹只有在铅垂平面内的质心平移运动和绕Oz_1轴的转动。导弹在铅垂平面内的运动方程组与式(2-70)完全相同，这里不再赘述。

2.8.2.2　导弹在水平面内的运动

导弹在水平面内运动时，它的速度矢量$\boldsymbol{V}$始终处于该平面之内，即弹道倾角θ恒等于零。此时，作用于导弹铅垂方向的法向控制力应与导弹的重力相平衡。因此，要保持导弹在水平面内飞行，导弹应具有一定的攻角，以产生所需的法向控制力。导弹在主动段飞行过程中，质量不断减小，要想保持法向力平衡，就必须不断改变攻角的大小，也就是说，导弹要偏转升降舵δ_z，使弹体绕Oz_1轴转动。

若要使导弹在水平面内做机动飞行，则要求在水平方向上产生一定的侧向力，该力通常是借助于侧滑(轴对称型)或倾斜(面对称型)运动形成的。若导弹飞行既有侧滑又有倾斜，则将使控制复杂化。因此，轴对称型导弹通常采用有侧滑、无倾斜的控制飞行，面对称型导弹则采用有倾斜、无侧滑的控制飞行。

由于导弹在水平面内做机动飞行时，在水平方向上产生侧向控制力的方式不同，因此描述导弹在水平面内运动的方程组也不同。

若导弹在水平面内做有侧滑、无倾斜的机动飞行，则$\theta\equiv 0$，y为常值，且$\gamma=\nu\equiv 0$、$\omega_x\equiv 0$，因此，根据方程组(2-69)的第二个方程，可得法向力平衡关系式：

$$mg = P\sin\alpha + Y \tag{2-72}$$

由导弹运动方程组(2-69)简化得到导弹在水平面内做有侧滑、无倾斜飞行的运动方程组：

$$\begin{cases} m\dfrac{\mathrm{d}V}{\mathrm{d}t} = P\cos\alpha\cos\beta - X \\ mg = P\sin\alpha + Y \\ -mV\dfrac{\mathrm{d}\sigma}{\mathrm{d}t} = -P\cos\alpha\sin\beta + Z \\ J_y\dfrac{\mathrm{d}\omega_y}{\mathrm{d}t} = M_y \\ J_z\dfrac{\mathrm{d}\omega_z}{\mathrm{d}t} = M_z \\ \dfrac{\mathrm{d}x}{\mathrm{d}t} = V\cos\sigma \\ \dfrac{\mathrm{d}z}{\mathrm{d}t} = -V\sin\sigma \\ \dfrac{\mathrm{d}\varphi}{\mathrm{d}t} = \omega_z \\ \dfrac{\mathrm{d}\psi}{\mathrm{d}t} = \dfrac{\omega_y}{\cos\varphi} \\ \dfrac{\mathrm{d}m}{\mathrm{d}t} = -m_{\mathrm{s}} \\ \beta = \psi - \sigma \\ \alpha = \varphi \\ \varepsilon_2 = 0 \\ \varepsilon_4 = 0 \end{cases} \tag{2-73}$$

方程组(2-73)共 14 个方程，包含 14 个未知参数V、σ、ω_y、ω_z、x、z、φ、ψ、m、α、β、δ_z、δ_y、δ_{p}，方程组是封闭的。

导弹在水平面内做有倾斜、无侧滑的机动飞行的运动方程组参见文献[2]。

2.9 导弹的质心运动

2.9.1 "瞬时平衡"假设

导弹的运动由其质心运动和绕其质心的转动所组成。在导弹初步设计阶段，为了能够简捷地获得导弹的飞行弹道及其主要的飞行特性，研究过程通常分为两步：首先，暂不考虑导弹绕质心的转动，而将导弹当作一个可操纵质点来研究；然后，在此基础上再研究导弹绕其质心的转动运动。这种简化的处理方法，通常基于以下假设：

(1) 导弹绕弹体轴的转动是无惯性的，即

$$J_x = J_y = J_z = 0 \tag{2-74}$$

(2) 导弹控制系统理想工作，既无误差，也无时间延迟；

(3) 不考虑各种干扰因素对导弹的影响。

前两点假设的实质，就是认为导弹在整个飞行期间的任一瞬时都处于平衡状态，即导弹操纵机构偏转时，作用在导弹上的力矩在每一瞬时都处于平衡状态，这就是“瞬时平衡”假设。

对于轴对称型导弹，根据纵向静平衡关系式(2-9)和对偏航运动的类似处理，可得俯仰和偏航力矩的平衡关系式：

$$\begin{cases} m_z^\alpha \alpha_b + m_z^{\delta_z} \delta_{zb} = 0 \\ m_y^\beta \beta_b + m_y^{\delta_y} \delta_{yb} = 0 \end{cases} \tag{2-75}$$

式中，α_b、β_b、δ_{zb}、δ_{yb} 分别为相应参数的平衡值。式(2-75)也可写成

$$\begin{cases} \delta_{zb} = -\dfrac{m_z^\alpha}{m_z^{\delta_z}} \alpha_b \\ \delta_{yb} = -\dfrac{m_y^\beta}{m_y^{\delta_y}} \beta_b \end{cases} \tag{2-76}$$

或

$$\begin{cases} \alpha_b = -\dfrac{m_z^{\delta_z}}{m_z^\alpha} \delta_{zb} \\ \beta_b = -\dfrac{m_y^{\delta_y}}{m_y^\beta} \delta_{yb} \end{cases} \tag{2-77}$$

由此可见，关于导弹转动无惯性的假设意味着，当操纵机构偏转时，参数 α、β 都瞬时达到其平衡值。

利用“瞬时平衡”假设，即控制系统无误差地工作，操纵关系方程可写成

$$\varepsilon_1 = 0, \quad \varepsilon_2 = 0, \quad \varepsilon_3 = 0, \quad \varepsilon_4 = 0 \tag{2-78}$$

实际上，导弹的运动是一个可控过程，由于导弹控制系统及其控制对象(弹体)都存在惯性，导弹从操纵机构偏转到运动参数发生变化，并不是在瞬间完成的，而是要经过一段时间。例如，升降舵偏转 δ_z 角，将引起弹体绕 Oz_1 轴产生振荡运动，攻角的变化过程也是振荡的(图 2-27)，直到过渡过程结束时，攻角 α 才能达到它的平衡值。利用“瞬时平衡”假设之后，认为在舵面偏转的同时，运动参数就立即达到它的平衡值，即过渡过程的时间为零。

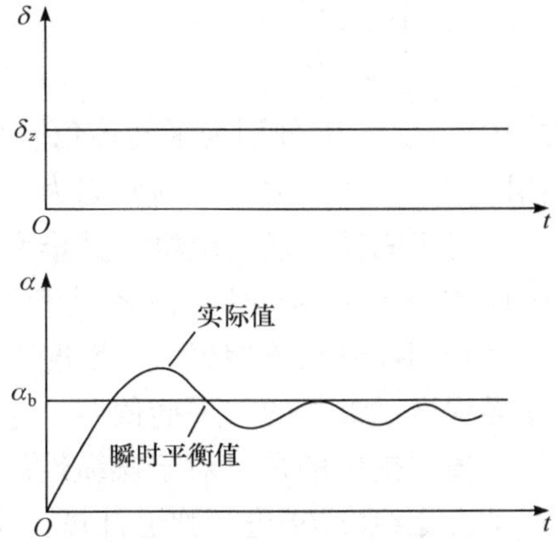

图 2-27　过渡过程示意图

另外，导弹的振荡运动会引起升力 $\boldsymbol{Y}$ 和侧向力 $\boldsymbol{Z}$ 的附加增量，以及阻力 $\boldsymbol{X}$ 的增大。阻力的增大，会使飞行速度减小。因此，在采用“瞬时平衡”假设研究导弹的质心运动时，为尽可能接近真实弹道，应适当加大阻力。

2.9.2 导弹质心运动方程组

基于“瞬时平衡”假设，将导弹的质心运动和绕质心的转动运动分别加以研究，利用导弹运动方程组(2-69)，可以得到如下描述导弹质心运动的方程组：

$$
\left\{\begin{aligned}
& m\frac{\mathrm{d}V}{\mathrm{d}t}=P\cos\alpha_{\mathrm{b}}\cos\beta_{\mathrm{b}}-X_{\mathrm{b}}-mg\sin\theta \\
& mV\frac{\mathrm{d}\theta}{\mathrm{d}t}=P\left(\sin\alpha_{\mathrm{b}}\cos\nu+\cos\alpha_{\mathrm{b}}\sin\beta_{\mathrm{b}}\sin\nu\right)+Y_{\mathrm{b}}\cos\nu-Z_{\mathrm{b}}\sin\nu-mg\cos\theta \\
& -mV\cos\theta\frac{\mathrm{d}\sigma}{\mathrm{d}t}=P\left(\sin\alpha_{\mathrm{b}}\sin\nu-\cos\alpha_{\mathrm{b}}\sin\beta_{\mathrm{b}}\cos\nu\right)+Y_{\mathrm{b}}\sin\nu+Z_{\mathrm{b}}\cos\nu \\
& \frac{\mathrm{d}x}{\mathrm{d}t}=V\cos\theta\cos\sigma \\
& \frac{\mathrm{d}y}{\mathrm{d}t}=V\sin\theta \\
& \frac{\mathrm{d}z}{\mathrm{d}t}=-V\cos\theta\sin\sigma \\
& \frac{\mathrm{d}m}{\mathrm{d}t}=-m_{\mathrm{s}} \\
& \delta_{z\mathrm{b}}=-\frac{m_z^{\alpha}}{m_z^{\delta_z}}\alpha_{\mathrm{b}} \\
& \delta_{y\mathrm{b}}=-\frac{m_y^{\beta}}{m_y^{\delta_y}}\beta_{\mathrm{b}} \\
& \varepsilon_1=0 \\
& \varepsilon_2=0 \\
& \varepsilon_3=0 \\
& \varepsilon_4=0
\end{aligned}\right.
\tag{2-79}
$$

式中，α_{b}、β_{b} 分别为平衡攻角、平衡侧滑角；X_{b}、Y_{b}、Z_{b} 分别为与 α_{b}、β_{b} 对应的平衡阻力、平衡升力、平衡侧向力。

对于固体火箭发动机，其推力一般是不可调节的，m_{s} 可以认为是时间的已知函数，因此方程组(2-79)中的第七个方程可以独立求解，且 $\varepsilon_4=0$ 也就不存在了。

利用控制系统理想工作情况下的运动方程组(2-79)，计算导弹飞行弹道，所得结果就是导弹运动参数的“平衡值”，它对导弹总体和导引系统设计都具有重要意义。

值得指出的是，对于操纵性能比较好、绕质心旋转运动不太剧烈的导弹，利用质心运动方程组(2-79)进行弹道计算，可以得到令人满意的结果。但当导弹的操纵性能较差，并且绕质心的旋转运动比较剧烈时，必须考虑导弹旋转运动对质心运动的影响。

2.9.2.1　导弹在铅垂平面内的质心运动

基于“瞬时平衡”假设，忽略随机干扰影响，简化方程组(2-70)，可以得到描述导弹在铅垂平面内运动的质心运动方程组：

$$\begin{cases} m\dfrac{\mathrm{d}V}{\mathrm{d}t}=P\cos\alpha_{\mathrm{b}}-X_{\mathrm{b}}-mg\sin\theta \\ mV\dfrac{\mathrm{d}\theta}{\mathrm{d}t}=P\sin\alpha_{\mathrm{b}}+Y_{\mathrm{b}}-mg\cos\theta \\ \dfrac{\mathrm{d}x}{\mathrm{d}t}=V\cos\theta \\ \dfrac{\mathrm{d}y}{\mathrm{d}t}=V\sin\theta \\ \dfrac{\mathrm{d}m}{\mathrm{d}t}=-m_{\mathrm{s}} \\ \varepsilon_1=0 \\ \varepsilon_4=0 \end{cases} \tag{2-80}$$

2.9.2.2　导弹在水平面内的质心运动方程组

基于“瞬时平衡”假设，忽略随机干扰影响，根据运动方程组(2-73)可以简化得到导弹在水平面内质心运动的方程组。以导弹利用侧滑产生侧向控制力为例，在攻角和侧滑角较小的情况下，导弹在水平面内的质心运动方程组为

$$\begin{cases} m\dfrac{\mathrm{d}V}{\mathrm{d}t}=P-X_{\mathrm{b}} \\ mg=P\alpha_{\mathrm{b}}+Y_{\mathrm{b}} \\ -mV\dfrac{\mathrm{d}\sigma}{\mathrm{d}t}=-P\beta_{\mathrm{b}}+Z_{\mathrm{b}} \\ \dfrac{\mathrm{d}x}{\mathrm{d}t}=V\cos\sigma \\ \dfrac{\mathrm{d}z}{\mathrm{d}t}=-V\sin\sigma \\ \dfrac{\mathrm{d}m}{\mathrm{d}t}=-m_{\mathrm{s}} \\ \psi=\sigma+\beta_{\mathrm{b}} \\ \varphi=\alpha_{\mathrm{b}} \\ \varepsilon_2=0 \\ \varepsilon_4=0 \end{cases} \tag{2-81}$$

2.9.3　理想弹道、理论弹道和实际弹道

理想弹道就是将导弹视为一个可操纵的质点，认为控制系统理想工作，且不考虑弹体绕质心的转动以及外界的各种干扰，求解质心运动方程组得到的飞行弹道。

理论弹道是指将导弹视为某一力学模型(可操纵质点、刚体、弹性体)，作为控制系统的一个环节(控制对象)，将动力学方程、运动学方程、控制系统方程以及其他方程(质量变化方程、角度几何关系方程等)综合在一起，通过数值积分而求得的弹道。方程中所用的弹体结构参数、外形几何参数、发动机的特性参数均取设计值，大气参数取标准大气值，控制系统的参数取额定值，方程组的初值符合规定条件。

由此可知，理想弹道是理论弹道的一种简化情况。

导弹在真实情况下的飞行弹道称为实际弹道，它与理想弹道和理论弹道的最大区别在于，导弹在飞行过程中会受到各种随机干扰和误差的影响，因此每发导弹的实际弹道是不可能完全相同的。

2.10 过　　载

导弹在飞行过程中受到的作用力和产生的加速度可以用过载来衡量。导弹的机动性是评价导弹飞行性能的重要指标之一。导弹的机动性也可以用过载进行评定。过载与弹体结构、制导系统的设计存在密切的关系。本节将介绍机动性与过载的有关概念，过载的投影，过载与导弹运动的关系等内容。

2.10.1 机动性与过载的概念

机动性是指导弹在单位时间内改变飞行速度大小和方向的能力。如果要攻击活动目标，特别是攻击空中的机动目标，导弹必须具有良好的机动性。导弹的机动性可以用切向和法向加速度来表征，但通常用过载矢量的概念来评定导弹的机动性。

过载 $\boldsymbol{n}$ 是指作用在导弹上除重力之外的所有外力的合力 $\boldsymbol{N}$(控制力)与导弹重量 G 的比值：

$$\boldsymbol{n}=\frac{\boldsymbol{N}}{G} \tag{2-82}$$

由过载的定义可知，过载是个矢量，它的方向与控制力 $\boldsymbol{N}$ 的方向一致，其模值表示控制力大小为重量的多少倍。这就是说，过载矢量表征了控制力 $\boldsymbol{N}$ 的大小和方向。

过载的概念，除用于研究导弹的运动之外，在弹体结构强度和控制系统设计中也常用到，这是因为过载矢量决定了弹上各个部件或仪表所承受的作用力。例如，导弹以加速度 $\boldsymbol{a}$ 做平移运动时，相对弹体固定的某个质量为 m_i 的部件，除受到随导弹做加速度运动引起的惯性力 $-m_i\boldsymbol{a}$ 之外，还要受到重力 $\boldsymbol{G}_i=m_i\boldsymbol{g}$ 和连接力 $\boldsymbol{F}_i$ 的作用，部件在这三个力的作用下处于相对平衡状态，即

$$-m_i\boldsymbol{a}+\boldsymbol{G}_i+\boldsymbol{F}_i=0$$

导弹的运动加速度 $\boldsymbol{a}$ 为

$$\boldsymbol{a}=\frac{\boldsymbol{N}+\boldsymbol{G}}{m} \tag{2-83}$$

所以

$$\boldsymbol{F}_i = m_i \frac{\boldsymbol{N}+\boldsymbol{G}}{m} - m_i \boldsymbol{g} = G_i \frac{\boldsymbol{N}}{G} = G_i \boldsymbol{n}$$

可以看出，弹上任何部件所承受的连接力等于本身重量 G_i 乘以导弹的过载矢量。因此，如果已知导弹在飞行时的过载，就能确定其上任何部件所承受的作用力。

过载这一概念，在其他专业还有另外的定义，即把过载定义为作用在导弹上的所有外力的合力(包括重力)与导弹重量的比值。显然，在同样的情况下，过载的定义不同，其值也不同。

2.10.2　过载的投影

过载矢量的大小和方向，通常是由它在某坐标系上的投影来确定的。研究导弹运动的机动性时，需要给出过载矢量在弹道坐标系 $Ox_2y_2z_2$ 中的标量表达式；在研究弹体或部件受力情况和进行强度分析时，需要知道过载矢量在弹体坐标系 $Ox_1y_1z_1$ 中的投影。

根据过载的定义，将推力投影到速度坐标系 $Ox_3y_3z_3$，得到过载矢量 $\boldsymbol{n}$ 在速度坐标系 $Ox_3y_3z_3$ 各轴上的投影为

$$\begin{bmatrix} n_{x_3} \\ n_{y_3} \\ n_{z_3} \end{bmatrix} = \frac{1}{G}\begin{bmatrix} P\cos\alpha\cos\beta - X \\ P\sin\alpha + Y \\ -P\cos\alpha\sin\beta + Z \end{bmatrix} \tag{2-84}$$

过载矢量 $\boldsymbol{n}$ 在弹道坐标系 $Ox_2y_2z_2$ 各轴上的投影为

$$\begin{bmatrix} n_{x_2} \\ n_{y_2} \\ n_{z_2} \end{bmatrix} = L^{\mathrm{T}}(\nu)\begin{bmatrix} n_{x_3} \\ n_{y_3} \\ n_{z_3} \end{bmatrix} = \frac{1}{G}\begin{bmatrix} P\cos\alpha\cos\beta - X \\ P(\sin\alpha\cos\nu + \cos\alpha\sin\beta\sin\nu) + Y\cos\nu - Z\sin\nu \\ P(\sin\alpha\sin\nu + \cos\alpha\sin\beta\cos\nu) + Y\sin\nu + Z\cos\nu \end{bmatrix} \tag{2-85}$$

过载矢量在速度方向上的投影 n_{x_2}、n_{x_3} 称为切向过载；过载矢量在垂直于速度方向上的投影 n_{y_2}、n_{z_2} 和 n_{y_3}、n_{z_3} 称为法向过载。

导弹的机动性能可以用导弹的切向和法向过载来评定。切向过载越大，导弹产生的切向加速度就越大，说明导弹改变速度大小的能力越强；法向过载越大，导弹产生的法向加速度就越大，在同一速度下，导弹改变飞行方向的能力就越大，即导弹越能沿较弯曲的弹道飞行。因此，导弹过载越大，机动性能就越好。

对弹体强度进行分析计算时，需要知道过载 $\boldsymbol{n}$ 在弹体坐标系 $Ox_1y_1z_1$ 各轴上的投影分量。利用变换矩阵式(2-37)即可求得过载 $\boldsymbol{n}$ 在弹体坐标系 $Ox_1y_1z_1$ 各轴上的投影：

$$\begin{bmatrix} n_{x_1} \\ n_{y_1} \\ n_{z_1} \end{bmatrix} = L(\beta,\alpha)\begin{bmatrix} n_{x_3} \\ n_{y_3} \\ n_{z_3} \end{bmatrix} = \begin{bmatrix} n_{x_3}\cos\alpha\cos\beta + n_{y_3}\sin\alpha - n_{z_3}\cos\alpha\sin\beta \\ -n_{x_3}\sin\alpha\cos\beta + n_{y_3}\cos\alpha + n_{z_3}\sin\alpha\sin\beta \\ n_{x_3}\sin\beta + n_{z_3}\cos\beta \end{bmatrix} \tag{2-86}$$

式中，过载 $\boldsymbol{n}$ 在弹体纵轴 Ox_1 上的投影分量 n_{x_1} 称为纵向过载；过载 $\boldsymbol{n}$ 在垂直于弹体纵轴方向上的投影分量 n_{y_1}、n_{z_1} 称为横向过载。

2.10.3 过载与导弹运动的关系

过载不仅是评定导弹机动性能的指标，而且和导弹的运动之间存在密切的联系。根据过载的定义，描述导弹质心运动的动力学方程可以写成

$$\begin{cases} m\dfrac{\mathrm{d}V}{\mathrm{d}t}=N_{x_2}+G_{x_2} \\ mV\dfrac{\mathrm{d}\theta}{\mathrm{d}t}=N_{y_2}+G_{y_2} \\ -mV\cos\theta\dfrac{\mathrm{d}\sigma}{\mathrm{d}t}=N_{z_2}+G_{z_2} \end{cases}$$

将式(2-51)代入上式，方程两边同除以 mg，得到

$$\begin{cases} \dfrac{1}{g}\dfrac{\mathrm{d}V}{\mathrm{d}t}=n_{x_2}-\sin\theta \\ \dfrac{V}{g}\dfrac{\mathrm{d}\theta}{\mathrm{d}t}=n_{y_2}-\cos\theta \\ -\dfrac{V}{g}\cos\theta\dfrac{\mathrm{d}\sigma}{\mathrm{d}t}=n_{z_2} \end{cases} \tag{2-87}$$

式(2-87)等号左边表示导弹质心的无量纲加速度在弹道坐标系上的三个分量，描述了导弹质心运动与过载之间的关系。由此可见，用过载表示导弹质心运动的动力学方程，形式很简单。

同样，过载也可以用运动参数 V 、 θ 、 σ 来表示：

$$\begin{cases} n_{x_2}=\dfrac{1}{g}\dfrac{\mathrm{d}V}{\mathrm{d}t}+\sin\theta \\ n_{y_2}=\dfrac{V}{g}\dfrac{\mathrm{d}\theta}{\mathrm{d}t}+\cos\theta \\ n_{z_2}=-\dfrac{V}{g}\cos\theta\dfrac{\mathrm{d}\sigma}{\mathrm{d}t} \end{cases} \tag{2-88}$$

式中，参数 V 、 θ 、 σ 表示飞行速度的大小和方向，方程等号右边含有这些参数对时间的导数。由此看出，过载矢量在弹道坐标系上的投影表征着导弹改变飞行速度大小和方向的能力。

由式(2-88)可以得到导弹在某些特殊飞行情况下所对应的过载，如：

(1) 导弹在铅垂平面内飞行时： $n_{z_2}=0$ ；

(2) 导弹在水平面内飞行时： $n_{y_2}=1$ ；

(3) 导弹做直线飞行时： $n_{y_2}=\cos\theta=$ 常数 ， $n_{z_2}=0$ ；

(4) 导弹做等速直线飞行时： $n_{x_2}=\sin\theta=$ 常数 ， $n_{y_2}=\cos\theta=$ 常数 ， $n_{z_2}=0$ ；

(5) 导弹做水平直线飞行时： $n_{y_2}=1$ ， $n_{z_2}=0$ ；

(6) 导弹做水平等速直线飞行时： $n_{x_2}=0$ ， $n_{y_2}=1$ ， $n_{z_2}=0$ 。

利用过载矢量在弹道坐标系上的投影还能定性地表示弹道上各点的切向加速度和弹道的形状。由式(2-87)可得

$$\begin{cases}\dfrac{\mathrm{d}V}{\mathrm{d}t}=g\left(n_{x_2}-\sin\theta\right)\\\dfrac{\mathrm{d}\theta}{\mathrm{d}t}=\dfrac{g}{V}\left(n_{y_2}-\cos\theta\right)\\\dfrac{\mathrm{d}\sigma}{\mathrm{d}t}=-\dfrac{g}{V\cos\theta}n_{z_2}\end{cases}\tag{2-89}$$

根据式(2-89)，可以建立过载在弹道坐标系中的投影与导弹切向加速度之间的关系：

$$n_{x_2}\begin{cases}=\sin\theta\text{时, 导弹做等速飞行}\\>\sin\theta\text{时, 导弹做加速飞行}\\<\sin\theta\text{时, 导弹做减速飞行}\end{cases}$$

在铅垂平面 x_2Oy_2 内(过载 n_{y_2} 与弹道特性之间的关系见图 2-28)有

$$n_{y_2}\begin{cases}>\cos\theta\text{时, 则}\dfrac{\mathrm{d}\theta}{\mathrm{d}t}>0\text{, 弹道向上弯曲}\\=\cos\theta\text{时, 则}\dfrac{\mathrm{d}\theta}{\mathrm{d}t}=0\text{, 弹道在该点处曲率为零}\\<\cos\theta\text{时, 则}\dfrac{\mathrm{d}\theta}{\mathrm{d}t}<0\text{, 弹道向下弯曲}\end{cases}$$

同样，在水平面 x_2Oz_2 内(过载 n_{z_2} 与弹道特性之间的关系见图 2-29)有

$$n_{z_2}\begin{cases}>0\text{时,}\dfrac{\mathrm{d}\sigma}{\mathrm{d}t}<0\text{, 弹道向右弯曲}\\=0\text{时,}\dfrac{\mathrm{d}\sigma}{\mathrm{d}t}=0\text{, 弹道在该点处曲率为零}\\<0\text{时,}\dfrac{\mathrm{d}\sigma}{\mathrm{d}t}>0\text{, 弹道向左弯曲}\end{cases}$$

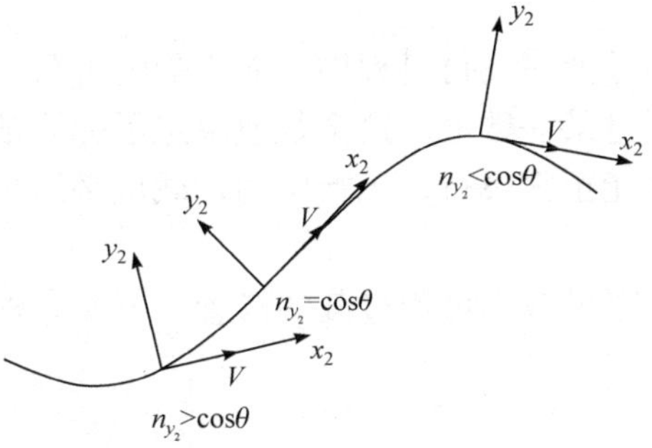

图 2-28　过载 n_{y_2} 与弹道特性之间的关系

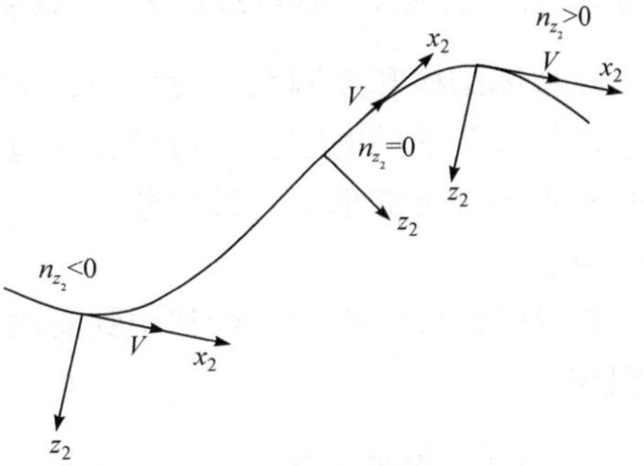

图 2-29　过载 n_{z_2} 与弹道特性之间的关系

2.10.4 弹道曲率半径与法向过载的关系

建立弹道曲率半径与法向过载之间的关系，对研究弹道特性也是必要的。如果导弹是在铅垂平面 x_2Oy_2 内运动，那么弹道上某点的曲率就是该点处弹道倾角 θ 对弧长 S 的导数，即

$$K=\frac{\mathrm{d}\theta}{\mathrm{d}S}$$

该点的曲率半径 ρ_{y_2} 则为曲率的倒数，所以有

$$\rho_{y_2}=\frac{\mathrm{d}S}{\mathrm{d}\theta}=\frac{\mathrm{d}S}{\mathrm{d}t}\frac{\mathrm{d}t}{\mathrm{d}\theta}=\frac{V}{\mathrm{d}\theta/\mathrm{d}t} \tag{2-90}$$

将式(2-89)的第二个方程代入式(2-90)，可得到：

$$\rho_{y_2}=\frac{V^2}{g\left(n_{y_2}-\cos\theta\right)} \tag{2-91}$$

式(2-91)表明，在给定速度 V 的情况下，法向过载越大，曲率半径越小，导弹转弯速率

$$\mathrm{d}\theta/\mathrm{d}t=\frac{V}{\rho_{y_2}}$$

就越大；若 n_{y_2} 值不变，随着飞行速度 V 的增大，弹道曲率半径就增大，这说明速度越大，导弹越不容易转弯。

同理，如果导弹在水平面 x_2Oz_2 内飞行，那么曲率半径 ρ_{z_2} 可写成

$$\rho_{z_2}=-\frac{\mathrm{d}S}{\mathrm{d}\sigma}=-\frac{V}{\mathrm{d}\sigma/\mathrm{d}t} \tag{2-92}$$

将式(2-89)的第三个方程代入式(2-92)，则有

$$\rho_{z_2}=\frac{V^2\cos\theta}{gn_{z_2}} \tag{2-93}$$

2.10.5 需用过载、极限过载和可用过载

在弹体结构和控制系统设计中，常需要考虑导弹在飞行过程中可能承受的过载。根据战术技术要求的规定，飞行过程中过载不得超过某一数值。这个数值决定了弹体结构和弹上各部件可能承受的最大载荷。为保证导弹能正常飞行，飞行中的过载也必须小于这个数值。

在导弹设计过程中，经常用到需用过载、极限过载和可用过载的概念，下面分别加以叙述。

2.10.5.1 需用过载

需用过载是指导弹按给定的弹道飞行时所需要的法向过载，用 n_{R} 表示。导弹的需用

过载是飞行弹道的一个重要特性。

需用过载必须满足导弹的战术技术要求。例如，若导弹要攻击机动性强的空中目标，则导弹按一定的导引规律飞行时，一方面必须具有较大的法向过载(需用过载)；另一方面，从设计和制造的观点来看，希望需用过载在满足导弹战术技术要求的前提下越小越好，因为需用过载越小，导弹在飞行过程中所承受的载荷越小，这对防止弹体结构受破坏、保证弹上仪器和设备的正常工作以及减小导引误差都是有利的。

2.10.5.2　极限过载

在给定飞行速度和高度的情况下，导弹在飞行中所能产生的过载取决于攻角 α 、侧滑角 β 及操纵机构的偏转角。导弹在飞行中，当攻角达到临界值 $\alpha_{\max}$ 时，对应的升力系数达到最大值 $C_{y\max}$ ，这是一种极限情况。若使攻角继续增大，则会出现“失速”现象。攻角或侧滑角达到临界值时的法向过载称为极限过载 n_{L} 。

以纵向运动的 n_{y_2} 为例，相应的极限过载可写成

$$n_{\mathrm{L}}=\frac{1}{G}\left(P\sin\alpha_{\max}+qSC_{y\max}\right)$$

2.10.5.3　可用过载

当操纵面的偏转角为最大值时，导弹所能产生的法向过载称为可用过载 n_{K} 。它表征着导弹产生法向控制力的实际能力。若要使导弹沿着导引规律所确定的弹道飞行，那么在这条弹道的任一点上，导弹所能产生的可用过载都应大于需用过载。

例如，在某一时刻，从 O 点向运动目标 T_0 发射一枚导弹，采用追踪法导引(见 2.12 节)，即导弹的速度矢量始终跟随目标转动(追踪法导引弹道见图 2-30)。这时导弹跟踪目标所需的过载，即为需用过载 n_{R} 。如果在某时刻，操纵面偏转角达到最大允许值所产生的可用过载仍小于需用过载，则导弹速度矢量就不可能再跟随目标转动，从而导致脱靶。

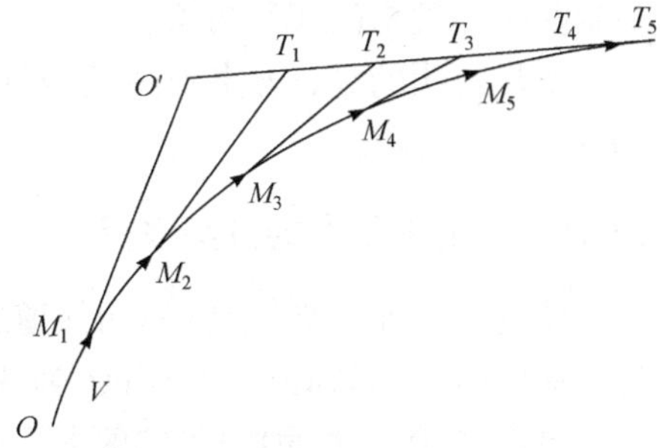

图 2-30　追踪法导引弹道示意图

在实际飞行过程中，各种干扰因素总是存在，导弹不可能完全沿着理论弹道飞行，因此，在导弹设计时，必须留有一定的过载余量，用于克服各种扰动因素导致的附加过载。

然而，考虑到弹体结构、弹上仪器设备的承载能力，可用过载也不是越大越好。实际上，导弹的舵面偏转总是会受到一定的限制，如操纵机构的输出限幅和舵面的机械限制等。

通过分析，不难发现：极限过载 n_{L}＞可用过载 n_{K}＞需用过载 n_{R} 。

2.11　方 案 飞 行

导弹的弹道可以分为两大类：方案弹道和导引弹道。本节介绍导弹的方案飞行与弹道。

导弹按预定的飞行方案所做的飞行称为方案飞行，它所对应的飞行弹道称为方案弹道。飞行方案，是指设计弹道时所选定的某些运动参数(如俯仰角 $\varphi_*(t)$ 、攻角 $\alpha_*(t)$ 或高度 $H_*(t)$ 等)随时间的变化规律。在这类导弹上，一般装有一套程序自动控制装置，导弹飞行时的舵面偏转规律，就是由这套装置实现的。这种控制方式称为自主控制。当飞行方案选定以后，导弹的飞行弹道也就随之确定。也就是说，导弹发射出去后，它的飞行轨迹就不能随意变更。

方案飞行的情况是经常遇到的。许多导弹的弹道除引向目标的导引段之外，也具有方案飞行段。例如，攻击静止或缓慢运动目标的飞航式导弹，其弹道的爬升段(或称“起飞段”)、平飞段(或称“巡航段”)，甚至俯冲攻击的初段都是方案飞行段(图 2-31)。反坦克导弹的某些飞行段也有按方案飞行的。某些垂直发射的地-空导弹的初始段、空-地导弹的下滑段以及弹道式导弹的主动段通常也采用方案飞行。此外，方案飞行在一些无人驾驶靶机、侦察机上也被广泛采用。

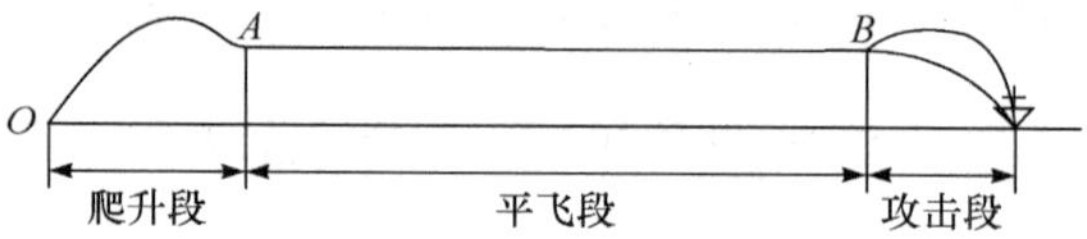

图 2-31 飞航式导弹的典型弹道

飞行方案设计也就是导弹飞行轨迹设计。飞行方案设计的主要依据是应用部门提出的战术技术指标和应用要求，包括发射载体、射程、巡航速度和高度、制导体制、动力装置、导弹几何尺寸和质量、目标类型等。在进行飞行方案设计时，除了要掌握导弹本身的总体特性，还要了解发射载体和目标特性。只有充分发挥各系统的优势，扬长避短，才能设计出理想的飞行方案。

需要说明的是，方案弹道的设计都是基于理想弹道(质点弹道)的，也就是说，采用了“瞬时平衡”假设。

2.11.1 铅垂平面内的方案飞行

飞航式导弹、空-地导弹和弹道式导弹的方案飞行段，基本上是在铅垂平面内。导弹在铅垂平面内的质心运动方程组为式(2-80)。

导弹在铅垂平面内的方案飞行取决于：①飞行速度的方向，其理想控制关系式为 $\varepsilon_1 = 0$；②发动机的工作状态，其理想控制关系式为 $\varepsilon_4 = 0$。

飞行速度的方向直接用弹道倾角 $\theta_*(t)$ 来给出，或者间接地用俯仰角 $\varphi_*(t)$ 、攻角 $\alpha_*(t)$ 、法向过载 $n_{y_2*}(t)$ 、高度变化率 $\dot{H}_*(t)$ 给出。

因为方程组(2-80)等号右端项均与坐标 x 无关，所以在积分此方程组时，可以将第三个方程从中独立出来，在其余方程求解之后再对其进行积分。

如果导弹采用固体火箭发动机，则燃料的质量秒流量 m_s 为已知(在许多情况下 m_s 可视为常值)；发动机的推力 P 仅与飞行高度有关，在计算弹道时，它们之间的关系通常也是给定的。因此，在采用固体火箭发动机的情况下，方程组中的第五个方程和第七个方程可以用已知的关系式 $m(t)$ 和 $P(t, y)$ 代替。

对于涡轮风扇发动机或冲压发动机，m_s 和 P 不仅与飞行速度和高度有关，而且与发动机的工作状态有关。因此，方程组(2-80)中必须给出约束方程 $\varepsilon_4=0$。

但在计算弹道时，常会遇到发动机产生额定推力的情况，而燃料的质量秒流量可以取常值，即等于质量秒流量的平均值。这时，方程组中的第五个方程无须积分。

理论上，可采用的飞行方案有攻角 $\alpha_*(t)$、法向过载 $n_{y_2*}(t)$、弹道倾角 $\theta_*(t)$、俯仰角 $\varphi_*(t)$、高度 $H_*(t)$。下面分别给出几种典型飞行方案的理想操纵关系式。

2.11.1.1 给定攻角

给定攻角的飞行方案，是为了使导弹爬升得最快，即希望飞行所需的攻角始终等于允许的最大值；或者是为了防止需用过载超过可用过载而对攻角加以限制；若导弹采用冲压发动机，为了保证发动机能正常工作，必须将攻角限制在一定范围内。

给定攻角飞行方案的理想操纵关系式为

$$\varepsilon_1=\alpha-\alpha_*(t)=0 \tag{2-94}$$

式中，α 为导弹飞行的攻角。

将式(2-94)代入式(2-80)解算即可得到按给定攻角飞行的方案弹道。

2.11.1.2 给定法向过载

给定法向过载的飞行方案，往往是为了保证导弹不会出现结构破坏。此时，理想操纵关系式为

$$\varepsilon_1=n_{y_2}-n_{y_2*}(t)=0 \tag{2-95}$$

式中，n_{y_2} 为导弹飞行的法向过载。

在小攻角情况下，有

$$\alpha=\frac{n_{y_2}-\left(n_{y_2}\right)_{\alpha=0}}{n_{y_2}^{\alpha}} \tag{2-96}$$

将式(2-96)代入式(2-80)解算即可得到按给定法向过载飞行的方案弹道。

由此可见，按给定法向过载的方案飞行实际上是通过相应的 α 来实现的。

2.11.1.3 给定弹道倾角

给定弹道倾角飞行方案的理想操纵关系式为

$$\varepsilon_1=\theta(t)-\theta_*(t)=0 \tag{2-97}$$

式中，$\theta(t)$ 为导弹飞行的弹道倾角。

如果 $\theta_*(t)=C$ (常数)，则方案飞行弹道为直线；如果 $\theta_*(t)=0$，则方案飞行弹道为水平直线(等高飞行)；如果 $\theta_*(t)=\pi/2$，则导弹做垂直上升飞行。

计算给定弹道倾角飞行方案的弹道时，须先根据 $\theta(t)$、$\dot{\theta}(t)$ 计算得到 n_{y_2}，再由式(2-96)计算出攻角，代入式(2-80)中求解。

2.11.1.4 给定俯仰角

给定俯仰角飞行方案的理想操纵关系式为

$$\varepsilon_1 = \varphi - \varphi_*(t) = 0 \tag{2-98}$$

式中，φ 为导弹飞行过程中的俯仰角。

在进行弹道计算时，还须引入角度关系式：

$$\alpha = \varphi - \theta$$

给定俯仰角飞行方案控制系统最容易实现。利用三自由度陀螺，或者捷联惯导系统测量、解算得到导弹实际飞行时的俯仰角，与飞行方案中俯仰角 $\varphi_*(t)$ 比较，形成角偏差信号，经放大送至舵机。升降舵的偏转规律表示如下：

$$\delta_z = K_\varphi(\varphi - \varphi_*(t))$$

式中，φ 为导弹的实际俯仰角；K_φ 为放大系数。

2.11.1.5 给定高度

给定导弹高度飞行方案的理想操纵关系式为

$$\varepsilon_1 = H - H_*(t) = 0 \tag{2-99}$$

式中，H 为导弹的实际飞行高度。

式(2-99)对时间求导，可以得到关系式：

$$\frac{\mathrm{d}H}{\mathrm{d}t} = \frac{\mathrm{d}H_*(t)}{\mathrm{d}t} \tag{2-100}$$

对于近程战术导弹，在不考虑地球曲率时，存在关系式：

$$\frac{\mathrm{d}H}{\mathrm{d}t} = \frac{\mathrm{d}y}{\mathrm{d}t} = V\sin\theta \tag{2-101}$$

由式(2-100)和式(2-101)解得

$$\theta = \arcsin\left(\frac{1}{V}\frac{\mathrm{d}H_*(t)}{\mathrm{d}t}\right) \tag{2-102}$$

参照给定弹道倾角方案飞行可以得到按给定高度飞行的方案弹道。

2.11.1.6 等高飞行的实现问题

飞航式导弹的平飞段(巡航段)，空-地导弹、巡航导弹的巡航段，都要求导弹等高飞行。从理论上讲，实现等高飞行有两种飞行方案：$\theta \equiv 0$ 或 H=常值。等高飞行应满足：

$$P\sin\alpha + Y = mg$$

据此求出：

$$\alpha = \frac{mg}{P + Y^\alpha}$$

再由平衡条件，可求得保持等高飞行所需要的升降舵偏角为

$$\delta_z = -\frac{m_{z0} + \dfrac{mg \cdot m_z^\alpha}{P + Y^\alpha}}{m_z^{\delta_z}} \tag{2-103}$$

由于在等高飞行过程中，导弹的质量和速度(影响 Y^α)都在变化，因此升降舵的偏转角 δ_z 也是变化的。

若发动机推力基本上与空气阻力相平衡，则等高飞行段内的速度变化较为缓慢，且导弹在等高飞行中所需的攻角变化不大，那么升降舵偏角的变化也就不大，在它的变化范围内选定一个常值偏转角 δ_{z0}。如果导弹始终以这个偏转角飞行，显然不可能实现等高飞行。为了实现等高飞行，就必须在常值偏转角 δ_{z0} 的基础上进行调节。调节的方式是多种多样的，如利用高度差进行调节是常采用的一种方式。这时升降舵偏角的变化规律可以写成

$$\delta_z = \delta_{z0} + K_H(H - H_0) \tag{2-104}$$

式中，H 为导弹的实际飞行高度；H_0 为给定的常值飞行高度；K_H 为放大系数，它表示为了消除单位高度偏差，升降舵应该偏转的角度。

式(2-104)表明，如果导弹就在预定的高度上飞行，即 $\Delta H = H - H_0 = 0$，则维持常值偏转角 δ_{z0} 就可以了。若导弹偏离了预定的飞行高度，要想回到原来的预定高度上飞行，则舵面的偏转角应为

$$\delta_z = \delta_{z0} + \Delta\delta_z$$

式中，附加升降舵偏角

$$\Delta\delta_z = K_H(H - H_0) = K_H \Delta H \tag{2-105}$$

式中，高度差 ΔH 可以采用微动气压计或无线电高度表等弹上设备来测量。

现在来讨论 K_H 值的符号。对于正常式导弹来说，当实际飞行高度小于给定高度 H_0 时(高度差 $\Delta H<0$)，为了使导弹恢复到给定的飞行高度，则要使导弹产生一个附加的向上升力，即附加攻角 $\Delta\alpha$ 应为正，即要有一个使导弹抬头的附加力矩，为此，升降舵的附加偏转角应是一个负值，即 $\Delta\delta_z<0$；反之，当 $\Delta H>0$ 时，则要求 $\Delta\delta_z>0$。因此，对于正常式导弹来说，放大系数 K_H 为正值；同理，对于鸭式导弹，放大系数 K_H 则为负值。

式(2-105)中的 $\Delta\delta_z$ 是使导弹保持等高飞行所必需的附加舵偏角。由于控制系统和弹体具有惯性，在导弹恢复到给定飞行高度的过程中，会不可避免地出现超高和掉高的现象，使导弹在给定飞行高度的某一范围内处于振荡状态(见图 2-32 中虚线)，而不能很快地进入给定飞行高度稳定飞行。因此，为了使导弹能尽快地稳定在给定的飞行高度上，必须在式(2-104)中再引入一项与高度变化率 $\Delta\dot{H} = \mathrm{d}\Delta H / \mathrm{d}t$ 有关的量，即

$$\delta_z = \delta_{z0} + K_H \Delta H + K_{\dot{H}} \Delta\dot{H} \tag{2-106}$$

式中，$K_{\dot{H}}$ 为放大系数，它表示为了消除单位高度变化率升降舵所应偏转的角度。

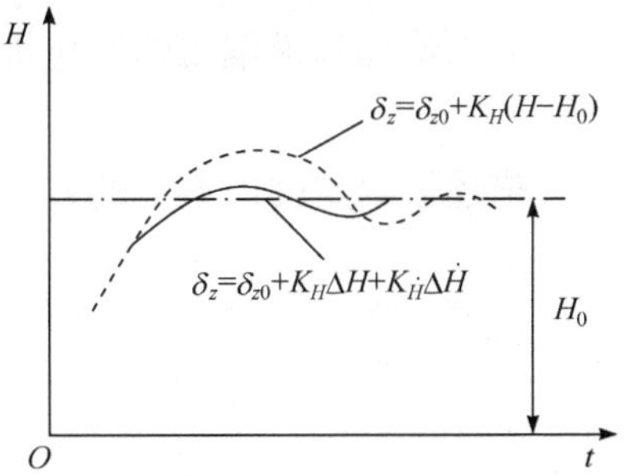

图 2-32　等高飞行的过渡过程

此时，附加升降舵偏角则为

$$\Delta\delta_z = K_H \Delta H + K_{\dot{H}} \Delta\dot{H}$$

2.11.2 水平面内的方案飞行

水平面内的方案飞行分为两类：侧滑转弯飞行和倾斜转弯飞行。限于篇幅，这里主要讨论前者。当攻角和侧滑角较小时，导弹在水平面内的质心运动方程组为式(2-81)。

下面讨论水平面内飞行的攻角。水平飞行时，导弹的重力被空气动力和推力在铅垂方向上的分量所平衡。根据法向质心运动动力学方程和过载的定义，不难导出：

$$n_{y_3}\cos\nu - n_{z_3}\sin\nu = 1$$

攻角可以用平衡状态下的法向过载来表示，即

$$\alpha = \frac{n_{y_3} - \left(n_{y_3\mathrm{b}}\right)_{\alpha=0}}{n_{y_3\mathrm{b}}^{\alpha}}$$

在无倾斜飞行时，$\nu = 0$，则 $n_{y_2} = n_{y_3} = 1$，于是有

$$\alpha = \frac{1 - \left(n_{y_3\mathrm{b}}\right)_{\alpha=0}}{n_{y_3\mathrm{b}}^{\alpha}} \tag{2-107}$$

在无侧滑飞行时，$\beta = 0$，则 $n_{y_3} = 0$，于是有

$$\begin{cases} n_{y_3} = 1/\cos\nu \\ \alpha = \dfrac{1/\cos\nu - \left(n_{y_3\mathrm{b}}\right)_{\alpha=0}}{n_{y_3\mathrm{b}}^{\alpha}} \end{cases} \tag{2-108}$$

比较式(2-107)和式(2-108)可知，在具有相同动压头时，做倾斜的水平飞行所需攻角比侧滑飞行时要大。这是因为倾斜飞行时，须使升力和推力的铅垂分量$\left(P\alpha + Y\right)\cos\nu$与重力相平衡。同时还可看出，在做倾斜的水平机动飞行时，因受导弹临界攻角和可用过载的限制，速度倾斜角ν不能太大。

导弹在水平面内做无倾斜转弯飞行的飞行方案主要有以下几种。

2.11.2.1 给定弹道偏角

如果给出弹道偏角的变化规律$\sigma_*(t)$，则理想操纵关系式为

$$\varepsilon_2 = \sigma - \sigma_*\left(t\right) = 0$$

描述按给定弹道偏角的方案飞行的运动方程组为

$$\begin{cases} \dfrac{\mathrm{d}V}{\mathrm{d}t} = \dfrac{P - X}{m} \\ \alpha = \dfrac{1 - \left(n_{y_3\mathrm{b}}\right)_{\alpha=0}}{n_{y_3\mathrm{b}}^{\alpha}} \end{cases}$$

$$
\begin{cases}
\beta = -\dfrac{V}{g}\dfrac{\dfrac{\mathrm{d}\sigma}{\mathrm{d}t}}{n_{z_3\mathrm{b}}^{\beta}} \\
\dfrac{\mathrm{d}x}{\mathrm{d}t} = V\cos\sigma \\
\dfrac{\mathrm{d}z}{\mathrm{d}t} = -V\sin\sigma \\
\sigma = \sigma_*(t)
\end{cases}
\tag{2-109}
$$

式中，$n_{z_3\mathrm{b}}^{\beta} = \dfrac{1}{mg}\left(-P + Z^{\beta} - \left(m_y^{\beta} / m_y^{\delta_y}\right)Z^{\delta_y}\right)$，其推导过程参见文献[2]。

2.11.2.2　给定侧滑角或偏航角

如果给出侧滑角的变化规律 $\beta_*(t)$，则描述按给定侧滑角的方案飞行运动方程组可写成

$$
\begin{cases}
\dfrac{\mathrm{d}V}{\mathrm{d}t} = \dfrac{P - X}{m} \\
\alpha = \dfrac{1 - \left(n_{y_3\mathrm{b}}\right)_{\alpha=0}}{n_{y_3\mathrm{b}}^{\alpha}} \\
\dfrac{\mathrm{d}\sigma}{\mathrm{d}t} = \dfrac{1}{mV}\left(P\beta - Z\right) \\
\dfrac{\mathrm{d}x}{\mathrm{d}t} = V\cos\sigma \\
\dfrac{\mathrm{d}z}{\mathrm{d}t} = -V\sin\sigma \\
\beta = \beta_*(t)
\end{cases}
\tag{2-110}
$$

如果给出偏航角的变化规律 $\psi_*(t)$，则控制系统的理想操纵关系式为

$$\varepsilon_2 = \psi - \psi_*(t) = 0$$

将方程组(2-110)的最后一个方程改为

$$
\begin{cases}
\psi = \psi_*(t) \\
\beta = \psi - \sigma
\end{cases}
$$

即可。

2.11.2.3　给定侧向过载

如果给出侧向过载的变化规律 $n_{z_2*}(t)$，则理想操纵关系式为

$$\varepsilon_2 = n_{z_2} - n_{z_2*}(t) = 0 \tag{2-111}$$

描述按给定侧向过载方案飞行的运动方程组为

$$
\begin{cases}
\dfrac{\mathrm{d}V}{\mathrm{d}t}=\dfrac{P-X}{m} \\
\alpha=\dfrac{1-\left(n_{y_3\mathrm{b}}\right)_{\alpha=0}}{n_{y_3\mathrm{b}}^{\alpha}} \\
\dfrac{\mathrm{d}\sigma}{\mathrm{d}t}=-\dfrac{g}{V}n_{z_2} \\
\beta=\dfrac{n_{z_2}}{n_{z_3\mathrm{b}}^{\beta}} \\
\dfrac{\mathrm{d}x}{\mathrm{d}t}=V\cos\sigma \\
\dfrac{\mathrm{d}z}{\mathrm{d}t}=-V\sin\sigma \\
n_{z_2}=n_{z_2*}(t)
\end{cases}
\tag{2-112}
$$

2.12 导引飞行与弹道

按制导系统的不同，弹道分为方案弹道和导引弹道。与自主控制对应的方案弹道已在 2.11 节做过讨论。导引弹道是根据目标运动特性，以某种导引方法将导弹导向目标的导弹质心运动轨迹。空-空导弹、地-空导弹、空-地导弹的弹道，以及飞航导弹、巡航导弹的末段弹道都是导引弹道。导引弹道的制导系统有自动瞄准(又称“自动寻的”)和遥远控制(简称“遥控”)两种类型，也有两种兼用的(称为“复合制导”)。

自动瞄准导引是由导引头(弹上敏感器)感受目标辐射或反射的能量，自动形成制导指令，控制导弹飞向目标的制导技术。其特点是比较机动灵活，接近目标时精度较高。但导弹本身装置较复杂，作用距离也较短。

遥控导引是指由制导站测量、计算导弹-目标运动参数，形成制导指令，导弹接收指令后，通过弹上控制系统的作用，飞向目标。制导站可设在地面、空中或海上，导弹上只安装接收指令和执行指令的装置。因此，导弹内装置比较简单，作用距离较远。但在制导过程中，制导站不能撤离，易被敌方攻击，而且制导站离导弹较远时，制导精度下降。

导引弹道的特性主要取决于导引方法和目标运动特性。对应某种确定的导引方法，导引弹道的研究内容包括弹道过载、导弹飞行速度、飞行时间、射程和脱靶量等，这些参数将直接影响导弹的命中精度。

在导弹和制导系统初步设计阶段，为简化起见，通常采用运动学分析方法研究导引弹道。导引弹道的运动学分析基于以下假设：①导弹、目标和制导站视为质点；②制导系统理想工作；③导弹速度是已知函数；④目标和制导站的运动规律是已知的；⑤导弹、目标和制导站始终在同一个平面内运动，该平面称为攻击平面，它可能是水平面、铅垂平面或倾斜平面。

2.12.1　自动瞄准的相对运动方程

研究相对运动方程，常采用极坐标(r，q)系统来表示导弹和目标的相对位置，如图 2-33 所示。

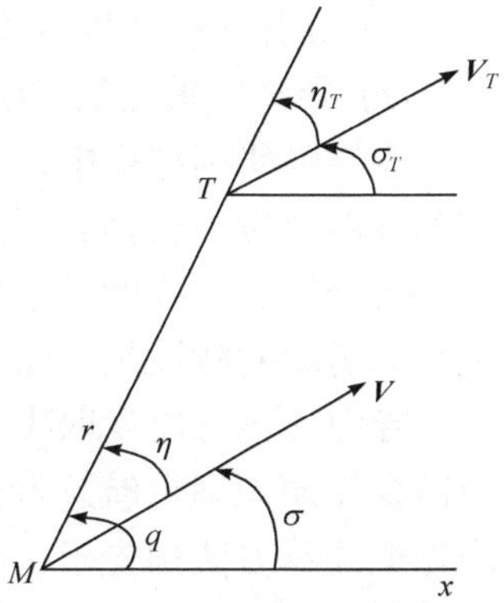

图 2-33　导弹–目标相对位置

r 表示导弹与目标之间的相对距离，当导弹命中目标时 $r=0$。导弹和目标的连线 $\overline{MT}$ 称为目标瞄准线，简称“目标线”或“瞄准线”。

q 表示目标瞄准线与攻击平面内某一基准线 $\overline{Mx}$ 之间的夹角，称为目标线方位角(简称“视角”)，从基准线逆时针转向目标线为正。

σ、σ_T 分别表示导弹速度向量、目标速度向量与基准线之间的夹角，从基准线逆时针转向速度向量为正。当攻击平面为铅垂平面时，σ 就是弹道倾角 θ；当攻击平面是水平面时，σ 就是弹道偏角 ψ。

η、η_T 分别表示导弹速度向量、目标速度向量与目标线之间的夹角，分别称为导弹前置角、目标前置角，速度向量逆时针转到目标线时，前置角为正。

由图 2-33 可见，导弹速度向量 $\boldsymbol{V}$ 在目标线上的分量 $V\cos\eta$ 是指向目标的，它使相对距离 r 缩短，而目标速度向量 $\boldsymbol{V}_T$ 在目标线上的分量 $V_T\cos\eta_T$ 则背离导弹，它使 r 增大。$\mathrm{d}r/\mathrm{d}t$ 为导弹到目标的距离变化率。显然，相对距离 r 的变化率 $\mathrm{d}r/\mathrm{d}t$ 等于目标速度向量和导弹速度向量在目标线上分量的代数和，即

$$\frac{\mathrm{d}r}{\mathrm{d}t}=V_T\cos\eta_T-V\cos\eta$$

$\mathrm{d}q/\mathrm{d}t$ 表示目标线的旋转角速度。显然，导弹速度向量 $\boldsymbol{V}$ 在垂直于目标线方向上的分量 $V\sin\eta$，使目标线逆时针旋转，q 角增大；目标速度向量 $\boldsymbol{V}_T$ 在垂直于目标线方向上的分量 $V_T\sin\eta_T$，使目标线顺时针旋转，q 角减小。由理论力学可知，目标线的旋转角速度 $\mathrm{d}q/\mathrm{d}t$ 等于导弹速度向量和目标速度向量在垂直于目标线方向上分量的代数和除以相对距离 r，即

$$\frac{\mathrm{d}q}{\mathrm{d}t}=\frac{1}{r}(V\sin\eta-V_T\sin\eta_T)$$

再考虑图 2-33 中的几何关系，可以列出自动瞄准的相对运动方程组为

$$\begin{cases}\dfrac{\mathrm{d}r}{\mathrm{d}t}=V_T\cos\eta_T-V\cos\eta\\ r\dfrac{\mathrm{d}q}{\mathrm{d}t}=V\sin\eta-V_T\sin\eta_T\\ q=\sigma+\eta\\ q=\sigma_T+\eta_T\\ \varepsilon_1=0\end{cases}\tag{2-113}$$

式(2-113)包含 8 个参数：r、q、V、η、σ、V_T、η_T、σ_T。$\varepsilon_1=0$ 是导引关系式，它反映出各种不同导引弹道的特点。导弹相对目标的运动特性由以下三方面因素决定：

(1) 目标的运动特性，如飞行高度、速度及机动性能；

(2) 导弹飞行速度的变化规律；

(3) 导弹所采用的导引方法。

在导弹研制过程中，不能预先确定目标的运动特性，一般只能根据所要攻击的目标，在其性能范围内选择若干条典型航迹。例如，等速直线飞行或等速盘旋等。只要典型航迹选得合适，导弹的导引特性大致可以估算出来。这样，在研究导弹的导引特性时，认为目标运动的特性是已知的。

导弹的飞行速度取决于发动机特性、结构参数和气动外形，由求解运动方程组得到。当需要简便地确定航迹特性，以便选择导引方法时，一般采用比较简单的运动学方程，用近似计算方法预先求出导弹速度的变化规律。因此，在研究导弹的相对运动特性时，速度可以作为时间的已知函数。这样，相对运动方程组中就可以不考虑动力学方程，而仅须单独求解相对运动方程组。显然，该方程组与作用在导弹上的力无关，称为运动学方程组。单独求解该方程组所得的轨迹，称为运动学弹道。

2.12.2 遥控导引的运动学方程组

以三点法为例，分析遥控导引的运动学关系。

设导弹在铅垂平面内飞行，制导站固定不动，参见图 2-34，按三点法导引的导弹-目标相对运动方程组为

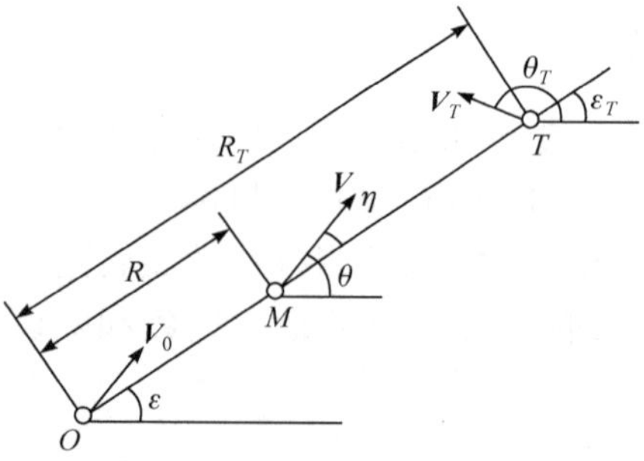

图 2-34 遥控导引的相对运动

$$
\begin{cases}
\dfrac{\mathrm{d}R}{\mathrm{d}t}=V\cos\eta \\
R\dfrac{\mathrm{d}\varepsilon}{\mathrm{d}t}=-V\sin\eta \\
\eta=\varepsilon-\theta \\
\dfrac{\mathrm{d}R_T}{\mathrm{d}t}=V_T\cos\eta_T \\
R_T\dfrac{\mathrm{d}\varepsilon_T}{\mathrm{d}t}=-V_T\sin\eta_T \\
\eta_T=\varepsilon_T-\theta_T \\
\varepsilon=\varepsilon_T
\end{cases}
\tag{2-114}
$$

式中，R、R_T 分别是导弹、目标到制导站的距离；ε、ε_T 分别是导弹、目标的高低角。通常假设目标运动参数 V_T、θ_T 以及导弹速度 $\boldsymbol{V}$ 的变化规律是已知的。方程组的求解可用数值积分法、图解法和解析法。在应用数值积分法解算方程组时，可先积分方程组中的第 4～6 个方程，求出目标运动参数 R_T、ε_T、η_T；然后积分其余方程，解出导弹运动参数 R、ε、η、θ 等。

2.12.3 导引方法

常见导引方法的分类如下所述。

(1) 按导弹速度向量与目标线(又称“视线”，即导弹—目标连线)的相对位置分为追

踪法和常值前置角法。

追踪法——导弹在攻击目标的导引过程中，导弹的速度向量始终指向目标的一种导引方法。这种方法要求导弹速度向量的前置角 η 始终等于零。因此，追踪法导引关系式为

$$\varepsilon_1 = \eta = 0 \tag{2-115}$$

常值前置角法——导弹速度向量超前视线一个常值角度，其导引关系式为

$$\varepsilon_1 = \eta = \eta_0 = \text{常值} \tag{2-116}$$

(2) 按目标线在空间的变化规律分为平行接近法和比例导引法。

平行接近法——在整个导引过程中，目标线在空间保持平行移动的一种导引方法。其导引关系式为

$$\varepsilon_1 = \frac{\mathrm{d}q}{\mathrm{d}t} = 0 \tag{2-117}$$

比例导引法——导弹飞行过程中速度向量的转动角速度与目标线的转动角速度成比例的一种导引方法。其导引关系式为

$$\varepsilon_1 = \frac{\mathrm{d}\sigma}{\mathrm{d}t} - K\frac{\mathrm{d}q}{\mathrm{d}t} = 0 \tag{2-118}$$

式中，K 为比例系数，又称导航比，即

$$\frac{\mathrm{d}\sigma}{\mathrm{d}t} = K\frac{\mathrm{d}q}{\mathrm{d}t} \tag{2-119}$$

比例导引法的优点：可以得到较为平直的弹道；弹道前段较弯曲，能充分利用导弹的机动能力；弹道后段较为平直，导弹具有较充裕的机动能力；只要参数设计适当，就可以使全弹道上的需用过载均小于可用过载，从而实现全向攻击。另外，它对发射瞄准时的初始条件要求不严，在技术实施上是可行的。因此，比例导引法得到了广泛应用。

但是，比例导引法还存在明显的缺点，即命中点导弹需用过载受导弹速度和攻击方向的影响。为了消除比例导引法的缺点，多年来人们致力于比例导引法的改进，研究出了很多形式的改进比例导引法。例如，需用过载与目标线旋转角速度成比例的广义比例导引法，其导引关系式为

$$n = K_1\dot{q} \tag{2-120}$$

或

$$n = K_2|\dot{r}|\dot{q} \tag{2-121}$$

式中，K_1、K_2 为比例系数；$|\dot{r}|$ 为导弹接近速度。

(3) 按导弹纵轴与目标线的相对位置分为直接法和常值方位角法。

直接法——导弹飞行时其纵轴与目标线重合。

常值方位角法——导弹飞行时其纵轴超前目标线一个常值角度。

(4) 按制导站—导弹连线和制导站—目标连线的相对位置分为三点法和(半)前置量法。

三点法——导弹在攻击目标过程中始终位于目标和制导站的连线上。如果观察者从制导站上看，则目标和导弹的影像彼此重合。因此，三点法又称为目标覆盖法或重合法。

由于导弹始终处于目标和制导站的连线上，故导弹与制导站连线的高低角 ε 和目标与制导站连线的高低角 ε_T 必须相等。因此，三点法的导引关系式为

$$\varepsilon = \varepsilon_T \tag{2-122}$$

在技术上实施三点法比较容易。例如，可以用一束雷达波束跟踪目标，同时控制导弹，使导弹在波束中心线上运动(图 2-35)。如果导弹偏离了波束中心线，则制导系统将发出指令控制导弹回到波束中心线上。

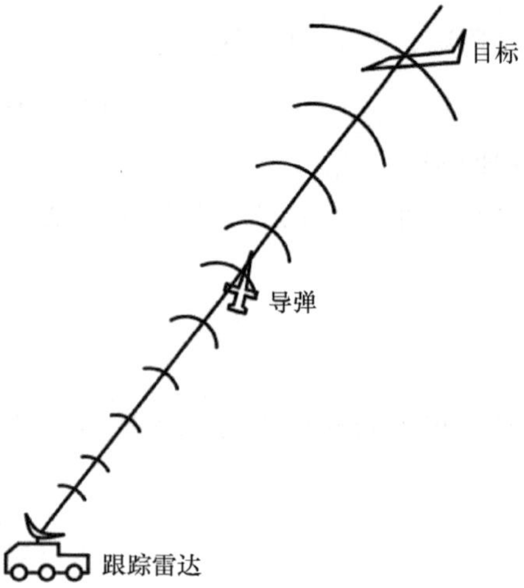

图 2-35　三点法波束制导

三点法的优点是技术实施简单，抗干扰性能好，但也存在以下所述缺点。

1. *弹道比较弯曲*

当迎击目标时，越是接近目标，弹道越弯曲，且命中点的需用过载越大。这对攻击高空目标非常不利，因为随着高度增加，空气密度迅速减小，由空气动力所提供的法向力也大大下降，使导弹的可用过载减小。这样，在接近目标时，可能出现导弹的可用过载小于需用过载的情况，从而导致脱靶。

2. *动态误差难以补偿*

动态误差是指制导系统在响应输入过程中复现输入时的误差。由于目标机动、外界干扰以及制导系统惯性等的影响，制导回路很难达到稳定状态，因此，导弹实际上不可能严格地沿理想弹道飞行，即存在动态误差。同时，理想弹道越弯曲，相应的动态误差就越大。为了消除误差，必须在指令信号中加入补偿信号，这就需要测量目标机动时的位置坐标及其一阶和二阶导数。由于来自目标的反射信号有起伏误差，以及接收机存在干扰等，制导站测量的坐标不准确。如果再引入坐标的一阶、二阶导数，就会出现更大的误差，致使形成的补偿信号不准确，甚至很难形成。因此，对于三点法导引，由目标机动引起的动态误差难以补偿，往往会形成偏离波束中心线十几米的动态误差。

3. *弹道下沉现象*

按三点法导引迎击地空目标时，导弹的发射角很小，导弹离轨时的飞行速度也很小，操纵舵面产生的法向力也较小，因此导弹离轨后可能会出现下沉现象。若导弹下沉太大，则有可能碰到地面。为了克服这一缺点，某些地–空导弹采用小高度三点法[2]。

为了改善遥控导引导弹的弹道特性，必须研究能使弹道(特别是弹道末段)变得比较平直的导引方法。前置量法就是根据这个要求提出来的。

前置量法又称为角度法或矫直法，采用这种导引方法导引导弹时，在整个飞行过程中，导弹—制导站的连线始终提前于目标—制导站连线，这两条连线之间的夹角 $\Delta\varepsilon = \varepsilon - \varepsilon_T$ 则按某种规律变化。导引关系式为

$$\varepsilon = \varepsilon_T - \frac{\dot{\varepsilon}_T}{\Delta\dot{R}}\Delta R \tag{2-123}$$

半前置量法的导引关系式为

$$\varepsilon = \varepsilon_T - \frac{1}{2}\frac{\dot{\varepsilon}_T}{\Delta \dot{R}}\Delta R \tag{2-124}$$

式中，$\Delta R = R - R_T$。经过分析发现，导弹按半前置量法导引时，命中点过载不受目标机动的影响，从理论上来说，半前置量法是一种比较理想的导引方法。但是要实现这种导引方法，就必须不断地测量导弹和目标的位置矢径 $\boldsymbol{R}$、$\boldsymbol{R}_T$，高低角 ε、ε_T，及其导数 $\dot{R}$、$\dot{R}_T$、$\dot{\varepsilon}_T$ 等参数，以便形成制导指令信号。这就使得制导系统的结构比较复杂，技术实施比较困难。特别是在目标发出积极干扰，造成假象的情况下，导弹的抗干扰性能较差，甚至可能造成很大的起伏误差。

2.12.4　导引弹道的求解

可以采用数值积分法、解析法或图解法求解相对运动方程组(2-113)。

数值积分法的优点是可以获得运动参数随时间逐渐变化的函数，求得任何飞行情况下的轨迹。给定一组初始条件得到相应的一组特解，而得不到包含任意待定常数的一般解。高速计算机的出现，使数值解可以得到较高的计算精度，而且大大提高了计算效率。

解析法即用解析式表达的方法。满足一定初始条件的解析解，只有在特定条件下才能得到，式中最基本的假设是，导弹和目标在同一平面内运动，目标做等速直线飞行，导弹的速度是常数。这种解法可以提供导引方法的某些一般性能。

采用图解法可以得到任意飞行情况下的轨迹，图解法比较简单直观，但是精确度不高。作图时，比例尺选得大些，精细些，就能得到较为满意的结果。图解法也是在目标运动特性和导弹速度已知的条件下进行的，它所得到的轨迹为给定初始条件(r_0, q_0)下的运动学弹道。例如，三点法绝对弹道(图 2-36)的作图步骤如下：首先取适当的时间间隔，把各瞬时目标的位置 0′、1′、2′、3′……标注出来，然后作目标各瞬时位置与制导站的连线。按三点法的导引关系，制导系统应使导弹始终处于制导站与目标的连线上。在初始时刻，导弹处于 0 点。经过Δt 时间，导弹飞经的距离为 $\overline{01} = V(t_0)\Delta t$，点 1 又必须在 $\overline{01'}$ 线段上，按照这两个条件确定点 1 的位置。类似地，确定对应时刻导弹的位置 2、3……，最后用光滑曲线连接 1、2、3……各点，就得到三点法导引时的运动学弹道。导弹飞行速度的方向就是沿着弹道各点的切线方向。

图 2-36 中的弹道是导弹相对地面坐标系的运动轨迹，称为绝对弹道，而导弹相对于目标的运动轨迹，则称为相对弹道。或者说，相对弹道就是观察者在活动目标上所能看到的导弹运动轨迹。

相对弹道也可以用图解法作出。图 2-37 为目标做等速直线飞行，按追踪法导引时的相对弹道。作图时，假设目标固定不动，按追踪法的导引关系，导弹速度向量 $\boldsymbol{V}$ 应始终指向目标。首先，求出起始点(r_0, q_0)导弹的相对速度 $\boldsymbol{V}_r = \boldsymbol{V} - \boldsymbol{V}_T$，这样可以得到第一秒时导弹相对目标的位置 1。其次，依次确定每一瞬时导弹相对目标的位置 2、3……。最后，光滑连接 0、1、2、3……各点，就得到按追踪法导引时的相对弹道。显然，导弹相对速度的方向就是相对弹道的切线方向。

由图 2-37 看出，按追踪法导引时，导弹的相对速度总是落后于目标线，而且总要绕到目标正后方去攻击，因而它的轨迹比较弯曲，要求导弹具有较高的机动性，不能实现全向攻击。

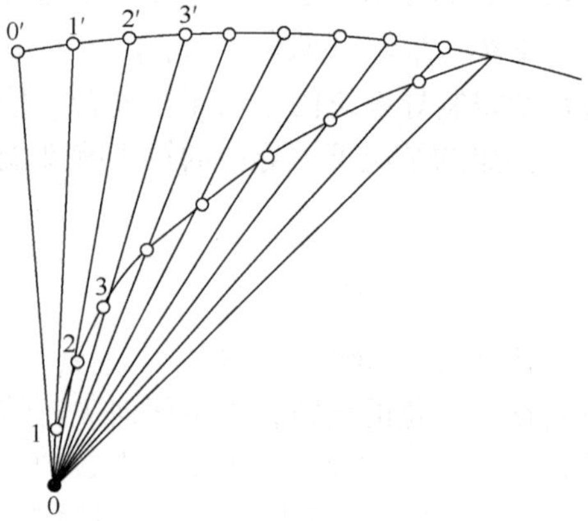

图 2-36　三点法绝对弹道

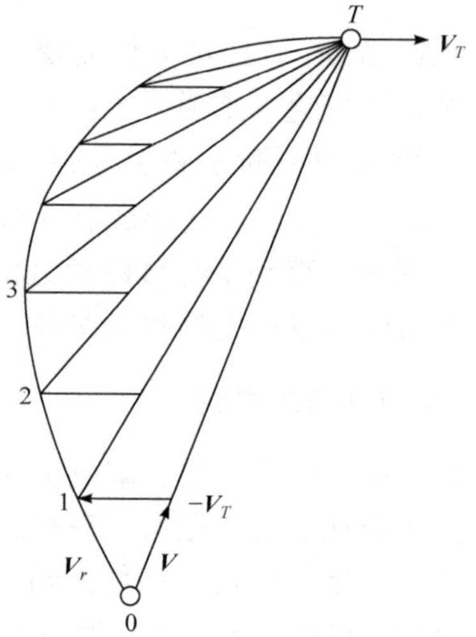

图 2-37　追踪法相对弹道

下面介绍平行接近法的图解绝对弹道。首先确定目标的位置 0′、1′、2′、3′……导弹初始位置在 0 点。连接$\overline{00'}$，就确定了目标线方向。通过 1′、2′、3′……作平行于$\overline{00'}$的直线。导弹在第一个 Δt 内飞过的路程 $\overline{01}=V(t_0)\Delta t$ ，同时点 1 必须处在对应的平行线上，按照这两个条件确定点 1 的位置。同理，可以确定点 2、3……的位置，这样就得到导弹的绝对飞行弹道(图 2-38)。

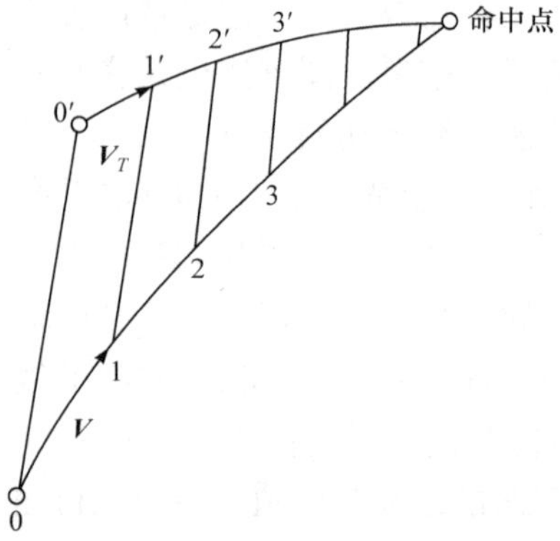

图 2-38　平行接近法图解绝对弹道

由以上讨论可以看出，当目标机动时，按平行接近法导引的弹道需用过载将小于目标的机动过载。进一步的分析表明，与其他导引方法相比，用平行接近法导引的弹道最为平直，还可实行全向攻击。因此，从这个意义上说，平行接近法是最好的导引方法。

但是，到目前为止，平行接近法并未得到广泛应用。其主要原因是，这种导引方法对制导系统提出了严格的要求，使制导系统复杂化。它要求制导系统在每一瞬时都要精确地测量目标及导弹的速度和前置角，并严格保持平行接近法的导引关系。实际上，由于发射偏差或干扰的存在，不可能绝对保证导弹的相对速度 $\boldsymbol{V}_r$ 始终指向目标，因此平行接近法很难实现。

2.12.5　选择导引方法的基本原则

每种导引方法都有它产生和发展的过程，都具有一定的优点和缺点。那么，在实践中应该怎样来选用它们呢？一般而言，在选择导引方法时，需要从导弹的飞行性能、作战空域、技术实施、制导精度、制导设备、战术使用等方面的要求进行综合考虑。

(1) 弹道需用过载要小，变化要均匀，特别是在与目标相遇区，需用过载应趋近于零。需用过载小，一方面可以提高制导精度、缩短导弹攻击目标的航程和飞行时间，进而扩大导弹的作战空域；另一方面，可用过载相应减小，从而降低对导弹结构强度、控制系统的设计要求。

(2) 作战空域尽可能大。空中活动目标的飞行高度和速度可在相当大的范围内变化，因此，在选择导引方法时，应考虑目标运动参数的可能变化范围，尽量使其能在较大的作战空域内攻击目标。对于空–空导弹来说，所选导引方法应使导弹具有全向攻击能力；对于地–空导弹来说，不仅能迎击目标，而且还能尾追或侧击目标。

(3) 目标机动对导弹弹道(特别是末段)的影响要小。例如，半前置量法的命中点法向过载就不受目标机动的影响，这将有利于提高导弹的命中精度。

(4) 抗干扰能力要强。空中目标为了逃避导弹的攻击，常常施放干扰来破坏导弹对目标的跟踪。因此，所选导引方法应能保证在目标施放干扰的情况下，使导弹能顺利攻击目标。例如，(半)前置量法抗干扰性能就不如三点法好，当目标发出积极干扰时应转而选用三点法来制导。

(5) 技术实施要简单可行。导引方法即使理想，但一时不能实施，也是无用的。从这个意义上说，比例导引法就比平行接近法好。遥控中的三点法，技术实施比较容易，而且可靠。

总之，各种导引方法都有其优缺点，只有根据武器系统的主要矛盾，综合考虑各种因素，灵活机动地予以取舍，才能克敌制胜。例如，现在采用较多的方法就是根据导弹特点实行复合制导。

2.12.6 复合制导

每一种制导规律都有其独特的优点和缺点，如遥远控制的无线电指令制导和无线电波束制导，作用距离较远，但制导精度较差；自动瞄准，无论采用红外导引头，还是雷达导引头或电视导引头，其作用距离太近，但命中精度较高。因此，为了弥补单一导引方法的缺点，并满足战术技术要求，提高导弹的命中准确度，在攻击较远距离的活动目标时，常把各种制导规律组合起来应用，这就是多种制导规律的复合制导。复合制导又分为串联复合制导和并联复合制导。

串联复合制导就是在一段弹道上利用一种导引方法，而在另一段弹道上利用另一种导引方法，包括初制导、中制导和末制导。相应的弹道可分为四段：发射起飞段、巡航段(中制导段)、过渡段和攻击段(末制导段)。例如，遥控中制导+自动瞄准末制导、自主中制导+自动瞄准末制导等。

并联复合制导是指在同一段弹道上采用不同的两种导引方法。并联复合制导一般指导引头的复合，即同时采用两种导引头的信号进行处理，从而获得目标信息。

目前，应用最多的是串联复合制导。例如，“萨姆-4”采用“无线电指令+雷达半主动自动瞄准”，“飞鱼”采用“自主制导+雷达主动自动瞄准”。关于复合制导的弹道特性研究，主要是不同导引弹道的转接问题，如弹道平滑过渡、目标截获、制导误差补偿等。

2.12.7 现代制导规律

前面讨论的导引方法都是经典制导规律。一般而言，经典制导规律需要的信息量少，结构简单，易于实现。因此，现役战术导弹大多采用经典的制导规律或其改进形式。但是，对于高性能的大机动目标，尤其在目标采用各种干扰措施的情况下，经典的制导规律就不太适用了。随着计算机技术的迅速发展，基于现代控制理论的现代制导规律(如最优制导律、微分对策制导律、自适应制导律、微分几何制导律、反馈线性化制导律、神经网络制导律、H_{∞} 制导律[3]等)得到迅速发展。与经典制导规律相比，现代制导规律有许多优点，如脱靶量小，导弹命中目标时姿态角满足要求，对抗目标机动和干扰能力强，弹道平直，弹道需用过载分布合理，作战空域增大，等等。因此，用现代制导规律制导的导弹截击未来战场上出现的高速度、大机动、有施放干扰能力的目标时非常有效。但是，现代制导规律结构复杂，需要测量的参数较多，给制导规律的实现带来了困难。随着微型计算机技术的不断发展，现代制导规律的应用是可以实现的。

思 考 题

2.1 弹体坐标系、速度坐标系如何定义?

2.2 攻角、侧滑角如何定义?

2.3 简述升力线斜率、阻力系数与马赫数的变化关系。

2.4 简述升力与攻角的关系。

2.5 什么是失速?

2.6 压力中心和焦点如何定义？两者有何区别和联系?

2.7 什么是纵向静稳定性？改变纵向静稳定性的途径有哪些?

2.8 写出轴对称型导弹定常飞行时的纵向平衡关系式。

2.9 正常式导弹重心向后移动时,为保持平衡,舵偏角应如何偏转？如果是鸭式导弹呢?

2.10 导弹的纵向阻尼力矩是如何产生的?

2.11 什么是横向静稳定性？影响横向静稳定性的因素有哪些?

2.12 什么是铰链力矩？研究铰链力矩的意义何在?

2.13 简述固体火箭发动机推力的计算方法。

2.14 如何计算近程有翼导弹的重力?

2.15 飞行高度对作用在导弹上的力有何影响?

2.16 简述导弹运动建模的简化处理方法。

2.17 地面坐标系、弹道坐标系如何定义?

2.18 弹道倾角、弹道偏角、速度倾斜角如何定义?

2.19 导弹的三个姿态角是如何定义的?

2.20 导弹质心运动和绕质心转动的动力学方程一般投影到哪个坐标系？为什么?

2.21 导弹质心运动和绕质心转动的运动学方程一般投影到哪个坐标系？为什么?

2.22 总结任意两个坐标系之间坐标变换的规律,并以地面坐标系和弹体坐标系之间的变换为例加以说明。

2.23 用矩阵法推导速度坐标系和地面坐标系之间的转换矩阵。

2.24　导弹运动方程组由哪些方程构成？共有多少个未知数？

2.25　轴对称型导弹和面对称型导弹的控制飞行过程有何不同？

2.26　何谓纵向运动和侧向运动？它们分别包括哪些参数？

2.27　何谓“瞬时平衡”假设？它隐含的意义是什么？

2.28　写出导弹在铅垂平面内运动的质心运动方程组。

2.29　什么是理想弹道、理论弹道和实际弹道？

2.30　过载和机动性如何定义？两者有何联系？

2.31　法向过载与弹道形状有何关系？

2.32　弹道曲率半径、导弹转弯速率与导弹法向过载有何关系？

2.33　需用过载、可用过载和极限过载如何定义？它们之间有何关系？

2.34　何谓“方案飞行”？其有何研究意义？

2.35　导弹在铅垂平面内运动时，典型的飞行方案有哪些？

2.36　推导按给定俯仰角的方案飞行的导弹运动方程组。

2.37　导弹在水平面内做有侧滑而无倾斜飞行的方案有哪些？

2.38　导弹垂直飞行时的攻角是否一定等于零？为什么？

2.39　导弹在垂直平面内飞行，质量 $m=375\text{kg}$，推力 $P=15\text{kN}$，速度 $V=600\text{m/s}$，弹道倾角 $\theta=30°$，攻角 $\alpha=3°$，飞行高度 $H=10\text{km}$ (对应的大气密度 $\rho=0.413\text{kg/m}^3$，$g=9.78\text{m/s}^2$)，参考面积 $S=0.2\text{m}^2$，参考长度 $L=3.5\text{m}$，重心 $X_{\text{g}}=1.8\text{m}$，相应气动参数 $C_y^{\alpha}=0.059/°$，$C_y^{\delta_z}=0.59/°$，$X_{\text{F}}=2.1\text{m}$，$X_r=3.5\text{m}$，$m_z^{\omega_z}=-5.2$。计算：①平衡舵偏角 δ_{zb}；②导弹以 5km 半径做转弯飞行的需用过载 n_{y_2}。

2.40　如图 2-39 所示，设某瞬时 $V_T=300\text{m/s}$，$V=490\text{m/s}$，$|\eta|=12°, q=45°, r=5600\text{m}$。试求接近速度 $\dot{r}$ 及目标线的转动角速度 $\dot{q}$。

2.41　比较三点法、前置量法和半前置量法的优缺点。

2.42　选择导引方法的基本原则是什么？

2.43　导弹发射瞬时目标的航迹倾角 $\theta_{T_0}=0$，以后目标以 $\dot{\theta}_T=0.05\text{rad/s}$ 做机动飞行，导弹按 $\dot{\theta}=4\dot{q}$ 导引规律飞行，在 $t_{\text{f}}=10\text{s}$ 时命中目标。命中目标瞬时，$V_T=250\text{m/s}, \dot{V}_T=0, V=500\text{m/s}, \dot{V}=0, q_{\text{f}}=25°$。求命中目标瞬时导弹的弹道倾角与需用过载。

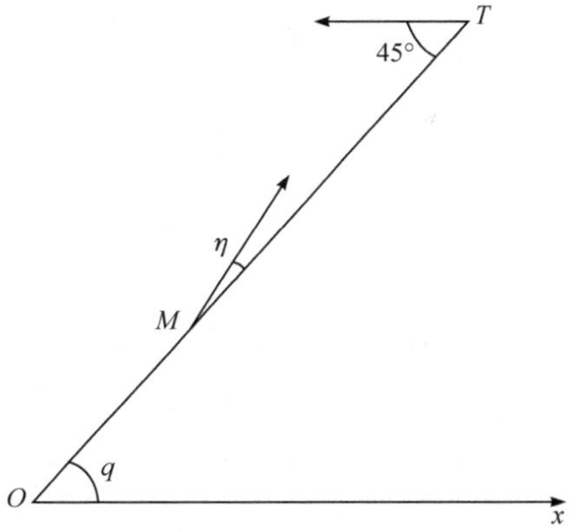

图 2-39　弹目相对位置

2.44　以三点法为例，画出相对弹道与绝对弹道。

2.45　设敌机迎面向制导站水平飞来，且做等速直线运动，$V_T=400\text{m/s}$，$H_T=20\text{km}$，地-空导弹发射时目标的高低角 $\varepsilon_{T_0}=30°$，导弹按三点法导引。试求发射后 10s 时导弹的高低角。

2.46　目标做等速平飞，$\theta_T=180°$，高度 $H_T=20\text{km}$，速度 $V_T=300\text{m/s}$，导弹先按三点法

导引飞行，在下列条件下转为比例导引法：$V=600\text{m/s}$，$\varepsilon_T=45°$，$R=25\text{km}$，$\dot{\theta}=3\dot{q}$。求按比例导引法飞行的起始需用过载。

参 考 文 献

[1] 肖业伦. 航空航天器运动的建模——飞行动力学的理论基础[M]. 北京: 北京航空航天大学出版社, 2003.
[2] 李新国, 方群. 有翼导弹飞行动力学[M]. 西安: 西北工业大学出版社, 2004.
[3] 李新国, 陈士橹. 非线性 H_∞ 鲁棒制导律设计[J]. 宇航学报, 2000, 21(1): 48-51.

第3章 动态特性分析

3.1 引　　言

导弹的动态特性，主要指导弹本身的稳定性、操纵性和机动性。动态特性分析中的主要研究问题有以下几个方面[1]。

(1) 作为控制对象的刚性飞行器的动态特性分析，包括飞行器的稳定性、操纵性、机动性、敏捷性分析等。

(2) 弹性飞行器的伺服气动(热)弹性问题。这里所谓弹性飞行器动力学与控制问题，应考虑刚性飞行器动力学、结构的柔性、非定常气动力和飞行器的姿态控制，因而是一个多学科交叉问题：既有飞行稳定性问题，也有主动控制问题；既有理论分析，也有综合设计；既有飞行器的整体运动，也有飞行器部件的局部运动(如舵面的颤振、传感器支架振动)；既有线性问题，也有非线性问题；等等。

(3) 其他附加影响因素的分析，如飞行器惯性交感、运动交感、气动交感和控制交感的影响，快速旋转部件和摆动发动机的惯性，液体在贮箱中的晃动和在管道中的流动，级间分离动力学，折叠翼面的展开对飞行稳定性的影响，等等。

在导弹的基本运动方程组及其研究方法中，介绍导弹质心运动的基本理论，并将导弹作为一个理想的可操纵质点，这种理论基于以下两个基本假设[2]：

(1) 导弹在大气中飞行是瞬时平衡的。此时，在导弹上只有气动恢复力矩和操纵力矩的作用，且两力矩处于平衡状态，即

$$m_{z0} + m_z^{\alpha}\alpha + m_z^{\delta_z}\delta_z = 0 \tag{3-1}$$

(2) 稳定和操纵导弹飞行的控制系统是理想的，故采用了理想操纵关系方程，即

$$\varepsilon_i = x_i - x_{i*} = 0 \tag{3-2}$$

式中，x_i 为运动参数的实际值；x_{i*} 为运动参数的要求值。

视导弹为一个理想的操纵质点，在规定的设计状态和标准大气条件下，由此计算的弹道称为理想弹道或基准弹道。实际上，导弹不可能在任何时候都是瞬时平衡的，也不可能没有运动参数的偏差。因此，导弹的实际飞行状态与理想弹道状态是有差别的，只是这种差别在飞行力学设计中可以限制在很小的范围内。

3.1.1 小扰动法的概念

导弹的实际飞行状态不同于理想弹道的状态，除与上述两个基本假设有关外，还与气动、结构和控制等参数的偏差有关。因此，计算理想弹道时，必须精确选择各种设计参数，同时使参数误差产生的扰动力和扰动力矩能够限制在很小的范围内。

为便于选择导弹的各种设计参数，可分阶段地研究飞行力学的问题，首先研究导弹沿理想弹道的运动，称为基准运动或未扰动运动。导弹受到扰动作用(扰动力或扰动力矩)后，当扰动量比较小时，可采用“小扰动”假设研究扰动弹道，即将小扰动引起的扰动弹道看作在理想弹道基础上叠加一个扰动偏差运动，这样研究扰动弹道只需研究扰动偏差运动即可。

基准运动的参数一般用下标 0 表示，如飞行速度 $V_0(t)$、弹道倾角 $\theta_0(t)$、俯仰角 $\varphi_0(t)$ 和攻角 $\alpha_0(t)$ 等。扰动运动的参数用运动偏量表示，如速度偏量 $\Delta V(t)$、弹道倾角偏量 $\Delta\theta(t)$、俯仰角偏量 $\Delta\varphi(t)$ 和攻角偏量 $\Delta\alpha(t)$ 等。

如果是小扰动，则受扰动运动作用后的实际飞行弹道很接近理想弹道。采用小扰动法，实际运动参数就可以用理论数值与偏量之和表示为

$$
\begin{cases}
V(t)=V_0(t)+\Delta V(t)\\
\theta(t)=\theta_0(t)+\Delta\theta(t)\\
\varphi(t)=\varphi_0(t)+\Delta\varphi(t)\\
\alpha(t)=\alpha_0(t)+\Delta\alpha(t)
\end{cases}
\tag{3-3}
$$

小扰动值是相对理想弹道值而言的，其绝对量应视具体情况而定。经验表明，“小扰动”假设是符合实际情况的。当然，某些大扰动现象则不属此列。

3.1.2 稳定性概念

导弹小扰动运动形态由常系数线性系统描述时，在扰动作用下，导弹将离开基准运动。一旦扰动作用消失，导弹经过扰动运动后攻角又重新恢复到原来的飞行状态，则称导弹的基准运动是稳定的，如图 3-1 所示。如果在扰动运动作用消失后，导弹攻角不能恢复到原来的飞行状态，甚至偏差越来越大，则是不稳定的，如图 3-2 所示。

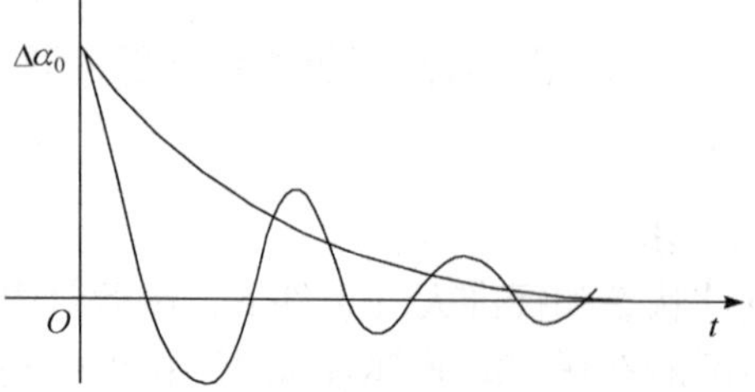

图 3-1 稳定的攻角变化

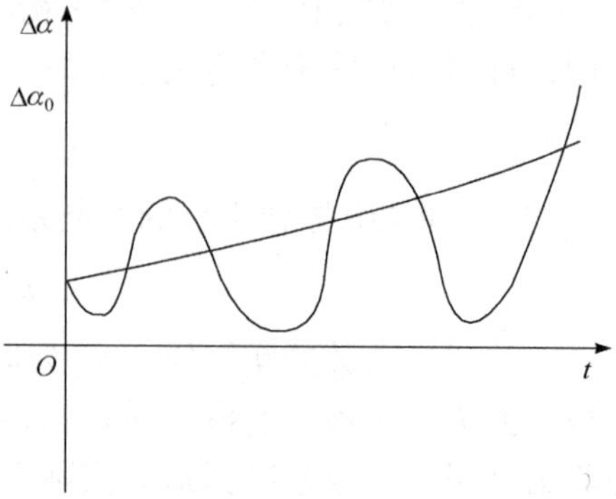

图 3-2 不稳定的攻角变化

导弹运动稳定性的概念，在一般情况下可应用李雅普诺夫关于运动稳定性的定义，其提法如下所述。

描述导弹实际飞行的运动参数，可以表示为

$$x(t) = x_0(t) + \Delta x(t) \tag{3-4}$$

式中，$x_0(t)$ 为基准运动参数；$\Delta x(t)$ 为扰动运动参数。假定干扰对导弹作用的结果是，在 $t=0$ 时，出现初始值 $\Delta x(0)$，并产生扰动运动。如果 ε 是任意小的正数，由此可以找到另外一个正数 $\delta(\varepsilon)$，在 $t=0$ 时，$|\Delta x(0)| \leqslant \delta(\varepsilon)$，而在 $t>0$ 的所有时刻，扰动运动的所有参数 $\Delta x(t)$ 均满足不等式

$$|\Delta x(t)| < \varepsilon \tag{3-5}$$

则称基准运动参数 $x_0(t)$ 对于扰动运动参数 $\Delta x(t)$ 是稳定的。

如果除满足条件 $|\Delta x(0)| \leqslant \delta(\varepsilon)$ 和式(3-5)外，还存在下述关系

$$\lim_{t\to\infty} |\Delta x(t)| = 0 \tag{3-6}$$

则称基准运动是渐近稳定的。

上述初始值 $\Delta x(0)$ 比较小时稳定条件才能满足，就是小扰动范围内具有稳定性的情况。若存在这样的 ε，当 $\delta(\varepsilon)$ 任意小时，$|\Delta x(0)| \leqslant \delta(\varepsilon)$ 也成立，但是 $t>0$ 的某时刻不能满足式(3-5)，则称基准运动是不稳定的。

由此可见，稳定性是指整个扰动运动具有收敛特性，它由飞行器随时间恢复到基准运动的能力所决定。

3.1.3 操纵性概念

操纵性可以理解为舵面偏转后，导弹反应舵面偏转改变其原有飞行状态的能力，以及反应快慢的程度。

研究导弹弹体本身的动态特性，不考虑自动控制系统的工作。为了在统一舵偏角下评定不同导弹的操纵性，一般规定舵面做如下三种典型的偏转。

1. 舵面阶跃偏转

假定舵偏角为阶跃函数，其目的是求导弹扰动运动的过渡过程函数。这时导弹的反应最为强烈，也比较典型，正像自动调节原理需要研究过渡过程一样，如图 3-3 所示。

2. 舵面简谐偏转

舵面做简谐转动时，导弹的反应将出现延迟和输出振幅不等于输入振幅的现象。例如，攻角和舵偏角之间存在相位差，振幅间也有一定的比例关系，如图 3-4 所示。舵面简谐转动时可求得导弹的频率特性，以便利用频率研究导弹在闭环飞行时的动态特性。

3. 舵面脉冲偏转

假定舵偏角为脉冲函数，其目的是检验舵面在冲击或者瞬时干扰条件下导弹扰动运动的过渡过程函数。

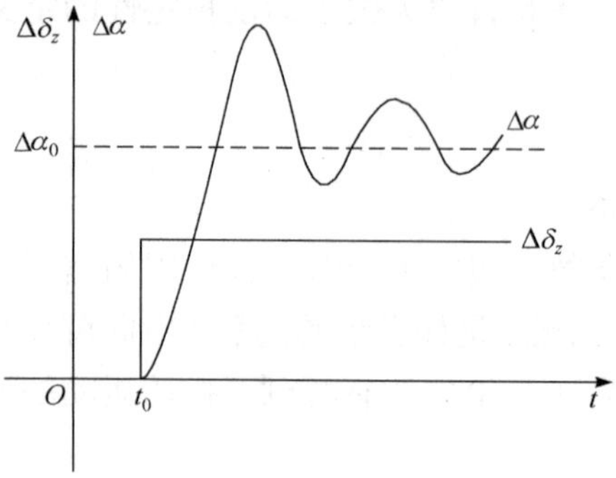

图 3-3　舵面阶跃偏转

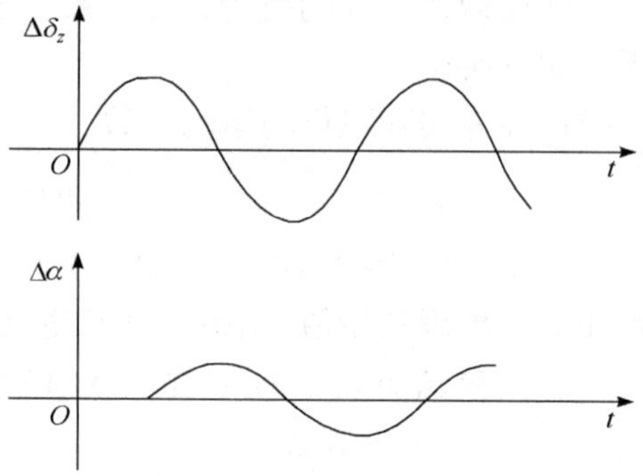

图 3-4　舵面简谐偏转

3.2　导弹运动方程线性化

3.2.1　线性化方法

导弹空间运动通常由一个非线性变系数的微分方程组来描述，在数学上尚无求解这种方程组的一般解析法，因此非线性问题往往由一个近似的线性系统来代替。非线性系统近似成线性系统，其精确程度取决于线性化方法和线性化假设。分析导弹的动态特性，采用基于泰勒级数展开的线性化方法，对该方法介绍如下。

假设导弹运动方程为以下一般形式的微分方程组：

$$\begin{cases} f_1 \dfrac{\mathrm{d}x_1}{\mathrm{d}t} = F_1 \\ f_2 \dfrac{\mathrm{d}x_2}{\mathrm{d}t} = F_2 \\ \quad\vdots \\ f_n \dfrac{\mathrm{d}x_n}{\mathrm{d}t} = F_n \end{cases} \tag{3-7}$$

式中，

$$\begin{cases} f_1 = f_1(x_1, x_2, x_3, \cdots, x_n) \\ f_2 = f_2(x_1, x_2, x_3, \cdots, x_n) \\ \quad\vdots \\ f_n = f_n(x_1, x_2, x_3, \cdots, x_n) \end{cases} \tag{3-8}$$

$$\begin{cases} F_1 = F_1(x_1, x_2, x_3, \cdots, x_n) \\ F_2 = F_2(x_1, x_2, x_3, \cdots, x_n) \\ \quad\vdots \\ F_n = F_n(x_1, x_2, x_3, \cdots, x_n) \end{cases} \tag{3-9}$$

式中，$x_1, x_2, x_3, \cdots, x_n$ 是导弹的运动参数，由弹道计算可得它们的特解为

$$\begin{cases} x_1 = x_{10}(t) \\ x_2 = x_{20}(t) \\ \vdots \\ x_n = x_{n0}(t) \end{cases} \tag{3-10}$$

将此特解注以下标 0，表示为基准弹道的参数。导弹按此弹道飞行称为基准运动或未扰动运动。

将上列特解代入式(3-7)，得

$$\begin{cases} f_{10}\dfrac{\mathrm{d}x_{10}}{\mathrm{d}t} = F_{10} \\ f_{20}\dfrac{\mathrm{d}x_{20}}{\mathrm{d}t} = F_{20} \\ \vdots \\ f_{n0}\dfrac{\mathrm{d}x_{n0}}{\mathrm{d}t} = F_{n0} \end{cases} \tag{3-11}$$

对一般形式的微分方程组进行线性化，为不失代表性，任取一个方程，并省略其下标，则有

$$f\frac{\mathrm{d}x}{\mathrm{d}t} = F \tag{3-12}$$

式中，x 代表含扰动作用飞行的任一运动参数。在基准运动中式(3-12)变为

$$f_0\frac{\mathrm{d}x_0}{\mathrm{d}t} = F_0 \tag{3-13}$$

一个运动参数在扰动运动和未扰动运动中之差，称为运动参数的偏量(或增量)，其形式为

$$f\frac{\mathrm{d}x}{\mathrm{d}t} - f_0\frac{\mathrm{d}x_0}{\mathrm{d}t} = F - F_0 \tag{3-14}$$

令 $\Delta x = x - x_0$，$\Delta f = f - f_0$，$\Delta F = F - F_0$。因此，式(3-14)可改写为

$$\Delta\left(f\frac{\mathrm{d}x}{\mathrm{d}t}\right) = f\frac{\mathrm{d}x}{\mathrm{d}t} - f_0\frac{\mathrm{d}x_0}{\mathrm{d}t} = F - F_0 = \Delta F \tag{3-15}$$

式(3-15)又可写成

$$\begin{aligned} \Delta\left(f\frac{\mathrm{d}x}{\mathrm{d}t}\right) &= f\frac{\mathrm{d}x}{\mathrm{d}t} - f_0\frac{\mathrm{d}x_0}{\mathrm{d}t} + \left(f\frac{\mathrm{d}x_0}{\mathrm{d}t} - f\frac{\mathrm{d}x_0}{\mathrm{d}t}\right) \\ &= f\frac{\mathrm{d}\Delta x}{\mathrm{d}t} + \Delta f\frac{\mathrm{d}x_0}{\mathrm{d}t} + \left(f_0\frac{\mathrm{d}\Delta x}{\mathrm{d}t} - f_0\frac{\mathrm{d}\Delta x}{\mathrm{d}t}\right) \\ &= (f_0 + \Delta f)\frac{\mathrm{d}\Delta x}{\mathrm{d}t} + \Delta f\frac{\mathrm{d}x_0}{\mathrm{d}t} = \Delta F \end{aligned} \tag{3-16}$$

式中，$\Delta f\dfrac{\mathrm{d}\Delta x}{\mathrm{d}t}$ 是高于一次的微量，可以略去，于是式(3-15)、式(3-16)可变为

$$f_0\frac{\mathrm{d}\Delta x}{\mathrm{d}t}+\Delta f\frac{\mathrm{d}x_0}{\mathrm{d}t}=\Delta F \tag{3-17}$$

式中，ΔF 和 Δf 是函数的增量，它们可由以下方法计算：根据式(3-8)，函数 f 在 $x_{10},x_{20},x_{30},\cdots,x_{n0}$ 点附近展成泰勒级数，则有

$$\begin{aligned}f(x_1,x_2,x_3,\cdots,x_n)=&f_0(x_{10},x_{20},x_{30},\cdots,x_{n0})\\&+\left[\frac{\partial f(x_1,x_2,x_3,\cdots,x_n)}{\partial x_1}\right]_0\Delta x_1+\left[\frac{\partial f(x_1,x_2,x_3,\cdots,x_n)}{\partial x_2}\right]_0\Delta x_2\\&+\cdots+\left[\frac{\partial f(x_1,x_2,x_3,\cdots,x_n)}{\partial x_n}\right]_0\Delta x_n+R_f\end{aligned} \tag{3-18}$$

式中，R_f 是所有高于二阶以上各项之和。增量函数 Δf 为

$$\begin{aligned}\Delta f&=f(x_1,x_2,x_3,\cdots,x_n)-f_0(x_{10},x_{20},x_{30},\cdots,x_{n0})\\&=\left[\frac{\partial f(x_1,x_2,x_3,\cdots,x_n)}{\partial x_1}\right]_0\Delta x_1+\left[\frac{\partial f(x_1,x_2,x_3,\cdots,x_n)}{\partial x_2}\right]_0\Delta x_2\\&\quad+\cdots+\left[\frac{\partial f(x_1,x_2,x_3,\cdots,x_n)}{\partial x_n}\right]_0\Delta x_n+R_f\end{aligned} \tag{3-19}$$

同理，可以求得增量函数 ΔF 的表达式为

$$\begin{aligned}\Delta F&=F(x_1,x_2,x_3,\cdots,x_n)-F_0(x_{10},x_{20},x_{30},\cdots,x_{n0})\\&=\left[\frac{\partial F(x_1,x_2,x_3,\cdots,x_n)}{\partial x_1}\right]_0\Delta x_1\\&\quad+\left[\frac{\partial F(x_1,x_2,x_3,\cdots,x_n)}{\partial x_2}\right]_0\Delta x_2+\cdots+R_F\end{aligned} \tag{3-20}$$

导弹运动方程组线性化时，可以略去高阶小量之和，因此式(3-17)又可写为

$$\begin{aligned}&f_0\frac{\mathrm{d}\Delta x}{\mathrm{d}t}+\left[\left(\frac{\partial f}{\partial x_1}\right)_0\Delta x_1+\left(\frac{\partial f}{\partial x_2}\right)_0\Delta x_2+\cdots+\left(\frac{\partial f}{\partial x_n}\right)_0\Delta x_n\right]\frac{\mathrm{d}x_0}{\mathrm{d}t}\\&=\left(\frac{\partial F}{\partial x_1}\right)_0\Delta x_1+\left(\frac{\partial F}{\partial x_2}\right)_0\Delta x_2+\cdots+\left(\frac{\partial F}{\partial x_n}\right)_0\Delta x_n\end{aligned} \tag{3-21}$$

式(3-21)中，

$$\left(\frac{\partial f}{\partial x_1}\right)_0=\left[\frac{\partial f(x_1,x_2,x_3,\cdots,x_n)}{\partial x_1}\right]_0$$

$$\left(\frac{\partial f}{\partial x_2}\right)_0=\left[\frac{\partial f(x_1,x_2,x_3,\cdots,x_n)}{\partial x_2}\right]_0$$

$$\vdots$$

$$\left(\frac{\partial f}{\partial x_n}\right)_0=\left[\frac{\partial f(x_1,x_2,x_3,\cdots,x_n)}{\partial x_n}\right]_0$$

$$\left(\frac{\partial F}{\partial x_1}\right)_0=\left[\frac{\partial F\left(x_1,x_2,x_3,\cdots,x_n\right)}{\partial x_1}\right]_0$$

$$\left(\frac{\partial F}{\partial x_2}\right)_0=\left[\frac{\partial F\left(x_1,x_2,x_3,\cdots,x_n\right)}{\partial x_2}\right]_0$$

$$\vdots$$

$$\left(\frac{\partial F}{\partial x_n}\right)_0=\left[\frac{\partial F\left(x_1,x_2,x_3,\cdots,x_n\right)}{\partial x_n}\right]_0$$

于是，最终可得任一运动参数之偏量的线性微分方程：

$$\begin{aligned}f_0\frac{\mathrm{d}\Delta x}{\mathrm{d}t}=&\left[\left(\frac{\partial F}{\partial x_1}\right)_0-\frac{\mathrm{d}x_0}{\mathrm{d}t}\left(\frac{\partial f}{\partial x_1}\right)_0\right]\Delta x_1+\left[\left(\frac{\partial F}{\partial x_2}\right)_0-\frac{\mathrm{d}x_0}{\mathrm{d}t}\left(\frac{\partial f}{\partial x_2}\right)_0\right]\Delta x_2+\cdots\\&+\left[\left(\frac{\partial F}{\partial x_n}\right)_0-\frac{\mathrm{d}x_0}{\mathrm{d}t}\left(\frac{\partial f}{\partial x_n}\right)_0\right]\Delta x_n\end{aligned}\tag{3-22}$$

显然，式(3-22)中的自变量是运动偏量 Δx，它可以是 $\Delta x_1,\Delta x_2,\cdots,\Delta x_n$，偏量在方程中仅有一次幂，而且没有偏量间的乘积，所以微分方程(3-22)是线性的。式(3-22)中函数 f_0 以及各偏导数 $\left(\frac{\partial f}{\partial x_1}\right)_0,\left(\frac{\partial f}{\partial x_2}\right)_0,\cdots,\left(\frac{\partial f}{\partial x_n}\right)_0,\left(\frac{\partial F}{\partial x_1}\right)_0,\left(\frac{\partial F}{\partial x_2}\right)_0,\cdots,\left(\frac{\partial F}{\partial x_n}\right)_0$ 等，均是基准弹道运动参数的函数。基准运动的参数在计算弹道后是已知的时间参数，所以函数 f_0 以及偏导数 $\left(\frac{\partial f}{\partial x_1}\right)_0,\left(\frac{\partial f}{\partial x_2}\right)_0,\cdots,\left(\frac{\partial f}{\partial x_n}\right)_0,\left(\frac{\partial F}{\partial x_1}\right)_0,\left(\frac{\partial F}{\partial x_2}\right)_0,\cdots,\left(\frac{\partial F}{\partial x_n}\right)_0$ 等均是已知的时间函数。

导弹运动方程组与运动偏量方程组的差别：其一，前者描述一般的飞行状况，包括基准运动(或称“未扰动运动”)，后者描述基准运动邻近的扰动运动(或称“附加运动”)；其二，一般的飞行状况是非线性的，扰动运动是线性的。

3.2.2　作用力和力矩偏量

导弹上的作用力有推力、控制力、空气动力和重力。这些作用力和力矩出现偏量，将引起导弹产生扰动运动。因此，在运动方程线性化之前，应该先弄清楚各作用力和力矩偏量的线性组合。

作用在导弹上的推力，如果由吸气式发动机产生，则其大小与空气密度、飞行速度有关，推力偏量的线性组合表达式为

$$\Delta P=\left(\frac{\partial P}{\partial V}\right)_0\Delta V+\left(\frac{\partial P}{\partial y}\right)_0\Delta y=(P^V)_0\Delta V+(P^y)_0\Delta y\tag{3-23}$$

式中，y 为飞行高度；P^V、P^y 分别为推力对速度和高度的偏导数，其值由未扰动飞行参数来计算，故注以下标 0。

由于导弹运动方程组包含作用在导弹上的力和力矩，在进行导弹运动方程组线性

化以前，需要对这些力和力矩进行线性化，为此必须了解这些力和力矩与哪些因素有关，哪些因素的影响又可以忽略。已知空气阻力、升力和侧力是飞行速度和高度的函数。气动力和力矩不仅与该时刻的运动参数有关，而且与这些参数对时间的导数有关。但是，完全按此理论确定气动力和力矩的偏量，目前仍是一项困难的工作。因此，在工程上通常采用定常假设，其含义：在非定常飞行中，作用在导弹上的气动力和力矩，除下洗延迟效应和气流阻滞外，均近似为仅与当时的运动参数有关，而不考虑这些参数对时间导数的影响。

由导弹空气动力学可知，对于面对称型导弹，影响气动力和气动力矩的主要参数是 V、h、α、β、ω_x、ω_y、ω_z、δ_x、δ_y、δ_z、$\dot{\alpha}$、$\dot{\beta}$、$\dot{\delta}_y$、$\dot{\delta}_z$，即

$$\begin{cases} X(V,h,\alpha,\beta,\delta_z,\delta_y) \\ Y(V,h,\alpha,\delta_z) \\ Z(V,h,\beta,\delta_y) \\ M_x(V,h,\alpha,\beta,\delta_x,\delta_y,\delta_z,\omega_x,\omega_y,\omega_z) \\ M_y(V,h,\beta,\delta_y,\omega_x,\omega_y,\dot{\beta},\dot{\delta}_y) \\ M_z(V,h,\alpha,\delta_z,\omega_x,\omega_z,\dot{\alpha},\dot{\delta}_z) \end{cases} \tag{3-24}$$

若导弹是轴对称气动布局，则可以写为

$$\begin{cases} X(V,h,\alpha,\beta) \\ Y(V,h,\alpha,\delta_z) \\ Z(V,h,\beta,\delta_y) \\ M_x(V,h,\delta_x,\omega_x) \\ M_y(V,h,\beta,\omega_y,\delta_y,\dot{\beta}) \\ M_z(V,h,\alpha,\omega_z,\delta_z,\dot{\alpha}) \end{cases} \tag{3-25}$$

影响气动力和气动力矩的某些参数能否忽略或者能否进一步简化取决于具体导弹的气动外形和运动状态。对于面对称型导弹，当攻角 α 和侧滑角 β 较小时，气动力和气动力矩可以用线性化近似表达成下列形式：

$$\begin{cases} X = X_0 + X^{\alpha}\alpha + X^{\beta}\beta \\ Y = Y_0 + Y^{\alpha}\alpha + Y^{\delta_z}\delta_z \\ Z = Z^{\beta}\beta + Z^{\delta_y}\delta_y \\ M_x = M_{x0} + M_x^{\beta}\beta + M_x^{\omega_x}\omega_x + M_x^{\omega_y}\omega_y + M_x^{\delta_x}\delta_x + M_x^{\delta_y}\delta_y \\ M_y = M_y^{\beta}\beta + M_y^{\omega_x}\omega_x + M_y^{\omega_y}\omega_y + M_y^{\dot{\beta}}\dot{\beta} + M_y^{\delta_y}\delta_y \\ M_z = M_{z0} + M_z^{\alpha}\alpha + M_z^{\omega_z}\omega_z + M_y^{\dot{\alpha}}\dot{\alpha} + M_z^{\delta_z}\delta_z \end{cases} \tag{3-26}$$

如果是轴对称且倾斜稳定的导弹，其气动力和气动力矩可以近似表示为

$$
\begin{cases}
X = X_0 + X^{\alpha}\alpha + X^{\beta}\beta \\
Y = Y^{\alpha}\alpha + Y^{\delta_z}\delta_z \\
Z = Z^{\beta}\beta + Z^{\delta_y}\delta_y \\
M_x = M_{x0} + M_x^{\beta}\beta + M_x^{\omega_x}\omega_x + M_x^{\delta_x}\delta_x \\
M_y = M_y^{\beta}\beta + M_y^{\omega_y}\omega_y + M_y^{\dot{\beta}}\dot{\beta} + M_y^{\delta_y}\delta_y \\
M_z = M_z^{\alpha}\alpha + M_z^{\omega_z}\omega_z + M_y^{\dot{\alpha}}\dot{\alpha} + M_z^{\delta_z}\delta_z
\end{cases} \tag{3-27}
$$

现在求气动力和气动力矩的增量，这些增量对应于扰动飞行和未扰动飞行之间气动力和气动力矩的差值。这里将不考虑在扰动运动中高度增量 Δh 对气动力和气动力矩增量的影响(因为它很小)。下面的推导都是针对面对称型导弹的，由式(3-27)得到气动力和气动力矩的偏量：

$$
\begin{cases}
\Delta X = X^{V}\Delta V + X^{\alpha}\Delta\alpha + X^{\beta}\Delta\beta \\
\Delta Y = Y^{V}\Delta V + Y^{\alpha}\Delta\alpha + Y^{\delta_z}\Delta\delta_z \\
\Delta Z = Z^{V}\Delta V + Z^{\beta}\Delta\beta + Z^{\delta_y}\Delta\delta_y
\end{cases} \tag{3-28}
$$

式中各气动力导数如下所述。

因为空气阻力 $X = \dfrac{1}{2}\rho V^2 C_x S$ ，其中阻力系数 C_x 又是 Ma (马赫数)、Re (雷诺数)、α (攻角)和 β (侧滑角)的函数，所以阻力导数为

$$
\begin{cases}
X^{\alpha} = \dfrac{\partial X}{\partial \alpha} = \dfrac{X}{C_x}\dfrac{\partial C_x}{\partial \alpha} = \dfrac{X}{C_x}C_x^{\alpha} \\
X^{\beta} = \dfrac{\partial X}{\partial \beta} = \dfrac{X}{C_x}\dfrac{\partial C_x}{\partial \beta} = \dfrac{X}{C_x}C_x^{\beta} \\
X^{V} = \dfrac{\partial X}{\partial V} = \dfrac{X}{V}\left(2 + \dfrac{V}{C_x}\dfrac{\partial C_x}{\partial V}\right)
\end{cases} \tag{3-29}
$$

式中，

$$
\frac{\partial C_x}{\partial V} = \frac{Ma}{V}\frac{\partial C_x}{\partial Ma} + \frac{Re}{V}\frac{\partial C_x}{\partial Re},\quad Re = \rho\frac{VL}{\mu} \tag{3-30}
$$

故

$$
X^{V} = \frac{X}{V}\left(2 + \frac{Ma}{C_x}C_x^{Ma} + \frac{Re}{C_x}C_x^{Re}\right) \tag{3-31}
$$

升力 $Y = \dfrac{1}{2}\rho V^2 C_y S$ 和侧力 $Z = \dfrac{1}{2}\rho V^2 C_z S$ 的有关导数为

$$
\begin{cases}
Y^{V} = \dfrac{\partial Y}{\partial V} = \dfrac{Y}{V}\left(2 + \dfrac{Ma}{C_y}\dfrac{\partial C_y}{\partial Ma}\right) \\
Y^{\alpha} = \dfrac{\partial Y}{\partial \alpha} = \dfrac{Y}{C_y}C_y^{\alpha}
\end{cases}
$$

$$\begin{cases} Z^V = \dfrac{Z}{V}\left(2+\dfrac{Ma}{C_z}\dfrac{\partial C_z}{\partial Ma}\right) \\ Z^\beta = \dfrac{Z}{C_z}C_z^\beta \\ C_z^\beta = -C_y^\alpha\ (\text{轴对称时}) \end{cases} \tag{3-32}$$

在升力和侧力偏量的表达式中，两个与舵偏角有关的偏导数为

$$\begin{cases} Y^{\delta_z} = \dfrac{Y}{C_y}C_y^{\delta_z} \\ Z^{\delta_y} = \dfrac{Z}{C_z}C_z^{\delta_y} \end{cases} \tag{3-33}$$

讨论各气动力矩偏量的线性组合时，除考虑运动参数偏量 ΔV、$\Delta\alpha$、$\Delta\beta$、$\Delta\delta_y$ 和 $\Delta\delta_z$ 外，还应考虑角速度偏量 $\Delta\omega_x$、$\Delta\omega_y$、$\Delta\omega_z$ 和决定气流下洗延迟现象的偏量导数 $\Delta\dot{\alpha}$、$\Delta\dot{\beta}$、$\Delta\dot{\delta}_y$、$\Delta\dot{\delta}_z$，以及航向和滚转力矩偏量中的交叉效应。因此，适合所有气动力矩的一般式为

$$\begin{cases} M_i = \dfrac{1}{2}\rho V^2 m_i SL \\ M_i^j j = m_i^j jqSL \end{cases} \tag{3-34}$$

当飞行速度和飞行高度微量变化时，可取 M_x^V、M_y^V、M_z^V 和 M_x^y、M_y^y、M_z^y 为零，可得各项气动力矩的线性组合为

$$\begin{cases} \Delta M_x = M_x^\beta\Delta\beta + M_x^{\omega_x}\Delta\omega_x + M_x^{\omega_y}\Delta\omega_y + M_x^{\delta_x}\Delta\delta_x + M_x^{\delta_y}\Delta\delta_y \\ \Delta M_y = M_y^\beta\Delta\beta + M_y^{\omega_y}\Delta\omega_y + M_y^{\omega_x}\Delta\omega_x + M_y^{\dot{\beta}}\Delta\dot{\beta} + M_y^{\delta_y}\Delta\delta_y \\ \Delta M_z = M_z^\alpha\Delta\alpha + M_z^{\omega_z}\Delta\omega_z + M_z^{\dot{\alpha}}\Delta\dot{\alpha} + M_z^{\delta_z}\Delta\delta_z \end{cases} \tag{3-35}$$

式中，各力矩偏导数为

$$\begin{cases} M_z^\alpha = \dfrac{M_z}{m_z}m_z^\alpha,\quad M_y^\beta = \dfrac{M_y}{m_y}m_y^\beta \\ M_x^\beta = \dfrac{M_x}{m_x}m_x^\beta,\quad M_y^{\dot{\beta}} = \dfrac{M_y}{m_y}m_y^{\dot{\beta}} \end{cases} \tag{3-36}$$

$$\begin{cases} M_z^{\omega_z} = \dfrac{M_z}{m_z}m_z^{\omega_z},\quad M_z^{\dot{\alpha}} = \dfrac{M_z}{m_z}m_x^{\dot{\alpha}} \\ M_y^{\omega_y} = \dfrac{M_y}{m_y}m_y^{\omega_y},\quad M_y^{\omega_x} = \dfrac{M_y}{m_y}m_y^{\omega_x} \\ M_x^{\omega_x} = \dfrac{M_x}{m_x}m_x^{\omega_x},\quad M_x^{\omega_y} = \dfrac{M_x}{m_x}m_x^{\omega_y} \end{cases} \tag{3-37}$$

这里，力矩系数 $m_z^{\omega_z}$、$m_y^{\omega_y}$、$m_x^{\omega_x}$ 等都是有量纲的。为了便于动态分析，常用无因次形式 $m_z^{\bar{\omega}_z}$、$m_y^{\bar{\omega}_y}$ 和 $m_x^{\bar{\omega}_x}$ 等。无因次角速度 $\bar{\omega}_z$、$\bar{\omega}_y$ 和 $\bar{\omega}_x$ 等可用式(3-38)表示：

$$\begin{cases} \bar{\omega}_z = \dfrac{\omega_z L}{V}, \quad \bar{\omega}_y = \dfrac{\omega_y L}{V}, \quad \bar{\omega}_x = \dfrac{\omega_x L}{V} \\ \dot{\bar{\alpha}} = \dfrac{\dot{\alpha} L}{V}, \quad \dot{\bar{\beta}} = \dfrac{\dot{\beta} L}{V} \end{cases} \tag{3-38}$$

于是，由无因次气动力矩系数表示的力矩偏量为

$$\begin{cases} M_z^{\omega_z} = m_z^{\bar{\omega}_z} \dfrac{1}{2}\rho V^2 S L^2, \quad M_z^{\dot{\alpha}} = m_z^{\dot{\bar{\alpha}}} \dfrac{1}{2}\rho V^2 S L^2 \\ M_y^{\omega_y} = m_y^{\bar{\omega}_y} \dfrac{1}{2}\rho V^2 S L^2, \quad M_y^{\dot{\beta}} = m_y^{\dot{\bar{\beta}}} \dfrac{1}{2}\rho V^2 S L^2 \\ M_x^{\omega_x} = m_x^{\bar{\omega}_x} \dfrac{1}{2}\rho V^2 S L^2, \quad M_x^{\omega_y} = m_x^{\bar{\omega}_y} \dfrac{1}{2}\rho V^2 S L^2 \end{cases} \tag{3-39}$$

在实际应用中为书写方便，上列各无因次气动力矩导数可略去上标符号“–”。

3.2.3　导弹运动方程组线性化

为了得到描述导弹扰动运动的线性微分方程组，必须应用线性化公式对导弹运动方程组的每一个方程逐项进行线性化。

导弹运动方程组的第一式为

$$m\frac{\mathrm{d}V}{\mathrm{d}t} = P\cos\alpha\cos\beta - X - G\sin\theta \tag{3-40}$$

式(3-40)与式(3-12)对比，导弹的质量 m 相当于 f，飞行速度 V 相当于 x，$P\cos\alpha\cos\beta - X - G\sin\theta$ 相当于 F。由于导弹的质量 m 与运动参数 V、α……无关，所以有

$$\frac{\partial m}{\partial V} = \frac{\partial m}{\partial \alpha} = \frac{\partial m}{\partial \beta} = 0 \tag{3-41}$$

因此 $\dfrac{\partial f}{\partial x_1} = 0, \dfrac{\partial f}{\partial x_2} = 0, \cdots$。$F$ 对各运动参数的偏导数，分别为

$$\frac{\partial F}{\partial V} = \frac{\partial\left(P\cos\alpha\cos\beta - X - G\sin\theta\right)}{\partial V} = \cos\alpha\cos\beta\frac{\partial P}{\partial V} - \frac{\partial X}{\partial V} - \sin\theta\frac{\partial G}{\partial V}$$

偏导数采用简化符号 $\dfrac{\partial P}{\partial V} = P^V, \dfrac{\partial X}{\partial V} = X^V, \dfrac{\partial G}{\partial V} = G^V = 0$,上式变为

$$\frac{\partial F}{\partial V} = P^V\cos\alpha\cos\beta - X^V$$

引用式(3-29)的结果，上式可写为

$$\frac{\partial F}{\partial V} = P^V\cos\alpha\cos\beta - \frac{X}{V}\left(2 + \frac{V}{C_x}C_x^V\right)$$

式中，$\frac{\partial C_x}{\partial V}=C_x^V$。$F$ 对其他运动参数的偏导数，同样可表示为

$$\frac{\partial F}{\partial \alpha}=\left(P^\alpha\cos\alpha-P\sin\alpha\right)\cos\beta-X^\alpha$$
$$\frac{\partial F}{\partial \beta}=P^\beta\cos\alpha\cos\beta-P\cos\alpha\sin\beta-X^\beta$$
$$\frac{\partial F}{\partial y}=P^y\cos\alpha\cos\beta-X^y-G^y\sin\theta$$
$$\frac{\partial F}{\partial \theta}=-G\cos\theta$$

将上面求得的各个偏导数代入式(3-22)，可求得第一个方程的如下线性化结果：

$$\begin{aligned}m_0\frac{\mathrm{d}\Delta V}{\mathrm{d}t}=&\left[P^V\cos\alpha\cos\beta-\frac{X}{V}\left(2+\frac{V}{C_x}C_x^V\right)\right]_0\Delta V\\&+\left[P^\alpha\cos\alpha\cos\beta-P\sin\alpha\cos\beta-X^\alpha\right]_0\Delta\alpha\\&+\left[P^\beta\cos\alpha\cos\beta-P\cos\alpha\sin\beta-X^\beta\right]_0\Delta\beta\\&+\left[P^y\cos\alpha\cos\beta-X^y-G^y\sin\theta\right]_0\Delta y-\left[G\cos\theta\right]_0\Delta\theta\end{aligned}\tag{3-42}$$

如果导弹在实际飞行过程中攻角 α 和侧滑角 β 的数值均比较小，因为 $\cos\alpha\approx1$，$\cos\beta\approx1$，$\sin\alpha\approx\alpha$，$\sin\beta\approx\beta$，式(3-42)可近似写为

$$\begin{aligned}m_0\frac{\mathrm{d}\Delta V}{\mathrm{d}t}\approx&\left[P^V-\frac{X}{V}\left(2+\frac{V}{C_x}C_x^V\right)\right]_0\Delta V\\&+\left[P^\alpha-P\alpha-X^\alpha\right]_0\Delta\alpha+\left[P^\beta-P\beta-X^\beta\right]_0\Delta\beta\\&+\left[P^y-X^y-G^y\sin\theta\right]_0\Delta y-\left[G\cos\theta\right]_0\Delta\theta\end{aligned}\tag{3-43}$$

式(3-43)是导弹飞行速度偏量随时间变化的线性微分方程，也是常见的运动偏量微分方程之一。当发动机推力的偏导数 $P^\alpha=P^\beta=P^y=0$，且 $X^y=G^y=0$ 时，则有

$$\begin{aligned}m_0\frac{\mathrm{d}\Delta V}{\mathrm{d}t}\approx&\left[P^V-\frac{X}{V}\left(2+\frac{V}{C_x}C_x^V\right)\right]_0\Delta V+\left[-P\alpha-X^\alpha\right]_0\Delta\alpha\\&+\left[-P\beta-X^\beta\right]_0\Delta\beta+\left[-G\cos\theta\right]_0\Delta\theta\end{aligned}\tag{3-44}$$

导弹运动方程组第二式为

$$mV\frac{\mathrm{d}\theta}{\mathrm{d}t}=P(\sin\alpha\cos\nu+\cos\alpha\sin\beta\sin\nu)+Y\cos\nu-Z\sin\nu-G\cos\theta\tag{3-45}$$

这时运动参数为 V、θ、α、β、ν、h、δ_z 和 δ_y，按照式(3-40)线性化的步骤，可以得到下列偏导数：

$$\frac{\partial(mV)}{\partial V}=m$$

$$\frac{\partial F}{\partial V}=P^V(\sin\alpha\cos\nu+\cos\alpha\sin\beta\sin\nu)+Y^V\cos\nu-Z^V\sin\nu$$

$$\frac{\partial F}{\partial \alpha}=P^\alpha(\sin\alpha\cos\nu+\cos\alpha\sin\beta\sin\nu)+P(\cos\alpha\cos\nu-\sin\alpha\sin\beta\sin\nu)+Y^\alpha\cos\nu$$

$$\frac{\partial F}{\partial \beta}=P^\beta(\sin\alpha\cos\nu_V+\cos\alpha\sin\beta\sin\nu)+P\cos\alpha\cos\beta\sin\nu-Z^\beta\sin\nu$$

$$\frac{\partial F}{\partial \nu}=P(-\sin\alpha\sin\nu+\cos\alpha\sin\beta\cos\nu)-Y\sin\nu-Z\cos\nu$$

$$\frac{\partial F}{\partial \theta}=G\sin\theta$$

$$\frac{\partial F}{\partial \delta_z}=Y^{\delta_z}\cos\nu$$

$$\frac{\partial F}{\partial \delta_y}=-Z^{\delta_y}\sin\nu$$

$$\frac{\partial F}{\partial y}=P^y(\sin\alpha\cos\nu+\cos\alpha\sin\beta\sin\nu)+Y^y\cos\nu-Z^y\sin\nu-G^y\cos\theta$$

在运动参数偏量的线性微分方程中引用上列各式，可得式(3-45)的如下线性化结果：

$$\begin{aligned}
[mV]_0\frac{\mathrm{d}\Delta\theta}{\mathrm{d}t}=&\left[P^V(\sin\alpha\cos\nu+\cos\alpha\sin\beta\sin\nu)+Y^V\cos\nu-Z^V\sin\nu-m\frac{\mathrm{d}\theta}{\mathrm{d}t}\right]_0\Delta V\\
&+\left[P^\alpha(\sin\alpha\cos\nu+\cos\alpha\sin\beta\sin\nu)+P(\cos\alpha\cos\nu-\sin\alpha\sin\beta\sin\nu)+Y^\alpha\cos\nu\right]_0\Delta\alpha\\
&+\left[P^\beta(\sin\alpha\cos\nu_V+\cos\alpha\sin\beta\sin\nu)+P\cos\alpha\cos\beta\sin\nu-Z^\beta\sin\nu\right]_0\Delta\beta+[G\sin\theta]_0\Delta\theta\\
&+\left[P(-\sin\alpha\sin\nu+\cos\alpha\sin\beta\cos\nu)-Y\sin\nu-Z\cos\nu\right]_0\Delta\nu\left[Y^{\delta_z}\cos\nu\right]_0\Delta\delta_z\\
&-\left[Z^{\delta_y}\sin\nu\right]_0\Delta\delta_y+[P^y(\sin\alpha\cos\nu+\cos\alpha\sin\beta\sin\nu)+Y^y\cos\nu-Z^y\sin\nu\\
&-G^y\cos\theta]\Delta y
\end{aligned}\tag{3-46}$$

如果导弹沿基准弹道飞行的攻角 α 、侧滑角 β 和倾斜角 ν 都比较小，式(3-46)中可近似认为 $\cos\alpha=\cos\beta=\cos\nu\approx1$ ， $\sin\alpha\approx\alpha$ ， $\sin\beta\approx\beta$ ， $\sin\nu\approx\nu$ ，则有

$$\begin{aligned}
&[mV]_0\frac{\mathrm{d}\Delta\theta}{\mathrm{d}t}+\left[m\frac{\mathrm{d}\theta}{\mathrm{d}t}\right]_0\Delta V\\
&=\left[P^V(\alpha+\beta\nu)+Y^V-Z^V\nu\right]_0\Delta V\\
&+\left[P^\alpha(\alpha+\beta\nu)+P(1-\alpha\beta\nu)+Y^\alpha\right]_0\Delta\alpha\\
&+\left[P^\beta(\alpha+\beta\nu)+P\nu-Z^\beta\nu\right]_0\Delta\beta\\
&+[G\sin\theta]_0\Delta\theta+\left[Y^{\delta_z}\right]_0\Delta\delta_z+\left[-Z^{\delta_y}\nu\right]_0\Delta\delta_y
\end{aligned}$$

$$+\left[P(-\alpha\nu+\beta)-Y\nu-Z\right]_0\Delta\nu$$
$$+\left[P^y(\alpha+\beta\nu)+Y^y-Z^y\nu-G^y\cos\theta\right]_0\Delta y$$

如果忽略上式中的二阶小量 $\beta\nu$、$\alpha\nu$ 和三阶小量 $\alpha\beta\nu$，同时在一般情况下 $[mV]_0\dfrac{\mathrm{d}\Delta\theta}{\mathrm{d}t}$ 要比 $\left[m\dfrac{\mathrm{d}\theta}{\mathrm{d}t}\right]_0\Delta V$ 大得多，两项相比 $\left[m\dfrac{\mathrm{d}\theta}{\mathrm{d}t}\right]_0\Delta V$ 可以忽略不计，则上式可写为

$$\begin{aligned}[mV]_0\frac{\mathrm{d}\Delta\theta}{\mathrm{d}t}=&\left[P^V\alpha+Y^V-Z^V\nu\right]_0\Delta V+\left[P^\alpha\alpha+P+Y^\alpha\right]_0\Delta\alpha\\&+\left[P^\beta\alpha+P\nu-Z^\beta\nu\right]_0\Delta\beta+[G\sin\theta]_0\Delta\theta+\left[Y^{\delta_z}\right]_0\Delta\delta_z\\&-\left[Z^{\delta_y}\nu\right]_0\Delta\delta_y+[P\beta-Y\nu-Z]_0\Delta\nu+\left[P^y\alpha+Y^y-Z^y\nu-G^y\cos\theta\right]_0\Delta y\end{aligned}\tag{3-47}$$

导弹运动方程组第三式为

$$-mV\cos\theta\frac{\mathrm{d}\sigma}{\mathrm{d}t}=P(\sin\alpha\sin\nu-\cos\alpha\cos\beta\cos\nu)+Y\sin\nu+Z\cos\nu\tag{3-48}$$

经过线性化后，并去掉包括小量乘积的各项，即 $\left(\dfrac{\mathrm{d}\sigma}{\mathrm{d}t}\right)_0\Delta V$、$\left(\dfrac{\mathrm{d}\sigma}{\mathrm{d}t}\right)_0\Delta\theta$、$\beta\Delta V$、$\delta_y\Delta V$，以及包含 $\sin\beta$ 或 $\sin\nu$ 的二阶小量，具体形式为

$$\begin{aligned}[-mV\cos\theta]_0\frac{\mathrm{d}\sigma}{\mathrm{d}t}=&\left[Z^V\right]_0\Delta V+\left[(P+Y^\alpha)\gamma_V\right]_0\Delta\alpha+\left[-P+Z^\beta\right]_0\Delta\beta\\&+[P\alpha+Y]_0\Delta\gamma_V+\left[Z^{\delta_y}\right]_0\Delta\delta_y+\left[Y^{\delta_Z}\right]_0\Delta\delta_Z+\left[Z^y\right]_0\Delta y\end{aligned}\tag{3-49}$$

导弹运动方程组第四式为

$$J_x\frac{\mathrm{d}\omega_x}{\mathrm{d}t}=M_x-(J_z-J_y)\omega_y\omega_z\tag{3-50}$$

式中，变化的参量有 V、ω_x、ω_y、ω_z、δ_x、β 和 δ_y。经过线性化后，并去掉包括小量乘积的各项，具体形式为

$$\begin{aligned}[J_x]_0\frac{\mathrm{d}\Delta\omega_x}{\mathrm{d}t}=&\left[M_x^V\right]_0\Delta V+\left[M_x^{\omega_x}\right]_0\Delta\omega_x+\left[M_x^{\delta_x}\right]_0\Delta\delta_x+\left[M_x^{\delta_y}\right]_0\Delta\delta_y+\left[M_x^{\omega_y}\right]_0\Delta\omega_y\\&-\left[(J_z-J_y)\omega_y\right]_0\Delta\omega_z-\left[(J_z-J_y)\omega_z\right]_0\Delta\omega_y+\left[M_x^\beta\right]_0\Delta\beta+\left[M_x^y\right]_0\Delta y\end{aligned}\tag{3-51}$$

由此可见，应用运动参数偏量的线性微分方程(3-22)，参照以上导弹运动方程组线性化的步骤，可得导弹空间运动方程组的全部线性化结果，即导弹空间扰动运动的线性微分方程组为

$$
\left\{
\begin{aligned}
&[m]_0 \frac{\mathrm{d}\Delta V}{\mathrm{d}t} = \left[P^V - X^V\right]_0 \Delta V + \left[P^\alpha - P\alpha - X^\alpha\right]_0 \Delta\alpha + \left[P^\beta - P\beta - X^\beta\right]_0 \Delta\beta \\
&\qquad + \left[P^y - X^y - G^y \sin\theta\right]_0 \Delta y - [G\cos\theta]_0 \Delta\theta \\
&[mV]_0 \frac{\mathrm{d}\Delta\theta}{\mathrm{d}t} = \left[P^V \alpha + Y^V - Z^V \nu\right]_0 \Delta V + \left[P^\alpha \alpha + P + Y^\alpha\right]_0 \Delta\alpha \\
&\qquad + \left[P^\beta \alpha + P\nu - Z^\beta \nu\right]_0 \Delta\beta + [G\sin\theta]_0 \Delta\theta + \left[Y^{\delta_z}\right]_0 \Delta\delta_z \\
&\qquad - \left[Z^{\delta_y} \nu\right]_0 \Delta\delta_y + [P\beta - Y\nu - Z]_0 \Delta\nu + \left[P^y \alpha + Y^y - Z^y \nu - G^y \cos\theta\right]_0 \Delta y \\
&[-mV\cos\theta]_0 \frac{\mathrm{d}\sigma}{\mathrm{d}t} = \left[Z^V\right]_0 \Delta V + \left[(P + Y^\alpha)\nu\right]_0 \Delta\alpha + \left[-P + Z^\beta\right]_0 \Delta\beta \\
&\qquad + [P\alpha + Y]_0 \nu + \left[Z^{\delta_y}\right]_0 \Delta\delta_y + \left[Y^{\delta_z}\right]_0 \Delta\delta_z + \left[Z^y\right]_0 \Delta y \\
&[J_x]_0 \frac{\mathrm{d}\Delta\omega_x}{\mathrm{d}t} = \left[M_x^V\right]_0 \Delta V + \left[M_x^{\omega_x}\right]_0 \Delta\omega_x + \left[M_x^{\delta_x}\right]_0 \Delta\delta_x + \left[M_x^{\delta_y}\right]_0 \Delta\delta_y + \left[M_x^{\omega_y}\right]_0 \Delta\omega_y \\
&\qquad - \left[\left(J_z - J_y\right)\omega_y\right]_0 \Delta\omega_z - \left[\left(J_z - J_y\right)\omega_z\right]_0 \Delta\omega_y + \left[M_x^\beta\right]_0 \Delta\beta + \left[M_x^y\right]_0 \Delta y \\
&\left[J_y\right]_0 \frac{\mathrm{d}\Delta\omega_y}{\mathrm{d}t} = \left[M_y^V\right]_0 \Delta V + \left[M_y^\beta\right]_0 \Delta\beta + \left[M_y^{\omega_y}\right]_0 \Delta\omega_y + \left[M_y^{\omega_x}\right]_0 \Delta\omega_x + \left[M_y^{\delta_y}\right]_0 \Delta\delta_y \\
&\qquad + \left[M_y^y\right]_0 \Delta y + \left[M_y^{\delta_x}\right]_0 \Delta\delta_x - \left[\left(J_x - J_z\right)\omega_z\right]_0 \Delta\omega_x - \left[\left(J_x - J_z\right)\omega_x\right]_0 \Delta\omega_z \\
&[J_z]_0 \frac{\mathrm{d}\Delta\omega_z}{\mathrm{d}t} = \left[M_z^V\right]_0 \Delta V + \left[M_z^\alpha\right]_0 \Delta\alpha + \left[M_z^{\omega_z}\right]_0 \Delta\omega_z + \left[M_z^{\delta_z}\right]_0 \Delta\delta_z + \left[M_z^{\dot\alpha}\right]_0 \Delta\dot\alpha \\
&\qquad + \left[M_z^{\dot\delta_z}\right]_0 \Delta\dot\delta_z + \left[M_z^y\right]_0 \Delta y - \left[\left(J_y - J_x\right)\omega_x\right]_0 \Delta\omega_y - \left[\left(J_y - J_x\right)\omega_y\right]_0 \Delta\omega_x \\
&\frac{\mathrm{d}\Delta\varphi}{\mathrm{d}t} = [\omega_y]_0 \Delta\gamma + \Delta\omega_z \\
&\frac{\mathrm{d}\Delta\psi}{\mathrm{d}t} = \left[\frac{1}{\cos\varphi}\right]_0 \Delta\omega_y - \left[\frac{\omega_z}{\cos\varphi}\right]_0 \Delta\gamma \\
&\frac{\mathrm{d}\Delta\gamma}{\mathrm{d}t} = \Delta\omega_x - [\tan\varphi]_0 \Delta\omega_y + \left[\frac{\omega_y}{\cos^2\varphi}\right]_0 \Delta\varphi + [\omega_z \tan\varphi]_0 \Delta\gamma \\
&\frac{\mathrm{d}\Delta x}{\mathrm{d}t} = [\cos\theta\cos\sigma]_0 \Delta V - [V\sin\theta\cos\sigma]_0 \Delta\theta - [V\cos\theta\sin\sigma]_0 \Delta\sigma \\
&\frac{\mathrm{d}\Delta y}{\mathrm{d}t} = [\sin\theta]_0 \Delta V + [V\cos\theta]_0 \Delta\theta \\
&\frac{\mathrm{d}\Delta z}{\mathrm{d}t} = [-\cos\theta\sin\sigma]_0 \Delta V + [V\sin\theta\sin\sigma]_0 \Delta\theta - [V\cos\theta\cos\sigma]_0 \Delta\sigma \\
&\Delta\theta = \Delta\varphi - \Delta\alpha \\
&\Delta\sigma = \Delta\psi + \left[\frac{\alpha}{\cos\theta}\right]_0 \Delta\gamma - \left[\frac{1}{\cos\theta}\right]_0 \Delta\beta \\
&\Delta\nu = [\tan\theta]_0 \Delta\beta + \left[\frac{\cos\varphi}{\cos\theta}\right]_0 \Delta\gamma
\end{aligned}
\right.
\tag{3-52}
$$

在上述方程组中没有考虑导弹质量随运动参数偏量的变化，也没有考虑 4 个理想操纵关系方程，故仅有 15 个运动参数偏量方程。式(3-52)所含偏量为 ΔV、$\Delta\alpha$、$\Delta\beta$、$\Delta\sigma$、$\Delta\theta$、$\Delta\nu$、$\Delta\varphi$、$\Delta\psi$、$\Delta\gamma$、$\Delta\omega_x$、$\Delta\omega_y$、$\Delta\omega_z$、Δx、Δy 和 Δz。运动参数偏量线性微分方程组中舵偏角偏量 $\Delta\delta_z$、$\Delta\delta_y$ 和 $\Delta\delta_x$ 是导弹弹体扰动运动的输入量，在孤立分析弹体自身的动态特性时，可取常用的典型输入值，如阶跃函数等。当分析导弹弹体作为控制对象的动态特性时，因存在包含自动驾驶仪的控制系统，此时偏量 $\Delta\delta_z$、$\Delta\delta_y$ 和 $\Delta\delta_x$ 又是控制设备的输入量。

在运动参数偏量的线性微分方程中，凡用方括号表示的量均是方程的系数，下标 0 表示这些系数由基准弹道的运动参数、气动参数和结构参数等来确定。在明确了此含义后，为书写方便，常略去下标 0。

3.2.4 系数冻结法

导弹扰动运动方程组是变系数线性微分方程组。因为导弹在飞行过程中，一般情况下运动参数是随时间变化的，对于变系数线性微分方程难以寻求工程需要的解析解，为此，常采用系数冻结法。

系数冻结法的含义：在研究导弹(或飞行器)的动态特性时，如果扰动弹道已经给出，则在该弹道任意点上的运动参数和结构参数都为已知数值。可以近似地认为在这些点附近的小范围内，运动参数和结构参数都固定不变，也就是近似地认为各扰动运动方程的扰动偏量系数，在所研究的弹道点附近“冻结”不变，由此可将变系数微分方程变为常系数微分方程。

系数冻结法并无严格的理论根据或数学证明。在实用中，通常发现：如果在过渡过程时间内，即使系数的变化大，系数冻结法也不至于带来很大的误差。

3.2.5 特征弹道和特征点选取原则

导弹控制回路要求在总体给定的飞行包络中满足设计性能指标，飞行包络涉及从低空至高空，从低速至高速等各种飞行状态。

一般情况下，导弹控制回路设计的流程如下：

(1) 选择典型特征弹道，在特征弹道上选取典型特征点；

(2) 依据设计指标，基于选取的特征点进行控制回路设计，根据被控对象的特点确定控制回路结构，在此基础上初步确定控制参数；

(3) 在理想情况下，进行姿控回路测试及参数微调；

(4) 在拉偏情况下(气动拉偏、结构拉偏)，进行姿控回路测试及参数微调，最终确定控制回路结构以及参数。

下面详细介绍选取特征弹道和特征点时的注意事项。

1. 特征弹道选取

1) 低速高空近界弹道

沿低速高空近界弹道飞行，可以在很大程度上覆盖飞行马赫数、攻角和动压的变化范围，而且表征弹体对象的某些重要气动参数随飞行马赫数和攻角急剧变化，如纵向静稳定度、航向静稳定度、横向静稳定度和舵效等。另外，大多数控制参数都依据动压进行在线调整。因此，此弹道可以考核姿控回路在气动参数和动压大范围变化情况下的性能，即被控对象剧烈变化情况下的适应性。

另外，为了更好地考核滚转通道和偏航通道控制回路的性能，需要设计侧向有较大机动和干扰的弹道，这样能在更大程度上覆盖弹体气动参数的变化范围，如纵向气动参数、横侧向气动参数以及耦合状态的气动参数。

2) 低空远界弹道

沿低空远界弹道飞行，飞行状态参数变化较慢，气动参数变化跨度较小，可考核较理想弹道的控制系统特性。

2. 特征点选择

特征点选取的原则：设计理想弹道，在理想弹道上选取具有代表性的点作为特征点。特征点作为理想弹道上具有代表性的点，既代表着理想弹道中具有代表性的点，又需要覆盖特殊的点。弹体动态特性分析和控制系统设计只需在特征点开展，即可覆盖所有的飞行状态，满足不同飞行包络、不同环境下的控制，具有较好的品质。

根据导弹自身的特点，常选用如下弹道点作为特征点。

1) 动压最大点

由以上论述可知，控制参数依据动压或其他重要飞行状态参数进行调整，动压最大点往往对应被控对象某些特征量达到极值，如弹体增益最大、弹体时间常数最小等。此特征点可考核控制参数在动压最大点的设计合理性，重点考核此特征点处开环系统截止频率、相位裕度、幅值裕度、延迟裕度等。通常情况下，动压最大点对应的系统延迟裕度较小。另外，此点还可考核某些控制参数限幅设计的合理性。

2) 动压最小点

动压最小点往往对应被控对象某些特征量达到极值，如弹体增益最小、弹体时间常数最大等。此特征点可考核控制参数在动压最小点的设计合理性，重点考核此特征点处开环系统截止频率、相位裕度、幅值裕度、延迟裕度等。通常情况下，动压最小点对应的闭环系统带宽最小，可考核是否满足制导回路带宽要求。另外，此点也可考核某些控制参数限幅设计的合理性。

3) 阻尼系数最大点或最小点

阻尼系数最小点通常对应被控对象的阻尼最小，考核阻尼回路反馈系数的下限，通常阻尼最小对应的飞行状态为高空低速，这时弹体本身阻尼系数较小，设计时甚至可忽略，阻尼回路主要靠控制阻尼系数。阻尼系数最大点通常对应被控对象的阻尼最大，考核阻尼回路反馈系数的上限，要求阻尼反馈系数不能太大，否则姿控系统响应过于缓慢，延迟裕度过小。

对于某一些轴对称制导武器，如果弹翼面积和翼展不是很大，则可以忽略弹体滚动气动阻尼。但当弹翼翼展很大时，则滚动气动阻尼较大，不能忽略，对于某些大展弦比空-地制导武器，弹体滚动气动阻尼甚至大于控制阻尼。

4) 静稳定最大点

静稳定最大点对应被控对象的阻尼最小，弹体增益最小以及时间常数最小，重点考核此特征点处开环回路的截止频率及闭环系统的带宽，这时控制器增益应适当取较大值。

5) 静稳定最小点

静稳定最小点对应被控对象的阻尼最大，弹体增益最大以及时间常数最大，弹体模型不确定性最大。因此，控制内回路设计应充分考虑被控对象的模型不确定性，内回路反馈系数可适当增大；控制外回路设计应考虑被控对象高增益情况。

6) 弹机分离时刻的离轨点

弹机分离时刻，弹体由于受到载机气动的干扰，姿态剧烈变化，需要进行动态特性分析和控制系统设计，控制系统设计以控制系统稳定性为主，不要求快速性。对于某些无人直升机悬停发射的情况，由于离轨时弹体速度很小，这时作用在弹体上的气动力和气动力矩较小，而发动机工作会产生很大的干扰力矩(由于发动机推力很大、发动机推力偏心和推力线偏斜等)，控制系统设计时需要特别注意。

7) 发动机工作前

对于发动机在弹体尾部的制导武器，发动机工作前则对应了弹体静稳定较小点，对应的弹体特性为弹体阻尼大、弹体增益大、弹体时间常数大，控制内回路设计和外回路设计的注意事项同静稳定最小点。

8) 发动机工作中

对于大推力的发动机(如单室双推发动机的第一级)，由于大推力发动机工作时，弹体的动态特性比较特殊(特别是当飞行速度较小时)，另外这时弹体的飞行状态快速变化(如飞行马赫数快速增加)，不仅弹体气动特性快速变化，而且飞行动压快速增加导致作用在弹体上的气动力和气动力矩剧烈变化，而原则上弹体动态特性分析是基于“小扰动”假设建立的线性方程，这时却不满足弹体“小扰动”假设，控制系统设计和弹体动态特性分析时需要重视。

9) 发动机工作后

对于发动机在弹体尾部的制导武器，发动机工作后则对应了弹体静稳定较大点，设计系统内回路时，可适当减小内回路反馈系数，系统外回路设计时需适当加大控制器增益，以保证较大的控制带宽。

注意：对于一些带助推器的制导武器，可视助推器脱落前后为两个被控对象；飞行速度进入跨声速点也应该作为特征点进行弹体动态特性分析。

3.3 纵向扰动运动

如果导弹只绕弹体 Oz_1 轴转动，且质心的移动基本上在某一铅垂平面内，同时认为导弹纵向对称面与此飞行平面相重合，则可将导弹在铅垂平面内的运动称为纵向运动。纵向运动所包含的运动参数有 V、α、θ、φ、x、y、ω_z。描述纵向扰动运动参数的偏量(实际值相对基准值)随时间变化的规律称为纵向扰动运动。就纵向扰动运动而言，其有以下三个特点：

(1) 侧向参数的基准值很小；

(2) 干扰只改变纵向参数，不改变侧向参数；

(3) 小扰动。

另外，单独分析导弹自身的动态特性时，总是假定舵偏角为已知值，而不受理想操纵关系的约束。换句话说，不考虑理想操纵关系式方程，导弹的运动可视为一个开环环节来处理，这个环节的输入是舵面偏转角，输出是导弹的运动参数。

3.3.1　纵向扰动运动的数学模型

纵向扰动运动的数学模型可由纵向运动方程组线性化得出，在线性化建模时，采用以下基本假设。

(1) 假定在未扰动运动中，侧向运动参数 z、ψ、β、γ、ω_x、ω_y、σ、ν 和侧向运动操纵机构的偏转量 δ_x、δ_y 以及纵向运动中的 ω_z、$\dot{\alpha}$ 都是很小的，可以在方程中忽略其乘积，以及这些参数与其他微量的乘积。此外，还假定在未扰动飞行中，偏导数 $Q^{\beta}=\left(\dfrac{\partial Q}{\partial \beta}\right)$ 为一小的数值。

(2) 不研究导弹结构参数的偏差和大气状态对导弹飞行弹道的影响，即结构参数的偏量 Δm、ΔJ_x、ΔJ_y、ΔJ_z、ΔP，大气密度的偏量 $\Delta\rho$ 和坐标偏量 Δy 对未扰动运动的影响可以不考虑。参数 m、J_x、J_y、J_z、P、ρ、y 在扰动运动中的数值与在未扰动运动中一样，是时间的已知函数。

(3) 小扰动。假定扰动运动参数值与在同一时间内的未扰动运动参数值间的差值很小。

由纵向运动方程组线性化，可得纵向扰动运动方程组为

$$
\begin{cases}
[m]_0 \dfrac{\mathrm{d}\Delta V}{\mathrm{d}t}=\left[P^V - X^V\right]_0 \Delta V-\left[P\alpha + X^{\alpha}\right]_0 \Delta\alpha-\left[G\cos\theta\right]_0 \Delta\theta + F'_{xd} \\
[mV]_0 \dfrac{\mathrm{d}\Delta\theta}{\mathrm{d}t}=\left[P^V\alpha + Y^V\right]_0 \Delta V+\left[P + Y^{\alpha}\right]_0 \Delta\alpha \\
\qquad +\left[G\sin\theta\right]_0 \Delta\theta+\left[Y^{\delta_z}\right]_0 \Delta\delta_z + F'_{yd} \\
[J_z]_0 \dfrac{\mathrm{d}\Delta\omega_z}{\mathrm{d}t}=\left[M_z^V\right]_0 \Delta V+\left[M_z^{\alpha}\right]_0 \Delta\alpha+\left[M_z^{\omega_z}\right]_0 \Delta\omega_z \\
\qquad +\left[M_z^{\dot{\alpha}}\right]_0 \Delta\dot{\alpha}+\left[M_z^{\delta_z}\right]_0 \Delta\delta_z+\left[M_Z^{\dot{\delta}_z}\right]_0 \Delta\dot{\delta}_z + M'_{zd} \\
\dfrac{\mathrm{d}\Delta\varphi}{\mathrm{d}t}=\Delta\omega_z \\
\Delta\theta=\Delta\varphi-\Delta\alpha \\
\dfrac{\mathrm{d}\Delta x}{\mathrm{d}t}=\left[\cos\theta\right]_0 \Delta V-\left[V\sin\theta\right]_0 \Delta\theta \\
\dfrac{\mathrm{d}\Delta y}{\mathrm{d}t}=\left[\sin\theta\right]_0 \Delta V+\left[V\cos\theta\right]_0 \Delta\theta
\end{cases}
\tag{3-53}
$$

方程组(3-53)为纵向扰动运动方程组，其变量是运动参数偏量 ΔV、$\Delta\theta$、$\Delta\omega_z$、$\Delta\alpha$、$\Delta\varphi$、Δx 和 Δy，它们是待求的未知时间函数。该方程组的模态反映了纵向扰动运动的动

态特性。

作用在导弹上的干扰力和力矩可采用相应的符号，用 $F_{xd}=\dfrac{F'_{xd}}{m_0}$ 、 $F_{yd}=\dfrac{F'_{yd}}{(mV)_0}$ 和 $M_{zd}=\dfrac{M'_{zd}}{J_{z0}}$ 表示，代入纵向扰动运动方程组(3-53)中，可得到

$$\begin{cases}\Delta\dot{V}=\left(\dfrac{P^V-X^V}{m}\right)_0\Delta V-\left(\dfrac{P\alpha+X^\alpha}{m}\right)_0\Delta\alpha-(g\cos\theta)_0\Delta\theta+F_{xd}\\ \Delta\ddot{\varphi}=\left(\dfrac{M_z^V}{J_z}\right)_0\Delta V+\left(\dfrac{M_z^\alpha}{J_z}\right)_0\Delta\alpha+\left(\dfrac{M_z^{\omega_z}}{J_z}\right)_0\Delta\dot{\varphi}+\left(\dfrac{M_z^{\dot{\alpha}}}{J_z}\right)_0\Delta\dot{\alpha}+\left(\dfrac{M_z^{\delta_z}}{J_z}\right)_0\Delta\delta_z+\left(\dfrac{M_z^{\dot{\delta}_z}}{J_z}\right)_0\Delta\dot{\delta}_z+M_{zd}\\ \Delta\dot{\theta}=\left(\dfrac{P^V\alpha+Y^V}{mV}\right)_0\Delta V+\left(\dfrac{P+Y^\alpha}{mV}\right)_0\Delta\alpha+\left(\dfrac{g}{V}\sin\theta\right)_0\Delta\theta+\left(\dfrac{Y^{\delta_z}}{mV}\right)_0\Delta\delta_z+F_{yd}\\ \Delta\theta=\Delta\varphi-\Delta\alpha\end{cases}\tag{3-54}$$

3.3.2 纵向扰动运动的动力系数

方程组(3-54)并非标准形式的纵向扰动运动模型。在飞行力学中采用的标准形式，习惯上都是用动力系数代替方程组中的系数。纵向动力系数用 a_{mn} 表示，下标 m 代表方程的编号，n 代表运动参数偏量的编号，即 ΔV 为 1，$\Delta\omega_z$ 为 2，$\Delta\theta$ 为 3，$\Delta\alpha$ 为 4，$\Delta\delta_z$ 为 5。

因此，根据纵向扰动运动方程组(3-54)中第二式，可得动力系数的表达式为

$$\begin{cases}\text{纵向阻尼力矩动力系数：} & a_{22}=-\dfrac{(M_z^{\omega_z})_0}{J_{z0}}(1/\mathrm{s})\\ \text{纵向静稳定力矩动力系数：} & a_{24}=-\dfrac{(M_z^{\alpha})_0}{J_{z0}}(1/\mathrm{s}^2)\\ \text{纵向操纵力矩动力系数：} & a_{25}=-\dfrac{(M_z^{\delta_z})_0}{J_{z0}}(1/\mathrm{s}^2)\\ \text{纵向速度力矩动力系数：} & a_{21}=-\dfrac{(M_z^{V})_0}{J_{z0}}(1/\mathrm{m}\cdot\mathrm{s})\\ \text{纵向下洗延迟力矩动力系数：} & \begin{cases}a'_{24}=-\dfrac{(M_z^{\dot{\alpha}})_0}{J_{z0}}(1/\mathrm{s})\\ a'_{25}=-\dfrac{(M_z^{\dot{\delta}_z})_0}{J_{z0}}(1/\mathrm{s})\end{cases}\end{cases}\tag{3-55}$$

上述动力系数具有导弹俯仰作用力矩的性质。

根据纵向扰动运动方程组(3-54)中第三式，可得动力系数表达式为

$$\begin{cases}\text{纵向法向力动力系数：} & a_{34}=\dfrac{(P+Y^{\alpha})_0}{(mV)_0}(1/\mathrm{s}) \\ \text{升降舵面升力动力系数：} & a_{35}=\dfrac{(Y^{\delta_z})_0}{(mV)_0}(1/\mathrm{s}) \\ \text{纵向法向重力动力系数：} & a_{33}=-\left(\dfrac{g}{V}\sin\theta\right)_0(1/\mathrm{s}) \\ \text{纵向速度法向力动力系数：} & a_{31}=-\dfrac{(P^V\alpha+Y^V)_0}{(mV)_0}(1/\mathrm{m})\end{cases} \tag{3-56}$$

这些动力系数具有导弹法向作用力的性质。

最后，在纵向扰动运动方程组(3-54)中，第一式的有关项除以导弹质量，可得以下动力系数：

$$\begin{cases}\text{纵向切向动力系数：} & a_{14}=\dfrac{(P\alpha+X^{\alpha})_0}{m_0}(\mathrm{m}/\mathrm{s}^2) \\ \text{纵向切向重力动力系数：} & a_{13}=(g\cos\theta)_0(\mathrm{m}/\mathrm{s}^2) \\ \text{纵向速度切向动力系数：} & a_{11}=-\dfrac{(P^V-X^V)}{m_0}(1/\mathrm{s})\end{cases} \tag{3-57}$$

以上动力系数与导弹切向作用力有关。

以某小型无动力空面导弹为例，该飞行器特征面积为 $0.01266\,\mathrm{m}^2$，特征长度 L 为 $0.8\,\mathrm{m}$，质量 m 为 $16\,\mathrm{kg}$，转动惯量 J_z 为 0.677，升力线斜率 C_y^{α} 为 12.3185 /°，俯仰力矩系数对攻角的偏导数 m_z^{α} 为−0.3437 /°，俯仰力矩系数对舵偏角的偏导数 $m_z^{\delta_z}$ 为−0.4583 /°，升力系数对舵偏角的偏导数 $C_y^{\delta_z}$ 为−2.521 /°，相对阻尼力矩系数 $m_z^{\bar{\omega}_z}$ 为−1.2。选择发射、最小静稳定、最小动压、最小速度、飞行中段、最大动压等时刻为特征点，某型号飞行器弹道特征点参数如表 3-1 所示。

表 3-1　某型号飞行器弹道特征点参数

时间/s	飞行特征点	速度/(m/s)	动压/Pa
0	发射点/最小阻尼系数	100.000	4096.724
2.510	最小静稳定	98.527	3982.013
2.625	最小动压	98.519	3981.787
2.757	最小速度	98.515	3982.081
18.695	飞行中段	146.236	9617.140
36.710	最大动压点/命中点	220.811	29863.895

根据式(3-55)～式(3-57)，几个重要的动力系数的计算公式如下：

$$\begin{cases} a_{22} = -\dfrac{m_z^{\bar{\omega}_z} qSL^2}{J_z V} \\ a_{24} = -\dfrac{m_z^{\alpha} qSL}{J_z} \\ a_{25} = -\dfrac{m_z^{\delta_z} qSL}{J_z} \\ a_{34} = \dfrac{qSC_y^{\alpha} + P}{mV} \\ a_{35} = \dfrac{qSC_y^{\delta_z}}{mV} \end{cases} \tag{3-58}$$

经过计算，得到如表 3-2 所示的某飞行器弹道特征点处动力系数。

表 3-2 某飞行器弹道特征点处动力系数

时间/s	飞行特征点	a_{22}/(1/s)	a_{24}/(1/s²)	a_{25}/(1/s²)	a_{34}/(1/s)	a_{35}/(1/s)
0	发射点/最小阻尼系数	0.5887	21.08	28.11	0.4000	−0.0818
2.510	最小静稳定	0.5808	20.49	27.32	0.3942	−0.0807
2.625	最小动压	0.5808	20.49	27.32	0.3942	−0.0807
2.757	最小速度	0.5809	20.49	27.32	0.3942	−0.0807
18.695	飞行中段	0.9451	49.49	65.99	0.6414	−0.1313
36.710	最大动压点/命中点	1.9440	153.70	204.90	1.3190	−0.2699

3.3.3 纵向扰动运动的状态方程

引入动力系数后，可将方程组(3-54)改写成一种标准形式的纵向扰动运动模型：

$$\begin{cases} \Delta\dot{V} + a_{11}\Delta V + a_{14}\Delta\alpha + a_{13}\Delta\theta = F_{xd} \\ \Delta\ddot{\varphi} + a_{21}\Delta V + a_{22}\Delta\dot{\varphi} + a_{24}\Delta\alpha + a'_{24}\Delta\dot{\alpha} = -a_{25}\Delta\delta_z - a'_{25}\Delta\dot{\delta}_z + M_{zd} \\ \Delta\dot{\theta} + a_{31}\Delta V + a_{33}\Delta\theta - a_{34}\Delta\alpha = a_{35}\Delta\delta_z + F_{yd} \\ \Delta\varphi = \Delta\theta + \Delta\alpha \end{cases} \tag{3-59}$$

式(3-59)可以进一步解释有关动力系数的含义。式(3-59)中第一式描述在纵向扰动运动中导弹质心的切向加速度，因此动力系数a_{11}、a_{14}、a_{13}分别是在与之相乘的运动参数偏量为一个单位时，引起的切向加速度分量；第二式描述导弹绕质心旋转的角加速度，动力系数a_{21}、a_{22}、a_{24}、a_{25}、a'_{24}、a'_{25}等分别代表在与之相乘的偏量为一个单位时，产生的角加速度分量；第三式描述导弹质心的法向加速度，动力系数a_{31}、a_{34}、a_{35}和a_{33}分别是在与之相乘的偏量为一个单位时，导弹可以获得的法向加速度分量。

在状态向量中设置了攻角偏量$\Delta\alpha$，也就包含了能够反映气动力变化的主要特征。但是，纵向扰动运动方程组没有明显列出攻角导数的表达式，直接由它组成状态向量方程就不方便了，为此，利用角度几何关系$\alpha = \varphi - \theta$，可将方程组(3-59)中的第三式改写成

$$\Delta\dot{\alpha}-\Delta\dot{\varphi}-a_{31}\Delta V-a_{33}\Delta\theta+a_{34}\Delta\alpha=-a_{35}\Delta\delta_z-F_{yd} \tag{3-60}$$

于是方程组(3-59)可变成

$$\begin{cases}\Delta\dot{V}=-a_{11}\Delta V-(a_{14}-a_{13})\Delta\alpha-a_{13}\Delta\varphi+F_{xd}\\ \Delta\dot{\omega}_z=-(a_{21}+a'_{24}\ a_{31})\Delta V-(a_{22}+a'_{24})\Delta\omega_z+(a'_{24}a_{34}+a'_{24}a_{33}-a_{24})\Delta\alpha-a'_{24}a_{33}\Delta\varphi\\ \qquad-(a_{25}-a'_{24}a_{35})\Delta\delta_z-a'_{25}\Delta\dot{\delta}_z+a'_{24}F_{yd}+M_{zd}\\ \Delta\dot{\alpha}=a_{31}\Delta V+\Delta\omega_z-(a_{34}+a_{33})\Delta\alpha+a_{33}\Delta\varphi-a_{35}\Delta\delta_z-F_{yd}\\ \Delta\dot{\varphi}=\Delta\omega_z\end{cases} \tag{3-61}$$

因为 $\Delta\theta=\Delta\varphi-\Delta\alpha$，故方程组(3-61)没有列出弹道倾角偏量 $\Delta\theta$，由方程组(3-61)可得纵向扰动运动的状态方程为

$$\begin{bmatrix}\Delta\dot{V}\\ \Delta\dot{\omega}_z\\ \Delta\dot{\alpha}\\ \Delta\dot{\varphi}\end{bmatrix}=\boldsymbol{A}_z\begin{bmatrix}\Delta V\\ \Delta\omega_z\\ \Delta\alpha\\ \Delta\varphi\end{bmatrix}+\begin{bmatrix}0\\ -a_{25}+a'_{24}a_{35}\\ -a_{35}\\ 0\end{bmatrix}\Delta\delta_z+\begin{bmatrix}0\\ -a'_{25}\\ 0\\ 0\end{bmatrix}\Delta\dot{\delta}_z+\begin{bmatrix}F_{xd}\\ a'_{24}F_{yd}+M_{zd}\\ -F_{yd}\\ 0\end{bmatrix} \tag{3-62}$$

式中，纵向动力系数(4×4 矩阵) $\boldsymbol{A}_z$ 的表达式为

$$\boldsymbol{A}_z=\begin{bmatrix}-a_{11} & 0 & -a_{14}+a_{13} & -a_{13}\\ -(a_{21}+a'_{24}a_{31}) & -(a_{22}+a'_{24}) & (a'_{24}a_{34}+a'_{24}a_{33}-a_{24}) & -a'_{24}a_{33}\\ a_{31} & 1 & -(a_{34}+a_{33}) & a_{33}\\ 0 & 1 & 0 & 0\end{bmatrix} \tag{3-63}$$

3.3.4 纵向自由扰动运动的特征根性质

求解纵向扰动运动采用系数冻结法后，对于理论弹道的某一特性点，描述扰动运动的非齐次线性微分方程组就具有常系数的性质。为了获得非齐次线性微分方程组的通解，必须首先求出它的齐次微分方程组的通解，因为后者描述了导弹的纵向自由扰动运动。

纵向自由扰动运动是由偶然干扰作用产生的，其特征是在扰动运动开始时，某些理论弹道的运动参数已经出现了初始偏差。应用拉普拉斯(Laplace)变换求解自由扰动运动，必须引入参数的初始值并对微分方程的每一项进行 Laplace 变换。例如，简单的一阶微分方程为

$$\dot{X}(t)+X(t)=0 \tag{3-64}$$

其参数 X 的初始值为 X_0，对式(3-64)进行 Laplace 变换时，因

$$L[\dot{X}(t)]=sX(s)-X_0 \tag{3-65}$$

所以，式(3-64)变成象函数 $X(s)$ 的代数方程时，其表达式应为

$$sX(s)+X(s)=X_0 \tag{3-66}$$

解式(3-66)得

$$X(s)=\frac{X_0}{s+1} \tag{3-67}$$

对式(3-67)进行 Laplace 反变换就可找到参数 $X(t)$ 对 X_0 的解析解，即

$$X(t)=X_0\mathrm{e}^{-t} \tag{3-68}$$

由此可见，应用 Laplace 变换法求解纵向自由扰动运动，必须考虑在初始条件下，首先对式(3-61)进行 Laplace 变换。导弹运动参数偏量的初始条件是由偶然干扰引起的。如果阵风是偶然性的，攻角就可以看成是攻角偏量的初始值 $\Delta\alpha_0$。在导弹上出现初始值 $\Delta\alpha_0$ 时，假定弹体纵轴还没有改变方向，于是作用在导弹上的气流也要改变一个角度，其值等于 $\Delta\theta_0$，且 $\Delta\theta_0=-\Delta\alpha_0$。

下面以 $\Delta\alpha_0$、$\Delta\theta_0$ 为初始条件，对式(3-61)的齐次微分方程组进行 Laplace 变换。描述纵向自由扰动运动的方程组进行 Laplace 变换之后，就可以得到各运动参数象函数的代数方程组，其表达式为

$$\begin{cases}(s+a_{11})\Delta V(s)+a_{13}\Delta\theta(s)+a_{14}\Delta\alpha(s)=0\\ a_{21}\Delta V(s)+(s^2+a_{22}s)\Delta\varphi(s)+(a'_{24}s+a_{24})\Delta\alpha(s)=a'_{24}\Delta\alpha_0\\ a_{31}\Delta V(s)+(s+a_{33})\Delta\theta(s)-a_{34}\Delta\alpha(s)=\Delta\theta_0\\ \Delta\varphi(s)-\Delta\theta(s)-\Delta\alpha(s)=0\end{cases} \tag{3-69}$$

利用克莱姆定理，根据方程组(3-69)，就可以求得 $\Delta V(s)$、$\Delta\theta(s)$、$\Delta\varphi(s)$ 和 $\Delta\alpha(s)$ 的解，其形式为

$$\begin{cases}\Delta V(s)=\dfrac{H_V(s)}{G(s)},\quad \Delta\theta(s)=\dfrac{H_\theta(s)}{G(s)}\\[2ex] \Delta\varphi(s)=\dfrac{H_\varphi(s)}{G(s)},\quad \Delta\alpha(s)=\dfrac{H_\alpha(s)}{G(s)}\end{cases} \tag{3-70}$$

式中，$G(s)$ 为式(3-69)的主行列式(特征多项式)，为

$$G(s)=\begin{vmatrix}s+a_{11} & 0 & a_{13} & a_{14}\\ a_{21} & s^2+a_{22}s & 0 & a'_{24}s+a_{24}\\ a_{31} & 0 & s+a_{33} & -a_{34}\\ 0 & 1 & -1 & -1\end{vmatrix} \tag{3-71}$$

展开式(3-71)，可得

$$G(s)=\Delta(s)=A_0s^4+A_1s^3+A_2s^2+A_3s+A_4 \tag{3-72}$$

式中，

$$\begin{cases}A_0=-1\\ A_1=-[a_{22}+a_{33}+a_{11}+a_{34}+a'_{24}]\\ A_2=-[a_{22}a_{34}+a_{24}+a_{22}a_{33}\\ \qquad +a_{34}a_{11}+a'_{24}a_{11}+a'_{24}a_{33}\\ \qquad +a_{11}(a_{22}+a_{33})-a_{31}(a_{13}-a_{14})]\\ A_3=-[a_{24}a_{33}+a_{24}a_{11}-a_{21}a_{14}+a_{22}a_{34}a_{11}\\ \qquad -a_{22}a_{31}(a_{13}-a_{14})+a_{22}a_{33}a_{11}+a'_{24}a_{33}a_{11}\\ \qquad -a'_{24}a_{31}a_{13}]\\ A_4=-[a_{24}a_{33}a_{11}-a_{21}a_{34}a_{13}-a_{21}a_{33}a_{14}-a_{24}a_{31}a_{13}]\end{cases} \tag{3-73}$$

令特征多项式等于零，就可得特征方程。纵向扰动运动的特征方程为

$$G(s)=s^4+A_1s^3+A_2s^2+A_3s+A_4=0 \tag{3-74}$$

纵向扰动运动的特征方程有四个根，它们可以是实数，也可能是共轭复数。因此，一般而言，纵向自由扰动有以下三种情况。

1. 全为实根

这时导弹的纵向自由扰动运动与特征方程的四个实根 s_i 有关($i=1,2,3,4$)。以 x_{zj} 代表纵向扰动运动的偏量 ΔV、$\Delta\varphi$、$\Delta\theta$ 和 $\Delta\alpha$，纵向自由扰动运动的解析解为

$$x_{zj}(t)=D_{zj}\mathrm{e}^{s_it} \tag{3-75}$$

式中，D_{zj} 是由纵向扰动运动微分方程初始值决定的参数。这时导弹的纵向自由扰动运动由四个非周期运动组成，如果 $s_i<0(i=1,2,3,4)$，扰动运动的参数将随时间的增长而减小，运动是稳定的。反之，$s_i>0$ 时运动是不稳定的。

2. 两个实根，一对共轭复根

假定两个实根为 s_1 和 s_2，一对共轭复根则等于

$$s_{3,4}=\sigma\pm\mathrm{i}v \tag{3-76}$$

于是纵向自由扰动运动的解析解为

$$x_{zj}(t)=D_{zj1}\mathrm{e}^{s_1t}+D_{zj2}\mathrm{e}^{s_2t}+D_{zj3}\mathrm{e}^{s_3t}+D_{zj4}\mathrm{e}^{s_4t} \tag{3-77}$$

式中，D_{zj3} 和 D_{zj4} 也应是共轭复数：

$$D_{zj3}=p-\mathrm{i}q,\quad D_{zj4}=p+\mathrm{i}q$$

在式(3-77)中，一对共轭复根的解析解为

$$\begin{aligned}x_{zj3,4}(t)&=D_{zj3}\mathrm{e}^{s_3t}+D_{zj4}\mathrm{e}^{s_4t}\\&=p\mathrm{e}^{\sigma t}(\mathrm{e}^{\mathrm{i}vt}+\mathrm{e}^{-\mathrm{i}vt})-\mathrm{i}q\mathrm{e}^{\sigma t}(\mathrm{e}^{\mathrm{i}vt}-\mathrm{e}^{-\mathrm{i}vt})\end{aligned} \tag{3-78}$$

根据欧拉公式有

$$\mathrm{e}^{\mathrm{i}vt}+\mathrm{e}^{-\mathrm{i}vt}=2\cos(vt)$$
$$\mathrm{e}^{\mathrm{i}vt}-\mathrm{e}^{-\mathrm{i}vt}=2\mathrm{i}\sin(vt)$$

于是式(3-78)又可写为

$$\begin{aligned}x_{zj3,4}(t)&=2\mathrm{e}^{\sigma t}\sqrt{p^2+q^2}\left(\frac{p}{\sqrt{p^2+q^2}}\cos(vt)+\frac{q}{\sqrt{p^2+q^2}}\sin(vt)\right)\\&=D_{zj3,4}\mathrm{e}^{\sigma t}\sin(vt+\phi)\end{aligned} \tag{3-79}$$

式中，

$$D_{zj3,4}=2\sqrt{p^2+q^2},\quad \sin\phi=\frac{p}{\sqrt{p^2+q^2}}$$
$$\cos\phi=\frac{q}{\sqrt{p^2+q^2}},\quad \phi=\mathrm{tg}^{-1}\frac{p}{q}$$

可见，一对共轭复根形成了振荡形式的扰动运动，振幅为 $D_{zj3,4}\mathrm{e}^{\sigma t}$ 。如果复根的实部 $\sigma<0$ ，振幅随时间增长而减小，扰动运动是减幅振荡运动；若实部 $\sigma>0$ ，则是增幅振荡运动；当实部 $\sigma=0$ 时，扰动运动为简谐运动。

3. 两对共轭复根

假定特征方程的两对共轭复根为

$$s_{1,2}=\sigma_1 \pm \mathrm{i}v_1$$

$$s_{3,4}=\sigma_3 \pm \mathrm{i}v_3$$

此时纵向扰动运动的解析解若以式表示，则系数 D_{zj1}、D_{zj2}、D_{zj3}、D_{zj4} 是两对共轭复数：

$$D_{zj1}=p_1+\mathrm{i}q_1,\ D_{zj2}=p_1-\mathrm{i}q_1,\ D_{zj3}=p_3+\mathrm{i}q_3,\ D_{zj4}=p_3-\mathrm{i}q_3$$

纵向自由扰动运动的解析解为

$$\begin{aligned}x_{zj}(t)&=2\mathrm{e}^{\sigma_1 t}\sqrt{p_1^{\ 2}+q_1^{\ 2}}\left(\frac{p_1}{\sqrt{p_1^{\ 2}+q_1^{\ 2}}}\cos(v_1 t)+\frac{q_1}{\sqrt{p_1^{\ 2}+q_1^{\ 2}}}\sin(v_1 t)\right)\\&\quad+2\mathrm{e}^{\sigma_3 t}\sqrt{p_3^{\ 2}+q_3^{\ 2}}\left(\frac{p_3}{\sqrt{p_3^{\ 2}+q_3^{\ 2}}}\cos(v_3 t)+\frac{q_3}{\sqrt{p_3^{\ 2}+q_3^{\ 2}}}\sin(v_3 t)\right)\\&=D_{zj1,2}\mathrm{e}^{\sigma_1 t}\sin(v_1 t+\phi_1)+D_{zj3,4}\mathrm{e}^{\sigma_3 t}\sin(v_3 t+\phi_3)\end{aligned} \tag{3-80}$$

式中，

$$D_{zj1,2}=2\sqrt{p_1^{\ 2}+q_1^{\ 2}},\quad D_{zj3,4}=2\sqrt{p_3^{\ 2}+q_3^{\ 2}}$$

$$\sin\phi_1=\frac{p_1}{\sqrt{p_1^{\ 2}+q_1^{\ 2}}},\quad \cos\phi_1=\frac{q_1}{\sqrt{p_1^{\ 2}+q_1^{\ 2}}}$$

$$\sin\phi_3=\frac{p_3}{\sqrt{p_3^{\ 2}+q_3^{\ 2}}},\quad \cos\phi_3=\frac{q_3}{\sqrt{p_3^{\ 2}+q_3^{\ 2}}}$$

$$\phi_1=\mathrm{tg}^{-1}\frac{p_1}{q_1},\quad \phi_3=\mathrm{tg}^{-1}\frac{p_3}{q_3}$$

由上列纵向自由扰动运动的解析解得到如下结论：

(1) 存在实根和根的实部为负，导弹具有动态稳定性；

(2) 只要有正的实根或根的实部，导弹是动态不稳定的；

(3) 存在为零的实根或根的实部，而其余实根和根的实部为负，导弹是中立稳定的。

导弹纵向自由扰动运动的形态，在基准弹道的一些特征点上，同一类气动外形的导弹将存在相同的规律性。求解战术导弹的特征方程(3-74)，经常发现有两对共轭复根，如不同型号的飞行器，纵向特征根有一对大复根和一对小复根的规律性，说明纵向自由扰动运动包含两个特征不同的分量，如表 3-3 所示某型号飞行器特征根值。

表 3-3　某型号飞行器特征根值

计算举例	根的性质	振荡周期/s	衰减程度/s
例 3-1	−0.376±i2.426 −0.003±i0.075	2.589 83.730	1.843 231.000
例 3-2	−1.158±i10.1 0.00267±i0.027	0.622 232.600	0.598 295.600
例 3-3	−2.56±i1.99 −0.015±i0.087	3.156 72.220	0.271 46.200

为了进一步显示纵向自由扰动运动的本质，再来分析比较例 3-1 所得的过渡过程函数，即

$$\begin{cases}\Delta\alpha(t)=2.0026^\circ \mathrm{e}^{-0.376t}\sin(139.01^\circ t+87.823^\circ)-0.05^\circ \mathrm{e}^{-0.003t}\sin(4.297^\circ t+2.979^\circ)\\ \Delta\varphi(t)=1.98^\circ \mathrm{e}^{-0.376t}\sin(139.01^\circ t+81.116^\circ)-1.964^\circ \mathrm{e}^{-0.003t}\sin(4.297^\circ t+85.708^\circ)\\ \Delta V(t)=0.129^\circ \mathrm{e}^{-0.376t}\sin(139.01^\circ t-19.884^\circ)+4.495^\circ \mathrm{e}^{-0.003t}\sin(4.297^\circ t+0.572^\circ)\end{cases}\quad(3\text{-}81)$$

式(3-81)由两个分量组成，式中一对大复根 $s_{1,2}$ 决定了周期短而衰减快的短周期运动分量，一对小复根 $s_{3,4}$ 决定了周期长而衰减慢的长周期运动分量。

由于共轭复根的实数部分决定着扰动运动的衰减程度，虚数部分决定着角频率，所以当纵向自由扰动运动的性质由两对共轭复根来表示时，由表 3-3 可以看出，一对大复根决定的扰动运动分量，其形态是周期短、衰减快，属于一种振荡频率高而振幅衰减快的运动，通常称为短周期扰动运动；另一对小复根所决定的扰动运动分量，则是振荡频率很低，即振荡周期很长、衰减很慢的运动，称为长周期扰动运动。

纵向特征根有一对大复根和一对小复根的特点，可使纵向扰动运动分成低频慢衰减的长周期和高频快衰减的短周期两种运动分量。这一结论虽由具体实例所得，但是通过对大量不同形式的飞行器进行分析，在各种飞行情况下的计算结果表明，长短两种周期的运动形态几乎没有例外地存在着。只是在有些情况下，一对小复根的共轭复根由两个数值很小的实根来代替，振荡型长周期运动变为两个衰减(或发散)很慢的非周期运动，其实质与长周期运动并无大的区别。

导弹纵向扰动运动方程组是一个四阶微分方程组，求解起来比较麻烦，根据前面的分析可知，纵向扰动运动可以分为长短周期的两个独立阶段，本书也就采用一种简捷处理方法，以简化问题讨论。

1) 纵向短周期扰动运动模态

由于在短周期运动阶段主要是由力矩变化引起弹体产生角运动，近似认为长周期运动还没有来得及表现出来，取 $\Delta\dot{V}=0$ ，$\Delta V=0$ ，于是方程组(3-61)中第一式中的 $a_{11}\Delta V$ 项、第二式中的 $a_{21}\Delta V$ 项以及第三式中的 $a_{31}\Delta V$ 项均可略去，可得一种简捷形式的纵向扰动运动方程组：

$$\begin{cases}\dfrac{\mathrm{d}^2\Delta\varphi}{\mathrm{d}t^2}+a_{22}\dfrac{\mathrm{d}\Delta\varphi}{\mathrm{d}t}+a'_{24}\dfrac{\mathrm{d}\Delta\alpha}{\mathrm{d}t}+a_{24}\Delta\alpha=-a'_{25}\dfrac{\mathrm{d}\Delta\delta_z}{\mathrm{d}t}-a_{25}\Delta\delta_z+M_{zd}\\ \dfrac{\mathrm{d}\Delta\theta}{\mathrm{d}t}+a_{33}\Delta\theta-a_{34}\Delta\alpha=a_{35}\Delta\delta_z+F_{yd}\\ \Delta\varphi-\Delta\theta-\Delta\alpha=0\end{cases}\tag{3-82}$$

或者写成以下形式：

$$\begin{cases}\Delta\ddot{\varphi}+a_{22}\Delta\dot{\varphi}+a'_{24}\Delta\dot{\alpha}+a_{24}\Delta\alpha=-a'_{25}\ \Delta\dot{\delta}_z-a_{25}\Delta\delta_z+M_{zd}\\ \Delta\dot{\theta}+a_{33}\Delta\theta-a_{34}\Delta\alpha=a_{35}\Delta\delta_z+F_{yd}\\ \Delta\varphi-\Delta\theta-\Delta\alpha=0\end{cases}\tag{3-83}$$

式(3-82)和式(3-83)称为导弹纵向短周期扰动运动方程组，有时简称“短周期运动方程组”，其状态方程为

$$\begin{bmatrix}\Delta\dot{\omega}_z\\ \Delta\dot{\alpha}\\ \Delta\dot{\varphi}\end{bmatrix}=\boldsymbol{A}\begin{bmatrix}\Delta\omega_z\\ \Delta\alpha\\ \Delta\varphi\end{bmatrix}+\begin{bmatrix}-a_{25}+a'_{24}\cdot a_{35}\\ -a_{35}\\ 0\end{bmatrix}\Delta\delta_z-\begin{bmatrix}a'_{25}\\ 0\\ 0\end{bmatrix}\Delta\dot{\delta}_z+\begin{bmatrix}a'_{24}F_{yd}+M_{zd}\\ -F_{yd}\\ 0\end{bmatrix}\tag{3-84}$$

式中，动力系数矩阵 $\boldsymbol{A}$ 为

$$\boldsymbol{A}=\begin{bmatrix}-(a_{22}+a'_{24}) & a'_{24}a_{34}+a'_{24}a_{33}-a_{24} & -a'_{24}a_{33}\\ 1 & -(a_{34}+a_{33}) & a_{33}\\ 1 & 0 & 0\end{bmatrix}\tag{3-85}$$

根据矩阵 $\boldsymbol{A}$ 可得纵向短周期扰动运动的特征方程为

$$G(s)=s^3+A_1s^2+A_2s+A_3=0\tag{3-86}$$

式中，系数表达式为

$$\begin{cases}A_1=a_{22}+a_{34}+a'_{24}+a_{33}\\ A_2=a_{24}+a_{22}(a_{34}+a_{33})+a'_{24}a_{33}\\ A_3=a_{24}a_{33}\end{cases}\tag{3-87}$$

为了说明这种简捷处理的近似程度，仍以例 3-1 为例，利用式(3-83)重新求解攻角 $\Delta\alpha$ 和俯仰角 $\Delta\varphi$ 的过渡过程函数，并与精确解答相比较，观察一下将会产生多少误差。因此，将已知各动力系数代入式(3-87)，并由式(3-86)求得特征方程及其根值为

$$s_{1,2}=-0.375\pm \mathrm{i}2.427\tag{3-88}$$

同样，假定飞行器受到偶然干扰作用，具有初始值 $\Delta\alpha_0=-\Delta\theta_0=2°$，由求过渡过程函数表达式的方法，可得短周期形态简捷处理后的过渡过程函数为

$$\begin{cases}\Delta\alpha(t)=2.0021°\mathrm{e}^{-0.375t}\sin(139.064°t+87.759°)\\ \Delta\varphi(t)=1.98°\mathrm{e}^{-0.375t}\sin(139.064°t+81.216°)-1.9567°\end{cases}\tag{3-89}$$

所得结果与未做简捷处理的答案相比较，简捷处理的误差相当微小。由此可见，略

去长周期对短周期的影响，采用式(3-83)分析纵向短周期扰动运动是足够精确的。因此，在动态分析中普遍采用了运动方程组(3-83)。在式(3-89)中，俯仰角 $\Delta\varphi(t)$ 有一常数项，这是由于忽略了长周期分量而产生的。不难理解，在短周期运动结束后，长周期运动中的俯仰角 $\Delta\varphi(t)$ 实际上并不是一个常数。在这里之所以等于常数，是简捷处理的结果。

2) 纵向长周期扰动运动模态

长周期扰动运动是一个缓慢变化的过程，简捷处理时假定短周期扰动运动在一个瞬时已完成，认为俯仰角加速度 $\Delta\ddot{\varphi}=\Delta\dot{\omega}_z=0$，并认为俯仰角速度 $\Delta\dot{\varphi}=\Delta\omega_z$ 极小，由它产生的阻尼力矩 $M_z^{\omega_z}\Delta\omega_z$ 可以不计，更可以不计下洗延迟力矩。因此，根据这些假定，简化纵向扰动运动方程组(3-59)，可得长周期扰动运动方程组如下：

$$\begin{cases}\Delta\dot{V}=-a_{11}\Delta V-a_{13}\Delta\theta-a_{14}\Delta\alpha+F_{xd}\\ \Delta\dot{\theta}=-a_{31}\Delta V-a_{33}\Delta\theta+a_{34}\Delta\alpha+F_{yd}\\ \Delta\varphi=\Delta\theta+\Delta\alpha\\ a_{21}\Delta V+a_{24}\Delta\alpha=0\end{cases} \tag{3-90}$$

这是一个二阶微分方程组，因为在长周期运动中主要是法向力和切向力起作用，所以在方程组中只引进了干扰力，而没有考虑干扰力矩。

式(3-90)中，第一式是纵向长周期扰动运动中的切向动力学方程；第二式是法向动力学方程；第三式是角度几何关系方程；第四式是简化了的力矩平衡方程。之所以要引进这个关系式，是考虑到长周期阶段速度 ΔV 为主要变化参数，由此产生了力矩 $M_z^V\Delta V$，使攻角也要发生微小的变化。由式(3-90)可得，长周期扰动运动的特征方程为

$$a_{24}s^2+(a_{11}a_{24}+a_{24}a_{33}-a_{21}a_{14})s+a_{33}(a_{11}a_{24}-a_{14}a_{21})-a_{13}(a_{24}a_{31}+a_{21}a_{34})=0 \tag{3-91}$$

为了估计这种简捷处理的近似程度，还是以例 3-1 来说明。假设飞行器受到偶然干扰的作用，使它有了初始值 $\Delta\alpha_0=-\Delta\theta_0=2^\circ$。现在研究的是长周期运动，假定短周期运动已经结束，攻角 $\Delta\alpha$ 已趋近于零，飞行器已经低头。因此，在长周期运动开始时，俯仰角已具有初始值 $\Delta\varphi_0=-2^\circ$。将例 3-1 的各动力系数代入式(3-91)，求得特征值为

$$s_{3,4}=-0.0029\pm \mathrm{i}0.0755 \tag{3-92}$$

由此可得简捷处理后的长周期扰动运动引入初始值的过渡过程函数为

$$\begin{cases}\Delta V(t)=4.539\mathrm{e}^{-0.0029t}\sin(4.318^\circ t)\\ \Delta\varphi(t)=-2.0039^\circ\mathrm{e}^{-0.0029t}\sin(4.318^\circ t+86.52^\circ)\\ \Delta\alpha(t)=-0.044^\circ\mathrm{e}^{-0.0029t}\sin(4.318^\circ t)\end{cases} \tag{3-93}$$

经过简化前后结果的比较，可得衰减指数的误差约为 3%，频率误差约为 0.5%，攻角的幅值误差约为 12%，速度幅值误差约为 1%，俯仰角幅值误差约为 2%。由此说明，长周期运动的简捷方程组(3-90)基本保留了第二阶段运动的主要特性，只是近似程度不及短周期的误差小。可见，短周期对长周期的影响，要比长周期对短周期的影响大。

只要导弹具有一定静稳定性，或者静不稳定的程度在许可范围之内，短周期运动总是可以稳定的。但是，长周期运动的情况就比较复杂了，即使是同一个飞行器，由于飞

行速度和高度不同，它可能是稳定的，也可能是不稳定的。导弹作为控制对象，为达到操纵飞行的目的，在大气层内主要是改变导弹的攻角，加上控制系统又能快速响应，所以研究短周期运动具有重要的实际意义。为了获得满意的控制效果，不仅要求短周期运动具有稳定性，而且必须具备较好的动态品质。至于长周期运动是否稳定，并不是严重的问题，因为自动驾驶仪的陀螺测出俯仰角的缓慢变化后，有足够的时间通过偏转升降舵有效地改善长周期运动的特性。

3.3.5 纵向短周期扰动运动的分析

1. 动态稳定的条件

如前所述，对于有控导弹而言，短周期扰动运动的动态稳定性非常重要，而依靠求出特征根来判断稳定与否，是比较繁琐的。下面就短周期扰动运动，来分析利用几个动力系数之间一定的相互关系，判断稳定与否的条件。由短周期扰动运动特征方程(3-86)和式(3-87)可得

$$s^3+(a_{22}+a_{34}+a'_{24}+a_{33})s^2+[a_{24}+a_{22}(a_{34}+a_{33})+a'_{24}a_{33}]s+a_{24}a_{33}=0 \tag{3-94}$$

首先分析重力动力系数 a_{33} 对稳定性的影响。如果导弹具有静稳定性，动力系数 $a_{24}>0$。当导弹的基准运动是定常直线爬升时，因弹道倾角 $\Delta\theta_0$ 为正，重力系数 a_{33} 为负，所以乘积 $a_{24}a_{33}<0$。于是，特征方程的系数不能满足霍尔维茨稳定准则的必要条件，基准运动将是不稳定的。若基准运动为定常直线下滑飞行，情况则完全相反，运动将有可能是稳定的。

对于静不稳定的飞行器，稳定与否恰好与上述相反。

如果导弹做水平直线飞行，因为 $\Delta\theta_0=0$，系数 $a_{24}a_{33}$=0，特征方程将有一个零根，运动是中立稳定的。分析证明，这时在偶然干扰作用下，短周期扰动运动结束时，俯仰角 φ 可能出现一个常值偏量，而攻角 α 将衰减到未受干扰前的状态，参看式(3-89)。

由于重力动力系数 a_{33} 随着飞行速度的增加，其值很小，与其他动力系数相比可以不计，于是可令特征方程中的系数 $a_{24}a_{33}=0$。实践证明，$a_{24}a_{33}\neq 0$，特征方程有一个小复根，令 $a_{24}a_{33}=0$，相当于这个小复根近似为零，其余的两个根则变化不大。略去动力系数 a_{33}，特征方程变为

$$s^2+(a_{22}+a_{34}+a'_{24})s+a_{24}+a_{22}a_{34}=0 \tag{3-95}$$

它的根等于

$$s_{1,2}=-\frac{1}{2}(a_{22}+a_{34}+a'_{24})\pm\frac{1}{2}\sqrt{(a_{22}+a_{34}+a'_{24})^2-4(a_{24}+a_{22}a_{34})} \tag{3-96}$$

1) 共轭复根

如果 $(a_{22}a_{34}+a'_{24})^2-4(a_{24}+a_{22}a_{34})<0$，$s_{1,2}$ 为一个共轭复根，运动是振荡的，这时

$$\begin{aligned} s_{1,2}&=\sigma\pm\mathrm{i}\nu \\ &=-\frac{1}{2}(a_{22}+a_{34}+a'_{24})\pm\mathrm{i}\frac{1}{2}\sqrt{4(a_{24}+a_{22}a_{34})-(a_{22}+a_{34}+a'_{24})^2} \end{aligned} \tag{3-97}$$

式中，

$$\sigma = -\frac{1}{2}(a_{22} + a_{34} + a'_{24}) \tag{3-98}$$

因为 $a_{22} > 0$，$a_{34} > 0$，$a'_{24} > 0$，所以 $\sigma < 0$，故短周期扰动运动动态稳定。

2) 实根

如果 $(a_{22} + a_{34} + a'_{24})^2 - 4(a_{24} + a_{22}a_{34}) > 0$，则 $s_{1,2}$ 为两个实根。当 $a_{24} + a_{22}a_{34} = 0$ 时，则出现一个零根，导弹的基准运动将是中立稳定的；当 $a_{24} + a_{22}a_{34} < 0$ 时，则必然出现一个正实根，导弹的基准运动将是不稳定的；当 $a_{24} + a_{22}a_{34} > 0$ 时，全为负实根，导弹的基准运动将是稳定的。

综上所述，导弹具有纵向动态稳定性的条件为

$$a_{24} + a_{22}a_{34} > 0 \tag{3-99}$$

2. 飞行状态对短周期振荡扰动运动的影响

σ 代表短周期运动的衰减程度，且 $|\sigma|$ 越大，扰动运动衰减得越快。将各动力系数的表达式代入 σ 表达式(3-98)，求得

$$\begin{aligned}\sigma &= -\frac{1}{4}\left(\frac{-m_z^{\omega_z}\rho VSb_A^2}{J_z} + \frac{2P/V + C_y^{\alpha}\rho VS}{m} + \frac{-m_z^{\dot{\alpha}}\rho VSb_A^2}{J_z}\right)_0 \\ &\approx -\frac{1}{4}\left(\frac{-m_z^{\omega_z}\rho VSb_A^2}{J_z} + \frac{2P/V + C_y^{\alpha}\rho VS}{m}\right)_0\end{aligned} \tag{3-100}$$

当下洗延迟现象不甚明显时，可取 $m_z^{\dot{\alpha}} = 0$，则实部 σ 可以近似表达。由式(3-100)可见，增大飞行速度 V_0，实部 σ 增加。但是，增大飞行速度 V_0，马赫数 $(Ma)_0$ 也会增加。当 $(Ma)_0 > 1$ 时，$(m_z^{\omega_z})_0$ 和 $(C_y^{\alpha})_0$ 也可能减小，但是它们对实部 σ 所产生的影响不及速度 V_0 直接产生的影响，所以增大速度 V_0 就能增加实部 $|\sigma|$，从而增大短周期扰动运动的衰减程度，因此其高速稳定性比低速稳定性要好！

增加飞行高度 H_0，就要减小空气密度 ρ_0。当 $H_0 = 10\text{km}$ 时，空气密度为海平面的 33.7%；当 $H_0 = 20\text{km}$ 时，空气密度则为海平面的 7.25%。因此，飞行器纵向短周期扰动运动的衰减程度随着飞行高度 H_0 的增加而迅速减小。

另外，随着飞行高度 H_0 的增加，虽然降低了声速，可以提高 $(Ma)_0$，从而影响气动导数 $(m_z^{\omega_z})_0$ 和 $(C_y^{\alpha})_0$，但因声速下降不多，不会使 $(m_z^{\omega_z})_0$ 和 $(C_y^{\alpha})_0$ 发生很大的变化。

综上所述，飞行高度 H_0 的增加将使衰减程度迅速减小。因此，其高空稳定性比低空稳定性差得多。

由式(3-96)、式(3-97)可得根的虚部，它决定了振荡频率，即 $\omega = \nu$，所以

$$\omega = \frac{1}{2}\sqrt{4(a_{24} + a_{22}a_{34}) - (a_{22} + a_{34} + a'_{24})^2} \tag{3-101}$$

同理，下洗延迟不大时，动力系数 $a'_{24} \approx 0$，振荡频率可以近似表达。在式(3-101)中

代入各动力系数表达式，求得

$$\omega = 0.707\sqrt{(A+BC)-\frac{1}{8}(D+E+F)^2} \tag{3-102}$$

式中，

$$A=\left(\frac{-m_z^{\alpha}\rho V^2 Sb_A}{J_z}\right)_0,\quad B=\left(\frac{-m_z^{\omega_z}\rho VSb_A^2}{J_z}\right)_0,\quad C=\left(\frac{2P/V+C_y^{\alpha}\rho VS}{m}\right)_0$$

$$D=\left(\frac{-m_z^{\omega_z}\rho VSb_A^2}{J_z}\right)_0,\quad E=\left(\frac{2P/V+C_y^{\alpha}\rho VS}{m}\right)_0,\quad F=\left(\frac{-m_z^{\dot{\alpha}}\rho V\ Sb_A^2}{J_z}\right)_0$$

飞行速度V_0和飞行高度H_0对振荡频率的影响与其对衰减程度的影响一样，增大速度将提高振荡频率，增加高度则要降低振荡频率。

ω是在有阻尼情况下弹体的振荡频率。若假定特征方程(3-94)的系数$a_{22}+a_{34}+a'_{24}=0$，则可得无阻尼情况下弹体的振荡频率$\omega_{\rm d}$，也可称之为弹体固有频率或自振频率，它等于

$$\omega_{\rm d}=\sqrt{a_{24}+a_{22}a_{34}} \tag{3-103}$$

假定$a_{22}+a_{34}+a'_{24}=0$，就相当于假定在扰动运动中无气动阻尼、下洗延迟和法向力等的作用，即动力系数a_{22}、a_{34}和a'_{24}分别等于零，于是弹体纵向自由扰动运动的固有频率可简化为

$$\omega_{\rm d}\approx\sqrt{a_{24}}=\sqrt{\left(\frac{-m_z^{\alpha}\rho V^2 Sb_A}{2J_z}\right)_0} \tag{3-104}$$

如果动力系数a_{22}、a_{34}和a'_{24}不等于零，但比a_{24}小得多，也可由式(3-104)近似计算弹体固有频率，虽有误差，但误差不大。

由上述可知，纵向短周期扰动运动的振荡频率主要取决于静稳定性，而衰减程度则由气动阻尼和法向力决定。由于阻尼动力系数a_{22}和法向力动力系数a_{34}总是正值，因此在振荡运动的情况下，纵向短周期扰动运动总是稳定的。

3. 静稳定性与动态稳定性的关系

在气动力计算课程中已经学过，增加攻角α时，由升力$Y^{\alpha}\alpha$产生的力矩与增加攻角的绝对值方向相反，即力矩系数$m_z^{\alpha}<0$时，通常称导弹具有静稳定性。反之，力矩系数$m_z^{\alpha}>0$时，由升力$Y^{\alpha}\alpha$产生的力矩与增加攻角的绝对值方向相同，则称导弹是静不稳定的。力矩系数m_z^{α}的符号不同，由它所决定的动力系数a_{24}在扰动运动中的作用也就不同。

产生振荡运动的条件为$(a_{22}+a_{34}+a'_{24})^2-4(a_{24}+a_{22}a_{34})<0$，$a'_{24}$通常情况下比$a_{22}$小，工程上可以将$a'_{24}$合并到阻尼项中，一般情况下，这样处理不会引起弹体特性的显著变换，即

$$a_{22}\frac{{\rm d}\Delta\varphi}{{\rm d}t}+a'_{24}\frac{{\rm d}\Delta\alpha}{{\rm d}t}\approx(a_{22}+a'_{24})\frac{{\rm d}\Delta\varphi}{{\rm d}t}\approx a_{22}\frac{{\rm d}\Delta\varphi}{{\rm d}t}$$

因此，当略去下洗动力系数 a'_{24} 时，可以改写成

$$a_{24}+a_{22}a_{34}>\frac{1}{4}(a_{22}+a_{34})^2 \tag{3-105}$$

式(3-105)也可表示为

$$\left(\frac{-m_z^{\alpha}\rho V^2 Sb_A}{2J_z}\right)_0>\frac{1}{4}\left(\frac{-m_z^{\omega_z}qSb_A^2}{J_zV}+\frac{P+Y^{\alpha}}{mV}\right)_0^2-\left(\frac{-m_z^{\omega_z}qSb_A^2}{J_zV}\frac{P+Y^{\alpha}}{mV}\right)_0 \tag{3-106}$$

这个不等式表明，导弹的静稳定性力矩系数 m_z^{α} 若大于气动阻尼 $m_z^{\omega_z}$，使不等式成立，短周期扰动运动将是振荡的，而且是稳定的。由短周期扰动运动动态稳定条件 $a_{24}+a_{22}a_{34}>0$，可以得到：

$$-\left(m_z^{\omega_z}\frac{b_A}{V}\frac{P+Y^{\alpha}}{mV}\right)_0>(m_z^{\alpha})_0 \tag{3-107}$$

在此不等式中，因为气动阻尼 $m_z^{\omega_z}<0$，所以不等式左边始终为正。如果导弹是纵向静稳定的，即 $m_z^{\alpha}<0$，不等式一定成立，即导弹具有纵向静稳定性时，一定具有动态稳定性。应该注意的是，不等式允许 $m_z^{\alpha}>0$，这时导弹将是纵向静不稳定的，但是导弹可以是动态稳定的。当然，由于不等式左边的数值是有限的，导弹的纵向静不稳定度不可能太大，否则导弹将是纵向动态不稳定的。由此可见，纵向静稳定并不是动态稳定的必要条件，导弹是纵向静不稳定的，但只要静不稳定度不大，并满足动态稳定条件，同样可以是动态稳定的。因此，不能简单地说，为了具有动态稳定性，导弹必须是静稳定的。当然，也不能认为，具有静稳定性的导弹，它的长短周期运动都是稳定的。总而言之，动态稳定性和静稳定性有内在的联系，但是两者又有严格的区别，纵向静稳定性仅仅代表在扰动运动中力矩 $M_z^{\alpha}\alpha$ 总是与增加攻角绝对值 $|\Delta\alpha|$ 的方向相反，否则就是纵向静不稳定的。

有些书籍从严格意义上理解稳定性一词的含义，鉴于静稳定性并不是动态稳定的必要条件，又为了不至于混淆起见，将静稳定性一词取名为正俯仰刚度，以便与动态稳定性相区别。尽管如此，静稳定性仍然是一种非常重要的实际设计指标，计算或测量力矩系数 m_z^{α} 还是导弹空气动力设计的中心课题之一。

3.3.6　纵向短周期扰动运动的传递函数

考虑到在整个飞行控制系统中，导弹的动力学也是其中一个环节，求出导弹扰动运动的传递函数，不仅可以分析弹体的动态性质，而且可以将导弹作为操纵对象分析整个控制回路的特性。由于短周期扰动运动具有重要的实际意义，因此建立导弹纵向短周期扰动运动的传递函数十分必要。

在纵向控制回路中导弹环节的输出量为 $\Delta\theta$、$\Delta\varphi$ 和 $\Delta\alpha$，而输入量为 $\Delta\delta_z$。若还存在外界干扰，那么由经常干扰产生的力和力矩就与舵面偏转所起的作用类似，也就同样地视为输入量。在自动控制原理中，定义传递函数 $W(s)$ 为输出量和输入量的 Laplace 变换

式之比。因此，为了得到飞行器传递函数，应首先将扰动运动方程组进行 Laplace 变换。在定义传递函数时，认为所有的初始值为零，所以用来建立导弹纵向传递函数的式(3-83)的 Laplace 变换式应为

$$\begin{cases}(s^2+a_{22}s)\Delta\varphi(s)+(a'_{24}s+a_{24})\Delta\alpha(s)=(-a'_{25}s-a_{25})\Delta\delta_z(s)+M_{zd}(s)\\(s+a_{33})\Delta\theta(s)-a_{34}\Delta\alpha(s)=a_{35}\Delta\delta_z(s)+F_{yd}(s)\\\Delta\varphi(s)-\Delta\theta(s)-\Delta\alpha(s)=0\end{cases} \tag{3-108}$$

1. 纵向短周期扰动运动的传递函数及其传递参数

由式(3-108)可得短周期扰动运动对 $\Delta\delta_z$ 的传递函数如下：

$$W_{\varphi\delta_z}(s)=-\frac{\Delta\varphi(s)}{\Delta\delta_z(s)}=\frac{a'_{25}s^2+(a'_{25}a_{33}+a'_{25}a_{34}+a_{25}-a'_{24}a_{35})s+a_{25}(a_{34}+a_{33})-a_{24}a_{35}}{s^3+A_1s^2+A_2s+A_3} \tag{3-109}$$

式中，系数 A_1 、 A_2 和 A_3 按式(3-87)由导弹的纵向动力系数表示，可得

$$W_{\theta\delta_z}(s)=-\frac{\Delta\theta(s)}{\Delta\delta_z(s)}=\frac{-a_{35}s^2+(a'_{25}a_{34}-a_{22}a_{35}-a'_{24}a_{35})s+a_{25}a_{34}-a_{24}a_{35}}{s^3+A_1s^2+A_2s+A_3} \tag{3-110}$$

$$W_{\alpha\delta_z}(s)=-\frac{\Delta\alpha(s)}{\Delta\delta_z(s)}=\frac{(a'_{25}+a_{35})s^2+(a_{25}+a_{22}a_{35}+a'_{25}a_{33})s+a_{25}a_{33}}{s^3+A_1s^2+A_2s+A_3} \tag{3-111}$$

在短周期扰动运动中不计重力动力系数 a_{33}，也不考虑舵面气流下洗延迟产生的动力系数 a'_{25}，可得式(3-109)的近似传递函数为

$$W_{\varphi\delta_z}(s)=-\frac{\Delta\varphi(s)}{\Delta\delta_z(s)}=\frac{(a_{25}-a'_{24}a_{35})s+a_{25}a_{34}-a_{24}a_{35}}{s(s^2+A_1s+A_2)}=\frac{K_\alpha(T_{1\alpha}s+1)}{s(T_\alpha^2s^2+2T_\alpha\xi_\alpha s+1)} \tag{3-112}$$

式中，

$$A_1=a_{22}+a_{24}+a'_{24}$$
$$A_2=a_{24}+a_{22}a_{34}$$

纵向传递系数：$K_\alpha=\dfrac{a_{25}a_{34}-a_{24}a_{35}}{a_{24}+a_{22}a_{34}}$

纵向时间常数：$T_\alpha=\dfrac{1}{\sqrt{a_{24}+a_{22}a_{34}}}$

纵向相对阻尼系数：$\xi_\alpha=\dfrac{a_{22}+a_{34}+a'_{24}}{2\sqrt{a_{24}+a_{22}a_{34}}}$

俯仰角时间常数：$T_{1\alpha}=\dfrac{a_{25}-a'_{24}a_{35}}{a_{25}a_{34}-a_{24}a_{35}}$

正常式导弹的纵向传递系数 K_α 为正值，鸭式导弹因 a_{25} 为负值，它的纵向传递系数 K_α 为负值。弹道倾角的传递函数式(3-110)可以变为

$$W_{\theta\delta_z}(s)=-\frac{\Delta\theta(s)}{\Delta\delta_z(s)}=\frac{-a_{35}s^2-a_{35}(a_{22}+a'_{24})s+a_{25}a_{34}-a_{24}a_{35}}{s(s^2+A_1s+A_2)}=\frac{K_\alpha(T_{1\theta}s+1)(T_{2\theta}s+1)}{s(T_\alpha^2s^2+2T_\alpha\xi_\alpha s+1)} \tag{3-113}$$

式中，

$$T_{1\theta}T_{2\theta}=\frac{-a_{35}}{a_{25}a_{34}-a_{24}a_{35}}$$

$$T_{1\theta}+T_{2\theta}=\frac{-a_{35}(a_{22}+a'_{24})}{a_{25}a_{34}-a_{24}a_{35}}$$

攻角的传递函数式(3-111)可以变为

$$W_{\alpha\delta_z}(s)=-\frac{\Delta\alpha(s)}{\Delta\delta_z(s)}=\frac{a_{35}s\ +a_{25}+a_{22}a_{35}}{s^2+A_1s+A_2}=\frac{K_{2\alpha}(T_{2\alpha}s+1)}{T_\alpha^2s^2+2T_\alpha\xi_\alpha s+1} \tag{3-114}$$

式中，

$$\text{迎角传递系数：}K_{2\alpha}=\frac{a_{25}+a_{22}a_{35}}{a_{24}+a_{22}a_{34}}$$

$$\text{迎角时间常数：}T_{2\alpha}=\frac{a_{35}}{a_{25}+a_{22}a_{35}}$$

由式(3-112)～式(3-114)可知，俯仰角和弹道倾角的分母多项式除二阶环节外，还含有一个积分环节；攻角传递函数分母多项式只有二阶环节，具有一般振荡环节的特性。因此，在稳定的短周期扰动运动中，当攻角消失时俯仰角与弹道倾角还存在剩余偏量。此时导弹已由绕 Oz_1 轴的急剧转动，逐步转变为以质心缓慢运动为主的长周期扰动运动。如果导弹气流下洗延迟的现象不甚明显，动力系数 a'_{24} 与 a_{22} 相比可忽略不计，或者动力系数之积 $a'_{24}a_{35}<a_{25}$，就可略去下洗延迟影响，使所得传递函数进一步简化。于是，由式(3-112)～式(3-114)表示的纵向传递函数可写为

$$\begin{cases}W_{\varphi\delta_z}(s)=\dfrac{K_\alpha(T_{1\alpha}s+1)}{s(T_\alpha^2s^2+2T_\alpha\xi_\alpha s+1)}\\ W_{\theta\delta_z}(s)=\dfrac{K_\alpha[1-T_{1\alpha}a_{35}s(s+a_{22})/a_{25}]}{s(T_\alpha^2s^2+2T_\alpha\xi_\alpha s+1)}\\ W_{\alpha\delta_z}(s)=\dfrac{K_\alpha T_{1\alpha}[1+a_{35}(s+a_{22})/a_{25}]}{T_\alpha^2s^2+2T_\alpha\xi_\alpha s+1}\end{cases} \tag{3-115}$$

式中，有关传递参数变为

$$\xi_\alpha=\frac{a_{22}+a_{34}}{2\sqrt{a_{24}+a_{22}a_{34}}},\ T_{1\alpha}=\frac{a_{25}}{a_{25}a_{34}-a_{24}a_{35}},\ K_\alpha T_{1\alpha}=\frac{a_{25}-a'_{24}a_{35}}{a_{24}+a_{22}a_{34}}$$

由舵面偏转引起的扰动运动，其目的是对导弹的飞行实施自动控制，从而改变导弹的飞行状态。衡量导弹跟随舵面偏转的操纵性，除上述攻角、俯仰角和弹道倾角外，法向过载也是一个重要的参数。在基准运动中法向过载为

$$n_{y0}=\frac{V_0}{g}\frac{\mathrm{d}\theta_0}{\mathrm{d}t}+\cos\theta_0 \tag{3-116}$$

对式(3-116)进行线性化后，可以求出法向过载偏量的表达式为

$$\Delta n_y = \frac{\Delta V}{g}\frac{\mathrm{d}\theta_0}{\mathrm{d}t} + \frac{V_0}{g}\frac{\mathrm{d}\Delta\theta}{\mathrm{d}t} - \sin\theta_0\Delta\theta \tag{3-117}$$

略去二次微量 $\sin\theta_0\Delta\theta$ 和偏量 ΔV，式(3-117)变为

$$\Delta n_y \approx \frac{V_0}{g}\frac{\mathrm{d}\Delta\theta}{\mathrm{d}t}$$

因此，法向过载传递函数为

$$W_{n_y\delta_z}(s) = -\frac{\Delta n_y(s)}{\Delta\delta_z(s)} = -\frac{s\Delta\theta(s)}{\Delta\delta_z(s)}\frac{V_0}{g} = \frac{V_0}{g}sW_{\theta\delta_z}(s) \tag{3-118}$$

导弹纵向传递函数式(3-115)和式(3-118)可用开环状态的框图 3-5 表示。

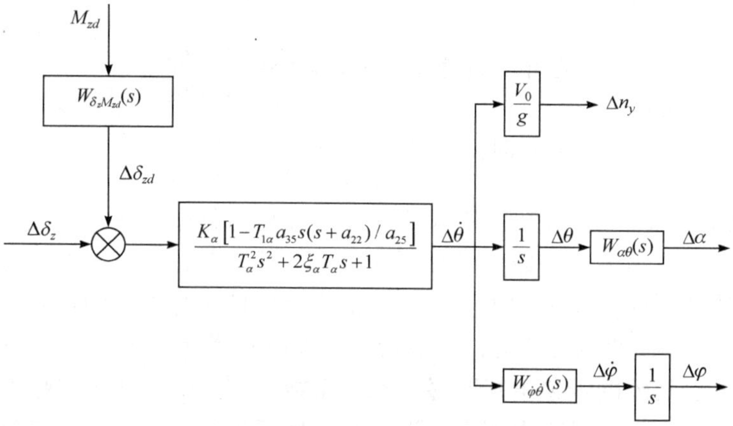

图 3-5　短周期运动的传递关系

图 3-5 中 $W_{\alpha\theta}(s)$ 和 $W_{\dot{\varphi}\dot{\theta}}(s)$ 称为运动参数的转换函数，其表达式为

$$\begin{cases} W_{\alpha\theta}(s) = \dfrac{K_\alpha T_{1\alpha}[1+a_{35}(s+a_{22})/a_{25}]s}{K_\alpha[1-T_{1\alpha}a_{35}s(s+a_{22})/a_{25}]} \\ W_{\dot{\varphi}\dot{\theta}}(s) = \dfrac{T_{1\alpha}s+1}{1-T_{1\alpha}a_{35}s(s+a_{22})/a_{25}} \end{cases} \tag{3-119}$$

对于正常式导弹，当舵面面积远小于翼面时，因动力系数 $a_{35} \ll a_{34}$，为了进一步简便地获得动态特性分析的结论，可以暂不计舵面动力系数 a_{35} 的作用，于是纵向短周期传递函数为

$$\begin{cases} W_{\varphi\delta_z}(s) = \dfrac{K_\alpha(T_{1\alpha}s+1)}{s(T_\alpha^2 s^2+2T_\alpha\xi_\alpha s+1)} \\ W_{\theta\delta_z}(s) = \dfrac{K_\alpha}{s(T_\alpha^2 s^2+2T_\alpha\xi_\alpha s+1)} \\ W_{\alpha\delta_z}(s) = \dfrac{K_\alpha T_{1\alpha}}{T_\alpha^2 s^2+2T_\alpha\xi_\alpha s+1} \\ W_{n_y\delta_z}(s) = \dfrac{V_0}{g}\dfrac{K_\alpha}{T_\alpha^2 s^2+2T_\alpha\xi_\alpha s+1} \end{cases} \tag{3-120}$$

这几种形式的纵向传递函数经常出现在导弹专业书籍和文献资料中。应用这些传递函数，结合图 3-5，运动参数的转换函数应变为

$$\begin{cases} W_{\alpha\theta}(s) = T_{1\alpha}s \\ W_{\dot{\varphi}\dot{\theta}}(s) = T_{1\alpha}s + 1 \end{cases} \tag{3-121}$$

输入除舵面偏转外，还有干扰，它对短周期扰动运动的影响主要是干扰力矩 M'_{zd}，这里定义 $M_{zd} = \dfrac{M'_{zd}}{J_z}$ 为相似干扰力矩。采用建立传递函数的方法，可得常用形式的纵向短周期扰动运动对干扰力矩的传递函数为

$$\begin{cases} W_{\varphi M_{zd}}(s) = \dfrac{\Delta\varphi(s)}{\Delta M_{zd}(s)} = \dfrac{T_\alpha^2(s + a_{34})}{s(T_\alpha^2 s^2 + 2T_\alpha\xi_\alpha s + 1)} \\ W_{\theta M_{zd}}(s) = \dfrac{\Delta\theta(s)}{\Delta M_{zd}(s)} = \dfrac{T_\alpha^2 a_{34}}{s(T_\alpha^2 s^2 + 2T_\alpha\xi_\alpha s + 1)} \\ W_{\alpha M_{zd}}(s) = \dfrac{\Delta\alpha(s)}{\Delta M_{zd}(s)} = \dfrac{T_\alpha^2}{T_\alpha^2 s^2 + 2T_\alpha\xi_\alpha s + 1} \\ W_{n_y M_{zd}}(s) = \dfrac{\Delta n_y(s)}{\Delta M_{zd}(s)} = \dfrac{V_0}{g}\dfrac{T_\alpha^2}{T_\alpha^2 s^2 + 2T_\alpha\xi_\alpha s + 1} \end{cases} \tag{3-122}$$

将相似干扰力矩 M_{zd} 的输入作用变换成虚拟的升降舵偏角的输入作用，这时转换函数 $W_{\delta_z M_{zd}}(s)$ 的关系式应是

$$W_{\delta_z M_{zd}}(s) = \frac{T_\alpha^2 a_{34}}{K_\alpha[1 - T_{1\alpha}a_{35}s(s + a_{22}) / a_{25}]} \tag{3-123}$$

初步分析导弹的制导精度时，为了简化飞行控制回路的组成，在不计舵面动力系数 a_{35} 的情况下，式(3-123)可简写为

$$W_{\delta_z M_{zd}}(s) = \frac{1}{a_{25}} \tag{3-124}$$

因此，相似干扰力矩 M_{zd} 的作用类似于舵偏角出现相应的偏转，该偏转角称为等效干扰舵偏角 δ_{zd}，其值等于

$$\Delta\delta_{zd} = \frac{M_{zd}}{a_{25}} \tag{3-125}$$

在这种情况下，图 3-5 中由输入 $\Delta\delta_z$ 到输出 $\Delta\dot{\theta}$ 这一部分的传递关系可由图 3-6 表示。

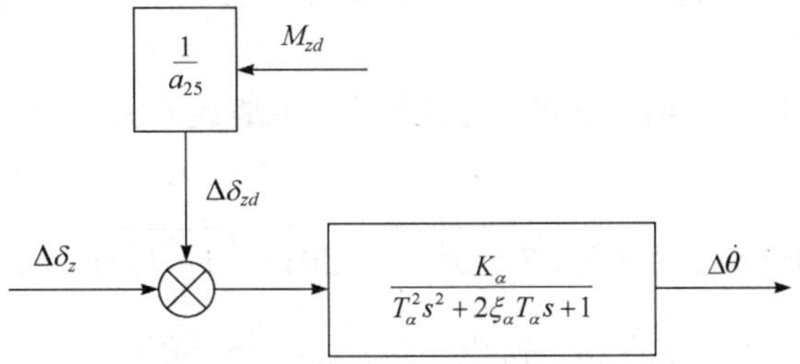

图 3-6　输出为 $\Delta\dot{\theta}$ 的传递关系

以 3.3.2 小节中小型无动力空面导弹为例，其动力系数已在表 3-2 中给出，根据公式计算其各特征点处的纵向传递参数，结果如表 3-4 所示。

表 3-4　各特征点处的纵向传递参数

时间/s	飞行特征点	K_α	T_α/s	$T_{1\alpha}$/s	ξ_α
0	发射点/最小阻尼系数	0.6077	0.2166	2.1700	0.1070
2.510	最小静稳定	0.5995	0.2197	2.1990	0.1071
2.625	最小动压	0.5995	0.2197	2.1990	0.1071
2.757	最小速度	0.5996	0.2197	2.1990	0.1071
18.695	飞行中段	0.9745	0.1413	1.3520	0.1121
36.710	命中点/最大动压	1.9950	0.0800	0.6572	0.1305

特征点的动力系数与传递参数反映出在飞行过程中，最小动压、最小速度与动态特性最恶劣的点基本重合，出现在发射后弹道倾角数值较小的某个时刻。导弹自身的动态特性随着弹道倾角逐渐减小、飞行速度提高、飞行高度降低而逐渐改善，但依然存在气动阻尼小、过渡过程时间长的问题，需要通过控制系统进行补偿改善。

取发射后的最小动压点、飞行中段和命中点为特征点，导弹自身的扰动运动传递函数 $W_{\varphi\delta}(s)$ 如表 3-5 所示。

表 3-5　导弹自身的扰动运动传递函数

飞行特征点	$W_{\varphi\delta}(s)$
最小动压点	$\dfrac{0.5995(2.199s+1)}{0.048s^2+0.047s+1}$
飞行中段	$\dfrac{0.9745(1.352s+1)}{0.020s^2+0.032s+1}$
命中点	$\dfrac{1.995(0.6572s+1)}{0.0064s^2+0.021s+1}$

2. 纵向短周期扰动运动的频率特性

在自动控制原理中频率特性是单位脉冲响应的傅氏变换。导弹的频率特性按其物理含义讲，是当舵面做谐波规律振动时，导弹运动参数偏量的响应特性。导弹弹体作为控制对象这一环节出现在飞行控制回路中，用频域法设计这个回路时，必须绘制对数幅相频率特性曲线。

取攻角传递函数式(3-114)，它的对数幅频特性函数 $L_\alpha(\omega)$ 和相频特性函数 $\varphi_\alpha(\omega)$ 分别为

$$L_\alpha(\omega)=20\lg K_{2\alpha}+20\lg\sqrt{T_{2\alpha}^2\omega^2+1}-20\lg\sqrt{(1-T_\alpha^2\omega^2)^2+(2\xi_\alpha T_\alpha\omega)^2} \tag{3-126}$$

$$\varphi_\alpha(\omega)=\mathrm{tg}^{-1}T_{2\alpha}\omega-\mathrm{tg}^{-1}\frac{2\xi_\alpha T_\alpha\omega}{1-T_\alpha^2\omega^2} \tag{3-127}$$

以某飞行器为例，$K_{2\alpha}=1.44$，$T_{2\alpha}=0.004\text{s}$，$T_{\alpha}=0.234\text{s}$，$\xi_{\alpha}=0.493$，所绘对数幅频曲线 $L_{\alpha}(\omega)$ 和相频曲线 $\varphi_{\alpha}(\omega)$ 如图 3-7(a)所示。再取俯仰角传递函数式(3-112)，它的 $L_{\varphi}(\omega)$ 和 $\varphi_{\varphi}(\omega)$ 应分别为

$$L_{\varphi}(\omega)=20\lg K_{\alpha}+20\lg\sqrt{T_{1\alpha}^{2}\omega^{2}+1}-20\lg\sqrt{(1-T_{\alpha}^{2}\omega^{2})^{2}+(2\xi_{\alpha}T_{\alpha}\omega)^{2}} \tag{3-128}$$

$$\varphi_{\varphi}(\omega)=-\frac{\pi}{2}+\arctan T_{1\alpha}\omega-\text{tg}^{-1}\frac{2\xi_{\alpha}T_{\alpha}\omega}{1-T_{\alpha}^{2}\omega^{2}} \tag{3-129}$$

绘制 $L_{\varphi}(\omega)$ 和 $\varphi_{\varphi}(\omega)$ 曲线的例子中，因 $K_{\alpha}=1.961$，$T_{1\alpha}=0.729\text{s}$，由式(3-128)和式(3-129)所得纵向短周期扰动运动频率特性曲线如图 3-7(b)所示。

图 3-7(a)指出，攻角的对数幅相频率特性曲线 1 与二阶振荡环节的对数幅相频率特性曲线 2 非常接近。曲线 1 描述的是纵向短周期扰动运动的频率特性，曲线 2 描述的是纵向扰动运动的频率特性。曲线 1 与曲线 2 非常接近，说明短周期扰动运动频率特性与纵向扰动运动频率特性在幅值和相位上都非常一致。短周期扰动运动固有频率 $\omega=4.27\text{rad/s}$，表明反映短周期扰动运动的频率特性处在高频部分，且基本上没有反映出长周期扰动运动的频率特性。

从图 3-7(b)看出，在高频段俯仰角的短周期对数幅相频率特性曲线 1 与纵向扰动运动的对数幅相频率特性曲线 2 也极其相近，但是在低频段差异较大，其原因：短周期扰动运动结束时，俯仰角将进入长周期扰动运动，其频率特性应处于低频段，而近似传递函数式(3-112)只适用于短周期扰动运动。

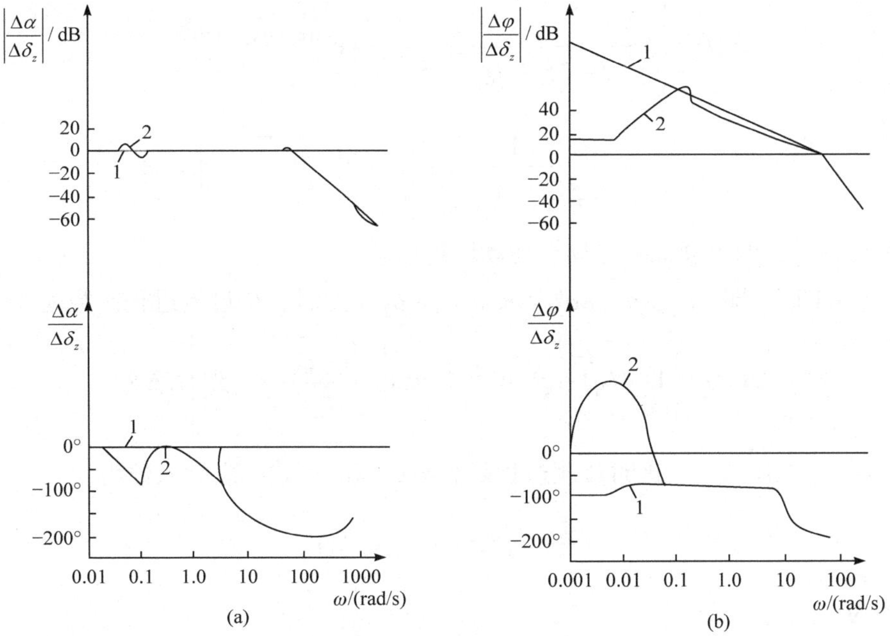

图 3-7　纵向短周期扰动运动的对数幅相频率特性

3.3.7　纵向短周期扰动运动的操纵性

研究飞行器对舵偏角改变时其飞行状态反应的能力，即飞行器的操纵性，也是飞行

器动态分析的内容之一。飞行器操纵性能的优劣，是由过渡过程品质来评定的，其有五项评定指标：超调量、过渡过程时间、稳态值、过渡过程的最大偏量、振荡频率。

1. 过渡过程函数的形态

导弹开环飞行，假定舵面阶跃偏转，取舵偏角 $\Delta\delta_z$ 为某一常值，由导弹传递函数可以求得运动参数的过渡过程函数。过渡过程函数是收敛还是发散由传递函数分母多项式的根值来决定，传递函数的分子多项式只影响过渡过程函数的系数。由导弹的纵向传递函数求过渡过程，当动力系数 a_{35} 很小时，根据式(3-120)和式(3-83)求过渡过程函数就有足够的准确性。下面将采用传递函数式(3-120)分析导弹的纵向操纵性。

取 ΔX 代表运动参数 $\Delta\alpha$ 、Δn_y 和 $\Delta\dot{\theta}$ ，由式(3-120)可得

$$\Delta X(s)=\frac{K}{T_\alpha^2 s^2+2\xi_\alpha T_\alpha s+1}\Delta\delta_z(s) \tag{3-130}$$

式中，K 分别代表 $K_\alpha T_{1\alpha}$、$K_\alpha V_0/g$、K_α 。特征方程的根值为

$$s_{1,2}=-\frac{\xi_\alpha}{T_\alpha}\pm\sqrt{\frac{\xi_\alpha^2-1}{T_\alpha^2}} \tag{3-131}$$

式中，相对阻尼系数 ξ_α 和时间常数 T_α 若用动力系数表达式来代替，则根值式(3-131)将与式(3-96)的结果完全一致。

(1) $\xi_\alpha>1$ 时，即 $(a_{22}+a_{34}+a'_{24})^2>4(a_{24}+a_{22}a_{34})$ 时，按式(3-83)求得过渡过程函数为

$$\begin{aligned}\Delta X(t)=&\left(1-\frac{1}{2+2\xi_\alpha\left(\sqrt{\xi_\alpha{}^2-1}-\xi_\alpha\right)}\mathrm{e}^{-t(\xi_\alpha-\sqrt{\xi_\alpha{}^2-1})/T_\alpha}\right.\\&\left.-\frac{1}{2-2\xi_\alpha\left(\xi_\alpha+\sqrt{\xi_\alpha^2-1}\right)}\mathrm{e}^{-t\left(\xi_\alpha+\sqrt{\xi_\alpha{}^2-1}\right)/T_\alpha}\right)K\Delta\delta_z\end{aligned} \tag{3-132}$$

这时过渡过程是由两个衰减的非周期运动所组成。

(2) $\xi_\alpha<1$ 时，即 $(a_{22}+a_{34}+a'_{24})^2<4(a_{24}+a_{22}a_{34})$ 时，得过渡过程函数为

$$\Delta X(t)=\left[1-1/\sqrt{1-\xi_\alpha{}^2}\,\mathrm{e}^{-t\xi_\alpha/T_\alpha}\cos\left(\frac{\sqrt{1-\xi_\alpha{}^2}}{T_\alpha}t-\phi\right)\right]K\Delta\delta_z \tag{3-133}$$

式中，$\mathrm{tg}\phi=\xi_\alpha/\sqrt{1-\xi_\alpha^2}$ ，这时过渡过程是衰减振荡的形式，衰减系数为

$$\frac{\xi_\alpha}{T_\alpha}=\frac{1}{2}(a_{22}+a_{34}+a'_{24}) \tag{3-134}$$

振荡频率为

$$\omega=\sqrt{1-\xi_\alpha{}^2}/T_\alpha=\frac{1}{2}\sqrt{4(a_{24}+a_{22}a_{34})-(a_{22}+a_{34}+a'_{24})} \tag{3-135}$$

式(3-134)和式(3-135)分别与式(3-98)和式(3-101)的结果相同，因此升降舵阶跃偏转产生振荡过渡过程，导弹的静稳定性必须满足以下不等式：

$$(a_{22}a_{34}+a'_{24})^2-4(a_{24}+a_{22}a_{34})<0$$

俯仰角速度偏差 $\Delta\dot{\varphi}$、弹道倾角角速度偏差 $\Delta\dot{\theta}$、攻角偏差 $\Delta\alpha$ 的过渡过程函数，按照式(3-120)的第一式和式(3-133)可得到(推导从略)：

$$\begin{cases}\Delta\dot{\varphi}(t)=\left[1-\mathrm{e}^{-t\xi_\alpha/T_\alpha}\sqrt{\dfrac{1-2\xi_\alpha T_{1\alpha}/T_\alpha+(T_{1\alpha}/T_\alpha)^2}{1-\xi_\alpha{}^2}}\right.\\ \qquad\left.\cdot\cos\left(\dfrac{\sqrt{1-\xi_\alpha{}^2}}{T_\alpha}t+\phi_1+\phi_2\right)\right]K_\alpha\Delta\delta_\alpha \\ \mathrm{tg}(\phi_1+\phi_2)=\dfrac{T_{1\alpha}/T_\alpha-\xi_\alpha}{\sqrt{1-\xi_\alpha{}^2}}\end{cases}\tag{3-136}$$

$$\Delta\dot{\theta}(t)=\left[1-\mathrm{e}^{-t\xi_\alpha/T_\alpha}\sqrt{\frac{1}{1-\xi_\alpha^2}}\cos\left(\frac{\sqrt{1-\xi_\alpha{}^2}}{T_\alpha}t-\phi\right)\right]K_\alpha\Delta\delta_z\tag{3-137}$$

$$\Delta\alpha=\left[1-\mathrm{e}^{-t\xi_\alpha/T_\alpha}\sqrt{\frac{1}{1-\xi_\alpha^2}}\cos\left(\frac{\sqrt{1-\xi_\alpha{}^2}}{T_\alpha}t-\phi\right)\right]K_\alpha T_{1\alpha}\Delta\delta_z\tag{3-138}$$

图 3-8 给出了过渡过程的例子，可以得出，导弹舵面阶跃偏转后如不变动，只能使攻角、俯仰角角速度和弹道倾角角速度达到稳定状态，而俯仰角和弹道倾角则是随时间增大的。

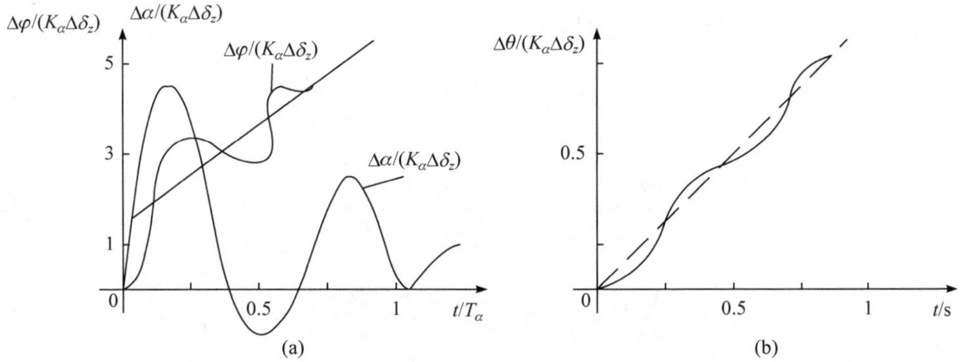

图 3-8　反应 $\Delta\delta_z$ 阶跃偏转的纵向短周期扰动运动参数变化过渡过程曲线

(3) 过渡过程不稳定。由式(3-99)可知，过渡过程不稳定时 $a_{24}+a_{22}a_{34}\leqslant 0$，这时导弹静不稳定的程度已超出不等式限制的范围。

前面已经给出了讨论过渡过程品质的五项指标：稳态值、过渡过程时间、过渡过程的最大偏量、超调量和振荡频率，对于二阶环节上述五个指标主要由传递系数、相对阻尼系数和时间常数来决定，下面分别讨论一个导弹的这些传递参数对过渡过程品质的影响。

2. 导弹纵向传递系数 K_α对过渡过程的影响

导弹纵向传递系数 K_α的物理意义：过渡过程结束时导弹纵向运动参数 $\dot{\varphi}$、$\dot{\theta}$ 的偏量

稳态值与升降舵偏角偏量的稳态值之比，即

$$\begin{cases}\dfrac{\Delta\dot{\theta}_W}{\Delta\delta_{zW}}=-\dfrac{\Delta\dot{\varphi}_W}{\Delta\delta_{zW}}=K_\alpha\\-\dfrac{\Delta\alpha_W}{\Delta\delta_{zW}}=K_\alpha T_{1\alpha}\\-\dfrac{\Delta n_{yW}}{\Delta\delta_{zW}}=\dfrac{V_0}{g}K_\alpha\end{cases}\tag{3-139}$$

式(3-139)表明，在同样的舵偏角下，如果导弹纵向传递系数 K_α 较大，导弹的攻角以及法向过载、弹道倾角角速度都可获得较大的稳态值，使导弹具有较好的操纵性。由于

$$K_\alpha=\frac{a_{25}a_{34}-a_{24}a_{35}}{a_{24}+a_{22}a_{34}}\tag{3-140}$$

因此，提高操纵机构的效率和适当减小导弹的静稳定性，即增大动力系数 a_{25}，在具有稳定性的前提下减小动力系数 a_{24}，将使导弹传递系数 K_α 增加，有利于提高操纵性。

如果动力系数 a_{22} 和 a_{35} 与其他动力系数相比，可以忽略不计，则传递系数 K_α 近似为

$$K_\alpha\approx\frac{a_{25}a_{34}}{a_{24}}=\left(\frac{m_z^{\delta_z}}{m_z^\alpha}\frac{P+Y^\alpha}{mV}\right)_0\tag{3-141}$$

例如，某地–空导弹按半前置量法导引，经计算所得有关动力系数如表 3-6 所示。导弹纵向传递系数 K_α 分别运用式(3-140)和式(3-141)进行计算，其结果如表中所列，所得近似计算值与精确值差别不太大，说明运用近似公式来讨论传递系数 K_α 是可行的。除此之外，按同样理由也可以得到以下近似公式：

$$-\frac{\Delta\alpha_W}{\Delta\delta_{zW}}=K_\alpha T_{1\alpha}\approx\frac{a_{25}a_{34}}{a_{24}}\frac{1}{a_{34}}=\left(\frac{m_z^\delta}{m_z^\alpha}\right)_0\tag{3-142}$$

$$-\frac{\Delta n_{yW}}{\Delta\delta_{zW}}=\frac{V_0}{g}K_\alpha\approx\left(\frac{m_z^{\delta_z}}{m_z^\alpha}\frac{P+C_y^\alpha qS}{G}\right)_0\tag{3-143}$$

$$\frac{\Delta\dot{\theta}_W}{\Delta\alpha_W}=\frac{1}{T_{1\alpha}}\approx a_{34}=\left(\frac{P+C_y^\alpha qS}{mV}\right)_0\tag{3-144}$$

表 3-6 某地–空导弹的动力系数

H/m	V_0/(m/s)	a_{22}/s^{-1}	a_{24}'/s^{-1}	a_{24}/s^{-2}	a_{25}/s^{-2}	a_{34}/s^{-1}	a_{35}/s^{-1}	K_α/s^{-1}	K_α/s^{-1} (近似值)
1067.7	546.9	1.4880	0.2709	104.70	66.54	1.296	0.129	0.6815	0.8236
4526.0	609.2	1.1320	0.1754	91.97	54.93	1.126	0.106	0.5593	0.6736
8210.0	701.5	0.7748	0.0958	76.51	41.52	0.900	0.076	0.4088	0.4884
14288.0	880.3	0.3528	0.0300	46.44	21.59	0.514	0.036	0.2024	0.2390
22038.0	1090.9	0.1127	0.0064	17.70	7.97	0.206	0.012	0.0805	0.0926

式(3-144)说明，过渡过程结束后，攻角稳态值与弹道倾角角速度稳态值之比取决于动力系数 a_{34}。换言之，如果力矩系数之比$(m_z^{\delta_z}/m_z^{\alpha})_0$已定，在同样舵偏角下，虽然攻角稳定值不变，但是随着动力系数 a_{34} 的增大，弹道倾角角速度稳态值则可增加，即导弹改变弹道切线方向的能力将会增加，其结果不仅增大了导弹的操纵性，同时增大了导弹的机动性。

对于同一导弹，由于飞行状态不同，它的传递系数也会有很大的变化。就表 3-6 来说，导弹在低空飞行时，$H=1061.7\text{m}$，传递系数 $K_\alpha=0.6815$。在高空下，$H=22038\text{m}$，则 $K_\alpha=0.0805$，传递系数 K_α 下降了约 88%，可见导弹的低空操纵性要比高空操纵性好得多，因此对于飞行高度比较高的导弹来讲，应着重采取措施提高导弹的高空操纵性。

传递系数 K_α 随着飞行情况的变化，由式(3-141)进行分析，考虑到多数有翼导弹，通常推力 P 要比升力导数 Y^α (这里 Y^α 是对弧度求导)小得多，可将传递系数 K_α 进一步简化为

$$K_\alpha \approx \left(\frac{m_z^\delta}{m_z^\alpha}\frac{Y^\alpha}{mV}\right)_0=\left(\frac{m_z^\delta}{m_z^\alpha}\frac{\rho V C_y^\alpha S}{2m}\right)_0 \tag{3-145}$$

可见，飞行高度增加时因空气密度 ρ_0 减小，传递系数 K_α 将随着高度的增加而降低。增加飞行速度 V_0，则使传递系数 K_α 增大。对于表 3-6 所列导弹动力系数来说，虽然飞行速度 V_0 可以增大 99%，但由于导弹飞行到 $H=22038.0\text{ m}$ 时，空气密度下降了约 45%，其结果还是减小了传递系数 K_α。因此，对于飞行速度和高度同时变化的导弹，飞行高度对传递系数 K_α 的影响是主要的。飞行高度不变时，传递系数 K_α 则随飞行速度的增大而增大。

由于传递系数 K_α 决定着导弹的操纵性，为了减小飞行高度和速度对操纵性的影响，使传递系数 K_α 大致保持不变，通常可以采用以下两种方法。

(1) 对弹体进行部位安排时，使重心位置 $\bar{X}_\text{g}$ 和焦点位置 $\bar{X}_\text{f}$ 的变化可以抵消飞行速度和高度的影响，所以式(3-145)可以写成

$$K_\alpha \approx \left(\frac{m_z^{\delta_z}}{\bar{X}_\text{g}-\bar{X}_\text{f}}\frac{\rho VS}{2m}\right)_0 \tag{3-146}$$

如果设计导弹时，在飞行过程中能使比值$(\rho V/(\bar{X}_\text{g}-\bar{X}_\text{f}))_0$变化不大，则可减小传递系数 K_α 的变化范围，这有利于提高操纵性。

(2) 在飞行过程中改变弹翼的形状和位置，以便调节导弹焦点 $\bar{X}_\text{f}$ 来适应飞行速度和高度的改变，从而减小传递系数 K_α 的变化。例如，“奥利康”地-空导弹在主动段飞行时，使弹翼沿着弹体纵轴移动。

3. 导弹时间常数对过渡过程的影响

导弹纵向扰动运动作为短周期运动来处理，运动参数 $\Delta\alpha$、Δn_y 和 $\Delta\dot{\theta}$ 的特性可由一个二阶环节式(3-130)表示。在自动调节理论中这个环节的过渡过程以 $\Delta X/(K\Delta\delta_z)$ 为纵坐标，无因次时间 $\bar{t}=t/T_\alpha$ 为横坐标，其状态变化曲线如图 3-9 所示。

由图 3-9 中纵向短周期扰动运动参数偏差随时间常数变化的过渡过程曲线可见，$\xi_\alpha=0.7$ 时过渡过程时间最短，这时无因次时间 $\bar{t}=3$，过渡过程所需真实时间 $t_\text{p}=3T_\alpha$。

在其他相对阻尼系数 ξ_α 下，过渡过程时间正比于时间常数 T_α ，而

$$T_\alpha = \frac{1}{\sqrt{a_{24} + a_{22}a_{34}}} \tag{3-147}$$

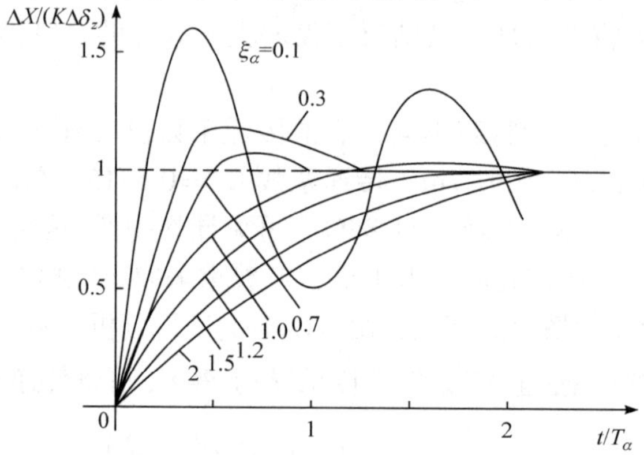

图 3-9　纵向短周期扰动运动参数偏差随时间常数变化的过渡过程曲线

由式(3-147)可见，增大动力系数 a_{22} 、a_{24} 和 a_{34} ，将使时间常数 T_α 减小，特别是增大导弹的静稳定性，使动力系数 a_{24} 变大，有利于缩短过渡过程的时间而提高操纵性。但是增大动力系数 a_{24} ，则要降低传递系数 K_α ，这对操纵性又是不利的。因此，设计导弹的控制系统时，恰当确定弹体的静稳定性尤为重要。

时间常数 T_α 还确定了弹体自振频率。由式(3-103)可知，弹体自振频率 ω_d 等于：

$$\omega_\text{d} = \sqrt{a_{24} + a_{22}a_{34}} = \frac{1}{T_\alpha}$$

假定 $a_{22} + a_{34} + a'_{24} = 0$ ，就相当于假定在扰动运动中无气动阻尼、下洗延迟和法向力等的作用，即动力系数 a_{22}、a_{34} 和 a'_{22} 分别等于零，于是弹体纵向自由扰动运动的固有频率可简化为

$$\omega_\text{d} \approx \sqrt{a_{24}} = \sqrt{\frac{-m_z^\alpha \rho V^2 S b_A}{2J_z}} \tag{3-148}$$

以赫兹为单位的自振频率显然由式(3-149)确定：

$$\begin{aligned} f_\text{d} &= \frac{\omega_\text{d}}{2\pi} = \frac{1}{2\pi}\frac{1}{T_\alpha} \approx \frac{\sqrt{a_{24}}}{2\pi} \\ &\approx \frac{1}{2\pi}\sqrt{\left(\frac{m_z^\alpha qSL}{J_z}\right)_0} = \frac{1}{2\pi}\sqrt{-\left(\frac{(\bar{X}_\text{g} - \bar{X}_\text{f})C_y^\alpha qSL}{J_z}\right)_0} \end{aligned} \tag{3-149}$$

式(3-149)说明，导弹静稳定性的大小决定了它的自振频率，增加静稳定性可以减小时间常数 T_α ，但是增大了弹体自振频率。设计控制系统时，一般情况下要求弹体自振频率低于自动驾驶仪的频率，以免出现共振，因此静稳定性的大小从这一角度讲也是有限制的。

自振频率 ω_d 和 f_d 也与飞行状态有关。随着飞行高度的增加，ω_d 和 f_d 都减小。反之，随着飞行速度的增加，ω_d 和 f_d 都增大。为了减小 ω_d 和 f_d 的变化范围，要求 $(\bar{X}_\text{g} - \bar{X}_\text{f})_0$ 的

差值与动压头 q_0 成反比变化，但是这一要求与传递系数 K_α 希望 $(\bar{X}_g - \bar{X}_f)_0$ 和 $(\rho V)_0$ 成正比变化的要求相反，因此设计弹体和控制系统时只能取折中方案，综合考虑各个传递参数的要求。

4. 导弹相对阻尼系数对过渡过程的影响

图 3-9 已经指出，过渡过程的形态决定于相对阻尼系数 ξ_α。$\xi_\alpha \geqslant 1$ 时，过渡过程是非周期的，没有超调量；若 $\xi_\alpha < 1$ 时，过渡过程是振荡的，将出现超调量。

在振荡过渡过程中，$\Delta\alpha$、Δn_y 和 $\Delta\dot{\theta}$ 的最大值，可由过渡函数式(3-133)求极值得到。取 $\mathrm{d}\Delta X / \mathrm{d}t = 0$，可以求得出现最大值 $\Delta X_{\max}$ 的时间 t'：

$$t' = \frac{\pi T_\alpha}{1-\xi_\alpha^2} = \frac{\pi}{\omega} \tag{3-150}$$

将式(3-150)代入式(3-133)，则可得最大值 $\Delta X_{\max}$ 为

$$\Delta X_{\max} = \left(1 + \mathrm{e}^{-\pi\xi_\alpha/\sqrt{1-\xi_\alpha^2}}\right) K\Delta\delta_z \tag{3-151}$$

因为稳态值 $\Delta X_{\mathrm{W}} = K\delta_{z\mathrm{W}}$，相对超调量 $\bar{\sigma}$ 则等于：

$$\bar{\sigma} = \frac{\Delta X_{\max} - \Delta X_{\mathrm{W}}}{\Delta X_{\mathrm{W}}} = \mathrm{e}^{-\pi\xi_\alpha/\sqrt{1-\xi_\alpha^2}} \tag{3-152}$$

相对超调量 $\bar{\sigma}$ 与导弹相对阻尼系数 ξ_α 的关系，按式(3-152)可由图 3-10 中的曲线表示。在振荡运动中相对阻尼系数 ξ_α 愈小，超调量 $\bar{\sigma}$ 愈大。

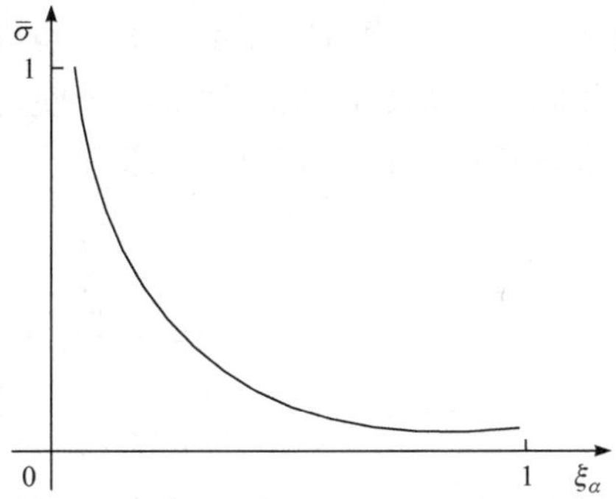

图 3-10　相对阻尼系数对相对超调量的影响

应该指出，所得超调量是在舵面阶跃偏转下得到的，如果舵面非阶跃偏转，则超调量 $\bar{\sigma}$ 值也较小。

下面以法向过载为例，研究导弹在真实飞行中的最大过载。取 $\Delta X = \Delta n_y$，这里偏量符号“Δ”是指明对扰动运动而言，由式(3-152)可得

$$\Delta n_{y\max} = \Delta n_{y\mathrm{W}}(1+\bar{\sigma}) = -\frac{V_0}{g} K_\alpha \Delta\delta_{z\mathrm{W}}(1+\bar{\sigma}) \tag{3-153}$$

如果基准运动是在可用过载下飞行，那么导弹在飞行过程中全部法向过载值应为

$$n_y = n_{y\mathrm{K}} + \Delta n_{y\max} = n_{y\mathrm{K}} - \frac{V_0}{g} K_\alpha \Delta\delta_{z\mathrm{W}}(1+\bar{\sigma}) \tag{3-154}$$

式中，$n_{y\mathrm{K}}$ 为可用过载，它等于：

$$n_{y\mathrm{K}} = -\left(\frac{P + C_y^\alpha qS}{G} \frac{m_z^{\delta_z}}{m_z^\alpha}\right)_0 (\pm\delta_{z\max}) \tag{3-155}$$

一种最严重的情况是，导弹在可用过载下飞行时，舵面从一个极限位置突然偏转到另一个极限位置，在扰动运动中舵偏角偏量 $\Delta\delta_{z\mathrm{W}}$ 实质上等于 $\mp 2\Delta\delta_{z\max}$，因而全部法向过载最大值 $n_{y\max}$ 应为

$$n_{y\max}=-\left(\frac{m_z^{\delta_z}}{m_z^{\alpha}}\frac{P+C_y^{\alpha}qS}{G}\right)_0(\pm\delta_{z\max})-\frac{V_0}{g}K_{\alpha}(\mp 2\Delta\delta_{z\max})(1+\bar{\sigma}) \tag{3-156}$$

如果传递系数 K_α 采用近似表达式(3-141)，则式(3-156)变为

$$n_{y\max}=\pm\left(\frac{m_z^{\delta_z}}{m_z^{\alpha}}\frac{P+C_y^{\alpha}qS}{G}\right)_0(1+2\bar{\sigma})\delta_{z\max} \tag{3-157}$$

引入式(3-152)后，式(3-157)可写成

$$n_{y\max}=\pm\left(\frac{m_z^{\delta_z}}{m_z^{\alpha}}\frac{P+C_y^{\alpha}qS}{G}\right)_0\left(1+2\mathrm{e}^{-\pi\xi_\alpha/\sqrt{1-\xi_\alpha^2}}\right)\delta_{z\max} \tag{3-158}$$

由此可见，在最严重的情况下，全部过载的最大值 $n_{y\max}$ 要比可用过载 $n_{y\mathrm{K}}$ 大得多，所以对导弹和控制系统设计的受载要求必须考虑这一情况，否则会因承载能力不够而遭到破坏。为了减小过载的最大值，往往希望导弹具有比较大的相对阻尼系统 ξ_α，它与动力系数的关系为

$$\xi_\alpha=\frac{a_{22}+a_{24}'+a_{34}}{2\sqrt{a_{24}+a_{22}a_{34}}}\approx\frac{a_{22}+a_{34}}{2\sqrt{a_{24}}} \tag{3-159}$$

这个关系说明，增大导弹的气动阻尼动力系数 a_{22} 和法向力动力系数 a_{34} 总是有益的。当然，弹体的静稳定度不太大，也能增大 ξ_α 值，这一点与传递系数 K_α 对静稳定性的要求相同。但是，静稳定度太小将使时间常数 T_α 增大，这又是不希望的。将相应的动力系数表达式代入式(3-159)后，求得

$$\xi_\alpha\approx\frac{-\left(\frac{1}{J_z}\frac{1}{2}m_z^{\omega_z}\rho VSL^2+\frac{P}{mV}+\frac{1}{2m}C_y^{\alpha}\rho VS\right)_0}{2\sqrt{-\left(\frac{1}{J_z}\frac{1}{2}m_z^{\alpha}\rho V^2SL\right)_0}} \tag{3-160}$$

因 $P/(mV)$ 值相比之下比较小，可以略去，式(3-160)进一步简化成

$$\xi_\alpha\approx\frac{-m_z^{\omega_z}\sqrt{\rho}\sqrt{S}L^2/J_z+C_y^{\alpha}\sqrt{\rho}\sqrt{S}/m}{\sqrt{-m_z^{\alpha}L/J_z}} \tag{3-161}$$

从式(3-161)来看，导弹因受到气动外形布局的限制，以及不可能选择过大的弹翼面积，相对阻尼系数 ξ_α 的数值就不可能接近 0.7，某些导弹甚至只在 0.1 左右，想要进一步提高 ξ_α 的数值则很难实现。

相对阻尼系数 ξ_α 与飞行速度无直接联系，因此超调量 σ 也不随飞行速度的变化而发生明显的改变。但是 ξ_α 与空气密度有关，随着飞行高度的增加，它将明显地下降。例如，就表 3-6 所举地-空导弹来讲，相对阻尼系数 ξ_α 随高度的变化如表 3-7 所示。

表 3-7 地-空导弹的相对阻尼系数 ξ_α 随高度的变化

H/km	5.027	9.187	13.098	16.174	19.669	22.000
ξ_α	0.121	0.095	0.072	0.056	0.044	0.035

考虑上述所说的情况，为了提高相对阻尼系数ξ_α，以便改善过渡过程的品质，特别是减小超调量，多数导弹都是采用自动驾驶仪来补偿弹体阻尼的不足。在相对阻尼系数ξ_α比较小的情况下，为了减小过载最大值，就要限制舵偏角的极限位置，如果舵偏角的最大值$\delta_{z\max}$是为了保证导弹在高空时获得较大的机动性，那么在低空时为了防止过载太大，就要设法减小舵偏角的最大值。某地-空导弹是采用改变舵面传动比的办法，使舵偏角最大值$\delta_{z\max}$与动压头q值成反比变化，以便在高空时提高导弹的机动性，而在低空时减小法向过载的最大值。

3.4　侧向扰动运动

3.3 节研究了导弹的纵向扰动运动，这时导弹的纵向对称平面与铅垂飞行平面相重合，只有运动参数V、θ、ω_z、φ、α和x、y的变化。在纵向运动中没有考虑的飞行器的其他参数，如σ、β、ν、γ、ψ、ω_x、ω_y和z，通常称为侧向运动参数(简称“侧向参数”)。研究这些参数随时间变化的运动，称为侧向运动。侧向运动参数在基准运动中的变化，由下列运动方程组来描述：

$$
\begin{cases}
-mV\cos\theta\dfrac{\mathrm{d}\sigma}{\mathrm{d}t}=P(\sin\alpha\sin\nu-\cos\alpha\sin\beta\cos\nu) \\
\qquad\qquad +Y\sin\nu+Z\cos\nu \\
J_x\dfrac{\mathrm{d}\omega_x}{\mathrm{d}t}=M_x-(J_z-J_y)\omega_y\omega_z \\
J_y\dfrac{\mathrm{d}\omega_y}{\mathrm{d}t}=M_y-(J_x-J_z)\omega_z\omega_x \\
\dfrac{\mathrm{d}\psi}{\mathrm{d}t}=\dfrac{1}{\cos\varphi}(\omega_y\cos\gamma-\omega_z\sin\gamma) \\
\dfrac{\mathrm{d}\gamma}{\mathrm{d}t}=\omega_x-\mathrm{tg}\varphi(\omega_y\cos\gamma-\omega_z\sin\gamma) \\
\dfrac{\mathrm{d}z}{\mathrm{d}t}=-V\cos\theta\sin\sigma \\
\sin\sigma\cos\theta=\cos\alpha\cos\beta\sin\psi\cos\varphi+\sin\alpha\cos\beta(\cos\psi\sin\gamma \\
\qquad +\cos\gamma\sin\psi\sin\varphi)-\sin\beta(\cos\psi\cos\gamma \\
\qquad -\sin\gamma\sin\varphi\sin\psi) \\
\sin\nu\cos\theta=\cos\alpha\sin\beta\sin\varphi-(\sin\alpha\sin\beta\cos\gamma \\
\qquad -\cos\beta\sin\gamma)\cos\varphi
\end{cases}
\tag{3-162}
$$

在基准运动中计算理论弹道的侧向参数，单纯采用方程组是不充分的，因为方程中还包括纵向参数V、α、y、φ等。因此，运用式(3-162)求解侧向参数，还必须联立纵向运动方程组。在这里单独列出描述侧向运动参数的方程，其目的是便于获得侧向扰动运动方程组，在小扰动的范围内，将侧向扰动运动和纵向扰动运动分开独立研究，以简化问题的讨论。

3.4.1 侧向扰动运动的数学模型

在扰动运动中，如果基准运动的纵向参数不变，控制和干扰作用仅使侧向运动参数发生变化，这种扰动运动称为侧向扰动运动(简称“侧向运动”)。

在导弹空间扰动运动方程组中，因为运动参数的偏量足够小，属于小扰动范畴，同时导弹又是纵向对称的，以及基准弹道中侧向参数和纵向运动角速度足够小等，可以得到一组侧向扰动运动方程：

$$\begin{cases}\dfrac{\mathrm{d}\Delta\sigma}{\mathrm{d}t}=\left(\dfrac{P-Z^{\beta}}{mV\cos\theta}\right)_0\Delta\beta-\left(\dfrac{P\alpha+Y}{mV\cos\theta}\right)_0\Delta\nu-\left(\dfrac{Z^{\delta_y}}{mV\cos\theta}\right)_0\Delta\delta_y\\ \dfrac{\mathrm{d}\Delta\omega_x}{\mathrm{d}t}=\left(\dfrac{M_x^{\beta}}{J_x}\right)_0\Delta\beta+\left(\dfrac{M_x^{\omega_x}}{J_x}\right)_0\Delta\omega_x+\left(\dfrac{M_x^{\omega_y}}{J_x}\right)_0\Delta\omega_y+\left(\dfrac{M_x^{\delta_x}}{J_x}\right)_0\Delta\delta_x+\left(\dfrac{M_x^{\delta_y}}{J_x}\right)_0\Delta\delta_y\\ \dfrac{\mathrm{d}\Delta\omega_y}{\mathrm{d}t}=\left(\dfrac{M_y^{\beta}}{J_y}\right)_0\Delta\beta+\left(\dfrac{M_y^{\omega_x}}{J_y}\right)_0\Delta\omega_x+\left(\dfrac{M_y^{\omega_y}}{J_y}\right)_0\Delta\omega_y+\left(\dfrac{M_y^{\dot\beta}}{J_y}\right)_0\Delta\dot\beta+\left(\dfrac{M_y^{\delta_y}}{J_y}\right)_0\Delta\delta_y\\ \dfrac{\mathrm{d}\Delta\psi}{\mathrm{d}t}=\left(\dfrac{1}{\cos\varphi}\right)_0\Delta\omega_y\\ \dfrac{\mathrm{d}\Delta\gamma}{\mathrm{d}t}=\Delta\omega_x-(\mathrm{tg}\varphi)_0\Delta\omega_y\\ \Delta\sigma=\Delta\psi+\left(\dfrac{\alpha}{\cos\theta}\right)_0\Delta\gamma-\left(\dfrac{1}{\cos\theta}\right)_0\Delta\beta\\ \Delta\nu=(\mathrm{tg}\theta)_0\Delta\beta+\left(\dfrac{\cos\varphi}{\cos\theta}\right)_0\Delta\gamma\\ \dfrac{\mathrm{d}\Delta z}{\mathrm{d}t}=(-V\cos\theta)_0\Delta\nu\end{cases}\tag{3-163}$$

侧向扰动运动和纵向扰动运动类似，它的许多动力学现象可由侧向动力系数来表示。为了写出由侧向动力系数表示的标准侧向扰动运动方程组，下面对方程组(3-163)的第一式做进一步的简化，整理成以下形式：

$$\begin{cases}\dfrac{\mathrm{d}\Delta\omega_y}{\mathrm{d}t}=\left(\dfrac{M_y^{\beta}}{J_y}\right)_0\Delta\beta+\left(\dfrac{M_y^{\omega_x}}{J_y}\right)_0\Delta\omega_x+\left(\dfrac{M_y^{\omega_y}}{J_z}\right)_0\Delta\omega_y+\left(\dfrac{M_y^{\dot\beta}}{J_y}\right)_0\Delta\dot\beta+\left(\dfrac{M_y^{\delta_y}}{J_y}\right)_0\Delta\delta_y+\left(\dfrac{1}{J_y}\right)_0M'_{yd}\\ \cos\theta_0\dfrac{\mathrm{d}\Delta\sigma}{\mathrm{d}t}=\left(\dfrac{\cos\theta}{\cos\varphi}\right)_0\Delta\omega_y+\alpha_0\dfrac{\mathrm{d}\Delta\gamma}{\mathrm{d}t}-\dfrac{\mathrm{d}\Delta\beta}{\mathrm{d}t}\\ \quad=\left(\dfrac{P-Z^{\beta}}{mV}\right)_0\Delta\beta-\left(\dfrac{g}{V}\sin\theta\Delta\beta\right)_0-\left(\dfrac{g}{V}\cos\varphi\right)_0\Delta\gamma-\left(\dfrac{Z^{\delta_y}}{mV}\right)_0\Delta\delta_y+\left(\dfrac{1}{mV}\right)_0F'_{zd}\end{cases}$$

$$
\begin{cases}
\Delta\sigma = \Delta\psi - \left(\dfrac{1}{\cos\theta}\right)_0 \Delta\beta + \left(\dfrac{\alpha}{\cos\theta}\right)_0 \Delta\gamma \\
\dfrac{\mathrm{d}\Delta\omega_x}{\mathrm{d}t} = \left(\dfrac{M_x^{\beta}}{J_x}\right)_0 \Delta\beta + \left(\dfrac{M_x^{\omega_x}}{J_x}\right)_0 \Delta\omega_x + \left(\dfrac{M_x^{\omega_y}}{J_x}\right)_0 \Delta\omega_y + \left(\dfrac{M_x^{\delta_x}}{J_x}\right)_0 \Delta\delta_x + \left(\dfrac{M_x^{\delta_y}}{J_x}\right)_0 \Delta\delta_y + \left(\dfrac{1}{J_x}\right)_0 M'_{xd} \\
\dfrac{\mathrm{d}\Delta\gamma}{\mathrm{d}t} = \Delta\omega_x - (\mathrm{tg}\varphi)_0 \Delta\omega_y \\
\dfrac{\mathrm{d}\Delta\psi}{\mathrm{d}t} = \left(\dfrac{1}{\cos\varphi}\right)_0 \Delta\omega_y \\
\dfrac{\mathrm{d}\Delta z}{\mathrm{d}t} = (-V\cos\theta)_0 \Delta\sigma \\
\Delta\nu = (\mathrm{tg}\theta)_0 \Delta\beta + \left(\dfrac{\cos\varphi}{\cos\theta}\right)_0 \Delta\gamma
\end{cases}
\tag{3-164}
$$

在上列侧向扰动运动方程组中，M'_{yd} 为航向干扰力矩；M'_{xd} 为滚转干扰力矩；F'_{zd} 为侧向干扰力。为书写方便，用航向和滚转动力系数来代替偏量前的系数。由方程组(3-164)中第一式可得与航向力矩相关的动力系数表达式为

$$
\begin{cases}
\text{航向阻尼力矩动力系数:} & b_{22} = -\left(\dfrac{M_y^{\omega_y}}{J_y}\right)_0 \ (1/\mathrm{s}) \\
\text{航向静稳定力矩动力系数:} & b_{24} = -\left(\dfrac{M_y^{\beta}}{J_y}\right)_0 \ (1/\mathrm{s}^2) \\
\text{航向操纵力矩动力系数:} & b_{27} = -\left(\dfrac{M_y^{\delta_y}}{J_y}\right)_0 \ (1/\mathrm{s}^2) \\
\text{航向下洗延迟力矩动力系数:} & b'_{24} = -\left(\dfrac{M_y^{\dot\beta}}{J_y}\right)_0 \ (1/\mathrm{s}) \\
\text{航向交叉旋转阻尼力矩动力系数:} & b_{21} = -\left(\dfrac{M_y^{\omega_x}}{J_y}\right) (1/\mathrm{s})
\end{cases}
\tag{3-165}
$$

以上动力系数的物理含义基本上是与纵向力矩动力系数相对应的。

由方程组(3-164)中第二式可得与侧向力相关的动力系数表达式为

$$
\begin{cases}
\text{侧向力动力系数:} & b_{34} = \left(\dfrac{P - Z^{\beta}}{mV}\right)_0 (1/\mathrm{s}) \\
\text{方向舵面操纵力动力系数:} & b_{37} = \left(\dfrac{Z^{\delta_y}}{mV}\right)_0 (1/\mathrm{s}) \\
\text{侧向重力动力系数:} & b_{35} = -\left(\dfrac{g}{V}\cos\varphi\right)_0 (1/\mathrm{s})
\end{cases}
\tag{3-166}
$$

由方程组(3-164)中第四式可得与滚转力矩相关的动力系数表达式为

$$
\begin{cases}
\text{滚转阻尼力矩动力系数:} & b_{11}=-\left(\dfrac{M_x^{\omega_x}}{J_x}\right)_0 \ (1/\mathrm{s}) \\
\text{滚转静稳定力矩动力系数:} & b_{14}=-\left(\dfrac{M_x^{\beta}}{J_x}\right)_0 \ (1/\mathrm{s}^2) \\
\text{滚转操纵力矩动力系数:} & b_{18}=-\left(\dfrac{M_x^{\delta_x}}{J_x}\right)_0 \ (1/\mathrm{s}^2) \\
\text{滚转交叉阻尼力矩动力系数:} & b_{12}=-\left(\dfrac{M_x^{\omega_y}}{J_x}\right)_0 \ (1/\mathrm{s}) \\
\text{滚转交叉操纵力矩动力系数:} & b_{17}=-\left(\dfrac{M_x^{\delta_y}}{J_x}\right)_0 \ (1/\mathrm{s}^2)
\end{cases}
\tag{3-167}
$$

此外，还有与纵向基准运动参数有关的动力系数，其表达式为

$$
\begin{cases}
b_{32}=-\left(\dfrac{\cos\theta}{\cos\varphi}\right)_0, \quad b_{44}=\left(\dfrac{1}{\cos\theta}\right)_0, \quad b_{52}=-(\mathrm{tg}\varphi)_0, \quad a_{33}=-\left(\dfrac{g}{V}\sin\theta\right)_0 \\
b_{62}=\left(\dfrac{1}{\cos\varphi}\right)_0, \quad b_{74}=(\mathrm{tg}\theta)_0, \quad b_{75}=\left(\dfrac{\cos\varphi}{\cos\theta}\right)_0, \quad b_{86}=-(V\cos\theta)_0 \\
b_{45}=\left(\dfrac{\alpha}{\cos\theta}\right)_0, \quad b_{44}=\left(\dfrac{1}{\cos\theta}\right)_0
\end{cases}
\tag{3-168}
$$

采用航向和滚转动力系数后，航向和滚转干扰力矩，以及侧向干扰力可用以下相应的符号表示：

$$
M_{yd}=\left(\frac{1}{J_y}\right)_0 M'_{yd}, \quad M_{xd}=\left(\frac{1}{J_x}\right)_0 M'_{xd}, \quad F_{zd}=\left(\frac{1}{mV}\right)_0 F'_{zd}
\tag{3-169}
$$

于是，侧向扰动运动的标准形式为

$$
\begin{cases}
\Delta\dot{\omega}_x+b_{11}\Delta\omega_x+b_{14}\Delta\beta+b_{12}\Delta\omega_y=-b_{18}\Delta\delta_x-b_{17}\Delta\delta_y+M_{xd} \\
\Delta\dot{\omega}_y+b_{22}\Delta\omega_y+b_{24}\Delta\beta+b_{21}\Delta\omega_x+b'_{24}\Delta\dot{\beta}=-b_{27}\Delta\delta_y+M_{yd} \\
\Delta\dot{\beta}+b_{34}\Delta\beta+b_{32}\Delta\omega_y-\alpha\Delta\dot{\gamma}+b_{35}\Delta\gamma+a_{33}\Delta\beta=-b_{37}\Delta\delta_y+F_{zd} \\
\Delta\sigma=\Delta\psi-b_{44}\Delta\beta+b_{45}\Delta\gamma \\
\Delta\dot{\gamma}=\Delta\omega_x+b_{52}\Delta\omega_y \\
\dfrac{\mathrm{d}\Delta\psi}{\mathrm{d}t}=b_{62}\Delta\omega_y \\
\Delta\nu=b_{74}\Delta\beta+b_{75}\Delta\gamma \\
\dfrac{\mathrm{d}\Delta z}{\mathrm{d}t}=b_{86}\Delta\sigma
\end{cases}
\tag{3-170}
$$

在方程组(3-170)中，航向和滚转动力系数等由基准弹道的运动参数来计算。因为方程组(3-170)中还包括纵向运动参数V、y和α等，所以分析航向和滚转扰动运动时，除计算出基准弹道的侧向参数外，还必须了解纵向运动的一些参数。在小扰动范围内，将侧向扰动运动和纵向扰动运动分开来分析，可以简化问题的研究，初步了解航向和滚转扰动运动的基本特性。

在侧向扰动运动方程组(3-170)中，第四、六、七、八式与其他等式是无关的。因此，侧向扰动运动的偏量可用$\Delta\omega_y$、$\Delta\omega_x$、$\Delta\beta$和$\Delta\gamma$来表示其主要特性。于是，方程组(3-170)简化为

$$\begin{cases}\Delta\dot{\omega}_x + b_{11}\Delta\omega_x + b_{12}\Delta\omega_y + b_{14}\Delta\beta = -b_{18}\Delta\delta_x - b_{17}\Delta\delta_y + M_{xd} \\ \Delta\dot{\omega}_y + b_{22}\Delta\omega_y + b_{24}\Delta\beta + b'_{24}\Delta\dot{\beta} + b_{21}\Delta\omega_x = -b_{27}\Delta\delta_y + M_{yd} \\ \Delta\dot{\beta} + (b_{34} + a_{33})\Delta\beta - \alpha_0\Delta\dot{\gamma} + b_{35}\Delta\gamma + b_{32}\Delta\omega_y = -b_{37}\Delta\delta_y + F_{zd} \\ \Delta\dot{\gamma} = \Delta\omega_x + b_{52}\Delta\omega_y\end{cases} \tag{3-171}$$

侧向扰动运动方程和扰动参数如表 3-8 所示。

表 3-8 侧向扰动运动方程和扰动参数

i	扰动运动方程	j	扰动参数
1	$\Delta\dot{\omega}_x + b_{11}\Delta\omega_x + b_{12}\Delta\omega_y + b_{14}\Delta\beta = -b_{18}\Delta\delta_x - b_{17}\Delta\delta_y + M_{xd}$	1	$\Delta\omega_x$
		2	$\Delta\omega_y$
		7	$\Delta\delta_y$
		8	$\Delta\delta_x$
		4	$\Delta\beta$
2	$\Delta\dot{\omega}_y + b_{22}\Delta\omega_y + b_{24}\Delta\beta + b'_{24}\Delta\dot{\beta} + b_{21}\Delta\omega_x = -b_{27}\Delta\delta_y + M_{yd}$	1	$\Delta\omega_x$
		2	$\Delta\omega_y$
		4	$\Delta\beta$
		7	$\Delta\delta_y$
3	$-\left(\dfrac{\cos\theta}{\cos\varphi}\right)_0\Delta\omega_y + \dfrac{\mathrm{d}\Delta\beta}{\mathrm{d}t} - \alpha_0\dfrac{\mathrm{d}\Delta\gamma}{\mathrm{d}t} - \left(\dfrac{-P+Z^{\beta}}{mV}\right)_0\Delta\beta - \left(\dfrac{g}{V}\sin\theta\right)_0\cdot\Delta\beta - \left(\dfrac{g}{V}\cos\varphi\right)_0\cdot\Delta\gamma = \left(\dfrac{Z_y^{\delta_y}}{mV}\right)_0\Delta\delta_y + F_{zd}$	5	$\Delta\gamma$
		3、4	$\Delta\beta$
		2	$\Delta\omega_y$
		7	$\Delta\delta_y$
5	$\dfrac{\mathrm{d}\Delta\gamma}{\mathrm{d}t} = \Delta\omega_x - (\mathrm{tg}\varphi)_0\cdot\Delta\omega_y$	2	$\Delta\omega_y$

3.4.2 侧向扰动运动的状态方程

侧向扰动运动的状态向量为

$$[\Delta\omega_x \quad \Delta\omega_y \quad \Delta\beta \quad \Delta\gamma]^{\mathrm{T}}$$

在侧向扰动运动方程组式(3-170)、式(3-171)中，第二式中的$\Delta\dot{\beta}$可以替换，于是侧向扰动运动的微分方程组可写为

$$\begin{cases}\Delta\dot{\omega}_x = -b_{11}\Delta\omega_x - b_{12}\Delta\omega_y - b_{14}\Delta\beta - b_{18}\Delta\delta_x - b_{17}\Delta\delta_y + M_{xd} \\ \Delta\dot{\omega}_y = -\left(b_{21} + b'_{24}\alpha_0\right)\Delta\omega_x - \left(b_{22} - b'_{24}b_{32} + b'_{24}\alpha_0 b_{52}\right)\Delta\omega_y \\ \qquad - \left(b_{24} - b'_{24}b_{34} - b'_{24}a_{33}\right)\Delta\beta + b'_{24}b_{35}\Delta\gamma - \left(b_{27} - b'_{24}b_{37}\right)\Delta\delta_y + M_{yd} - b'_{24}F_{zd} \\ \Delta\dot{\beta} = \alpha_0\Delta\omega_x - \left(b_{32} - \alpha_0 b_{52}\right)\Delta\omega_y - \left(b_{34} + a_{33}\right)\Delta\beta - b_{35}\Delta\gamma - b_{37}\Delta\delta_y + F_{zd} \\ \Delta\dot{\gamma} = \Delta\omega_x + b_{52}\Delta\omega_y \end{cases} \tag{3-172}$$

由方程组(3-172)可得侧向扰动运动的状态方程为

$$\begin{bmatrix}\Delta\dot{\omega}_x \\ \Delta\dot{\omega}_y \\ \Delta\dot{\beta} \\ \Delta\dot{\gamma}\end{bmatrix} = \boldsymbol{A}_{xy}\begin{bmatrix}\Delta\omega_x \\ \Delta\omega_y \\ \Delta\beta \\ \Delta\gamma\end{bmatrix} - \begin{bmatrix}b_{18} \\ 0 \\ 0 \\ 0\end{bmatrix}\Delta\delta_x - \begin{bmatrix}b_{17} \\ b_{27} - b'_{24}b_{37} \\ b_{37} \\ 0\end{bmatrix}\Delta\delta_y + \begin{bmatrix}M_{xd} \\ M_{yd} - b'_{24}F_{zd} \\ F_{zd} \\ 0\end{bmatrix} \tag{3-173}$$

式中，侧向动力系数(4×4 维矩阵) $\boldsymbol{A}_{xy}$ 为

$$\boldsymbol{A}_{xy} = \begin{bmatrix} -b_{11} & -b_{12} & -b_{14} & 0 \\ -\left(b_{21} + b'_{24}\alpha_0\right) & -\left(b_{22} - b'_{24}b_{32} + b'_{24}\alpha_0 b_{52}\right) & -\left(b_{24} - b'_{24}b_{34} - b'_{24}a_{33}\right) & b'_{24}b_{35} \\ \alpha_0 & -\left(b_{32} - \alpha_0 b_{52}\right) & -\left(b_{34} + a_{33}\right) & -b_{35} \\ 1 & b_{52} & 0 & 0 \end{bmatrix}$$

在方程组(3-171)中，若等式右端舵偏角偏量$\Delta\delta_y$和$\Delta\delta_x$，以及干扰力矩和干扰力的列矩阵都等于零，则矩阵方程描述了侧向自由扰动运动。否则，只要有一项不等于零，状态方程将描述导弹的侧向强迫扰动运动。

侧向自由扰动运动的性质取决于以下特征方程：

$$G(s) = |sI - A_{xy}| = s^4 + A_1 s^3 + A_2 s^2 + A_3 s + A_4 = 0 \tag{3-174}$$

式中，各特征方程系数的表达式为

$$\begin{cases} A_1 = a_{33} + b_{11} + b_{22} + b_{34} - b_{32}b'_{24} + \alpha_0 b_{52}b'_{24} \\ A_2 = \alpha_0\left(b_{14} + b_{24}b_{52} - b_{12}b'_{24} + b_{11}b_{52}b'_{24}\right) \\ \qquad + a_{33}b_{11} + a_{33}b_{22} + b_{11}b_{22} - b_{12}b_{21} + b_{11}b_{34} + b_{22}b_{34} - b_{24}b_{32} - b_{11}b_{32}b'_{24} - b_{35}b_{52}b'_{24} \\ A_3 = \alpha_0\left(b_{14}b_{22} - b_{12}b_{24} + b_{11}b_{24}b_{52} - b_{14}b_{21}b_{52}\right) \\ \qquad + b_{35}\left(b_{12}b'_{24} - b_{24}b_{52} - b_{14} - b_{11}b_{52}b'_{24}\right) \\ \qquad + a_{33}b_{11}b_{22} - a_{33}b_{12}b_{21} + b_{11}b_{22}b_{34} - b_{11}b_{24}b_{32} - b_{12}b_{21}b_{34} + b_{14}b_{21}b_{32} \\ A_4 = b_{35}\left(b_{12}b_{24} - b_{14}b_{22} - b_{11}b_{24}b_{52} + b_{14}b_{21}b_{52}\right) \end{cases} \tag{3-175}$$

侧向扰动运动特征方程和前面纵向扰动运动一样，也是四阶的。

3.4.3　侧向扰动运动的模态

侧向扰动运动的稳定性由其特征方程的性质来决定，判别运动是否稳定，也可直接根据特征方程的系数采用霍尔维茨稳定准则。但是，为了分析侧向自由扰动运动的一般特性，还必须求出特征方程的根值，以便由特征根的性质来说明运动形态。侧向自由扰动运动的一般解为

$$\begin{cases}\Delta\omega_x = K\mathrm{e}^{s_i t}\\ \Delta\omega_y = L\mathrm{e}^{s_i t}\\ \Delta\beta = M\mathrm{e}^{s_i t}\\ \Delta\gamma = N\mathrm{e}^{s_i t}\end{cases} \tag{3-176}$$

式中，s_i 为特征方程的根。在研究导弹侧向扰动运动时，这样的根的分布是最常遇到的，四个特征根分为三种情况：一个大实根 s_1(负值)；一个小实根 s_2 (正值)；两对共轭复根 $s_{3,4}$。每一个根决定了一种运动模态。

1. 倾侧运动模态

大实根决定的运动模态是非周期收敛的。从参数间的量值来看，通常 $|\Delta\omega_x| \gg |\Delta\omega_y|, |\Delta\gamma| \gg |\Delta\beta|$，所以由大实根 s_1 所决定的运动，基本上只有倾斜角 $\Delta\gamma$ 的变化，称为倾侧运动模态。由于 s_1 是一个绝对值比较大的数，因而倾侧运动将很快衰减，通常延续时间不到 1s。大实根 s_1 基本上是由动力系数 $b_{11} = -\dfrac{M_x^{\omega_x}}{J_x}$ 的数值来决定的。这里也可看出，该非周期运动之所以迅速衰减，是因为导弹在正常攻角下具有较大的倾斜阻尼力矩。从 b_{11} 的表达式中可以看出，当 $\left|M_x^{\omega_x}\right|$ 增加时，$|b_{11}|$ 增加，从而使 $|s_1|$ 增加，而 $\left|M_x^{\omega_x}\right|$ 与弹翼的展弦比有关，当展弦比增加时，$\left|M_x^{\omega_x}\right|$ 增加，$|s_1|$ 也增加，非周期运动收敛得更快。又从 $M_x^{\omega_x} = m_x^{\omega_x} qSL\dfrac{L}{2V}$ 中可知，当飞行高度增加时，大气密度减小，q 随之减小，$\left|M_x^{\omega_x}\right|$ 减小，收敛的程度减慢；当飞行速度增加时，q/V 增加，$\left|M_x^{\omega_x}\right|$ 增加，收敛程度加快。关于大实根 s_1 基本上由 $b_{11} = -\dfrac{M_x^{\omega_x}}{J_x}$ 来决定的结论很容易加以证明。

已知 $A_1 = b_{22} + b_{34} + b_{11} + \alpha_0 b'_{24} b_{52} - b'_{24} b_{32} + a_{33}$，将各动力系数的表示式代入式(3-176)，得

$$A_1 = -\left(\frac{g}{V}\sin\theta\right)_0 - \left(\frac{M_y^{\omega_y}}{J_y}\right)_0 - \left(\frac{-P+Z^\beta}{mV}\right)_0 - \left(\frac{M_x^{\omega_x}}{J_x}\right)_0$$

$$+\alpha_0\left(-\frac{M_y^{\dot\beta}}{J_y}\right)_0(-\mathrm{tg}\varphi)_0 - \left(-\frac{M_y^{\dot\beta}}{J_y}\right)_0\left(-\frac{\cos\theta}{\cos\varphi}\right)_0$$

考虑到一般情况下 α_0 比较小，所以：

$$\cos\theta_0 = \cos(\varphi_0 - \alpha_0) = \cos\varphi_0\cos\alpha_0 + \sin\varphi_0\sin\alpha_0 \approx \cos\varphi_0 + \alpha_0\sin\varphi_0$$

又得

$$\frac{\cos\theta_0}{\cos\varphi_0}=\frac{\cos\varphi_0+\alpha_0\sin\varphi_0}{\cos\varphi_0}=1+\alpha_0\mathrm{tg}\varphi_0$$

故 A_1 可以写成

$$\begin{aligned}A_1&=\left(-\frac{g}{V}\sin\theta-\frac{M_y^{\omega_y}}{J_y}-\frac{-P+Z^\beta}{mV}-\frac{M_x^{\omega_x}}{J_x}+\alpha\frac{M_y^{\dot\beta}}{J_y}\mathrm{tg}\varphi-\frac{M_y^{\dot\beta}}{J_y}(1+\alpha\mathrm{tg}\varphi)\right)_0\\&=\left(-\frac{g}{V}\sin\theta-\frac{M_y^{\omega_y}}{J_y}-\frac{-P+Z^\beta}{mV}-\frac{M_x^{\omega_x}}{J_x}-\frac{M_y^{\dot\beta}}{J_y}\right)_0\end{aligned}$$

由于 $(M_x^{\omega_x})_0>(M_y^{\dot\beta})_0$，$(M_x^{\omega_x})_0>(M_y^{\omega_y})_0$，$(J_y)_0\gg(J_x)_0$，故 $\left|\frac{M_y^{\omega_y}}{J_y}\right|_0$、$\left|\frac{M_y^{\dot\beta}}{J_y}\right|_0$ 相对 $\left|\frac{M_x^{\omega_x}}{J_x}\right|_0$ 可以忽略不计。又考虑到 V_0 值对目前高速飞行的导弹来讲往往很大，所以其倒数值很小，这样 $\left(\frac{g}{V}\sin\theta\right)_0$、$\left(\frac{-P+Z^\beta}{mV}\right)_0$ 又可以忽略不计。因此，A_1 可以近似表示为

$$A_1\approx-\left(\frac{M_x^{\omega_x}}{J_x}\right)_0$$

对于大实根(经常大于 1) A_1，下列关系式总是成立的：

$$s_1^4>\left|s_1^3\right|>s_1^2>\left|s_1\right|$$

因此，可以认为在特征方程 $s_1^4+A_1s_1^3+A_2s_1^2+A_3s_1+A_4=0$ 中 $A_2s_1^2$、A_3s_1、A_4 这三项都可以忽略不计，故可求出 s_1 为

$$s_1+A_1=0$$

即

$$s_1\approx-A_1\approx-b_{11}=\frac{M_x^{\omega_x}}{J_x}$$

一般按上式求出的近似解相当令人满意。由于 $-b_{11}=\frac{M_x^{\omega_x}}{J_x}$，而 $M_x^{\omega_x}=\frac{\partial M_x}{\partial\omega_x}$ 永远为一负值，所以大实根 $s_1\approx-b_{11}=\frac{M_x^{\omega_x}}{J_x}$ 所对应的扰动运动模态应该是一个稳定的非周期运动。

2. 螺旋运动模态

小实根 s_2 决定的运动模态是非周期的，但发散得很缓慢。参数 $\Delta\omega_y$ 和 $\Delta\gamma$ 分别比 $\Delta\omega_x$ 和 $\Delta\beta$ 大得多，但由于 $\Delta\gamma$ 和 $\Delta\omega_x$ 基本上属于一个运动自由度，因此为了进一步了解这种运动的性质，进行以下分析。

取地面坐标系 $Ox_0y_0z_0$，假定俯仰角 φ 和弹道倾角 θ 都不大，飞行器的运动学方程由图 3-11 可以近似得出：

$$\begin{cases}\Delta\dot{x}_0 \approx \Delta V \\ \Delta\dot{y}_0 \approx 0 \\ \Delta\dot{z}_0 \approx V_0(\Delta\beta - \Delta\psi)\end{cases} \tag{3-177}$$

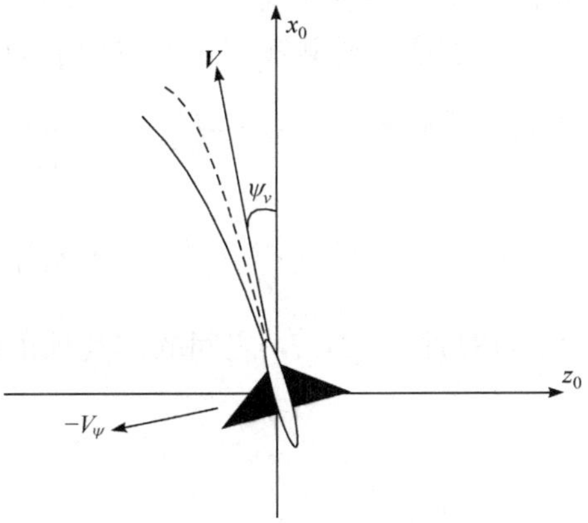

图 3-11　侧向基准运动示意图

因为 φ 不大时，$\Delta\dot{\psi} = \Delta\omega_y$，所以 $\Delta\psi = \omega_y / s_2$。于是，在式(3-177)中，若 $\Delta\psi \gg \Delta\beta$，则 $(\Delta\beta - \Delta\psi) \approx -\Delta\psi$。由根 s_2 决定的参数 $\Delta\omega_y$ 的特解可以写成 $\Delta\omega_y = L_2 e^{s_2 t}$，$L_2$ 为待定系数，于是有

$$\Delta\psi = \frac{1}{s_2}\Delta\omega_y = \frac{L_2}{s_2}e^{s_2 t} \tag{3-178}$$

式(3-178)中的特定系数 L_2 由初始值来决定。将式(3-178)代入式(3-177)，得到：

$$\begin{cases}\Delta x \approx V_0 t \\ \Delta z \approx -V_0\int_0^t \Delta\psi(t)\mathrm{d}t = -V_0\dfrac{L_2}{{s_2}^2}(e^{s_2 t} - 1)\end{cases} \tag{3-179}$$

由方程(3-179)描述的轨迹，表示飞行器进行平面转弯。因为小实根 $s_2 > 0$，表示飞行器一方面偏离原来的偏航角，另一方面又以愈来愈小的半径进行转弯。同时，因倾斜角不断增大，升力的垂直分量不断减小，飞行高度也在逐渐下降，整个运动如同螺旋运动，因而由根 s_2 决定的运动模态使飞行器沿螺旋线运动。因为根 $s_2 > 0$，所以螺旋运动是不稳定的。

根 s_2 也可用近似方法求出。因为 s_2 通常小于 1，所以 ${s_2}^4 < {s_2}^3 < {s_2}^2 < s_2$，于是特征方程(3-174)可以近似表达为

$$A_3 s_2 + A_4 \approx 0 \tag{3-180}$$

由此可得

$$s_2 \approx -A_4 / A_3$$

为了使根 $s_2 < 0$，以使飞行器的螺旋运动是稳定的，必须使特征方程的系数 A_3 和 A_4 分别大于零。

3. 荷兰滚运动模态

一对共轭复根所决定的运动模态是振荡衰减的，这个关系式也可用复平面上的矢量图来表示，如图 3-12 所示。比较关系说明，由一对共轭复根决定的运动模态，参数 $\Delta\omega_x$、$\Delta\omega_y$ 和 $\Delta\beta$ 都有变化，其中角速度 $\Delta\omega_x$ 的变化更大。这种运动模态既有滚转，又有偏航和侧滑，它类似于滑冰运动

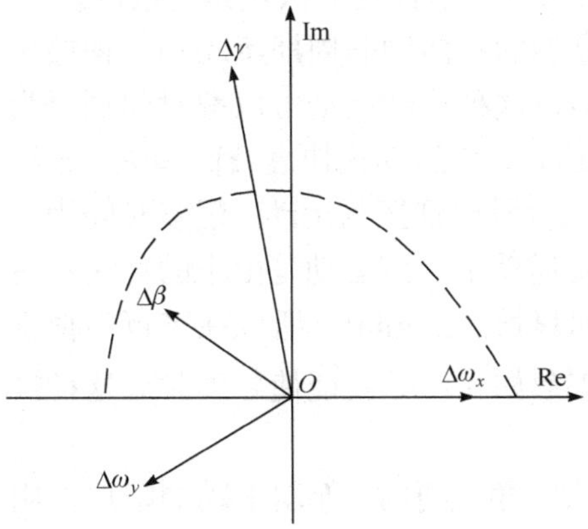

图 3-12　旋转矢量图

中“荷兰滚”花式动作，因而将飞行器的这种侧向运动分量，习惯上又称为荷兰滚运动。由于它的振荡频率比较高，如果不稳定，很难纠正，因而要求这种运动分量必须是稳定的，并能很快地衰减。

至于这一对共轭复根，它没有直接简单的近似公式来计算。但是，由于可以将两个实数根近似表示为 $s_1 \approx -b_{11}, s_2 \approx -\dfrac{A_4}{A_3}$，这时就不难将特征方程改写为

$$(s+b_{11})\left(s+\frac{A_4}{A_3}\right)(s^2+As+B) \approx 0 \tag{3-181}$$

式(3-181)和式(3-174)之间的同类项前面的系数应该相等，因此有

$$b_{11}\frac{A_4}{A_3}B = A_4$$

$$b_{11}+\frac{A_4}{A_3}+A = A_1$$

即

$$B = \frac{A_3}{b_{11}}$$

$$A = A_1 - b_{11} - \frac{A_4}{A_3}$$

所以一对共轭复根可以由下式求出：

$$s^2 + As + B = 0$$

即

$$s_{3,4} = \frac{-A \pm \sqrt{A^2-4B}}{2}$$

应当注意到，对于高速飞行的导弹，由于弹翼面积和展弦比都比较小，所以 b_{11} 值相对 A_1 中其他各项的数值就可能大得不多，因此采用上述近似求根法就会带来较大的误差。但是从定性上说，以及为了迅速估计导弹的侧向动态特性，这样的方法还是有效的。

综上所述，导弹的侧向扰动运动是由三种运动叠加的：两种非周期运动和一种振荡运动。这三种侧向扰动运动同时存在并互相叠加。不过这种扰动运动可以按时间划分为三个阶段，第一阶段是相应于(绝对值)大实根的倾斜运动，该运动很快衰减而消失，延续时间很短(0.2～0.4s)；当航向静稳定性比较大时，第二阶段出现振荡运动，延续时间为几秒钟(如 4～5s)；进入第三阶段以后，剩下的只是螺旋运动了，该运动是由小的正实根所确定的，是一个慢发散的运动，而且运动延续的时间很长(约 1min)，所以在飞行中很难发现螺旋不稳定性。往往只要将方向舵和副翼稍加偏转(如 0.1°)，就能使导弹脱离这种螺旋运动。

这里附带说明一下，如果导弹已接近于 $C_{y\max}$ 的大攻角飞行时，倾斜滚动的阻尼作用可能会消失，甚至会出现 b_{11} 为负值的现象。这是因为向下运动的弹翼实际攻角已大于临

界攻角，造成升力减小，于是旋转运动加剧，出现了自旋现象，而且导弹将进入螺旋运动的状态(图 3-13)。

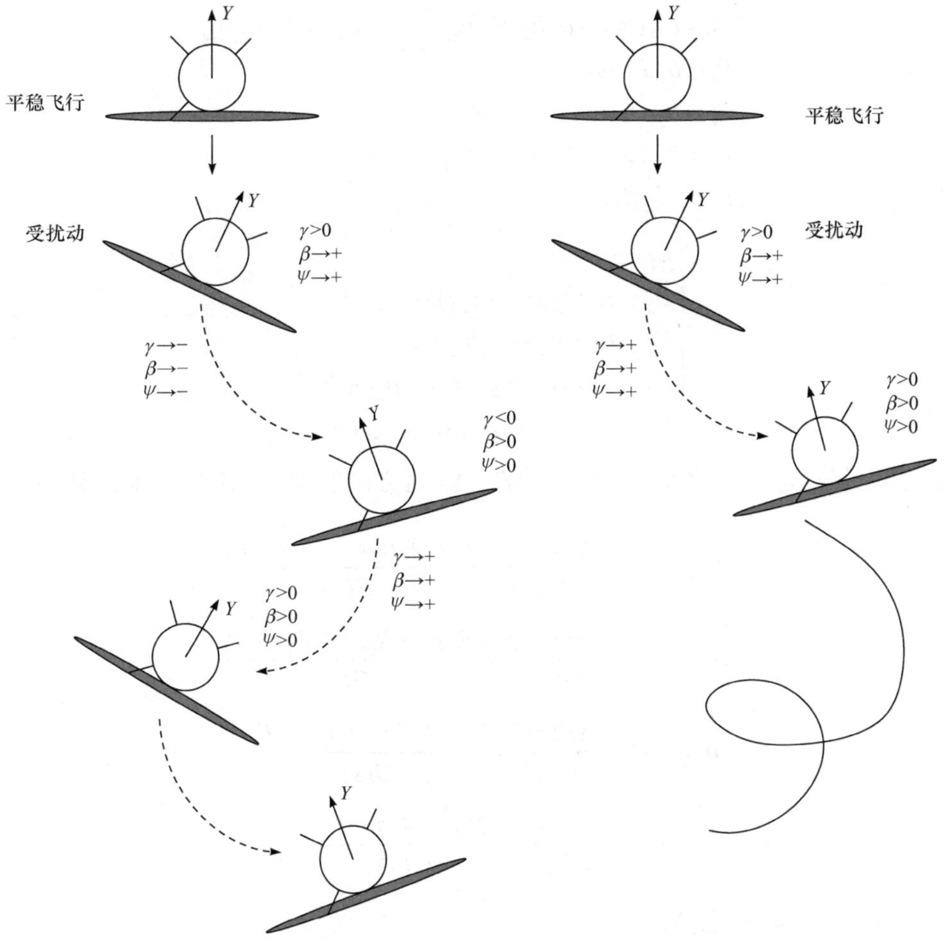

图 3-13　荷兰滚及螺旋模态

3.4.4　侧向扰动运动的传递函数

(1) 侧向扰动运动参数 $\Delta\omega_x$、$\Delta\omega_y$、$\Delta\beta$、$\Delta\gamma$ 对副翼偏转角 $\Delta\delta_x$ 的传递函数为

$$\begin{cases} W_{\omega_x\delta_x}(s)=\dfrac{\Delta\omega_x(s)}{\Delta\delta_x(s)}=\dfrac{b_{18}(-s^3+P_1s^2+P_2s+P_3)}{G(s)} \\ W_{\omega_y\delta_x}(s)=\dfrac{\Delta\omega_y(s)}{\Delta\delta_x(s)}=\dfrac{b_{18}(P_4s^2+P_5s+P_6)}{G(s)} \\ W_{\beta\delta_x}(s)=\dfrac{\Delta\beta(s)}{\Delta\delta_x(s)}=\dfrac{b_{18}(E_1s^2+E_2s+E_3)}{G(s)} \\ W_{\gamma\delta_x}(s)=\dfrac{\Delta\gamma(s)}{\Delta\delta_x(s)}=\dfrac{b_{18}(-s^2+E_4s+E_5)}{G(s)} \end{cases} \tag{3-182}$$

式中，参数 P、E 的表达式为

$$\begin{cases} P_1 = b'_{24}(b_{32} - \alpha_0 b_{52}) - b_{22} - b_{34} - a_{33} \\ P_2 = b_{24}(b_{32} - \alpha_0 b_{52}) - b_{22}(b_{34} + a_{33}) + b_{35}b_{52}b'_{24} \\ P_3 = b_{24}b_{35}b_{52} \\ P_4 = b_{21} + \alpha_0 b'_{24} \\ P_5 = b_{21}(a_{33} + b_{34}) + \alpha_0 b_{24} - b_{35}b'_{24} \\ P_6 = -b_{24}b_{35} \end{cases} \tag{3-183}$$

$$\begin{cases} E_1 = -\alpha_0 \\ E_2 = \alpha_0(b_{21}b_{52} - b_{22}) + b_{35} \\ E_3 = b_{35}(b_{22} - b_{21}b_{52}) \\ E_4 = b_{21}b_{52} - b_{22} - b_{34} - a_{33} + b_{35}b'_{24} \\ E_5 = (b_{21}b_{52} - b_{22})(a_{33} + b_{34}) + b_{24}b_{32} \end{cases} \tag{3-184}$$

(2) 侧向扰动运动参数 $\Delta\omega_x$、$\Delta\omega_y$、$\Delta\beta$、$\Delta\gamma$ 对方向舵偏角 $\Delta\delta_y$ 的传递函数为

$$\begin{cases} W_{\omega_x\delta_y}(s) = \dfrac{\Delta\omega_x(s)}{\Delta\delta_y(s)} = \dfrac{R_1 s^3 + R_2 s^2 + R_3 s + R_4}{G(s)} \\ W_{\omega_y\delta_y}(s) = \dfrac{\Delta\omega_y(s)}{\Delta\delta_y(s)} = \dfrac{R_5 s^3 + R_6 s^2 + R_7 s + R_8}{G(s)} \\ W_{\beta\delta_y}(s) = \dfrac{\Delta\beta(s)}{\Delta\delta_y(s)} = \dfrac{T_1 s^3 + T_2 s^2 + T_3 s + T_4}{G(s)} \\ W_{\gamma\delta_y}(s) = \dfrac{\Delta\gamma(s)}{\Delta\delta_y(s)} = \dfrac{T_5 s^2 + T_6 s + T_7}{G(s)} \end{cases} \tag{3-185}$$

式中，参数 R、T 的表达式为

$$\begin{cases} R_1 = b_{17} \\ R_2 = b_{17}[(b_{34} + a_{33}) + b_{22} + b'_{24}(\alpha_0 b_{52} - b_{32})] + b_{12}(b'_{24}b_{37} - b_{27}) - b_{37}b_{14} \\ R_3 = b_{17}[b_{22}(b_{34} + a_{33}) - b'_{24}b_{35}b_{52} + \alpha_0 b_{24}b_{52} - b_{24}b_{32}] + b_{12}[b_{24}b_{37} - b_{27}(b_{34} + a_{33})] \\ \qquad + b_{14}[-b_{22}b_{37} - b_{27}(\alpha_0 b_{52} - b_{32})] \\ R_4 = -b_{24}b_{35}b_{52}b_{17} - b_{27}b_{35}b_{52}b_{14} \\ R_5 = b_{27} - b'_{24}b_{37} \\ R_6 = b_{17}(-b_{21} - \alpha b'_{24}) + b_{27}(b_{34} + a_{33}b_{11}) + b_{37}(-b_{24} - b'_{24}b_{11}) \\ R_7 = b_{17}[-b_{21}(b_{34} + a_{33}) + b'_{24}b_{35} - \alpha_0 b_{24}] + b_{27}[b_{11}(b_{34} + a_{33}) + \alpha_0 b_{14}] \\ \qquad + b_{37}(b'_{24}b_{14} - b_{24}b_{11}) \\ R_8 = b_{35}(b_{24}b_{17} - b_{27}b_{14}) \end{cases} \tag{3-186}$$

$$
\begin{cases}
T_1 = b_{37} \\
T_2 = \alpha_0 b_{17} + b_{27}(\alpha_0 b_{52} - b_{32}) + b_{37}(b_{22} + b_{11}) \\
T_3 = b_{17}[b_{21}b_{32} - b_{35} - \alpha_0(b_{21}b_{52} - b_{22})] + b_{27}[-\alpha_0 b_{12} - b_{35}b_{52} + b_{11}(\alpha_0 b_{52} - b_{32})] + b_{27}(b_{22}b_{11} - b_{21}b_{12}) \\
T_4 = b_{17}b_{35}(b_{21}b_{52} - b_{22}) - b_{27}b_{35}(b_{52}b_{11} - b_{12}) \\
T_5 = b_{17} + b_{27}b_{52} - b'_{24}b_{37} \\
T_6 = b_{17}[(b_{34} + a_{33}) - (b_{21}b_{52} - b_{22}) - b'_{24}b_{34}] \\
\quad + b_{27}[b_{52}(b_{34} + a_{33}) + (b_{52}b_{11} - b_{12})] \\
\quad + b_{37}[-b_{14} - b_{24}b_{52} - b'_{24}(b_{52}b_{11} - b_{12})] \\
T_7 = b_{17}[-(b_{34} + a_{33})(b_{21}b_{52} - b_{22}) - b_{24}b_{32}] \\
\quad + b_{18}[(b_{34} + a_{33})(b_{52}b_{11} - b_{12}) + b_{32}b_{14}] \\
\quad + b_{37}[b_{14}(b_{21}b_{52} - b_{22}) - b_{24}(b_{52}b_{11} - b_{12})]
\end{cases}
\tag{3-187}
$$

(3) 侧向扰动运动参数 $\Delta\omega_x$、$\Delta\omega_y$、$\Delta\beta$、$\Delta\gamma$ 对相似干扰力矩 M_{xd} 的传递函数为

$$
\begin{cases}
W_{\omega_x M_{xd}}(s) = \dfrac{\Delta\omega_x(s)}{M_{xd}(s)} = \dfrac{1}{J_x b_{18}} W_{\omega_x \delta_x}(s) \\
W_{\omega_y M_{xd}}(s) = \dfrac{\Delta\omega_y(s)}{M_{xd}(s)} = \dfrac{1}{J_x b_{18}} W_{\omega_y \delta_x}(s) \\
W_{\beta M_{xd}}(s) = \dfrac{\Delta\beta(s)}{M_{xd}(s)} = \dfrac{1}{J_x b_{18}} W_{\beta \delta_x}(s) \\
W_{\gamma M_{xd}}(s) = \dfrac{\Delta\gamma(s)}{M_{xd}(s)} = \dfrac{1}{J_x b_{18}} W_{\gamma \delta_x}(s)
\end{cases}
\tag{3-188}
$$

(4) 侧向扰动运动参数 $\Delta\omega_x$、$\Delta\omega_y$、$\Delta\beta$、$\Delta\gamma$ 对相似干扰力矩 M_{yd} 的传递函数为

$$
\begin{cases}
W_{\omega_x M_{yd}}(s) = \dfrac{\Delta\omega_x(s)}{M_{yd}(s)} = \dfrac{A_1^* s^2 + A_2^* s + A_3^*}{G(s)} \\
W_{\omega_y M_{yd}}(s) = \dfrac{\Delta\omega_y(s)}{M_{yd}(s)} = \dfrac{B_1^* s^2 + B_2^* s^2 + B_3^* s + B_4^*}{G(s)} \\
W_{\beta M_{yd}}(s) = \dfrac{\Delta\beta(s)}{M_{yd}(s)} = \dfrac{D_1^* s^2 + D_2^* s + D_3^*}{G(s)} \\
W_{\gamma M_{yd}}(s) = \dfrac{\Delta\gamma(s)}{M_{yd}(s)} = \dfrac{E_1^* s^2 + E_2^* s + E_3^* s}{G(s)}
\end{cases}
\tag{3-189}
$$

式中，参数 A^*、B^*、D^*、E^* 的表达式为

$$
\begin{cases}
A_1^* = -b_{12} \\
A_2^* = -b_{12}(a_{33} + b_{34}) + b_{14}(b_{32} - \alpha_0 b_{52}) \\
A_3^* = b_{14}b_{35}b_{52} \\
B_1^* = 1
\end{cases}
$$

$$
\begin{cases}
B_2^* = a_{33} + b_{11} + b_{34} \\
B_3^* = b_{11}(a_{33} + b_{34}) + \alpha_0 b_{14} \\
B_4^* = -b_{14} b_{35} \\
D_1^* = \alpha_0 b_{52} - b_{32} \\
D_2^* = \alpha_0 (b_{11} b_{52} - b_{12}) - b_{11} b_{32} - b_{35} b_{52} \\
D_3^* = b_{35}(b_{12} - b_{11} b_{52}) \\
E_1^* = b_{52} \\
E_2^* = b_{52}(a_{33} + b_{11} + b_{34}) - b_{12} \\
E_3^* = (a_{33} + b_{34})(b_{11} b_{52} - b_{12}) + b_{32} b_{14}
\end{cases}
\tag{3-190}
$$

(5) 侧向扰动运动参数 $\Delta\omega_x$、$\Delta\omega_y$、$\Delta\beta$、$\Delta\gamma$ 对相似干扰力 F_{zd} 的传递函数为

$$
\begin{cases}
W_{\omega_x F_{zd}}(s) = \dfrac{\Delta\omega_x(s)}{F_{zd}(s)} = \dfrac{A_1^{**} s^2 + A_2^{**} s}{G(s)} \\
W_{\omega_y F_{zd}}(s) = \dfrac{\Delta\omega_y(s)}{F_{zd}(s)} = \dfrac{B_1^{**} s^3 + B_2^{**} s^2 + B_3^{**} s}{G(s)} \\
W_{\beta F_{zd}}(s) = \dfrac{\Delta\beta(s)}{F_{zd}(s)} = \dfrac{D_1^{**} s^3 + D_2^{**} s^2 + D_3^{**} s}{G(s)} \\
W_{\gamma F_{zd}}(s) = \dfrac{\Delta\gamma(s)}{F_{zd}(s)} = \dfrac{E_1^{**} s^2 + E_2^{**} s + E_3^{**}}{G(s)}
\end{cases}
$$

式中，A^{**}、B^{**}、D^{**}、E^{**} 的表达式为

$$
\begin{cases}
A_1^{**} = (b_{14} - b'_{24} b_{12}) \dfrac{1}{(mV)_0} \\
A_2^{**} = (b_{22} b_{14} - b_{24} b_{12}) \dfrac{1}{(mV)_0} \\
B_1^{**} = b'_{24} \dfrac{1}{(mV)_0} \\
B_2^{**} = (b_{24} + b'_{24} b_{11}) \dfrac{1}{(mV)_0} \\
B_3^{**} = -(b_{21} b_{14} - b_{24} b_{11}) \dfrac{1}{(mV)_0} \\
D_1^{**} = -\dfrac{1}{(mV)_0} \\
D_2^{**} = -(b_{22} + b_{11}) \dfrac{1}{(mV)_0} \\
D_3^{**} = -(b_{22} b_{11} - b_{21} b_{12}) \dfrac{1}{(mV)_0}
\end{cases}
$$

$$
\left\{
\begin{aligned}
E_1^{**} &= b'_{24} b_{52} \frac{1}{(mV)_0} \\
E_2^{**} &= [b_{14} + b_{24} b_{52} + b'_{24}(b_{52} b_{11} - b_{12})] \frac{1}{(mV)_0} \\
E_3^{**} &= -[b_{14}(b_{21} b_{52} - b_{22}) - b_{24}(b_{52} b_{11} - b_{12})] \frac{1}{(mV)_0}
\end{aligned}
\right.
\tag{3-191}
$$

如果在导弹上同时作用有方向舵偏角 $\Delta\delta_y$，副翼偏角 $\Delta\delta_x$，干扰力矩 M_{xd}、M_{yd} 及干扰力 F_{zd}，那么根据线性叠加原理可以求出侧向扰动运动参数 ΔM_x、ΔM_y、$\Delta\beta$、$\Delta\gamma$ 解的拉氏表达式为

$$
\begin{aligned}
\begin{pmatrix} \Delta\omega_x(s) \\ \Delta\omega_y(s) \\ \Delta\beta(s) \\ \Delta\gamma(s) \end{pmatrix}
&= \begin{pmatrix} W_{\omega_x\delta_y}(s) \\ W_{\omega_y\delta_y}(s) \\ W_{\beta\delta_y}(s) \\ W_{\gamma\delta_y}(s) \end{pmatrix} \Delta\delta_y(s) +
\begin{pmatrix} W_{\omega_x\delta_x}(s) \\ W_{\omega_y\delta_x}(s) \\ W_{\beta\delta_x}(s) \\ W_{\gamma\delta_x}(s) \end{pmatrix} \Delta\delta_x(s) \\
&\quad + \begin{pmatrix} W_{\omega_x M_{xd}}(s) \\ W_{\omega_y M_{xd}}(s) \\ W_{\beta M_{xd}}(s) \\ W_{\gamma M_{xd}}(s) \end{pmatrix} M_{xd}(s) +
\begin{pmatrix} W_{\omega_x M_{yd}}(s) \\ W_{\omega_y M_{yd}}(s) \\ W_{\beta M_{yd}}(s) \\ W_{\gamma M_{yd}}(s) \end{pmatrix} M_{y_d}(s) +
\begin{pmatrix} W_{\omega_x F_{zd}}(s) \\ W_{\omega_y F_{zd}}(s) \\ W_{\beta F_{zd}}(s) \\ W_{\gamma F_{zd}}(s) \end{pmatrix} F_{zd}(s)
\end{aligned}
\tag{3-192}
$$

3.4.5 轴对称型导弹侧向扰动运动方程组的简化

如果导弹的气动外形是轴对称的，那么一般来说导弹的倾斜运动和偏航运动可以分开进行控制，这样就可以将导弹的倾斜运动和偏航运动分开进行研究。这时由式(3-171)可以得到描述偏航扰动运动的方程组为

$$
\left\{
\begin{aligned}
&\frac{\mathrm{d}\Delta\omega_y}{\mathrm{d}t} + b_{22}\Delta\omega_y + b_{24}\Delta\beta + b'_{24}\frac{\mathrm{d}\Delta\beta}{\mathrm{d}t} = -b_{27}\Delta\delta_y \\
&b_{32}\Delta\omega_y + (b_{34} + a_{33})\Delta\beta + \frac{\mathrm{d}\Delta\beta}{\mathrm{d}t} = -b_{37}\Delta\delta_y
\end{aligned}
\right.
\tag{3-193}
$$

如果在理想弹道上攻角 α_0 比较小，可以认为 $\cos\varphi_0 = \cos\theta_0$，故 $b_{32} = -\dfrac{\cos\theta_0}{\cos\varphi_0} = -1$。如果再忽略重力扰动量的影响($a_{33} = 0$)，这时方程组(3-193)可进一步改写为

$$
\left\{
\begin{aligned}
&\frac{\mathrm{d}\Delta\omega_y}{\mathrm{d}t} + b_{22}\Delta\omega_y + b_{24}\Delta\beta + b'_{24}\frac{\mathrm{d}\Delta\beta}{\mathrm{d}t} = -b_{27}\Delta\delta_y \\
&-\Delta\omega_y + b_{34}\Delta\beta + \frac{\mathrm{d}\Delta\beta}{\mathrm{d}t} = -b_{37}\Delta\delta_y
\end{aligned}
\right.
\tag{3-194}
$$

在 3.3 节已经给出，在忽略重力影响的条件下($a_{33} = 0$)，导弹的纵向短周期扰动运动

方程组为

$$\begin{cases}\dfrac{\mathrm{d}\Delta\omega_z}{\mathrm{d}t}+a_{22}\Delta\omega_z+a_{24}\Delta\alpha+b'_{24}\dfrac{\mathrm{d}\Delta\alpha}{\mathrm{d}t}=-a_{25}\Delta\delta_z \\ \Delta\omega_z+a_{34}\Delta\alpha-\dfrac{\mathrm{d}\Delta\alpha}{\mathrm{d}t}=a_{35}\Delta\delta_z\end{cases} \tag{3-195}$$

由于导弹是轴对称外形，故纵向动力系数和侧向动力系数之间有如下对应关系：

$$-a_{22}=b_{22},\quad -a_{24}=b_{24}$$
$$-a'_{24}=b'_{24},\quad a_{25}=b_{27}$$
$$a_{34}=b_{34},\quad a_{35}=b_{37}$$

这时导弹的纵向扰动运动参数 $\Delta\omega_z$、$\Delta\alpha$ 和航向扰动运动参数 $\Delta\omega_y$、$\Delta\beta$ 之间有如下的对应关系：

$$\Delta\omega_x=\Delta\omega_y$$
$$\Delta\alpha=\Delta\beta$$

因此，轴对称外形导弹弹体的航向扰动运动的传递函数和纵向短周期运动阶段内最简形式的侧向扰动运动的传递函数有如下关系：

$$W_{w_z\delta_z}(s)=W_{w_y\delta_y}(s)$$
$$W_{\alpha\delta_z}(s)=W_{\beta\delta_y}(s)$$

这就说明，对轴对称气动外形来讲，航向扰动运动的动态品质和纵向短周期运动阶段内最简形式的纵向扰动运动的品质是一样的。因此，只要分析了纵向短周期运动的动态品质，航向扰动运动的动态品质就不需要再单独进行研究了。

对于轴对称气动外形的导弹来讲，导弹弹体绕 Ox_1 轴的滚转扰动运动可以只用一个微分方程来描述，即

$$J_{x0}\frac{\mathrm{d}\Delta\omega_x}{\mathrm{d}t}=(M_x^{\omega_x})_0\Delta\omega_x+(M_x^{\delta_x})_0\Delta\delta_x+M'_{xd} \tag{3-196}$$

式中，M'_{xd} 为作用在弹体上的绕 Ox_1 轴的干扰力矩；$\Delta\delta_x$ 为滚转合成舵偏量；J_{x0} 为导弹绕 Ox_1 轴的转动惯量；$\Delta\omega_x$ 为导弹绕 Ox_1 轴的转动角速度增量。

由于 $\Delta\omega_x=\dfrac{\mathrm{d}\Delta\gamma}{\mathrm{d}t}$，所以式(3-196)还可以写成

$$J_{x0}\frac{\mathrm{d}^2\Delta\gamma}{\mathrm{d}t^2}=(M_x^{\omega_x})_0\frac{\mathrm{d}\Delta\gamma}{\mathrm{d}t}+(M_x^{\delta_x})_0\Delta\delta_x+M'_{xd} \tag{3-197}$$

根据 3.4.1 小节中对侧向动力系数的定义，式(3-197)可以表示为

$$\frac{\mathrm{d}^2\Delta\gamma}{\mathrm{d}t^2}+b_{11}\frac{\mathrm{d}\Delta\gamma}{\mathrm{d}t}=-b_{18}\Delta\delta_x+M'_{xd}/J_{x0} \tag{3-198}$$

将式(3-198)在零初始条件下进行拉普拉斯变换，求出拉普拉斯表达式为

$$s(s+b_{11})\Delta\gamma(s)=-b_{18}\Delta\delta_x(s)+M'_{xd}(s)\frac{1}{J_{x0}} \tag{3-199}$$

由式(3-199)可以得出倾侧角增量 $\Delta\gamma(s)$ 和副翼偏角 $\Delta\delta_x(s)$ 之间的传递函数为

$$W_{\gamma\delta_x}(s) = -\frac{b_{18}}{s(s+b_{11})} \tag{3-200}$$

这时倾斜运动的特征方程为

$$s(s+b_{11}) = 0$$

所以特征根为一个零根和一个实根，实根的值为

$$s = -b_{11} = \frac{M_x^{\omega_x}}{J_x}$$

由于 $M_x^{\omega_x} < 0$，所以此实根为负数。负实根所对应的运动模态是一个稳定的非周期运动。

当副翼做一个正的单位脉冲偏转($\Delta\delta_x(s)=1$)时，可以根据拉普拉斯变换的终值定理求出 $\Delta\gamma$ 的稳态值为

$$\Delta\gamma_{\rm W} = \lim_{t\to\infty}\Delta\gamma(t) = \lim_{s\to 0} s\Delta\gamma(s) = -\left(\frac{M_x^{\delta_x}}{M_x^{\omega_x}}\right)_0$$

由此看出，当副翼做一个正的单位脉冲偏转时，将给飞行器的倾斜角带来一个稳态误差 $\Delta\gamma_{\rm W}$，其值正比于副翼操纵力矩导数(操纵效率) $(M_x^{\delta_x})_0$，反比于滚转阻尼力矩导数 $(M_x^{\omega_x})_0$。$|(M_x^{\delta_x})_0|$ 越大，$|\Delta\gamma_{\rm W}|$ 也越大。$|(M_x^{\omega_x})_0|$ 越大，$|\Delta\gamma_{\rm W}|$ 越小。由于 $(M_x^{\delta_x})_0 < 0$ (正常式气动布局)和 $(M_x^{\omega_x})_0 < 0$，所以 $\Delta\gamma_{\rm W}$ 值为负数。

如果副翼偏转规律为正单位阶跃偏转($\Delta\delta_x(t)=1$)，这时 $\Delta\gamma$ 的稳态值 $\Delta\gamma_{\rm W}$ 为

$$\Delta\gamma_{\rm W} = -\lim_{s\to 0} s\frac{b_{18}}{s(s+b_{11})}\frac{1}{s} = \infty$$

由此说明，由于副翼偏转产生的滚动力矩 $(M_x^{\delta_x})_0\Delta\delta_x$，将使导弹沿 Ox_1 轴一直旋转下去，而得不到稳态值 $\Delta\gamma_{\rm W}$。

为了研究导弹的倾侧角速度 $\Delta\omega_x$ 的动态特性，可将式(3-197)写为

$$\frac{{\rm d}\Delta\omega_x}{{\rm d}t} + b_{11}\Delta\omega_x = -b_{18}\Delta\delta_x + M'_{xd}/J_{x0}$$

由此可以求出 $\Delta\omega_x$ 和 $\Delta\delta_x$ 之间的传递函数 $W_{\delta_x\omega_x}(s)$ 为

$$W_{\delta_x\omega_x}(s) = -\frac{b_{18}}{s+b_{11}} \tag{3-201}$$

由于 b_{11} 总是一个正数，故可以认为此系统是稳定的。将 $W_{\omega_x\delta_x}(s)$ 化成典型形式则为

$$\begin{cases} W_{\omega_x\delta_x}(s) = -\dfrac{K_{\omega_x\delta_x}}{T_{\omega_x\delta_x}s+1} \\ T_{\omega_x\delta_x} = \dfrac{1}{b_{11}} \\ K_{\omega_x\delta_x} = \dfrac{b_{18}}{b_{11}} \end{cases} \tag{3-202}$$

式中，$T_{\omega_x\delta_x}$ 为飞行器滚转扰动运动的时间常数；$K_{\omega_x\delta_x}$ 为飞行器滚转扰动运动的放大系数。

当副翼为正的单位脉冲($\Delta\delta_x(s)=1$)时，$\Delta\omega_x$ 的稳态值为

$$\Delta\omega_{xW}=-\lim_{s\to 0} s\frac{b_{18}}{s+b_{11}}=0$$

由此可见，在副翼发生单位脉冲式偏转时，$\Delta\omega_x$ 的稳态值为零。

当副翼偏转规律为正单位阶跃偏转($\Delta\delta_x(s)=\dfrac{1}{s}$)时，$\Delta\omega_x$ 的稳态值为

$$\Delta\omega_{xW}=-\ \underset{s\to 0}{s}\ \frac{b_{18}}{s+b_{11}}\frac{1}{s}=-\frac{b_{18}}{b_{11}}$$

这时导弹绕 Ox_1 轴的力矩平衡状态表达式为

$$b_{11}\Delta\omega_{xW}=-b_{18}\Delta\delta_x$$

或

$$-(M_x^{\omega_x})_0\Delta\omega_{xW}=(M_x^{\delta_x})_0\Delta\delta_x$$

由此说明，副翼偏转产生的滚转力矩 $(M_x^{\delta_x})_0\Delta\delta_x$ 和飞行器稳态转动角速度 $\Delta\omega_{xW}$ 所产生的滚转阻尼力矩 $(M_x^{\delta_x})_0\Delta\omega_{xW}$ 相平衡，即

$$(M_x^{\delta_x})_0\Delta\delta_x+(M_x^{\omega_x})_0\Delta\omega_{xW}=0$$

显然，在零起始状态下，副翼做单位阶跃偏转时，$\Delta\omega_x$ 的解为

$$\Delta\omega_x(t)=\frac{b_{18}}{b_{11}}(e^{-b_{11}t}-1)$$

在副翼做阶跃偏转时，$\Delta\omega_x$ 的过渡过程是一个非周期运动，过渡过程时间的长短完全取决于时间常数 $T_{\omega_x\delta_x}$。时间常数 $T_{\omega_x\delta_x}$ 越小，过渡过程时间越短。反之，$T_{\omega_x\delta_x}$ 越大，过渡过程时间越长。

因为时间常数 $T_{\omega_x\delta_x}$ 为

$$T_{\omega_x\delta_x}=\frac{1}{b_{11}}=\left(\frac{J_x}{-M_x^{\omega_x}}\right)_0$$

故增大滚转阻尼力矩导数 $(M_x^{\omega_x})_0$ 的绝对值($|(M_x^{\omega_x})_0|$增大)，可使过渡过程时间缩短。另外，由于 $\Delta\omega_{xW}=-\dfrac{b_{18}}{b_{11}}$，故当副翼为正的偏转角时，导弹滚转角速度 $\Delta\omega_{xW}$ 为负值，这就表明 $\Delta\omega_{xW}$ 的极性和 $\Delta\delta_x$ 的极性正好相反。为了减小 $|\Delta\omega_{xW}|$，可以采用使 $|(M_x^{\delta_x})_0|$(副翼效率的绝对值)减小和 $|(M_x^{\omega_x})_0|$(滚转阻尼力矩导数的绝对值)增大的途径加以解决。

综上所述可以看出，对轴对称气动外形的导弹，其侧向扰动运动可以分为航向扰动运动和滚转扰动运动分别进行研究，它们的运动形态都比较简单，因而使侧向扰动运动的研究大大简化。

思　考　题

3.1　把运动方程线性化的意义是什么？

3.2　试述动态稳定性和操纵性的概念，并说明动态稳定性与静稳定性概念的异同之处。

3.3　飞行器的操纵性与机动性有何区别？

3.4　飞行器动态特性分析研究的是有关飞行器的哪些特性？

3.5　何谓理论弹道、理想弹道、基准运动、扰动运动、扰动弹道？其表达式中哪些有对应关系？

3.6　什么是偶然干扰、经常干扰？试举几例书中未提到的干扰因素，并说明其干扰源的性质。

3.7　为什么研究飞行器的动态特性时要采用小扰动理论？小扰动理论的内容是什么？

3.8　试述系数冻结法的含义，并说明为什么要采用系数冻结法。

3.9　如何由特征根的特性说明飞行器自由扰动运动的稳定性？

3.10　试述纵向扰动运动的特点。飞行器纵向自由扰动运动分成长、短周期模态的物理成因是什么？

3.11　飞行器的静稳定性对动稳定性有何影响？飞行器的静稳定裕度与操纵性有何关系，为什么？

3.12　什么是飞行器的相对阻尼系数？它和过渡过程有何联系？

3.13　飞行高度对飞行器的稳定性、操纵性有何影响？

3.14　若飞行器的燃料放在重心后面，燃料消耗完后，飞行器的动态特性会发生哪些变化？为什么？

3.15　侧向扰动运动常呈现哪三种模态？简述其物理现象及原因。

3.16　侧向扰动运动从稳定性的角度与纵向短周期扰动运动有什么不同，为什么？其物理现象如何？

3.17　轴对称型导弹扰动运动的特点是什么？

参 考 文 献

[1] 方群, 朱战霞, 孙冲. 飞行器飞行动力学与制导[M]. 西安: 西北工业大学出版社, 2021.

[2] 方群, 李新国, 朱战霞, 等. 航天飞行动力学[M]. 西安: 西北工业大学出版社, 2015.

第 4 章

远程火箭飞行动力学

4.1 常用坐标系与变质量力学原理

4.1.1 常用坐标系及其变换

本小节主要介绍一些常用的坐标系及这些坐标系的相互转换关系[1-4]。另一些坐标系将在具体章节中进行介绍和引用。

4.1.1.1 常用坐标系

1. 地心惯性坐标系 $O_EX_IY_IZ_I$

地心惯性坐标系的原点在地心 O_E 处。O_EX_I 轴在赤道面内指向平春分点，由于春分点随时间变化而具有进动性，根据 1796 年国际天文协会决议，1984 年起采用新的标准历元，以 2000 年 1 月 1.5 日的平春分点为基准。O_EZ_I 轴垂直于赤道平面，与地球自转轴重合，指向北极。O_EY_I 轴的方向是使得该坐标系成为右手直角坐标系的方向。

地心惯性坐标系可用来描述洲际弹道导弹、运载火箭的飞行弹道，以及地球卫星、飞船等的轨道。

2. 地心坐标系 $O_EX_EY_EZ_E$

地心坐标系原点在地心 O_E 处，O_EX_E 轴在赤道平面内指向某时刻 t_0 的起始子午线(通常取格林威治天文台所在子午线)。O_EZ_E 轴垂直于赤道平面指向北极。O_EY_E 轴与 O_EX_E 轴、O_EZ_E 轴组成右手直角坐标系。由于地心坐标系的 O_EX_E 轴与其所指向的子午线随地球一起转动，因此这个坐标系为一动坐标系。

地心坐标系对确定火箭相对于地球表面的位置很适用。

3. 发射坐标系 $Oxyz$

发射坐标系原点与发射点 O 固连，Ox 轴在发射点水平面内，指向发射瞄准方向。Oy 轴垂直于发射点水平面指向上方。Oz 轴与 xOy 面相垂直并构成右手直角坐标系。由于发射点 O 随地球一起旋转，所以发射坐标系是一动坐标系。

以上是发射坐标系的一般定义。当把地球分别看成是圆球或椭球时，该坐标系的具体含义是不同的。因为过发射点的圆球表面的切平面与椭球表面的切平面不重合，所以圆球时 Oy 轴与过 O 点的半径 R 重合，如图 4-1 所示；椭球时 Oy 轴与椭圆过 O 点的主法线重合，如图 4-2 所示。它们与赤道平面的夹角分别称为地心纬度(记作 ϕ_0)和地理纬度(记作 B_0)。在不同的切平面上 Ox 轴与子午线切线正北方向的夹角分别称为地心方位角(记作 α_0)和发射方位角(记作 A_0)，这些角度均以与旋转轴正方向一致为正。利用该坐标系可建立火箭相对于地面的运动方程，便于描述火箭相对大气运动所受到的作用力。

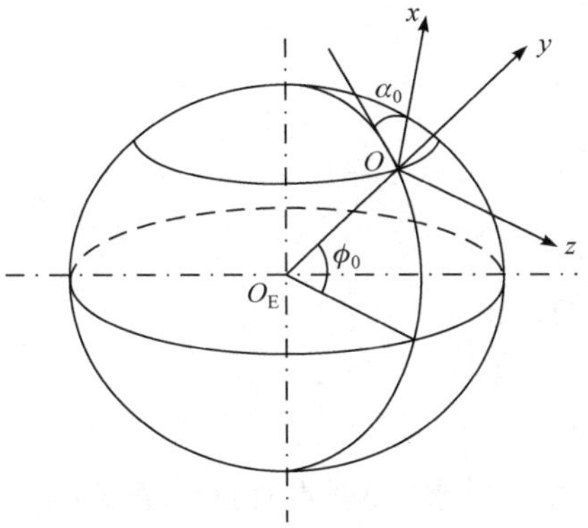

图 4-1　圆球地球发射坐标系

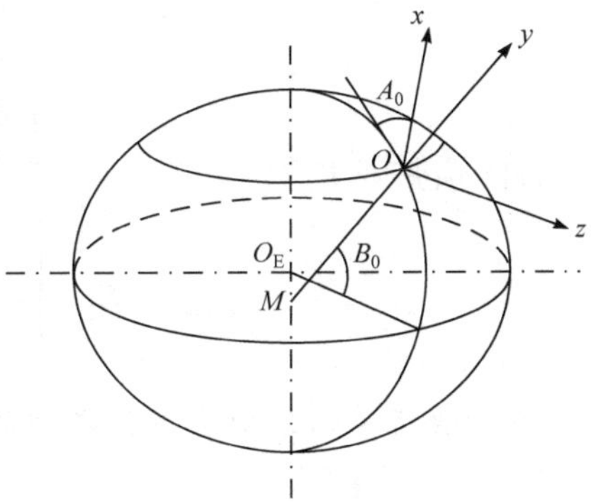

图 4-2　椭球地球发射坐标系

4. 发射惯性坐标系 $O_Ax_Ay_Az_A$

火箭起飞瞬间，原点 O_A 与发射点 O 重合，各坐标轴与发射坐标系各轴也相应重合。火箭起飞后，原点 O_A 及坐标系各轴方向在惯性空间保持不动。

利用该坐标系来建立火箭在惯性空间的运动方程。

5. 平移坐标系 $O_Tx_Ty_Tz_T$

平移坐标系原点根据需要可选择在发射坐标系原点 O，或是火箭的质心 O_1，O_T 始终与 O 或 O_1 重合，但其坐标轴与发射惯性坐标系各轴始终保持平行。

平移坐标系用来进行惯性器件的对准和调平。

6. 箭体坐标系(弹体坐标系) $O_1x_1y_1z_1$

箭体坐标系原点 O_1 为火箭的质心。O_1x_1 轴为箭体外壳对称轴，指向箭的头部为正。O_1y_1 轴在火箭的主对称面内，该平面在发射瞬时与发射坐标系 xOy 平面重合，O_1y_1 轴垂直于 O_1x_1 轴，指向上为正。O_1z_1 轴垂直于主对称面，顺着发射方向看去，O_1z_1 轴指向右方为正。$O_1x_1y_1z_1$ 为右手直角坐标系。

箭体坐标系与发射坐标系的角度关系反映了火箭在空中的姿态。

7. 速度坐标系 $O_1x_vy_vz_v$

速度坐标系原点为火箭的质心。O_1x_v 轴沿飞行器的飞行速度方向。O_1y_v 轴在火箭的主对称面内，垂直于 O_1x_v 轴。O_1z_v 轴垂直于 $x_vO_1y_v$ 平面，顺着飞行方向看去，O_1z_v 轴指向右方。$O_1x_vy_vz_v$ 也为右手直角坐标系。

用速度坐标系与其他坐标系的关系反映火箭的飞行速度矢量状态。

4.1.1.2　坐标系间转换

1. 地心惯性坐标系与地心坐标系之间的方向余弦阵

由前述地心惯性坐标系和地心坐标系的定义可知，这两坐标系的 O_EZ_I 轴、O_EZ_E 轴是重合的，而 $O_E X_I$ 轴指向平春分点，$O_E X_E$ 轴指向所讨论时刻格林威治天文台所在子午线与赤道的交点。$O_E X_I$ 轴与 $O_E X_E$ 轴的夹角通过天文年历表查算得到，记该角为 Ω_G，显然，这两个坐标系之间仅存在一个欧拉角 Ω_G，因此不难写出这两个坐标系的转换矩阵关系：

$$\begin{bmatrix} X_E \\ Y_E \\ Z_E \end{bmatrix} = \boldsymbol{E}_I \begin{bmatrix} X_I \\ Y_I \\ Z_I \end{bmatrix} \tag{4-1}$$

式中，方向余弦阵 $\boldsymbol{E}_I$ 为

$$\boldsymbol{E}_I = \begin{bmatrix} \cos\Omega_G & \sin\Omega_G & 0 \\ -\sin\Omega_G & \cos\Omega_G & 0 \\ 0 & 0 & 1 \end{bmatrix} \tag{4-2}$$

2. 地心坐标系与发射坐标系之间的方向余弦阵

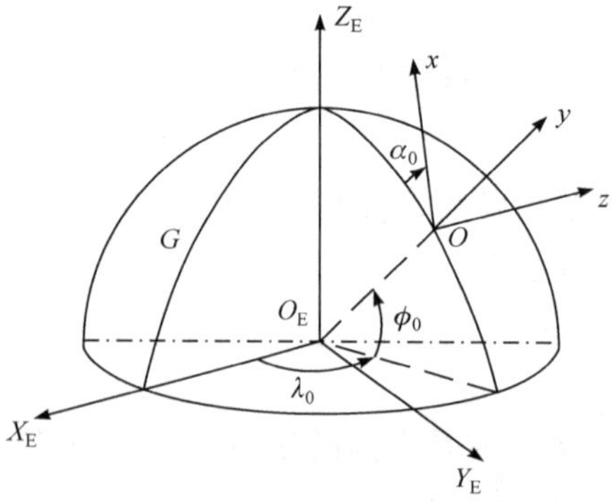

图 4-3 $O_E X_E Y_E Z_E$ 与 $Oxyz$ 的关系图
G 为格林威治子午面

设地球为一圆球，发射点在地球表面的位置可用经度 λ_0、地心纬度 ϕ_0 来表示，Ox 轴指向射击方向，该轴与过 O 点的子午线切线正北方向的夹角为地心方位角 α_0，如图 4-3 所示。

如图 4-3 所示，要使这两个坐标系各轴相应平行，可先绕 $O_E Z_E$ 轴正转 $\lambda_0 - 90°$，然后绕新坐标系 $O_E X'$ 轴正转 ϕ_0，即将 $O_E Y$ 轴转至与 Oy 轴平行，再绕与 Oy 轴平行的新的第二轴反转 $90° + \alpha_0$，即使得两坐标系相应各轴平行。$\lambda_0 - 90°$、ϕ_0、$-(90° + \alpha_0)$ 即为三个欧拉角。这两坐标系的方向余弦阵关系式为

$$\begin{bmatrix} x \\ y \\ z \end{bmatrix} = \boldsymbol{G}_E \begin{bmatrix} X_E \\ Y_E \\ Z_E \end{bmatrix} \tag{4-3}$$

式中，方向余弦阵 $\boldsymbol{G}_E$ 为

$$\boldsymbol{G}_E = \begin{bmatrix} -\sin\alpha_0 \sin\lambda_0 - \cos\alpha_0 \sin\phi_0 \cos\lambda_0 & \sin\alpha_0 \cos\lambda_0 - \cos\alpha_0 \sin\phi_0 \sin\lambda_0 & \cos\alpha_0 \cos\phi_0 \\ \cos\phi_0 \cos\lambda_0 & \cos\phi_0 \sin\lambda_0 & \sin\phi_0 \\ -\cos\alpha_0 \sin\lambda_0 + \sin\alpha_0 \sin\phi_0 \cos\lambda_0 & \cos\alpha_0 \cos\lambda_0 + \sin\alpha_0 \sin\phi_0 \sin\lambda_0 & -\sin\alpha_0 \cos\phi_0 \end{bmatrix} \tag{4-4}$$

若将地球考虑为总地球椭球体，则发射点在椭球体上的位置可用经度 λ_0、地理纬度 B_0 确定，Ox 轴的方向则以发射方位角 A_0 表示。这样两坐标系间的方向余弦阵只需将式(4-4)中的 ϕ_0、α_0 分别用 B_0、A_0 代替即可得到。

3. 发射坐标系与箭体坐标系间的欧拉角及方向余弦阵

发射坐标系和箭体坐标系的关系用于描述箭体相对于发射坐标系的姿态角。为使一

般状态下这两坐标系转至相应轴平行，现采用下列转动顺序：先绕 Oz 轴正向转动 φ 角，然后绕新的 Oy' 轴正向转动 ψ 角，最后绕新的 Ox_1 轴正向转动 γ 角。发射坐标系与箭体坐标系的欧拉角关系如图 4-4 所示，该图将它们的原点重合在一起。这样不难写出这两个坐标系的方向余弦关系：

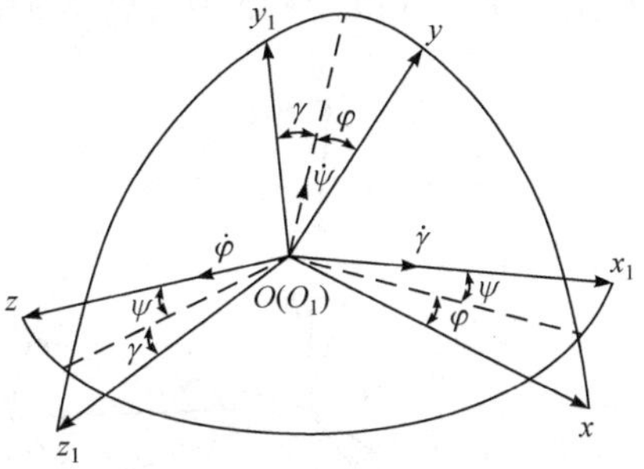

图 4-4　发射坐标系与箭体坐标系的欧拉角关系图

$$\begin{bmatrix} x_1 \\ y_1 \\ z_1 \end{bmatrix} = \boldsymbol{B}_{\mathrm{G}} \begin{bmatrix} x \\ y \\ z \end{bmatrix} \tag{4-5}$$

式中，方向余弦阵 $\boldsymbol{B}_{\mathrm{G}}$ 为

$$\boldsymbol{B}_{\mathrm{G}} = \begin{bmatrix} \cos\varphi\cos\psi & \sin\varphi\cos\psi & -\sin\psi \\ \cos\varphi\sin\psi\sin\gamma - \sin\varphi\cos\gamma & \sin\varphi\sin\psi\sin\gamma + \cos\varphi\cos\gamma & \cos\psi\sin\gamma \\ \cos\varphi\sin\psi\cos\gamma + \sin\varphi\sin\gamma & \sin\varphi\sin\psi\cos\gamma - \cos\varphi\sin\gamma & \cos\psi\cos\gamma \end{bmatrix} \tag{4-6}$$

由图 4-4 可看出各欧拉角的物理意义如下：

φ 称为俯仰角，为火箭纵轴 Ox_1 在射击平面 xOy 上的投影量与 Ox 轴的夹角，投影量在 Ox 的上方为正角；

ψ 称为偏航角，为 Ox_1 轴与射击平面的夹角，Ox_1 轴在射击平面的左方(后视)时，ψ 角取正值；

γ 称为滚转角，为火箭绕 Ox_1 轴旋转的角度，当旋转角速度矢量与 Ox_1 轴方向一致时，该角 γ 取为正值。

4. 发射坐标系与速度坐标系间的欧拉角及方向余弦阵

发射坐标系与速度坐标系的欧拉角关系如图 4-5 所示，图中将两个坐标系原点重合，绕 Oz 轴正向转动 θ 角(速度倾角)，接着绕 Oy' 轴正向转动 σ 角(航迹偏角)，最后绕 Ox_{v} 轴正向转动 ν 角(倾侧角)，即可使发射坐标系与速度坐标系相重合，上述 θ、σ、ν 角即为三个欧拉角，图 4-5 中各欧拉角均定义为正值。不难写出这两个坐标系的方向余弦阵关系：

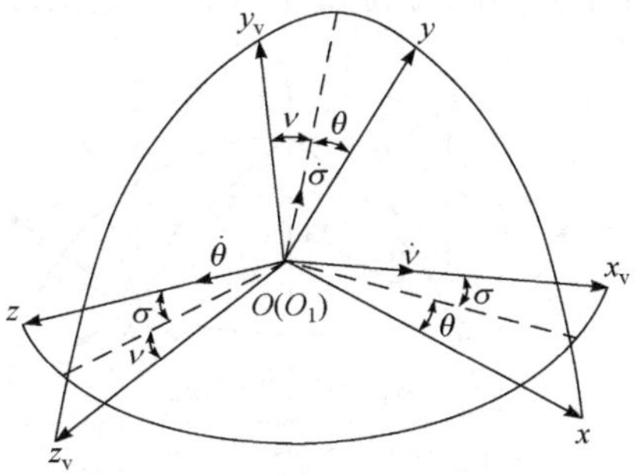

图 4-5　发射坐标系与速度坐标系的欧拉角关系图

$$\begin{bmatrix} x_{\mathrm{v}} \\ y_{\mathrm{v}} \\ z_{\mathrm{v}} \end{bmatrix} = \boldsymbol{V}_{\mathrm{G}} \begin{bmatrix} x \\ y \\ z \end{bmatrix} \tag{4-7}$$

式中，方向余弦阵 $\boldsymbol{V}_{\mathrm{G}}$ 为

$$\boldsymbol{V}_{\mathrm{G}} = \begin{bmatrix} \cos\theta\cos\sigma & \sin\theta\cos\sigma & -\sin\sigma \\ \cos\theta\sin\sigma\sin\nu - \sin\theta\cos\nu & \sin\theta\sin\sigma\sin\nu + \cos\theta\cos\nu & \cos\sigma\sin\nu \\ \cos\theta\sin\sigma\cos\nu + \sin\theta\sin\nu & \sin\theta\sin\sigma\cos\nu - \cos\theta\sin\nu & \cos\sigma\cos\nu \end{bmatrix} \tag{4-8}$$

5. 速度坐标系与箭体坐标系间的欧拉角及方向余弦阵

根据定义，速度坐标系中O_1y_v轴在火箭主对称平面$x_1O_1y_1$内。因此，这两个坐标系间的转换关系只存在两个欧拉角。将速度坐标系先绕O_1y_v轴转β角，β称为侧滑角；然后绕新的侧轴O_1z_1转动α角，α称为攻角，即实现两个坐标系重合。速度坐标系与箭体坐标系的欧拉角关系如图4-6所示，图中α、β均为正值方向。因此，可得这两个坐标系的方向余弦关系为

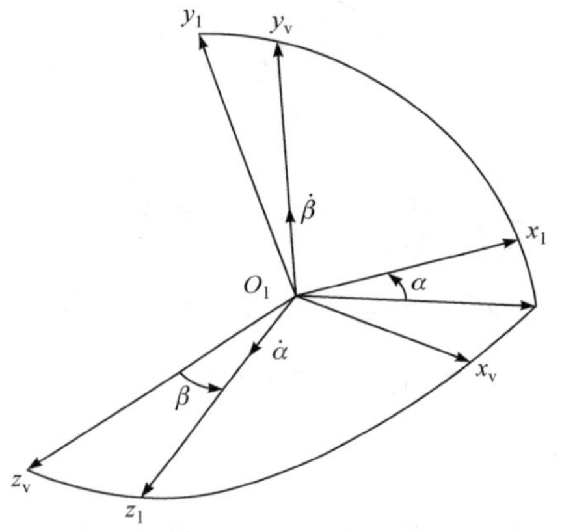

图4-6 速度坐标系与箭体坐标系的欧拉角关系图

$$\begin{bmatrix} x_1 \\ y_1 \\ z_1 \end{bmatrix} = \boldsymbol{B}_V \begin{bmatrix} x_v \\ y_v \\ z_v \end{bmatrix} \tag{4-9}$$

式中，$\boldsymbol{B}_V$表示由速度坐标系到箭体坐标系的方向余弦阵，其为

$$\boldsymbol{B}_V = \begin{bmatrix} \cos\beta\cos\alpha & \sin\alpha & -\sin\beta\cos\alpha \\ -\cos\beta\sin\alpha & \cos\alpha & \sin\beta\sin\alpha \\ \sin\beta & 0 & \cos\beta \end{bmatrix} \tag{4-10}$$

由图4-6可看出这两个欧拉角的物理意义如下：

侧滑角β是速度轴O_1x_v与箭体主对称面的夹角，顺O_1x_1轴看去，O_1x_1轴在主对称面右方为正；

攻角α是速度轴O_1x_v在主对称面的投影量与O_1x_1轴的夹角，顺O_1x_1轴看去，速度轴的投影量在O_1x_1轴的下方为正。

6. 平移坐标系或发射惯性坐标系与发射坐标系的方向余弦阵

设地球为一圆球。据定义，发射惯性坐标系在发射瞬时与发射坐标系是重合的，只是由于地球旋转，固定在地球上的发射坐标系在惯性空间的方位发生变化。记从发射瞬时到所讨论时刻的时间间隔为t，则发射坐标系绕地轴转动$\omega_e t$角。发射惯性坐标系与发射坐标系的关系如图4-7所示。

根据坐标系转动关系不难写出下列转换关系式：

$$\begin{bmatrix} \xi_A \\ \eta_A \\ \zeta_A \end{bmatrix} = \boldsymbol{A} \begin{bmatrix} x_A \\ y_A \\ z_A \end{bmatrix} \tag{4-11}$$

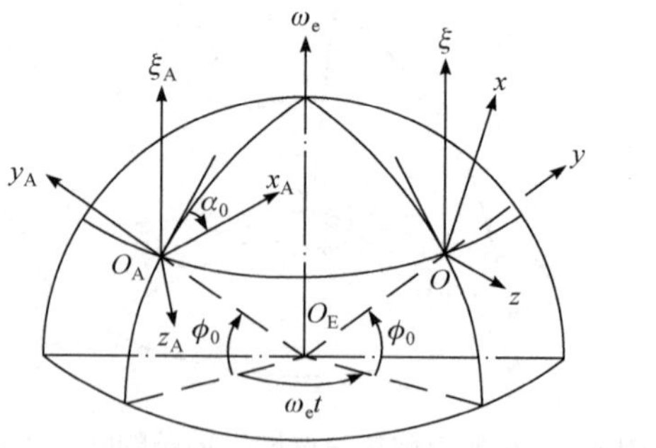

图4-7 发射惯性坐标系与发射坐标系的关系图

$$\begin{bmatrix} \xi \\ \eta \\ \zeta \end{bmatrix} = \boldsymbol{A} \begin{bmatrix} x \\ y \\ z \end{bmatrix} \tag{4-12}$$

式中，

$$\boldsymbol{A}=\begin{bmatrix}\cos\alpha_0\cos\phi_0 & \sin\phi_0 & -\sin\alpha_0\cos\phi_0\\ -\cos\alpha_0\sin\phi_0 & \cos\phi_0 & \sin\alpha_0\sin\phi_0\\ \sin\alpha_0 & 0 & \cos\alpha_0\end{bmatrix} \tag{4-13}$$

注意到在发射瞬时 $t=0$ 处，$O_A\xi_A\eta_A\zeta_A$ 与 $O\xi\eta\zeta$ 重合，且 $O_A\xi_A$、$O\xi$ 的方向与地球自转轴 $O_E\omega_e$ 的方向一致。因此，在任意瞬时 t，这两个坐标系存在一个绕 $O_A\xi_A$ 的欧拉角 $\omega_e t$，故它们之间有下列转换关系：

$$\begin{bmatrix}\xi\\ \eta\\ \zeta\end{bmatrix}=\boldsymbol{B}\begin{bmatrix}\xi_A\\ \eta_A\\ \zeta_A\end{bmatrix} \tag{4-14}$$

$$\boldsymbol{B}=\begin{bmatrix}1 & 0 & 0\\ 0 & \cos(\omega_e t) & \sin(\omega_e t)\\ 0 & -\sin(\omega_e t) & \cos(\omega_e t)\end{bmatrix} \tag{4-15}$$

根据转换矩阵的传递性，由式(4-11)、式(4-12)及式(4-14)可得

$$\begin{bmatrix}x\\ y\\ z\end{bmatrix}=\boldsymbol{G}_A\begin{bmatrix}x_A\\ y_A\\ z_A\end{bmatrix},\qquad \begin{bmatrix}x\\ y\\ z\end{bmatrix}=\boldsymbol{G}_T\begin{bmatrix}x_T\\ y_T\\ z_T\end{bmatrix},\qquad \boldsymbol{G}_A=\boldsymbol{G}_T \tag{4-16}$$

式中，$\boldsymbol{G}_A$ ($\boldsymbol{G}_T$)为发射惯性坐标系(平移坐标系)与发射坐标系之间的方向余弦阵，其为

$$\boldsymbol{G}_A=\boldsymbol{G}_T=\boldsymbol{A}^{-1}\boldsymbol{B}\boldsymbol{A} \tag{4-17}$$

由于 $\boldsymbol{A}$ 为正交矩阵，故有 $\boldsymbol{A}^{-1}=\boldsymbol{A}^{\mathrm{T}}$，可得 $\boldsymbol{G}_A$、$\boldsymbol{G}_T$ 准确至 $\omega_e t$ 的二次方项的形式：

$$\boldsymbol{G}_A=\boldsymbol{G}_T=\begin{bmatrix}1-\frac{1}{2}(\omega_e^2-\omega_{ex}^2)t^2 & \omega_{ez}t+\frac{1}{2}\omega_{ex}\omega_{ey}t^2 & -\omega_{ey}t+\frac{1}{2}\omega_{ex}\omega_{ez}t^2\\ -\omega_{ez}t+\frac{1}{2}\omega_{ex}\omega_{ey}t^2 & 1-\frac{1}{2}(\omega_e^2-\omega_{ey}^2)t^2 & \omega_{ex}t+\frac{1}{2}\omega_{ey}\omega_{ez}t^2\\ \omega_{ey}t+\frac{1}{2}\omega_{ex}\omega_{ez}t^2 & -\omega_{ex}t+\frac{1}{2}\omega_{ey}\omega_{ez}t^2 & 1-\frac{1}{2}(\omega_e^2-\omega_{ez}^2)t^2\end{bmatrix} \tag{4-18}$$

如果将 $\boldsymbol{G}_A$、$\boldsymbol{G}_T$ 进一步近似至 $\omega_e t$ 的一次项，则由式(4-18)可得

$$\boldsymbol{G}_A=\boldsymbol{G}_T=\begin{bmatrix}1 & \omega_{ez}t & -\omega_{ey}t\\ -\omega_{ez}t & 1 & \omega_{ex}t\\ \omega_{ey}t & -\omega_{ex}t & 1\end{bmatrix} \tag{4-19}$$

以上介绍了一些坐标系之间的方向余弦阵关系，虽未给出所有常用坐标系中任意两个坐标系间的方向余弦关系，但运用转换矩阵的递推性是不难得到的。

4.1.1.3 一些欧拉角的联系方程

在实际运用中，一些描述坐标系关系的欧拉角可通过转换矩阵的递推性得到它们之

间的联系方程。这样，当知道某些欧拉角后，就可以通过联系方程来求取另外一些欧拉角。

1. 速度坐标系、箭体坐标系及发射坐标系之间欧拉角联系方程

由发射坐标系转换到速度坐标系，既可直接进行转换：

$$\begin{bmatrix} x_{\mathrm{v}} \\ y_{\mathrm{v}} \\ z_{\mathrm{v}} \end{bmatrix} = \boldsymbol{V}_{\mathrm{G}} \begin{bmatrix} x \\ y \\ z \end{bmatrix} \tag{4-20}$$

也可利用转换矩阵的递推性，通过箭体坐标系转换到速度坐标系：

$$\begin{bmatrix} x_{\mathrm{v}} \\ y_{\mathrm{v}} \\ z_{\mathrm{v}} \end{bmatrix} = \boldsymbol{V}_{\mathrm{B}} \boldsymbol{B}_{\mathrm{G}} \begin{bmatrix} x \\ y \\ z \end{bmatrix} \tag{4-21}$$

比较式(4-20)和式(4-21)可知

$$\boldsymbol{V}_{\mathrm{G}} = \boldsymbol{V}_{\mathrm{B}} \boldsymbol{B}_{\mathrm{G}} \tag{4-22}$$

式(4-22)的展开形式为

$$\begin{aligned}
&\begin{bmatrix} \cos\theta\cos\sigma & \sin\theta\cos\sigma & -\sin\sigma \\ \cos\theta\sin\sigma\sin\nu - \sin\theta\cos\nu & \sin\theta\sin\sigma\sin\nu + \cos\theta\cos\nu & \cos\sigma\sin\nu \\ \cos\theta\sin\sigma\cos\nu + \sin\theta\sin\nu & \sin\theta\sin\sigma\cos\nu - \cos\theta\sin\nu & \cos\sigma\cos\nu \end{bmatrix} \\
&= \begin{bmatrix} \cos\beta\cos\alpha & -\cos\beta\sin\alpha & \sin\beta \\ \sin\alpha & \cos\alpha & 0 \\ -\sin\beta\cos\alpha & \sin\beta\sin\alpha & \cos\beta \end{bmatrix} \\
&\cdot \begin{bmatrix} \cos\varphi\cos\psi & \sin\varphi\cos\psi & -\sin\psi \\ \cos\varphi\sin\psi\sin\gamma - \sin\varphi\cos\gamma & \sin\varphi\sin\psi\sin\gamma + \cos\varphi\cos\gamma & \cos\psi\sin\gamma \\ \cos\varphi\sin\psi\cos\gamma + \sin\varphi\sin\gamma & \sin\varphi\sin\psi\cos\gamma - \cos\varphi\sin\gamma & \cos\psi\cos\gamma \end{bmatrix}
\end{aligned} \tag{4-23}$$

式(4-23)等号左端的方向余弦阵中有三个欧拉角：θ、σ、ν；等号右端的方向余弦阵中包含五个欧拉角：φ、ψ、γ、α、β。由于方向余弦阵中的八个元素只有五个是独立的，因此由式(4-23)只能找到三个独立的关系式。选定三个联系方程的原则是必须是不在同一行或同一列的三个方向余弦元素。在式(4-23)中，可选下列三个联系方程：

$$\begin{cases} \sin\sigma = \cos\alpha\cos\beta\sin\psi + \sin\alpha\cos\beta\cos\psi\sin\gamma - \sin\beta\cos\psi\cos\gamma \\ \cos\sigma\sin\nu = -\sin\psi\sin\alpha + \cos\alpha\cos\psi\sin\gamma \\ \cos\theta\cos\sigma = \cos\alpha\cos\beta\cos\varphi\cos\psi - \sin\alpha\cos\beta(\cos\varphi\sin\psi\sin\gamma \\ \qquad - \sin\varphi\cos\gamma) + \sin\beta(\cos\varphi\sin\psi\cos\gamma + \sin\varphi\sin\gamma) \end{cases} \tag{4-24}$$

或另选三个方程：

$$
\begin{cases}
\sin\beta = \cos(\theta-\varphi)\cos\sigma\sin\psi\cos\gamma + \sin(\varphi-\theta)\cos\sigma\sin\gamma - \sin\sigma\cos\psi\cos\gamma \\
-\sin\alpha\cos\beta = \cos(\theta-\varphi)\cos\sigma\sin\psi\sin\gamma \\
\qquad\qquad + \sin(\theta-\varphi)\cos\sigma\cos\gamma - \sin\sigma\cos\psi\sin\gamma \\
\sin\nu = \dfrac{1}{\cos\sigma}(\cos\sigma\cos\psi\sin\gamma - \sin\psi\sin\alpha)
\end{cases}
\tag{4-25}
$$

式(4-24)与式(4-25)是等价的，应用时可任选一组，主要取决于哪组更方便。β、σ、ν、φ 和 γ 均较小，将它们的正弦、余弦量展成泰勒级数取至一阶数量，并将上述各量的一阶微量的乘积作为高阶微量略去，则式(4-25)可简化、整理为

$$
\begin{cases}
\sigma = \psi\cos\alpha + \gamma\sin\alpha - \beta \\
\nu = \gamma\cos\alpha - \psi\sin\alpha \\
\theta = \varphi - \alpha
\end{cases}
\tag{4-26}
$$

将 α 也视为小量，按上述原则做进一步简化可得

$$
\begin{cases}
\sigma = \psi - \beta \\
\nu = \gamma \\
\theta = \varphi - \alpha
\end{cases}
\tag{4-27}
$$

由上面讨论可知，在这八个欧拉角中，只有五个是独立的，当知道式中的五个欧拉角，即可通过三个联系方程找到其他三个欧拉角。

2. 箭体坐标系相对于发射坐标系姿态角与相对于平移坐标系姿态角间的关系

已知箭体坐标系与发射坐标系的方向余弦阵为 $\boldsymbol{G}_{\mathrm{B}}$，式中三个欧拉角按顺序排列为 φ、ψ、γ，箭体坐标系与平移坐标系之间的欧拉角也可按顺序排列，记为 φ_{T}、ψ_{T}、γ_{T}，其方向余弦阵 $\boldsymbol{T}_{\mathrm{B}}$ 与 $\boldsymbol{G}_{\mathrm{B}}$ 在形式上相同，为

$$
\boldsymbol{T}_{\mathrm{B}} = \begin{bmatrix}
\cos\varphi_{\mathrm{T}}\cos\psi_{\mathrm{T}} & \cos\varphi_{\mathrm{T}}\sin\psi_{\mathrm{T}}\sin\gamma_{\mathrm{T}} - \sin\varphi_{\mathrm{T}}\cos\gamma_{\mathrm{T}} & \cos\varphi_{\mathrm{T}}\sin\psi_{\mathrm{T}}\cos\gamma_{\mathrm{T}} + \sin\varphi_{\mathrm{T}}\sin\gamma_{\mathrm{T}} \\
\sin\varphi_{\mathrm{T}}\cos\psi_{\mathrm{T}} & \sin\varphi_{\mathrm{T}}\sin\psi_{\mathrm{T}}\sin\gamma_{\mathrm{T}} + \cos\varphi_{\mathrm{T}}\cos\gamma_{\mathrm{T}} & \sin\varphi_{\mathrm{T}}\sin\psi_{\mathrm{T}}\cos\gamma_{\mathrm{T}} - \cos\varphi_{\mathrm{T}}\sin\gamma_{\mathrm{T}} \\
-\sin\psi_{\mathrm{T}} & \cos\psi_{\mathrm{T}}\sin\gamma_{\mathrm{T}} & \cos\psi_{\mathrm{T}}\cos\gamma_{\mathrm{T}}
\end{bmatrix}
\tag{4-28}
$$

由转换矩阵的递推性有

$$
\boldsymbol{T}_{\mathrm{B}} = \boldsymbol{T}_{\mathrm{G}}\boldsymbol{G}_{\mathrm{B}} \tag{4-29}
$$

考虑到 ψ、γ、ψ_{T}、γ_{T} 和 $\omega_{\mathrm{e}}t$ 均为小量，将它们的正弦、余弦量展成泰勒级数取至一阶微量，则可将式(4-29)写成展开式准确至一阶微量的形式：

$$
\begin{aligned}
&\begin{bmatrix}
\cos\varphi_{\mathrm{T}} & -\sin\varphi_{\mathrm{T}} & \psi_{\mathrm{T}}\cos\varphi_{\mathrm{T}} + \gamma_{\mathrm{T}}\sin\varphi_{\mathrm{T}} \\
\sin\varphi_{\mathrm{T}} & \cos\varphi_{\mathrm{T}} & \psi_{\mathrm{T}}\sin\varphi_{\mathrm{T}} - \gamma_{\mathrm{T}}\cos\varphi_{\mathrm{T}} \\
-\psi_{\mathrm{T}} & \gamma_{\mathrm{T}} & 1
\end{bmatrix} \\
&= \begin{bmatrix}
1 & -\omega_{\mathrm{ez}}t & -\omega_{\mathrm{ey}}t \\
\omega_{\mathrm{ez}}t & 1 & -\omega_{\mathrm{ex}}t \\
-\omega_{\mathrm{ey}}t & \omega_{\mathrm{ex}}t & 1
\end{bmatrix}
\begin{bmatrix}
\cos\varphi & -\sin\varphi & \psi\cos\varphi + \gamma\sin\varphi \\
\sin\varphi & \cos\varphi & \psi\sin\varphi - \gamma\cos\varphi \\
-\psi & \gamma & 1
\end{bmatrix}
\end{aligned}
\tag{4-30}
$$

在式(4-30)中选取不属同一行或同一列的三个元素建立三个等式，即可找到两种状态角的关系式：

$$\begin{cases}\varphi_{\mathrm{T}}=\varphi+\omega_{ez}t\\ \psi_{\mathrm{T}}=\psi+(\omega_{ey}\cos\varphi-\omega_{ex}\sin\varphi)t\\ \gamma_{\mathrm{T}}=\gamma+(\omega_{ey}\sin\varphi+\omega_{ex}\cos\varphi)t\end{cases} \tag{4-31}$$

式中，相应姿态角的差值是由地球旋转影响地面坐标系方向轴的变化引起的。

4.1.2 变质量力学原理

当研究火箭的运动时，在每一瞬时，只将在该瞬时位于“规定”表面以内的质点作为它的组成。这一“规定”的表面，通常取火箭的外表面和喷管的出口断面。火箭发动机工作时，燃料燃烧后的气体质点不断地由火箭内部喷出，火箭的质量不断减小。因此，整个火箭运动过程是一变质量系。实际上火箭质量变化的原因除燃料(占起飞时质量的8/10～9/10)消耗外，还有控制发动机系统及冷却系统工作的工质消耗，以及再入大气层的弹头或飞行器烧蚀影响等，这些都使火箭整体不是一个定质点系。这样动力学的经典理论就不能直接用来研究火箭的运动，因而有必要介绍有关变质量系运动的基本力学原理[1-3]。

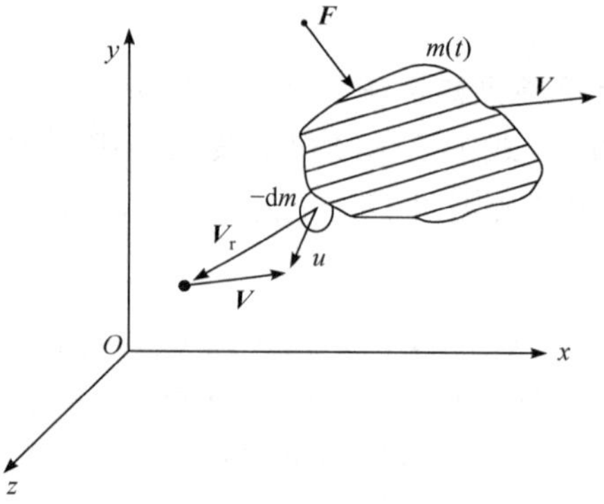

图 4-8 变质量质点运动示意图

4.1.2.1 变质量质点运动的力学原理

设有一个质量随时间变化的质点，其质量在 t 时刻为 $m(t)$，并具有绝对速度 $\boldsymbol{V}$，此时该质点的动量为

$$\boldsymbol{Q}(t)=m(t)\boldsymbol{V} \tag{4-32}$$

在 $\mathrm{d}t$ 时间内，有外界作用在整个质点上的力 $\boldsymbol{F}$，并且质点 M 向外以相对速度 $\boldsymbol{V}_{\mathrm{r}}$ 喷射出元质量 $-\mathrm{d}m$，如图 4-8 所示，显然有

$$-\mathrm{d}m=m(t)-m(t+\mathrm{d}t) \tag{4-33}$$

假设在 $\mathrm{d}t$ 时间内质点 $m(t+\mathrm{d}t)$ 具有的速度增量为 $\mathrm{d}\boldsymbol{V}$，那么在 $t+\mathrm{d}t$ 时刻，整个质点的动量应为

$$\boldsymbol{Q}(t+\mathrm{d}t)=[m(t)+\mathrm{d}m)](\boldsymbol{V}+\mathrm{d}\boldsymbol{V})+(-\mathrm{d}m)(\boldsymbol{V}+\boldsymbol{V}_{\mathrm{r}}) \tag{4-34}$$

略去 $\mathrm{d}m\mathrm{d}\boldsymbol{V}$ 项，则

$$\boldsymbol{Q}(t+\mathrm{d}t)=m(t)(\boldsymbol{V}+\mathrm{d}\boldsymbol{V})-\mathrm{d}m\boldsymbol{V}_{\mathrm{r}} \tag{4-35}$$

比较式(4-32)、式(4-35)两式，可得整个质点在 $\mathrm{d}t$ 时间内的动量变化量为

$$\mathrm{d}\boldsymbol{Q}=m\mathrm{d}\boldsymbol{V}-\mathrm{d}m\boldsymbol{V}_{\mathrm{r}} \tag{4-36}$$

根据常质量质心动量定理，有

$$\frac{\mathrm{d}\boldsymbol{Q}}{\mathrm{d}t}=\boldsymbol{F} \tag{4-37}$$

式中，$\boldsymbol{F}$ 是外界作用在整个质点上的力。将式(4-36)代入式(4-37)得

$$m\frac{\mathrm{d}\boldsymbol{V}}{\mathrm{d}t}=\boldsymbol{F}+\frac{\mathrm{d}m}{\mathrm{d}t}\boldsymbol{V}_{\mathrm{r}} \tag{4-38}$$

式(4-38)为密歇尔斯基方程，是变质量质点基本方程。

对于不变质量质点，$\mathrm{d}m/\mathrm{d}t=0$，则由式(4-38)得到熟知的牛顿第二定律的一般表达式：

$$m\frac{\mathrm{d}\boldsymbol{V}}{\mathrm{d}t}=\boldsymbol{F} \tag{4-39}$$

如果将式(4-38)中具有力的因次项 $(\mathrm{d}m/\mathrm{d}t)\boldsymbol{V}_{\mathrm{r}}$ 视为作用在质点 M 上的力，记为 $\boldsymbol{P}_{\mathrm{r}}$，则可将式(4-38)写成如下形式：

$$m\frac{\mathrm{d}\boldsymbol{V}}{\mathrm{d}t}=\boldsymbol{F}+\boldsymbol{P}_{\mathrm{r}} \tag{4-40}$$

式中，$\boldsymbol{P}_{\mathrm{r}}$ 为喷射反作用力。

对于火箭而言，$\mathrm{d}m/\mathrm{d}t<0$，故喷射反作用力的方向与 $\boldsymbol{V}_{\mathrm{r}}$ 的方向相反，是一个加速力。

由上可知，物体产生运动状态的变化，除外界作用力外，还可通过物体本身向所需运动反方向喷射物质而获得加速度，这称为直接反作用原理。

根据密歇尔斯基方程，如果质点不受外力作用，则有

$$m\frac{\mathrm{d}\boldsymbol{V}}{\mathrm{d}t}=\frac{\mathrm{d}m}{\mathrm{d}t}\boldsymbol{V}_{\mathrm{r}} \tag{4-41}$$

若设 $\boldsymbol{V}$ 与 $\boldsymbol{V}_{\mathrm{r}}$ 正好反向，即

$$m\frac{\mathrm{d}v}{\mathrm{d}t}=-\frac{\mathrm{d}m}{\mathrm{d}t}v_{\mathrm{r}} \tag{4-42}$$

则

$$\mathrm{d}v=-v_{\mathrm{r}}\frac{\mathrm{d}m}{m} \tag{4-43}$$

当喷射元质量的速度 v_{r} 为定值，对式(4-43)积分可得

$$v-v_0=-v_{\mathrm{r}}\ln\frac{m}{m_0} \tag{4-44}$$

式中，v_0、m_0 分别为起始时刻质点所具有的速度和质量；m_0 为物体结构质量 m_{k} 与全部可喷射物质质量 m_{T} 之和。

若初始速度 $v_0=0$，在 m_{T} 全部喷射完时，物体具有的速度则为

$$v_{\mathrm{k}}=-v_{\mathrm{r}}\ln\frac{m_{\mathrm{k}}}{m_0} \tag{4-45}$$

式(4-45)即为著名的齐奥尔科夫斯基公式，用该式计算出的速度为理想速度。

式(4-45)说明，物体不受外力作用时，变质量质点在给定的 m_0 下，可喷射物质质量 m_{T} 愈大或可喷射物质质量 m_{T} 一定，但喷射元质量的速度 v_{r} 愈大，则质点的理想速度就愈大。

4.1.2.2 变质量质点系运动的力学原理

当组成物体为变质量质点系，除有一些质点随物体做牵连运动外，在物体内部还有相对运动，这对物体的运动也是有影响的。此时，若对该物体运用密歇尔斯基方程来建立运动方程，则存在近似性，因此必须对变质量质点系进行专门的讨论。

在理论力学中已介绍离散质点系的动力学方程，即在 $OXYZ$ 惯性坐标系中，有一质点系 S，该质点系由 N 个质点组成，离散质点 m_i 在惯性坐标系中的矢径为 $\boldsymbol{r}_i$，外界作用于系统 S 上的总外力为 $\boldsymbol{F}_S$，则系统 S 的平动方程及转动方程为

$$\boldsymbol{F}_S=\sum_{i=1}^{N}m_i\frac{\mathrm{d}^2\boldsymbol{r}_i}{\mathrm{d}t^2} \tag{4-46}$$

$$\boldsymbol{M}_S=\sum_{i=1}^{N}m_i\boldsymbol{r}_i\times\frac{\mathrm{d}^2\boldsymbol{r}_i}{\mathrm{d}t^2} \tag{4-47}$$

现要研究连续质点系(物体)的运动方程，则将物体考虑成由无数个具有无穷小质量的质点组成的系统。在这种情况下，方程(4-46)和方程(4-47)中的求和符号必须用积分符号来代替，于是有

$$\boldsymbol{F}=\int_m\frac{\mathrm{d}^2\boldsymbol{r}}{\mathrm{d}t^2}\mathrm{d}m \tag{4-48}$$

$$\boldsymbol{M}=\int_m\boldsymbol{r}\times\frac{\mathrm{d}^2\boldsymbol{r}}{\mathrm{d}t^2}\mathrm{d}m \tag{4-49}$$

式(4-48)和式(4-49)中，虽各自只有一个积分符号，但实质上，对于一个三维系统，该积分为三重积分。因为 $\mathrm{d}m$ 可以写成 $\rho\mathrm{d}V$，其中 ρ 是质量密度，$\mathrm{d}V$ 是体积元，故将该体积以 $\int_m$ 表示。

1. 连续质点系的质心运动方程

设系统 S 相对惯性坐标系有旋转角速度 $\boldsymbol{\omega}_T$，而系统 S 中的任一质点元 P_i 在惯性坐标系中的矢径 $\boldsymbol{r}$ 可以表示为系统 S 质心的矢径 $\boldsymbol{r}_{c.m}$ 与质心到质点元 P_i 的矢量 $\boldsymbol{\rho}$ 之和，如图 4-9 所示，即有

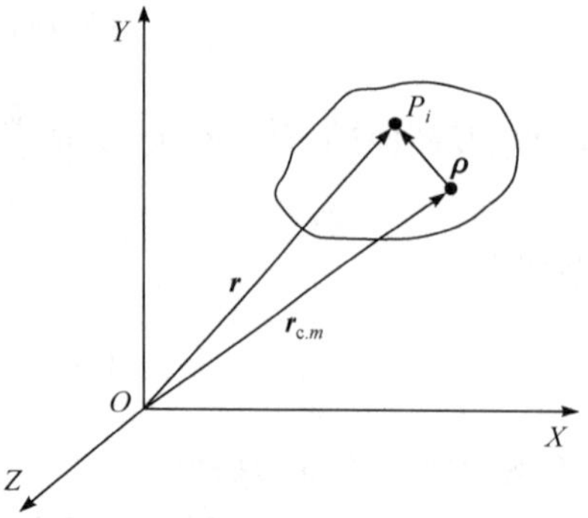

图 4-9 质点系矢量关系图

$$\boldsymbol{r}=\boldsymbol{\rho}+\boldsymbol{r}_{c.m} \tag{4-50}$$

所以

$$\frac{\mathrm{d}^2\boldsymbol{r}}{\mathrm{d}t^2}=\frac{\mathrm{d}^2\boldsymbol{r}_{c.m}}{\mathrm{d}t^2}+\frac{\mathrm{d}^2\boldsymbol{\rho}}{\mathrm{d}t^2} \tag{4-51}$$

假定刚体相对坐标系 $OXYZ$ 有旋转角速度 $\boldsymbol{\omega}_T$，矢量运算关系为

$$\frac{\mathrm{d}\boldsymbol{\rho}}{\mathrm{d}t}=\frac{\delta\boldsymbol{\rho}}{\delta t}+\boldsymbol{\omega}_T\times\boldsymbol{\rho} \tag{4-52}$$

式中，$\dfrac{\mathrm{d}\boldsymbol{\rho}}{\mathrm{d}t}$ 为矢量 $\boldsymbol{\rho}$ 的绝对导数；$\dfrac{\delta\boldsymbol{\rho}}{\delta t}$ 为 $\boldsymbol{\rho}$ 的相对导数。将式(4-52)代入式(4-51)，可得

$$\begin{aligned}\frac{\mathrm{d}^2\boldsymbol{\rho}}{\mathrm{d}t^2}&=\frac{\mathrm{d}}{\mathrm{d}t}\left(\frac{\delta\boldsymbol{\rho}}{\delta t}\right)+\frac{\mathrm{d}}{\mathrm{d}t}(\boldsymbol{\omega}_T\times\boldsymbol{\rho})\\&=\frac{\delta^2\boldsymbol{\rho}}{\delta t^2}+\boldsymbol{\omega}_T\times\frac{\delta\boldsymbol{\rho}}{\delta t}+\frac{\mathrm{d}\boldsymbol{\omega}_T}{\mathrm{d}t}\times\boldsymbol{\rho}+\boldsymbol{\omega}_T\times\left(\frac{\delta\boldsymbol{\rho}}{\delta t}+\boldsymbol{\omega}_T\times\boldsymbol{\rho}\right)\\&=\frac{\delta^2\boldsymbol{\rho}}{\delta t^2}+2\boldsymbol{\omega}_T\times\frac{\delta\boldsymbol{\rho}}{\delta t}+\frac{\mathrm{d}\boldsymbol{\omega}_T}{\mathrm{d}t}\times\boldsymbol{\rho}+\boldsymbol{\omega}_T\times(\boldsymbol{\omega}_T\times\boldsymbol{\rho})\end{aligned}\tag{4-53}$$

将式(4-53)代入式(4-51)，可得

$$\frac{\mathrm{d}^2\boldsymbol{r}}{\mathrm{d}t^2}=\frac{\mathrm{d}^2\boldsymbol{r}_{\mathrm{c}.m}}{\mathrm{d}t^2}+2\boldsymbol{\omega}_T\times\frac{\delta\boldsymbol{\rho}}{\delta t}+\frac{\delta^2\boldsymbol{\rho}}{\delta t^2}+\frac{\mathrm{d}\boldsymbol{\omega}_T}{\mathrm{d}t}\times\boldsymbol{\rho}+\boldsymbol{\omega}_T\times(\boldsymbol{\omega}_T\times\boldsymbol{\rho})\tag{4-54}$$

由于 $\boldsymbol{\rho}$ 表示系统 S 的质心到质点元的矢径，根据质心的定义有 $\int_m\boldsymbol{\rho}\mathrm{d}m=0$，因此，将式(4-54)代入式(4-48)后，即有

$$\boldsymbol{F}_S=m\frac{\mathrm{d}^2\boldsymbol{r}_{\mathrm{c}.m}}{\mathrm{d}t^2}+2\boldsymbol{\omega}_T\times\int_m\frac{\delta\boldsymbol{\rho}}{\delta t}\mathrm{d}m+\int_m\frac{\delta^2\boldsymbol{\rho}}{\delta t^2}\mathrm{d}m\tag{4-55}$$

式(4-55)为适用于任意变质量物体的一般运动方程，从而可得任意变质量物体的质心运动方程为

$$m\frac{\mathrm{d}^2\boldsymbol{r}_{\mathrm{c}.m}}{\mathrm{d}t^2}=\boldsymbol{F}_S+\boldsymbol{F}_k'+\boldsymbol{F}_{\mathrm{rel}}'\tag{4-56}$$

式中，

$$\boldsymbol{F}_k'=-2\boldsymbol{\omega}_T\times\int_m\frac{\delta\boldsymbol{\rho}}{\delta t}\mathrm{d}m$$

$$\boldsymbol{F}_{\mathrm{rel}}'=-\int_m\frac{\delta^2\boldsymbol{\rho}}{\delta t^2}\mathrm{d}m$$

$\boldsymbol{F}_k'$、$\boldsymbol{F}_{\mathrm{rel}}'$ 分别称为系统 S 的附加科氏力和附加相对力。

2. 连续质点系的转动方程

由式(4-49)不难写出变质量质点系 S 在力 $\boldsymbol{F}$ 的作用下所产生的绕惯性坐标系原点 O 和绕系统 S 质心的力矩方程，分别为

$$\boldsymbol{M}_0=\int_m\boldsymbol{r}\times\frac{\mathrm{d}^2\boldsymbol{r}}{\mathrm{d}t^2}\mathrm{d}m\tag{4-57}$$

$$\boldsymbol{M}_{\mathrm{c}.m}=\int_m\boldsymbol{\rho}\times\frac{\mathrm{d}^2\boldsymbol{r}}{\mathrm{d}t^2}\mathrm{d}m\tag{4-58}$$

考虑到以后研究导弹在空中的姿态变化是以绕质心的转动来进行的，因此下面对式(4-58)进行讨论。

将式(4-54)代入式(4-58)，则力矩方程可写为

$$
\begin{aligned}
\boldsymbol{M}_{\mathrm{c}.m} = & \int_m \boldsymbol{\rho} \times \frac{\mathrm{d}^2 \boldsymbol{r}_{\mathrm{c}.m}}{\mathrm{d}t^2} \mathrm{d}m + 2\int_m \boldsymbol{\rho} \times \left(\boldsymbol{\omega}_T \times \frac{\delta \boldsymbol{\rho}}{\delta t} \right) \mathrm{d}m \\
& + \int_m \boldsymbol{\rho} \times \frac{\delta^2 \boldsymbol{\rho}}{\delta t^2} \mathrm{d}m + \int_m \boldsymbol{\rho} \times \left(\frac{\mathrm{d}\boldsymbol{\omega}_T}{\mathrm{d}t} \times \boldsymbol{\rho} \right) \mathrm{d}m \\
& + \int_m \boldsymbol{\rho} \times [\boldsymbol{\omega}_T \times (\boldsymbol{\omega}_T \times \boldsymbol{\rho})] \mathrm{d}m
\end{aligned}
\tag{4-59}
$$

注意到 $\boldsymbol{r}_{\mathrm{c}.m}$ 与质量 $\mathrm{d}m$ 无关，且按质心的定义有 $\int_m \boldsymbol{\rho} \mathrm{d}m = 0$，故将式(4-59)简化为

$$
\begin{aligned}
\boldsymbol{M}_{\mathrm{c}.m} = & 2\int_m \boldsymbol{\rho} \times \left(\boldsymbol{\omega}_T \times \frac{\delta \boldsymbol{\rho}}{\delta t} \right) \mathrm{d}m + \int_m \boldsymbol{\rho} \times \frac{\delta^2 \boldsymbol{\rho}}{\delta t^2} \mathrm{d}m \\
& + \int_m \boldsymbol{\rho} \times \left(\frac{\mathrm{d}\boldsymbol{\omega}_T}{\mathrm{d}t} \times \boldsymbol{\rho} \right) \mathrm{d}m + \int_m \boldsymbol{\rho} \times [\boldsymbol{\omega}_T \times (\boldsymbol{\omega}_T \times \boldsymbol{\rho})] \mathrm{d}m
\end{aligned}
\tag{4-60}
$$

式(4-60)为适用于任意变质量物体绕质心的一般转动方程。式(4-60)可写成另一种形式，首先将其移项后写为

$$
\begin{aligned}
& \int_m \boldsymbol{\rho} \times [\boldsymbol{\omega}_T \times (\boldsymbol{\omega}_T \times \boldsymbol{\rho})] \mathrm{d}m + \int_m \boldsymbol{\rho} \times \left(\frac{\mathrm{d}\boldsymbol{\omega}_T}{\mathrm{d}t} \times \boldsymbol{\rho} \right) \mathrm{d}m \\
& = \boldsymbol{M}_{\mathrm{c}.m} + \boldsymbol{M}_k' + \boldsymbol{M}_{\mathrm{rel}}'
\end{aligned}
\tag{4-61}
$$

式中，

$$
\boldsymbol{M}_k' = -2\int_m \boldsymbol{\rho} \times \left(\boldsymbol{\omega}_T \times \frac{\delta \boldsymbol{\rho}}{\delta t} \right) \mathrm{d}m
$$

$$
\boldsymbol{M}_{\mathrm{rel}}' = -\int_m \boldsymbol{\rho} \times \frac{\delta^2 \boldsymbol{\rho}}{\delta t^2} \mathrm{d}m
$$

$\boldsymbol{M}_k'$、$\boldsymbol{M}_{\mathrm{rel}}'$ 分别称为系统 S 的附加科氏力矩和附加相对力矩。

式(4-61)等号左端的第一项，根据矢量叉乘运算法则

$$
\boldsymbol{A} \times (\boldsymbol{B} \times \boldsymbol{C}) = (\boldsymbol{A} \cdot \boldsymbol{C}) \cdot \boldsymbol{B} - (\boldsymbol{A} \cdot \boldsymbol{B}) \cdot \boldsymbol{C} = \boldsymbol{B} \times (\boldsymbol{A} \times \boldsymbol{C}) + \boldsymbol{C} \times (\boldsymbol{B} \times \boldsymbol{A})
$$

可得

$$
\int_m \boldsymbol{\rho} \times [\boldsymbol{\omega}_T \times (\boldsymbol{\omega}_T \times \boldsymbol{\rho})] \mathrm{d}m = \boldsymbol{\omega}_T \times \int_m \boldsymbol{\rho} \times (\boldsymbol{\omega}_T \times \boldsymbol{\rho}) \mathrm{d}m \tag{4-62}
$$

记

$$
\boldsymbol{H}_{\mathrm{c}.m} = \int_m \boldsymbol{\rho} \times (\boldsymbol{\omega}_T \times \boldsymbol{\rho}) \mathrm{d}m \tag{4-63}
$$

式(4-63)是将系统视为刚体后，该刚体对质心的总角动量。

现以变质量物体的质心作为原点 O，建立一个与该物体固连的任意直角坐标系 $Oxyz$，并设有

$$
\boldsymbol{\omega}_T = [\omega_{Tx} \quad \omega_{Ty} \quad \omega_{Tz}]^{\mathrm{T}}
$$

$$
\boldsymbol{\rho} = [x \quad y \quad z]^{\mathrm{T}}
$$

则

$$
\begin{aligned}
\boldsymbol{H}_{\mathrm{c}.m} &= \int_m \boldsymbol{\rho} \times (\boldsymbol{\omega}_T \times \boldsymbol{\rho}) \mathrm{d}m \\
&= \int_m [(\boldsymbol{\rho} \cdot \boldsymbol{\rho}) \cdot \boldsymbol{\omega}_T - (\boldsymbol{\rho} \cdot \boldsymbol{\omega}_T) \cdot \boldsymbol{\rho}] \mathrm{d}m \\
&= \int_m \begin{bmatrix} y^2 + z^2 & -xy & -xz \\ -yx & z^2 + x^2 & -yz \\ -zx & -zy & x^2 + y^2 \end{bmatrix} \begin{bmatrix} \omega_{Tx} \\ \omega_{Ty} \\ \omega_{Tz} \end{bmatrix} \mathrm{d}m
\end{aligned}
\tag{4-64}
$$

定义

$$
\begin{cases}
I_{xx} = \int_m (y^2 + z^2) \mathrm{d}m \\
I_{yy} = \int_m (z^2 + x^2) \mathrm{d}m \\
I_{zz} = \int_m (x^2 + y^2) \mathrm{d}m \\
I_{xy} = I_{yx} = \int_m xy \mathrm{d}m \\
I_{xz} = I_{zx} = \int_m xz \mathrm{d}m \\
I_{yz} = I_{zy} = \int_m yz \mathrm{d}m
\end{cases}
\tag{4-65}
$$

式中，I_{xx}、I_{yy}、I_{zz} 称为转动惯量；I_{xy}、I_{yx}、I_{xz}、I_{zx}、I_{yz} 和 I_{zy} 称为惯量积。

为书写简便起见，可将式(4-64)写为

$$
\boldsymbol{H}_{\mathrm{c}.m} = \boldsymbol{I} \cdot \boldsymbol{\omega}_T \tag{4-66}
$$

式中，

$$
\boldsymbol{I} = \begin{bmatrix} I_{xx} & -I_{xy} & -I_{xz} \\ -I_{yx} & I_{yy} & -I_{yz} \\ -I_{zx} & -I_{zy} & I_{zz} \end{bmatrix} \tag{4-67}
$$

称为惯量张量。

将式(4-66)代入式(4-62)可得

$$
\int_m \boldsymbol{\rho} \times [\boldsymbol{\omega}_T \times (\boldsymbol{\omega}_T \times \boldsymbol{\rho})] \mathrm{d}m = \boldsymbol{\omega}_T \times (\boldsymbol{I} \cdot \boldsymbol{\omega}_T) \tag{4-68}
$$

同理，参考式(4-64)，可将式(4-61)等号左端第二项写成

$$
\int_m \boldsymbol{\rho} \times \left(\frac{\mathrm{d}\boldsymbol{\omega}_T}{\mathrm{d}t} \times \boldsymbol{\rho} \right) \mathrm{d}m = \boldsymbol{I} \cdot \frac{\mathrm{d}\boldsymbol{\omega}_T}{\mathrm{d}t} \tag{4-69}
$$

最终可将式(4-61)写成

$$
\boldsymbol{I} \cdot \frac{\mathrm{d}\boldsymbol{\omega}_T}{\mathrm{d}t} + \boldsymbol{\omega}_T \times (\boldsymbol{I} \cdot \boldsymbol{\omega}_T) = \boldsymbol{M}_{\mathrm{c}.m} + \boldsymbol{M}'_k + \boldsymbol{M}'_{\mathrm{rel}} \tag{4-70}
$$

显然，式(4-70)等号左端是惯性力矩。

式(4-56)和式(4-70)分别是变质量物体的一般质心运动方程和绕质心转动方程，形式上与适用于刚体的方程相同。因此，引出一条重要的原理——刚化原理，现叙述如下。

在一般情况下，任意一个变质量系统在t瞬时的质心运动方程和绕质心转动方程，能用如下这样一个刚体的相应方程来表示：这个刚体的质量等于系统在t瞬时的质量，而它受的力除真实的外力和力矩外，还要加上两个附加力和两个附加力矩，即附加科氏力、附加相对力和附加科氏力矩、附加相对力矩。

4.2 火箭的力学环境

4.2.1 附加力与附加力矩

设火箭为一轴对称体，发动机喷管出口(简称“喷口”)截面积为S_e，火箭的质心记为O，燃料燃烧过程中t时刻质心O相对于箭体的运动速度矢量为$\boldsymbol{V}_{\text{rc}}$，而箭体内质点相对于箭体的速度矢量为$\boldsymbol{V}_{\text{rb}}$，则该质点相对于可变质心的速度矢量为$\delta\boldsymbol{\rho}/\delta t$，它与$\boldsymbol{V}_{\text{rb}}$、$\boldsymbol{V}_{\text{rc}}$有如下关系：

$$\frac{\delta\boldsymbol{\rho}}{\delta t}=\boldsymbol{V}_{\text{rb}}-\boldsymbol{V}_{\text{rc}} \tag{4-71}$$

根据雷诺传输定理有

$$\int_m \frac{\delta\boldsymbol{H}}{\delta t}\mathrm{d}m=\frac{\delta}{\delta t}\int_m \boldsymbol{H}\mathrm{d}m+\int_{S_e}\boldsymbol{H}(\rho_m\boldsymbol{V}_{\text{rb}}\cdot\boldsymbol{n})\mathrm{d}S_e \tag{4-72}$$

式中，$\boldsymbol{H}$为某一矢量点函数；ρ_m为流体质量密度；$\boldsymbol{V}_{\text{rb}}$为燃烧产物相对于火箭的速度；$\boldsymbol{n}$为喷管出口截面积$S_e$的外法向单位矢量。

式(4-72)表示被积函数的导数与积分导数之间的关系。运用式(4-72)，可将作用于火箭上的附加力和附加力矩具体表达式导出。

4.2.1.1 附加相对力

附加相对力为

$$\boldsymbol{F}'_{\text{rel}}=-\int_m \frac{\delta^2\boldsymbol{\rho}}{\delta t^2}\mathrm{d}m$$

用$\delta\boldsymbol{\rho}/\delta t$代替式(4-72)中的$\boldsymbol{H}$，即得

$$\boldsymbol{F}'_{\text{rel}}=-\frac{\delta}{\delta t}\int_m \frac{\delta\boldsymbol{\rho}}{\delta t}\mathrm{d}m-\int_{S_e}\frac{\delta\boldsymbol{\rho}}{\delta t}(\rho_m\boldsymbol{V}_{\text{rb}}\cdot\boldsymbol{n})\mathrm{d}S_e \tag{4-73}$$

将式(4-71)代入式(4-73)等号右端第二项积分式，则有

$$\int_{S_e}\frac{\delta\boldsymbol{\rho}}{\delta t}(\rho_m\boldsymbol{V}_{\text{rb}}\cdot\boldsymbol{n})\mathrm{d}S_e=\int_{S_e}\boldsymbol{V}_{\text{rb}}(\rho_m\boldsymbol{V}_{\text{rb}}\cdot\boldsymbol{n})\mathrm{d}S_e-\int_{S_e}\boldsymbol{V}_{\text{rc}}(\rho_m\boldsymbol{V}_{\text{rb}}\cdot\boldsymbol{n})\mathrm{d}S_e \tag{4-74}$$

对火箭而言，质心O相对于箭体的速度$\boldsymbol{V}_{\text{rc}}$与$\mathrm{d}S_e$无关，而流动质点只能从火箭发动机喷口截面处流出火箭体外，$\boldsymbol{V}_{\text{rb}}$只是指$S_e$上的质点相对于箭体的速度。如果把$S_e$上质

点的排出速度看成是相同的，记$\boldsymbol{V}_{\mathrm{rb}}(\mathrm{d}S_e)=\boldsymbol{u}_e$，则$\boldsymbol{V}_{\mathrm{rc}}$、$\boldsymbol{u}_e$均可提到各积分号外面。

事实上有

$$\int_{S_e}(\rho_m\boldsymbol{V}_{\mathrm{rb}}\cdot\boldsymbol{n})\mathrm{d}S_e=\dot{m} \tag{4-75}$$

式中，$\dot{m}$称为质量秒耗量，且$\dot{m}=\left|\dfrac{\mathrm{d}m}{\mathrm{d}t}\right|$。

因此式(4-74)可写为

$$\int_{S_e}\frac{\delta\boldsymbol{\rho}}{\delta t}(\rho_m\boldsymbol{V}_{\mathrm{rb}}\cdot\boldsymbol{n})\mathrm{d}S_e=\dot{m}\boldsymbol{u}_e-\dot{m}\boldsymbol{V}_{\mathrm{rc}} \tag{4-76}$$

如果过S_e的各质点的速度$\boldsymbol{V}_{\mathrm{rb}}$不相同，则记

$$\boldsymbol{u}_e=\frac{1}{\dot{m}}\int_{S_e}\boldsymbol{V}_{\mathrm{rb}}(\rho_m\boldsymbol{V}_{\mathrm{rb}}\cdot\boldsymbol{n})\mathrm{d}S_e \tag{4-77}$$

仍可得式(4-76)的形式。

式(4-73)等号右端第一项积分式运用雷诺传输定理可写成

$$\int_m\frac{\delta\boldsymbol{\rho}}{\delta t}\mathrm{d}m=\frac{\delta}{\delta t}\int_m\boldsymbol{\rho}\mathrm{d}m+\int_{S_e}\boldsymbol{\rho}(\rho_m\boldsymbol{V}_{\mathrm{rb}}\cdot\boldsymbol{n})\mathrm{d}S_e \tag{4-78}$$

根据质心定义，式(4-78)等号右端第一项积分式为零。令喷口截面上任意一点矢量$\boldsymbol{\rho}$为火箭质心O到截面中心e的矢量$\boldsymbol{\rho}_e$与截面中心到该点的矢量$\boldsymbol{v}$之和，如图 4-10 所示，即有

$$\boldsymbol{\rho}=\boldsymbol{\rho}_e+\boldsymbol{v} \tag{4-79}$$

如果过S_e的$\boldsymbol{V}_{\mathrm{rb}}$相同，且$S_e$对喷口截面中心点$e$为对称面，则

$$\int_{S_e}\boldsymbol{v}(\rho_m\boldsymbol{V}_{\mathrm{rb}}\cdot\boldsymbol{n})\mathrm{d}S_e=0 \tag{4-80}$$

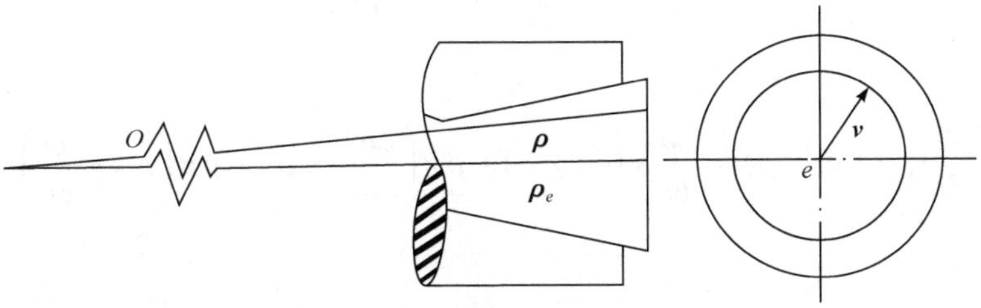

图 4-10　火箭喷口截面上质点位置矢径

因此，式(4-78)等号右端第二项积分式就等于喷口截面中心矢径$\boldsymbol{\rho}_e$与质量秒耗量$\dot{m}$的乘积。式(4-78)即可写为

$$\int_m\frac{\delta\boldsymbol{\rho}}{\delta t}\mathrm{d}m=\dot{m}\boldsymbol{\rho}_e \tag{4-81}$$

当然，如果S_e对e为不对称面，则$\boldsymbol{\rho}_e$即可用

$$\boldsymbol{\rho}_e=\frac{1}{\dot{m}}\int_{S_e}\boldsymbol{\rho}(\rho_m\boldsymbol{V}_{\mathrm{rb}}\cdot\boldsymbol{n})\mathrm{d}S_e \tag{4-82}$$

计算得到。这样，式(4-73)等号右端第一项即可写成

$$\frac{\delta}{\delta t}\int_m \frac{\delta \boldsymbol{\rho}}{\delta t}\mathrm{d}m = \ddot{m}\boldsymbol{\rho}_e + \dot{m}\dot{\boldsymbol{\rho}}_e \tag{4-83}$$

将式(4-76)、式(4-83)代入式(4-73)即得

$$\boldsymbol{F}'_{\text{rel}} = -\ddot{m}\boldsymbol{\rho}_e - \dot{m}\dot{\boldsymbol{\rho}}_e - \dot{m}\boldsymbol{u}_e + \dot{m}\boldsymbol{V}_{\text{rc}} \tag{4-84}$$

考虑到火箭质点相对流动的非定常性很小，特别在火箭发动机稳定工作后，可认为是定常流动，即认为 $\ddot{m}=0$；质心的相对速度 $\boldsymbol{V}_{\text{rc}}$ 及喷口截面中心矢径 $\boldsymbol{\rho}_e$ 的变化率 $\dot{\boldsymbol{\rho}}_e$ 远小于 $\boldsymbol{u}_e$，因此 $\dot{m}\dot{\boldsymbol{\rho}}_e$ 及 $\dot{m}\boldsymbol{V}_{\text{rc}}$ 均可忽略不计。这样，附加相对力就可写成

$$\boldsymbol{F}'_{\text{rel}} = -\dot{m}\boldsymbol{u}_e \tag{4-85}$$

由此得出结论：附加相对力的大小与通过喷口截面的线动量通量相等，而方向相反。

4.2.1.2 附加科氏力

附加科氏力为

$$\boldsymbol{F}'_k = -2\boldsymbol{\omega}_T \times \int_m \frac{\delta \boldsymbol{\rho}}{\delta t}\mathrm{d}m$$

将式(4-81)代入上式，则得

$$\boldsymbol{F}'_k = -2\dot{m}\boldsymbol{\omega}_T \times \boldsymbol{\rho}_e \tag{4-86}$$

4.2.1.3 附加科氏力矩

据式(4-61)可知

$$\boldsymbol{M}'_k = -2\int_m \boldsymbol{\rho}\times\left(\boldsymbol{\omega}_T \times \frac{\delta \boldsymbol{\rho}}{\delta t}\right)\mathrm{d}m \tag{4-87}$$

注意到

$$\frac{\delta}{\delta t}[\boldsymbol{\rho}\times(\boldsymbol{\omega}_T\times\boldsymbol{\rho})] = \frac{\delta\boldsymbol{\rho}}{\delta t}\times(\boldsymbol{\omega}_T\times\boldsymbol{\rho}) + \boldsymbol{\rho}\times\left(\frac{\mathrm{d}\boldsymbol{\omega}_T}{\mathrm{d}t}\times\boldsymbol{\rho}\right) + \boldsymbol{\rho}\times\left(\boldsymbol{\omega}_T\times\frac{\delta\boldsymbol{\rho}}{\delta t}\right)$$

及

$$\frac{\delta\boldsymbol{\rho}}{\delta t}\times(\boldsymbol{\omega}_T\times\boldsymbol{\rho}) = \boldsymbol{\omega}_T\times\left(\frac{\delta\boldsymbol{\rho}}{\delta t}\times\boldsymbol{\rho}\right) + \boldsymbol{\rho}\times\left(\boldsymbol{\omega}_T\times\frac{\delta\boldsymbol{\rho}}{\delta t}\right)$$

则有

$$2\boldsymbol{\rho}\times\left(\boldsymbol{\omega}_T\times\frac{\delta\boldsymbol{\rho}}{\delta t}\right) = \frac{\delta}{\delta t}[\boldsymbol{\rho}\times(\boldsymbol{\omega}_T\times\boldsymbol{\rho})] - \boldsymbol{\rho}\times\left(\frac{\mathrm{d}\boldsymbol{\omega}_T}{\mathrm{d}t}\times\boldsymbol{\rho}\right) - \boldsymbol{\omega}_T\times\left(\frac{\delta\boldsymbol{\rho}}{\delta t}\times\boldsymbol{\rho}\right) \tag{4-88}$$

将式(4-88)代入式(4-87)则有

$$\boldsymbol{M}'_k = -\int_m\left\{\frac{\delta}{\delta t}[\boldsymbol{\rho}\times(\boldsymbol{\omega}_T\times\boldsymbol{\rho})] - \boldsymbol{\rho}\times\left(\frac{\mathrm{d}\boldsymbol{\omega}_T}{\mathrm{d}t}\times\boldsymbol{\rho}\right) - \boldsymbol{\omega}_T\times\left(\frac{\delta\boldsymbol{\rho}}{\delta t}\times\boldsymbol{\rho}\right)\right\}\mathrm{d}m$$

将上式等号右端第一项运用雷诺传输定理后，即有

$$\begin{aligned}\boldsymbol{M}_k' = &-\frac{\delta}{\delta t}\int_m \boldsymbol{\rho}\times(\boldsymbol{\omega}_T\times\boldsymbol{\rho})\mathrm{d}m-\int_{S_e}\boldsymbol{\rho}\times(\boldsymbol{\omega}_T\times\boldsymbol{\rho})(\rho_m\boldsymbol{V}_{\mathrm{rb}}\cdot\boldsymbol{n})\mathrm{d}S_e\\&+\int_m \boldsymbol{\rho}\times\left(\frac{\mathrm{d}\boldsymbol{\omega}_T}{\mathrm{d}t}\times\boldsymbol{\rho}\right)\mathrm{d}m+\int_m \boldsymbol{\omega}_T\times\left(\frac{\delta\boldsymbol{\rho}}{\delta t}\times\boldsymbol{\rho}\right)\mathrm{d}m\end{aligned} \tag{4-89}$$

根据式(4-63)、式(4-66)则有

$$\int_m \boldsymbol{\rho}\times(\boldsymbol{\omega}_T\times\boldsymbol{\rho})\mathrm{d}m=\boldsymbol{I}\cdot\boldsymbol{\omega}_T$$

将上式微分得

$$\frac{\delta}{\delta t}\int_m \boldsymbol{\rho}\times(\boldsymbol{\omega}_T\times\boldsymbol{\rho})\mathrm{d}m=\frac{\delta\boldsymbol{I}}{\delta t}\cdot\boldsymbol{\omega}_T+\boldsymbol{I}\cdot\frac{\mathrm{d}\boldsymbol{\omega}_T}{\mathrm{d}t} \tag{4-90}$$

将式(4-69)、式(4-90)代入式(4-89)则得

$$\boldsymbol{M}_k'=-\frac{\delta\boldsymbol{I}}{\delta t}\cdot\boldsymbol{\omega}_T+\boldsymbol{\omega}_T\times\int_m\frac{\delta\boldsymbol{\rho}}{\delta t}\times\boldsymbol{\rho}\mathrm{d}m-\int_{S_e}\boldsymbol{\rho}\times(\boldsymbol{\omega}_T\times\boldsymbol{\rho})(\rho_m\boldsymbol{V}_{\mathrm{rb}}\cdot\boldsymbol{n})\mathrm{d}S_e \tag{4-91}$$

将式(4-79)代入式(4-91)，并注意到 S_e 对 e 为对称面，且过 S_e 的各质点的速度 $\boldsymbol{V}_{\mathrm{rb}}$ 相同，则式(4-91)可写为

$$\begin{aligned}\boldsymbol{M}_k'=&-\frac{\delta\boldsymbol{I}}{\delta t}\cdot\boldsymbol{\omega}_T-\dot{m}\boldsymbol{\rho}_e\times(\boldsymbol{\omega}_T\times\boldsymbol{\rho}_e)\\&-\int_{S_e}\boldsymbol{v}\times(\boldsymbol{\omega}_T\times\boldsymbol{v})(\rho_m\boldsymbol{V}_{\mathrm{rb}}\cdot\boldsymbol{n})\mathrm{d}S_e+\boldsymbol{\omega}_T\times\int_m\frac{\delta\boldsymbol{\rho}}{\delta t}\times\boldsymbol{\rho}\mathrm{d}m\end{aligned} \tag{4-92}$$

式(4-92)为附加科氏力矩的完整表达式。注意到火箭喷口截面尺寸较火箭的纵向尺寸要小得多，因此式(4-92)中在 S_e 上的积分项可略去不计。式(4-92)等号右端最后一项表示火箭内部质量对质心相对运动所造成的角动量，由于火箭中液体介质的相对速度很小，燃烧产物的气体质量也很小，且可将燃烧室的平均气流近似看成与纵轴平行，因此该项积分也可略去不计。于是，可认为附加科氏力矩为

$$\boldsymbol{M}_k'=-\frac{\delta\boldsymbol{I}}{\delta t}\cdot\boldsymbol{\omega}_T-\dot{m}\boldsymbol{\rho}_e\times(\boldsymbol{\omega}_T\times\boldsymbol{\rho}_e) \tag{4-93}$$

该力矩的第二项是由单位时间内喷出的气流所引起的力矩，它起到阻尼作用，通常称为喷气阻尼力矩；第一项为转动惯量变化引起的力矩，对火箭来说，因为 $\delta\boldsymbol{I}/\delta t$ 各分量为负值，所以该项起减小阻尼的作用，该力矩的量级约为喷气阻尼力矩的 30%。

4.2.1.4　附加相对力矩

由式(4-61)得

$$\boldsymbol{M}_{\mathrm{rel}}'=-\int_m\boldsymbol{\rho}\times\frac{\delta^2\boldsymbol{\rho}}{\delta t^2}\mathrm{d}m$$

将其改写为

$$\boldsymbol{M}'_{\text{rel}} = -\int_m \frac{\delta}{\delta t}\left(\boldsymbol{\rho} \times \frac{\delta \boldsymbol{\rho}}{\delta t}\right) \mathrm{d}m$$

运用雷诺传输定理得

$$\boldsymbol{M}'_{\text{rel}} = -\frac{\delta}{\delta t}\int_m \boldsymbol{\rho} \times \frac{\delta \boldsymbol{\rho}}{\delta t} \mathrm{d}m - \int_{S_e} \boldsymbol{\rho} \times \frac{\delta \boldsymbol{\rho}}{\delta t}(\rho_m \boldsymbol{V}_{\text{rb}} \cdot \boldsymbol{n}) \mathrm{d}S_e \tag{4-94}$$

将式(4-71)代入式(4-94)，并利用式(4-82)，则得

$$\boldsymbol{M}'_{\text{rel}} = -\frac{\delta}{\delta t}\int_m \boldsymbol{\rho} \times \frac{\delta \boldsymbol{\rho}}{\delta t} \mathrm{d}m - \int_{S_e} (\boldsymbol{\rho} \times \boldsymbol{V}_{\text{rb}})(\rho_m \boldsymbol{V}_{\text{rb}} \cdot \boldsymbol{n}) \mathrm{d}S_e + \dot{m}\boldsymbol{\rho}_e \times \boldsymbol{V}_{\text{rc}} \tag{4-95}$$

截面 S_e 上的 $\boldsymbol{V}_{\text{rb}}$ 可分解为平均排气速度矢量 $\boldsymbol{u}_e$ 与截面上速度矢量 $\boldsymbol{V}_{\text{n}}$，即

$$\boldsymbol{V}_{\text{rb}} = \boldsymbol{u}_e + \boldsymbol{V}_{\text{n}} \tag{4-96}$$

由于 $\boldsymbol{V}_{\text{n}}$ 在截面 S_e 上具有对称性，则有

$$\int_{S_e} \boldsymbol{V}_{\text{n}}(\rho_m \boldsymbol{V}_{\text{rb}} \cdot \boldsymbol{n}) \mathrm{d}S_e = 0 \tag{4-97}$$

将式(4-82)、式(4-96)代入式(4-95)，同时利用式(4-75)、式(4-80)及式(4-96)可得到：

$$\begin{aligned}\boldsymbol{M}'_{\text{rel}} = &-\frac{\delta}{\delta t}\int_m \left(\boldsymbol{\rho} \times \frac{\delta \boldsymbol{\rho}}{\delta t}\right) \mathrm{d}m - \int_{S_e} (\boldsymbol{v} \times \boldsymbol{V}_{\text{n}})(\rho_m \boldsymbol{V}_{\text{rb}} \cdot \boldsymbol{n}) \mathrm{d}S_e \\ &- \dot{m}\boldsymbol{\rho}_e \times (\boldsymbol{u}_e - \boldsymbol{V}_{\text{rc}})\end{aligned} \tag{4-98}$$

同理，略去式(4-98)中含有体积分的项，同时考虑到 $|\boldsymbol{v}|$ 与 $\boldsymbol{\rho}_e$ 相比、$\boldsymbol{V}_{\text{rc}}$ 及 $\boldsymbol{V}_{\text{n}}$ 与 $\boldsymbol{u}_e$ 的绝对值相比均很小，可略去，因此附加相对力矩可近似表示为

$$\boldsymbol{M}'_{\text{rel}} = -\dot{m}\boldsymbol{\rho}_e \times \boldsymbol{u}_e \tag{4-99}$$

至此，已推导出附加力和附加力矩的表达式，归纳如下：

$$\begin{cases}\boldsymbol{F}'_{\text{rel}} = -\dot{m}\boldsymbol{u}_e \\ \boldsymbol{F}'_k = -2\dot{m}\boldsymbol{\omega}_T \times \boldsymbol{\rho}_e \\ \boldsymbol{M}'_{\text{rel}} = -\dot{m}\boldsymbol{\rho}_e \times \boldsymbol{u}_e \\ \boldsymbol{M}'_k = -\dfrac{\delta \boldsymbol{I}}{\delta t} \cdot \boldsymbol{\omega}_T - \dot{m}\boldsymbol{\rho}_e \times (\boldsymbol{\omega}_T \times \boldsymbol{\rho}_e)\end{cases} \tag{4-100}$$

式中，当发动机确定后，质量秒耗量 $\dot{m}$、平均排气速度 $\boldsymbol{u}_e$ 即为已知；惯量张量 $\boldsymbol{I}$ 及 t 瞬时质心 O 至喷口截面中心的矢量矩 $\boldsymbol{\rho}_e$ 则决定于火箭总体设计及火箭燃料燃烧情况；火箭旋转角速度 $\boldsymbol{\omega}_T$ 为火箭运动方程中的一个变量。

4.2.2 推力

相对力 $\boldsymbol{F}'_{\text{rel}}$ 实质是利用排出燃气所需的力产生推动火箭前进的反作用力。

图 4-11 为火箭发动机水平安装试车原理示意图。

如图 4-11 所示，在试车台上，火箭轴向力不单纯是相对力 $-\dot{m}\boldsymbol{u}_e$，还包括箭体表面大气静压力和喷管出口截面燃气静压力所形成的轴向力，这两部分静压力称为静推力，

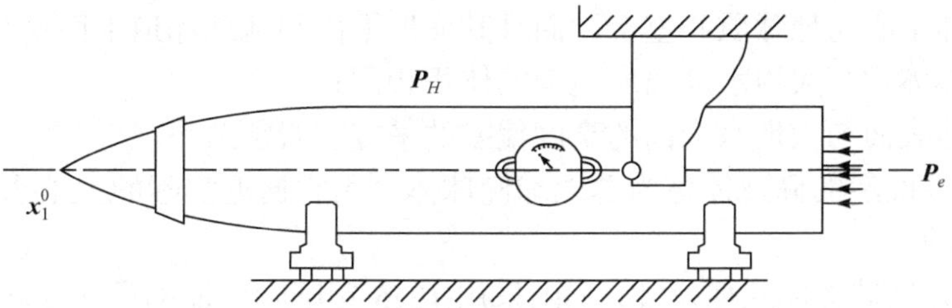

图 4-11　火箭发动机水平安装试车原理示意图

记为 $\boldsymbol{P}_{\mathrm{st}}$，它应为

$$\boldsymbol{P}_{\mathrm{st}} = \int_{S_e} \boldsymbol{P}_e \mathrm{d}s + \int_{S_\mathrm{b}} \boldsymbol{P}_H \mathrm{d}s \tag{4-101}$$

式中，S_e 为喷口截面积；S_b 为箭体表面积(不包括 S_e 部分)；$\boldsymbol{P}_H$ 为火箭试车台所在高度的大气压，其方向垂直于 S_b 表面；$\boldsymbol{P}_e$ 为喷口截面上燃气静压，可取平均值，其方向与 x_1 轴正向重合。考虑到火箭外形具有对称性，则静推力为

$$\boldsymbol{P}_{\mathrm{st}} = S_e(p_e - p_H)\boldsymbol{x}_1^0 \tag{4-102}$$

式中，$\boldsymbol{x}_1^0$ 为火箭纵轴方向的单位矢量。

一台发动机的推力(简称“台推力”)定义为相对力 $-\dot{m}\boldsymbol{u}_e$ 和静推力 $\boldsymbol{P}_{\mathrm{st}}$ 之和，即

$$\boldsymbol{P} = -\dot{m}\boldsymbol{u}_e + S_e(p_e - p_H)\boldsymbol{x}_1^0 \tag{4-103}$$

与静推力对应，相对力 $-\dot{m}\boldsymbol{u}_e$ 又称为动推力或推力动分量。注意到平均排气速度 $\boldsymbol{u}_e$ 指向 $\boldsymbol{x}_1^0$ 的反向，故推力值为

$$P = \dot{m}u_e + S_e(p_e - p_H) \tag{4-104}$$

4.2.3　引力与重力

4.2.3.1　地球的运动

地球的运动是一种复杂的运动。在研究运载火箭及近地卫星轨道的运动规律时，认为地球以一个常值角速度绕地轴旋转。地球自转角速度为

$$\omega_\mathrm{e} = \frac{2\pi}{t} \approx 7.292115 \times 10^{-5}\,\mathrm{rad/s} \tag{4-105}$$

4.2.3.2　地球的形状

地球是一个形状十分复杂的物体。作为一级近似，可以认为地球是一个圆球体，其体积等于地球体积。圆球体的半径为

$$R = 6371004\mathrm{m} \tag{4-106}$$

在研究近程导弹和飞机等飞行器飞行力学中，这个近似是完全可以的。

在多数情况下，由一椭圆绕其短轴旋转所形成的椭球体来代替大地水准面。该椭球体按下列条件来确定：

(1) 椭球体中心与地球质心重合，而且其赤道平面与地球赤道平面重合；

(2) 椭球体体积与大地水准面所包围的体积相同；

(3) 椭球体表面与大地水准面的高度偏差的平方和必须最小。

按上述条件确定的椭球体称为总地球椭球体，用它逼近实际的大地水准面的精度一般来说是足够的。

关于总地球椭球体的几何尺寸，我国采用 1975 年国际大地测量和地球物理联合会第十六届大会的推荐值：

地球的赤道半径(椭球体长半轴)为

$$a_e = 6378140\text{m} \tag{4-107}$$

地球的扁率为

$$\alpha_e = \frac{a_e - b_e}{a_e} = \frac{1}{298.257} \tag{4-108}$$

式中，b_e 为椭球体的短半轴，即地球南北极之间的距离。

4.2.3.3 地球的引力

引力场是一个保守场，即一个质点在场内沿任意一条封闭曲线运动一周，场对该质点所做的功等于零，这种场一定存在一个代表场能量强度的势函数 U，场对该质点的作用力 $\boldsymbol{F}$ 与势函数 U 具有如下关系：

$$\boldsymbol{F} = \text{grad}U \tag{4-109}$$

若设地球为一均质圆球体，则可把地球质量 M 看作集中于地球中心，地球对球外距地心 r 处的一个单位质量质点的势函数为

$$U = \frac{fM}{r} \tag{4-110}$$

式中，f 为万有引力常数。

记 $\mu = fM$ 为地球引力系数，它是一个常量，近似计算时可取为

$$\mu = fM = 3.986005 \times 10^{14}\,\text{m}^3/\text{s}^2$$

由式(4-109)与式(4-110)，可得地球对球外距地心 r 处一单位质量质点的场强(引力)为

$$\boldsymbol{g} = -\frac{fM}{r^2}\boldsymbol{r}^0 \tag{4-111}$$

场强 $\boldsymbol{g}$ 就是地球引力场中质点所具有的引力加速度矢量，$\boldsymbol{r}^0$ 代表 $\boldsymbol{r}$ 的单位矢量。

显然，若地球外一质点具有的质量为 m，则地球对该质点的引力为

$$\boldsymbol{F} = m\boldsymbol{g} \tag{4-112}$$

实际上，地球的形状极为复杂，且其质量分布也不均匀，要求其对球外一点的势函数，则须对整个地球进行积分，即

$$U = f\iiint_M \frac{d_m}{\rho} \tag{4-113}$$

式中，d_m 为单元体积的质量；ρ 为 d_m 至空间所研究一点的距离。由式(4-113)可以看出，要精确地求出势函数，则必须知道地球表面的形状和内部的质量密度分布，这样才能计算该积分值。

引入 m 阶 n 次第一类连带勒让德函数：

$$P_{nm}(x)=(1-x^2)^{m/2}\frac{\mathrm{d}^m}{\mathrm{d}x^m}P_n(x)$$

可得到引力势函数 U 在球极坐标系中的表达式：

$$U=\frac{fM}{r}\left[1+\sum_{n=2}^{\infty}\sum_{m=0}^{n}\left(\frac{a_{\mathrm{e}}}{r}\right)^n(C_{nm}\cos(m\lambda)+S_{nm}\sin(m\lambda))P_{nm}(\sin\phi)\right] \tag{4-114}$$

式中，当 $n\neq m$ 时，C_{nm}、S_{nm} 为田谐系数；当 $n=m$ 时，则为扇谐系数。

作为第一次近似，先忽略地球经度 λ 的影响，即在式(4-114)中取 $m=0$，这样便得到：

$$U=\frac{fM}{r}\left[1+\sum_{n=2}^{\infty}C_{n0}\left(\frac{a_{\mathrm{e}}}{r}\right)^n P_n(\sin\phi)\right] \tag{4-115}$$

作为椭球体的地球，对球外单位质量质点的引力势为无穷级数，即

$$U=\frac{fM}{r}\left[1-\sum_{n=1}^{\infty}J_{2n}P_{2n}(\sin\phi)\right] \tag{4-116}$$

式(4-116)所代表的引力势，通常称为正常引力势，考虑到工程实际使用中的精度取至 J_4 即可，则把

$$U=\frac{fM}{r}\left[1-\sum_{n=1}^{2}J_{2n}\left(\frac{a_{\mathrm{e}}}{r}\right)^{2n}P_{2n}(\sin\phi)\right] \tag{4-117}$$

取作正常引力势。

在弹道设计和计算中，有时为了方便，还可近似取以式(4-117)中 J_2 为止的引力位作为正常引力位，即

$$U=\frac{fM}{r}\left[1+\frac{J_2}{2}\left(\frac{a_{\mathrm{e}}}{r}\right)^2(1-3\sin^2\phi)\right] \tag{4-118}$$

由式(4-118)可见，正常引力位仅与观测点的距离 r 及地心纬度 ϕ 有关。因此，引力加速度 $\boldsymbol{g}$ 总是在地球地轴与所考察的空间点构成的平面内，该平面与包含 r 在内的子午面重合，如图 4-12 所示。

对于位于 P 点的单位质量质点而言，为计算该点的引力加速度矢量，作过 P 点的子午面。令 $\overline{O_{\mathrm{E}}P}=\boldsymbol{r}$，$\boldsymbol{r}$ 的单位矢量为 $\boldsymbol{r}^0$，并令在此子午面内垂直 $\overline{O_{\mathrm{E}}P}$ 且指向 $\boldsymbol{\phi}$ 增加方向的单位矢量为 $\boldsymbol{\phi}^0$，则引力加速度 $\boldsymbol{g}$ 在 $\boldsymbol{r}^0$ 及 $\boldsymbol{\phi}^0$ 方向的投影分别为

$$\begin{cases} g_r = \dfrac{\partial U}{\partial r} = -\dfrac{fM}{r^2}\left[1+\dfrac{3}{2}J_2\left(\dfrac{a_e}{r}\right)^2(1-3\sin^2\phi)\right] \\ g_\phi = \dfrac{1}{r}\dfrac{\partial U}{\partial \phi} = -\dfrac{fM}{r^2}\dfrac{3}{2}J_2\left(\dfrac{a_e}{r}\right)^2\sin(2\phi) \end{cases} \tag{4-119}$$

令 $J=\dfrac{3}{2}J_2$，则

$$\begin{cases} \boldsymbol{g}_r = -\dfrac{fM}{r^2}\left[1+J\left(\dfrac{a_e}{r}\right)^2(1-3\sin^2\phi)\right] \\ \boldsymbol{g}_\phi = -\dfrac{fM}{r^2}J\left(\dfrac{a_e}{r}\right)^2\sin(2\phi) \end{cases} \tag{4-120}$$

为了计算方便，常常把引力加速度投影在矢径 $\boldsymbol{r}$ 和地球自转角速度 $\boldsymbol{\omega}_e$ 方向。显然，这只需将矢量 $\boldsymbol{g}_\phi$ 分解到 $\boldsymbol{r}$ 及 $\boldsymbol{\omega}_e$ 方向上即可。由图 4-13 可看出：

$$\boldsymbol{g}_\phi = g_{\phi r}\boldsymbol{r}^0 + g_{\phi\omega_e}\boldsymbol{\omega}_e^0 = -g_\phi \mathrm{tg}\phi\boldsymbol{r}^0 + \frac{g_\phi}{\cos\phi}\boldsymbol{\omega}_e^0 \tag{4-121}$$

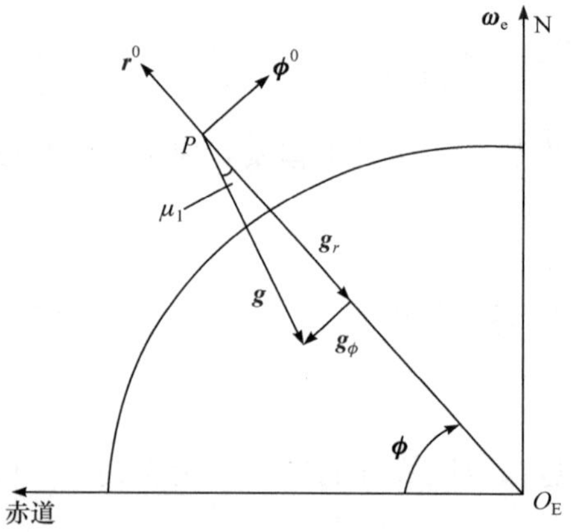

图 4-12　$\boldsymbol{g}$ 在 $\boldsymbol{r}^0$ 与 $\boldsymbol{\phi}^0$ 上的投影

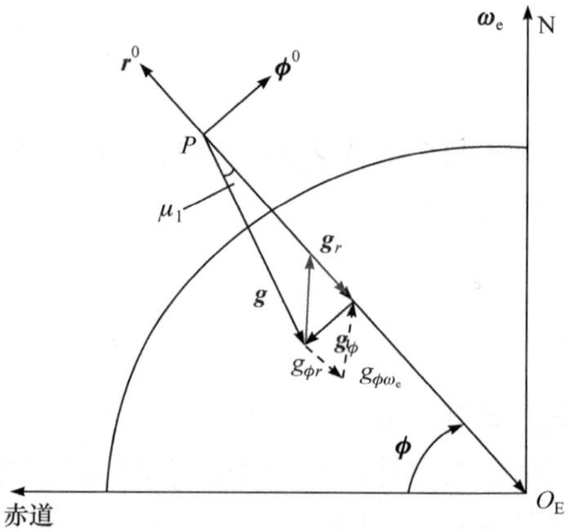

图 4-13　$\boldsymbol{g}$ 在 $\boldsymbol{r}^0$ 与 $\boldsymbol{\omega}_e$ 上的投影

将式(4-120)中的 $\boldsymbol{g}_\phi$ 代入式(4-121)可得

$$\boldsymbol{g}_\phi = 2\frac{fM}{r^2}J\left(\frac{a_e}{r}\right)^2\sin^2\phi\boldsymbol{r}^0 - 2\frac{fM}{r^2}J\left(\frac{a_e}{r}\right)^2\sin\phi\boldsymbol{\omega}_e^0 \tag{4-122}$$

这样引力加速度矢量可表示成下面两种形式：

$$\boldsymbol{g} = g_r\boldsymbol{r}^0 + g_\phi\boldsymbol{\phi}^0 \tag{4-123}$$

或

$$\boldsymbol{g} = g_r'\boldsymbol{r}^0 + g_{\omega_e}\boldsymbol{\omega}_e^0 \tag{4-124}$$

式中，

$$\begin{cases} g_r' = g_r + g_{\phi r} = -\dfrac{fM}{r^2}\left[1 + J\left(\dfrac{a_e}{r}\right)^2 (1 - 5\sin^2\phi)\right] \\ g_{\omega_e} = g_{\phi\omega_e} = -2\dfrac{fM}{r^2} J\left(\dfrac{a_e}{r}\right)^2 \sin\phi \end{cases} \tag{4-125}$$

由图 4-13 可知引力加速度矢量 $\boldsymbol{g}$ 与观测点矢径 $\boldsymbol{r}$ 的夹角 μ_1 为

$$\mathrm{tg}\mu_1 = g_\phi / g_r \tag{4-126}$$

4.2.3.4　重力

如果地球外一质量为 m 的质点相对于地球是静止的，该质点受到的地球引力为 $m\boldsymbol{g}$，由于地球自身在以 $\boldsymbol{\omega}_e$ 角速度旋转，故该质点还受到由地球旋转引起的离心惯性力 $m\boldsymbol{a}_e$。将该质点所受的引力和离心惯性力之和称为该质点所受的重力，记为 $m\boldsymbol{k}$，则

$$m\boldsymbol{k} = m\boldsymbol{g} + m\boldsymbol{a}_e \tag{4-127}$$

式中，$\boldsymbol{a}_e = -\boldsymbol{\omega}_e \times (\boldsymbol{\omega}_e \times \boldsymbol{r})$ 称为离心加速度。

4.2.4　气动力与气动力矩

4.2.4.1　气动力

如图 4-14 箭体表面的压力分布所示，将火箭表面积分成喷口截面积 S_e 及除 S_e 外的弹体表面积 S_b 两部分。记空气作用在箭体表面单位面积上的法向力和切向力分别为 $\boldsymbol{\sigma}$ 和 $\boldsymbol{\tau}$，则在 S_b 的每一个微小面积 $\mathrm{d}S$ 上作用有法向力 $\boldsymbol{\sigma}\mathrm{d}S$ 及切向力 $\boldsymbol{\tau}\mathrm{d}S$，因而空气作用在 S_b 上的合力为

$$\boldsymbol{R}_b = \int_{S_b} \boldsymbol{\sigma}\mathrm{d}S + \int_{S_b} \boldsymbol{\tau}\mathrm{d}S \tag{4-128}$$

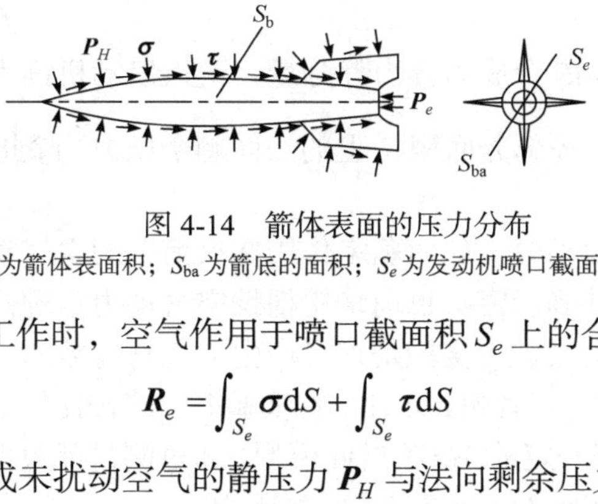

图 4-14　箭体表面的压力分布

S_b 为箭体表面积；S_{ba} 为箭底的面积；S_e 为发动机喷口截面积

同理，当发动机不工作时，空气作用于喷口截面积 S_e 上的合力为

$$\boldsymbol{R}_e = \int_{S_e} \boldsymbol{\sigma}\mathrm{d}S + \int_{S_e} \boldsymbol{\tau}\mathrm{d}S \tag{4-129}$$

由于法向力 $\boldsymbol{\sigma}$ 可写成未扰动空气的静压力 $\boldsymbol{P}_H$ 与法向剩余压力 $\boldsymbol{\sigma}'$ 之和，即

$$\boldsymbol{\sigma} = \boldsymbol{P}_H + \boldsymbol{\sigma}' \tag{4-130}$$

故空气作用在火箭上的总合力可写成

$$\boldsymbol{R}=\int_{S_{\mathrm{b}}}\boldsymbol{P}_H\mathrm{d}S+\int_{S_e}\boldsymbol{P}_H\mathrm{d}S+\int_{S_{\mathrm{b}}}\boldsymbol{\sigma}'\mathrm{d}S+\int_{S_e}\boldsymbol{\sigma}'\mathrm{d}S+\int_{S_{\mathrm{b}}}\boldsymbol{\tau}\mathrm{d}S+\int_{S_e}\boldsymbol{\tau}\mathrm{d}S \tag{4-131}$$

式中，等号右端前两项为作用在火箭上的空气静压力，在发动机不工作时为零；等号右端最后一项为喷口截面上的切向力，一般可忽略。这样，总合力为

$$\boldsymbol{R}=\int_{S_{\mathrm{b}}}\boldsymbol{\sigma}'\mathrm{d}S+\int_{S_e}\boldsymbol{\sigma}'\mathrm{d}S+\int_{S_{\mathrm{b}}}\boldsymbol{\tau}\mathrm{d}S \tag{4-132}$$

记火箭底部的面积 S_{ba} 与喷口截面积 S_e 之差为 S_{r}，则

$$S_e=S_{\mathrm{ba}}-S_{\mathrm{r}} \tag{4-133}$$

则总合力又可写成

$$\boldsymbol{R}=\int_{S_{\mathrm{b}}-S_{\mathrm{r}}}\boldsymbol{\sigma}'\mathrm{d}S+\int_{S_{\mathrm{b}}}\boldsymbol{\tau}\mathrm{d}S+\int_{S_{\mathrm{ba}}}\boldsymbol{\sigma}'\mathrm{d}S \tag{4-134}$$

式中，$\int_{S_{\mathrm{ba}}}\boldsymbol{\sigma}'\mathrm{d}S$ 为火箭底面阻力，其合力作用线与火箭纵轴 x_1 重合，记为 $\boldsymbol{X}_{1\mathrm{ba}}$；$\int_{S_{\mathrm{b}}}\boldsymbol{\tau}\mathrm{d}S$ 为摩擦阻力，其合力作用线与 x_1 轴重合，记为 $\boldsymbol{X}_{1\mathrm{f}}$。

另将 $\int_{S_{\mathrm{b}}-S_{\mathrm{r}}}\boldsymbol{\sigma}'\mathrm{d}S$ 分解在火箭箭体坐标轴的三个方向，分别为压差阻力 $\boldsymbol{X}_{1\mathrm{b}}$、法向力 $\boldsymbol{Y}_1$ 及横向力 $\boldsymbol{Z}_1$，则式(4-134)可写成

$$\boldsymbol{R}=\boldsymbol{X}_{1\mathrm{ba}}+\boldsymbol{X}_{1\mathrm{f}}+\boldsymbol{X}_{1\mathrm{b}}+\boldsymbol{Y}_1+\boldsymbol{Z}_1 \tag{4-135}$$

记

$$\boldsymbol{X}_1=\boldsymbol{X}_{1\mathrm{ba}}+\boldsymbol{X}_{1\mathrm{f}}+\boldsymbol{X}_{1\mathrm{b}} \tag{4-136}$$

式中，$\boldsymbol{X}_1$ 称为总轴向力。

由式(4-136)得

$$\boldsymbol{R}=\boldsymbol{X}_1+\boldsymbol{Y}_1+\boldsymbol{Z}_1 \tag{4-137}$$

当发动机工作时，在计算发动机推力中，已将大气静压力 $\int_{S_{\mathrm{b}}}\boldsymbol{P}_H\mathrm{d}S$ 与发动机喷口截面积上的燃气压力 $\int_{S_e}\boldsymbol{P}_H\mathrm{d}S$ 合成为推力静分量，记入发动机推力之中，见式(4-102)，此时火箭的底部仅为底部圆环部分面积 S_{r} 上的法向剩余压力。除此之外，发动机工作与否，总气动力的表达式相同。

当火箭相对于大气运动时，如何确定作用在火箭上的空气动力是一个颇为复杂的问题，很难通过理论计算准确确定。目前采用根据空气动力学理论进行计算与空气动力实验校正相结合的方法。空气动力实验是在可产生一定马赫数的均匀气流的风洞中进行，马赫数 Ma 是气流的速度 v 与音速 a 之比。在实验时，将按比例缩小了的实物模型静止放在风洞内，然后使气流按一定的 Ma 吹过此模型，通过测量此模型所受的空气动力并进行适当的换算，求得实物在此 Ma 下所受的空气阻力。

在火箭的研制过程中，由研究空气动力学的专门人员根据火箭的外形，利用上面所

述的方法给出该型号火箭的空气动力计算所必需的图表、曲线等。正确使用这些资料，即可确定作用在火箭上的气动力和气动力矩。

式(4-137)中分力值可以按下式计算：

$$\begin{cases} X_1 = C_{x_1}\dfrac{1}{2}\rho v^2 S_{\mathrm{M}} = C_{x_1} q S_{\mathrm{M}} \\ Y_1 = C_{y_1}\dfrac{1}{2}\rho v^2 S_{\mathrm{M}} = C_{y_1} q S_{\mathrm{M}} \\ Z_1 = C_{z_1}\dfrac{1}{2}\rho v^2 S_{\mathrm{M}} = C_{z_1} q S_{\mathrm{M}} \end{cases} \tag{4-138}$$

式中，v 为火箭相对于大气的速度；ρ 为大气密度，可查标准大气表获得或按近似公式计算；S_{M} 为火箭最大横截面积，也称特征面积；C_{x_1}、C_{y_1}、C_{z_1} 依次为火箭的轴向力系数、法向力系数、横向力系数，均为无因次量；$q=\dfrac{1}{2}\rho v^2$ 为速度头(或称“动压头”)。

在研究火箭的运动规律时，有时在速度坐标系内讨论，故也可将空气动力总合力在速度坐标系和箭体坐标系内分解为阻力 $\boldsymbol{X}$、升力 $\boldsymbol{Y}$ 与侧力 $\boldsymbol{Z}$，如图 4-15 所示，即

$$\boldsymbol{R} = \boldsymbol{X} + \boldsymbol{Y} + \boldsymbol{Z} \tag{4-139}$$

式中，力的各分量可按下式计算：

$$\begin{cases} X = C_x\dfrac{1}{2}\rho v^2 S_{\mathrm{M}} = C_x q S_{\mathrm{M}} \\ Y = C_y\dfrac{1}{2}\rho v^2 S_{\mathrm{M}} = C_y q S_{\mathrm{M}} \\ Z = C_z\dfrac{1}{2}\rho v^2 S_{\mathrm{M}} = C_z q S_{\mathrm{M}} \end{cases} \tag{4-140}$$

式中，C_x、C_y、C_z 分别为阻力系数、升力系数、侧力系数，它们均为无因次量。

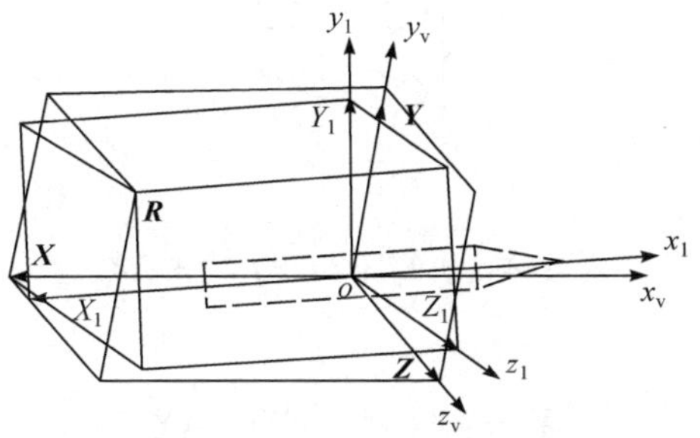

图 4-15　气动力在速度坐标系和箭体坐标系上的分解

由于按式(4-138)及式(4-140)计算得的 X_1、X 为正值，而实际合力 $\boldsymbol{R}$ 在箭体坐标系 Ox_1 轴及速度坐标系 Ox_{v} 轴上的投影分量应为负值，故该投影的分量应在 X_1、X 前冠以负号。

根据速度坐标系与箭体坐标系之间的方向余弦关系，合力 $\boldsymbol{R}$ 在此两个坐标系的分量有如下关系式：

$$\begin{bmatrix} -X \\ Y \\ Z \end{bmatrix} = \boldsymbol{V}_{\mathrm{B}} \begin{bmatrix} -X_1 \\ Y_1 \\ Z_1 \end{bmatrix} \tag{4-141}$$

式中，

$$\boldsymbol{V}_{\mathrm{B}} = \begin{bmatrix} \cos\beta\cos\alpha & -\cos\beta\sin\alpha & \sin\beta \\ \sin\alpha & \cos\alpha & 0 \\ -\sin\beta\cos\alpha & \sin\beta\sin\alpha & \cos\beta \end{bmatrix}$$

依据关系式(4-141)分别对空气动力各分量及相应的气动力系数进行讨论。

1. 阻力和阻力系数

由式(4-141)可得

$$X = X_1\cos\beta\cos\alpha + Y_1\cos\beta\sin\alpha - Z_1\sin\beta \tag{4-142}$$

将 X_1 分为两部分：一部分是 $\alpha = 0$、$\beta = 0$ 时产生的轴向力 X_{10}，另一部分是 $\alpha \neq 0$、$\beta \neq 0$ 引起的阻力增量 ΔX_1，即

$$X_1 = X_{10} + \Delta X_1$$

将该式代入式(4-142)得

$$X = X_{10}\cos\beta\cos\alpha + Y_1\cos\beta\sin\alpha - Z_1\sin\beta + \Delta X_1\cos\beta\cos\alpha \tag{4-143}$$

考虑到火箭在飞行过程中，α、β 值均较小，且升力和法向力系数、侧力和横向力系数分别是 α 和 β 的线性函数，即

$$\begin{cases} C_y = C_y^{\alpha}\cdot\alpha, & C_z = C_z^{\beta}\cdot\beta \\ C_{y_1} = C_{y_1}^{\alpha}\cdot\alpha, & C_{z_1} = C_{z_1}^{\beta}\cdot\beta \end{cases} \tag{4-144}$$

又因为火箭是一轴对称体，按力的定义，有

$$\begin{cases} C_{y_1}^{\alpha} = -C_{z_1}^{\beta} \\ C_y^{\alpha} = -C_z^{\beta} \end{cases} \tag{4-145}$$

则式(4-143)可近似为

$$X = X_{10} + Y_1^{\alpha}(\alpha^2 + \beta^2) + \Delta X_1 \tag{4-146}$$

记

$$X_i = Y_1^{\alpha}(\alpha^2 + \beta^2) + \Delta X_1 \tag{4-147}$$

为迎角和侧滑角引起的诱导阻力，则

$$X = X_{10} + X_i \tag{4-148}$$

将阻力写成系数形式，则有关系式：

$$C_x = C_{x10} + C_{x_i} \tag{4-149}$$

式中，C_{x10} 为 $\alpha = \beta = 0$ 时的阻力系数，它与 α 和 β 无关，仅是马赫数和高度的函数，如

图 4-16 所示。

可见，C_{x10} 在 $Ma=1$ 附近跨音速区剧增，这主要是波阻起作用。超音速后，激波顶角减小，阻力系数减小。C_{x10} 随高度的增加而增加，这是因为气体流过飞行器的表面时，表面凹凸不平使气流分子受到阻滞，加上气体有一定的黏性，从而形成摩擦阻力 X_{1f}。该力除与气体的黏性系数 μ 及火箭的最大横截面积 S_M 有关外，还与 v/l（v 为气体的速度，l 为火箭表面长度)成正比，即

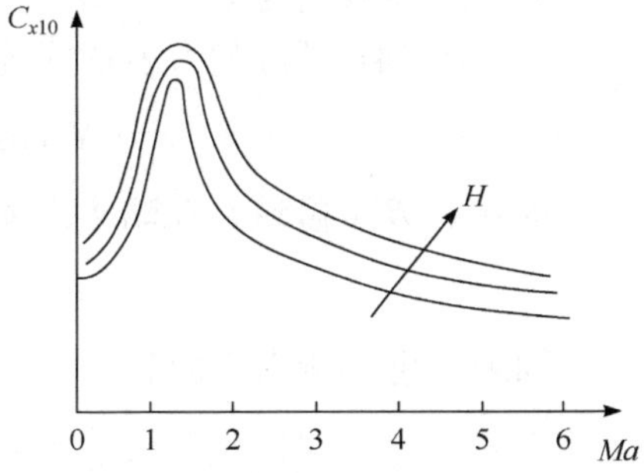

图 4-16　C_{x10} 随 Ma 和 H 变化曲线

$$X_{1f} \propto \mu \frac{v}{l} S_M \tag{4-150}$$

则知摩擦阻力系数为

$$C_{x1f} = \frac{X_{1f}}{\frac{1}{2}qS_M} \propto \frac{\mu}{\rho v l} \tag{4-151}$$

由式(4-151)可见，在一定的 Ma 下，随着高度增加，气体的密度 ρ 减小，则 C_{x1f} 增加，这就增大了摩擦阻力在总空气动力中所占的比重，故摩擦阻力系数随高度增加而增加。

C_{xi} 为诱导阻力系数，通常只需要对法向力和横向力在阻力方向的分量做一修正即可，故计算时用

$$C_{xi} = KC_{y1}^{\alpha}(\alpha^2 + \beta^2) \tag{4-152}$$

式中，K 为与导弹形状有关的系数。

2. 升力和升力系数

由式(4-141)可得升力表达式为

$$Y = Y_1 \cos\alpha - X_1 \sin\alpha \tag{4-153}$$

升力系数则为

$$C_y = C_{y1} \cos\alpha - (C_{x10} + C_{xi}) \sin\alpha \tag{4-154}$$

考虑到 α 角很小，且 $C_{xi} \cdot \alpha$ 可忽略不计，则升力系数可近似为

$$C_y = C_{y1} - C_{x10} \cdot \alpha \tag{4-155}$$

在 α 较小时，法向力系数为 α 的线性函数，则可得

$$C_y^{\alpha} = C_{y1}^{\alpha} - C_{x10} \tag{4-156}$$

C_y^{α} 随高度的变化很小，一般可不予考虑。通常空气动力资料只给 $C_y^{\alpha}(Ma)$ 曲线或数据。图 4-17 给出 $C_y^{\alpha}(Ma)$ 的近似关系曲线。

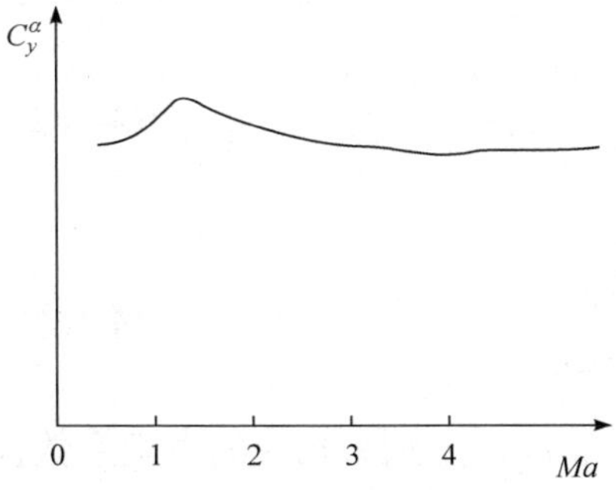

图 4-17　$C_y^{\alpha}(Ma)$ 的近似关系曲线

3. 侧力和侧力系数

由式(4-141)可得侧力表达式为

$$Z = X_1 \cos\alpha \sin\beta + Y_1 \sin\alpha \sin\beta + Z_1 \cos\beta \tag{4-157}$$

因α、β是微量，在略去二阶以上微量时，式(4-157)可简化为

$$Z = X_1 \cdot \beta + Z_1 \tag{4-158}$$

同理，可得侧力系数为

$$C_z = C_{x10} \cdot \beta + C_{z1} \tag{4-159}$$

即侧力系数对β的导数为

$$C_z^\beta = C_{x10} + C_{z1}^\beta \tag{4-160}$$

根据式(4-145)，式(4-160)可写为

$$C_z^\beta = C_{x10} - C_{y1}^\alpha \tag{4-161}$$

4.2.4.2 气动力矩

火箭相对于大气运动时，由于火箭的对称性，故作用于火箭表面的气动力合力$\boldsymbol{R}$的作用点应位于火箭纵轴x_1上。该作用点称为压力中心(简称“压心”)，记为$o_{c.p}$。一般情况下，压心$o_{c.p}$并不与火箭的重心$o_{c.g}$重合。

在研究火箭绕质心的转动时，往往将气动力合力$\boldsymbol{R}$的作用点简化到压心上，因此$\boldsymbol{R}$就对质心产生空气动力力矩，这种力矩称为稳定力矩，记为$\boldsymbol{M}_{\text{st}}$。另外，当火箭产生相对于大气的转动时，大气对其产生阻尼作用，该作用产生的力矩称为阻尼力矩，记为$\boldsymbol{M}_{\text{d}}$。

1. 稳定力矩

由于通常以箭体坐标系来描述火箭的转动，因此用空气动力对箭体坐标系三轴之力矩来表示气动力矩。

已知

$$\boldsymbol{R} = \boldsymbol{X}_1 + \boldsymbol{Y}_1 + \boldsymbol{Z}_1$$

质心与压心的距离矢量可表示为$(x_p - x_g)\boldsymbol{x}_1^0$，$x_p$、$x_g$分别为压心、质心至火箭头部理论尖端的距离，均以正值表示，则稳定力矩为

$$\boldsymbol{M}_{\text{st}} = \boldsymbol{R} \times (x_p - x_g)\boldsymbol{x}_1^0 = Z_1(x_p - x_g)\boldsymbol{y}_1^0 - Y_1(x_p - x_g)\boldsymbol{z}_1^0 \tag{4-162}$$

记

$$\begin{cases} M_{y1\text{st}} = Z_1(x_p - x_g) = m_{y1\text{st}} q S_{\text{M}} l_k \\ M_{z1\text{st}} = -Y_1(x_p - x_g) = m_{z1\text{st}} q S_{\text{M}} l_k \end{cases} \tag{4-163}$$

式中，$M_{y1\text{st}}$、$M_{z1\text{st}}$分别为绕y_1、z_1轴的稳定力矩；$m_{y1\text{st}}$、$m_{z1\text{st}}$分别为相应的力矩系数；l_k为火箭的长度。

由式(4-163)可得

$$\begin{cases} m_{y1\mathrm{st}} = \dfrac{Z_1(x_p - x_g)}{qS_\mathrm{M} l_k} = C_{y1}^{\alpha}(\overline{x}_g - \overline{x}_p)\cdot\beta \\ m_{z1\mathrm{st}} = \dfrac{-Y_1(x_p - x_g)}{qS_\mathrm{M} l_k} = C_{y1}^{\alpha}(\overline{x}_g - \overline{x}_p)\cdot\alpha \end{cases} \tag{4-164}$$

式中，

$$\overline{x}_g = \frac{x_g}{l_k},\quad \overline{x}_p = \frac{x_p}{l_k} \tag{4-165}$$

又记

$$m_{y1}^{\beta} = \frac{\partial m_{y1\mathrm{st}}}{\partial \beta} = C_{y1}^{\alpha}(\overline{x}_g - \overline{x}_p) \tag{4-166}$$

显然有

$$m_{z1}^{\alpha} = m_{y1}^{\beta} \tag{4-167}$$

由以上讨论可得稳定力矩的最终计算公式为

$$\begin{cases} M_{y1\mathrm{st}} = m_{y1}^{\beta}\cdot qS_\mathrm{M} l_k \cdot \beta \\ M_{z1\mathrm{st}} = m_{z1}^{\alpha}\cdot qS_\mathrm{M} l_k \cdot \alpha \\ m_{y1}^{\beta} = m_{z1}^{\alpha} = C_{y1}^{\alpha}(\overline{x}_g - \overline{x}_p) \end{cases} \tag{4-168}$$

显然，稳定力矩的计算与质心和压心的位置有关，压心的位置通过气动力计算和风洞实验确定，质心的位置可通过具体火箭的质量分布及剩余燃料的质量和位置计算得到。

由式(4-168)可知，若 $\overline{x}_p > \overline{x}_g$，$m_{z1}^{\alpha} < 0$，则当火箭在飞行中出现 α、β 时，力矩 $M_{z1\mathrm{st}}$、$M_{y1\mathrm{st}}$ 将使得火箭分别绕 z_1 轴、y_1 轴旋转来消除 α、β 角。此时，称火箭是静稳定的，称 $M_{z1\mathrm{st}}$、$M_{y1\mathrm{st}}$ 为静稳定力矩。若 $\overline{x}_p < \overline{x}_g$，则 $M_{z1}^{\alpha} > 0$，故当出现 α、β 时，力矩 $M_{z1\mathrm{st}}$、$M_{y1\mathrm{st}}$ 将使火箭绕 z_1、y_1 轴旋转造成 α、β 继续增大，此时称火箭是静不稳定的，并将这两个力矩称为静不稳定力矩。无量纲量 $\overline{x}_g - \overline{x}_p$ 称为稳定裕度，该值为负且绝对值较大时，对火箭的稳定性有益，但它也会导致结构上有较大的弯矩，这对于大型运载火箭是不允许的。需强调的是，静稳定性是指火箭在不加控制的情况下的一种空气动力特性。实际上，对于静不稳定的火箭而言，只要控制系统设计得当，火箭在控制力的作用下，仍可稳定飞行。因此，不要将火箭固有的空气动力静稳定性与控制系统作用下的操控稳定性相混淆。

2. 阻尼力矩

火箭在运动中有转动时，存在大气的阻尼作用，表现为阻止转动的空气动力矩，这一力矩称为阻尼力矩。该力矩的方向总是与转动方向相反，对转动角速度起阻尼作用。

以火箭绕 z_1 轴旋转为例，若火箭在迎角为零状态下以速度 v 飞行，并以角速度 $\omega_{z1}>0$ 绕 z_1 轴旋转，则在距质心 x_g-x 处的一个单元长度 $\mathrm{d}x$ 上有线速度 $\omega_{z1}(x_g-x)$，该线速度与火箭运动速度 v 组合成新的速度，这就造成局部附加迎角 $\Delta\alpha$，图 4-18 展示了 $\Delta\alpha<0(x<x_g)$ 及 $\Delta\alpha>0(x>x_g)$ 两种情况。

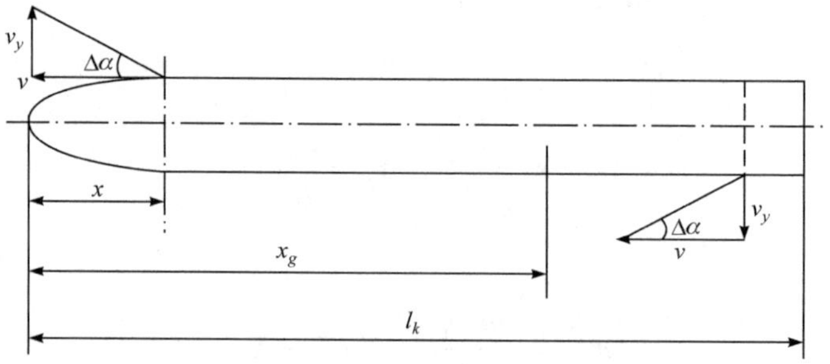

图 4-18 火箭转动时表面各点产生的附加迎角

不难得到

$$\mathrm{tg}\Delta\alpha=\frac{\omega_{z1}(x-x_g)}{v} \tag{4-169}$$

因 $\Delta\alpha$ 很小，可近似为

$$\Delta\alpha=\frac{\omega_{z1}(x-x_g)}{v} \tag{4-170}$$

$\Delta\alpha$ 的出现造成对质心的附加力矩为

$$\mathrm{d}M_{z1d}=-C_{y1\mathrm{sec}}^{\alpha}\Delta\alpha qS_{\mathrm{M}}(x-x_g)\mathrm{d}x \tag{4-171}$$

式中，$C_{y1\mathrm{sec}}^{\alpha}$ 为长度方向上某一单位长度的法向力系数对 α 的导数。

将全箭各局部空气动力力矩总和起来，即可求得火箭的俯仰阻尼力矩为

$$M_{z1d}=\int_0^{l_k}C_{y1\mathrm{sec}}^{\alpha}\Delta\alpha qS_{\mathrm{M}}(x_g-x)\mathrm{d}x \tag{4-172}$$

将式(4-170)代入式(4-172)，经过整理可得

$$M_{z1d}=m_{z1}^{\bar{\omega}_{z1}}qS_{\mathrm{M}}l_k\bar{\omega}_{z1} \tag{4-173}$$

式中，$\bar{\omega}_{z1}=\dfrac{l_k\omega_{z1}}{v}$ 为无因次俯仰角速度；$m_{z1}^{\bar{\omega}_{z1}}=-\int_0^{l_k}C_{y1\mathrm{sec}}^{\alpha}\left(\dfrac{x_g-x}{l_k}\right)^2\mathrm{d}x$ 为俯仰阻尼力矩系数导数。

同理，可得偏航阻尼力矩为

$$M_{y1d}=m_{y1}^{\bar{\omega}_{y1}}qS_{\mathrm{M}}l_k\bar{\omega}_{y1} \tag{4-174}$$

式中，$\bar{\omega}_{y1}=\dfrac{l_k\omega_{y1}}{v}$ 为无因次偏航角速度；$m_{y1}^{\bar{\omega}_{y1}}$ 为偏航阻尼力矩系数导数，由于火箭具有

轴对称性，故有 $m_{y1}^{\bar{\omega}_{y1}} = m_{z1}^{\bar{\omega}_{z1}}$ 。

滚转阻尼力矩为

$$M_{x1d} = m_{x1}^{\bar{\omega}_{x1}} q S_{\mathrm{M}} l_k \bar{\omega}_{x1} \tag{4-175}$$

式中，$\bar{\omega}_{x1} = \dfrac{l_k \omega_{x1}}{v}$ 为无因次滚转角速度；$m_{x1}^{\bar{\omega}_{x1}}$ 为滚转阻尼力矩系数导数。

滚转阻尼力矩较俯仰和偏航阻尼力矩要小得多，它们相应的力矩系数导数的绝对值之比，对有的火箭而言约为 1∶100。图 4-19 给出某一火箭的俯仰阻尼力矩系数导数 $m_{z1}^{\bar{\omega}_{z1}}$ 和滚转力矩系数导数 $m_{x1}^{\bar{\omega}_{x1}} \cdot 10^2$ 随 Ma 的变化曲线。

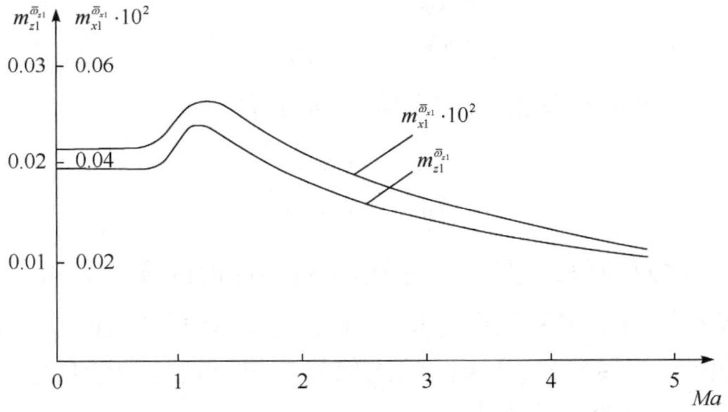

图 4-19　某一火箭的俯仰阻尼力矩系数导数 $m_{z1}^{\bar{\omega}_{z1}}$ 和滚转力矩系数导数 $m_{x1}^{\bar{\omega}_{x1}} \cdot 10^2$ 随 Ma 的变化曲线

4.2.5　控制系统的控制力与控制力矩

火箭控制系统可分为箭上飞行控制系统和地面测试发射控制系统两大部分。在研究火箭运动规律时，只需了解箭上飞行控制系统即可。该系统由导航、制导和姿态控制三部分组成。飞行控制系统通过测量装置、中间装置、执行机构及飞行控制软件等完成测算飞行状态参量；根据确定的飞行状态参量产生制导信号，以期在火箭达到最佳终端条件时关闭发动机，结束主动段飞行；在飞行过程中，根据状态参量及事先规定的程序控制要求，产生操纵火箭姿态的控制信号进行姿态控制和保证稳定飞行，这就是飞行控制系统的综合功能。

4.2.5.1　火箭姿态控制系统

火箭姿态控制系统的功能是控制火箭姿态运动，实现程序飞行、执行制导导引要求和克服各种干扰影响，以保证姿态角稳定在允许范围内。

火箭的姿态运动可以分解成绕弹体三个轴的角运动。火箭在空间的三个姿态角分别为俯仰角 φ_T 、偏航角 ψ_T 、滚转角 γ_T ，因此姿态控制系统是三维控制系统，对应有三个基本控制通道，分别对火箭的三个轴进行控制和稳定。各控制通道的组成基本相同，每一个通道都有敏感姿态运动的测量装置，形成控制信号的控制器和变换放大器，产生操纵作用的执行机构，如图 4-20 所示。

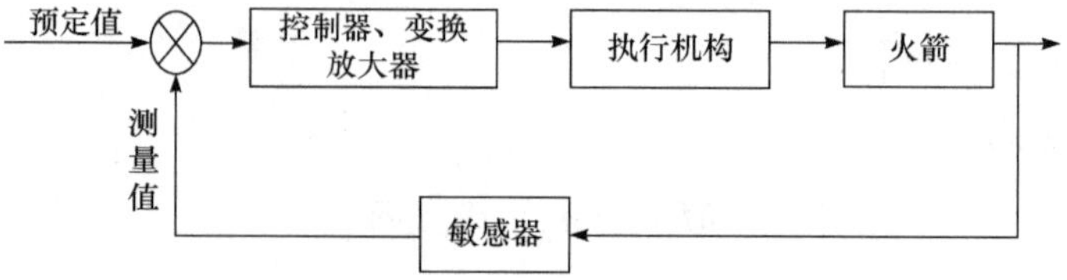

图 4-20 控制通道示意图

由图 4-20 可知，对控制姿态角而言，是将箭上实际测量的姿态角与预定的程序姿态角组成误差信号：

$$\begin{cases}\Delta\varphi_T=\varphi_T-\tilde{\varphi}_T\\ \Delta\psi_T=\psi_T-\tilde{\psi}_T\\ \Delta\gamma_T=\gamma_T-\tilde{\gamma}_T\end{cases} \tag{4-176}$$

式中，$\tilde{\varphi}_T$、$\tilde{\psi}_T$、$\tilde{\gamma}_T$ 为给定的姿态角(程序值)，通常取

$$\begin{cases}\tilde{\varphi}_T=\varphi_{\mathrm{pr}}(t)\\ \tilde{\psi}_T=\tilde{\gamma}_T=0\end{cases} \tag{4-177}$$

式中，$\varphi_{\mathrm{pr}}(t)$ 称为程序俯仰角，它是一个按给定规律随时间变化的值。

大型火箭的姿态控制，多采用姿态角及其变化率和位置、速度参数等多回路控制，火箭姿态(俯仰、偏航、滚转)三个通道的输入信号与执行机构偏转角之间的函数关系称为该通道的控制方程，其一般表达式为

$$\begin{cases}\delta_\varphi=f_\varphi(x,\ y,\ z,\ \dot{x},\ \dot{y},\ \dot{z},\ \varphi_T,\ \dot{\varphi}_T,\cdots)\\ \delta_\psi=f_\psi(x,\ y,\ z,\ \dot{x},\ \dot{y},\ \dot{z},\ \varphi_T,\ \dot{\varphi}_T,\cdots)\\ \delta_\gamma=f_\gamma(x,\ y,\ z,\ \dot{x},\ \dot{y},\ \dot{z},\ \varphi_T,\ \dot{\varphi}_T,\cdots)\end{cases} \tag{4-178}$$

此控制方程是由控制系统设计提供的，由于火箭角运动的动态过程进行得非常快，对质心运动的影响很小，因此在研究火箭的质心运动时，常采用略去动态变化过程(瞬时平衡假设)的控制方程，最简单的控制方程形式为

$$\begin{cases}\delta_\varphi=a_0^\varphi\Delta\varphi_T\\ \delta_\psi=a_0^\psi\Delta\psi_T\\ \delta_\gamma=a_0^\gamma\Delta\gamma_T\end{cases} \tag{4-179}$$

式中，a_0^φ、a_0^ψ、a_0^γ 分别为俯仰通道、偏航通道和滚转通道的静放大系数。

要强调的是，控制方程(4-179)对解算标准飞行条件下的火箭质心运动参数是适用的。在实际飞行条件下，控制方程还取决于火箭采用何种制导方法。例如，对于显式制导方法，控制方程中 $\tilde{\varphi}_T$、$\tilde{\psi}_T$、$\tilde{\gamma}_T$ 则要根据火箭飞行实际状态参数及控制泛函(如射程、需要速度等)来适时计算得到；对于开路制导方法，有时为保证火箭在射击平面内飞行及关机点速度倾斜角为要求值，而在偏航通道及俯仰通道中加入控制导引信号，如可采用如下控制方程：

$$\begin{cases}\delta_\varphi = a_0^\varphi \Delta\varphi_T + k_\varphi u_\varphi \\ \delta_\psi = a_0^\psi \Delta\psi_T + k_\psi u_\psi\end{cases} \tag{4-180}$$

式中，$k_\varphi u_\varphi$ 和 $k_\psi u_\psi$ 两项分别为与横向和法向导引相应的附加偏转角。

4.2.5.2 控制力和控制力矩

执行机构根据要求的偏转角提供火箭控制力和控制力矩以改变火箭的飞行状态。控制力和控制力矩取决于执行机构的类型和在火箭上的配置方式。一般来说，火箭执行机构有燃气舵、摇摆发动机、空气舵等。对远程火箭而言，多采用前两种执行机构。

1. 燃气舵产生的控制力和控制力矩

燃气舵由石墨或其他耐高温材料制成，安装在发动机喷管出口处，一共有四个。当火箭竖立在发射台上时，燃气舵的安装位置是两个安装在射击平面内，另两个垂直于射击面，四个呈十字形布置。编号为 1 的燃气舵在射击面内偏向射击方向一边，从尾部看，由燃气舵 1 开始顺时针排序，如图 4-21 所示。

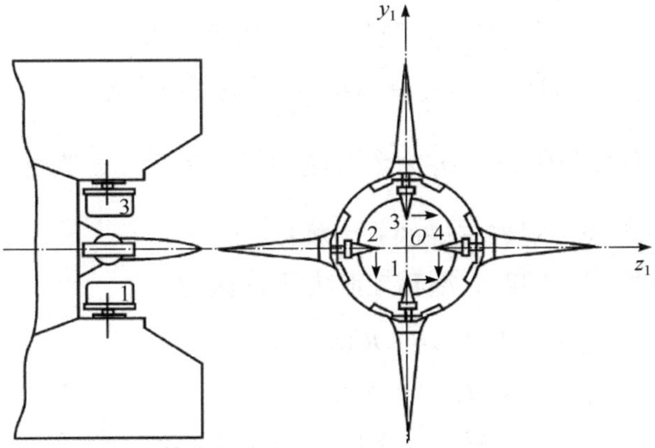

图 4-21 十字形布置的燃气舵

发动机燃烧室排出的燃气流作用在燃气舵上，就像空气流作用在飞行器上一样，形成燃气动力，称为控制力。显然，控制力的大小与燃气舵的偏转角(舵偏角)有关。考虑每一个燃气舵的形状、大小均相同，因而各燃气舵的气动特性也一样。为了便于计算控制力和控制力矩，通常引进等效舵偏角的概念，其含义是与实际舵偏角具有相同控制力的平均舵偏角。不难理解，若要产生法向控制力，则可同时偏转 2、4 舵，其舵偏角分别记为 δ_2、δ_4，则等效舵偏角为

$$\delta_\varphi = \frac{1}{2}(\delta_2 + \delta_4) \tag{4-181}$$

同理，对应 1、3 舵的 δ_1、δ_3 的等效舵偏角为

$$\delta_\psi = \frac{1}{2}(\delta_1 + \delta_3) \tag{4-182}$$

从控制火箭的俯仰与偏航运动出发，不难理解，1 舵与 3 舵应同向偏转，2 舵与 4

舵也应同向偏转，规定产生负的控制力矩的舵偏角为正。具体各舵正向规定见图 4-21 右图中箭头所示方向。当火箭飞行中出现滚转角时，要消除该角，必须使 1、3 舵或者 2、4 舵反向偏转，才能产生滚转力矩。通常火箭滚转通道中采用 1、3 舵差动来完成姿态稳定。为了实现讨论的一般性，认为 2、4 舵也可差动，与 1、3 舵一起同为滚动通道中的执行机构。根据各舵偏角正、负向的规定，不难写出滚转通道有效舵偏角的表达式为

$$\delta_\gamma = \frac{1}{4}(\delta_3 - \delta_1 + \delta_4 - \delta_2) \tag{4-183}$$

记 C_{x1j}、C_{y1j}、C_{z1j} 分别为各燃气舵的阻力系数、升力系数、侧力系数，在临界舵偏角范围内，升力系数 C_{y1j} 与等效舵偏角 δ_φ 成正比，即 $C_{y1j} = C_{y1j}^{\delta_\varphi} \cdot \delta_\varphi$。注意到各个舵的形状、大小相同，且 δ_φ、δ_ψ 均为正时，相应的控制力为正升力和负侧力，故 $C_{z1j}^{\delta_\psi} = -C_{y1j}^{\delta_\varphi}$，因此燃气流作用在燃气舵上的力可表示为

$$\begin{cases} \text{阻力：} X_{1c} = 4C_{x1j} q_j S_j \\ \text{升力：} Y_{1c} = 2C_{y1j}^{\delta_\varphi} q_j S_j \delta_\varphi \triangleq R'\delta_\varphi \\ \text{侧力：} Z_{1c} = -2C_{y1j}^{\delta_\varphi} q_j S_j \delta_\psi \triangleq -R'\delta_\psi \end{cases} \tag{4-184}$$

式中，$q_j = \frac{1}{2}\rho_j v_j^2$ 为燃气动压头，ρ_j 为燃气流的气体密度，v_j 为燃气流速度；S_j 为燃气舵参考面积；$R' = 2Y_{1c}^{\delta_\varphi}$ 为一对燃气舵的升力梯度。

燃气舵所提供的俯仰、偏航、滚转控制力矩依次为

$$\begin{cases} M_{z1c} = -R'(x_c - x_g)\delta_\varphi \\ M_{y1c} = -R'(x_c - x_g)\delta_\psi \\ M_{x1c} = -4Y_{1c} \cdot r_c = -2R' r_c \delta_\gamma \end{cases} \tag{4-185}$$

式中，$x_c - x_g$ 为燃气舵压心到质心的距离，即控制力矩的力臂，通常燃气舵的压心取为舵的铰链轴位置；r_c 为舵的压心到纵轴 x_1 的距离。记

$$M_{z1c}^{\delta_\varphi} = M_{y1c}^{\delta_\psi} = -R'(x_c - x_g) \tag{4-186}$$

$$M_{x1c}^{\delta_\gamma} = -2R' r_c \tag{4-187}$$

分别称为俯仰、偏航和滚动力矩梯度，则式(4-185)也可写为

$$\begin{cases} M_{z1c} = M_{z1c}^{\delta_\varphi}\delta_\varphi \\ M_{y1c} = M_{z1c}^{\delta_\psi}\delta_\psi \\ M_{x1c} = M_{x1c}^{\delta_\gamma}\delta_\gamma \end{cases} \tag{4-188}$$

2. 摇摆发动机产生的控制力和控制力矩

1) 按十字形布置摇摆发动机

如果规定四台摇摆发动机的编号顺序及发动机偏转角的正向均与燃气舵相同，如

图 4-22 所示，且每台摇摆发动机的推力均为 P_c，记

$$P = 4P_c \tag{4-189}$$

式中，P 为总推力，则不难写出其控制力和控制力矩。

控制力中阻力、升力和侧力的表达式分别为

$$\begin{cases} X_{1c} = P - P_c(\cos\delta_1 + \cos\delta_2 + \cos\delta_3 + \cos\delta_4) \\ Y_{1c} = P_c(\sin\delta_2 + \sin\delta_4) \\ Z_{1c} = -P_c(\sin\delta_1 + \sin\delta_3) \end{cases} \tag{4-190}$$

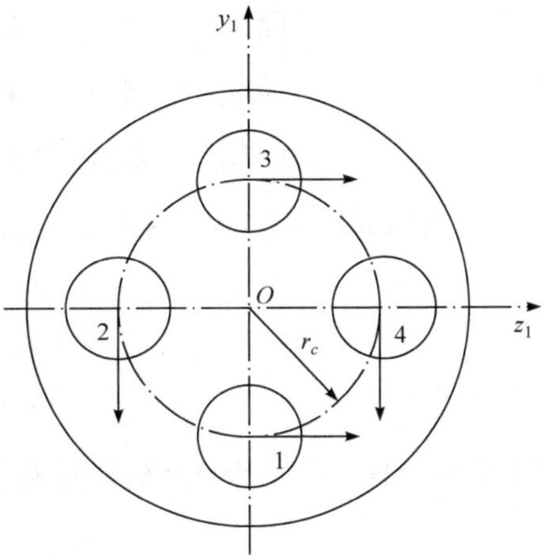

图 4-22　十字形布置的摇摆发动机

俯仰、偏航和滚转通道控制力矩分别为

$$\begin{cases} M_{z1c} = -P_c(x_c - x_g)(\sin\delta_2 + \sin\delta_4) \\ M_{y1c} = -P_c(x_c - x_g)(\sin\delta_1 + \sin\delta_3) \\ M_{x1c} = -P_c r_c(\sin\delta_3 - \sin\delta_1 + \sin\delta_4 - \sin\delta_2) \end{cases} \tag{4-191}$$

式中，x_c、r_c 分别为摇摆发动机铰链与各台发动机推力轴的交点至火箭顶端、箭体 x_1 轴的距离。

当 $\sin\delta_i \approx \delta_i$、$\cos\delta_i \approx 1$ 时 $(i = 1,2,3,4)$，引入等效舵偏角的概念，则式(4-190)、式(4-191)分别改写为

$$\begin{cases} X_{1c} = 0 \\ Y_{1c} = \dfrac{P}{2}\delta_\varphi \\ Z_{1c} = -\dfrac{P}{2}\delta_\psi \end{cases} \tag{4-192}$$

$$\begin{cases} M_{x1c} = -P\, r_c\delta_\gamma \\ M_{y1c} = -\dfrac{P}{2}(x_c - x_g)\delta_\psi \\ M_{z1c} = -\dfrac{P}{2}(x_c - x_g)\delta_\varphi \end{cases} \tag{4-193}$$

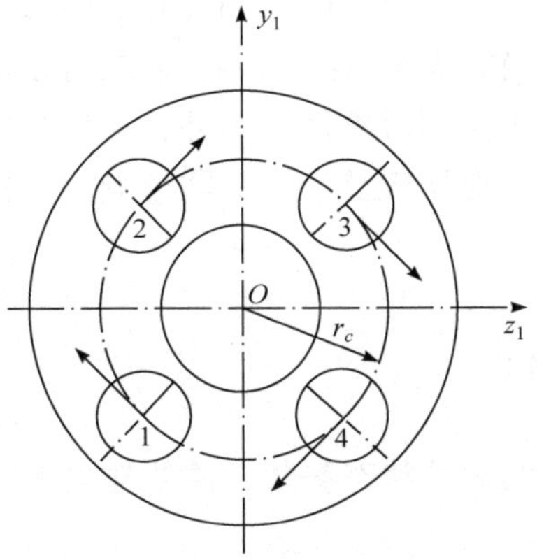

图 4-23　按 × 形布置摇摆发动机的喷管配置位置和编号

2) 按 × 形布置摇摆发动机

按 × 形布置摇摆发动机的喷管配置位置和编号如图 4-23 所示。发动机偏转角的正向定义为从喷管尾端按顺时针偏转。

设各发动机具有相同的推力 P_c，则控制力和控制力矩的表达式为

$$\begin{cases} X_{1c} = 4P_c - P_c(\cos\delta_1 + \cos\delta_2 + \cos\delta_3 + \cos\delta_4) \\ Y_{1c} = P_c\sin 45^\circ(\sin\delta_3 + \sin\delta_4 - \sin\delta_1 - \sin\delta_2) \\ Z_{1c} = -P_c\sin 45^\circ(\sin\delta_2 + \sin\delta_3 - \sin\delta_1 - \sin\delta_4) \end{cases} \tag{4-194}$$

$$\begin{cases} M_{x1c} = -P_c r_c(\sin\delta_1 + \sin\delta_2 + \sin\delta_3 + \sin\delta_4) \\ M_{y1c} = -P_c \sin 45^\circ (x_c - x_g)(\sin\delta_2 + \sin\delta_3 - \sin\delta_1 - \sin\delta_4) \\ M_{z1c} = -P_c \sin 45^\circ (x_c - x_g)(\sin\delta_3 + \sin\delta_4 - \sin\delta_1 - \sin\delta_2) \end{cases} \tag{4-195}$$

当取 $\sin\delta_i \approx \delta_i$、$\cos\delta_i \approx 1 \quad (i=1,2,3,4)$ 及 $P = 4P_c$ 时，定义等效偏转角为

$$\begin{cases} \delta_\varphi = (\delta_3 + \delta_4 - \delta_1 - \delta_2)/4 \\ \delta_\psi = (\delta_2 + \delta_3 - \delta_1 - \delta_4)/4 \\ \delta_\gamma = (\delta_1 + \delta_2 + \delta_3 + \delta_4)/4 \end{cases} \tag{4-196}$$

则式(4-194)、式(4-195)分别可写为

$$\begin{cases} X_{1c} = 0 \\ Y_{1c} = \dfrac{\sqrt{2}}{2} P\delta_\varphi \\ Z_{1c} = -\dfrac{\sqrt{2}}{2} P\delta_\psi \end{cases} \tag{4-197}$$

$$\begin{cases} M_{x1c} = -P\, r_c \delta_\gamma \\ M_{y1c} = -\dfrac{\sqrt{2}}{2} P(x_c - x_g)\delta_\psi \\ M_{z1c} = -\dfrac{\sqrt{2}}{2} P(x_c - x_g)\delta_\varphi \end{cases} \tag{4-198}$$

将式(4-192)、式(4-193)与式(4-197)、式(4-198)比较可见，在相同等效舵偏角条件下，除阻力和滚转力矩外，×形布置的控制力和控制力矩比十字形布置的控制力和控制力矩增大了 $\sqrt{2}$ 倍，提高了控制能力，但这是四台发动机均工作时的结果。当一台发动机发生故障时，×形布置仍可使三个通道完成控制任务，提高了控制可靠性。另外，×形布置较十字形布置效能要高一些，但这种布置形式使得控制通道比较复杂，交联影响大，精度较十字形布置低。

4.3 火箭的运动方程

为了严格、全面地描述远程火箭的运动，提供准确的运动状态参数，需要建立准确的火箭空间运动方程及相应的空间弹道计算方程[1-4]。

4.3.1 矢量形式的动力学方程

4.3.1.1 质心动力学方程

式(4-56)给出了任一变质量质点系在惯性坐标系中的质心动力学矢量方程：

$$m\frac{\mathrm{d}^2 \boldsymbol{r}_{c\cdot m}}{\mathrm{d}t^2} = \boldsymbol{F}_s + \boldsymbol{F}_k' + \boldsymbol{F}_{\mathrm{rel}}' \tag{4-199}$$

4.2 节结合火箭的实际飞行状态对上述各力进行了讨论，并已知

$$\boldsymbol{F}_s = m\boldsymbol{g} + \boldsymbol{R} + \boldsymbol{P}_{\text{st}} + \boldsymbol{F}_{\text{c}} \tag{4-200}$$

式中，$m\boldsymbol{g}$ 为作用在火箭上的引力矢量；$\boldsymbol{R}$ 为作用在火箭上的气动力矢量；$\boldsymbol{P}_{\text{st}}$ 为发动机推力静分量矢量；$\boldsymbol{F}_{\text{c}}$ 为作用在火箭上的控制力矢量。

由式(4-85)、式(4-86)可知

$$\boldsymbol{F}'_{\text{rel}} = -\dot{m}\boldsymbol{u}_e$$

$$\boldsymbol{F}'_k = -2\dot{m}\boldsymbol{\omega}_T \times \boldsymbol{\rho}_e$$

考虑到将附加相对力 $\boldsymbol{F}'_{\text{rel}}$ 与发动机推力静分量合成为推力 $\boldsymbol{P}$，如式(4-104)所示，则可得火箭在惯性坐标系中以矢量描述的质心动力学方程(为书写方便，以下 $\boldsymbol{r}_{\text{c}\cdot m}$ 均写成 $\boldsymbol{r}$)为

$$m\frac{\mathrm{d}^2\boldsymbol{r}}{\mathrm{d}t^2} = \boldsymbol{P} + \boldsymbol{R} + \boldsymbol{F}_{\text{c}} + m\boldsymbol{g} + \boldsymbol{F}'_k \tag{4-201}$$

4.3.1.2　绕质心转动的动力学方程

由变质量质点系绕质心转动方程(4-70)可得

$$\boldsymbol{I}\cdot\frac{\mathrm{d}\boldsymbol{\omega}_T}{\mathrm{d}t} + \boldsymbol{\omega}_T \times (\boldsymbol{I}\cdot\boldsymbol{\omega}_T) = \boldsymbol{M}_{\text{c}\cdot m} + \boldsymbol{M}'_k + \boldsymbol{M}'_{\text{rel}}$$

火箭所受到的外界力矩为

$$\boldsymbol{M}_{\text{c}\cdot m} = \boldsymbol{M}_{\text{st}} + \boldsymbol{M}_{\text{c}} + \boldsymbol{M}_{\text{d}} \tag{4-202}$$

式中，$\boldsymbol{M}_{\text{st}}$ 为作用在火箭上的气动力矩；$\boldsymbol{M}_{\text{c}}$ 为控制力矩；$\boldsymbol{M}_{\text{d}}$ 为火箭相对大气有转动时引起的阻尼力矩。

附加相对力矩、附加科氏力矩为

$$\boldsymbol{M}'_{\text{rel}} = -\dot{m}\boldsymbol{\rho}_e \times \boldsymbol{u}_e$$

$$\boldsymbol{M}'_k = -\frac{\delta\boldsymbol{I}}{\delta t}\cdot\boldsymbol{\omega}_T - \dot{m}\boldsymbol{\rho}_e \times (\boldsymbol{\omega}_T \times \boldsymbol{\rho}_e)$$

则可得到用矢量描述的火箭绕质心转动的动力学方程为

$$\boldsymbol{I}\cdot\frac{\mathrm{d}\boldsymbol{\omega}_T}{\mathrm{d}t} + \boldsymbol{\omega}_T \times (\boldsymbol{I}\cdot\boldsymbol{\omega}_T) = \boldsymbol{M}_{\text{st}} + \boldsymbol{M}_{\text{c}} + \boldsymbol{M}_{\text{d}} + \boldsymbol{M}'_{\text{rel}} + \boldsymbol{M}'_k \tag{4-203}$$

4.3.2　发射坐标系中的弹道方程

用矢量描述的火箭质心动力学方程和绕质心转动的动力学方程简洁、清晰，但对这些微分方程的求解还必须将其投影到选定的坐标系中进行。通常选择地面发射坐标系为描述火箭运动的参数系，该坐标系是定义在将地球看作以角速度 $\boldsymbol{\omega}_{\text{e}}$ 进行自转的两轴旋转椭球体上的。

4.3.2.1　地面发射坐标系中的质心动力学方程

由于地面发射坐标系为一动参考系，其相对于惯性坐标系以角速度 $\boldsymbol{\omega}_{\text{e}}$ 转动，故由矢

量导数法则可知

$$m\frac{\mathrm{d}^2\boldsymbol{r}}{\mathrm{d}t^2}=m\frac{\delta^2\boldsymbol{r}}{\delta t^2}+2m\boldsymbol{\omega}_\mathrm{e}\times\frac{\delta\boldsymbol{r}}{\delta t}+m\boldsymbol{\omega}_\mathrm{e}\times(\boldsymbol{\omega}_\mathrm{e}\times\boldsymbol{r}) \tag{4-204}$$

将式(4-204)代入式(4-201)并整理得

$$m\frac{\delta^2\boldsymbol{r}}{\delta t^2}=\boldsymbol{P}+\boldsymbol{R}+\boldsymbol{F}_\mathrm{c}+m\boldsymbol{g}+\boldsymbol{F}_k'-m\boldsymbol{\omega}_\mathrm{e}\times(\boldsymbol{\omega}_\mathrm{e}\times\boldsymbol{r})-2m\boldsymbol{\omega}_\mathrm{e}\times\frac{\delta\boldsymbol{r}}{\delta t} \tag{4-205}$$

下面将式(4-205)各项在地面发射坐标系中分解。

1. 相对加速度项

相对加速度项为

$$\frac{\delta^2\boldsymbol{r}}{\delta t^2}=\begin{bmatrix}\dfrac{\delta v_x}{\mathrm{d}t}\\ \dfrac{\delta v_y}{\mathrm{d}t}\\ \dfrac{\delta v_z}{\mathrm{d}t}\end{bmatrix} \tag{4-206}$$

2. 推力 $\boldsymbol{P}$ 项

由式(4-104)知，推力 $\boldsymbol{P}$ 在弹体坐标系内描述形式最简单，即

$$\boldsymbol{P}=\begin{bmatrix}-\dot{m}u_e+S_e(p_e-p_H)\\ 0\\ 0\end{bmatrix}=\begin{bmatrix}P\\ 0\\ 0\end{bmatrix} \tag{4-207}$$

已知弹体坐标系到地面发射坐标系的方向余弦阵 $\boldsymbol{G}_\mathrm{B}$,可得推力 $\boldsymbol{P}$ 在地面发射坐标系的分量为

$$\begin{bmatrix}P_x\\ P_y\\ P_z\end{bmatrix}=\boldsymbol{G}_\mathrm{B}\begin{bmatrix}P\\ 0\\ 0\end{bmatrix} \tag{4-208}$$

3. 气动力 $\boldsymbol{R}$ 项

已知火箭飞行中所受气动力在速度坐标系中的分量为

$$\boldsymbol{R}=\begin{bmatrix}-X\\ Y\\ Z\end{bmatrix} \tag{4-209}$$

已知速度坐标系到地面发射坐标系的方向余弦阵 $\boldsymbol{G}_\mathrm{V}$,则气动力 $\boldsymbol{R}$ 在地面发射坐标系的分量为

$$\begin{bmatrix}R_x\\ R_y\\ R_z\end{bmatrix}=\boldsymbol{G}_\mathrm{V}\begin{bmatrix}-X\\ Y\\ Z\end{bmatrix}=\boldsymbol{G}_\mathrm{V}\begin{bmatrix}-C_x qS_\mathrm{M}\\ C_y^\alpha qS_\mathrm{M}\alpha\\ -C_y^\alpha qS_\mathrm{M}\beta\end{bmatrix} \tag{4-210}$$

4. 控制力 $\boldsymbol{F}_{\mathrm{c}}$ 项

由 4.2.5 小节内容已知，无论执行机构是燃气舵或不同布置形式的摇摆发动机，均可将控制力以弹体坐标系的分量表示为同一形式：

$$\boldsymbol{F}_{\mathrm{c}}=\begin{bmatrix}-X_{1c}\\ Y_{1c}\\ Z_{1c}\end{bmatrix} \tag{4-211}$$

各力的具体计算公式则根据采用的执行机构而定，因此控制力在地面发射坐标系的三分量不难用下式求得

$$\begin{bmatrix}F_{\mathrm{c}x}\\ F_{\mathrm{c}y}\\ F_{\mathrm{c}z}\end{bmatrix}=\boldsymbol{G}_{\mathrm{B}}\begin{bmatrix}-X_{1c}\\ Y_{1c}\\ Z_{1c}\end{bmatrix} \tag{4-212}$$

5. 引力 $m\boldsymbol{g}$ 项

根据式

$$m\boldsymbol{g}=mg_r'\boldsymbol{r}^0+mg_{\omega_{\mathrm{e}}}\boldsymbol{\omega}_{\mathrm{e}}^0$$

式中，

$$g_r'=-\frac{fM}{r^2}\left[1+J\left(\frac{a_{\mathrm{e}}}{r}\right)^2(1-5\sin^2\phi)\right]$$

$$g_{\omega_{\mathrm{e}}}=-2\frac{fM}{r^2}J\left(\frac{a_{\mathrm{e}}}{r}\right)^2\sin\phi$$

由图 4-24 可知，任一点地心矢径为

$$\boldsymbol{r}=\boldsymbol{R}_0+\boldsymbol{\rho} \tag{4-213}$$

式中，$\boldsymbol{R}_0$ 为发射点地心矢径；$\boldsymbol{\rho}$ 为发射点到弹道上任一点的矢径。$\boldsymbol{R}_0$ 在发射坐标系上的三分量可由图 4-24 求得

$$\begin{bmatrix}R_{Ox}\\ R_{Oy}\\ R_{Oz}\end{bmatrix}=\begin{bmatrix}-R_0\sin\mu_0\cos A_0\\ R_0\cos\mu_0\\ R_0\sin\mu_0\sin A_0\end{bmatrix} \tag{4-214}$$

式中，A_0 为发射方位角；μ_0 为发射点地理纬度与地心纬度之差，即

$$\mu_0=B_0-\phi_0$$

由于假设地球为一两轴旋转椭球体，故 $\boldsymbol{R}_0$ 的长度可由子午椭圆方程求取，即

$$R_0=\frac{a_{\mathrm{e}}b_{\mathrm{e}}}{\sqrt{a_{\mathrm{e}}^2\sin^2\phi_0+b_{\mathrm{e}}^2\cos^2\phi_0}}$$

$\boldsymbol{\rho}$ 在发射坐标系的三分量为 x、y、z。

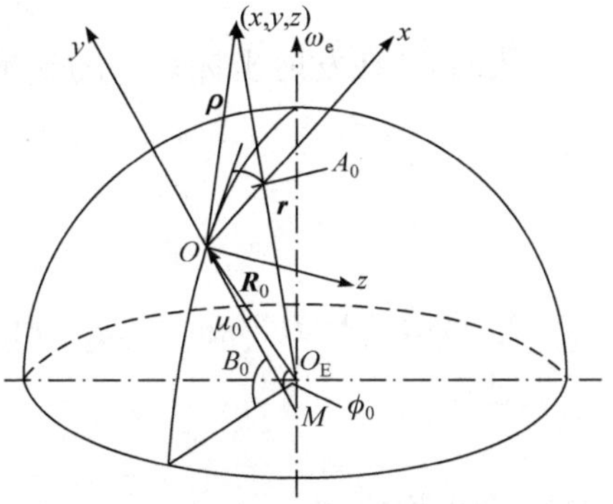

图 4-24　弹道上任一点的地心矢径和发射点的地心矢径

由式(4-213)可得 $\boldsymbol{r}^0$ 在发射坐标系的分量为

$$\boldsymbol{r}^0 = \frac{x + R_{0x}}{r}\boldsymbol{x}^0 + \frac{y + R_{0y}}{r}\boldsymbol{y}^0 + \frac{z + R_{0z}}{r}\boldsymbol{z}^0 \tag{4-215}$$

显然，$\boldsymbol{\omega}_{\mathrm{e}}^0$ 在发射坐标系的三分量可写成

$$\boldsymbol{\omega}_{\mathrm{e}}^0 = \frac{\omega_{\mathrm{e}x}}{\omega_{\mathrm{e}}}\boldsymbol{x}^0 + \frac{\omega_{\mathrm{e}y}}{\omega_{\mathrm{e}}}\boldsymbol{y}^0 + \frac{\omega_{\mathrm{e}z}}{\omega_{\mathrm{e}}}\boldsymbol{z}^0 \tag{4-216}$$

式中，$\omega_{\mathrm{e}x}$、$\omega_{\mathrm{e}y}$、$\omega_{\mathrm{e}z}$ 和 ω_{e} 之间有如下关系(图 4-24)：

$$\begin{bmatrix} \omega_{\mathrm{e}x} \\ \omega_{\mathrm{e}y} \\ \omega_{\mathrm{e}z} \end{bmatrix} = \omega_{\mathrm{e}} \begin{bmatrix} \cos B_0 \cos A_0 \\ \sin B_0 \\ -\cos B_0 \sin A_0 \end{bmatrix} \tag{4-217}$$

于是可将式(4-124)写成发射坐标系分量形式：

$$m\begin{bmatrix} g_x \\ g_y \\ g_z \end{bmatrix} = m\frac{g_r'}{r}\begin{bmatrix} x + R_{Ox} \\ y + R_{Oy} \\ z + R_{Oz} \end{bmatrix} + m\frac{g_{\omega_{\mathrm{e}}}}{\omega}\begin{bmatrix} \omega_{\mathrm{e}x} \\ \omega_{\mathrm{e}y} \\ \omega_{\mathrm{e}z} \end{bmatrix} \tag{4-218}$$

6. 附加科氏力 $\boldsymbol{F}_k'$ 项

由式(4-86)得

$$\boldsymbol{F}_k' = -2\dot{m}\boldsymbol{\omega}_T \times \boldsymbol{\rho}_e$$

式中，$\boldsymbol{\omega}_T$ 为箭体相对于惯性(或平移)坐标系的转动角速度矢量，它在箭体坐标系的分量可表示为

$$\boldsymbol{\omega}_T = [\omega_{Tx1} \quad \omega_{Ty1} \quad \omega_{Tz1}]^{\mathrm{T}}$$

若 $\boldsymbol{\rho}_e$ 为质心到喷口中心点距离，即

$$\boldsymbol{\rho}_e = -x_{1e}\boldsymbol{x}_1^0$$

则可得 $\boldsymbol{F}_k'$ 在箭体坐标系的三分量为

$$\begin{bmatrix} F_{kx1}' \\ F_{ky1}' \\ F_{kz1}' \end{bmatrix} = 2\dot{m}x_{1e}\begin{bmatrix} 0 \\ \omega_{Tz1} \\ -\omega_{Ty1} \end{bmatrix} \tag{4-219}$$

从而 $\boldsymbol{F}_k'$ 在发射坐标系中的分量可由下式来描述：

$$\begin{bmatrix} F_{kx}' \\ F_{ky}' \\ F_{kz}' \end{bmatrix} = \boldsymbol{G}_{\mathrm{B}}\begin{bmatrix} F_{kx1}' \\ F_{ky1}' \\ F_{kz1}' \end{bmatrix} \tag{4-220}$$

7. 离心惯性力 $-m\boldsymbol{\omega}_{\mathrm{e}} \times (\boldsymbol{\omega}_{\mathrm{e}} \times \boldsymbol{r})$ 项

记

$$\overline{a}_{\mathrm{e}} = \boldsymbol{\omega}_{\mathrm{e}} \times (\boldsymbol{\omega}_{\mathrm{e}} \times \boldsymbol{r}) \tag{4-221}$$

为牵连加速度。

根据式(4-215)，并注意到

$$\boldsymbol{r}=(x+R_{Ox})\boldsymbol{x}^0+(y+R_{Oy})\boldsymbol{y}^0+(z+R_{Oz})\boldsymbol{z}^0$$

则牵连加速度在发射坐标系中的分量形式为

$$\begin{bmatrix} a_{ex} \\ a_{ey} \\ a_{ez} \end{bmatrix}=\begin{bmatrix} a_{11} & a_{12} & a_{13} \\ a_{21} & a_{22} & a_{23} \\ a_{31} & a_{32} & a_{33} \end{bmatrix}\begin{bmatrix} x+R_{Ox} \\ y+R_{Oy} \\ z+R_{Oz} \end{bmatrix} \tag{4-222}$$

式中，

$$a_{11}=\omega_{ex}^2-\omega_e^2$$

$$a_{12}=a_{21}=\omega_{ex}\omega_{ey}$$

$$a_{22}=\omega_{ey}^2-\omega_e^2$$

$$a_{23}=a_{32}=\omega_{ey}\omega_{ez}$$

$$a_{33}=\omega_{ez}^2-\omega_e^2$$

$$a_{13}=a_{31}=\omega_{ez}\omega_{ex}$$

则离心惯性力 $\boldsymbol{F}_e$ 在发射坐标系上的分量为

$$\begin{bmatrix} F_{ex} \\ F_{ey} \\ F_{ez} \end{bmatrix}=-m\begin{bmatrix} a_{ex} \\ a_{ey} \\ a_{ez} \end{bmatrix} \tag{4-223}$$

8. 科氏惯性力 $-2m\boldsymbol{\omega}_e\times\dfrac{\delta\boldsymbol{r}}{\delta t}$ 项

记

$$\overline{a}_k=2\boldsymbol{\omega}_e\times\frac{\delta\boldsymbol{r}}{\delta t} \tag{4-224}$$

为科氏加速度，$\dfrac{\delta\boldsymbol{r}}{\delta t}$ 为火箭相对于发射坐标系的速度，即有

$$\frac{\delta\boldsymbol{r}}{\delta t}=[\dot{x}\quad \dot{y}\quad \dot{z}]^{\mathrm{T}} \tag{4-225}$$

注意到式(4-217)，则式(4-224)可写为

$$\begin{bmatrix} a_{kx} \\ a_{ky} \\ a_{kz} \end{bmatrix}=\begin{bmatrix} b_{11} & b_{12} & b_{13} \\ b_{21} & b_{22} & b_{23} \\ b_{31} & b_{32} & b_{33} \end{bmatrix}\begin{bmatrix} \dot{x} \\ \dot{y} \\ \dot{z} \end{bmatrix} \tag{4-226}$$

式中，

$$b_{11}=b_{22}=b_{33}=0$$
$$b_{12}=-b_{21}=-2\omega_{ez}$$
$$b_{31}=-b_{13}=-2\omega_{ey}$$
$$b_{23}=-b_{32}=-2\omega_{ex}$$

从而可得科氏惯性力 $\boldsymbol{F}_k$ 在发射坐标系的分量形式为

$$\begin{bmatrix} F_{kx} \\ F_{ky} \\ F_{kz} \end{bmatrix} = -m \begin{bmatrix} a_{kx} \\ a_{ky} \\ a_{kz} \end{bmatrix} \tag{4-227}$$

将式(4-206)、式(4-208)、式(4-210)、式(4-212)、式(4-218)、式(4-220)、式(4-223)、式(4-227)代入式(4-205)，并令 $\boldsymbol{P}_\text{e} = \boldsymbol{P} - \boldsymbol{X}_{1c}$ (称为“有效推力”)，则在发射坐标系中建立的质心动力学方程为

$$\begin{aligned} m\begin{bmatrix} \dfrac{\delta v_x}{\mathrm{d}t} \\ \dfrac{\delta v_y}{\mathrm{d}t} \\ \dfrac{\delta v_z}{\mathrm{d}t} \end{bmatrix} &= \boldsymbol{G}_\text{B} \begin{bmatrix} P_\text{e} \\ Y_{1c} + 2\dot{m}\omega_{Tz1}x_{1e} \\ Z_{1c} - 2\dot{m}\omega_{Ty1}x_{1e} \end{bmatrix} + \boldsymbol{G}_\text{V} \begin{bmatrix} -C_x q S_\text{M} \\ C_y^\alpha q S_\text{M} \alpha \\ -C_y^\alpha q S_\text{M} \beta \end{bmatrix} \\ &+ m\frac{g_r'}{r}\begin{bmatrix} x + R_{Ox} \\ y + R_{Oy} \\ z + R_{Oz} \end{bmatrix} + m\frac{g_{\omega_\text{e}}}{\omega_\text{e}} \begin{bmatrix} \omega_\text{ex} \\ \omega_\text{ey} \\ \omega_\text{ez} \end{bmatrix} - m\begin{bmatrix} a_{11} & a_{12} & a_{13} \\ a_{21} & a_{22} & a_{23} \\ a_{31} & a_{32} & a_{33} \end{bmatrix}\begin{bmatrix} x + R_{Ox} \\ y + R_{Oy} \\ z + R_{Oz} \end{bmatrix} \\ &- m\begin{bmatrix} b_{11} & b_{12} & b_{13} \\ b_{21} & b_{22} & b_{23} \\ b_{31} & b_{32} & b_{33} \end{bmatrix}\begin{bmatrix} \dot{x} \\ \dot{y} \\ \dot{z} \end{bmatrix} \end{aligned} \tag{4-228}$$

4.3.2.2 箭体坐标系中的绕质心转动动力学方程

将式(4-203)

$$\boldsymbol{I} \cdot \frac{\mathrm{d}\boldsymbol{\omega}_T}{\mathrm{d}t} + \boldsymbol{\omega}_T \times (\boldsymbol{I} \cdot \boldsymbol{\omega}_T) = \boldsymbol{M}_\text{st} + \boldsymbol{M}_\text{c} + \boldsymbol{M}_\text{d} + \boldsymbol{M}'_\text{rel} + \boldsymbol{M}'_k$$

的各项在箭体坐标系内进行分解。

由于箭体坐标系为中心惯量主轴坐标系，因此惯量张量式(4-67)可简化为

$$\boldsymbol{I} = \begin{bmatrix} I_{x1} & 0 & 0 \\ 0 & I_{y1} & 0 \\ 0 & 0 & I_{z1} \end{bmatrix} \tag{4-229}$$

由气动计算可得静稳定力矩、阻尼力矩在箭体坐标系中各分量表达式为

$$\boldsymbol{M}_\text{st} = \begin{bmatrix} 0 \\ M_{y1\text{st}} \\ M_{z1\text{st}} \end{bmatrix} = \begin{bmatrix} 0 \\ m_{y1}^\beta q S_\text{M} l_k \cdot \beta \\ m_{z1}^\alpha q S_\text{M} l_k \cdot \alpha \end{bmatrix}$$

$$\boldsymbol{M}_\text{d} = \begin{bmatrix} M_{x1d} \\ M_{y1d} \\ M_{z1d} \end{bmatrix} = \begin{bmatrix} m_{x1}^{\bar{\omega}_{x1}} q S_\text{M} l_k \bar{\omega}_{x1} \\ m_{y1}^{\bar{\omega}_{y1}} q S_\text{M} l_k \bar{\omega}_{y1} \\ m_{z1}^{\bar{\omega}_{z1}} q S_\text{M} l_k \bar{\omega}_{z1} \end{bmatrix}$$

由于控制力矩与所采用的执行机构有关，这里以燃气舵作为执行机构，则其控制力矩如式(4-185)、式(4-188)所示：

$$\boldsymbol{M}_{\mathrm{c}}=\begin{bmatrix}M_{x1c}\\M_{y1c}\\M_{z1c}\end{bmatrix}=\begin{bmatrix}-2R'r_c\delta_\gamma\\-R'(x_c-x_g)\delta_\psi\\-R'(x_c-x_g)\delta_\varphi\end{bmatrix}$$

附加相对力矩及附加科氏力矩的矢量表达式为(式(4-100))

$$\boldsymbol{M}'_{\mathrm{rel}}=-\dot{m}\boldsymbol{\rho}_e\times\boldsymbol{u}_e$$

$$\boldsymbol{M}'_k=-\frac{\delta\boldsymbol{I}}{\delta t}\cdot\boldsymbol{\omega}_T-\dot{m}\boldsymbol{\rho}_e\times(\boldsymbol{\omega}_T\times\boldsymbol{\rho}_e)$$

注意到在标准条件下，即发动机安装无误差，其推力轴线与箭体轴 x_1 平行，则附加相对力矩为 0，如果控制系统中采用摇摆发动机为执行机构，该附加相对力矩即为控制力矩，其表达式如式(4-191)所示，此处不再列写。

附加力矩向箭体坐标系分解时，只要注意到

$$\boldsymbol{\rho}_e=-x_{1e}\boldsymbol{x}_1^0$$

则不难写出

$$\boldsymbol{M}'_k=-\begin{bmatrix}\dot{I}_{x1}\omega_{Tx1}\\\dot{I}_{y1}\omega_{Ty1}\\\dot{I}_{z1}\omega_{Tz1}\end{bmatrix}+\dot{m}\begin{bmatrix}0\\-x_{1e}^2\omega_{Ty1}\\-x_{1e}^2\omega_{Tz1}\end{bmatrix}$$

因此，式(4-203)可写成箭体坐标系内的分量形式：

$$\begin{bmatrix}I_{x1}&0&0\\0&I_{y1}&0\\0&0&I_{z1}\end{bmatrix}\begin{bmatrix}\dfrac{\mathrm{d}\omega_{Tx1}}{\mathrm{d}t}\\\dfrac{\mathrm{d}\omega_{Ty1}}{\mathrm{d}t}\\\dfrac{\mathrm{d}\omega_{Tz1}}{\mathrm{d}t}\end{bmatrix}+\begin{bmatrix}(I_{z1}-I_{y1})\omega_{Tz1}\omega_{Ty1}\\(I_{x1}-I_{z1})\omega_{Tx1}\omega_{Tz1}\\(I_{y1}-I_{x1})\omega_{Ty1}\omega_{Tx1}\end{bmatrix}=\begin{bmatrix}0\\m_{y1}^{\beta}qS_{\mathrm{M}}l_k\cdot\beta\\m_{z1}^{\alpha}qS_{\mathrm{M}}l_k\cdot\alpha\end{bmatrix}+\begin{bmatrix}m_{x1}^{\overline{\omega}_{x1}}qS_{\mathrm{M}}l_k\overline{\omega}_{x1}\\m_{y1}^{\overline{\omega}_{y1}}qS_{\mathrm{M}}l_k\overline{\omega}_{y1}\\m_{z1}^{\overline{\omega}_{z1}}qS_{\mathrm{M}}l_k\overline{\omega}_{z1}\end{bmatrix}$$

$$+\begin{bmatrix}-2R'r_c\delta_\gamma\\-R'(x_c-x_g)\delta_\psi\\-R'(x_c-x_g)\delta_\varphi\end{bmatrix}-\begin{bmatrix}\dot{I}_{x1}\omega_{Tx1}\\\dot{I}_{y1}\omega_{Ty1}\\\dot{I}_{z1}\omega_{Tz1}\end{bmatrix}+\dot{m}\begin{bmatrix}0\\-x_{1e}^2\omega_{Ty1}\\-x_{1e}^2\omega_{Tz1}\end{bmatrix}\tag{4-230}$$

4.3.2.3　补充方程

在已建立的质心动力学方程和绕质心转动的动力学方程中，未知参数个数远大于方程的个数，因此要求解火箭运动参数还必须补充有关方程。

1. 运动学方程

质心速度与位置参数关系方程为

$$
\begin{cases}
\dfrac{\delta x}{\mathrm{d}t} = v_x \\
\dfrac{\delta y}{\mathrm{d}t} = v_y \\
\dfrac{\delta z}{\mathrm{d}t} = v_z
\end{cases}
\tag{4-231}
$$

火箭绕平移坐标系转动角速度 $\boldsymbol{\omega}_T$ 在箭体坐标系的分量，由于

$$
\boldsymbol{\omega}_T = \dot{\boldsymbol{\varphi}}_T + \dot{\boldsymbol{\psi}}_T + \dot{\boldsymbol{\gamma}}_T
\tag{4-232}
$$

则不难得到

$$
\begin{cases}
\omega_{Tx1} = \dot{\gamma}_T - \dot{\varphi}_T \sin\psi_T \\
\omega_{Ty1} = \dot{\psi}_T \cos\gamma_T + \dot{\varphi}_T \cos\psi_T \sin\gamma_T \\
\omega_{Tz1} = \dot{\varphi}_T \cos\psi_T \cos\gamma_T - \dot{\psi}_T \sin\gamma_T
\end{cases}
\tag{4-233}
$$

原则上可由此解得 φ_T、ψ_T、γ_T。

箭体相对于地球的转动角速度 $\boldsymbol{\omega}$、箭体相对于惯性(平移)坐标系的转动角速度 $\boldsymbol{\omega}_T$ 以及地球自转角速度 $\boldsymbol{\omega}_\mathrm{e}$ 之间有下列关系：

$$
\boldsymbol{\omega} = \boldsymbol{\omega}_T - \boldsymbol{\omega}_\mathrm{e}
\tag{4-234}
$$

根据地面发射坐标系的定义，$\boldsymbol{\omega}_\mathrm{e}$ 在地面发射坐标系内的三个分量为

$$
\begin{bmatrix} \omega_{\mathrm{e}x} \\ \omega_{\mathrm{e}y} \\ \omega_{\mathrm{e}z} \end{bmatrix}
= \omega_\mathrm{e}
\begin{bmatrix} \cos\phi_0 \cos\alpha_0 \\ \sin\phi_0 \\ -\cos\phi_0 \sin\alpha_0 \end{bmatrix}
\tag{4-235}
$$

式中，α_0 为 x 轴与北方的夹角；ϕ_0 为地心纬度。$\boldsymbol{\omega}$ 在箭体坐标系的投影分量表示为

$$
\begin{bmatrix} \omega_{x1} \\ \omega_{y1} \\ \omega_{z1} \end{bmatrix}
=
\begin{bmatrix} \omega_{Tx1} \\ \omega_{Tz1} \\ \omega_{Tx1} \end{bmatrix}
- \boldsymbol{B}_\mathrm{G}
\begin{bmatrix} \omega_{\mathrm{e}x} \\ \omega_{\mathrm{e}y} \\ \omega_{\mathrm{e}z} \end{bmatrix}
\tag{4-236}
$$

2. 控制方程

式(4-179)已给出控制方程的一般方程。

3. 欧拉角之间的联系方程

考虑到地球姿态角 φ_T、ψ_T、γ_T 与 φ、ψ、γ 的联系方程为

$$
\begin{cases}
\varphi_T = \varphi + \omega_{\mathrm{e}z} t \\
\psi_T = \psi + \omega_{\mathrm{e}y} t \cos\varphi - \omega_{\mathrm{e}x} t \sin\varphi \\
\gamma_T = \gamma + \omega_{\mathrm{e}y} t \sin\varphi + \omega_{\mathrm{e}x} t \cos\varphi
\end{cases}
\tag{4-237}
$$

φ、ψ、γ 可由式(4-237)解得。速度倾斜角 θ 及航迹偏航角 σ 可由式(4-238)

$$
\begin{cases}
\theta = \mathrm{arctg}\dfrac{v_y}{v_x} \\
\sigma = -\arcsin\dfrac{v_z}{v}
\end{cases}
\tag{4-238}
$$

解算。因此，箭体坐标系、速度坐标系及地面发射坐标系中的八个欧拉角已知五个，其余三个可由下面三个方向余弦关系得到：

$$\begin{cases}\sin\beta=\cos(\theta-\varphi)\cos\sigma\sin\psi\cos\gamma+\sin(\varphi-\theta)\cos\sigma\sin\gamma-\sin\sigma\cos\psi\cos\gamma\\-\sin\alpha\cos\beta=\cos(\theta-\varphi)\cos\sigma\sin\psi\sin\gamma+\sin(\theta-\varphi)\cos\sigma\cos\gamma-\sin\sigma\cos\psi\sin\gamma\\\sin\nu=(\cos\alpha\cos\psi\sin\gamma-\sin\psi\sin\alpha)/\cos\sigma\end{cases}\tag{4-239}$$

这里需要说明的是，这三个方向余弦关系式并不是唯一的，如在《导弹飞行力学基础》[4]教材中采用的三个关系式就与式(4-239)不一样，但它们都是等价的。为了提高计算精度，有的文献中还采用欧拉角(α、β、γ)的微分形式来代替方向余弦关系，只要推导无误，采用哪种形式都是可以的。

4. 附加方程

1) 速度计算方程

式(4-228)中速度计算方程为

$$v=\sqrt{v_x^2+v_y^2+v_z^2}\tag{4-240}$$

2) 质量计算方程

式(4-228)中质量计算方程为

$$m=m_0-\dot{m}t\tag{4-241}$$

式中，m_0 为火箭离开发射台瞬间的质量；$\dot{m}$ 为火箭发动机工作单位时间的质量消耗量；t 为火箭离开发射台瞬间 $t=0$ 起的计时。

3) 高度计算公式

如果要计算气动力，必须知道轨道上任一点距地面的高度 H，故要补充有关方程。

已知轨道上任一点距地心的距离为

$$r=\sqrt{(x+R_{Ox})^2+(y+R_{Oy})^2+(z+R_{Oz})^2}\tag{4-242}$$

设地球为一两轴旋转椭球体，则地球表面任一点距地心的距离与该点的地心纬度 ϕ 有关。由图 4-24 可知空间任一点矢量 $\boldsymbol{r}$ 与赤道平面的夹角即为该点在地球上星下点所在的地心纬度 ϕ，该角可由 $\boldsymbol{r}$ 与地球自转角速度矢量 $\boldsymbol{\omega}_{\mathrm{e}}$ 之间的关系求得，即

$$\sin\phi=\frac{\boldsymbol{r}\cdot\boldsymbol{\omega}_{\mathrm{e}}}{r\omega_{\mathrm{e}}}$$

根据式(4-215)及式(4-216)可有

$$\sin\phi=\frac{(x+R_{Ox})\omega_{\mathrm{ex}}+(y+R_{Oy})\omega_{\mathrm{ey}}+(z+R_{Oz})\omega_{\mathrm{ez}}}{r\omega_{\mathrm{e}}}\tag{4-243}$$

则对应于地心纬度 ϕ 之椭球体表面距地心的距离可由下式得到：

$$R=\frac{a_{\mathrm{e}}b_{\mathrm{e}}}{\sqrt{a_{\mathrm{e}}^2\sin^2\phi+b_{\mathrm{e}}^2\cos^2\phi}}\tag{4-244}$$

在理论弹道计算中计算高度时，可忽略 μ 的影响，因此空间任一点距地球表面的距离为

$$H = r - R \tag{4-245}$$

综合上述讨论，可整理得火箭在地面发射坐标系中的一般运动方程为

$$
\left\{
\begin{aligned}
& m\begin{bmatrix} \dfrac{\delta v_x}{\mathrm{d}t} \\ \dfrac{\delta v_y}{\mathrm{d}t} \\ \dfrac{\delta v_z}{\mathrm{d}t} \end{bmatrix} = \boldsymbol{G}_{\mathrm{B}}\begin{bmatrix} P_e \\ Y_{1c} + 2\dot{m}\omega_{Tz1}x_{1e} \\ Z_{1c} - 2\dot{m}\omega_{Ty1}x_{1e} \end{bmatrix} + \boldsymbol{G}_{\mathrm{V}}\begin{bmatrix} -C_x qS_{\mathrm{M}} \\ C_y^{\alpha} qS_{\mathrm{M}}\alpha \\ -C_y^{\alpha} qS_{\mathrm{M}}\beta \end{bmatrix} + \frac{mg_r'}{r}\begin{bmatrix} x + R_{Ox} \\ y + R_{Oy} \\ z + R_{Oz} \end{bmatrix} \\
& \quad + \frac{mg_{\omega_{\mathrm{e}}}}{\omega_{\mathrm{e}}}\begin{bmatrix} \omega_{\mathrm{e}x} \\ \omega_{\mathrm{e}y} \\ \omega_{\mathrm{e}z} \end{bmatrix} - m\begin{bmatrix} a_{11} & a_{12} & a_{13} \\ a_{21} & a_{22} & a_{23} \\ a_{31} & a_{32} & a_{33} \end{bmatrix}\begin{bmatrix} x + R_{Ox} \\ y + R_{Oy} \\ z + R_{Oz} \end{bmatrix} - m\begin{bmatrix} b_{11} & b_{12} & b_{13} \\ b_{21} & b_{22} & b_{23} \\ b_{31} & b_{32} & b_{33} \end{bmatrix}\begin{bmatrix} \dot{x} \\ \dot{y} \\ \dot{z} \end{bmatrix} \\
& \begin{bmatrix} I_{x1} & 0 & 0 \\ 0 & I_{y1} & 0 \\ 0 & 0 & I_{z1} \end{bmatrix}\begin{bmatrix} \dfrac{\mathrm{d}\omega_{Tx1}}{\mathrm{d}t} \\ \dfrac{\mathrm{d}\omega_{Ty1}}{\mathrm{d}t} \\ \dfrac{\mathrm{d}\omega_{Tz1}}{\mathrm{d}t} \end{bmatrix} + \begin{bmatrix} (I_{z1} - I_{y1})\omega_{Tz1}\omega_{Ty1} \\ (I_{x1} - I_{z1})\omega_{Tx1}\omega_{Tz1} \\ (I_{y1} - I_{x1})\omega_{Ty1}\omega_{Tx1} \end{bmatrix} = \begin{bmatrix} 0 \\ m_{y1}^{\beta} qS_{\mathrm{M}} l_k \cdot \beta \\ m_{z1}^{\alpha} qS_{\mathrm{M}} l_k \cdot \alpha \end{bmatrix} + \begin{bmatrix} m_{z1}^{\overline{\omega}_{x1}} qS_{\mathrm{M}} l_k \overline{\omega}_{x1} \\ m_{y1}^{\overline{\omega}_{y1}} qS_{\mathrm{M}} l_k \overline{\omega}_{y1} \\ m_{z1}^{\overline{\omega}_{z1}} qS_{\mathrm{M}} l_k \overline{\omega}_{z1} \end{bmatrix} \\
& \quad + \begin{bmatrix} -2R' r_c \delta_\gamma \\ -R'(x_c - x_g)\delta_\psi \\ -R'(x_c - x_g)\delta_\varphi \end{bmatrix} - \begin{bmatrix} \dot{I}_{x1}\omega_{Tx1} \\ \dot{I}_{y1}\omega_{Ty1} \\ \dot{I}_{z1}\omega_{Tz1} \end{bmatrix} + \dot{m}\begin{bmatrix} 0 \\ -x_{1e}^2\omega_{Ty1} \\ -x_{1e}^2\omega_{Tz1} \end{bmatrix} \\
& \begin{bmatrix} \dfrac{\delta x}{\mathrm{d}t} \\ \dfrac{\delta y}{\mathrm{d}t} \\ \dfrac{\delta z}{\mathrm{d}t} \end{bmatrix} = \begin{bmatrix} v_x \\ v_y \\ v_z \end{bmatrix} \\
& \begin{bmatrix} \omega_{Tx1} \\ \omega_{Ty1} \\ \omega_{Tz1} \end{bmatrix} = \begin{bmatrix} \dot{\gamma}_T - \dot{\varphi}_T \sin\psi_T \\ \dot{\psi}_T \cos\gamma_T + \dot{\varphi}_T \cos\psi_T \sin\gamma_T \\ \dot{\varphi}_T \cos\psi_T \cos\gamma_T - \dot{\psi}_T \sin\gamma_T \end{bmatrix} \\
& \begin{bmatrix} \omega_{x1} \\ \omega_{y1} \\ \omega_{z1} \end{bmatrix} = \begin{bmatrix} \omega_{Tx1} \\ \omega_{Ty1} \\ \omega_{Tz1} \end{bmatrix} - \boldsymbol{B}_{\mathrm{G}}\begin{bmatrix} \omega_{\mathrm{e}x} \\ \omega_{\mathrm{e}y} \\ \omega_{\mathrm{e}z} \end{bmatrix} \\
& F_\varphi(\delta_\varphi, x, y, z, \dot{x}, \dot{y}, \dot{z}, \varphi_T, \dot{\varphi}_T, \ldots) = 0 \\
& F_\psi(\delta_\psi, x, y, z, \dot{x}, \dot{y}, \dot{z}, \psi_T, \dot{\psi}_T, \ldots) = 0 \\
& F_\gamma(\delta_\gamma, x, y, z, \dot{x}, \dot{y}, \dot{z}, \gamma_T, \dot{\gamma}_T, \ldots.) = 0
\end{aligned}
\right.
\tag{4-246a}
$$

$$
\begin{cases}
\varphi_T = \varphi + \omega_{ex} t \\
\psi_T = \psi + \omega_{ey} t \cos\varphi - \omega_{ex} t \sin\varphi \\
\gamma_T = \gamma + \omega_{ey} t \cos\varphi - \omega_{ex} t \cos\varphi \\
\theta = \operatorname{arctg} \dfrac{v_y}{v_x} \\
\sigma = -\arcsin \dfrac{v_z}{v} \\
\sin\beta = \cos(\theta-\varphi)\cos\sigma\sin\psi\cos\gamma + \sin(\varphi-\theta)\cos\sigma\sin\gamma - \sin\sigma\cos\psi\cos\gamma \\
-\sin\alpha\cos\beta = \cos(\theta-\varphi)\cos\sigma\sin\psi\sin\gamma + \sin(\theta-\varphi)\cos\sigma\cos\gamma - \sin\sigma\cos\psi\sin\gamma \\
\sin\nu = \dfrac{1}{\cos\sigma}(\cos\alpha\cos\psi\sin\gamma - \sin\psi\sin\alpha) \\
r = \sqrt{(x+R_{Ox})^2 + (y+R_{Oy})^2 + (z+R_{Oz})^2} \\
\sin\phi = \dfrac{(x+R_{Ox})\omega_{ex} + (y+R_{Oy})\omega_{ey} + (z+R_{Oz})\omega_{ez}}{r\omega_e} \\
R = \dfrac{a_e b_e}{\sqrt{a_e^2 \sin^2\phi + b_e^2 \cos^2\phi}} \\
H = r - R \\
v = \sqrt{v_x^2 + v_y^2 + v_z^2} \\
m = m_0 - \dot{m} t
\end{cases}
\tag{4-246b}
$$

式(4-246)共 32 个方程，有 32 个未知量：

$v_x, v_y, v_z, \omega_{Tx1}, \omega_{Ty1}, \omega_{Tz1}, x, y, z, \varphi_T, \psi_T, \gamma_T, \omega_{x1}, \omega_{y1}, \omega_{z1}, \delta_\varphi, \delta_\psi, \delta_\gamma, \varphi, \psi, \gamma, \theta, \sigma, \beta, \alpha, \nu, r, \phi, R, H, v, m$。

理论上当已知控制方程的具体形式后，给出 32 个参数的起始条件，即可进行求解。事实上，由于式(4-246)中有些方程是确定量之间具有明确的关系方程，因此这些量不是任意给出的，当有关的参数起始条件给出时，它们也相对应地确定，如 $\omega_{x1}, \omega_{y1}, \omega_{z1}, \beta, \alpha, \nu, \varphi, \psi, \gamma, r, \phi, R, H, v$ 等 14 个参数即属此种情况。在动力学方程中，有关一些力和力矩(或力矩导数)的参数均可用上述方程组中解得的参数进行计算，其计算公式在本章内已列出，这里不再赘述。

4.3.3　发射坐标系中的弹道计算方程

火箭空间一般方程较精确地描述了火箭在主动段运动规律。实际在研究火箭质心运动时，根据火箭的飞行情况，为了计算方便，可作如下假设：

(1) 在一般方程中的一些欧拉角，如 $\psi_T, \gamma_T, \psi, \gamma, \sigma, \nu, \alpha, \beta$ 等，在火箭有控制的条件下，主动段中所表现的数值均很小。因此，可将一般方程中，上述这些角度的正弦值取为该角弧度值，而其余弦值取为 1；当上述角值出现两个以上的乘积时，则作为高阶项略去。

据此，一般方程中的方向余弦阵及附加方程中的一些有关欧拉角关系的方程即可简化。当然，附加科氏力项也可略去。

(2) 火箭绕质心转动方程反映火箭飞行过程中的力矩平衡过程。对姿态稳定的火箭，这一动态过程进行得很快，对火箭质心运动不产生影响。因此，在研究火箭质心运动时，可不考虑动态过程，即将绕质心运动方程中与姿态角速度和姿态角加速度有关的项予以忽略，这称为“瞬时平衡”假设，则由式(4-203)可得

$$\boldsymbol{M}_{\mathrm{st}}+\boldsymbol{M}_{\mathrm{c}}=\boldsymbol{0}$$

将静稳定气动力矩及式(4-188)的控制力矩代入上式，则有

$$\begin{cases}M_{z1}^{\alpha}\alpha+M_{z1}^{\delta}\delta_{\varphi}=0\\M_{y1}^{\beta}\beta+M_{y1}^{\delta}\delta_{\psi}=0\\\delta_{\gamma}=0\end{cases}\tag{4-247}$$

对于控制方程，如式(4-179)、式(4-180)，则有

$$\delta_{\varphi}=a_0^{\varphi}\Delta\varphi_T+k_{\varphi}u_{\varphi}$$

$$\delta_{\psi}=a_0^{\psi}\Delta\psi_T+k_{\psi}u_{\psi}$$

$$\delta_{\gamma}=a_0^{\gamma}\Delta\gamma_T$$

将式(4-237)代入上式即得略去动态过程的控制方程：

$$\begin{cases}\delta_{\varphi}=a_0^{\varphi}(\varphi+\omega_{\mathrm{ez}}t-\varphi_{\mathrm{pr}})+k_{\varphi}u_{\varphi}\\\delta_{\psi}=a_0^{\psi}[\psi+(\omega_{\mathrm{ey}}\cos\varphi-\omega_{\mathrm{ex}}\sin\varphi)t]+k_{\psi}u_{\psi}\\\delta_{\gamma}=a_0^{\gamma}[\gamma+(\omega_{\mathrm{ey}}\sin\varphi+\omega_{\mathrm{ex}}\cos\varphi)t]\end{cases}\tag{4-248}$$

将式(4-248)代入式(4-247)，并据假设(1)可得下列欧拉角关系式：

$$\beta=\psi-\sigma$$

$$\alpha=\varphi-\theta$$

$$\nu=\gamma$$

整理可得绕质心运动方程在“瞬时平衡”假设条件下的另一等价形式：

$$\begin{cases}\alpha=A_{\varphi}[(\varphi_{\mathrm{pr}}-\omega_{\mathrm{ez}}t-\theta)-\dfrac{k_{\varphi}}{a_0^{\varphi}}u_{\varphi}]\\\beta=A_{\psi}[(\varphi_{\mathrm{ex}}\sin\varphi-\omega_{\mathrm{ey}}\cos\varphi)t-\sigma-\dfrac{k_{\psi}}{a_0^{\psi}}u_{\psi}\\\gamma=-(\varphi_{\mathrm{ey}}\sin\varphi+\omega_{\mathrm{ex}}\cos\varphi)t\end{cases}\tag{4-249}$$

式中，

$$\begin{cases} A_\varphi = \dfrac{a_0^\varphi M_{z1}^{\delta_\varphi}}{M_{z1}^\alpha + a_0^\varphi M_{z1}^{\delta_\varphi}} \\ A_\psi = \dfrac{a_0^\psi M_{y1}^{\delta_\psi}}{M_{y1}^\beta + a_0^\psi M_{y1}^{\delta_\psi}} \end{cases} \tag{4-250}$$

根据以上假设，且忽略ν、γ的影响，可得在发射坐标系中的空间弹道计算方程：

$$\begin{cases} m\begin{bmatrix} \dfrac{\delta v_x}{\mathrm{d}t} \\ \dfrac{\delta v_y}{\mathrm{d}t} \\ \dfrac{\delta v_z}{\mathrm{d}t} \end{bmatrix} = \begin{bmatrix} \cos\varphi\cos\psi & -\sin\varphi & \cos\varphi\sin\psi \\ \sin\varphi\cos\psi & \cos\varphi & \sin\varphi\sin\psi \\ -\sin\psi & 0 & \cos\psi \end{bmatrix}\begin{bmatrix} P_e \\ Y_{1c} \\ Z_{1c} \end{bmatrix} \\ +\begin{bmatrix} \cos\theta\cos\sigma & -\sin\theta & \cos\theta\sin\sigma \\ \sin\theta\cos\sigma & \cos\theta & \sin\theta\sin\sigma \\ -\sin\sigma & 0 & \cos\sigma \end{bmatrix}\begin{bmatrix} -C_x q S_{\mathrm{M}} \\ C_y^\alpha q S_{\mathrm{M}}\alpha \\ -C_y^\alpha q S_{\mathrm{M}}\beta \end{bmatrix} + m\dfrac{g_r'}{r}\begin{bmatrix} x+R_{Ox} \\ y+R_{Oy} \\ z+R_{Oz} \end{bmatrix} \\ +m\dfrac{g_{\omega_e}}{\omega_e}\begin{bmatrix} \omega_{ex} \\ \omega_{ey} \\ \omega_{ez} \end{bmatrix} - m\begin{bmatrix} a_{11} & a_{12} & a_{13} \\ a_{21} & a_{22} & a_{23} \\ a_{31} & a_{32} & a_{33} \end{bmatrix}\begin{bmatrix} x+R_{Ox} \\ y+R_{Oy} \\ z+R_{Oz} \end{bmatrix} - m\begin{bmatrix} b_{11} & b_{12} & b_{13} \\ b_{21} & b_{22} & b_{23} \\ b_{31} & b_{32} & b_{33} \end{bmatrix}\begin{bmatrix} \dot{x} \\ \dot{y} \\ \dot{z} \end{bmatrix} \\ \begin{bmatrix} \dfrac{\delta x}{\mathrm{d}t} \\ \dfrac{\delta y}{\mathrm{d}t} \\ \dfrac{\delta z}{\mathrm{d}t} \end{bmatrix} = \begin{bmatrix} v_x \\ v_y \\ v_z \end{bmatrix} \\ \alpha = A_\varphi\left[(\varphi_{\mathrm{pr}} - \omega_{ez}t - \theta) - \dfrac{k_\varphi}{a_0^\varphi}u_\varphi\right] \\ \beta = A_\psi\left[(\omega_{ex}\sin\varphi - \omega_{ey}\cos\varphi)t - \sigma - \dfrac{k_\psi}{a_0^\psi}u_\psi\right] \\ \theta = \mathrm{arctg}\dfrac{v_y}{v_x} \\ \sigma = -\arcsin\dfrac{v_z}{v} \\ \varphi = \theta + \alpha \\ \psi = \sigma + \beta \\ \delta_\varphi = a_0^\varphi(\varphi + \omega_{ez}t - \varphi_{\mathrm{pr}}) + k_\varphi u_\varphi \\ \delta_\psi = a_0^\psi[\psi + (\omega_{ey}\cos\varphi - \omega_{ex}\sin\varphi)t] + k_\psi u_\psi \end{cases} \tag{4-251a}$$

$$
\begin{cases}
\delta_\gamma = a_0^\gamma[\gamma + (\omega_{ey}\sin\varphi + \omega_{ex}\cos\varphi)t] \\
v = \sqrt{v_x^2 + v_y^2 + v_z^2} \\
r = \sqrt{(x+R_{Ox})^2 + (y+R_{Oy})^2 + (z+R_{Oz})^2} \\
\sin\phi - \dfrac{(x+R_{Ox})\omega_{ex} + (y+R_{Oy})\omega_{ey} + (z+R_{Oz})\omega_{ez}}{r\omega_e} \\
R = \dfrac{a_e b_e}{\sqrt{a_e^2\sin^2\phi + b_e^2\cos^2\phi}} \\
H = r - R \\
m = m_0 - \dot{m}t
\end{cases}
\tag{4-251b}
$$

式(4-251)即为空间弹道计算方程，前六个为微分方程，只要给出相应的起始条件就可求得火箭质心运动参数。

在火箭总体设计中，从仪表和弹体强度设计角度考虑，需要知道它们所承受的过载。为此，把火箭飞行中除重力外作用在火箭上的所有其他外力称为过载，记作 $\boldsymbol{N}$，若火箭的总加速度为 $\overline{a}$，则

$$
m\overline{a} = \boldsymbol{N} + \boldsymbol{G} \tag{4-252}
$$

$$
\overline{a} = \frac{\boldsymbol{N}}{m} + \boldsymbol{g} = \dot{\boldsymbol{w}} + \boldsymbol{g} \tag{4-253}
$$

式中，$\dot{\boldsymbol{w}}$ 为视加速度，它可用惯性加速度表测量。实际上 $\boldsymbol{N}$ 由控制力、推力和气动力组成，在弹体上的三个分量为

$$
\begin{bmatrix} N_{x1} \\ N_{y1} \\ N_{z1} \end{bmatrix} = \begin{bmatrix} P_e \\ y_{1c} \\ z_{1c} \end{bmatrix} + \boldsymbol{B}_V \begin{bmatrix} -C_x q S_M \\ C_y^\alpha q S_M \alpha \\ -C_y^\alpha q S_M \beta \end{bmatrix} \tag{4-254}
$$

将

$$
\begin{bmatrix} N_{x1} \\ N_{y1} \\ N_{z1} \end{bmatrix} = m \begin{bmatrix} \dot{w}_{x1} \\ \dot{w}_{y1} \\ \dot{w}_{z1} \end{bmatrix} \tag{4-255}
$$

代入式(4-251)中质心动力学方程后即组成含视加速度 $\dot{\boldsymbol{w}}$ 参变量的空间弹道计算方程。

过载系数 $\boldsymbol{n}$ 被定义为 $\boldsymbol{N}$ 被火箭质量 m 与地面重力加速度 g_0 之积相除所得的值，即

$$
\boldsymbol{n} = \begin{bmatrix} n_{x1} \\ n_{y1} \\ n_{z1} \end{bmatrix} = \frac{\boldsymbol{N}}{mg_0} = \frac{1}{g_0} \begin{bmatrix} \dot{w}_{x1} \\ \dot{w}_{y1} \\ \dot{w}_{z1} \end{bmatrix} \tag{4-256}
$$

式中，n_{x1}、n_{y1}、n_{z1} 分别为火箭的轴向、法向和横向过载系数。

4.3.4　速度坐标系中的弹道方程

4.3.4.1　速度坐标系中的质心动力学方程

将发射坐标系中的质心动力学方程(4-205)在速度坐标系投影，根据矢量微分法则有

$$\frac{\mathrm{d}\boldsymbol{V}}{\mathrm{d}t}=\frac{\mathrm{d}}{\mathrm{d}t}(v\boldsymbol{x}_{\mathrm{v}}^{0})=\frac{\mathrm{d}v}{\mathrm{d}t}\boldsymbol{x}_{\mathrm{v}}^{0}+v\frac{\mathrm{d}\boldsymbol{x}_{\mathrm{v}}^{0}}{\mathrm{d}t} \tag{4-257}$$

式中，

$$\frac{\mathrm{d}\boldsymbol{x}_{\mathrm{v}}^{0}}{\mathrm{d}t}=\boldsymbol{\omega}_{\mathrm{v}}\times\boldsymbol{x}_{\mathrm{v}}^{0} \tag{4-258}$$

式中，$\boldsymbol{\omega}_{\mathrm{v}}$ 为速度坐标系相对发射坐标系的转动角速度。

已知

$$\boldsymbol{\omega}_{\mathrm{v}}=\dot{\boldsymbol{\theta}}+\dot{\boldsymbol{\sigma}}+\dot{\boldsymbol{\nu}} \tag{4-259}$$

将 $\boldsymbol{\omega}_{\mathrm{v}}$ 在速度坐标系投影，式(4-259)等号右端的投影分量可由速度坐标系与发射坐标系之间的几何关系得出：

$$\begin{cases}\omega_{x\mathrm{v}}=\dot{\nu}-\dot{\theta}\sin\sigma\\ \omega_{y\mathrm{v}}=\dot{\sigma}\cos\nu+\dot{\theta}\cos\sigma\sin\nu\\ \omega_{z\mathrm{v}}=\dot{\theta}\cos\sigma\cos\nu-\dot{\sigma}\sin\nu\end{cases} \tag{4-260}$$

故可得

$$\frac{\mathrm{d}\boldsymbol{x}_{\mathrm{v}}^{0}}{\mathrm{d}t}=(\dot{\theta}\cos\sigma\cos\nu-\dot{\sigma}\sin\nu)\boldsymbol{y}_{\mathrm{v}}^{0}-(\dot{\sigma}\cos\nu+\dot{\theta}\cos\sigma\sin\nu)\boldsymbol{z}_{\mathrm{v}}^{0}$$

将该式代入式(4-257)即有

$$\frac{\mathrm{d}\boldsymbol{V}}{\mathrm{d}t}=\frac{\mathrm{d}v}{\mathrm{d}t}\boldsymbol{x}_{\mathrm{v}}^{0}+v(\dot{\theta}\cos\sigma\cos\nu-\dot{\sigma}\sin\nu)\boldsymbol{y}_{\mathrm{v}}^{0}-v(\dot{\sigma}\cos\nu+\dot{\theta}\cos\sigma\sin\nu)\boldsymbol{z}_{\mathrm{v}}^{0} \tag{4-261}$$

式(4-261)即为火箭质心相对于地面发射坐标系的加速度沿速度坐标系的分量。

将式(4-261)代入式(4-205)等号左端，式(4-205)等号右端各项即可参照式(4-228)等号右端的内容直接写出它们在速度坐标系的分量形式，最终可得在速度坐标系的质心动力学方程为

$$m\begin{bmatrix}\dot{v}\\ v(\dot{\theta}\cos\sigma\cos\nu-\dot{\sigma}\sin\nu)\\ -v(\dot{\sigma}\cos\nu+\dot{\theta}\cos\sigma\sin\nu)\end{bmatrix}=\boldsymbol{V}_{\mathrm{B}}\begin{bmatrix}P_e\\ Y_{1c}+2\dot{m}\omega_{Tz1}x_{1e}\\ Z_{1c}-2\dot{m}\omega_{Ty1}x_{1e}\end{bmatrix}$$

$$+\begin{bmatrix}-C_x qS_{\mathrm{M}}\\ C_y^{\alpha}qS_{\mathrm{M}}\alpha\\ -C_y^{\alpha}qS_{\mathrm{M}}\beta\end{bmatrix}+m\frac{g_r'}{r}\boldsymbol{V}_{\mathrm{G}}\begin{bmatrix}x+R_{Ox}\\ y+R_{Oy}\\ z+R_{Oz}\end{bmatrix}+m\frac{g_{\omega_{\mathrm{e}}}}{\omega_{\mathrm{e}}}\boldsymbol{V}_{\mathrm{G}}\begin{bmatrix}\omega_{\mathrm{e}x}\\ \omega_{\mathrm{e}y}\\ \omega_{\mathrm{e}z}\end{bmatrix}$$

$$+m\boldsymbol{V}_{\mathrm{G}}\begin{bmatrix}a_{11} & a_{12} & a_{13}\\ a_{21} & a_{22} & a_{23}\\ a_{31} & a_{32} & a_{33}\end{bmatrix}\begin{bmatrix}x+R_{Ox}\\ y+R_{Oy}\\ z+R_{Oz}\end{bmatrix}-m\boldsymbol{V}_{\mathrm{G}}\begin{bmatrix}b_{11} & b_{12} & b_{13}\\ b_{21} & b_{22} & b_{23}\\ b_{31} & b_{32} & b_{33}\end{bmatrix}\begin{bmatrix}\dot{x}\\ \dot{y}\\ \dot{z}\end{bmatrix} \tag{4-262}$$

观察式(4-262)，发现等式右端后两项中均有两个微分变量，为进行求解，现引进矩阵 $\boldsymbol{H}_{\mathrm{V}}$：

$$\boldsymbol{H}_{\mathrm{V}}=\begin{bmatrix}1 & 0 & 0\\ 0 & \cos\nu & -\sin\nu\\ 0 & \sin\nu & \cos\nu\end{bmatrix} \tag{4-263}$$

用矩阵 $\boldsymbol{H}_{\mathrm{V}}$ 左乘式(4-262)则得

$$\begin{aligned}m\begin{bmatrix}\dot{v}\\ v\dot{\theta}\cos\sigma\\ -v\dot{\sigma}\end{bmatrix}=&\boldsymbol{H}_{\mathrm{V}}\boldsymbol{V}_{\mathrm{B}}\begin{bmatrix}P_e\\ Y_{1c}+2\dot{m}\omega_{Tz1}x_e\\ Z_{1c}-2\dot{m}\omega_{Ty1}x_e\end{bmatrix}+\boldsymbol{H}_{\mathrm{V}}\begin{bmatrix}-C_x qS_{\mathrm{M}}\\ C_y^{\alpha}qS_{\mathrm{M}}\alpha\\ -C_y^{\alpha}qS_{\mathrm{M}}\beta\end{bmatrix}\\ &+m\frac{g_r'}{r}\boldsymbol{H}_{\mathrm{V}}\boldsymbol{V}_{\mathrm{G}}\begin{bmatrix}x+R_{Ox}\\ y+R_{Oy}\\ z+R_{Oz}\end{bmatrix}+m\frac{g_{\omega_{\mathrm{e}}}}{\omega_{\mathrm{e}}}\boldsymbol{H}_{\mathrm{V}}\boldsymbol{V}_{\mathrm{G}}\begin{bmatrix}\omega_{\mathrm{e}x}\\ \omega_{\mathrm{e}y}\\ \omega_{\mathrm{e}z}\end{bmatrix}\\ &-m\boldsymbol{H}_{\mathrm{V}}\boldsymbol{V}_{\mathrm{G}}\begin{bmatrix}a_{11} & a_{12} & a_{13}\\ a_{21} & a_{22} & a_{23}\\ a_{31} & a_{32} & a_{33}\end{bmatrix}\begin{bmatrix}x+R_{Ox}\\ y+R_{Oy}\\ z+R_{Oz}\end{bmatrix}-m\boldsymbol{H}_{\mathrm{V}}\boldsymbol{V}_{\mathrm{G}}\begin{bmatrix}b_{11} & b_{12} & b_{13}\\ b_{21} & b_{22} & b_{23}\\ b_{31} & b_{32} & b_{33}\end{bmatrix}\begin{bmatrix}\dot{x}\\ \dot{y}\\ \dot{z}\end{bmatrix}\end{aligned} \tag{4-264}$$

4.3.4.2 速度坐标系中的空间弹道方程

为简化书写，火箭质心动力学方程(4-264)和火箭绕质心转动的动力学方程(4-230)，在这里不再重述，下面仅给出为解算空间动力学方程需补充的一些方程，由于这些方程与式(4-246)的补充方程基本相同，个别不同的方程，其符号意义也是明确的，故直接列写如下：

$$\left\{\begin{aligned}&\begin{bmatrix}\dfrac{\delta x}{\mathrm{d}t}\\ \dfrac{\delta y}{\mathrm{d}t}\\ \dfrac{\delta z}{\mathrm{d}t}\end{bmatrix}=\begin{bmatrix}v\cos\theta\cos\sigma\\ v\sin\theta\cos\sigma\\ -v\sin\sigma\end{bmatrix}\\ &\begin{bmatrix}\omega_{Tx1}\\ \omega_{Ty1}\\ \omega_{Tz1}\end{bmatrix}=\begin{bmatrix}\dot{\gamma}_T-\dot{\varphi}_T\sin\psi_T\\ \psi_T\cos\gamma_T+\dot{\varphi}_T\cos\psi_T\sin\gamma_T\\ \varphi_T\cos\psi_T\cos\gamma_T-\dot{\psi}_T\sin\gamma_T\end{bmatrix}\end{aligned}\right.$$

$$\begin{cases}\begin{bmatrix}\omega_{x1}\\ \omega_{y1}\\ \omega_{z1}\end{bmatrix}=\begin{bmatrix}\omega_{Tx1}\\ \omega_{Ty1}\\ \omega_{Tz1}\end{bmatrix}-\boldsymbol{B}_{\mathrm{G}}\begin{bmatrix}\omega_{\mathrm{e}x}\\ \omega_{\mathrm{e}y}\\ \omega_{\mathrm{e}z}\end{bmatrix}\\ F_{\varphi}(\delta_{\varphi},x,y,z,\dot{x},\dot{y},\dot{z},\varphi_T,\dot{\varphi}_T,\cdots)=0\\ F_{\psi}(\delta_{\psi},x,y,z,\dot{x},\dot{y},\dot{z},\varphi_T,\dot{\varphi}_T,\cdots)=0\\ F_{\gamma}(\delta_{\gamma},x,y,z,\dot{x},\dot{y},\dot{z},\varphi_T,\dot{\varphi}_T,\cdots)=0\end{cases}\tag{4-265a}$$

$$\begin{cases}\varphi_T=\varphi+\omega_{\mathrm{e}x}t\\ \psi_T=\psi+\omega_{\mathrm{e}y}t\cos\varphi-\omega_{\mathrm{e}x}t\sin\varphi\\ \gamma_T=\gamma+\omega_{\mathrm{e}y}t\cos\varphi-\omega_{\mathrm{e}x}t\cos\varphi\\ \sin\beta=\cos(\theta-\varphi)\cos\sigma\sin\psi\cos\gamma+\sin(\varphi-\theta)\cos\sigma\sin\gamma-\sin\sigma\cos\psi\cos\gamma\\ -\sin\alpha\cos\beta=\cos(\theta-\varphi)\cos\sigma\sin\psi\sin\gamma+\sin(\theta-\varphi)\cos\sigma\cos\gamma-\sin\sigma\cos\psi\sin\gamma\\ \sin\nu=\dfrac{1}{\cos\sigma}(\cos\alpha\cos\psi\sin\gamma-\sin\psi\sin\alpha)\\ r=\sqrt{(x+R_{Ox})^2+(y+R_{Oy})^2+(z+R_{Oz})^2}\\ \sin\phi=\dfrac{(x+R_{Ox})\omega_{\mathrm{e}x}+(y+R_{Oy})\omega_{\mathrm{e}y}+(z+R_{Oz})\omega_{\mathrm{e}z}}{r\omega_{\mathrm{e}}}\\ R=\dfrac{a_{\mathrm{e}}b_{\mathrm{e}}}{\sqrt{a_{\mathrm{e}}^2\sin^2\phi+b_{\mathrm{e}}^2\cos^2\phi}}\\ H=r-R\\ m=m_0-\dot{m}t\end{cases}\tag{4-265b}$$

这样，即得到由式(4-264)、式(4-230)、式(4-265)共同组成的在速度坐标系内描述的空间弹道方程，共 29 个方程，给定起始条件即可求解。

4.3.4.3　弹道方程简化成纵向运动方程和侧向运动方程

在新型号火箭的初步设计阶段，由于各分系统参数未定，因而只需进行弹道的粗略计算。为此，对上述空间弹道方程作一些简化假设：

(1) 地球视为一均质圆球，忽略地球扁率及 g_{ϕ} 的影响。此时引力 $\boldsymbol{g}$ 沿矢径 $\boldsymbol{r}$ 的反向，且服从平方反比定律，即 $g_r'=g_r=-\dfrac{fM}{r^2},g_{\omega_{\mathrm{e}}}=0$。

(2) 由于工程设计人员在初步设计阶段只关心平均状态下的参数，故通常忽略地球旋转的影响，认为 $\boldsymbol{\omega}_{\mathrm{e}}=0$。显然，平移坐标系与发射坐标系始终重合。

(3) 忽略火箭内部介质相对于弹体流动所引起的附加科氏力和全部附加力矩。

(4) 在控制系统作用下，火箭始终处于力矩瞬时平衡状态。

(5) 将欧拉角 α、β、ψ、γ、σ、ν 及 $(\theta-\varphi)$ 视为小量，这些角度的正弦取其角度的弧度值，余弦取为 1，且在等式中出现这些角度值之间的乘积时，作为二阶以上项略去，

则有

$$H_V = \begin{bmatrix} 1 & 0 & 0 \\ 0 & 1 & -\nu \\ 0 & \nu & 1 \end{bmatrix} \tag{4-266}$$

$$V_B = \begin{bmatrix} 1 & -\alpha & \beta \\ \alpha & 1 & 0 \\ -\beta & 0 & 1 \end{bmatrix} \tag{4-267}$$

$$V_G = \begin{bmatrix} \cos\theta & \sin\theta & -\sigma \\ -\sin\theta & \cos\theta & \nu \\ \sigma\cos\theta + \nu\sin\theta & \sigma\sin\theta - \nu\cos\theta & 1 \end{bmatrix} \tag{4-268}$$

因此

$$H_B = H_V V_B = \begin{bmatrix} 1 & -\alpha & \beta \\ \alpha & 1 & -\nu \\ -\beta & \nu & 1 \end{bmatrix} \tag{4-269}$$

$$H_G = H_V V_G = \begin{bmatrix} \cos\theta & \sin\theta & -\sigma \\ -\sin\theta & \cos\theta & 0 \\ \sigma\cos\theta & \sigma\sin\theta & 1 \end{bmatrix} \tag{4-270}$$

(6) 考虑到控制力较小，故将控制力与α、β、ν的乘积项略去。

(7) 由于引力在x、z方向的分量远小于引力在y方向的分量，故将它们与σ的乘积项略去。

根据以上假设，即可将式(4-264)与式(4-265)所组成的质心运动方程简化成两组方程。

第一组方程为

$$\begin{cases} m\dot{v} = P_e - C_x q S_M + m g_r \dfrac{y+R}{r}\sin\theta + m g_r \dfrac{x}{r}\cos\theta \\ m v\dot{\theta} = (P_e + C_y^\alpha q S_M)\alpha + m g_r \dfrac{y+R}{r}\cos\theta - m g_r \dfrac{x}{r}\sin\theta + R'\delta_\varphi \\ \dot{x} = v\cos\theta \\ \dot{y} = v\sin\theta \\ \alpha = A_\varphi(\varphi_{\mathrm{pr}} - \theta) \\ A_\varphi = \dfrac{a_0^\varphi M_{z1}^{\delta_\varphi}}{M_{z1}^\alpha + a_0^\varphi M_{z1}^{\delta_\varphi}} \\ \varphi = \theta + \alpha \\ \delta_\varphi = a_0^\varphi(\varphi - \varphi_{\mathrm{pr}}) \\ r = \sqrt{x^2 + (y+R)^2 + z^2} = \sqrt{x^2 + (y+R)^2} \\ H = r - R \\ m = m_0 - \dot{m}t \end{cases} \tag{4-271}$$

该方程取 $r=\sqrt{x^2+(y+R)^2}$ 后，则与侧向参数无关，称为纵向运动方程，给定起始条件即可求解。

第二组方程为

$$\begin{cases} mv\dot{\sigma}=(P_e+C_y^\alpha qS_{\mathrm{M}})\beta-mg_r\dfrac{y+R}{r}\sin\theta\cdot\sigma-mg_r\dfrac{z}{r}+R'\delta_\psi \\ \dot{z}=-v\sigma \\ \beta=-A_\psi\cdot\sigma \\ A_\psi=\dfrac{a_0^\psi M_{y1}^{\delta_\psi}}{M_{y1}^\beta+a_0^\psi M_{y1}^{\delta_\psi}} \\ \psi=\sigma+\beta \\ \delta_\psi=a_0^\psi\psi \end{cases} \tag{4-272}$$

在解得第一组方程后，即可由第二组方程解得侧向参数，称第二组方程为侧向运动方程。

4.4 火箭主动段的运动

火箭飞行中按受力特性分为主动段、自由段与再入段，当给定火箭各分系统参数及发射点的位置、发射方位角后，即可逐段求解。但在新型号火箭设计中，根据应用部门对导弹、卫星提出的战术技术指标，如载荷重量、导弹的射程或卫星的轨道根数及精度指标等，进行方案论证，还涉及分配和协调各分系统设计指标有关的弹道问题。本节，首先建立适用于方案论证阶段的简化弹道方程。然后分析火箭在主动段的运动特性[1-3]。

4.4.1 用于方案论证阶段的纵向运动方程

在方案论证阶段，主要关心各分系统设计参数对射程的影响，因此只研究火箭的纵向运动。为方便计算，可对纵向运动方程(4-271)做进一步的简化。

由于主动段射程较小，可以认为引力只有沿 y 轴的分量，且近似认为 $H=y$；另外注意到“瞬时平衡”假设条件下有

$$\delta_\varphi=-\frac{M_{z1}^\alpha}{M_{z1}^{\delta_\varphi}}\cdot\alpha=-\frac{Y_1^\alpha\left(x_g-x_p\right)}{R'\left(x_g-x_c\right)}\cdot\alpha$$

当近似认为 $Y_1^\alpha=Y^\alpha$ 后，则有

$$Y+R'\delta_\varphi=\left(1-\frac{x_g-x_p}{x_g-x_c}\right)Y^\alpha\cdot\alpha$$

记

$$C=\frac{x_p-x_c}{x_g-x_c} \tag{4-273}$$

则有

$$Y + R'\delta_{\varphi} = CY^{\alpha} \cdot \alpha \tag{4-274}$$

这样，纵向运动方程(4-271)成为

$$\begin{cases} \dot{v} = \dfrac{P_e}{m} - \dfrac{1}{m} C_x q S_{\mathrm{M}} + g \sin\theta \\ \dot{\theta} = \dfrac{1}{mv}\left(P_e + CY^{\alpha}\right)\alpha + \dfrac{g}{v}\cos\theta \\ \dot{x} = v\cos\theta \\ \dot{y} = v\sin\theta \\ \alpha = A_{\varphi}\left(\varphi_{\mathrm{pr}} - \theta\right) \\ A_{\varphi} = \dfrac{a_0^{\varphi} M_{z1}^{\delta_{\varphi}}}{M_{z1}^{\alpha} + a_0^{\varphi} M_{z1}^{\delta_{\varphi}}} \\ H = y \\ m = m_0 - \dot{m}t \end{cases} \tag{4-275}$$

式中，A_{φ} 是一个系数表达式，实际有七个方程，只要给定 $t=0$ 、$v=x=y=H=\alpha=0$ 、$\theta=90^{\circ}$ 、$m=m_0$ ，即可进行数值积分求解。积分至 $m=m_k$ ，m_k 为火箭除去全部燃料后的质量，即得 v_k 、θ_k 、x_k 、y_k ，然后按下式

$$\begin{cases} \beta_k = \operatorname{arctg} \dfrac{x_k}{R_0 + y_k} \\ \Theta_k = \theta_k + \beta_k \\ r_k = R + H_k \end{cases} \tag{4-276}$$

算得关机点的参数 Θ_k 、r_k ，最后运用椭圆弹道计算出被动段射程 β_c ，从而得全射程 $\beta = \beta_k + \beta_c$ 。

4.4.2 主动段运动特性分析

简化后的纵向运动方程(4-275)，虽然在形式上已大大简化，但它仍是一组非线性变系数微分方程，只能采用数值积分求解。下面对单级火箭主动段运动特性进行定性分析，以便对主动段运动的物理现象的理解。

4.4.2.1 切向运动的分析

式(4-275)的切向方程为

$$\dot{v} = \frac{P_e}{m} - \frac{1}{m} C_x q S_{\mathrm{M}} + g \sin\theta \tag{4-277}$$

已知

$$P_e = \dot{m}u_e' - S_e p_H - X_{1c} \tag{4-278}$$

式(4-278)中略去舵阻力或摇摆发动机的推力损失 X_{1c} ，并代入式(4-277)，则有

$$\dot{v} = \frac{\dot{m}}{m} u_e' + g\sin\theta - \frac{X}{m} - \frac{S_e p_H}{m} \tag{4-279}$$

将式(4-279)由 $t=0$ 积分至 t_k 时刻，并记

$$
\begin{cases}
v_{\mathrm{id}k} = \int_0^{t_k} \frac{\dot{m}}{m} u_e' \mathrm{d}t \\
\Delta v_{1k} = -\int_0^{t_k} g \sin\theta \mathrm{d}t \\
\Delta v_{2k} = \int_0^{t_k} \frac{X}{m} \mathrm{d}t \\
\Delta v_{3k} = \int_0^{t_k} \frac{S_e p_H}{m} \mathrm{d}t
\end{cases} \tag{4-280}
$$

则

$$
v(t_k) = v_{\mathrm{id}k} - \Delta v_{1k} - \Delta v_{2k} - \Delta v_{3k} \tag{4-281}
$$

式中，$v_{\mathrm{id}k}$ 为火箭在真空无引力作用下推力所产生的速度，称为理想速度，注意到 $\dot{m} = -\frac{\mathrm{d}m}{\mathrm{d}t}$，而 u_e' 为一常数，则 $v_{\mathrm{id}k}$ 可直接积分得到

$$
v_{\mathrm{id}k} = -u_e' \ln \frac{m_k}{m_0} \tag{4-282}
$$

记 $\mu_k = \frac{m_k}{m_0}$，如果至 t_k 时燃料全部烧完，则 m_k 即为火箭的结构质量，故 μ_k 称为结构比。由式(4-282)可知，减小 μ_k 和增大 u_e' 可提高理想速度。

Δv_{1k} 为引力加速度分量引起的速度损失，称为引力损失。不难理解，引力损失，在主动段飞行时间较长时损失就较大，反之则较小；主动段弹道越陡，损失就越大，反之则越小。对中程导弹而言，该项损失 Δv_{1k} 为理想速度的 20%～30%。

Δv_{2k} 为阻力造成的速度损失，火箭运动过程是由静止起飞，然后不断加速。虽然阻力与飞行速度的平方成正比，但还与大气密度及阻力系数有关。主动段飞行过程中，开始虽在稠密大气层内飞行，但火箭速度很低，而后尽管速度增加，但大气密度又显著下降。因此，在主动段的阻力变化是两头小中间大的变化过程。阻力造成的速度损失 Δv_{2k}，对于中程导弹而言，占理想速度的 3%～5%。

Δv_{3k} 为发动机在大气中工作时大气静压力所引起的速度损失，该损失对中程导弹而言约占理想速度的 5%。

对于远程导弹而言，由于要求关机点的速度倾斜角较小，其弹道曲线也比中近程导弹的弹道曲线要平缓，故引力引起的速度损失相对比例要减小。另外远程导弹主动段中，大气层外的飞行时间较长，因此阻力及大气静压所引起的速度损失的相对比例也将减小。

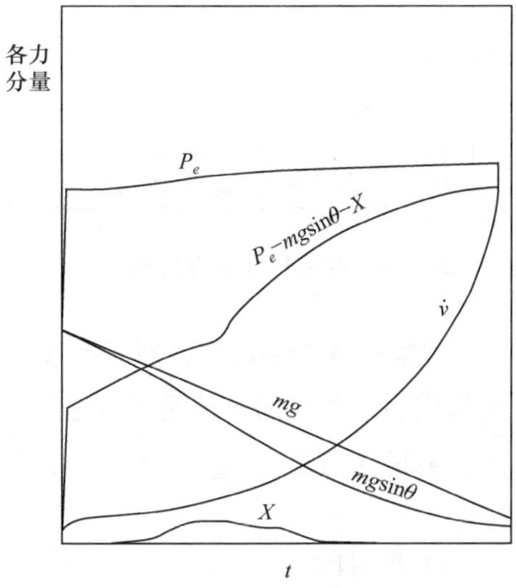

图 4-25　各力分量、切向力和切向加速度随时间的变化

图 4-25 所示是射程约 3000km 的典型导弹的

各力分量、切向力、切向加速度 $\dot{v}$ 随时间的变化曲线。

4.4.2.2 主动段转变过程及 α、δ_φ、$\Delta\varphi_{pr}$ 的变化

远程火箭发射时通常采用竖直发射，火箭起飞后，弹轴 x_1 及速度轴 x_v 均沿发射点垂直向上，即 $\varphi=\theta=90°$。火箭根据其射程或入轨点参数要求，应于关机点将速度轴转到某一个角度值 θ_k。式(4-275)的法向加速度方程为

$$\dot{\theta}=\frac{1}{mv}\left(P_e+CY^{\alpha}\right)\alpha+\frac{g}{v}\cos\theta \tag{4-283}$$

可见，要使速度矢量转变，必须提供垂直于速度矢量的法向力。虽然引力 g 可使 θ 减小，但垂直起飞后 $\theta=90°$，因此不能靠引力首先使速度轴转弯。即使速度轴处于 $\theta<90°$ 的状态，由于 g 本身只随高度变化，也不能作为一个控制量。此外，g 对 θ 的影响很小，而主动段发动机工作时间有一定的限制，因此不能依靠引力分量来作为速度轴转弯的主要法向力。从法向加速度方程可知，只有将升力和推力在法向的分量作为主要法向力，且该法向力与攻角 α 有关。注意到攻角 α 是速度轴 x_v 与弹轴 x_1 的夹角，当转动 x_1 轴使 x_1 与 x_v 不重合，即可产生 α 以提供法向力。显然，要使 x_1 轴转弯就必须提供绕 z_1 轴的转动力矩。这可通过控制系统的执行机构(如燃气舵或摇摆发动机)提供控制力矩来实现，已知

$$M_{z1c}=M_{z1c}^{\delta_\varphi}\delta_\varphi=R'\left(x_g-x_c\right)\delta_\varphi \tag{4-284}$$

然而，δ_φ 的值是按所要求的程序规律 φ_{pr} 来赋予的，即

$$\delta_\varphi=a_0^{\delta}\left(\varphi-\varphi_{pr}\right) \tag{4-285}$$

通常弹道导弹的飞行程序取图 4-26 所示的形式。

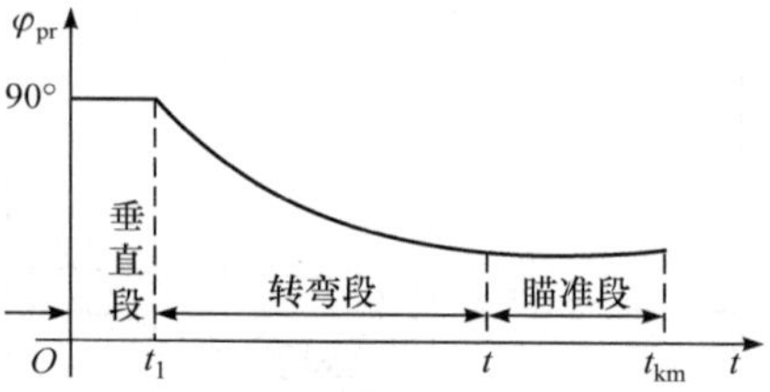

图 4-26 弹道导弹的飞行程序

当给定 δ_φ 值后，根据力矩"瞬时平衡"假设，可得对应的攻角 α 为

$$\alpha=-\frac{M_{z1c}^{\delta_\varphi}}{M_{z1c}^{\alpha}}\delta_\varphi=-\frac{R'\left(x_g-x_c\right)}{Y_1^{\alpha}\left(x_g-x_p\right)}\delta_\varphi \tag{4-286}$$

从而产生法向力使得速度轴 x_v 转动，直至保证关机时刻 t_k 其倾角值为 θ_k。

观察式(4-286)可知，对于静稳定火箭($x_g-x_p<0$)和静不稳定火箭($x_g-x_p>0$)，当 δ_φ 取定后，相应的 α 值是不同号的。因此，它们转弯过程中的物理现象也有区别。现根据图 4-26 中程序角 φ_{pr} 的分段，逐段对两种火箭的转弯过程及 $\Delta\varphi_{pr}$、α、δ_φ 的变化进行讨论。

1) 垂直段

火箭垂直段为几秒到十几秒。在此段 $\varphi_{pr}=90°$，对应程序角设有一虚拟的程序轴 x_{1pr}，则此时程序轴 x_{1pr} 与实际弹轴 x_1 重合，且均垂直于地面坐标系 x 轴，故 $\Delta\varphi_{pr}=0$、

$\delta_{\varphi}=0$。速度轴 x_{v} 的起始状态也与 x_1 重合，即 $\alpha=0$。因此，在垂直段，既没有使弹轴 x_1 转弯的力矩，也没有使速度轴转弯的法向力，所以 $x_{1\mathrm{pr}}$、x_1、x_{v} 三轴始终重合，即 $\varphi=\varphi_{\mathrm{pr}}=\theta=90°$。

2) 转弯段

对静稳定火箭而言，垂直段结束后，首先程序机构赋予虚拟的程序轴 $x_{1\mathrm{pr}}$ 一个小于 $90°$ 的程序角 φ_{pr}，使处于垂直状态的 x_1 轴与 $x_{1\mathrm{pr}}$ 轴形成正的程序误差角 $\Delta\varphi_{\mathrm{pr}}$。此时，相应的执行机构产生一个正的等效舵偏角 δ_{φ}，从而使火箭受到负的控制力矩 M_{z1c} 作用，促使弹轴 x_1 向地面坐标系 x 轴方向偏转，则 $\varphi<90°$。但此时速度轴 x_{v} 仍处于垂直状态，从而产生负攻角。由式(4-283)可知，负攻角 α 将产生负的法向力，在该力作用下，速度轴 x_{v} 向地面坐标系 x 轴偏转，即 $\Delta\varphi<0$。由于负攻角的出现，对于静稳定火箭，则相应产生正的安定力矩 $M_{z1\mathrm{st}}$，该力矩与负的控制力矩 M_{z1c} 平衡，抑制 x_1 轴不再继续转动。但程序机构在转弯段不断使程序角减小，则上述物理过程连续进行。事实上，θ 还取决于引力分量的作用，因 g 为负值，所以该项的效应也使 x_{v} 轴向 x 轴方向偏转。

对静不稳定火箭来说，转弯段开始时，也是先形成正的程序误差角 $\Delta\varphi_{\mathrm{pr}}$，相应地有正的等效舵偏角 δ_{φ}，使 x_1 轴向 x 轴偏转，从而出现负的攻角 α，产生负的法向力，使速度轴 x_{v} 也向 x 轴偏转。但对静不稳定火箭而言，负攻角产生的负升力，相应地形成负的安定力矩 $M_{z1\mathrm{st}}$。该力矩与正舵偏角 δ_{φ} 所产生的负的控制力矩同时作用在火箭上，加快了弹轴 x_1 向 x 轴的偏转，直至 $\varphi<\varphi_{\mathrm{pr}}$，从而出现负的程序误差角 $\Delta\varphi_{\mathrm{pr}}$，而使 δ_{φ} 由正值变为负值，这样就造成正的控制力矩 M_{z1c} 与负的安定力矩平衡。此后，程序角 φ_{pr} 不断减小，致使 $\Delta\varphi_{\mathrm{pr}}(-)$ 和 $\delta_{\varphi}(-)$ 的绝对值减小，相应的正的控制力矩减小，从而使绕 z_1 轴的负向安定力矩大于绕 z_1 轴的正向控制力矩，促使 x_1 轴继续向 x 轴偏转。负攻角的存在，则使 x_{v} 轴不断地偏转。

图 4-27、图 4-28 分别描述转弯过程中静稳定火箭与静不稳定火箭的程序轴 $x_{1\mathrm{pr}}$、弹轴 x_1、速度轴 x_{v} 的位置状态及力和力矩的方向。

当转弯段快结束时，程序角取为正值，两种火箭速度轴 x_{v} 在负法向力作用下继续偏转，逐渐向 x_1 轴靠拢，从而形成气动力矩减小，则控制力矩较安定力矩大，促使 x_1 轴向 $x_{1\mathrm{pr}}$ 轴转，直至 x_1、x_{v}、$x_{1\mathrm{pr}}$ 三轴重合，形成在转弯段末点 $\Delta\varphi_{\mathrm{pr}}=\delta_{\varphi}=\alpha=0$。

3) 瞄准段

瞄准段的特点是程序角 φ_{pr} 为一常值。这一段起始状态是 x_1、x_{v}、$x_{1\mathrm{pr}}$ 三轴重合，因此 x_1 轴保持与 $x_{1\mathrm{pr}}$ 轴重合。但速度轴 x_{v} 在引力法向分量作用下偏离 $x_{1\mathrm{pr}}$ 轴，θ 角在减小，其结果使得火箭出现正攻角 α，对静稳定火箭则形成负的安定力矩，使弹轴 x_1 向 φ 减小的方向转动而形成负的程序误差角 $\Delta\varphi_{\mathrm{pr}}$。但对静不稳定火箭则形成正的安定力矩，使弹轴 x_1 向 φ 增大的方向转动而形成正的程序误差角 $\Delta\varphi_{\mathrm{pr}}$。这时，两种火箭便会产生与 $\Delta\varphi_{\mathrm{pr}}$ 符号一致的舵偏角，从而这两种火箭均处于安定力矩 $M_{z1\mathrm{st}}$ 与控制力矩 M_{z1c} 瞬时平

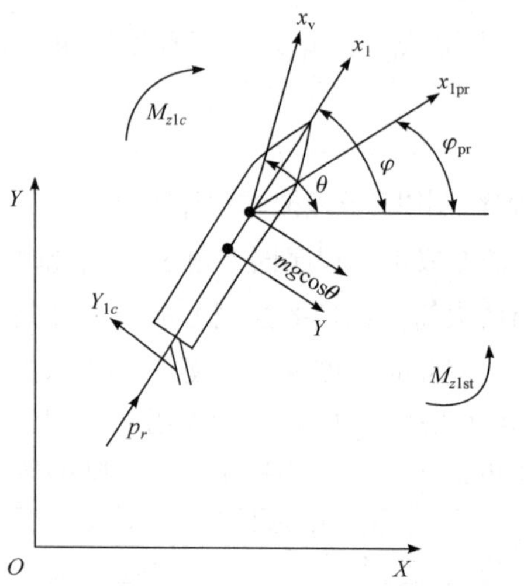

图 4-27 静稳定火箭转弯段情况

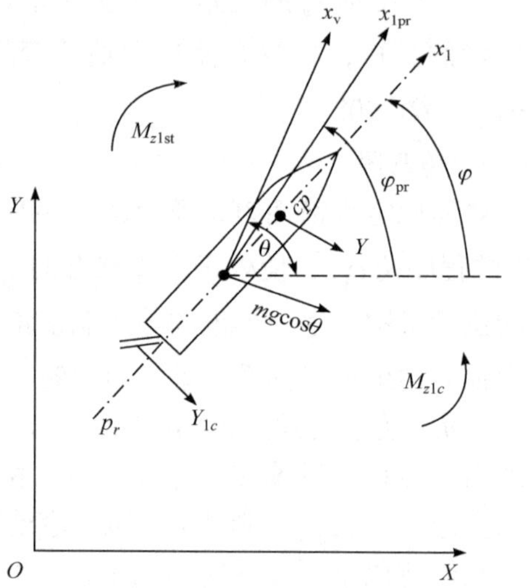

图 4-28 静不稳定火箭转弯段情况

衡的状态。图 4-29、图 4-30 分别描述了在瞄准段中 x_{1pr}、x_1、x_v 三轴的位置状态和作用在火箭上的力和力矩。

在整个瞄准段，引力方向分量始终作用，故正攻角总是存在，似乎有不断增大的趋势。但正攻角出现，会使推力与升力的正法向分量增大，且推力远大于引力，故必然会对引力法向分量起抵消作用，以致超过引力法向分量，从而使得速度轴 x_v 又向 θ 增大的方向偏转，减小了正攻角。

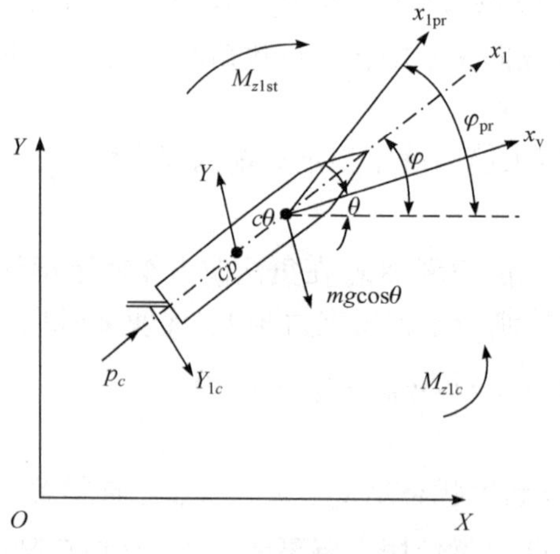

图 4-29 静稳定火箭瞄准段情况

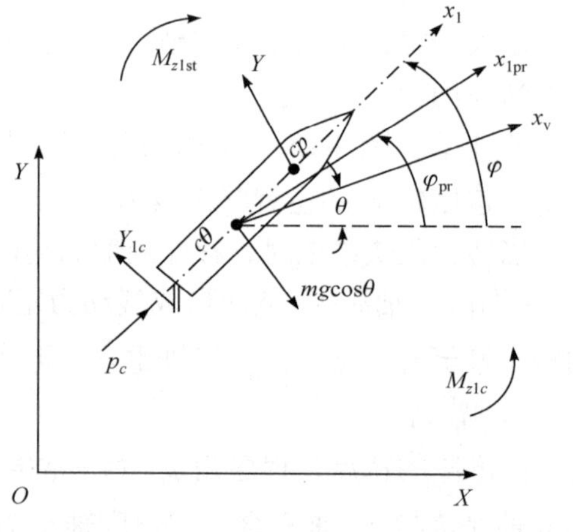

图 4-30 静不稳定火箭瞄准段情况

图 4-31、图 4-32 分别给出静稳定火箭与静不稳定火箭在整个主动段中攻角 α、舵偏角 δ_φ 及程序误差角 $\Delta\varphi_{pr}$ 的变化关系。

图 4-33、图 4-34 所示分别为对应图 4-31、图 4-32 的程序角 φ_{pr}、速度倾斜角 θ 及火箭俯仰角 φ 的变化关系。

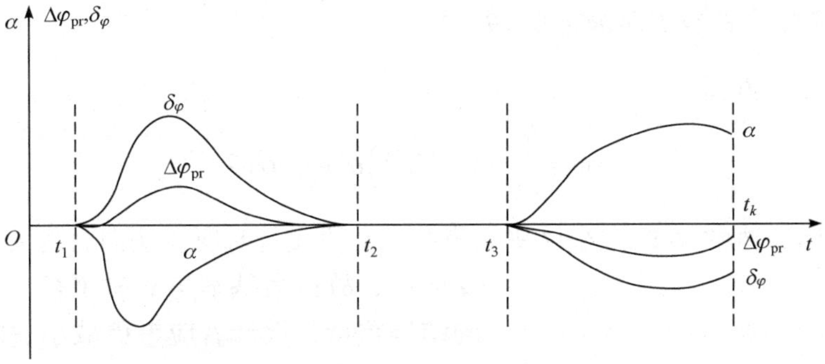

图 4-31　静稳定火箭在飞行过程中 α 、δ_φ 和 $\Delta\varphi_{pr}$ 的变化关系

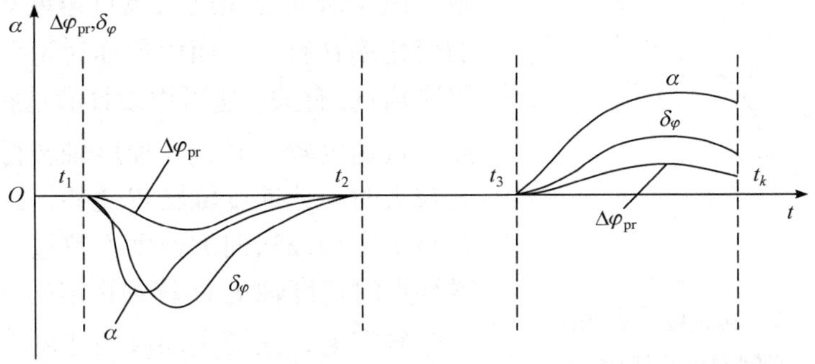

图 4-32　静不稳定火箭在飞行过程中 α 、δ_φ 和 $\Delta\varphi_{pr}$ 的变化关系

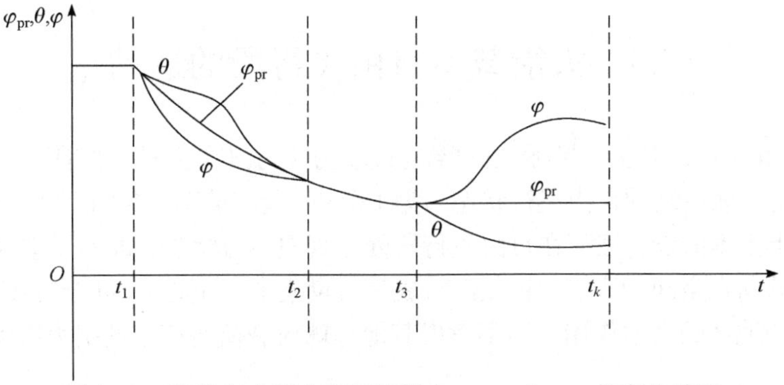

图 4-33　静稳定火箭在飞行过程中 φ_{pr} 、θ 、φ 的变化关系

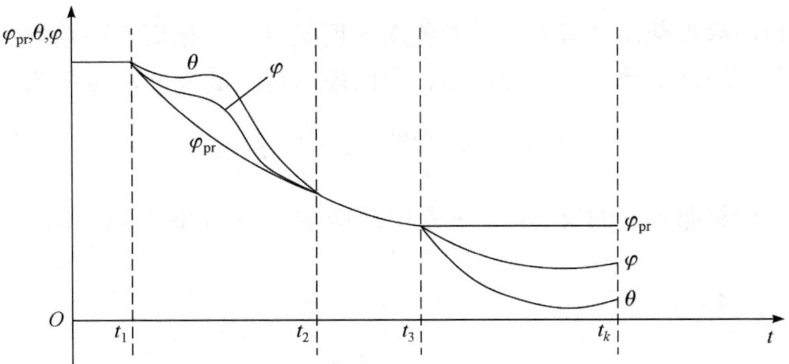

图 4-34　静不稳定火箭在飞行过程中 φ_{pr} 、θ 、φ 的变化关系

4.4.2.3 角速度 $\dot{\theta}$ 和法向加速度 $v\dot{\theta}$

由法向加速度方程

$$v\dot{\theta}=\frac{1}{m}\left(P_e+CY^{\alpha}\right)\alpha+g\cos\theta$$

可知，法向加速度 $v\dot{\theta}$ 的大小反映火箭在主动段飞行时所受法向力的大小。由于攻角 α 较小，故该力基本与 y_1 轴平行。为了减少火箭的结构重量，设计者应考虑减小法向加速度，避免因承受较大法向力而对火箭采取横向加固措施。由于法向加速度与飞行速度 v 及速度倾斜角的变化率 $\dot{\theta}$ 有关，而由前面讨论可知 θ 的变化与程序角 φ_{pr} 有关，这可由设计者选择，为此可在火箭飞行速度较小时，让速度轴转得快些，而在速度较大时，让速度轴转得慢些，这样既可使火箭在整个主动段法向加速度不致过大，也可使主动段终点时速度轴 x_v 能转到预定的 θ_k 值。

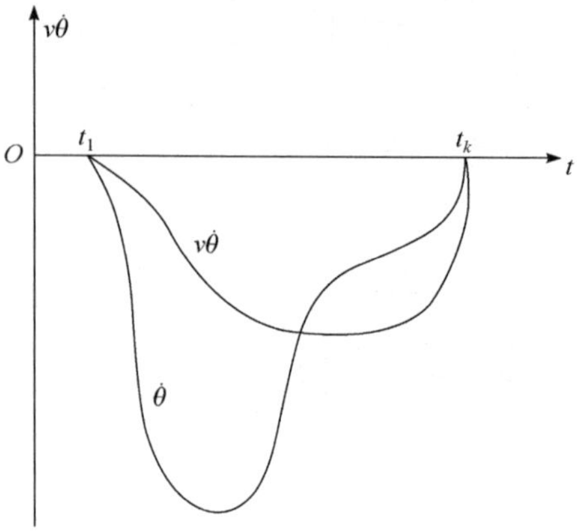

图 4-35 火箭主动段角速度 $\dot{\theta}$ 和法向加速度 $v\dot{\theta}$ 随时间变化的规律

事实上，火箭主动段角速度 $\dot{\theta}$ 和法向加速度 $v\dot{\theta}$ 随时间变化的规律如图 4-35 所示。

4.5 火箭载荷自由飞行段的运动

火箭的载荷(导弹、卫星及星际飞行器)经过动力飞行段在关机点具有一定的位置和速度后，转入无动力、无控制的自由飞行状态。为了分析、运用载荷在自由飞行段的基本运动规律，通常作如下基本假设：载荷在自由飞行段处于真空飞行状态，即不受空气动力作用，因此可不必考虑载荷在空间的姿态，将载荷看成是质量集中于质心上的质点；认为载荷只受到作为均质圆球的地球的引力作用，而不考虑其他星球对载荷所产生的引力影响[1-3]。

4.5.1 自由飞行段的轨道方程

设自由飞行段起点载荷具有矢径 $\boldsymbol{r}_k$ 及绝对速度矢量 $\boldsymbol{V}_k$。根据上述基本假设，载荷在自由飞行段仅受到均质圆形地球的引力作用，因此地球对质量为 m 的载荷的引力可表示为

$$\boldsymbol{F}_T=-\frac{fMm}{r^3}\boldsymbol{r}=-\frac{\mu m}{r^3}\boldsymbol{r} \tag{4-287}$$

显然，引力始终指向 $\boldsymbol{r}$ 的反方向。$\boldsymbol{r}$ 是由地球中心 O_E 至载荷质心的矢径，故引力 $\boldsymbol{F}_T$ 为一有心引力场。

由牛顿第二定律有

$$\boldsymbol{F}_T=m\frac{\mathrm{d}^2\boldsymbol{r}}{\mathrm{d}t^2}$$

将其代入式(4-287)，即得

$$\frac{\mathrm{d}^2\boldsymbol{r}}{\mathrm{d}t^2}=-\frac{\mu}{r^3}\boldsymbol{r} \tag{4-288}$$

用$\boldsymbol{V}$点乘式(4-288)，即有

$$\boldsymbol{V}\cdot\frac{\mathrm{d}\boldsymbol{V}}{\mathrm{d}t}=-\frac{\mu}{r^3}(\boldsymbol{V}\cdot\boldsymbol{r})$$

$$\frac{1}{2}\frac{\mathrm{d}\boldsymbol{V}^2}{\mathrm{d}t}=-\frac{\mu}{r^3}\left(\frac{1}{2}\frac{\mathrm{d}\boldsymbol{r}^2}{\mathrm{d}t}\right) \tag{4-289}$$

显然式(4-289)可化为标量方程：

$$\frac{1}{2}\frac{\mathrm{d}v^2}{\mathrm{d}t}=-\frac{\mu}{r^2}\frac{\mathrm{d}r}{\mathrm{d}t}=\frac{\mathrm{d}\left(\frac{\mu}{r}\right)}{\mathrm{d}t} \tag{4-290}$$

对式(4-290)两边积分得

$$\frac{1}{2}v^2=\frac{\mu}{r}+E$$

式中，E为积分常数，即

$$E=\frac{v^2}{2}-\frac{\mu}{r} \tag{4-291}$$

式(4-291)即为载荷所具有的机械能，它可用轨道任一点参数代入，故整个轨道上各点参数r、v均满足机械能守恒。

用$\boldsymbol{r}$叉乘式(4-288)，则有

$$\boldsymbol{r}\times\frac{\mathrm{d}^2\boldsymbol{r}}{\mathrm{d}t^2}=0$$

$$\frac{\mathrm{d}}{\mathrm{d}t}\left(\boldsymbol{r}\times\frac{\mathrm{d}\boldsymbol{r}}{\mathrm{d}t}\right)=0 \tag{4-292}$$

式(4-292)括号内为一个常矢量，记

$$\boldsymbol{h}=\boldsymbol{r}\times\frac{\mathrm{d}\boldsymbol{r}}{\mathrm{d}t}=\boldsymbol{r}\times\boldsymbol{V} \tag{4-293}$$

式中，$\boldsymbol{h}$为动量矩。

$\boldsymbol{h}$为常矢量，说明载荷在自由飞行段动量矩守恒。也就是说，载荷在这一段中，不仅动量矩的大小$|\boldsymbol{r}\times\boldsymbol{V}|$不变，而且$\boldsymbol{h}$矢量方向也不变。这样，载荷在自由飞行段的运动为平面运动，该平面由自由飞行段起点参数$\boldsymbol{r}_k$、$\boldsymbol{v}_k$所决定。

将式(4-288)等号两端叉乘$\boldsymbol{h}$，则有

$$\frac{\mathrm{d}^2\boldsymbol{r}}{\mathrm{d}t^2}\times\boldsymbol{h}=-\frac{\mu}{r^3}\boldsymbol{r}\times\boldsymbol{h} \tag{4-294}$$

式(4-294)等号左端可化为

$$\frac{\mathrm{d}^2\boldsymbol{r}}{\mathrm{d}t^2}\times\boldsymbol{h}=\frac{\mathrm{d}}{\mathrm{d}t}\left(\frac{\mathrm{d}\boldsymbol{r}}{\mathrm{d}t}\times\boldsymbol{h}\right) \tag{4-295}$$

式(4-294)等号右端可化为

$$\begin{aligned}-\frac{\mu}{r^3}\boldsymbol{r}\times\boldsymbol{h}&=-\frac{\mu}{r^3}\boldsymbol{r}\times(\boldsymbol{r}\times\boldsymbol{V})\\&=-\frac{\mu}{r^3}[\boldsymbol{r}\cdot(\boldsymbol{r}\cdot\boldsymbol{V})-\boldsymbol{V}\cdot(\boldsymbol{r}\cdot\boldsymbol{r})]\\&=-\frac{\mu}{r^3}(r\dot{r}\boldsymbol{r}-r^2\boldsymbol{V})\\&=-\mu\left(\frac{\boldsymbol{r}}{r^2}\frac{\mathrm{d}r}{\mathrm{d}t}-\frac{1}{r}\frac{\mathrm{d}\boldsymbol{r}}{\mathrm{d}t}\right)\\&=\mu\frac{\mathrm{d}}{\mathrm{d}t}\left(\frac{\boldsymbol{r}}{r}\right)\end{aligned} \tag{4-296}$$

因此得到：

$$\frac{\mathrm{d}}{\mathrm{d}t}\left(\frac{\mathrm{d}\boldsymbol{r}}{\mathrm{d}t}\times\boldsymbol{h}\right)=\mu\frac{\mathrm{d}}{\mathrm{d}t}\left(\frac{\boldsymbol{r}}{r}\right) \tag{4-297}$$

将式(4-297)等号两端积分得

$$\frac{\mathrm{d}\boldsymbol{r}}{\mathrm{d}t}\times\boldsymbol{h}=\mu\left(\frac{\boldsymbol{r}}{r}+\boldsymbol{e}\right) \tag{4-298}$$

式中，$\boldsymbol{e}$ 为特定的积分常矢量。

为获得数量方程，用 $\boldsymbol{r}$ 点乘式(4-298)可得

$$\boldsymbol{r}\cdot\left(\frac{\mathrm{d}\boldsymbol{r}}{\mathrm{d}t}\times\boldsymbol{h}\right)=\mu[r+re\cos(\widehat{\boldsymbol{re}})] \tag{4-299}$$

式(4-299)等号左端为矢量混合积，具有轮换性，即

$$\boldsymbol{r}\cdot\left(\frac{\mathrm{d}\boldsymbol{r}}{\mathrm{d}t}\times\boldsymbol{h}\right)=\boldsymbol{h}\cdot\left(\boldsymbol{r}\times\frac{\mathrm{d}\boldsymbol{r}}{\mathrm{d}t}\right)=h^2 \tag{4-300}$$

将式(4-300)代入式(4-299)，经整理可得

$$r=\frac{h^2/\mu}{1+e\cos(\widehat{\boldsymbol{re}})} \tag{4-301}$$

令

$$p=h^2/\mu \tag{4-302}$$

则

$$r=\frac{p}{1+e\cos(\widehat{\boldsymbol{re}})} \tag{4-303}$$

式(4-303)为载荷在自由飞行段中的轨道方程。

4.5.2　轨道方程参数的意义及其确定

式(4-303)即为解析几何中介绍的圆锥截线方程，式中 e 为偏心率，它决定圆锥截线的形状； p 为半通径，它和 e 共同决定圆锥截线的尺寸。

已知载荷在自由飞行段起点具有运动参数 $\boldsymbol{r}_k$、$\boldsymbol{v}_k$，也就是知道 r_k、v_k 及 $\boldsymbol{v}_k$ 与 K 点当地水平面的夹角 Θ_k，如图 4-36 所示。现用这几个参数来确定矢量 $\boldsymbol{e}$ 的大小和方向，以及 p 的大小。

在 K 点首先建立当地坐标系 K-$\mathbf{ij}$ 为自由飞行段起点；$\mathbf{i}$、$\mathbf{j}$ 在轨道平面内，$\mathbf{i}$ 与 $\boldsymbol{r}_k$ 矢量方向相同；$\mathbf{j}$ 与 $\mathbf{i}$ 垂直，指向飞行方向；K 与 $\mathbf{i}$、$\mathbf{j}$ 组成右手坐标系。显然 K 与 $\boldsymbol{h}$ 矢量方向一致。

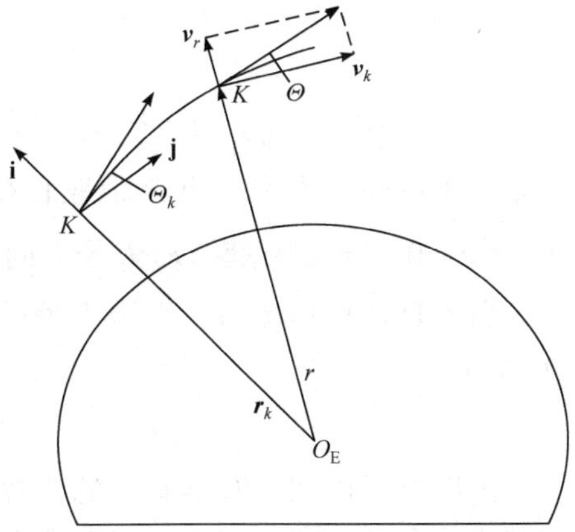

图 4-36　自由飞行段参数示意图

已知式(4-298)，将其改写为

$$\boldsymbol{v}\times\frac{\boldsymbol{h}}{\mu}=\frac{\boldsymbol{r}}{r}+\boldsymbol{e} \tag{4-304}$$

注意到

$$h=|\boldsymbol{r}\times\boldsymbol{v}|=rv\cos\Theta \tag{4-305}$$

现用 K 点参数来表示式(4-304)等号左端量，则有

$$\begin{aligned}\boldsymbol{v}\times\frac{\boldsymbol{h}}{\mu}&=\begin{bmatrix}\mathbf{i} & \mathbf{j} & \boldsymbol{k}\\ v_k\sin\Theta & v_k\cos\Theta & 0\\ 0 & 0 & r_k v_k\cos\Theta_k/\mu\end{bmatrix}\\ &=(r_k v_k^2\cos^2\Theta_k/\mu)\mathbf{i}-(r_k v_k^2\sin\Theta_k\cos\Theta_k/\mu)\mathbf{j}+0\cdot\boldsymbol{k}\end{aligned} \tag{4-306}$$

令

$$\nu_k=\frac{v_k^2}{\mu/r_k} \tag{4-307}$$

式中，ν_k 为能量参数，表示轨道上一点动能的两倍与势能之比。

将式(4-307)代入式(4-306)后，再代入式(4-304)，经过整理可得 $\boldsymbol{e}$ 矢量的表达式为

$$\boldsymbol{e}=(\nu_k\cos^2\Theta_k-1)\mathbf{i}-\nu_k\sin\Theta_k\cos\Theta_k\mathbf{j}$$

由上式不难求得 $\boldsymbol{e}$ 的大小为

$$e=\sqrt{1+\nu_k(\nu_k-2)\cos^2\Theta_k} \tag{4-308}$$

将式(4-305)和式(4-307)代入式(4-302)即得

$$p=(r_k^2 v_k^2\cos^2\Theta_k)/\mu=r_k\nu_k\cos^2\Theta_k \tag{4-309}$$

在 e、p 已知的条件下，由轨道方程(4-303)可看出，轨道上任一点的矢径大小 r，仅

与 $\boldsymbol{r}$ 和 $\boldsymbol{e}$ 两矢量的夹角有关。记 $f=\hat{\boldsymbol{r}\boldsymbol{e}}$，定义该角由 $\boldsymbol{e}$ 矢量作为起始极轴顺飞行器飞行方向到 $\boldsymbol{r}$ 矢量为正角，称 f 为真近点角。显然，当 $\boldsymbol{r}$、$\boldsymbol{v}$ 给定后，即可解算得

$$f=\arccos\frac{p-r}{er} \tag{4-310}$$

因此，由给定的 $\boldsymbol{r}_k$ 反飞行器飞行方向转 f 角即确定 $\boldsymbol{e}$ 的方向。实际由轨道方程(4-303)不难看出在轨道上有一点 P 距地心 O_{E} 的矢径长度 $\boldsymbol{r}_p$ 为最小，P 点称为近地点。此时有 $f=\hat{\boldsymbol{r}_p\boldsymbol{e}}=0$，即 $\boldsymbol{e}$ 矢量与 $\boldsymbol{r}_p$ 矢径方向一致，故 $\boldsymbol{e}$ 的方向是由地心 O_{E} 指向近地点 P。

引入真近点角 f 后，轨道方程可写成常见的形式：

$$r=\frac{p}{1+e\cos f} \tag{4-311}$$

由以上讨论知，圆锥截线的参数 e、p 可由主动段终点参数来决定。反之，也可用圆锥截线的参数来表示相应的运动参数 r、v、Θ。

显然，式(4-311)表示了圆锥截线上对应于 f 那点的地心距。

由于圆锥截线上任一点的径向分速为

$$v_r=\dot{r}$$

故由微分式(4-311)得

$$v_r=\dot{r}=\frac{pe\dot{f}\sin f}{(1+e\cos f)^2} \tag{4-312}$$

由式(4-305)可知

$$h=r^2\dot{f}$$

注意到式(4-302)和式(4-311)，则由上式可推导得

$$\dot{f}=\frac{h}{r^2}=\frac{1}{r}\sqrt{\frac{\mu}{p}}(1+e\cos f) \tag{4-313}$$

将式(4-313)代入式(4-302)可得

$$v_r=\sqrt{\frac{\mu}{p}}ef \tag{4-314}$$

不难理解，圆锥截线的周向分速为

$$v_f=r\dot{f}=\sqrt{\frac{\mu}{p}}(1+e\cos f) \tag{4-315}$$

根据式(4-314)及式(4-315)可得圆锥截线对应 f 角的运动参数为

$$\begin{cases} v=\sqrt{\dfrac{\mu}{p}(1+2e\cos f+e^2)} \\ \Theta=\arctan\dfrac{e\sin f}{1+e\cos f} \end{cases} \tag{4-316}$$

4.5.3　圆锥截线形状与主动段终点参数的关系

轨道方程(4-303)所描述的圆锥截线形状由偏心率 e 的大小所决定。注意到载荷在自由飞行段机械能守恒，则可由起始点参数 r_k、v_k 求取 E：

$$E = \frac{v_k^2}{2} - \frac{\mu}{r_k}$$

用式(4-308)描述的偏心率 e，经过简单推导也可表示为

$$e = \sqrt{1 + 2\frac{h^2}{\mu^2}E} = \sqrt{1 + \frac{2p}{\mu}E} \tag{4-317}$$

现根据式(4-308)、式(4-311)及式(4-317)来讨论圆锥截线形状与 r_k、v_k、Θ_k 的关系。

(1) 当 $e = 0$ 时，则圆锥截线形状为圆形，其半径 $r = r_k = p$，即圆的半径为 r_k。

根据

$$e = \sqrt{1 + v_k(v_k - 2)\cos^2\Theta} = 0$$

可解得

$$v_k = 1 \pm \sqrt{1 - \frac{1}{\cos^2\Theta_k}}$$

因为 v_k 不可能为虚数，所以必须使 $\Theta_k = 0, \pi$，上式才有实际意义。这表明只有在速度矢量 $\boldsymbol{V}_k$ 与当地水平面相平行的情况下，才能使质点的运动轨道为圆形。在此条件下，$v_k = 1$，由式(4-307)，则有

$$v_k = \sqrt{\mu / r_k}$$

通常记

$$v_{\mathrm{I}} = \sqrt{\mu / r_k}$$

式中，v_{I} 为第一宇宙速度。

由于机械能守恒，因此，在质点做圆周运动时，任一时刻的速度均等于 v_{I}。

(2) 当 $e = 1$ 时，则方程(4-311)代表的是抛物线方程。

由 $e = \sqrt{1 + v_k(v_k - 2)\cos^2\Theta} = 1$ 可知，不论 Θ_k 为何值(不讨论 $\Theta_k = 90°$ 的情况)，均有 $v_k = 2$，亦即

$$v_k = \sqrt{2\frac{\mu}{r_k}}$$

记

$$v_{\mathrm{II}} = \sqrt{2\frac{\mu}{r_k}}$$

式中，v_{II} 为第二宇宙速度。

由式(4-317)还可看出，当$e=1$时，$E=0$。这表示质点所具有的动能恰好等于将该质点从r_k移至无穷远时克服引力所做的功。因此，该质点将沿着抛物线轨迹离开地球而飞向宇宙空间，故v_{II}又称为脱离速度。

(3) 当$e>1$时，方程(4-311)则代表双曲线方程。

不难理解，不论Θ_k取何值，此时应有

$$v_k > 2$$

即

$$v_k > v_{\mathrm{II}}$$

在此条件下，质点将沿着双曲线轨迹飞向宇宙空间。

此时由于$E>0$，故当质点移至无穷远处后，有

$$\frac{v_k^2}{2}-\frac{\mu}{r_k}=\frac{v_\infty^2}{2}$$

即在距地心无穷远处，质点具有速度v_∞，此速度v_∞称为双曲线剩余速度。

(4) 当$e<1$时，式(4-311)为一椭圆方程。

此时有

$$v_k < 2$$

即

$$\frac{v_k^2}{2}<\frac{\mu}{r_k}$$

故

$$v_k < v_{\mathrm{II}}$$

由于此时质点具有的动能不足以将该质点从r_k送至离地心无穷远处，故r为一有限值。

根据空间技术的发展，在飞行力学术语中，弹道仅指运载火箭及其载荷的飞行轨迹，在自由飞行段对于地球而言，该飞行轨迹是不闭合的。人造天体是按照绕地球的闭合飞行轨迹运动，通常将该闭合飞行轨迹称为轨道。

由前面对圆锥截线方程的讨论可知，在运载火箭使有效载荷在主动段终点K具有一定的动能后，若$r_k \geqslant 2$，则载荷做星际航行；若$v_k<2$，则除$\Theta_k=0$，$v_k=v_{\mathrm{I}}$时载荷沿圆形轨道运行外，其余情况皆沿椭圆轨道运行，但要注意对于地球而言，椭圆与地球有闭合、不闭合两种情况。

4.5.4 椭圆的几何参数与主动段终点参数的关系

椭圆方程的直角坐标表示为

$$\frac{x^2}{a^2}+\frac{y^2}{b^2}=1$$

式中，a 为长半轴；b 为短半轴，如图 4-37 所示。

若令椭圆的中心 O 与一个焦点 O_E 之间的长度为 c，则有

$$c=\sqrt{a^2-b^2} \tag{4-318}$$

式中，c 称为半焦距。

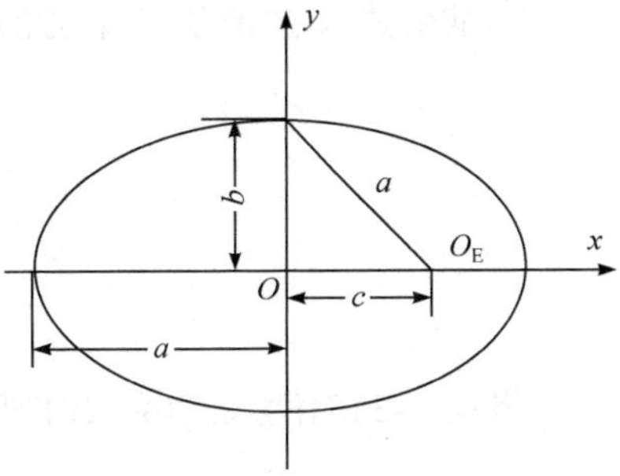

图 4-37　自由飞行段椭圆参数示意图

因此，在直角坐标系中，椭圆的几何参数为 a、b、c 中的任两个。在以后的讨论中常用到 a、b，故要建立 a、b 与 e、p 的关系，进而找到 a、b 与 r_k、v_k、Θ_k 的关系。

由轨道方程(4-311)可知：

令 $f=0$，则

$$r=r_{\min}=\frac{p}{1+e}$$

此时椭圆上的点为距地心最近的点，以 P 表示，称为近地点。

令 $f=\pi$，则

$$r=r_{\max}=\frac{p}{1-e}$$

此时椭圆上的点为距地心最远的点，以 a 表示，称为远地点。

亦即

$$r_a=\frac{p}{1-e},\quad r_p=\frac{p}{1+e} \tag{4-319}$$

显然，椭圆长半轴的长度为

$$a=\frac{r_a+r_p}{2}$$

将式(4-319)代入上式，则有

$$a=\frac{p}{1-e^2} \tag{4-320}$$

又

$$c=\frac{r_a-r_p}{2}$$

将式(4-319)代入上式即得

$$v=\frac{ep}{1-e^2}=ea \tag{4-321}$$

根据式(4-318)、式(4-320)、式(4-321)可得

$$b=\frac{p}{\sqrt{1-e^2}} \tag{4-322}$$

不难由式(4-320)及式(4-322)解出以 a、b 表示的 e、p：

$$e=\sqrt{1-\left(\frac{b}{a}\right)^2}$$

$$p=\frac{b^2}{a} \tag{4-323}$$

将式(4-317)代入式(4-320)则得

$$a=-\frac{\mu}{2E}=-\frac{\mu r_k}{r_k v_k^2-2\mu} \tag{4-324}$$

由此可见，椭圆长半轴的长度只与主动段终点处的机械能 E 有关，而对应椭圆方程有 $E<0$，故此时 E 愈大，椭圆的 a 也愈大。由式(4-319)还可得出椭圆上任一点的速度为

$$v^2=\mu\left(\frac{2}{r}-\frac{1}{a}\right) \tag{4-325}$$

式(4-325)称为活力公式。

将式(4-308)及式(4-309)代入式(4-322)即得

$$b=\sqrt{\frac{v_k}{2-v_k}}r_k\cos\Theta_k \tag{4-326}$$

由式(4-325)和式(4-326)可以看出，当 r_k、v_k 一定时，a 为一定值，而 b 将随 Θ_k 变化。

4.5.5 成为人造卫星或导弹的条件

根据圆锥截线形状与主动段终点参数关系可知，在基本假设条件下，当参数满足 $v_k=1,\Theta_k=0$ 和 $v_k<2,r_{\min}>R$ 两个条件之一时，即可使该圆锥截线不与地球相交，但不能以此作为判断运载火箭对载荷提供的主动段终点参数能否成为人造卫星的判据。因为地球包围着大气层，虽然在离地面 100km 的高空处，大气密度只有地面大气密度的百万分之一，但由于卫星的运动速度很高，稀薄的大气仍然会显著地阻碍卫星的运动，使其速度降低，从而使卫星轨道近地点高度逐渐收缩，卫星逐渐失去其本身任务所要求的功能。因此，要使载荷成为所要求的卫星，则必须使其运行在离地面一定的高度之上，将此高度称为“生存”高度，记为 H_L，该 H_L 根据卫星为完成任务需要在空间停留的时间(运行多少周)来决定。要使载荷成为所要求的人造卫星，就必须满足条件：

$$r_p>r_\mathrm{L}=R+H_\mathrm{L}$$

r_p 由主动段终点参数所决定，因此须确定 r_k、v_k、Θ_k 应满足的条件。

1. r_k

不言而喻，K 点是椭圆轨道上的一点，故

$$r_k \geqslant r_p \geqslant r_\mathrm{L} \tag{4-327}$$

2. Θ_k

因为要求 $r_p \geqslant r_\mathrm{L}$，则

$$\frac{p}{1+e} \geqslant r_{\mathrm{L}}$$

将式(4-308)及式(4-309)代入上式得

$$\frac{r_k v_k \cos^2 \Theta}{1+\sqrt{1+v_k(v_k-2)\cos^2 \Theta}} \geqslant r_{\mathrm{L}}$$

经过推导整理可得 Θ_k 应满足以下关系式：

$$\cos\Theta_k \geqslant \frac{r_{\mathrm{L}}}{r_k}\sqrt{1+\frac{2\mu}{v_k^2}\left(\frac{1}{r_{\mathrm{L}}}-\frac{1}{r_k}\right)} \tag{4-328}$$

3. v_k

由式(4-328)可知，在 $r_k \geqslant r_{\mathrm{L}}$ 条件下，v_k 值减小，$\cos\Theta_k$ 就增大，因而 Θ_k 就减小，在发射卫星时，希望能量尽量小，也就是希望 v_k 尽量小。不难理解，v_k 小的极限是使 $\cos\Theta_k=1$，即

$$\frac{r_{\mathrm{L}}}{r_k}\sqrt{1+\frac{2\mu}{v_k^2}\left(\frac{1}{r_{\mathrm{L}}}-\frac{1}{r_k}\right)} \leqslant 1$$

从而可解得

$$v_k^2 \geqslant \frac{2\mu r_{\mathrm{L}}}{r_k(r_k+r_{\mathrm{L}})} v_k^2 \geqslant \frac{2\mu r_{\mathrm{L}}}{r_k} \tag{4-329}$$

或写成

$$v_k^2 \geqslant \frac{2}{1+r_k/r_{\mathrm{L}}} \tag{4-330}$$

综上所述，运载火箭运送的载荷，在主动段终点时，只有当其运动参数 r_k、v_k、Θ_k 满足式(4-327)、式(4-328)及式(4-329)，才能成为人造卫星。

至于运载火箭运送的载荷成为导弹的必要条件，除 $0<v_k<2$ 外，还需要保证在一定的 v_k 下，弹道倾角 Θ_k 满足：

$$r_p=\frac{p}{1+e}<R \tag{4-331}$$

从而可解得

$$\cos\Theta_k < \frac{R}{r_k}\sqrt{1+\frac{2\mu}{v_k^2}\left(\frac{1}{R}-\frac{1}{r_k}\right)} \tag{4-332}$$

根据上述讨论，在图 4-38 中画出了运载火箭提供载荷主动段终点参数 v_k、r_k/r（卫星取 $r=r_{\mathrm{L}}$，导弹取 $r=R$）及 Θ_k 使载荷成为导弹、卫星及星际飞行器的区域图。

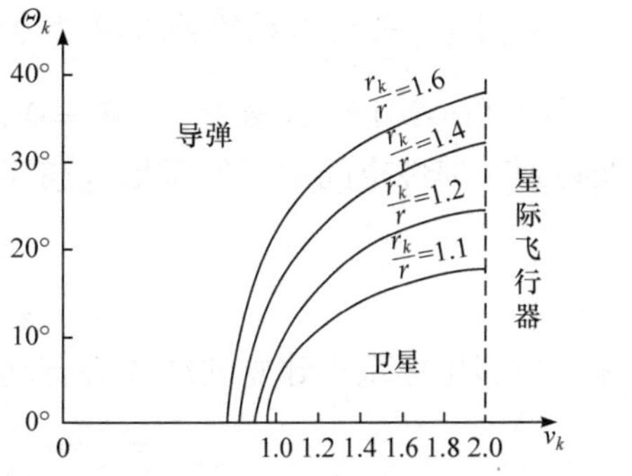

图 4-38　导弹、卫星、星际飞行器的参数界限

4.6 再入段弹道

远程火箭的被动段飞行弹道，根据其受力情况不同，可分为自由段和再入段[1-3]。在再入段，飞行器受到地球引力、空气动力和空气动力矩的作用。空气动力的作用，使得飞行器在再入段具有以下特点：

(1) 飞行器运动参数与真空飞行时有较大的区别。

(2) 飞行器以高速进入稠密大气层，受到强大的空气动力作用而产生很大的过载，且飞行器表面也显著加热。这些在研究飞行器的落点精度和进行飞行器强度设计及采取防热措施时，都需要予以重视。

(3) 可以利用空气动力的升力特性，进行再入机动飞行。

根据上述再入段的特点，有必要对飞行器的再入段运动进行深入研究。

当然，自由段和再入段的界限是选在大气的任意界面上，其高度与要解决的问题，飞行器的特性、射程(或航程)等有关。例如，大气对远程弹头的运动参数开始产生影响的高度为 80～100km，通常取 80km 作为再入段起点，有时为了讨论问题方便，也以主动段终点高度作为划分界限。实际上，即使在自由段，飞行器也会受到微弱的空气动力作用，特别对近程弹道导弹，由于弹道高度不高，情况更是如此。因此，本节将建立的考虑空气动力的再入段运动方程，也可用于研究考虑空气动力后的自由段，从而使自由段弹道精确化。

航天器再入(回收)前，由于离大气层的“界面”相对较远，所以还需用止推发动机使航天器的速度下降，以逐渐降低航天器的高度，使航天器在预定的位置达到大气层的“界面”，然后进入再入段飞行。因此，航天器再入前还需要经过一个过渡段，由于学时有限，本书对过渡段不做讨论。

4.6.1 再入段运动方程

在再入段，飞行器处于仅受地球引力、空气动力和空气动力矩作用的无动力、无控制的常质量飞行段，很容易由 4.3 节所述空间一般运动方程简化得到再入段运动方程。

4.6.1.1 矢量形式的再入段动力学方程

在式(4-201)中，取 $\boldsymbol{P}=0, \boldsymbol{F}_{\mathrm{c}}=0, \boldsymbol{F}_k'=0$；在式(4-203)中，取 $\boldsymbol{M}_{\mathrm{c}}=0, \boldsymbol{M}_{\mathrm{rel}}'=0, \boldsymbol{M}_k'=0$，便得到在惯性空间中以矢量形式描述的再入段质心动力学方程

$$m\frac{\mathrm{d}^2\boldsymbol{r}}{\mathrm{d}t^2}=\boldsymbol{R}+m\boldsymbol{g} \tag{4-333}$$

和在平移坐标系中建立的绕质心转动动力学方程：

$$\overline{I}\cdot\frac{\mathrm{d}\boldsymbol{\omega}_T}{\mathrm{d}t}+\boldsymbol{\omega}_T\times(\overline{I}\cdot\boldsymbol{\omega}_T)=\boldsymbol{M}_{\mathrm{st}}+\boldsymbol{M}_{\mathrm{d}} \tag{4-334}$$

式中，

$$\boldsymbol{\omega}_T = \boldsymbol{\omega} + \boldsymbol{\omega}_{\mathrm{e}} \tag{4-335}$$

式中，$\boldsymbol{\omega}$ 为飞行器姿态相对于发射坐标系的转动角速度；$\boldsymbol{\omega}_{\mathrm{e}}$ 为地球自转角速度。

4.6.1.2　地面发射坐标系中再入段空间运动方程

对微分方程式(4-333)、式(4-334)的求解须将其投影到选定的坐标系中。当考虑地球为均质旋转球体时，在地面发射坐标系中的再入段空间运动方程，可由式(4-246)简化得到，即：

(1) 由于是无动力飞行，故可在质心动力学方程中，取 $P_{\mathrm{c}} = 0$。

(2) 当再入段是无控制飞行状态时，可去掉 3 个控制方程，且在动力学方程中取

$$Y_{1c} = Z_{1c} = 0$$

$$\delta_\varphi = \delta_\psi = \delta_\gamma = 0$$

(3) 再入段飞行器无燃料消耗，在理想条件下，为常质量质点系，故可去掉 1 个质量计算方程，且 $\dot{m} = 0, \dot{I}_{x1} = \dot{I}_{y1} = \dot{I}_{z1} = 0$。

(4) 考虑到再入段飞行时间很短，且 $\boldsymbol{\omega}_{\mathrm{e}}$ 为 10^{-4} 量级，故可近似取 $\omega_T = \omega$，即

$$\begin{bmatrix} \omega_{Tx1} \\ \omega_{Ty1} \\ \omega_{Tz1} \end{bmatrix} = \begin{bmatrix} \omega_{x1} \\ \omega_{y1} \\ \omega_{z1} \end{bmatrix}$$

且

$$\begin{bmatrix} \varphi_T \\ \psi_T \\ \gamma_T \end{bmatrix} = \begin{bmatrix} \varphi \\ \psi \\ \gamma \end{bmatrix}$$

则可去掉 ω_{Tx1}、ω_{Ty1}、ω_{Tz1} 与 ω_{x1}、ω_{y1}、ω_{z1} 之间的联系方程，以及 φ_T、ψ_T、γ_T 与 φ、ψ、γ 之间的联系方程，共 6 个。

综上所述，在式(4-246)共 32 个方程的基础上，已去掉了 10 个方程，余下的 22 个方程也进行了简化，得到的地面发射坐标系中再入段空间运动方程如下：

$$\left\{\begin{aligned} m\begin{bmatrix} \dfrac{\mathrm{d}v_x}{\mathrm{d}t} \\ \dfrac{\mathrm{d}v_y}{\mathrm{d}t} \\ \dfrac{\mathrm{d}v_z}{\mathrm{d}t} \end{bmatrix} &= G_{\mathrm{V}}\begin{bmatrix} -X \\ Y \\ Z \end{bmatrix} + m\frac{g_r'}{r}\begin{bmatrix} x+R_{Ox} \\ y+R_{Oy} \\ z+R_{Oz} \end{bmatrix} + m\frac{g_{\omega_{\mathrm{e}}}}{\omega_{\mathrm{e}}}\begin{bmatrix} \omega_{\mathrm{e}x} \\ \omega_{\mathrm{e}y} \\ \omega_{\mathrm{e}z} \end{bmatrix} \\ &\quad - m\begin{bmatrix} a_{11} & a_{12} & a_{13} \\ a_{21} & a_{22} & a_{23} \\ a_{31} & a_{32} & a_{33} \end{bmatrix}\begin{bmatrix} x+R_{Ox} \\ y+R_{Oy} \\ z+R_{Oz} \end{bmatrix} - m\begin{bmatrix} b_{11} & b_{12} & b_{13} \\ b_{21} & b_{22} & b_{23} \\ b_{31} & b_{32} & b_{33} \end{bmatrix}\begin{bmatrix} v_x \\ v_y \\ v_z \end{bmatrix} \end{aligned}\right.$$

$$
\left\{
\begin{aligned}
&\begin{bmatrix} I_{x1}\dfrac{\mathrm{d}\omega_{x1}}{\mathrm{d}t} \\ I_{y1}\dfrac{\mathrm{d}\omega_{y1}}{\mathrm{d}t} \\ I_{z1}\dfrac{\mathrm{d}\omega_{z1}}{\mathrm{d}t} \end{bmatrix} + \begin{bmatrix} (I_{z1}-I_{y1})\omega_{z1}\omega_{y1} \\ (I_{x1}-I_{z1})\omega_{x1}\omega_{z1} \\ (I_{y1}-I_{x1})\omega_{y1}\omega_{x1} \end{bmatrix} = \begin{bmatrix} 0 \\ m_{y1\mathrm{st}}qS_{\mathrm{M}}l_k \\ m_{z1\mathrm{st}}qS_{\mathrm{M}}l_k \end{bmatrix} + \begin{bmatrix} m_{x1}^{\bar{\omega}_{x1}}qS_{\mathrm{M}}l_k\bar{\omega}_{x1} \\ m_{y1}^{\bar{\omega}_{y1}}qS_{\mathrm{M}}l_k\bar{\omega}_{y1} \\ m_{z1}^{\bar{\omega}_{z1}}qS_{\mathrm{M}}l_k\bar{\omega}_{z1} \end{bmatrix} \\
&\begin{bmatrix} \dfrac{\mathrm{d}x}{\mathrm{d}t} \\ \dfrac{\mathrm{d}y}{\mathrm{d}t} \\ \dfrac{\mathrm{d}z}{\mathrm{d}t} \end{bmatrix} = \begin{bmatrix} v_x \\ v_y \\ v_z \end{bmatrix} \\
&\begin{bmatrix} \omega_{x1} \\ \omega_{y1} \\ \omega_{z1} \end{bmatrix} = \begin{bmatrix} \dot{\gamma}-\dot{\varphi}\sin\psi \\ \dot{\psi}\cos\gamma+\dot{\varphi}\cos\psi\sin\gamma \\ \dot{\varphi}\cos\psi\cos\gamma-\dot{\psi}\sin\gamma \end{bmatrix} \\
&\theta = \mathrm{arctg}\frac{v_y}{v_x} \\
&\sigma = -\arcsin\frac{v_z}{v} \\
&\sin\beta = \cos(\theta-\varphi)\cos\sigma\sin\psi\cos\gamma - \sin(\theta-\varphi)\cos\sigma\sin\gamma - \sin\sigma\cos\psi\cos\gamma \\
&-\sin\alpha\cos\beta = \cos(\theta-\varphi)\cos\sigma\sin\psi\sin\gamma \\
&\qquad\qquad + \sin(\theta-\varphi)\cos\sigma\cos\gamma - \sin\sigma\cos\psi\sin\gamma \\
&\sin\nu = \frac{1}{\cos\sigma}(\cos\alpha\cos\psi\sin\gamma - \sin\psi\sin\alpha)
\end{aligned}
\right.
\tag{4-336a}
$$

$$
\left\{
\begin{aligned}
&r = \sqrt{(x+R_{Ox})^2+(y+R_{Oy})^2+(z+R_{Oz})^2} \\
&\sin\phi = \frac{(x+R_{Ox})\omega_{\mathrm{e}x}+(y+R_{Oy})\omega_{\mathrm{e}y}+(z+R_{Oz})\omega_{\mathrm{e}z}}{r\omega_{\mathrm{e}}} \\
&R = \frac{a_{\mathrm{e}}b_{\mathrm{e}}}{\sqrt{a_{\mathrm{e}}^2\sin^2\phi+b_{\mathrm{e}}^2\cos^2\phi}} \\
&H = r-R \\
&v = \sqrt{v_x^2+v_y^2+v_z^2}
\end{aligned}
\right.
\tag{4-336b}
$$

式(4-336)共 22 个方程，包含 22 个未知量：

$v_x, v_y, v_z, \omega_{x1}, \omega_{y1}, \omega_{z1}, x, y, z, \varphi, \psi, \gamma, \theta, \sigma, \beta, \alpha, \nu, r, \phi, R, H, v$。

给出起始条件，便可进行弹道计算，但要注意：

(1) 22 个起始条件不是任意给定的，只要给定前 12 个方程属于微分方程的 $v_x, v_y, v_z, \omega_{x1}, \omega_{y1}, \omega_{z1}, x, y, z, \varphi, \psi, \gamma$ 等 12 个参数的初值，则后 10 个参数 $\theta, \sigma, \beta, \alpha, v, r, \phi, R, H, v$ 的起始值可相应地算出。

(2) 为了进行弹道数值计算，需将式(4-336)中 ω_{x1}、ω_{y1}、ω_{z1} 与 $\dot{\varphi}$、$\dot{\psi}$、$\dot{\gamma}$ 的关系式整理成以下形式：

$$\begin{bmatrix} \varphi \\ \psi \\ \gamma \end{bmatrix} = \begin{bmatrix} \dfrac{1}{\cos\psi}(\omega_{y1}\sin\gamma + \omega_{z1}\cos\gamma) \\ \omega_{y1}\cos\gamma - \omega_{z1}\sin\gamma \\ \omega_{x1} + \mathrm{tg}\psi(\omega_{x1}\sin\gamma + \omega_{z1}\cos\gamma) \end{bmatrix} \tag{4-337}$$

(3) 当 α、β 为小角度时，力矩系数 $m_{y1\mathrm{st}}$、$m_{z1\mathrm{st}}$ 也常表示为

$$m_{y1\mathrm{st}} = m_{y1}^{\beta} \cdot \beta$$

$$m_{z1\mathrm{st}} = m_{z1}^{\alpha} \cdot \alpha$$

4.6.1.3　以总攻角、总升力表示的再入段空间弹道方程

在式(4-336)所示的再入段空间运动方程中，气动力 $\boldsymbol{R}$ 表示在速度坐标系中，分别为阻力 $\boldsymbol{X}$、升力 $\boldsymbol{Y}$ 和侧力 $\boldsymbol{Z}$。这里，引入总攻角、总升力的概念，将气动力 $\boldsymbol{R}$ 用总攻角、总升力等表示，则可推导出适用于各种再入飞行器的再入段空间运动方程的另一种常用形式。

如图 4-39 所示，定义总攻角为速度轴 O_1x_{v} 与飞行器纵轴 O_1x_1 的夹角，记作 η，则空气动力 $\boldsymbol{R}$ 必定在 $x_1O_1x_{\mathrm{v}}$ 所决定的平面内，该平面称为总攻角平面。显然，在总攻角平面内将气动力 $\boldsymbol{R}$ 沿飞行器纵轴方向 $\boldsymbol{x}_1^0$ 及垂直于 $\boldsymbol{x}_1^0$ 的方向 $\boldsymbol{n}^0$ 分解，可得

$$\boldsymbol{R} = -X_1\boldsymbol{x}_1^0 + N\boldsymbol{n}^0 \tag{4-338}$$

式中，X_1 为轴向力；N 为总法向力。由图 4-39 可知

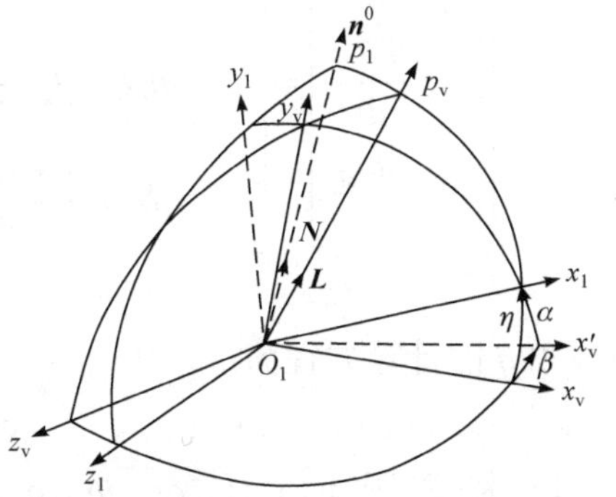

图 4-39　总攻角 η、总法向力 $\boldsymbol{N}$ 与总升力 $\boldsymbol{L}$

$$N\boldsymbol{n}^0 = Y_1\boldsymbol{y}_1^0 + Z_1\boldsymbol{z}_1^0 \tag{4-339}$$

由此推断出，$\boldsymbol{n}^0$ 沿 $z_1O_1y_1$ 平面与 $x_1O_1x_{\mathrm{v}}$ 平面的交线 O_1p_1 方向。

同理，在总攻角平面内，可将气动力 $\boldsymbol{R}$ 沿速度轴方向 $\boldsymbol{x}_{\mathrm{v}}^0$ 及垂直于速度轴的方向 $\boldsymbol{I}^0$ 分解，可得

$$\boldsymbol{R} = -X\boldsymbol{x}_{\mathrm{v}}^0 + L\boldsymbol{I}^0 \tag{4-340}$$

式中，X 为阻力；L 为总升力。由图 4-39 可知

$$L\boldsymbol{l}^0 = Y\boldsymbol{y}_{\mathrm{v}}^0 + Z\boldsymbol{z}_{\mathrm{v}}^0 \tag{4-341}$$

显然，$\boldsymbol{l}^0$ 沿 $z_{\mathrm{v}}O_1y_{\mathrm{v}}$ 平面与 $x_1O_1x_{\mathrm{v}}$ 平面的交线 O_1p_{v} 方向。

应当指出，气动力 $\boldsymbol{R}$ 的作用点在压心，而不是质心 O_1，为了方便讨论问题，在作图中，$\boldsymbol{R}$ 过质心 O_1。根据总攻角 η 、总法向力 $\boldsymbol{N}$ 、总升力 $\boldsymbol{L}$ 与攻角 α 、侧滑角 β 、法向力 $\boldsymbol{Y}_1$ 、横向力 $\boldsymbol{Z}_1$ 及升力 $\boldsymbol{Y}$ 、侧力 $\boldsymbol{Z}$ 之间的关系，导出以总攻角、总升力等表示的再入段空间运动方程。此时质心动力学方程、绕质心转动动力学方程形式为

$$\left\{\begin{aligned}
& m\begin{bmatrix}\dfrac{\mathrm{d}v_x}{\mathrm{d}t}\\[2mm] \dfrac{\mathrm{d}v_y}{\mathrm{d}t}\\[2mm] \dfrac{\mathrm{d}v_z}{\mathrm{d}t}\end{bmatrix} = -X\begin{bmatrix}\dfrac{v_x}{v}\\[2mm] \dfrac{v_y}{v}\\[2mm] \dfrac{v_z}{v}\end{bmatrix} + \frac{L}{\sin\eta}\begin{bmatrix}\cos\varphi\cos\psi - \dfrac{v_x}{v}\cos\eta\\[2mm] \sin\varphi\cos\psi - \dfrac{v_y}{v}\cos\eta\\[2mm] -\sin\psi - \dfrac{v_z}{v}\cos\eta\end{bmatrix}\\
& \qquad + \frac{mg_r'}{r}\begin{bmatrix}x+R_{Ox}\\ y+R_{Oy}\\ z+R_{Oz}\end{bmatrix} + \frac{mg_{\omega_{\mathrm{e}}}}{\omega_{\mathrm{e}}}\begin{bmatrix}\omega_{\mathrm{e}x}\\ \omega_{\mathrm{e}y}\\ \omega_{\mathrm{e}z}\end{bmatrix} - m\begin{bmatrix}a_{11} & a_{12} & a_{13}\\ a_{21} & a_{22} & a_{23}\\ a_{31} & a_{32} & a_{33}\end{bmatrix}\begin{bmatrix}x+R_{Ox}\\ y+R_{Oy}\\ z+R_{Oz}\end{bmatrix}\\
& \qquad - m\begin{bmatrix}b_{11} & b_{12} & b_{13}\\ b_{21} & b_{22} & b_{23}\\ b_{31} & b_{32} & b_{33}\end{bmatrix}\begin{bmatrix}v_x\\ v_y\\ v_z\end{bmatrix}\\
& \begin{bmatrix}I_{x1}\dfrac{\mathrm{d}\omega_{x1}}{\mathrm{d}t}\\[2mm] I_{y1}\dfrac{\mathrm{d}\omega_{y1}}{\mathrm{d}t}\\[2mm] I_{z1}\dfrac{\mathrm{d}\omega_{z1}}{\mathrm{d}t}\end{bmatrix} = \begin{bmatrix}0\\[2mm] -m_n qS_{\mathrm{M}}l_k\dfrac{\sin\beta}{\sin\eta}\\[2mm] -m_n qS_{\mathrm{M}}l_k\dfrac{\sin\alpha\cos\beta}{\sin\eta}\end{bmatrix} + \begin{bmatrix}m_{x1}^{\bar{\omega}_{x1}}qS_{\mathrm{M}}l_k\bar{\omega}_{x1}\\ m_{y1}^{\bar{\omega}_{y1}}qS_{\mathrm{M}}l_k\bar{\omega}_{y1}\\ m_{z1}^{\bar{\omega}_{z1}}qS_{\mathrm{M}}l_k\bar{\omega}_{z1}\end{bmatrix} + \begin{bmatrix}(I_{y1}-I_{z1})\omega_{y1}\omega_{z1}\\ (I_{z1}-I_{x1})\omega_{z1}\omega_{x1}\\ (I_{x1}-I_{y1})\omega_{x1}\omega_{y1}\end{bmatrix}
\end{aligned}\right. \tag{4-342}$$

总攻角 η 的计算方程为

$$\cos\eta = \cos\alpha\cos\beta$$

以上关于 $v_x, v_y, v_z, \omega_{x1}, \omega_{y1}, \omega_{z1}, \eta$ 7 个未知量的方程，加上式(4-336)对 $x, y, z, \varphi, \psi, \gamma, \theta, \sigma, \beta, \alpha, r, \phi, R, H, v$ 15 个未知量相同计算的 15 个方程，共 22 个未知量、22 个方程，构成了一套闭合的空间弹道方程。

4.6.1.4 简化的再入段平面运动方程

考虑到再入飞行器，特别是弹道导弹在再入段飞行的射程较短，飞行时间也较短，因此在研究其运动时，可作如下假设：

(1) 不考虑地球旋转，即 $\omega_{\mathrm{e}} = 0$；

(2) 地球为一圆球体，即引力场为一与地心距平方成反比的有心力场，令 $g = \dfrac{\mu}{r^2}$；

(3) 飞行器的纵轴始终处于由再入点的速度矢量 $\boldsymbol{V}_e$ 及地心矢 $\boldsymbol{r}_e$ 所决定的射面内，即侧滑角为 0。

根据上述假设可知，飞行器在理想条件下的再入段运动将不存在垂直射面的侧力，因而整个再入段运动为一平面运动。

如图 4-40 所示，建立原点在再入点 e 的直角坐标系 $exyz$，exy 平面为再入点地心矢 $\boldsymbol{r}_e$ 与速度矢 $\boldsymbol{v}_e$ 所决定的平面，ey 轴沿 $\boldsymbol{r}_e$ 的方向，ex 轴垂直于 ey 轴，指向运动方向为正，ez 轴由右手定则确定。exy 平面即为再入段的运动平面。记再入弹道上任一点地心矢 $\boldsymbol{r}$ 与 $\boldsymbol{r}_e$ 的夹角为 β_e，将其称为再入段射程角，飞行速度 $\boldsymbol{V}$ 对 ex 轴的倾角为 θ，而 $\boldsymbol{V}$ 对当地水平线的倾斜角为 Θ，θ 与 Θ 均为负值。因此，飞行器的运动为平面运动时，速度 $\boldsymbol{V}$ 既可用速度在 exy 平面内的分量 v_x、v_y 表示，也可用速度值 v 和当地速度倾斜角 Θ 表示；位置 $\boldsymbol{r}$ 既可用在 exy 平面内的位置分量 x、y 表示，也可用地心距 r 和射程角 β_e 表示。

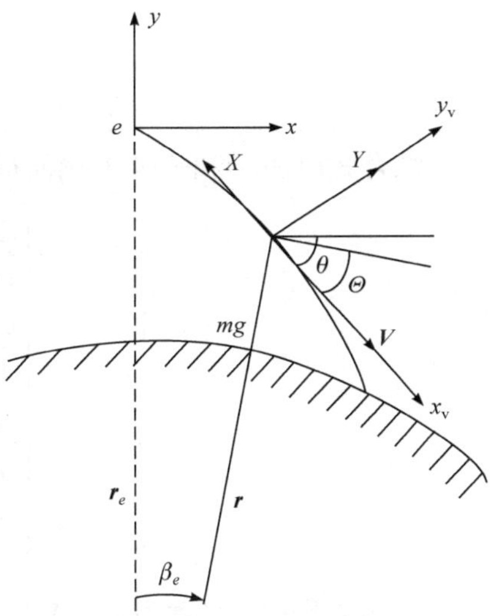

图 4-40　再入段坐标系与力

下面建立 v、Θ、r、β_e 对时间 t 的微分方程。质量为 m 的飞行器再入段矢量运动方程为

$$m\frac{\mathrm{d}\boldsymbol{V}}{\mathrm{d}t}=\boldsymbol{R}+m\boldsymbol{g} \tag{4-343}$$

将式(4-343)向速度坐标系投影，就能获得投影形式的运动方程。

注意到速度矢量的转动角速度为 θ，则

$$\frac{\mathrm{d}\boldsymbol{V}}{\mathrm{d}t}=\frac{\mathrm{d}v}{\mathrm{d}t}\boldsymbol{x}_{\mathrm{v}}^{0}+v\frac{\mathrm{d}\theta}{\mathrm{d}t}\boldsymbol{y}_{\mathrm{v}}^{0} \tag{4-344}$$

由图 4-40 可知：

$$\begin{cases}R_{x_{\mathrm{v}}}=-X\\R_{y_{\mathrm{v}}}=Y\\g_{x_{\mathrm{v}}}=-g\sin\Theta\\g_{y_{\mathrm{v}}}=-g\cos\Theta\end{cases} \tag{4-345}$$

故将式(4-343)在速度坐标系上投影得

$$\begin{cases}\dfrac{\mathrm{d}v}{\mathrm{d}t}=-\dfrac{X}{m}-g\sin\Theta\\[2mm]\dfrac{\mathrm{d}\theta}{\mathrm{d}t}=\dfrac{Y}{mv}-\dfrac{g}{v}\cos\Theta\end{cases} \tag{4-346}$$

由图 4-40 还可看出 θ、Θ 的几何关系为

$$\Theta=\theta+\beta_e \tag{4-347}$$

因此

$$\dot{\Theta} = \dot{\theta} + \dot{\beta}_e \tag{4-348}$$

又由于速度矢量$\boldsymbol{V}$在径向$\boldsymbol{r}$及当地水平线方向(顺飞行器运动方向为正)上的投影分别为

$$\begin{cases} \dot{r} = v\sin\Theta \\ r\dot{\beta}_e = v\cos\Theta \end{cases} \tag{4-349}$$

综合式(4-347)和式(4-349)便得到飞行器在大气中的运动微分方程为

$$\begin{cases} \dfrac{\mathrm{d}v}{\mathrm{d}t} = -\dfrac{X}{m} - g\sin\Theta \\ \dfrac{\mathrm{d}\Theta}{\mathrm{d}t} = \dfrac{Y}{mv} + \left(\dfrac{v}{r} - \dfrac{g}{v}\right)\cos\Theta \\ \dfrac{\mathrm{d}r}{\mathrm{d}t} = v\sin\Theta \\ \dfrac{\mathrm{d}\beta_e}{\mathrm{d}t} = \dfrac{v}{r}\cos\Theta \end{cases} \tag{4-350}$$

上述方程中，气动力X、Y与攻角α有关，因此含 5 个未知量v,Θ,r,β,α，仅 4 个方程，要求解还需补充以下方程：

$$\begin{cases} I_{z1}\dfrac{\mathrm{d}\omega_{z1}}{\mathrm{d}t} = m_{z1}^{\bar{\omega}_{z1}} qS_{\mathrm{M}} l_k \bar{\omega}_{z1} + m_{z1\mathrm{st}} qS_{\mathrm{M}} l_k \\ \dfrac{\mathrm{d}\varphi}{\mathrm{d}t} = \omega_{z1} \\ \alpha = \varphi + \beta_e - \Theta \end{cases} \tag{4-351}$$

综合式(4-350)和式(4-351)便得到闭合的再入段平面质心运动方程。这里φ为弹体纵轴O_1x_1与ex轴的夹角，O_1x_1轴在ex轴下方时，φ为负值。当给定再入段起点(自由段终点)e的初始条件$t = t_e, v = v_e, \Theta = \Theta_e, r = r_e$，$\beta_e = 0, \omega_{z1} = \omega_{z1e}, \varphi = \varphi_e, \alpha = \varphi_e - \Theta_e$后，可进行数值积分，直到$r = R$，即得到整个再入段的弹道参数。

显然，如果整个被动段弹道均要计及空气动力的作用，只需以主动段终点的参数作为起始条件来求数值解，则可得整个被动段的弹道参数。

4.6.2 零攻角再入弹道

一般来说，飞行器是以任意姿态进入大气层的，其运动包含质心运动和绕质心转动，但对于静稳定的再入飞行器，当有攻角时，稳定力矩将使其减小，通常在气动力较小时就使飞行器稳定下来。此时$\eta = 0$，速度方向与飞行器纵轴重合，飞行器不再受到升力的作用，这样的再入称为“弹道再入”，或称“零攻角再入”“零升力再入”。反之，如果在再入过程中，$\eta \neq 0$，飞行器受到升力的作用，这种再入称为“有升力再入”。

无论飞行器是采用零攻角再入，还是有升力再入，用计算机数值积分求解完整的再入弹道都不是困难的事情。但在飞行器的初步设计中，希望能迅速求得飞行器的运动参数，分析各种因素对运动参数的影响。例如，在导弹初步设计中，对弹头结构所能承受的最小负加速度、热流及烧蚀问题感兴趣，便希望能近似地解析计算最小负加速度、最大热流等。显然，用再入段空间运动方程(4-336)是得不到近似解析解的。因此，在研究再入段运动参数的近似解时，一般采用简化的再入段平面运动方程(4-342)。

对零攻角再入，因 $\eta=0$，故 $L=0$，即 $Y=Z=0$，由式(4-350)可写出零攻角再入时的运动微分方程：

$$\begin{cases}\dfrac{\mathrm{d}v}{\mathrm{d}t}=-\dfrac{X}{m}-g\sin\Theta\\[2mm]\dfrac{\mathrm{d}\Theta}{\mathrm{d}t}=\left(\dfrac{v}{r}-\dfrac{g}{v}\right)\cos\Theta\\[2mm]\dfrac{\mathrm{d}r}{\mathrm{d}t}=v\sin\Theta\\[2mm]\dfrac{\mathrm{d}\beta_e}{\mathrm{d}t}=\dfrac{v}{r}\cos\Theta\end{cases}\tag{4-352}$$

注意到式(4-352)中第一式

$$\frac{\mathrm{d}v}{\mathrm{d}t}=-C_x\frac{\rho v^2 S_{\mathrm{M}}}{2m}-g\sin\Theta$$

为得到近似的解析解，假设大气密度 ρ 的标准分布和主动段一样，按指数函数规律变化，即 $\rho=\rho_0\mathrm{e}^{\beta h},\beta$ 为常数。

由于密度随高度变化有这样的近似解析式，所以再入段运动参数的近似解一般不以时间 t 为自变量，而以高度 H 为自变量。

4.6.3　有升力再入弹道

对再入飞行器，无论是弹头，还是航天器(卫星、飞船和航天飞机)，都涉及再入弹道问题。飞行器以什么样的弹道再入、再入过程中是否对升力进行控制，与飞行器的特性和所要完成的任务有关[1-5]。

本节从飞行器采用弹道式再入时存在的问题出发，讨论有升力再入弹道问题。

4.6.3.1　问题的提出及技术途径

1. 弹头再入机动

随着弹道导弹的迅速发展，导弹的威力越来越大，命中精度也越来越高，目前已发展到携带多个数十万吨 TNT 当量子弹头的洲际导弹，其命中精度已达到近 100m 的圆概率偏差，具有摧毁加固地下井的打击能力。因而，为了对付攻方弹道导弹的袭击，出现了反弹道导弹的反导弹武器和反导防御体系。反导弹武器通常配置于所要保卫目标的附近，可呈圆周形配置，也可配置于敌方可能实施突击的方向上。当预警雷达测得敌方来袭的弹道导弹参数后，将参数传送给反导防御体系，反导防御体系在敌方导弹进入防御空间时用空高拦截武器进行拦截。若有弹道导弹突破高空拦截区，还可使用低空拦截武器实施攻击。无论是高空拦截武器，还是低空拦截武器，都有一定的防御空间，通常称为杀伤区。弹道导弹飞行速度大，相应地穿过杀伤区的时间短，因此拦截武器反击时间有限，而且要求拦截武器有较好的机动性能。关于反导弹武器设计问题不属于本门课程讨论范围。反导弹武器的出现，势必刺激战略进攻武器的进一步完善和发展，这要求弹道导弹具有突破对方反导防御体系的能力。

目前，主要的突防技术为采用多弹头和施放诱饵等手段，而对于在大气层中的再入突防，一种有效的办法是进行再入弹道机动。弹道导弹接近目标时，突然改变其原来的弹道做机动飞行，也称机动变轨，其目的是造成反导导弹的脱靶，或避开反导导弹的拦截区攻击目标。弹道导弹突防采用的弹道如图 4-41 所示。

在图 4-41 中，除弹道 a 外，其余的三条弹道 b 、c、 d 均是机动弹道。

(1) 弹道 a ，以陡峭再入角 Θ_e 进行弹道再入，即 $|\Theta_e|$ 较大，高速穿过杀伤区，以缩短穿过杀伤区的时间，从而减小反导弹武器拦截的杀伤概率；

(2) 弹道 b ，弹头的再入弹道经过杀伤区，弹头进入杀伤区后，利用弹道的机动性，造成低空反导弹武器有较大的脱靶量；

(3) 弹道 c ，弹头的再入机动弹道避开低拦杀伤区去袭击目标；

(4) 弹道 d ，对高拦杀伤区和低拦杀伤区采用再入机动弹道以避开这两个杀伤区。

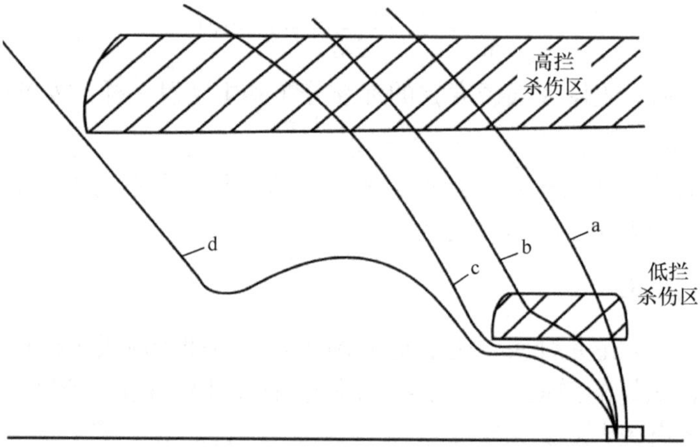

图 4-41 弹道导弹突防采用的弹道

由此从弹头的突防提出了再入机动弹道的研究问题。图 4-42 为某种具有末制导图像匹配系统的再入弹头攻击地面固定目标时，为保证末制导系统良好的工作条件和弹头落地速度要求，采用的是再入机动弹道示意图。

为实现弹头再入弹道的机动，可调节升力，即通过改变弹头的姿态产生一定的攻角来完成。为了改变弹头的姿态，可以在弹头尾部装发动机；装伸缩块，或称调整片、配平翼；或者利用质心偏移的办法来产生控制力矩。

2. 航天器的再入

航天器要脱离运动轨道返回地面，可通过制动火箭给航天器一个速度增量 ΔV ，使飞行器进入与地球大气相交的椭圆轨道，然后进入大气层。从进入大气层到着陆系统开始工作(如降落伞打开)这一飞行段为再入段。

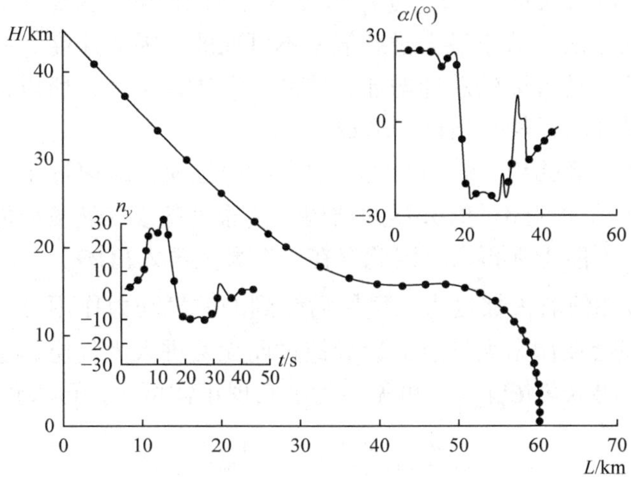

图 4-42　具有末制导图像匹配系统的弹头再入机动弹道示意图

L- 再入段射程；H- 飞行高度；t- 飞行时间；n_y- 法向过载；α- 攻角

航天器在地球大气层中可能的降落轨道：弹道式轨道、升力式轨道、跳跃式轨道和椭圆衰减式轨道。宇宙飞行器可能降落轨道如图 4-43 所示。

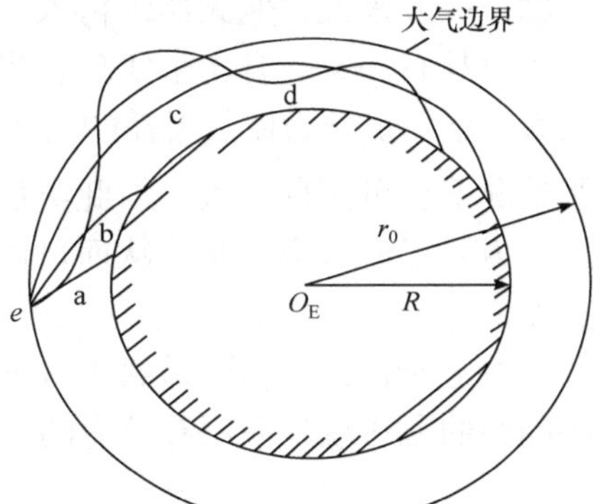

图 4-43　宇宙飞行器可能降落轨道

轨道 a 为沿陡峭弹道的弹道式再入。轨道 b 为沿倾斜弹道的弹道式再入。轨道 c 为升力式轨道。轨道 d 为跳跃式轨道，即航天器以较小的再入角进入大气层后，依靠升力，再次冲出大气层，做一段弹道式飞行，然后再进入大气层；也可以多次出入大气层，每进入一次大气层就利用大气进行一次减速，这种返回轨道的高度有较大的起伏变化，故称为跳跃式轨道。对进入大气层后虽不再跳出大气层，但可靠升力使高度有较大起伏变化的轨道，也称为跳跃式轨道。对于弹道式再入和升力式再入，下面将予以介绍。

如果航天器采用弹道式再入，存在以下的主要问题。

(1) 着陆点散布大。

由于航天器在大气层的运动处于无控状态，航天器落点位置的准确程度主要取决于制动火箭的姿态和推力，在制动结束后的降落过程中没有修正偏差的可能，因此需要有一个广阔的回收区。此外，还必须等到星下点轨道恰好经过预想的落点上空。解决以上问题最可行的办法是，在再入过程中利用空气动力的升力特性来改变轨道，即通过控制升力使航天器具有一定的纵向机动和侧向机动的能力。

(2) 再入走廊狭窄。

弹道式再入时，轨道的形状完全取决于航天器进入大气层时的初始条件，即取决于

再入时的速度大小 v_e 和再入角 Θ_e。由分析可知，最小负加速度与运动参数 v_e、Θ_e 有关，理论上讲，适当地控制再入角 Θ_e 和速度 v_e 的大小，可以使最大过载不超过允许值。实际上，用减小速度 v_e 的办法来减小最大过载值是不可取的。因为速度 v_e 的减小有赖于制动速度的增大，这将使制动火箭的总冲增加，使航天器质量增大，所以控制弹道式再入航天器最大过载的主要办法就是控制再入角 Θ_e。

若 $|\Theta_e|$ 过大，则轨道过陡，受到的空气动力作用过大，减速过于激烈，以致航天器受到的减速过载和气动加热超过航天器的结构、仪器设备或宇航员所能承受的过载，或使航天器严重烧蚀，不能正常再入，因此存在一个最大再入角 $|\Theta_e|_{\max}$。

若 $|\Theta_e|$ 过小，可能使航天器进入大气层后受到的空气动力作用过小，不足以使它继续深入大气层，可能会在稠密大气层的边缘掠过而无法进入大气层，也不能正常再入。因此，存在一个最小再入角 $|\Theta_e|_{\min}$。可见，为了实现正常再入，再入角 $|\Theta_e|$ 应满足下式：

$$|\Theta_e|_{\min} \leqslant |\Theta_e| \leqslant |\Theta_e|_{\max}$$

称这个范围为再入走廊。$\Delta\Theta_e = |\Theta_e|_{\max} - |\Theta_e|_{\min}$ 为再入走廊的宽度。宇宙飞行器再入走廊如图 4-44 所示。

不同的航天器有不同的气动特性、防热结构和最大过载允许值，因而有不同的再入走廊。一般来说，航天器的再入走廊都比较狭窄。为了加宽再入走廊，可通过使航天器再入时具有一定的升力来实现。当航天器有一定的负攻角，那么它将以一定的负升力进入大气层，负升力使航天器的再入轨道向内弯曲，从而可以使航天器在 $|\Theta_e| < |\Theta_e|_{\min}$ 的某些情况下也可实现再入。与此类似，一个具有升力的航天器，以一定的正攻角再入，其正升力可以使轨道变缓，从而可以降低最大过载和热流峰值，这样就加大了再入走廊的宽度。

综上所述，采用弹道式再入的航天器存在落点散布大、再入走廊狭窄等问题，而解决问题的方法就是采用有升力的再入机动弹道。

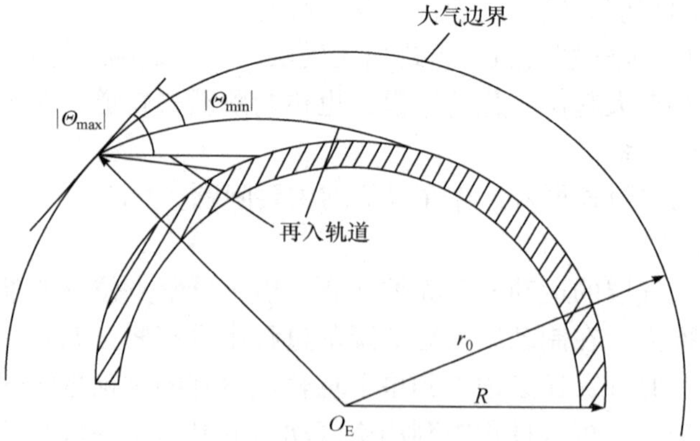

图 4-44　宇宙飞行器再入走廊示意图

目前，根据航天器的气动特征不同，航天器可分为三类：弹道式再入航天器、弹道-升力式再入航天器和升力式再入航天器。

1) 弹道式再入航天器

虽然弹道式再入存在落点散布大和再入走廊狭窄等主要问题，但由于再入大气层不产生升力或不控制升力，再入轨道比较陡峭，所经历的航程和时间较短，因而气动加热的总量也较小，防热问题较易处理。此外，它的气动外形也不复杂，可做成简单的旋成体。上述两点都使它的结构和防热设计大为简化，因而成为最先发展的一类再入航天器。

2) 弹道-升力式再入航天器

在弹道式再入航天器的基础上，通过配置质心，使航天器进入大气层时产生一定的升力就成为弹道-升力式再入航天器。其质心不配置在再入航天器的中心轴线上，而配置在偏离中心轴线一段很短的距离处，同时使质心在压心之前。这样，航天器在大气中飞行时，在某一个攻角下，空气动力对质心的力矩为零，这个攻角称为配平攻角，记作 η_{tr}，如图 4-45 所示。在配平攻角飞行状态下，航天器相应地产生一定的升力，此升力一般不大于阻力的一半，即升阻比小于 0.5。

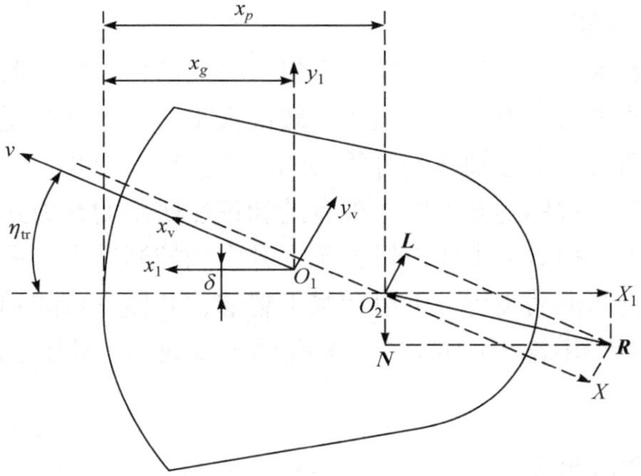

图 4-45　以配平攻角飞行时作用在航天器上的空气动力

以配平攻角飞行时的特性如下：

(1) 根据配平攻角的定义，空气动力 $\boldsymbol{R}$ 对质心 O_1 的力矩为零，而 $\boldsymbol{R}$ 的压心为 O_2，故空气动力 $\boldsymbol{R}$ 通过航天器的压心和质心。

(2) 由于 $\boldsymbol{R}$ 通过航天器的压心和质心，且再入航天器为旋成体，其压心 O_2 在再入航天器的几何纵轴上，所以 $\boldsymbol{R}$ 既在 $O_1x_1y_1$ 平面内，又在 $O_1x_vx_1$ 平面内，故 O_1x_v 轴在 $O_1x_vx_1$ 平面内，即侧滑角

$$\beta = 0$$

(3) 以配平攻角飞行时，由图 4-45 知

$$\begin{cases} N(x_p - x_g) = X_1\delta \\ C_N(x_p - x_g) = C_{x1}\delta \end{cases} \tag{4-353}$$

式中，δ 为质心 O_1 偏离几何纵轴的距离。

(4) 以配平攻角飞行时有

$$\alpha < 0$$

这是因为，以配平攻角飞行时，$\beta = 0$；O_1x_v 轴在 $O_1x_vx_1$ 平面内，此时 O_1x_v 轴的正向必在 O_1x_1 轴正向及 O_1y_1 轴正向的夹角之内，否则 $\boldsymbol{R}$ 不能通过质心，故由 α 的定义得到 $\alpha < 0$。

关于配平攻角 η_{tr} 的求取，注意到式(4-353)中 C_N、C_{x1}、x_p 为攻角(α)、马赫数 Ma 及飞行高度 H 的函数，因此对于一定的 Ma 及 H 值，若某一 η (或 α)对应的 C_N、C_{x1} 及 x_p 满足于式(4-353)，则该 η (或 α)值就是再入航天器在该 Ma 及 H 下的配平攻角 η_{tr} (或 α_{tr})。

弹道–升力式再入航天器的外形如图 4-45 所示，为简单的旋成体，在再入飞行过程中，通过姿态控制系统将再入航天器绕纵轴转动一个角度，就可以改变升力在当地垂直平面和水平平面的分量。因此，以一定的逻辑程序控制滚转角 γ，就可以控制航天器在大气中的运动轨道，从而在一定范围内可以控制航天器的落点位置，其最大过载也远小于弹道式再入时的最大过载。

3) 升力式再入航天器

当要求再入航天器水平着陆时，如航天飞机，必须给再入航天器足够大的升力。能够实现水平着陆的升力式再入航天器的升阻比一般都大于 1，也就是说升力大于阻力，这样的大升力不能再用偏离对称中心轴线配置质心的办法获得。因此，升力式再入航天器不能再用旋成体，只能采用不对称的升力体。现有的和正在研制的升力式再入航天器，都是带翼的升力体，形状与飞机相似，主要由机翼产生升力和控制升力，采用反作用喷气与控制相结合的办法来控制它的机动飞行、下滑和水平着陆，并使它着陆到指定的机场跑道上。

与弹道–升力式再入相比，升力式再入具有再入过载小、机动范围大和着陆精度高三个特点。

4.6.3.2 再入走廊的确定

随着航天技术的发展，再入走廊的定义已发展为多样化，如可将再入走廊定义为导向预定着陆目标的“管子”。在此“管子”内，再入航天器满足所有的限制，如过载限制、最大热流限制、动压限制等。图 4-46 是某一航天器的再入走廊示意图，在此走廊内

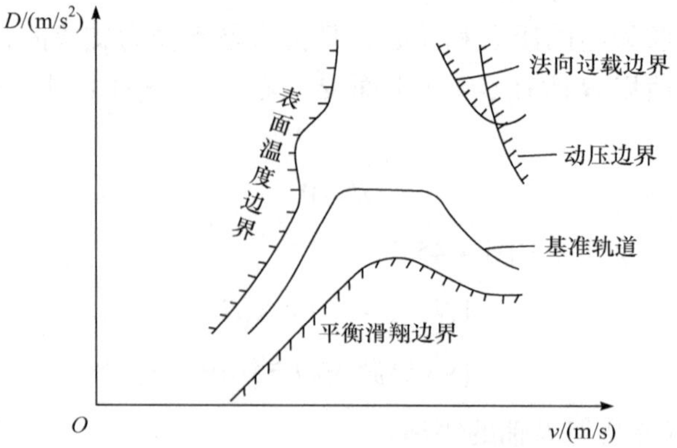

图 4-46 某一航天器的再入走廊示意图

设计了一条再入基准轨道。图中 v 为飞行速度，D 为阻力加速度，四条边界分别为满足法向过载限制、动压限制、最大热流限制和平衡滑翔要求时，阻力加速度 D 随速度 v 的变化曲线。

下面介绍对一个事先装订好总攻角 η 与飞行速度 v 关系的航天器再入走廊的确定。

1) 法向过载限制

法向过载 n_y 应满足：

$$n_y \leqslant n_{y\max} \tag{4-354}$$

由于讨论中设侧滑角 $\beta = 0$，故 $Y = L$，且注意到

$$n_y = \frac{L}{mg} = \frac{C_L q S_{\mathrm{M}}}{mg} \tag{4-355}$$

$$D = \frac{X}{m} = \frac{C_x q S_{\mathrm{M}}}{m} \tag{4-356}$$

用式(4-356)除以式(4-355)，即得

$$\frac{D}{n_y} = \frac{C_x g}{C_L}$$

于是，满足法向过载限制的边界为

$$D = \frac{C_x}{C_L} g n_{y\max} \tag{4-357}$$

由于已装订好总攻角 η 与飞行速度 v 的关系，因此给定 v 值可得到相应的 C_L、C_x 值，从而得到阻力加速度 D 与飞行速度 v 的对应关系，故由式(4-357)得到满足法向过载限制的边界。

2) 动压限制

动压 q 应满足：

$$q \leqslant q_{\max} \tag{4-358}$$

由式(4-357)可知，满足动压限制的边界为

$$D = \frac{C_x}{m} S_{\mathrm{M}} q_{\max} \tag{4-359}$$

3) 最大热流限制

驻点热流是最严重的情况，应满足：

$$q_s \leqslant (q_s)_{\max} \tag{4-360}$$

由于

$$q_s = k_s \sqrt{\rho} v^3$$

于是

$$\rho = \frac{q_s^2}{k_s^2 v^6}$$

阻力加速度为

$$D=\frac{C_x}{m}S_{\mathrm{M}}\frac{1}{2}\rho v^2=\frac{C_xS_{\mathrm{M}}}{2m}\cdot\frac{q_s^2}{k_s^2v^4}$$

所以，满足最大热流限制的边界为

$$D=\frac{C_xS_{\mathrm{M}}}{2m}\cdot\frac{(q_s)_{\max}^2}{k_s^2v^4} \tag{4-361}$$

4) 平衡滑翔边界

为使再入航天器返回地面，航天器再入大气层时应使 $\mathrm{d}\Theta/\mathrm{d}t\leqslant 0$，即存在一个平衡滑翔边界：

$$\frac{\mathrm{d}\Theta}{\mathrm{d}t}=0 \tag{4-362}$$

由式(4-345)知

$$\frac{L}{mv}+\left(\frac{v}{r}-\frac{g}{v}\right)\cos\Theta=0$$

当 $|\Theta|$ 较小时，可近似地认为 $\cos\Theta\approx 1$，于是

$$\frac{L}{mv}=\frac{g}{v}-\frac{v}{r}$$

即

$$\frac{qS_{\mathrm{M}}}{m}=\frac{g-\dfrac{v^2}{r}}{C_L}$$

所以，平衡滑翔边界为

$$D=\left(g-\frac{v^2}{r}\right)\frac{C_x}{C_L} \tag{4-363}$$

式中，r 为飞行器质心到地心的距离，可近似取 $r=r_e$，便得到 D 与 v 的对应关系。

思　考　题

4.1　解释各常用坐标系的定义。

4.2　试推导地面发射坐标系与箭体坐标系的方向余弦阵。

4.3　什么是直接反作用原理?

4.4　什么是刚化原理(关于变质量物体质心运动方程和绕质心转动方程的描述)?

4.5　推导变质量质点基本方程(密歇尔斯基方程)。

4.6　推导描述理想速度与质量变化关系的齐奥尔科夫斯基公式。

4.7　推导变质量质点系的质心运动动力学方程和绕质心转动动力学方程。

4.8 什么是过载?

4.9 变质量系统在运动时受哪些力和力矩作用?写出各自的计算公式。

4.10 火箭有哪些类型?

4.11 火箭姿态控制系统的功能、组成分别是什么?画出控制系统原理框图、写出控制方程。

4.12 火箭产生控制力和控制力矩的方式有哪些?写出各自的控制力和控制力矩计算公式。

4.13 地面发射坐标系中一般空间弹道方程是怎么推导出来的?它由哪几类方程组成?各有几个方程?

4.14 什么是“瞬时平衡”假设?

4.15 在什么条件下,一般空间弹道方程可以分解成纵向运动方程和侧向运动方程?

4.16 结合式(4-276),试分析火箭主动段的运动特性。

4.17 影响主动段终点速度的主要设计参数有哪些?它们分别是如何定义的?

4.18 解释第一宇宙速度(环绕速度)、第二宇宙速度(逃逸速度)、双曲线剩余速度。

4.19 研究自由飞行段的运动时,常作哪些基本假设?

4.20 推导自由飞行段运动基本方程(矢量法)。

4.21 自由飞行段的运动有哪些基本特征?轨迹是什么形状?特征参数有哪些?特征参数与主动段终点参数有什么关系?

4.22 成为人造卫星和导弹的条件是什么?

4.23 什么是总攻角、总升力、总攻角平面?

4.24 什么是弹道再入(零攻角再入、零升力再入)?

4.25 什么是杀伤区?

4.26 什么是再入走廊?

4.27 什么是配平攻角?

4.28 再入段的运动有什么特点?

4.29 再入有哪些类型?各有什么特点?

4.30 再入段设计分析中主要考虑的因素有哪些?如何确定?

4.31 航天器再入轨道有哪些类型?各有什么特点?

4.32 再入航天器有哪些类型?各有什么特点?

参考文献

[1] 贾沛然, 陈克俊, 何力. 远程火箭弹道学[M]. 长沙: 国防科技大学出版社, 1993.

[2] 张毅, 肖龙旭, 王顺宏. 弹道导弹弹道学[M]. 长沙: 国防科技大学出版社, 2005.

[3] 王志刚. 远程火箭与卫星轨道基础[M]. 西安: 西北工业大学出版社, 2021.

[4] 方群. 导弹飞行力学基础[D]. 西安: 西北工业大学, 1996.

[5] 王希季. 航天器进入与返回技术[M]. 北京: 宇航出版社, 1991.

第 5 章

航天器飞行动力学

本章的航天器主要指环绕地球运动的飞行器，即人造地球卫星和绕地球飞行的载人航天器，涉及的主要内容包括航天器轨道运动的动力学模型、开普勒轨道特性、轨道摄动运动、轨道机动、航天器姿态运动等。

5.1 航天器轨道运动的动力学模型

若忽略其他天体的作用，只研究航天器在某主天体影响下的运动规律，称之为二体问题，航天器-主天体组成的系统称为二体系统。本章以航天器围绕地球(主天体)的运动规律为例进行介绍，至于航天器围绕月球、火星等其他主天体的运动规律，分析方法相似。多个天体同时作用于航天器的运动规律，属于 N 体问题，不在本书的介绍范围。

二体系统中航天器的运动规律符合牛顿第二定律，其动力学方程的一般形式为

$$m\boldsymbol{a} = \boldsymbol{F} \tag{5-1}$$

式中，$\boldsymbol{a}$ 为航天器相对于惯性参考系的加速度；$\boldsymbol{F}$ 为作用在航天器上的合外力。对于航天器-地球组成的二体系统，被动运动(无控)的航天器所受的外力包括地球引力、地球外层空间的环境作用力(稀薄大气作用力、电磁环境作用力、太阳光压力等)，其中环境作用力相对于地球引力非常小。若航天器进行受控的机动运动，则还要加上控制力。如第 4 章所述，当考虑地球为一个椭球体时，航天器所受的地球引力方向并非完全指向地球中心，同时大小由中心引力项和引力摄动项两部分组成，而引力摄动项相对于中心引力项也非常小。在初步研究和设计时，可以忽略非常小的量对航天器轨道运动的影响，从而方便得出航天器的运动规律。

若不考虑地球的非球形影响及环境作用力，无控航天器将只在地球中心引力场的作用下运行，这就是二体中心引力场假设，该假设内容包括：

(1) 地球是均质圆球体，对航天器的引力指向地球中心；

(2) 除地球外，其他天体对航天器的引力忽略不计；

(3) 地球环境作用力(稀薄大气作用力、电磁环境作用力、太阳光压力等)忽略不计；

(4) 无人为施加的控制力作用于航天器。

在上述假设下，航天器在地球中心引力场中运动，唯一受到的力就是指向地心的地

球引力。

在研究航天器轨道运动时，将地球和航天器都视为质量集中在质心的质点，若假设 $\boldsymbol{r}$ 为航天器质心相对于地球中心的位置矢量，二体中心引力场假设下航天器只受到地球的引力作用，于是有

$$m\frac{\mathrm{d}^2\boldsymbol{r}}{\mathrm{d}t^2}=\boldsymbol{F} \tag{5-2}$$

式中，$\boldsymbol{F}=-f_m\dfrac{Mm}{r^2}\dfrac{\boldsymbol{r}}{r}$ 为航天器所受到的地球引力，f_m 为万有引力常数，其值为 $6.670\times10^{-11}\mathrm{m}^3/(\mathrm{kg}\cdot\mathrm{s}^2)$，$M$ 为地球的质量；m 为航天器的质量。将航天器所受的地球引力表达式代入式(5-2)，得到航天器相对于地球运动的动力学方程为

$$\frac{\mathrm{d}^2\boldsymbol{r}}{\mathrm{d}t^2}=-f_m\frac{M}{r^2}\frac{\boldsymbol{r}}{r} \tag{5-3}$$

由于地球质量 $M=5.977\times10^{24}\mathrm{kg}$，$f_m$ 是常数，则 f_mM 也为常数，称为地球引力常数，用 μ 表示，其值为 $3.986005\times10^{14}\mathrm{m}^3/\mathrm{s}^2$，则式(5-3)也可以写成

$$\ddot{\boldsymbol{r}}=-\frac{\mu}{r^3}\boldsymbol{r} \tag{5-4}$$

很明显，式(5-4)是一个加速度表达式，表明航天器的引力加速度大小 $-\mu/r^2$ 与航天器的地心距平方成反比，引力加速度的方向与地心距单位矢量 $\boldsymbol{r}/r$ 的方向相反。式(5-4)就是描述中心引力场中二体问题的动力学方程，其对应的航天器运行轨道称为开普勒轨道。此时绕地球运行的航天器的自然轨迹遵循行星绕太阳运行的规律，即开普勒三大定律描述的行星运行规律。

5.2　开普勒轨道特性

开普勒轨道方程是一个圆锥曲线方程，属于几何方程，而式(5-4)是一个动力学方程，那么二者之间有何联系呢？这里直接给出结论：利用式(5-4)可以推出开普勒轨道方程。具体参见第 4 章的推导过程。

为了分析开普勒轨道特性，下面先重述一下开普勒轨道的三个常量。

5.2.1　开普勒轨道的三个常量

5.2.1.1　比角动量常量

根据角动量的定义，航天器相对于地球的角动量为航天器相对地球的线动量 $m\dot{\boldsymbol{r}}$ 的矩，即

$$\boldsymbol{H}=\boldsymbol{r}\times m\dot{\boldsymbol{r}} \tag{5-5}$$

式中，$\dot{\boldsymbol{r}}=\boldsymbol{v}$ 为航天器相对于地球的速度。将式(5-5)除以 m，并令 $\boldsymbol{h}=\boldsymbol{H}/m$，则有

$$\boldsymbol{h}=\boldsymbol{r}\times\dot{\boldsymbol{r}} \tag{5-6}$$

式中，$\boldsymbol{h}$ 为单位质量的角动量(比角动量)，其单位为 km^2/s。对式(5-6)求一阶导数可得

$$\frac{\mathrm{d}\boldsymbol{h}}{\mathrm{d}t}=\dot{\boldsymbol{r}}\times\dot{\boldsymbol{r}}+\boldsymbol{r}\times\ddot{\boldsymbol{r}} \tag{5-7}$$

式中，$\dot{\boldsymbol{r}}\times\dot{\boldsymbol{r}}=0$，利用动力学方程$\ddot{\boldsymbol{r}}=-\frac{\mu}{r^3}\boldsymbol{r}$，有

$$\frac{\mathrm{d}\boldsymbol{h}}{\mathrm{d}t}=\boldsymbol{r}\times\ddot{\boldsymbol{r}}=\boldsymbol{r}\times\left(-\frac{\mu}{r^3}\boldsymbol{r}\right)=-\frac{\mu}{r^3}(\boldsymbol{r}\times\boldsymbol{r})=0 \tag{5-8}$$

因此，

$$\frac{\mathrm{d}\boldsymbol{h}}{\mathrm{d}t}=0\text{，或者 }\boldsymbol{h}=\boldsymbol{r}\times\dot{\boldsymbol{r}}=\text{常量}$$

这说明，航天器的位置矢量$\boldsymbol{r}$和速度矢量$\dot{\boldsymbol{r}}$始终位于同一平面，其叉乘$\boldsymbol{r}\times\dot{\boldsymbol{r}}$垂直于此平面。

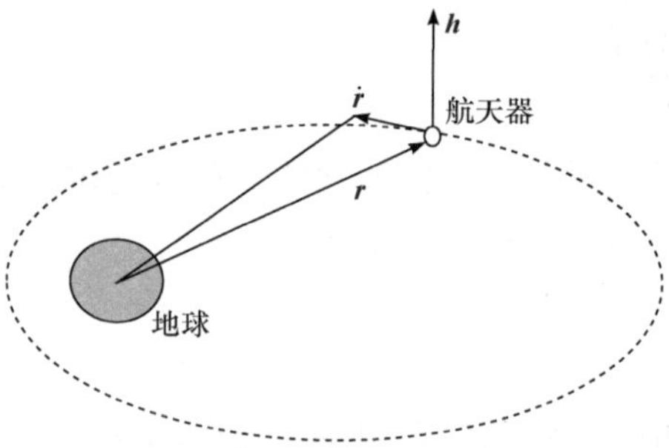

图 5-1 法线为$\boldsymbol{h}$的平面内航天器相对于地球的路径

综上可知，二体中心引力场中，航天器相对于地心的比角动量是守恒的，并且它的方向和大小都是守恒的。由于两物体相对速度的大小相等，方向相反，因此也可以称为相对比角动量守恒。因为$\boldsymbol{r}\times\dot{\boldsymbol{r}}=\boldsymbol{h}$，所以比角动量的方向垂直于航天器速度和矢径构成的平面，比角动量守恒表明这个平面在惯性空间的方向保持不变，说明航天器绕地球的路径位于同一平面内，如图 5-1 所示。

$\boldsymbol{h}$的模还有另一个物理意义，即代表航天器在单位时间内相对于地心扫掠面积的二倍，所以$\boldsymbol{h}$守恒还意味着航天器绕地心扫掠的面积变化率保持不变。这与开普勒第二定律的内容相同。

5.2.1.2 拉普拉斯常量

对动力学方程$\frac{\mathrm{d}^2\boldsymbol{r}}{\mathrm{d}t^2}=-\frac{\mu}{r^3}\boldsymbol{r}$两端同时叉乘比角动量矢量$\boldsymbol{h}$有

$$\frac{\mathrm{d}\boldsymbol{v}}{\mathrm{d}t}\times\boldsymbol{h}+\frac{\mu}{r^3}(\boldsymbol{r}\times\boldsymbol{h})=0 \tag{5-9}$$

式(5-9)等号左端第一项中，由于$\frac{\mathrm{d}}{\mathrm{d}t}(\boldsymbol{v}\times\boldsymbol{h})=\dot{\boldsymbol{v}}\times\boldsymbol{h}+\boldsymbol{v}\times\dot{\boldsymbol{h}}$，又由于角动量守恒$\dot{\boldsymbol{h}}=0$，所以

$$\frac{\mathrm{d}\boldsymbol{v}}{\mathrm{d}t}\times\boldsymbol{h}=\frac{\mathrm{d}}{\mathrm{d}t}(\boldsymbol{v}\times\boldsymbol{h}) \tag{5-10}$$

式(5-9)等号左端第二项中，由于$\boldsymbol{h}=\boldsymbol{r}\times\dot{\boldsymbol{r}}$，于是有

$$\frac{\mu}{r^3}(\boldsymbol{r}\times\boldsymbol{h})=\frac{\mu}{r^3}[\boldsymbol{r}\times(\boldsymbol{r}\times\dot{\boldsymbol{r}})] \tag{5-11}$$

根据$\boldsymbol{a}\times(\boldsymbol{b}\times\boldsymbol{c})=\boldsymbol{b}(\boldsymbol{a}\cdot\boldsymbol{c})-\boldsymbol{c}(\boldsymbol{a}\cdot\boldsymbol{b})$，变换后可得

$$\begin{aligned}\frac{\mu}{r^3}[\boldsymbol{r}\times(\boldsymbol{r}\times\dot{\boldsymbol{r}})]&=\frac{\mu}{r^3}[\boldsymbol{r}(\boldsymbol{r}\cdot\dot{\boldsymbol{r}})-\dot{\boldsymbol{r}}(\boldsymbol{r}\cdot\boldsymbol{r})]\\&=\frac{\mu}{r^3}\left(\boldsymbol{r}r\frac{\mathrm{d}r}{\mathrm{d}t}-\dot{\boldsymbol{r}}r^2\right)=\mu\frac{\boldsymbol{r}\dot{r}-\dot{\boldsymbol{r}}r}{r^2}\\&=-\frac{\mathrm{d}}{\mathrm{d}t}\left(\mu\frac{\boldsymbol{r}}{r}\right)\end{aligned} \tag{5-12}$$

结合式(5-10)～式(5-12)，式(5-9)变为

$$\frac{\mathrm{d}}{\mathrm{d}t}(\boldsymbol{v}\times\boldsymbol{h})-\frac{\mathrm{d}}{\mathrm{d}t}\left(\mu\frac{\boldsymbol{r}}{r}\right)=0 \tag{5-13}$$

所以

$$\boldsymbol{v}\times\boldsymbol{h}-\mu\frac{\boldsymbol{r}}{r}=\boldsymbol{L} \tag{5-14}$$

式(5-14)是方程$\frac{\mathrm{d}^2\boldsymbol{r}}{\mathrm{d}t^2}=-\frac{\mu}{r^3}\boldsymbol{r}$的一次积分表达，其中常矢量$\boldsymbol{L}$称为拉普拉斯常量，$\boldsymbol{L}$在轨道平面内，方向沿椭圆焦点指向近地点。

拉普拉斯常量具有明确的物理含义，即航天器沿开普勒轨道运动时，其轨道形状和指向不变。为了进一步说明，本书引入偏心率矢量$\boldsymbol{e}=\frac{\boldsymbol{L}}{\mu}$，则$\boldsymbol{e}$也是一个常矢量，其大小为$\frac{\|\boldsymbol{L}\|}{\mu}$，表示椭圆偏心率大小为常值，因此椭圆形状不变。$\boldsymbol{e}$的方向沿着$\boldsymbol{L}$的方向，定义为由椭圆焦点指向近地点，$\boldsymbol{e}$方向不变，则椭圆指向不变，如图 5-2 所示。

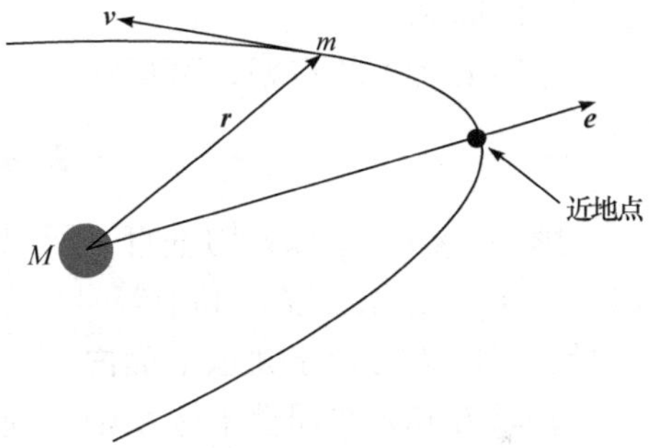

图 5-2　偏心率矢量 $\boldsymbol{e}$ 示意图

利用偏心率矢量$\boldsymbol{e}$，式(5-14)可以写成

$$\frac{\boldsymbol{v}\times\boldsymbol{h}}{\mu}-\frac{\boldsymbol{r}}{r}=\boldsymbol{e} \tag{5-15}$$

5.2.1.3　能量常量

给$\ddot{\boldsymbol{r}}=-\frac{\mu}{r^3}\boldsymbol{r}$两边点乘$\dot{\boldsymbol{r}}$，可得

$$\ddot{\boldsymbol{r}}\cdot\dot{\boldsymbol{r}}=-\frac{\mu}{r^3}\boldsymbol{r}\cdot\dot{\boldsymbol{r}} \tag{5-16}$$

式(5-16)等号的左边可以进一步写成

$$\ddot{\boldsymbol{r}}\cdot\dot{\boldsymbol{r}}=\frac{1}{2}\frac{\mathrm{d}}{\mathrm{d}t}(\dot{\boldsymbol{r}}\cdot\dot{\boldsymbol{r}})=\frac{1}{2}\frac{\mathrm{d}}{\mathrm{d}t}(\boldsymbol{v}\cdot\boldsymbol{v})=\frac{1}{2}\frac{\mathrm{d}}{\mathrm{d}t}(v^2)=\frac{\mathrm{d}}{\mathrm{d}t}\left(\frac{v^2}{2}\right) \tag{5-17}$$

式(5-16)等号的右边可以写成

$$-\frac{\mu}{r^3}\boldsymbol{r}\cdot\dot{\boldsymbol{r}}=-\frac{\mu}{r^3}r\dot{r}=-\frac{\mu}{r^2}\dot{r}=\frac{\mathrm{d}}{\mathrm{d}t}\left(\frac{\mu}{r}\right) \tag{5-18}$$

将式(5-17)、式(5-18)代入式(5-16)，得

$$\frac{\mathrm{d}}{\mathrm{d}t}\left(\frac{v^2}{2}-\frac{\mu}{r}\right)=0 \tag{5-19}$$

则有

$$\frac{v^2}{2}-\frac{\mu}{r}=E=\text{const} \tag{5-20}$$

式中，E 为积分常数，称为能量常量；$\frac{v^2}{2}$ 为单位质量的动能；$-\frac{\mu}{r}$ 为航天器在地球中心引力场作用下每单位质量所具有的势能。式(5-20)为能量守恒定律的表达式，即轨道上各点处的比机械能相等，式(5-20)又称为活力公式。

5.2.1.4　三个常量之间的关系

至此，经过上面的分析可知，航天器在二体中心引力场中，将沿着开普勒轨道运动，且航天器的比角动量矢量 $\boldsymbol{h}$、拉普拉斯矢量 $\boldsymbol{L}$ 和能量 E 都为常量。接下来介绍这三个常量之间的联系。

考察 $\boldsymbol{L}$ 和 $\boldsymbol{h}$ 的点积，可得

$$\boldsymbol{L}\cdot\boldsymbol{h}=(\boldsymbol{v}\times\boldsymbol{h})\cdot\boldsymbol{h}-\mu\frac{\boldsymbol{r}\cdot\boldsymbol{h}}{r} \tag{5-21}$$

因为 $\boldsymbol{v}\times\boldsymbol{h}$ 与 $\boldsymbol{v}$ 和 $\boldsymbol{h}$ 均垂直，所以 $(\boldsymbol{v}\times\boldsymbol{h})\cdot\boldsymbol{h}=0$；同样地，因为 $\boldsymbol{h}$ 与 $\boldsymbol{r}$ 和 $\boldsymbol{v}$ 均垂直，所以 $\boldsymbol{r}\cdot\boldsymbol{h}=0$。因此，式(5-21)中等号的左边项 $\boldsymbol{L}\cdot\boldsymbol{h}=0$，即 $\boldsymbol{L}$ 与 $\boldsymbol{h}$ 垂直，而 $\boldsymbol{h}$ 为轨道平面的法矢量，所以 $\boldsymbol{L}$ 必位于轨道平面内。

若以 $\boldsymbol{L}$ 和 $\boldsymbol{h}$ 在惯性坐标系中三轴上的分量表示式(5-21)中等号的左边项，有

$$L_x h_x+L_y h_y+L_z h_z=0 \tag{5-22}$$

下面分析三个常量之间的大小关系。由式(5-14)知，矢量 $\boldsymbol{L}$ 是 $\boldsymbol{L}_1=\boldsymbol{v}\times\boldsymbol{h}$ 和 $\boldsymbol{L}_2=-\mu\frac{\boldsymbol{r}}{r}$ 之和，因此，$\boldsymbol{L}$、$\boldsymbol{L}_1$、$\boldsymbol{L}_2$ 构成了一个矢量三角形，其三边大小符合余弦定理，而 $L_1=hv$，$L_2=\mu$，$h=rv\cos\gamma$（γ 是速度矢量与当地水平面的夹角，称为速度倾斜角，如图 5-3 所示）。

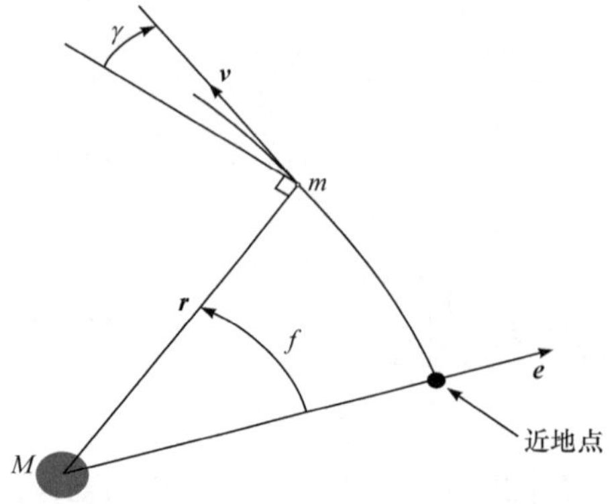

图 5-3　速度倾斜角示意图

按照余弦定理有

$$L^2=h^2v^2+\mu^2-2hv\mu\cos\gamma \tag{5-23}$$

能量常量为

$$E=\frac{v^2}{2}-\frac{\mu}{r}=\frac{v^2}{2}-\frac{v\mu\cos\gamma}{h} \tag{5-24}$$

式(5-24)进一步变化为

$$2Eh^2=h^2v^2-2hv\mu\cos\gamma \tag{5-25}$$

结合式(5-23)，有

$$L^2 = \mu^2 + 2Eh^2 \tag{5-26}$$

式(5-26)即为三个常量大小之间的关系。

5.2.2　航天器沿开普勒轨道运行的特性

利用式(5-15)，可以推出开普勒轨道方程如下(推导过程见第 4 章)：

$$r = \frac{h^2 / \mu}{1 + e\cos f} \tag{5-27}$$

式中，μ、h、e 均为常数，且当偏心率为负值时无意义，即 $e \geqslant 0$。f 为真近点角，即 $\boldsymbol{r}$ 和 $\boldsymbol{e}$ 之间的夹角，沿着航天器运动方向由近地点度量到航天器所在位置时的角度为正，如图 5-3 所示。若设 $p = h^2 / \mu$，代入式(5-27)，则有

$$r = \frac{p}{1 + e\cos f} \tag{5-28}$$

这就是中心引力场中二体问题的轨道方程，也称为开普勒轨道方程，几何上表示的是圆锥曲线。

由圆锥曲线性质知，当 $e = 0$ 时，式(5-28)描述的是圆周运动；当 $0 < e < 1$ 时，对应轨迹为椭圆；当 $e = 1$ 时，对应轨迹为抛物线；当 $e > 1$ 时，对应轨迹为双曲线。

对于绕地球运行的近地航天器，其轨道为椭圆或者圆，由于圆是椭圆的特例，因此下面以椭圆轨道为例分析航天器沿开普勒轨道运行时的特性，如运行速度、时间、周期、能量等。

式(5-28)描述的开普勒轨道方程是一个几何方程，正如第 4 章所述，描述椭圆几何特性的参数众多，下面先对相关参数之间的关系进行分析。

5.2.2.1　椭圆轨道的参数

如图 5-4 所示的某一椭圆轨道，C 为椭圆中心，O 为椭圆的一个焦点，假设地球中心位于焦点 O 上。

利用式(5-28)所示的轨道方程，当 $f = 0$ 时，航天器和地球相距最近，航天器所在的点称为近地点，以 P 表示。近地点距离 r_p (P 与 O 之间的距离)为

$$r_p = \frac{p}{1 + e} \tag{5-29}$$

此时，$\boldsymbol{r}$ 和 $\boldsymbol{e}$ 同方向，即偏心率矢量 $\boldsymbol{e}$ 的方向，是从焦点 O 指向近地点 P。

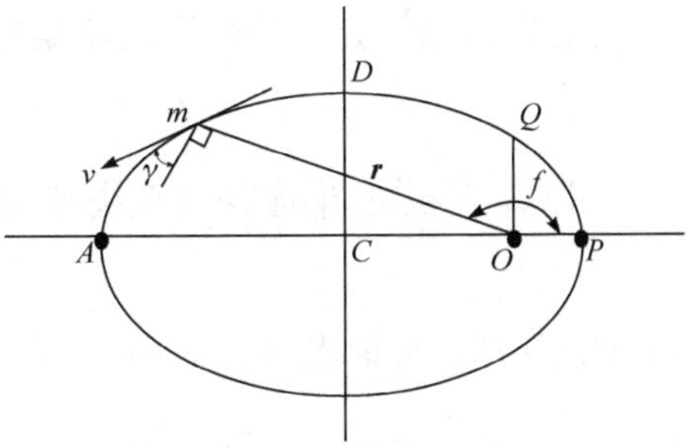

图 5-4　椭圆轨道的几何参数

当 $f = 180°$ 时，航天器和地球相距最远，航天器所在的点称为远地点，以 A 表示。远地点距离 r_a (A 与 O 之间的距离)为

$$r_a = \frac{p}{1 - e} \tag{5-30}$$

连接远地点 A 和近地点 P，所得直线 AP 称为拱线(椭圆的长轴)，其方向与矢量 $\boldsymbol{L}$

一致。

椭圆的长半轴为

$$a=\frac{1}{2}(r_p+r_a) \tag{5-31}$$

把式(5-29)和式(5-30)代入式(5-31)，得

$$a=\frac{p}{1-e^2} \tag{5-32}$$

以及

$$p=a(1-e^2) \tag{5-33}$$

椭圆的短半轴为

$$b=a\sqrt{1-e^2}=\frac{p}{\sqrt{1-e^2}} \tag{5-34}$$

椭圆的偏心距，即焦点 O 与中心 C 之间的距离，为

$$c=ae \tag{5-35}$$

根据图 5-4，有

$$e=\frac{a-r_p}{a} \tag{5-36}$$

把式(5-31)代入式(5-36)，则有

$$e=\frac{r_a-r_p}{r_a+r_p} \tag{5-37}$$

可见，在椭圆曲线的众多参数 (a,b,c,e,p,r_p,r_a) 中，只有两个是独立的，通常以 (a,e)、(p,e) 或 (r_p,r_a) 来确定椭圆轨道的大小和形状。

由式 $p=h^2/\mu$ 可得轨道动量矩的值为

$$h=\sqrt{\mu p} \tag{5-38}$$

可见，轨道的半通径完全决定航天器动量矩的大小。又由于

$$h=rv\cos\gamma \tag{5-39}$$

在近地点 P 和远地点 A，$\gamma=0$，故

$$h=r_p v_p=r_a v_a \tag{5-40}$$

把式(5-29)、式(5-30)和式(5-38)代入式(5-40)，得到近地点速度和远地点速度为

$$\begin{cases} v_p=\sqrt{\dfrac{\mu}{p}}(1+e) \\ v_a=\sqrt{\dfrac{\mu}{p}}(1-e) \end{cases} \tag{5-41}$$

式(5-41)也可以写成

$$\begin{cases} v_p = \sqrt{\dfrac{\mu}{a}\dfrac{r_a}{r_p}} \\ v_a = \sqrt{\dfrac{\mu}{a}\dfrac{r_p}{r_a}} \end{cases} \tag{5-42}$$

或者(由于 $a = (r_a + r_p)/2$)可以写成

$$\begin{cases} v_p = \sqrt{2\mu \dfrac{r_a}{r_p(r_a + r_p)}} \\ v_a = \sqrt{2\mu \dfrac{r_p}{r_a(r_a + r_p)}} \end{cases} \tag{5-43}$$

5.2.2.2 能量特性

航天器单位质量具有的能量称为比率能量。后文总是研究单位质量($m=1$)情况，所以将省略“比率”二字。

显然航天器的动能为

$$E_{\mathrm{k}} = \frac{v^2}{2} \tag{5-44}$$

航天器的势能决定于人为规定的参考面，即零势面。若取无穷远处为零势面，则物体的势能为

$$E_{\mathrm{p}} = -W = \int_{\infty}^{r} \frac{\mu}{r^2}\mathrm{d}r = -\frac{\mu}{r} \tag{5-45}$$

航天器的总能量为

$$E = E_{\mathrm{k}} + E_{\mathrm{p}} = \frac{v^2}{2} - \frac{\mu}{r} \tag{5-46}$$

结合之前定义的轨道能量常数 E，可见能量常数 E 就是单位质量的航天器具有的动能与势能(以半径为 ∞ 的球面作为零势面)之和。

若用远地点参数来表示总能量，则

$$E = \frac{{v_a}^2}{2} - \frac{\mu}{r_a} \tag{5-47}$$

把式(5-30)和式(5-42)代入式(5-47)，同时考虑式(5-32)，推导后得

$$E = -\frac{1}{2}\frac{\mu}{a} \tag{5-48}$$

可见，轨道长半轴的长度完全决定了航天器的总能量。

为了评定发射航天器所需要的能量(它间接反映对运载火箭的能量要求)，需要计算能量增益。当不考虑由地球旋转引起的牵连速度时，在地面上静止的航天器所具有的能

量为

$$E_{R_0} = -\frac{\mu}{R_0}$$

式中，R_0为地球表面上某点到地心的距离。因此，要使航天器在某一轨道上运行，所需的能量增量(或称“剩余能量”)为

$$\Delta E = E - E_{R_0} = \frac{v^2}{2} + \mu\left(\frac{1}{R_0} - \frac{1}{r}\right) \tag{5-49}$$

或

$$\Delta E = \mu\left(\frac{1}{R_0} - \frac{1}{2a}\right) \tag{5-50}$$

剩余能量ΔE有两方面的意义：一方面，它表示为了把单位质量的航天器从地面发射到给定轨道，运载火箭必须给予航天器多少能量；另一方面，它表示在航天器(如载人飞船)离开轨道返回地面的过程中必须耗散多少能量。

5.2.2.3 速度及其分量

根据式(5-46)和式(5-48)，有

$$\frac{v^2}{2} - \frac{\mu}{r} = -\frac{1}{2}\frac{\mu}{a} \tag{5-51}$$

则

$$v = \sqrt{\mu\left(\frac{2}{r} - \frac{1}{a}\right)} \tag{5-52}$$

式(5-52)给出了速度v与地心距r的关系式。把式(5-28)和式(5-32)代入式(5-52)，得到速度v随真近点角f变化的关系式：

$$v = \sqrt{\frac{\mu}{p}\left(1 + e^2 + 2e\cos f\right)} \tag{5-53}$$

速度矢量$\boldsymbol{v}$可以分解成相互正交的径向分量$\boldsymbol{v}_r = \mathrm{d}\boldsymbol{r}/\mathrm{d}t$(沿地心距矢量$\boldsymbol{r}$方向)和横向分量$\boldsymbol{v}_u = \boldsymbol{r}\mathrm{d}f/\mathrm{d}t$(垂直于矢量$\boldsymbol{r}$)，如图5-5所示。

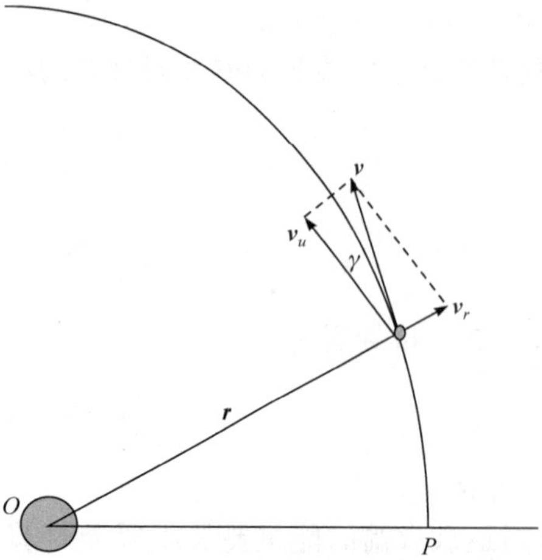

图5-5 速度的径向分量$\boldsymbol{v}_r$和横向分量$\boldsymbol{v}_u$

由于

$$h = rv\cos\gamma = rv_u$$

故横向速度分量大小为

$$v_u = \frac{h}{r} \tag{5-54}$$

把式(5-27)和式(5-38)代入式(5-54)，有

$$v_u = \sqrt{\frac{\mu}{p}}\left(1 + e\cos f\right) \tag{5-55}$$

径向分量为

$$v_r = \frac{\mathrm{d}r}{\mathrm{d}t} = \frac{\mathrm{d}r}{\mathrm{d}f}\frac{\mathrm{d}f}{\mathrm{d}t}$$

由式(5-28)，有

$$\frac{\mathrm{d}r}{\mathrm{d}f} = \frac{pe\sin f}{\left(1 + e\cos f\right)^2} \tag{5-56}$$

又因为 $v_u = r\dfrac{\mathrm{d}f}{\mathrm{d}t}$，有

$$\frac{\mathrm{d}f}{\mathrm{d}t} = \frac{h}{r^2} = \sqrt{\frac{\mu}{p^3}}\left(1 + e\cos f\right)^2 \tag{5-57}$$

所以

$$v_r = \frac{\mathrm{d}r}{\mathrm{d}t} = \sqrt{\frac{\mu}{p}} e\sin f \tag{5-58}$$

又由于

$$\sin\gamma = \frac{v_r}{v} \tag{5-59}$$

把式(5-58)代入式(5-59)，得

$$\sin\gamma = \frac{1}{v}\sqrt{\frac{\mu}{p}} e\sin f \tag{5-60}$$

或者再利用式(5-53)，式(5-60)也可以写为

$$\sin\gamma = \frac{e\sin f}{\sqrt{1 + e^2 + 2e\cos f}} \tag{5-61}$$

由式(5-61)可得速度倾斜角 γ 的值。若把速度分解成两个非正交的分量：一个是垂直于拱线的分量 $\boldsymbol{v}_l$；另一个是垂直于地心距矢量 $\boldsymbol{r}$ 的分量 $\boldsymbol{v}_n$，如图 5-6 所示。

速度分量 $\boldsymbol{v}_l$、$\boldsymbol{v}_n$ 与分量 $\boldsymbol{v}_r$、$\boldsymbol{v}_u$ 的大小有如下关系：

$$\begin{cases} v_l = \dfrac{v_r}{\sin f} \\ v_n = v_u - \dfrac{v_r}{\mathrm{tg}f} \end{cases} \tag{5-62}$$

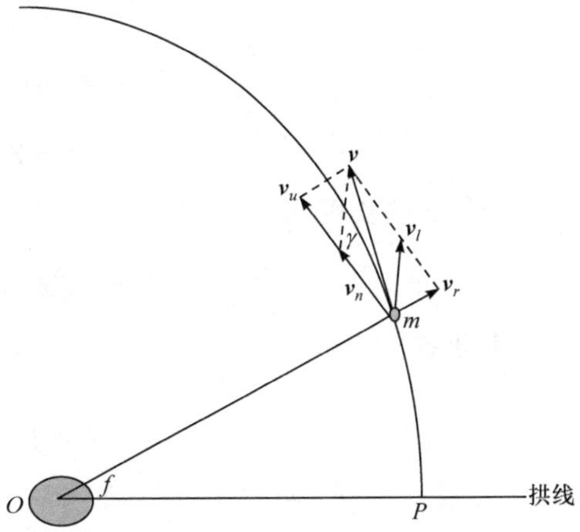

图 5-6　速度的非正交分解

把式(5-55)和式(5-58)代入式(5-62)，得到：

$$\begin{cases} v_l = \sqrt{\mu / p}e \\ v_n = \sqrt{\mu / p} \end{cases} \tag{5-63}$$

可见，这样分解的两个分量 v_l 和 v_n 在轨道上保持不变，这个性质称为 Whittaker 定理[1]。

5.2.2.4 沿椭圆轨道运行的时间历程

为了得到航天器运行的时间历程，把式(5-57)改写成

$$\mathrm{d}t = \sqrt{\frac{p^3}{\mu}} \frac{1}{(1+e\cos f)^2} \mathrm{d}f \tag{5-64}$$

积分得

$$t - t_p = \sqrt{\frac{p^3}{\mu}} \int_0^f \frac{\mathrm{d}f}{(1+e\cos f)^2} \tag{5-65}$$

式中，$t_p = t_{|f=0}$，即航天器经过近地点 P 的时刻。虽然能够得到 $t(f)$ 的解析表达式，但反过来求出 $f(t)$ 是很困难的。

为了克服这个困难，引入“偏近点角” E 代替真近点角 f 作为轨道方程的自变量。如图 5-7 所示，通过如下步骤可以作出 E：在椭圆外部作一辅助圆，与椭圆同心于 C，半径等于椭圆的长半轴。设 S 为椭圆上真近点角 f 所对应的点，过 S 作拱线的垂线与辅助圆相交于点 Q，则拱线与直线 CQ 间的夹角，就是偏近点角 E。定义两个平面坐标系 CXY 和 Oxy，如图 5-7 所示。

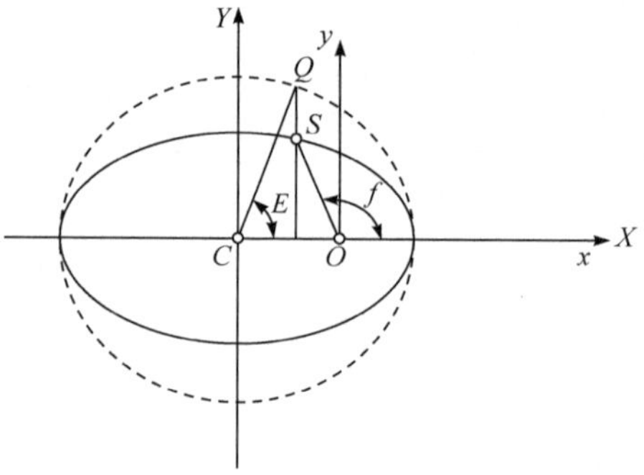

图 5-7 偏近点角 E 的定义

椭圆上的点 S 在坐标系 CXY 中的坐标为

$$X = a\cos E, \quad Y = b\sin E$$

考虑到椭圆中 $CO = c = ae, b = a\sqrt{1-e^2}$，则点 S 在坐标系 Oxy 中的坐标为

$$x = X - c = a(\cos E - e)$$

$$y = Y = a\sqrt{1-e^2}\sin E$$

矢径 $\boldsymbol{r}$ 的长度为

$$r = \sqrt{x^2 + y^2} = a(1 - e\cos E)$$

由此有

$$\begin{cases} \cos f = \dfrac{x}{r} = \dfrac{\cos E - e}{1 - e\cos E} \\ \sin f = \dfrac{y}{r} = \dfrac{\sqrt{1-e^2}\sin E}{1 - e\cos E} \end{cases} \tag{5-66}$$

以及

$$\cos E=\frac{e+\cos f}{1+e\cos f} \tag{5-67}$$

式(5-67)给出了 E 与 f 的关系。另外，利用式(5-66)也可以求得 E 与 f 的关系。由式(5-66)得

$$1-\cos f=\frac{(1+e)(1-\cos E)}{1-e\cos E}$$

$$1+\cos f=\frac{(1-e)(1+\cos E)}{1-e\cos E}$$

$$\mathrm{tg}^2\frac{f}{2}=\frac{1-\cos f}{1+\cos f}=\frac{1+e}{1-e}\cdot\frac{1-\cos E}{1+\cos E}=\frac{1+e}{1-e}\mathrm{tg}^2\frac{E}{2}$$

于是得到高斯(Gauss)方程，可以由 E 求出 f：

$$\mathrm{tg}\frac{f}{2}=\sqrt{\frac{1+e}{1-e}}\mathrm{tg}\frac{E}{2} \tag{5-68}$$

式中，$f/2$ 和 $E/2$ 在同一象限。

下面来看偏近点角 E 与时间 t 的关系。由式(5-66)还可以推出：

$$\begin{aligned}\cos f\mathrm{d}f&=\mathrm{d}\sin f\\&=\sqrt{1-e^2}\,\frac{(1-e\cos E)\cos E-\sin E(e\sin E)}{(1-e\cos E)^2}\mathrm{d}E\\&=\sqrt{1-e^2}\,\frac{\cos E-e}{(1-e\cos E)^2}\mathrm{d}E\\&=\sqrt{1-e^2}\,\frac{\cos f}{1-e\cos E}\mathrm{d}E\end{aligned} \tag{5-69}$$

因此

$$\mathrm{d}f=\frac{\sqrt{1-e^2}}{1-e\cos E}\mathrm{d}E \tag{5-70}$$

又因为

$$1+e\cos f=1+e\frac{\cos E-e}{1-e\cos E}=\frac{1-e^2}{1-e\cos E}$$

再把式(5-70)代入式(5-64)，得

$$t-t_p=\sqrt{\frac{p^3}{\mu\left(1-e^2\right)^3}}\int_0^E(1-e\cos E)\,\mathrm{d}E$$

所以

$$t-t_p=\sqrt{\frac{a^3}{\mu}}(E-e\sin E) \tag{5-71}$$

这就是偏近点角 E 与时间 t 的简单关系。

再引入两个量，平均角速度 n(平均角运动)

$$n=\sqrt{\mu / a^3} \tag{5-72}$$

和平近点角 M：

$$M=n(t-t_p) \tag{5-73}$$

于是，式(5-71)可以改写成

$$E-e\sin E=M \tag{5-74}$$

式(5-74)为超越方程，E 不能直接求解，可以通过迭代法求解。牛顿迭代法是求解上述超越方程的有效方法之一。例如，采用 Newton-Raphson 法时，只需建立如下函数：

$$f(E)=E-e\sin E-M \tag{5-75}$$

并求出使 $f(E)=0$ 的偏近点角 E。因为

$$f'(E)=1-e\cos E$$

所以迭代计算公式为

$$E_{(k+1)}=E_{(k)}-\frac{E_{(k)}-e\sin E_{(k)}-M}{1-e\cos E_{(k)}} \tag{5-76}$$

作为第 0 次迭代，可以取 $E_{(0)}=M$。

已知偏心率 e 和平近点角 M，求解偏近点角 E 的算法步骤如下。

第一步：按照如下标准选择 E_i，若 $M<\pi$，$E_i=M+\frac{e}{2}$；若 $M\geqslant\pi$，$E_i=M-\frac{e}{2}$，这里 E_i 和 M 的单位为弧度。

第二步：根据第一步确定的 E_i，可以在之后任意一步计算出 $f(E_i)=E_i-e\sin E_i-M$，以及 $f'(E_i)=1-e\cos E_i$。

第三步：计算比值 $\text{ratio}=\frac{f(E_i)}{f'(E_i)}$

第四步：若 $|\text{ratio}|$ 超出所要求的精度范围(如 10^{-8})，则利用 $E_{i+1}=E_i-\text{ratio}$ 重新计算 E 的值，令其为 E_i，再返回第二步。

第五步：若 $|\text{ratio}|$ 小于所要求的精度范围，则此时的 E_i 就是所设精度范围内的解。

例如，$e=0.2$，$M=1.1$，在精度 10^{-10} 下，正确结果为 $E=1.2922936398$。

最后，求卫星运转周期。卫星绕地球运行一周，f 由 0 变化到 2π，E 也由 0 变化到 2π。因此，由式(5-71)得到卫星运行周期的公式：

$$T=2\pi\sqrt{\frac{a^3}{\mu}} \tag{5-77}$$

可见，卫星运行周期完全决定于长半轴 a，与 a 的 $3/2$ 次方成正比。这就是天文学中开普勒第三定律的内容。

5.3　开普勒轨道六要素

下面分析为了确切描述航天器在空间运动的轨道特性至少需要哪些参数。一般地，可以通过航天器相对于给定坐标系的位置矢量 $\boldsymbol{r}$ 和速度矢量 $\boldsymbol{v}$ 描述其运动特性，将$(\boldsymbol{r},\boldsymbol{v})$称为航天器的状态向量，其在地心赤道惯性坐标系中分解，可以得到位置和速度的三轴分量。然而，这种描述方式不能形象直观地给出航天器轨道特性。也就是说，即使知道了航天器某一时刻的$(\boldsymbol{r},\boldsymbol{v})$，仍不能明确地判断它在空间运行的轨道是什么样的。为此，本节给出另一种描述方式，即轨道要素描述方式。

5.3.1　轨道六要素定义及作用

前面已经介绍了椭圆轨道的八个几何参数，且只需要两个参数即可描述椭圆的大小和形状，如长半轴和偏心率(其他参数均可由这两个参数导出)。另外，真近点角给出了某一时刻航天器在轨道上的具体位置。因此，长半轴、偏心率、真近点角三个参数，就可以描述平面内航天器运动轨道的特性。然而，轨道平面在三维空间的取向还不知道，为此，还需要确定轨道平面在空间的方位。为了在三维空间内描述某一轨道平面的方位，需要附加三个参数，如图 5-8 所示。

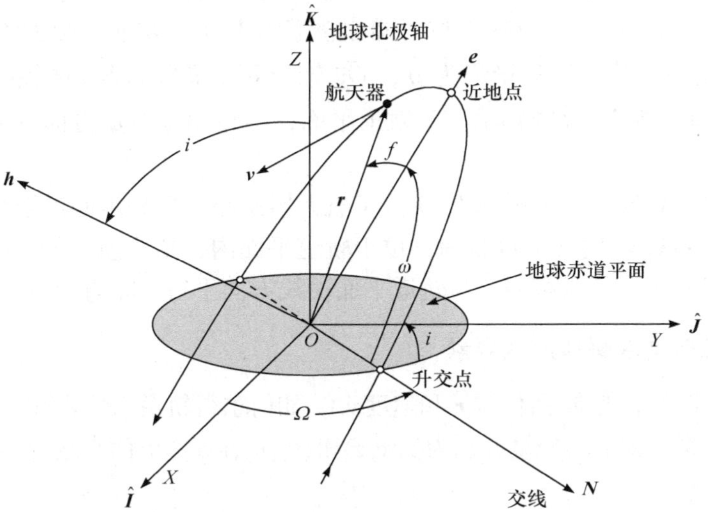

图 5-8　轨道六要素图

第一个是升交点赤经 Ω，即自 OX 轴(过春分点)方向在赤道平面内沿逆时针方向度量到升交点的地心张角。如图 5-8 所示，标出轨道平面与赤道平面(OXY)的相交线，称为交线。交线上轨道自下而上穿过赤道平面的点为升交点。交线的矢量 $\boldsymbol{N}$ 自原点 O 出发，向外延伸穿过升交点。在交线的另一端，轨道自上而下穿过赤道平面的点为降交点。OX 轴与交线之间的夹角为升交点赤经 Ω，从春分点向东度量，其值在$[0°,360°]$。

第二个是轨道倾角 i，即轨道平面和地球赤道平面的夹角，方向由右手定则确定，即由赤道平面向轨道平面绕交线矢量$\boldsymbol{N}$逆时针测量。此倾角也是地心赤道惯性坐标系的OZ轴与轨道平面法线之间的夹角。图 5-8 给出了这两种等同的测量i的方法。由于角动量矢量$\boldsymbol{h}$与轨道平面相垂直，因此i也为OZ轴与$\boldsymbol{h}$之间的夹角。轨道倾角i的值在[0°,180°]。

第三个是近地点幅角ω，即在轨道平面内沿卫星运动方向自轨道升交点度量到近地点的角度，也是交线矢量$\boldsymbol{N}$和偏心率矢量$\boldsymbol{e}$之间的夹角，在轨道平面内从升交点顺轨道运行方向度量，其值在[0°,360°]。

采用以上所给的六个参数，即长半轴a、偏心率e、真近点角f、轨道倾角i、升交点赤经Ω、近地点幅角ω，就可以确切地描述航天器在空间运行的轨道特性，将这些参数称为轨道要素或者轨道根数。

如图 5-8 所示，在轨道六个要素中，i和Ω决定了轨道平面在惯性空间的位置，ω决定了轨道在轨道平面内的指向，即近地点到升交点的角矩，a和e决定了轨道的大小和形状，f决定了航天器在轨道上的位置。它们共同确定了轨道平面在空间的取向、轨道在轨道平面中的取向、轨道的形状以及航天器在轨道上的位置。

如前所述，也经常在某一直角坐标系中通过状态参数($\boldsymbol{r},\boldsymbol{v}$)来描述航天器的运动特性。但是，相比较而言，采用轨道六要素描述的航天器运动，具有直观形象的特点。

既然轨道六要素可以描述航天器在空间的运动特性，地心赤道惯性坐标系中的位置$\boldsymbol{r}$和速度$\boldsymbol{v}$也可以描述航天器在空间的运动特性，则它们之间必将存在对应关系，且可以相互转换。为了建立以上两种描述方式之间的转换关系，先定义如下两个坐标系。

近焦点坐标系$\bar{O}\bar{x}\bar{y}\bar{z}$：坐标原点位于椭圆轨道的焦点，$\bar{O}\bar{x}\,\bar{y}$平面为轨道平面，$\bar{O}\bar{x}$轴从焦点指向近地点，其单位矢量记为$\hat{\boldsymbol{p}}$，$\bar{O}\bar{y}$轴沿着半通径且与$\bar{O}\bar{x}$轴间的真近点角为90°，其单位矢量记为$\hat{\boldsymbol{q}}$，$\bar{O}\bar{z}$轴垂直于轨道平面，与角动量矢量方向一致，其单位矢量记为$\hat{\boldsymbol{w}}$。

轨道坐标系$OX_0Y_0Z_0$：坐标原点O位于航天器质心，O到地心的连线为OZ_0轴，且指向地心为正；OX_0轴垂直于OZ_0轴，位于轨道平面内，指向航天器运行方向；OY_0轴与前两个轴构成右手直角坐标系，与轨道平面法线方向平行，即与动量矩矢量方向相反。

5.3.2 已知状态向量求解轨道六要素

若已知航天器的状态向量(位置$\boldsymbol{r}$和速度$\boldsymbol{v}$)，如何求得轨道六要素呢？假设$\boldsymbol{r}$、$\boldsymbol{v}$在地心赤道惯性坐标系三轴上的分量分别为(x, y, z)和(v_x, v_y, v_z)，下面直接给出求解步骤[2]。

(1) 计算距离：

$$r = \sqrt{\boldsymbol{r}\cdot\boldsymbol{r}} = \sqrt{x^2 + y^2 + z^2}$$

(2) 计算速度大小：

$$v = \sqrt{\boldsymbol{v}\cdot\boldsymbol{v}} = \sqrt{v_x^2 + v_y^2 + v_z^2}$$

(3) 计算径向速度大小：

$$v_r = \frac{\boldsymbol{r}\cdot\boldsymbol{v}}{r} = \frac{xv_x + yv_y + zv_z}{r}$$

注意：若$v_r > 0$，则航天器正飞离近地点；若$v_r < 0$，则航天器正飞向近地点。

(4) 计算比角动量：

$$\boldsymbol{h}=\boldsymbol{r}\times\boldsymbol{v}=\begin{vmatrix}\hat{\boldsymbol{I}} & \hat{\boldsymbol{J}} & \hat{\boldsymbol{K}}\\ x & y & z\\ v_x & v_y & v_z\end{vmatrix} \tag{5-78}$$

(5) 计算比角动量的模：

$$h=\sqrt{\boldsymbol{h}\cdot\boldsymbol{h}} \tag{5-79}$$

即第一个轨道要素。

(6) 计算倾角：

假设 $\boldsymbol{h}$ 在地心赤道惯性坐标系三个轴上的分量为(h_x，h_y，h_z)，则

$$i=\arccos\frac{h_z}{h} \tag{5-80}$$

此为第二个轨道要素。

注意：i 位于0°～180°，不存在象限不清问题。若 $90°<i\leqslant 180°$，则此轨道为逆行轨道。

(7) 计算中间变量：

$$\boldsymbol{N}=\hat{\boldsymbol{K}}\times\boldsymbol{h}=\begin{vmatrix}\hat{\boldsymbol{I}} & \hat{\boldsymbol{J}} & \hat{\boldsymbol{K}}\\ 0 & 0 & 1\\ h_x & h_y & h_z\end{vmatrix} \tag{5-81}$$

该矢量定义了交线。同样地，假设 $\boldsymbol{N}$ 在地心赤道惯性坐标系三轴上的分量为(N_x, N_y, N_z)。

(8) 计算 $\boldsymbol{N}$ 的模：

$$N=\sqrt{\boldsymbol{N}\cdot\boldsymbol{N}} \tag{5-82}$$

(9) 计算升交点赤经：

$$\Omega=\arccos\frac{N_x}{N} \tag{5-83}$$

这是第三个轨道要素。若 $\frac{N_x}{N}>0$，则 Ω 位于第一象限或第四象限；若 $\frac{N_x}{N}<0$，则 Ω 位于第二象限或第三象限。要将 Ω 放置于合适的象限，注意到：若 $N_y>0$，则升交点位于 OXZ 平面的东侧($0°\leqslant\Omega<180°$)；反之，若 $N_y<0$，则升交点位于 OXZ 平面的西侧($180°\leqslant\Omega<360°$)。因此，$N_y>0$ 时，$0°\leqslant\Omega<180°$；$N_y<0$ 时，$180°\leqslant\Omega<360°$。总结如下：

$$\Omega=\begin{cases}\arccos\dfrac{N_x}{N}, & N_y\geqslant 0\\ 360°-\arccos\dfrac{N_x}{N}, & N_y<0\end{cases} \tag{5-84}$$

(10) 计算偏心率矢量：

由式 $\frac{\boldsymbol{r}}{r}+\boldsymbol{e}=\frac{\dot{\boldsymbol{r}}\times\boldsymbol{h}}{\mu}$ 可知

$$\boldsymbol{e}=\frac{1}{\mu}\left[\boldsymbol{v}\times\boldsymbol{h}-\mu\frac{\boldsymbol{r}}{r}\right]=\frac{1}{\mu}\left[\boldsymbol{v}\times(\boldsymbol{r}\times\boldsymbol{v})-\mu\frac{\boldsymbol{r}}{r}\right]=\frac{1}{\mu}\left[\overbrace{\boldsymbol{r}v^2-\boldsymbol{v}(\boldsymbol{r}\cdot\boldsymbol{v})}^{\text{bac-cab法}}-\mu\frac{\boldsymbol{r}}{r}\right] \tag{5-85}$$

即

$$\boldsymbol{e}=\frac{1}{\mu}\left[(v^2-\frac{\mu}{r})\boldsymbol{r}-rv_r\boldsymbol{v}\right] \tag{5-86}$$

(11) 计算偏心率：

$$e=\sqrt{\boldsymbol{e}\cdot\boldsymbol{e}}$$

即第四个轨道要素。利用式(5-86)，可得仅由标量组成的表达式：

$$e=\frac{1}{\mu}\sqrt{(2\mu-rv^2)rv_r{}^2+(\mu-rv^2)^2} \tag{5-87}$$

(12) 计算近地点幅角：

$$\omega=\arccos\frac{\boldsymbol{N}\cdot\boldsymbol{e}}{Ne} \tag{5-88}$$

这是第五个轨道要素。若$\boldsymbol{N}\cdot\boldsymbol{e}>0$，则$\omega$位于第一象限或第四象限；若$\boldsymbol{N}\cdot\boldsymbol{e}<0$，则$\omega$位于第二象限或第三象限。若$\boldsymbol{e}$方向向上($OZ$轴正半轴)，则近地点位于赤道平面上方($0°\leqslant\omega<180°$)；若$\boldsymbol{e}$方向向下，则近地点位于赤道平面下方($180°\leqslant\omega<360°$)。因此，若假设$\boldsymbol{e}$在地心赤道惯性坐标系三轴上的分量为($e_x$, e_y, e_z)，则有$e_z\geqslant 0$时，$0°\leqslant\omega<180°$；$e_z<0$时，$180°\leqslant\omega<360°$。总结如下：

$$\omega=\begin{cases}\arccos\dfrac{\boldsymbol{N}\cdot\boldsymbol{e}}{Ne}, & e_z\geqslant 0\\ 360°-\arccos\dfrac{\boldsymbol{N}\cdot\boldsymbol{e}}{Ne}, & e_z<0\end{cases} \tag{5-89}$$

(13) 计算真近点角：

$$f=\arccos\frac{\boldsymbol{e}\cdot\boldsymbol{r}}{er} \tag{5-90}$$

这是第六个也是最后一个轨道要素。若$\boldsymbol{e}\cdot\boldsymbol{r}>0$，则$f$位于第一象限或第四象限；若$\boldsymbol{e}\cdot\boldsymbol{r}<0$，则$f$位于第二象限或第三象限。若航天器正飞离近地点($\boldsymbol{r}\cdot\boldsymbol{v}\geqslant 0$)，则$0°\leqslant f<180°$；若航天器正飞向近地点($\boldsymbol{r}\cdot\boldsymbol{v}<0$)，则$180°\leqslant f<360°$。因此，由第(3)步的结果可知

$$f=\begin{cases}\arccos\dfrac{\boldsymbol{e}\cdot\boldsymbol{r}}{er}, & v_r\geqslant 0\\ 360°-\arccos\dfrac{\boldsymbol{e}\cdot\boldsymbol{r}}{er}, & v_r<0\end{cases} \tag{5-91}$$

利用式(5-86)，式(5-91)可另写为

$$f=\begin{cases}\arccos\left[\dfrac{1}{e}\left(\dfrac{h^2}{\mu r}-1\right)\right], v_r \geqslant 0\\ 360^\circ-\arccos\left[\dfrac{1}{e}\left(\dfrac{h^2}{\mu r}-1\right)\right],\quad v_r<0\end{cases} \tag{5-92}$$

上述计算轨道要素的方法并不是唯一的。

值得一提的是，利用以上计算步骤，不仅可以求出近地航天器的轨道要素，而且可以在求解其他行星或太阳轨道根数时，只需重新定义一个坐标系并代入适当的引力参数 μ 即可。

5.3.3　已知轨道六要素求解状态向量

上面介绍了已知航天器在地心赤道惯性坐标系中的位置和速度，求解轨道六要素的方法，那么若已知轨道六要素，是否能够求解出航天器在地心赤道惯性坐标系中的状态向量 $(\boldsymbol{r},\boldsymbol{v})$ 呢？分析之前，需要先给出地心赤道惯性坐标系和近焦点坐标系间的坐标变换关系[3]。

由于轨道位于 $\bar{O}\bar{x}\,\bar{y}$ 平面，航天器状态向量 $(\boldsymbol{r},\boldsymbol{v})$ 在近焦点坐标系中的表达式如下：

$$\boldsymbol{r}=\frac{h^2}{\mu}\frac{1}{1+e\cos f}(\cos f\ \hat{\boldsymbol{p}}+\sin f\hat{\boldsymbol{q}})$$

$$\boldsymbol{v}=\frac{\mu}{h}\left[-\sin f\ \hat{\boldsymbol{p}}+(e+\cos f)\hat{\boldsymbol{q}}\right]$$

因此可知相对于近焦点坐标系，航天器的状态向量 $(\boldsymbol{r},\boldsymbol{v})$ 为

$$\boldsymbol{r}=\bar{x}\hat{\boldsymbol{p}}+\bar{y}\hat{\boldsymbol{q}}=\frac{h^2}{\mu}\frac{1}{1+e\cos f}(\cos f\ \hat{\boldsymbol{p}}+\sin f\hat{\boldsymbol{q}}) \tag{5-93}$$

$$\boldsymbol{v}=\dot{\bar{x}}\ \hat{\boldsymbol{p}}+\dot{\bar{y}}\hat{\boldsymbol{q}}=\frac{\mu}{h}\left[-\sin f\ \hat{\boldsymbol{p}}+(e+\cos f)\hat{\boldsymbol{q}}\right] \tag{5-94}$$

写成矩阵的形式：

$$\boldsymbol{r}_{\bar{x}}=\frac{h^2}{\mu}\frac{1}{1+e\cos f}\begin{bmatrix}\cos f\\ \sin f\\ 0\end{bmatrix} \tag{5-95}$$

$$\boldsymbol{v}_{\bar{x}}=\frac{\mu}{h}\begin{bmatrix}-\sin f\\ e+\cos f\\ 0\end{bmatrix} \tag{5-96}$$

式中，下标 $\bar{x}$ 表明状态向量 $(\boldsymbol{r},\boldsymbol{v})$ 是相对于近焦点坐标系表达的。

对于地心赤道惯性坐标系到近焦点坐标系的变换，可通过如图 5-9 所示的三次旋转完成，即分别绕 $\hat{\boldsymbol{K}}$ 、过渡坐标系的 $\hat{\boldsymbol{I}}'$ 和 $\hat{\boldsymbol{w}}'$ 三轴旋转 Ω 、i 和 ω 。

因此，地心赤道惯性坐标系至近焦点坐标系的变换矩阵 $\boldsymbol{Q}_{x\bar{x}}$ 为

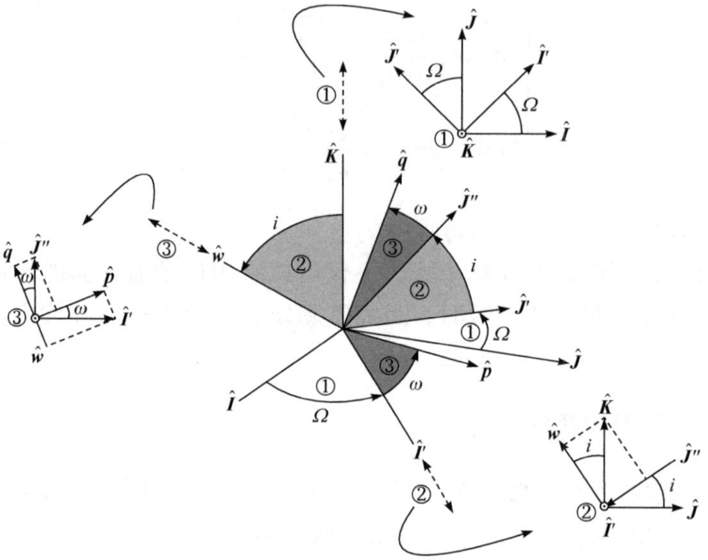

图 5-9　由 $\hat{\boldsymbol{I}}\hat{\boldsymbol{J}}\hat{\boldsymbol{K}}$ 到 $\hat{\boldsymbol{p}}\hat{\boldsymbol{q}}\hat{\boldsymbol{w}}$ 的三次旋转变换顺序[3]

$$\boldsymbol{Q}_{x\bar{x}} = \boldsymbol{R}_3(\omega)\boldsymbol{R}_1(i)\boldsymbol{R}_3(\Omega) \tag{5-97}$$

将相应的基元矩阵代入式(5-97)，可得

$$\boldsymbol{Q}_{x\bar{x}} = \begin{bmatrix} \cos\Omega\cos\omega - \sin\Omega\sin\omega\cos i & \sin\Omega\cos\omega + \cos\Omega\cos i\sin\omega & \sin i\sin\omega \\ -\cos\Omega\sin\omega - \sin\Omega\cos i\cos\omega & -\sin\Omega\sin\omega + \cos\Omega\cos i\cos\omega & \sin i\cos\omega \\ \sin\Omega\sin i & -\cos\Omega\sin i & \cos i \end{bmatrix} \tag{5-98}$$

显然这是一个正交矩阵，其逆矩阵等于转置矩阵，可得由 $\bar{O}\bar{x}\,\bar{y}\,\bar{z}$ 坐标系至 $OXYZ$ 坐标系的变换矩阵为

$$\boldsymbol{Q}_{x\bar{x}} = \begin{bmatrix} \cos\Omega\cos\omega - \sin\Omega\sin\omega\cos i & -\cos\Omega\sin\omega - \sin\Omega\cos i\cos\omega & \sin\Omega\sin i \\ \sin\Omega\cos\omega + \cos\Omega\cos i\sin\omega & -\sin\Omega\sin\omega + \cos\Omega\cos i\cos\omega & -\cos\Omega\sin i \\ \sin i\sin\omega & \sin i\cos\omega & \cos i \end{bmatrix} \tag{5-99}$$

若已知地心赤道惯性坐标系中航天器的位置 $\boldsymbol{r}$ 和速度 $\boldsymbol{v}$，则其在地心赤道惯性坐标系中的状态向量可以表示如下：

$$\boldsymbol{r} = \boldsymbol{r}_x = \begin{bmatrix} x \\ y \\ z \end{bmatrix}, \quad \boldsymbol{v} = \boldsymbol{v}_x = \begin{bmatrix} v_x \\ v_y \\ v_z \end{bmatrix} \tag{5-100}$$

式中，$\boldsymbol{r}_x$、$\boldsymbol{v}_x$ 的下标 x 表示状态向量$(\boldsymbol{r},\boldsymbol{v})$相对于地心赤道惯性坐标系的表达，则近焦点坐标系中相应的各分量，可通过矩阵相乘得到：

$$\boldsymbol{r}_{\bar{x}} = \begin{bmatrix} \bar{x} \\ \bar{y} \\ 0 \end{bmatrix} = \boldsymbol{Q}_{x\bar{x}}\boldsymbol{r}_x, \quad \boldsymbol{v}_{\bar{x}} = \begin{bmatrix} \dot{\bar{x}} \\ \dot{\bar{y}} \\ 0 \end{bmatrix} = \boldsymbol{Q}_{x\bar{x}}\boldsymbol{v}_x \tag{5-101}$$

同样的，从近焦点坐标系到地心赤道惯性坐标系的变换为

$$r_x = Q_{\bar{x}x} r_{\bar{x}}, \quad v_x = Q_{\bar{x}x} v_{\bar{x}} \tag{5-102}$$

得到以上坐标变换关系之后，就可以求出给定轨道六要素所对应的状态向量(位置 $\boldsymbol{r}$ 和速度 $\boldsymbol{v}$)。下面给出详细计算过程。

(1) 利用式(5-95)计算出近焦点坐标系中的位置矢量 $\boldsymbol{r}_{\bar{x}}$ 。

(2) 利用式(5-96)计算出近焦点坐标系中的速度矢量 $\boldsymbol{v}_{\bar{x}}$ 。

(3) 利用式(5-99)计算出由近焦点坐标系至地心赤道惯性坐标系的变换矩阵 $\boldsymbol{Q}_{\bar{x}x}$ 。

(4) 利用式(5-102)将 $\boldsymbol{r}_{\bar{x}}$ 和 $\boldsymbol{v}_{\bar{x}}$ 转换为地心赤道惯性坐标系内的位置 $\boldsymbol{r}_x$ 和速度 $\boldsymbol{v}_x$ 。

注意：此算法也适用于围绕其他行星或太阳的轨道。

5.4 航天器轨道摄动

在 5.1 节中介绍了二体中心引力场中，只考虑航天器所受的主天体引力作用下的轨道特性。实际上，由第 4 章内容可知，地球并非均质球体(非中心引力场)，而且航天器除受到地球引力作用外，还会受到环境作用力，由于这些力相对很小，因此在初步设计和研究中常常忽略。但是在航天器长期在轨运行过程中，特别是轨道的长期演化研究中，这些力必须考虑。

5.4.1 轨道摄动原因

航天器的实际轨道相对于理想轨道的偏差称为轨道摄动。产生摄动的原因是假设条件与实际不符。例如，开普勒轨道就是一种理想轨道，它基于航天器只受到地球中心引力的假设。但是，航天器在实际运行过程中，所受的力并非中心引力，而且不仅仅是引力，因此实际运动轨道将偏离理想轨道。

对于开普勒轨道而言，形成轨道摄动的主要因素包括以下几个方面：

(1) 地球并不是匀质的圆球，因而地球引力加速度并不能以 $-(\mu / r^3)\boldsymbol{r}$ 的形式准确描述，实际引力与中心引力会存在偏差；

(2) 航天器运行的空间仍存在稀薄的空气，因而会对航天器产生空气动力作用，主要是阻力作用；

(3) 月球、太阳以及其他天体也会对航天器产生引力作用；

(4) 太阳辐射的压力作用。

以上四方面因素相对应的力依次称为地球非球形引力摄动力、大气阻力摄动力、日月引力摄动力、太阳光压摄动力，这些力长期作用的结果就是航天器实际轨道偏离理想轨道。就性质而言，航天器的摄动力分为保守力和非保守力两类。保守力的特点是不改变航天器的总能量，而非保守力则会引起总能量的变化。在前述的四种摄动力中，地球非球形引力摄动力、日月引力摄动力属于保守力范畴，而大气阻力摄动力则属于非保守力。对于太阳光压摄动力，需针对给定航天器进行针对性分析。

摄动力的大小主要与航天器所处的轨道有关。例如，大气阻力摄动力的作用随轨道高度的增加而减弱，一般认为轨道高度在 1000km 以上，大气阻力的影响可以忽略不计；

日月引力摄动力的影响随着轨道高度的增加而增强。常见轨道高度处的摄动加速度大小如表 5-1 所示(具体计算结果与模型和参数的选取有关，此处仅供参考)。

表 5-1 常见轨道高度处的摄动加速度大小

摄动因素	低轨道 (约 500km)	中高轨道 (约 2000km)	地球静止轨道 (约 35800km)
二阶带谐项/(m/s²)	1.2×10^{-2}	1.9×10^{-3}	10^{-4}
其他非球形摄动/(m/s²)	3.3×10^{-4}	1.6×10^{-7}	10^{-9}
月球引力/(m/s²)	1.2×10^{-6}	1.4×10^{-6}	7×10^{-6}
太阳引力/(m/s²)	5.0×10^{-7}	7.0×10^{-7}	3.4×10^{-6}
大气阻力/(m/s²)	3.3×10^{-7}	—	—
太阳辐射压力/(m/s²)	1.6×10^{-7}	1.6×10^{-7}	5×10^{-7}
其他摄动力/(m/s²)	10^{-8}	10^{-8}	—

注：计算大气阻力时面质比取 0.0225， 阻力系数取 2.2。

从表 5-1 中数据可以看出，对于低轨航天器，地球非球形摄动中的二阶带谐项(J_2项摄动)是主要摄动因素，其他摄动力至少小两个量级。另外，鉴于大气阻力是非保守力，尽管幅值不大，但长时间的累积效应不容忽视。对于位于地球静止轨道的航天器，轨道高度约 35800km，所以并不需要考虑大气阻力，但需要考虑太阳光压摄动和日月引力摄动。因此，一般情况下，对于低轨航天器，主要考虑地球非球形引力摄动力和大气阻力摄动力这两种摄动力因素；对于中高轨道航天器，一般考虑地球非球形引力摄动力、日月引力摄动力和太阳光压摄动力。

5.4.1.1 地球非球形摄动

如第 4 章所述，地球引力势由两部分组成，中心引力势$\left(\dfrac{\mu}{r}\right)$和非中心引力势(也称“摄动势”)$\Delta U$，$\Delta U$ 表达式为

$$\Delta U=-\frac{\mu}{r}\left[\sum_{n=2}^{\infty}J_n\left(\frac{R_e}{r}\right)P_n(\sin\varphi)+\sum_{n=2}^{\infty}\sum_{m=1}^{n}\left(\frac{R_e}{r}\right)^n Y_{n,m}(\varphi,\lambda)\right] \tag{5-103}$$

当航天器不做轨道机动时，对于大多数应用情况，只考虑带形谐函数的影响。于是引力势的表达式简化为

$$U=\frac{\mu}{r}\left[1-\sum_{n=2}^{\infty}J_n\left(\frac{R_e}{r}\right)P_n(\sin\varphi)\right] \tag{5-104}$$

此时仅取反映地球扁率影响的 J_2 项就足够了，与其对应的地球引力势称为标准地球引力势，表达式为

$$U=\frac{\mu}{r}\left[1-J_2\left(\frac{R_e}{r}\right)^2\frac{1}{2}(3\sin^2\varphi-1)\right] \tag{5-105}$$

因为引力势的梯度即为引力加速度，所以在地心赤道惯性坐标系下的引力加速度为

$$\begin{cases} g_x = \dfrac{\partial U}{\partial x} = -\dfrac{\mu x}{r^3} + \Delta g_x \\ g_y = \dfrac{\partial U}{\partial y} = -\dfrac{\mu y}{r^3} + \Delta g_y \\ g_z = \dfrac{\partial U}{\partial z} = -\dfrac{\mu z}{r^3} + \Delta g_z \end{cases} \tag{5-106}$$

式中，Δg_x、Δg_y、Δg_z 表示引力摄动加速度，仅考虑 J_2 项的摄动加速度可以表示为

$$\begin{cases} \Delta g_x = -\dfrac{3}{2} J_2 R_e^2 \mu \dfrac{x}{r^5}\left(1 - \dfrac{5z^2}{r^2}\right) \\ \Delta g_y = -\dfrac{3}{2} J_2 R_e^2 \mu \dfrac{y}{r^5}\left(1 - \dfrac{5z^2}{r^2}\right) \\ \Delta g_z = -\dfrac{3}{2} J_2 R_e^2 \mu \dfrac{z}{r^5}\left(3 - \dfrac{5z^2}{r^2}\right) \end{cases} \tag{5-107}$$

5.4.1.2　日月引力摄动

航天器在围绕地球运行时还受到太阳、月球的吸引。日月引力摄动力是两个加速度矢量差和航天器质量的乘积。这个加速度矢量差是日月对航天器的引力加速度减去日月对地球的引力加速度。

在地心赤道惯性坐标系下，日月引力产生的摄动加速度矢量为

$$\boldsymbol{a}_{\mathrm{s}} = \mu_{\mathrm{s}}\left(-\frac{\boldsymbol{r}_{\mathrm{s}}}{r_{\mathrm{s}}^3} - \frac{\boldsymbol{r} - \boldsymbol{r}_{\mathrm{s}}}{\|\boldsymbol{r} - \boldsymbol{r}_{\mathrm{s}}\|^3}\right) \tag{5-108}$$

$$\boldsymbol{a}_{\mathrm{l}} = \mu_{\mathrm{l}}\left(-\frac{\boldsymbol{r}_{\mathrm{l}}}{r_{\mathrm{l}}^3} - \frac{\boldsymbol{r} - \boldsymbol{r}_{\mathrm{l}}}{\|\boldsymbol{r} - \boldsymbol{r}_{\mathrm{l}}\|^3}\right) \tag{5-109}$$

式中，下标 s 表示太阳；下标 l 表示月球；μ_{s} 是太阳引力常数，其值为 $1.32712438 \times 10^{20}\ \mathrm{m^3/s^2}$；$\mu_{\mathrm{l}}$ 是月球引力常数，其值为 $4.90279346 \times 10^{12}\ \mathrm{m^3/s^2}$；$\boldsymbol{r}$ 为从地球到航天器的位置矢量；$\boldsymbol{r}_{\mathrm{s}}$ 为从太阳到航天器的位置矢量；$\boldsymbol{r}_{\mathrm{l}}$ 为从月球到航天器的位置矢量。

在地心赤道惯性坐标系下，航天器受到的日月引力摄动加速度分别为

$$\begin{cases} a_{\mathrm{s}x} = \mu_{\mathrm{s}}\left(-\dfrac{x_{\mathrm{s}}}{r_{\mathrm{s}}^3} - \dfrac{x - x_{\mathrm{s}}}{\varDelta_{\mathrm{s}}^3}\right) \\ a_{\mathrm{s}y} = \mu_{\mathrm{s}}\left(-\dfrac{y_{\mathrm{s}}}{r_{\mathrm{s}}^3} - \dfrac{y - y_{\mathrm{s}}}{\varDelta_{\mathrm{s}}^3}\right) \\ a_{\mathrm{s}z} = \mu_{\mathrm{s}}\left(-\dfrac{z_{\mathrm{s}}}{r_{\mathrm{s}}^3} - \dfrac{z - z_{\mathrm{s}}}{\varDelta_{\mathrm{s}}^3}\right) \end{cases} \tag{5-110}$$

$$\begin{cases} a_{1x} = \mu_1\left(-\dfrac{x_1}{r_1^3} - \dfrac{x - x_1}{\Delta_1^3}\right) \\ a_{1y} = \mu_1\left(-\dfrac{y_1}{r_1^3} - \dfrac{y - y_1}{\Delta_1^3}\right) \\ a_{1z} = \mu_1\left(-\dfrac{z}{r_1^3} - \dfrac{z - z_1}{\Delta_1^3}\right) \end{cases} \tag{5-111}$$

式中，Δ_s 和 Δ_1 分别为太阳和月球在地心赤道惯性坐标系中的坐标。

5.4.1.3 大气阻力摄动

对于在低轨道上运行的航天器，大气会对其运动产生阻尼作用，引起航天器轨道的衰减，使轨道呈螺旋线下降。大气阻力和大气密度密切相关，由于大气密度、大气运动状态等因素难以准确得到，因此很难精确给出大气阻力摄动。

由空气动力学知识可知，在大气中运行的航天器受到的空气阻力大小为

$$X = -\frac{1}{2}C_x\rho v^2 S \tag{5-112}$$

式中，C_x 是阻力系数；ρ 是大气密度；S 是参考面积；v 是航天器质心相对于大气的速度。

阻力方向与速度矢量方向相反，摄动加速度矢量则为

$$\boldsymbol{a}_X = \frac{\boldsymbol{X}}{m} = -\frac{\rho v^2 S C_x}{2m}\frac{\boldsymbol{v}}{v} = -\sigma\rho v^2\frac{\boldsymbol{v}}{v} \tag{5-113}$$

式中，σ 为弹道系数，定义如下：

$$\sigma = \frac{C_x S}{2m} \tag{5-114}$$

大气阻力摄动加速度在轨道坐标系三轴上的分量为

$$\begin{bmatrix} a_{XX_0} \\ a_{XY_0} \\ a_{XZ_0} \end{bmatrix} = a_X \begin{bmatrix} -\cos\gamma \\ 0 \\ \sin\gamma \end{bmatrix} \tag{5-115}$$

再利用轨道坐标系与地心赤道惯性坐标系的坐标变换关系，可知

$$\begin{bmatrix} a_{XX_0} \\ a_{XY_0} \\ a_{XZ_0} \end{bmatrix} = \boldsymbol{L}_{\mathrm{IO}} \begin{bmatrix} a_{Xx} \\ a_{Xy} \\ a_{Xz} \end{bmatrix} \tag{5-116}$$

式中，a_{XX_0}、a_{XY_0}、a_{XZ_0} 为大气阻力摄动加速度在轨道坐标系三轴上的分量；a_{Xx}、a_{Xy}、a_{Xz} 为大气阻力摄动加速度在地心赤道惯性坐标系三轴上的分量；$\boldsymbol{L}_{\mathrm{IO}}$ 为地心赤道惯性坐标系到轨道坐标系的坐标变换矩阵。

利用地心赤道惯性坐标系与近焦点坐标系之间的坐标变换关系式(5-98)，以及近焦点坐标系和轨道坐标系之间的定义(注意这里要用纬度幅角 $u = \omega + f$ 代替式(5-98)中的近地点幅角 ω)，有

$$\begin{bmatrix} a_{XX_0} \\ a_{XY_0} \\ a_{XZ_0} \end{bmatrix} = \begin{bmatrix} 0 & 1 & 0 \\ 0 & 0 & -1 \\ -1 & 0 & 0 \end{bmatrix} \begin{bmatrix} a_{X\bar{x}} \\ a_{X\bar{y}} \\ a_{X\bar{z}} \end{bmatrix} = \begin{bmatrix} 0 & 1 & 0 \\ 0 & 0 & -1 \\ -1 & 0 & 0 \end{bmatrix} \boldsymbol{Q}_{x\bar{x}} \begin{bmatrix} a_{Xx} \\ a_{Xy} \\ a_{Xz} \end{bmatrix} \tag{5-117}$$

式中，$a_{X\bar{x}}$、$a_{X\bar{y}}$、$a_{X\bar{z}}$ 为大气阻力摄动加速度在近焦点坐标系三轴上的分量。因此

$$\begin{aligned} \boldsymbol{L}_{\mathrm{IO}} &= \begin{bmatrix} 0 & 1 & 0 \\ 0 & 0 & -1 \\ -1 & 0 & 0 \end{bmatrix} \boldsymbol{Q}_{x\bar{x}} \\ &= \begin{bmatrix} -\sin u\cos\Omega-\cos u\cos i\sin\Omega & -\sin u\sin\Omega+\cos u\cos i\cos\Omega & \cos u\sin i \\ -\sin i\sin\Omega & \sin i\cos\Omega & -\cos i \\ -\cos u\cos\Omega+\sin u\cos i\sin\Omega & -\sin u\cos\Omega-\sin u\cos i\cos\Omega & \sin u\sin i \end{bmatrix} \end{aligned} \tag{5-118}$$

则阻力加速度在地心赤道惯性坐标系下的分量为

$$\begin{bmatrix} a_{Xx} \\ a_{Xy} \\ a_{Xz} \end{bmatrix} = \boldsymbol{L}_{\mathrm{IO}}^{\mathrm{T}} \begin{bmatrix} a_{XX_0} \\ a_{XY_0} \\ a_{XZ_0} \end{bmatrix} \tag{5-119}$$

5.4.1.4 太阳光压摄动

在量子力学中，太阳光被认为是光子流，当光子流射到航天器表面时，一部分被吸收，一部分被反射，极少一部分穿透而过。在这一过程中，动能传递给航天器，其作用相当于航天器受到来自太阳的压力，称为太阳辐射压力(或太阳光压力)。太阳光压力对大而轻的高轨道航天器的影响比较显著，但当航天器进入地球阴影区时消失。

太阳光压力对航天器产生的摄动加速度矢量为

$$\boldsymbol{a}_{\mathrm{R}} = \upsilon k\left(\frac{S}{m}\right)\rho_{\mathrm{s}}\left(\varDelta_0^2/\varDelta^2\right)\left(\frac{\boldsymbol{\varDelta}}{\varDelta}\right) \tag{5-120}$$

式中，υ 为地影常数，当航天器处于地影中时为 0，当航天器离开地影时为 1；$k=1+\eta$，η 为反射系数，当航天器表面为完全反射时 $\eta=1$，若为完全吸收则 $\eta=0$；ρ_{s} 为太阳光压在地球表面处的光压强度，其值为 $4.560\times10^{-6}\ \mathrm{N/m^2}$；$\dfrac{S}{m}$ 为航天器的面质比；$\varDelta_0$ 为日地距离；$\boldsymbol{\varDelta}$ 为航天器与太阳的相对位置矢量，从太阳指向航天器；$\varDelta$ 为航天器与太阳的距离。

在地心赤道惯性坐标系下，航天器受到的太阳光压摄动加速度为

$$\begin{cases} a_{\mathrm{R}x} = \upsilon k\left(\dfrac{S}{m}\right)\rho_{\mathrm{s}}\dfrac{\varDelta_0^2}{\varDelta^2}\dfrac{x-x_0}{\varDelta} \\ a_{\mathrm{R}y} = \upsilon k\left(\dfrac{S}{m}\right)\rho_{\mathrm{s}}\dfrac{\varDelta_0^2}{\varDelta^2}\dfrac{y-y_0}{\varDelta} \\ a_{\mathrm{R}z} = \upsilon k\left(\dfrac{S}{m}\right)\rho_{\mathrm{s}}\dfrac{\varDelta_0^2}{\varDelta^2}\dfrac{z-z_0}{\varDelta} \end{cases} \tag{5-121}$$

式中，x_0、y_0、z_0 为太阳在地心赤道惯性坐标系下的坐标；x、y、z 为航天器质心在地心赤道惯性坐标系下的坐标。

5.4.2 轨道摄动方程

考虑以上各种因素产生的摄动加速度后，航天器的运动方程变为

$$\ddot{\boldsymbol{r}} = -\frac{\mu}{r^3}\boldsymbol{r} + \Delta\boldsymbol{a} \tag{5-122}$$

式中，摄动加速度 $\Delta\boldsymbol{a} = \Delta\boldsymbol{g} + \boldsymbol{a}_{\mathrm{s}} + \boldsymbol{a}_{\mathrm{l}} + \boldsymbol{a}_{\mathrm{D}} + \boldsymbol{a}_{\mathrm{R}}$ 。

式(5-122)就是一般意义下的轨道摄动方程，若已知摄动加速度 $\Delta\boldsymbol{a}$ ，求解该方程就可以得到轨道摄动的大小和变化特性。有两种不同的方法用于分析轨道摄动特性，即特殊摄动法和一般摄动法。特殊摄动法是在给定的初始条件下，对于给定的航天器，用数值计算方法求解式(5-122)，得到一组数值解，基于此分析该条件下的轨道摄动特性，该方法所得解是给定初始条件下的特解，不具有普遍性。一般摄动法是将摄动力展开成级数，用逐项积分的解析法求以上微分方程的解，这样的解具有普遍意义，对所有航天器和所有初始条件都适用。下面介绍一般摄动法中的轨道要素变动法。

在 5.2 节中已经指出，在二体中心引力场中运动的航天器的轨道是开普勒轨道，其轨道要素是恒定不变的。考虑摄动力后，航天器实际轨道不再是开普勒轨道，因而不存在恒定不变的轨道要素。为了研究方便，这里引入密切轨道和密切轨道要素的概念。

假设，在二体中心引力和摄动力的作用下，航天器的实际轨道沿着某一弧线(与开普勒轨道不同)。在实际轨道上任意一点 C，航天器的位置矢量为 $\boldsymbol{r}$ ，速度矢量为 $\boldsymbol{v}$ ，它们能唯一地确定一条椭圆轨道以及该轨道的六个要素。这里把由实际轨道某一点处的 $\boldsymbol{r}$ 和 $\boldsymbol{v}$ 确定的椭圆轨道称为密切椭圆轨道，把相应的轨道要素称为密切轨道要素。密切椭圆轨道的物理意义：假如航天器运动到 C 点，各种摄动力突然消失，则之后航天器将沿着该点处的密切椭圆轨道运行。

可见，密切椭圆轨道与实际轨道在 C 点处相切。在实际轨道的不同点，对应着不同的密切椭圆轨道和不同的密切轨道要素，因此，在摄动力作用下轨道要素是随时间变化的。轨道要素变动法的实质就是建立轨道要素的微分方程，然后用数值法或者解析法进行求解，得到轨道要素的变化历程，研究各种摄动力引起的轨道要素变化。这时，轨道摄动方程就是关于密切轨道要素的微分方程。下面直接给出两组常用的轨道摄动方程组[4]。

第一组：将摄动加速度以它在轨道坐标系中的分量表示，即径向分量 a_{r} 、横向分量 a_{u} 和法向分量 a_{h} 。

$$\begin{cases} \dfrac{\mathrm{d}p}{\mathrm{d}t} = 2\sqrt{\dfrac{p}{\mu}}\,r a_{\mathrm{u}} \\ \dfrac{\mathrm{d}e}{\mathrm{d}t} = \sqrt{\dfrac{p}{\mu}}\left[a_{\mathrm{r}}\sin f + a_{\mathrm{u}}\left(1+\dfrac{r}{p}\right)\cos f + a_{\mathrm{u}}\dfrac{er}{p}\right] \\ \dfrac{\mathrm{d}\Omega}{\mathrm{d}t} = \dfrac{r\sin(\omega+f)}{\sqrt{\mu p}\sin i}a_{\mathrm{h}} \end{cases}$$

$$
\begin{cases}
\dfrac{\mathrm{d}i}{\mathrm{d}t}=\dfrac{r\cos(\omega+f)}{\sqrt{\mu p}}a_{\mathrm{h}} \\
\dfrac{\mathrm{d}\omega}{\mathrm{d}t}=\dfrac{1}{e}\sqrt{\dfrac{p}{\mu}}\left[-a_{\mathrm{r}}\cos f+a_{\mathrm{u}}\left(1+\dfrac{r}{p}\right)\sin f-a_{\mathrm{h}}\dfrac{er}{p}\sin(\omega+f)\cot i\right] \\
\dfrac{\mathrm{d}f}{\mathrm{d}t}=\dfrac{\sqrt{\mu p}}{r^2}+\dfrac{\cos f}{e}\sqrt{\dfrac{p}{\mu}}a_{\mathrm{r}}-\dfrac{\sin f}{e}\left(1+\dfrac{r}{p}\right)\sqrt{\dfrac{p}{\mu}}a_{\mathrm{u}}
\end{cases}
\tag{5-123}
$$

这就是第一组轨道摄动方程，用某种数值方法求解以上六个微分方程，就可以得到轨道要素的变化过程。另外也可以添加以下两个方程，从而求解出轨道长半轴 a 和平近点角 M 。

$$
\begin{cases}
\dfrac{\mathrm{d}a}{\mathrm{d}t}=\dfrac{2a^2}{\sqrt{\mu p}}\left[a_{\mathrm{r}}e\sin f+a_{\mathrm{u}}\left(1+e\cos f\right)\right] \\
\dfrac{\mathrm{d}M}{\mathrm{d}t}=\sqrt{\dfrac{\mu}{a^3}}+\dfrac{\sqrt{1-e^2}}{e}\left(\cos f-2e\dfrac{r}{p}\right)\sqrt{\dfrac{p}{\mu}}a_{\mathrm{r}}-\dfrac{\sqrt{1-e^2}}{e}\left(1+\dfrac{r}{p}\right)\sqrt{\dfrac{p}{\mu}}\sin a_{\mathrm{u}}
\end{cases}
\tag{5-124}
$$

利用 5.3.2 小节中的步骤，也可以算出每一瞬时航天器的位置和速度。除数值法求解之外，该摄动微分方程在个别情况下还可以得到解析解，即对应于一般摄动法。

第二组：将摄动加速度分解为切向分量 a_{t} 、平面内法向分量 a_{n} 和法向分量 a_{h} 。这组分量与第一组中的分量 a_{r} 、 a_{u} 、 a_{h} 之间的关系为

$$
\begin{cases}
a_{\mathrm{r}}=a_{\mathrm{n}}\cos\gamma+a_{\mathrm{t}}\sin\gamma \\
a_{\mathrm{u}}=-a_{\mathrm{n}}\sin\gamma+a_{\mathrm{t}}\cos\gamma \\
a_{\mathrm{h}}=a_{\mathrm{h}}
\end{cases}
\tag{5-125}
$$

式中， $\sin\gamma=e\sqrt{\dfrac{\mu}{p}}\dfrac{\sin f}{v}$ 。

将式(5-125)代入第一组摄动方程，经整理后得

$$
\begin{cases}
\dfrac{\mathrm{d}p}{\mathrm{d}t}=\dfrac{2p}{v}a_{\mathrm{t}}+\dfrac{2er\sin f}{v}a_{\mathrm{n}} \\
\dfrac{\mathrm{d}a}{\mathrm{d}t}=\dfrac{2a^2v}{\mu}a_{\mathrm{t}} \\
\dfrac{\mathrm{d}e}{\mathrm{d}t}=\dfrac{1}{v}\left[2(e+\cos f)a_{\mathrm{t}}-\dfrac{1}{a}r\sin fa_{\mathrm{n}}\right] \\
\dfrac{\mathrm{d}\Omega}{\mathrm{d}t}=\dfrac{1}{\sqrt{\mu p}\sin i}r\sin(\omega+f)a_{\mathrm{h}} \\
\dfrac{\mathrm{d}i}{\mathrm{d}t}=\dfrac{r\cos(\omega+f)}{\sqrt{\mu p}}a_{\mathrm{h}} \\
\dfrac{\mathrm{d}\omega}{\mathrm{d}t}=\dfrac{2\sin f}{ev}a_{\mathrm{t}}+\dfrac{a(1+e^2)-r}{ae^2v}a_{\mathrm{n}}-\dfrac{\cot i}{\mu p}r\sin(\omega+f)a_{\mathrm{h}}
\end{cases}
\tag{5-126}
$$

由以上两组摄动方程可以看出，摄动加速度分量对轨道要素的影响如下：

(1) 垂直于轨道平面的摄动加速度分量 a_h 对 p、a、e 没有影响，即对轨道的形状和大小没有影响。

(2) 法向摄动加速度 a_n 对长半轴 a 没有影响，因为 a 代表总能量，说明法向力对运动航天器不做功。

(3) 径向摄动加速度 a_r 不影响半通径 p，因为 p 代表动量矩，而径向力对地心不产生力矩。

(4) 升交点赤经 Ω 和轨道倾角 i 决定了轨道平面在空间的位置，它们的变化仅取决于垂直于轨道平面的摄动加速度分量 a_h。当 a_h 作用在升交点($\omega+f=0°$)和降交点($\omega+f=180°$)时，对 i 影响显著；当 a_h 作用在 $\omega+f=\pm 90°$ 时，对 Ω 影响显著。

(5) 表面上看，a_t、a_n、a_h 都影响近地点幅角 ω，但事实上，a_h 并不直接影响轨道拱线的方向，摄动加速度 a_h 并不会使拱线指向发生变化。

以上结论不仅有助于了解摄动力对轨道要素的影响，而且对于航天器主动改变其轨道要素也很重要。在最有利的方向和时机给航天器施加推力会具有最好的变轨效果。例如，若希望增大轨道倾角而不影响其他轨道要素，则在升交点处让发动机开机，产生一个垂直于轨道平面且向上的推力，效果最好；若要增大轨道长半轴，最有效的办法是在速度最大的地方，即在近地点施加向前的切向推力。

5.4.3 地球非球形引起的轨道摄动

仅考虑 J_2 项摄动加速度，1993 年 Prussing 和 Conway 得出了其沿着轨道坐标系三轴的分量[4]，如下：

$$
\begin{cases}
\Delta g_{\mathrm{r}} = -\dfrac{\mu}{r^2}\dfrac{3}{2}J_2\dfrac{R_e^2}{r^2}[1-3\sin^2 i\sin^2(\omega+f)] \\
\Delta g_{\mathrm{u}} = -\dfrac{\mu}{r^2}\dfrac{3}{2}J_2\dfrac{R_e^2}{r^2}\sin^2 i\sin[2(\omega+f)] \\
\Delta g_{\mathrm{h}} = -\dfrac{\mu}{r^2}\dfrac{3}{2}J_2\dfrac{R_e^2}{r^2}\sin 2i\sin(\omega+f)
\end{cases}
\tag{5-127}
$$

此外，他们还得出了以上摄动加速度引起的各轨道根数随时间变化的关系：

$$
\begin{cases}
\dot{\Omega} = \dfrac{h}{\mu}\dfrac{\sin(\omega+f)}{\sin i(1+e\cos f)}\Delta g_{\mathrm{h}} \\
\dot{\omega} = -\dfrac{r\cos f}{eh}\Delta g_{\mathrm{r}} + \dfrac{(2+e\cos f)\sin f}{eh}\Delta g_{\mathrm{u}} - \dfrac{r\sin(\omega+f)}{h\,\mathrm{tg}i}\Delta g_{\mathrm{h}}
\end{cases}
\tag{5-128}
$$

显然，升交点赤经 Ω 随时间的变化仅与垂直于轨道平面的摄动加速度分量有关，而近地点幅角随时间的变化则与三个摄动加速度分量均相关。

将 $\dot{\Omega}$ 在一个完整的轨道周期内积分，可得其平均值：

$$
\dot{\Omega}_{\text{平均}} = \frac{1}{T}\int_0^T \dot{\Omega}\mathrm{d}t \tag{5-129}
$$

式中，T 为周期。对式(5-129)积分可得交线(或轨道平面)平均进动速率的表达式：

$$\dot{\Omega}_{\text{平均}} = -\left[\frac{3}{2}\frac{\sqrt{\mu}J_2R_e^2}{(1-e^2)^2a^{\frac{7}{2}}}\right]\cos i \tag{5-130}$$

在运动一圈时，Ω 的变化量为(单位为弧度)

$$(\Delta\Omega)_{2\pi} = -3\pi J_2\frac{R_e^2}{a^2(1-e^2)^2}\cos i \tag{5-131}$$

可见，地球扁率会引起升交点的长期漂移。$\Delta\Omega$ 与 a^2 成反比，轨道越大，则 $\Delta\Omega$ 越小。此外，$\Delta\Omega$ 与 $\cos i$ 成正比，倾角越接近于 0 或者 π，$\Delta\Omega$ 越大(但如果 $i=0$ 或者 $i=\pi$，则 Ω 就没有意义了)。对于极地轨道($i=90°$)，Ω 没有长期摄动。若 $0°\leqslant i<90°$，则 $\dot{\Omega}<0$，即对于顺行轨道，升交点将向西漂移；若 $90°<i\leqslant 180°$，则 $\dot{\Omega}>0$，即对于逆行轨道，升交点将向东漂移。总之，升交点漂移的方向与航天器运动方向相反。升交点的飘移表示轨道平面的变化，这种变化称为轨道的进动。

轨道每日的进动量(单位为度)为

$$(\Delta\Omega)_{\text{day}} = -9.96\frac{\cos i}{(a/R_e)^{7/2}(1-e^2)^2} \tag{5-132}$$

与此类似，近地点幅角的平均变化率可计算如下：

$$\dot{\omega}_{\text{平均}} = -\left[\frac{3}{2}\frac{\sqrt{\mu}J_2R_e^2}{(1-e^2)^2a^{\frac{7}{2}}}\right]\left(\frac{5}{2}\sin^2 i-2\right) \tag{5-133}$$

在运动一圈时，ω(单位为度)的变化量为

$$(\Delta\omega)_{2\pi} = \frac{3}{2}\pi J_2\frac{5\cos^2 i-1}{(a/R_e)^2(1-e^2)^2} \tag{5-134}$$

式(5-134)表明，地球扁率引起 ω 的长期摄动，即在每一圈内，轨道拱线在轨道平面内绕地心转过的角度为 $(\Delta\omega)_{2\pi}$。

ω(单位为度)的每日变化量为

$$(\Delta\omega)_{\text{day}} = 5.00\frac{5\cos^2 i-1}{(a/R_e)^{7/2}(1-e^2)^2} \tag{5-135}$$

使 $(\Delta\omega)_{2\pi}$ 为零的条件：

$$5\cos^2 i-1=0 \tag{5-136}$$

此方程有两个解：$i=63.4°$(顺行轨道)和 $i=116.6°$(逆行轨道)。这两个角度称为临界倾角，此时拱线将静止不动(拱线不漂移)，相应的轨道称为临界轨道。例如，苏联的 Molnia(闪电)系列卫星的轨道具有大的偏心率($e=0.75$)，并且轨道倾角取临界倾角 $i=63.4°$，避免了椭圆轨道拱线漂移，卫星远地点始终在苏联领土上空，加之卫星在远地点的速度最小，故可以在较高的高度运行较长的时间，保持苏联国内较长的通信时间。若 $0°\leqslant i<63.4°$ 或 $116.6°<i\leqslant 180°$，则 $\dot{\omega}$ 为正，即近地点此时将向卫星运动方向行进；若

$63.4° < i < 116.6°$，则 $\dot{\omega}$ 为负，即近地点将向卫星运动的相反方向后退。

对几个低轨道卫星，式(5-130)和式(5-133)所示的摄动影响，如图 5-10 所示。倾角越小，扁率对 $\dot{\Omega}$ 和 $\dot{\omega}$ 的影响越大，这是因为此时卫星在每一圈运动中，其轨道位于赤道膨胀处的部分会更大一些。随着半长轴的增加，这一影响会逐渐减少，这是因为此时卫星与赤道膨胀处及其引力场的距离增加了。显然，若 $J_2 = 0$ (不存在赤道膨胀)，则 $\dot{\Omega} = \dot{\omega} = 0$ 。

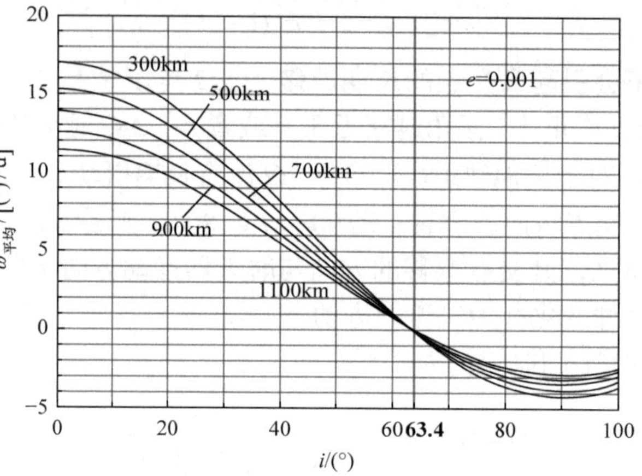

(a) 300~1100km近圆轨道的近地点前行的变化曲线

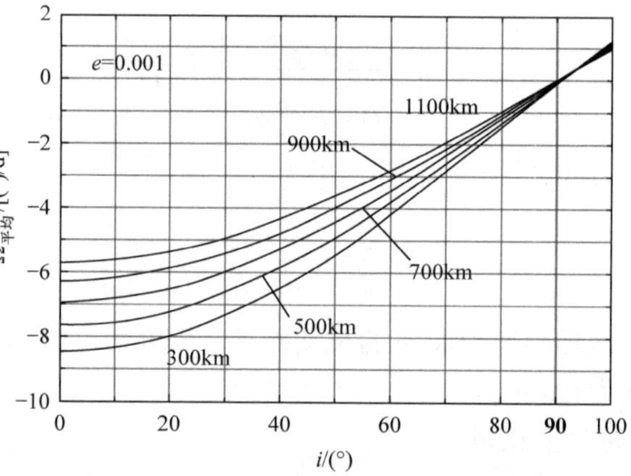

(b) 300~1100km近圆轨道的交点后退的变化曲线

图 5-10 300~1100km 近圆轨道的近地点前行与交点后退的变化曲线[3]

另外，轨道半通径的变化率为

$$\dot{p} = -\frac{3}{p} J_2 R_e^2 (1 + e\cos f)\sin^2 i \sin[2(\omega + f)] \tag{5-137}$$

在一圈的时间内，可以把 p、i、ω 当作不变的，于是在运动一圈时，p 的总变化量为

$$(\Delta p)_{2\pi} = -\frac{3}{p} J_2 R_e^2 \sin^2 i \int_0^{2\pi} (1 + e\cos f)\sin[2(\omega + f)]\mathrm{d}f = 0 \tag{5-138}$$

也就是说，地球扁率不造成轨道半通径的长期摄动，即 p 没有可累积的变化，因而轨道动量矩的大小也没有长期变化。但是在一圈之内，p 还是有起伏的。

同样的过程，可以得到运动一圈时轨道偏心率摄动总量的表达式：

$$\begin{aligned}(\Delta e)_{2\pi}=&-\frac{3}{2p^2}J_2R_e^2\int_0^{2\pi}(1+e\cos f)^2\left\{\sin f[3\sin^2 i\sin^2(\omega+f)-1]\right.\\&\left.-\left[\left(1+\frac{1}{1+e\cos f}\right)\cos f+\frac{e}{1+e\cos f}\right]\sin^2 i\sin 2(\omega+f)\right\}\mathrm{d}f\\=&0\end{aligned} \tag{5-139}$$

因此，地球扁率不造成轨道偏心率的长期摄动，即不造成轨道形状的变化。

由于运动一圈时，$\Delta p=0$ 和 $\Delta e=0$，因此可以推断出长半轴摄动 $\Delta a=0$。这就是说，航天器的总能量不变化。

轨道倾角的变化如下：

$$(\Delta i)_{2\pi}=-\frac{3}{4p^2}J_2R_e^2\sin 2i\int_0^{2\pi}(1+e\cos f)\sin[2(\omega+f)]\mathrm{d}f=0 \tag{5-140}$$

所以地球扁率不造成轨道倾角的长期摄动。

5.4.4　大气阻力引起的轨道摄动

为了得到大气阻力引起的轨道摄动的近似规律，作如下假设：大气是球对称的；大气不随地球旋转；航天器的迎风面积不变化。于是，大气阻力只引起轨道切线方向的负加速度：

$$\begin{cases}a_{X\mathrm{n}}=0\\a_{X\mathrm{h}}=0\\a_{X\mathrm{t}}=-\sigma\rho v^2\end{cases} \tag{5-141}$$

当航天器在非常稀薄的大气中飞行时，分子平均自由行程与物体特征长度之比远大于 1。这时的流动基本上是自由分子流，不能当作连续介质处理。阻力系数 C_x 是航天器温度、气体温度和速度的函数，在 150～500km 高度，通常阻力系数取 2.2～2.5。大气密度 ρ 是高度的函数。

5.4.4.1　圆轨道的演变

在初始圆轨道的情况下，虽然在大气阻力作用下轨道逐渐缩小，呈现螺旋形，但是这个过程非常缓慢，在一个周期内，轨道仍接近于圆形，因而圆轨道的一些基本关系式仍然适用。

取方程组(5-126)中第二式，即

$$\frac{\mathrm{d}a}{\mathrm{d}t}=\frac{2a^2v}{\mu}a_{\mathrm{t}} \tag{5-142}$$

把式(5-141)代入式(5-142)，并近似地以 r 代替 a，则有

$$\frac{\mathrm{d}r}{\mathrm{d}t}=-\frac{2r^2v}{\mu}\sigma\rho v^2 \tag{5-143}$$

注意到$v^2=\mu/r$，于是

$$\mathrm{d}r=-2rv\sigma\rho\mathrm{d}t \tag{5-144}$$

又由于$v\mathrm{d}t=r\mathrm{d}f$ (f是真近点角)，故

$$\mathrm{d}r=-2\sigma\rho r^2\mathrm{d}f \tag{5-145}$$

在一圈内，$f=0\sim2\pi$，而ρ和r^2近似不变，于是得到在一圈内轨道半径(或轨道高度)的变化：

$$(\Delta r)_{2\pi}=-4\pi\sigma\rho r^2 \tag{5-146}$$

式(5-146)等号右边的ρ和r可以取一圈的初始值，或终端值，或平均值。

由圆轨道的速度公式$v^2=\mu/r$，有

$$2v\Delta v=-\frac{\mu}{r^2}\Delta r \tag{5-147}$$

把v的表达式及式(5-146)代入式(5-147)，得

$$(\Delta v)_{2\pi}=2\pi\sqrt{\mu}\sigma\rho\sqrt{r} \tag{5-148}$$

由周期T的公式，有

$$\Delta T=\frac{2\pi}{\sqrt{\mu}}\frac{3}{2}r^{1/2}\Delta r \tag{5-149}$$

把式(5-146)代入式(5-149)，得

$$(\Delta T)_{2\pi}=-\frac{12\pi^2\sigma}{\sqrt{\mu}}\rho r^{5/2} \tag{5-150}$$

径向速度$v_{\mathrm{r}}=(\Delta r)_{2\pi}/T$，结合式(5-146)，得

$$v_{\mathrm{r}}=-2\sqrt{\mu}\sigma\rho\sqrt{r} \tag{5-151}$$

速度的变化率为$\mathrm{d}v/\mathrm{d}t=(\Delta v)_{2\pi}/T$，把相关公式代入后，得到：

$$\frac{\mathrm{d}v}{\mathrm{d}t}=+\sigma\rho v^2 \tag{5-152}$$

由式(5-152)可得，似乎空气阻力产生了加速度。这是由于卫星势能减小，一部分用于克服空气阻力，另一部分转化为动能。

5.4.4.2 圆轨道卫星寿命的估计

利用式(5-151)，求高度变化率：

$$\frac{\mathrm{d}h}{\mathrm{d}t}=v_{\mathrm{r}}=-2\sqrt{\mu}\sigma\rho\sqrt{r} \tag{5-153}$$

以初始状态(t_0,h_0)作为积分下限：

$$t-t_0=-\frac{1}{2\sigma\sqrt{\mu}}\int_{h_0}^{h}\frac{\mathrm{d}h}{\rho(h)\sqrt{r}} \tag{5-154}$$

定义高度函数：

$$F(h)=\frac{1}{2\sqrt{\mu}}\int_0^h \frac{\mathrm{d}h}{\rho(h)\sqrt{R_e+h}} \tag{5-155}$$

则有

$$t-t_0=\frac{1}{\sigma}[F(h_0)-F(h)] \tag{5-156}$$

利用式(5-156)可以计算高度变化过程 $h(t)$ 或 $r(t)$ 。

如果规定某个高度 h_t (如稠密大气层高度)作为卫星的最终高度，则卫星的运行寿命为

$$T_1=\frac{1}{\sigma}[F(h_0)-F(h_t)] \tag{5-157}$$

极端情况下取 $h_t=0$ ，则

$$T_1\approx\frac{F(h_0)}{\sigma} \tag{5-158}$$

考察高度函数 $F(h)$ ，它仅取决于大气模型。无论大气模型怎样复杂，用数值积分法总能计算出来。对于大气的等温模型可以求出 $F(h)$ 的近似公式，这时

$$\begin{cases}\rho(h)=\rho\cdot\exp\left(-\dfrac{h-h_*}{H_*}\right)\\ \sqrt{r}\approx\text{const}\\ F(h)=\dfrac{1}{2\sqrt{\mu r}\rho_*}\displaystyle\int_0^h \exp\left(\dfrac{h-h_*}{H_*}\right)\mathrm{d}h\\ \quad=\dfrac{H_*}{2\sqrt{\mu r}\rho_*}\left[\exp\left(\dfrac{h-h_*}{H_*}\right)-\exp\left(-\dfrac{h_*}{H_*}\right)\right]\\ \quad=\dfrac{H_*}{2\sqrt{\mu r}}\left(\dfrac{1}{\rho}-\dfrac{1}{\rho_*}\right)\\ H_*=\dfrac{RT_*}{g_*M_*}\end{cases} \tag{5-159}$$

式中，下标*表示某个参考高度的值；R 表示通用气体常数；T_* 表示 h_* 处的热力学温度；M_* 表示 h_* 处的空气分子量；g_* 表示 h_* 处的重力加速度。

当 $h\gg h_*$ 时

$$F(h)\approx\frac{h}{2\sqrt{\mu r}\rho} \tag{5-160}$$

5.4.4.3　椭圆轨道的演变

在椭圆轨道情况下，轨道要素受大气阻力的影响比较复杂。这里仅作定性的讨论。讨论过程与圆轨道相似，需要把对时间的积分转换成对角度的积分进行分析。但考虑到椭圆轨道的角速度不能直接用 $\dfrac{\mathrm{d}f}{\mathrm{d}t}=\dfrac{v}{r}$ 表示，且由于 J_2 项摄动影响拱线漂移，因此真近点角 f 并非相对于惯性参考基准，为此引入中间变量 $u=f+\omega$ 来描述，u 称为纬度幅角，指从赤道平面内的交线正向量起，在轨道平面内沿着运动方向到卫星所在位置的角度。

此时，有

$$\frac{\mathrm{d}}{\mathrm{d}u}=\frac{r^2}{\sqrt{\mu p}}\frac{\mathrm{d}}{\mathrm{d}t} \tag{5-161}$$

代入摄动方程$\frac{\mathrm{d}a}{\mathrm{d}t}=\frac{2a^2v}{\mu}a_{\mathrm{t}}$，得到：

$$\frac{\mathrm{d}a}{\mathrm{d}u}=\frac{r^2}{\sqrt{\mu p}}\frac{\mathrm{d}a}{\mathrm{d}t}=\frac{2a^2r^2v}{\sqrt{\mu^3 p}}a_{\mathrm{t}} \tag{5-162}$$

把a_{t}的表达式代入式(5-162)，有

$$\frac{\mathrm{d}a}{\mathrm{d}u}=-\frac{2a^2\sigma}{\sqrt{\mu^3 p}}r^2v^3\rho \tag{5-163}$$

所以

$$(\Delta a)_{2\pi}=-\frac{2\sigma a^2}{\sqrt{\mu^3 p}}\int_0^{2\pi}r^2v^3\rho\mathrm{d}u \tag{5-164}$$

显然，$(\Delta a)_{2\pi}<0$。

同样地，有

$$\frac{\mathrm{d}e}{\mathrm{d}u}=-\frac{2\sigma}{\sqrt{\mu p}}r^2v(e+\cos f)\rho \tag{5-165}$$

所以

$$(\Delta e)_{2\pi}=-\frac{2\sigma}{\sqrt{\mu p}}\int_0^{2\pi}r^2v(e+\cos f)\rho\mathrm{d}u \tag{5-166}$$

此外有

$$\frac{\mathrm{d}p}{\mathrm{d}u}=\frac{r^2}{\sqrt{\mu p}}$$

$$\frac{\mathrm{d}p}{\mathrm{d}t}=-\frac{2\sigma\sqrt{p}\rho r^2v}{\sqrt{\mu}}$$

所以

$$(\Delta p)_{2\pi}=-\frac{2\sigma\sqrt{p}}{\sqrt{\mu}}\int_0^{2\pi}\rho r^2v\mathrm{d}u \tag{5-167}$$

另外

$$\frac{\mathrm{d}\omega}{\mathrm{d}u}=-\frac{2r^2}{e\sqrt{\mu p}}\sin f\sigma\rho v \tag{5-168}$$

则

$$(\Delta\omega)_{2\pi}=-\frac{2\sigma}{e\sqrt{\mu p}}\int_0^{2\pi}r^2\sin f\rho v\mathrm{d}u=0 \tag{5-169}$$

在式(5-166)～式(5-169)中，要利用关系式 $\rho=\rho(r)$，$v=v(f)$，$r=r(f)$ 和 $f=u-\omega$。在一圈之内，把 p、a、e 当作常数，而每一圈以后，把增量加进去，这样就可以得到椭圆轨道要素的变化过程。

在式(5-166)中被积函数是变号的，变号发生的条件是

$$e+\cos f=0 \tag{5-170}$$

即

$$r=\frac{p}{1+e\cos f}=\frac{p}{1-e^2}=a \tag{5-171}$$

对应的点是椭圆上的短轴对称点 C 和 D，如图 5-11 所示，在 DPC 段 $\mathrm{d}e/\mathrm{d}u<0$，在 CAD 段 $\mathrm{d}e/\mathrm{d}u>0$。计算结果表明，总的效果是 $(\Delta e)_{2\pi}<0$。

因此，大气阻力对椭圆轨道的影响趋势是使轨道尺寸逐渐减小，同时偏心率也逐渐减小，即逐渐演变成圆轨道，如图 5-12 所示。

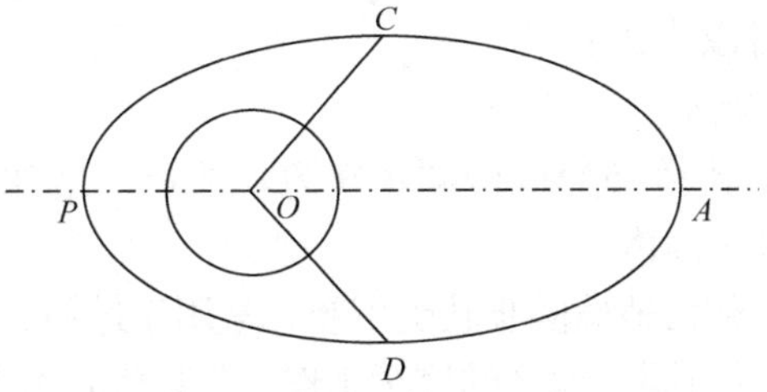

图 5-11　偏心率的增长段和减小段

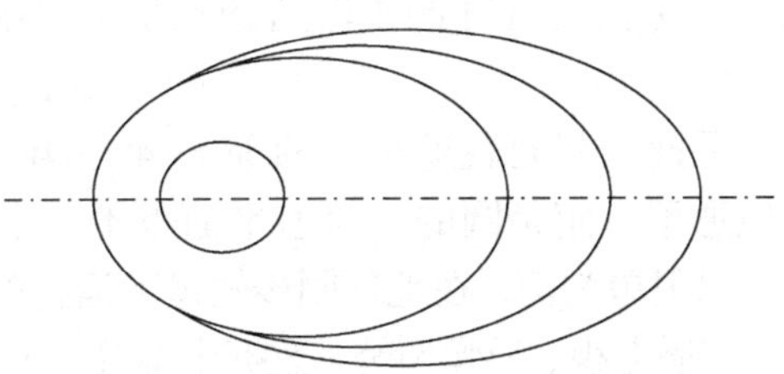

图 5-12　大气阻力作用下椭圆轨道的演变

5.4.5　几种典型轨道

5.4.5.1　地球同步轨道

地球同步轨道(geosynchronous orbit，GSO)的周期等于地球在惯性空间中的自转周期，且其上航天器运行方向与地球自转方向一致，航天器在每天同一时间的星下点轨迹相同。

如上所述，如果航天器运行在地球同步轨道上，则其轨道周期等于地球自转周期 T_{E}。下面求解地球自转周期。

通常，一日是地球相对于太阳自转一周的时间，即地球上的 Q 点转到 Q_1 点(图 5-13)的时间，这个周期称为太阳日(solar day)，等于 24h(86400s)。

地球绕太阳公转一周的时间是一年，即 365.24223 太阳日。因此，在一个太阳日内，公转的角度 δ 为

$$\delta=360°/365.24223=0.9856°$$

因此相对于恒星而言，地球转动的角速度 ω_{E} 为

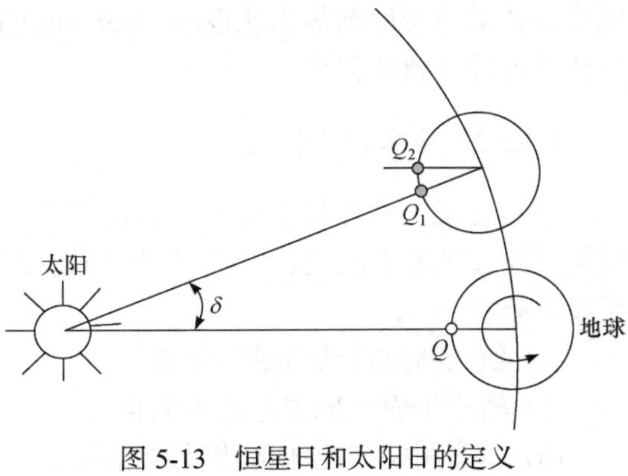

图 5-13　恒星日和太阳日的定义

$$
\begin{aligned}
\omega_{\mathrm{E}} &= \frac{360^\circ + \delta}{86400\mathrm{s}} \\
&= 4.178074 \times 10^{-3} (^\circ)/\mathrm{s} \\
&= 7.292115 \times 10^{-5}\,\mathrm{rad/s}
\end{aligned}
$$

相应的周期，称为地球自转周期，即地球上的Q点转到Q_2点的时间，为

$$
\begin{aligned}
T_{\mathrm{E}} &= \frac{2\pi}{\omega_{\mathrm{E}}} = 86164\mathrm{s} \\
&= 23\mathrm{h}56\,\mathrm{min}\,04\mathrm{s} \\
&= 23.9345\mathrm{h}
\end{aligned}
$$

这个时间也称为恒星日。

地球同步轨道的周期T_{E}应等于恒星日。按式(5-77)有

$$
T_{\mathrm{E}} = 2\pi\sqrt{\frac{a_{\mathrm{GSO}}{}^3}{\mu}}
$$

式中，a_{GSO}为地球同步轨道的长半轴。由上式可以求出：

$$
a_{\mathrm{GSO}} = 42164\mathrm{km}
$$

因此，只要轨道长半轴等于 42164km，则此轨道必为地球同步轨道。注意：地球同步轨道不一定是圆的，轨道平面也不一定在赤道平面内。

以卫星为例，在地球同步轨道上运行的卫星，称为地球同步轨道卫星，常用于通信、气象、广播电视、导弹预警、数据中继等方面，以实现对同一地区的连续工作。在遥感应用中，除气象卫星外，一个突出的应用就是通过地球同步轨道上的 4 颗跟踪和数据中继卫星高速率地传送中低轨道地球观测卫星所获取的地球资源与环境遥感数据。世界上第一颗地球同步轨道卫星是 1964 年 8 月 19 日美国发射的“辛康(Syncom)”3 号。中国于 1984 年 4 月 8 日、1986 年 2 月 1 日和 1988 年 3 月 7 日分别发射 3 颗用于通信广播的地球同步轨道卫星。

地球同步轨道卫星分为倾斜地球同步轨道卫星、地球静止轨道卫星。当地球同步轨道的轨道面倾角不为零时，移为倾斜地球同步轨道，在其上运行的卫星就是倾斜地球同步轨道卫星。当地球同步轨道卫星轨道面的倾角为零时，且轨道为圆轨道时，卫星在地球赤道上空运行，由于运行方向与地球自转方向相同，运行周期又与地球同步，所以人们从地球上仰望卫星，仿佛卫星悬挂在太空静止不动。因此，常把轨道倾角为零的地球同步圆轨道称为地球静止轨道(geostationary orbit，GEO)，在地球静止轨道上运行的卫星称作地球静止轨道卫星。

5.4.5.2 地球静止轨道

顾名思义，地球静止轨道就是指在此轨道上运行的航天器相对于地球静止不动。此时航天器在地面上的投影点(星下点)固定在某一点。如前所述，地球静止轨道必须同时满足以下条件：

(1) 航天器运行轨道是圆轨道。

(2) 轨道平面与地球赤道平面重合。

(3) 轨道周期与地球自转周期相同。

(4) 航天器运行方向与地球自转方向一致。

此时，根据式(5-77)有

$$T_E = 2\pi\sqrt{\frac{r_{GEO}^3}{\mu}}$$

式中，r_{GEO} 为地球静止轨道的半径。由上式可以求出：

$$r_{GEO} = 42164\text{km}$$

地球静止轨道高度为

$$h_{GEO} = r_{GEO} - R_{E0} = 35793\text{km}$$

式中，R_{E0} 为地球赤道半径。此时卫星的速度为

$$v_{GEO} = r_{GEO}\omega_E = 3074.6\text{m/s}$$

卫星的剩余能量为

$$\Delta E_{GEO} = 5.7838\text{m}^2/\text{s}^2$$

因此，为了与地球保持相对静止，航天器应该在赤道平面内的圆轨道上向东运行，且高度大约为 35800km 。

地球静止轨道卫星上的天线所辐射的电波，对地球的覆盖区域基本是稳定的，在这个覆盖区域内，任何地球站之间可以实现 24h 不间断通信。因此，地球静止轨道卫星主要用于陆地固定通信，如电话通信、电视节目的转播等，但也用于海上移动通信。

值得注意的是，地球同步轨道与地球静止轨道不一样，它们之间有共同点，也有较大区别。共同之处在于二者的轨道周期一样，都等于地球自转周期。不同之处在于：

(1) 轨道倾角不同。地球静止轨道是轨道倾角为零的圆形地球同步轨道，即地球静止轨道一定在赤道平面上，是一类特殊的地球同步轨道；地球同步轨道包含的轨道类型更多，可以是倾角不为零的倾斜椭圆轨道。

(2) 地面上看到的现象不同。在地球同步轨道上运行的卫星，每天在相同时间经过地面相同地方的上空，对地面上的观察者来说，每天相同时刻卫星会出现在相同的方向上。在一段连续的时间内，卫星相对于观察者可以是运动的。地球静止轨道上运行的卫星，每天任何时刻都处于地面相同地方的上空，地面观察者看到卫星始终位于某一位置，相对于地面上的观察者保持静止不动。

(3) 星下点轨迹不同。卫星运动和地球自转使卫星星下点在地球表面移动，形成星下点轨迹。地球同步轨道卫星的星下点轨迹是一条 8 字形的封闭曲线，而地球静止轨道卫星的星下点轨迹是一个点。

5.4.5.3　太阳同步轨道

太阳同步轨道指的是航天器的轨道平面和太阳始终保持相对固定的取向，轨道的倾角(轨道平面与赤道平面的夹角)接近 90°，航天器通过地球两极附近区域，因此又称为近极地太阳同步轨道。由于地球每天绕太阳的公转角为 0.9856°，为使轨道平面始终与太阳保持固定的取向，要求轨道平面每天平均向地球公转方向(自西向东)转动 0.9856°(360°/年)。这样就实现了太阳同步轨道，下面寻找太阳同步轨道应该满足的条件。

地球绕太阳公转的角速度为

$$\omega_{\mathrm{ES}} = \frac{2\pi}{365.25 \times 86400} = 1.991 \times 10^{-7}\,(\mathrm{rad/s})$$

地球绕太阳每天转过 0.9856°。考虑 J_2 项摄动，轨道平面每天进动的角度为(见 5.4.3 小节)

$$(\Delta\Omega)_{\mathrm{day}} = -9.96\frac{\cos i}{(a/R_e)^{7/2}(1-e^2)^2} \tag{5-172}$$

令式(5-172)等于 0.9856，得到：

$$\cos i = -0.09896\left(\frac{a}{R_e}\right)^{\frac{7}{2}}(1-e^2)^2 \tag{5-173}$$

由式(5-173)可知，太阳同步轨道的倾角必须大于90°，即它是一条逆行轨道。在圆轨道时，倾角最大为180°，所以太阳同步轨道的高度不会超过6000km。

在太阳同步轨道上运行的卫星，从相同的方向经过同一纬度的当地时间是相同的，即卫星每天在特定的时刻经过指定地区，这样便于获得最好的太阳光条件，从而得到高质量的地面目标图像，这也是气象卫星、资源卫星通常选择太阳同步轨道的原因。另外，可以使卫星经过一些地区时，这些地区始终有较好的光照条件，这样卫星在这些地区的上空始终处于太阳光的照射下，不会进入地球阴影，太阳电池可以充足供电而不会中断。

把偏心率 $e=0$ 代入式(5-173)，可得到太阳同步圆轨道应该满足的条件

$$\cos i = -0.09896\left(\frac{a}{R_e}\right)^{\frac{7}{2}} \tag{5-174}$$

利用式(5-174)，可以选择轨道倾角和轨道高度的组合，如(98.19°,700km)、(98.60°,800km)、(99.03°,900km)都可以满足式(5-174)，形成太阳同步圆轨道。可以看出，在近地圆形太阳同步轨道中，其轨道倾角大于90°，但仍在90°附近。此时大倾角的卫星通过地球两极上空附近，因此，这样的太阳同步轨道又称为近极地太阳同步轨道，兼有极轨道的特点，可以俯瞰整个地球表面。

5.4.5.4 冻结轨道

采用太阳同步轨道的卫星能利用较为稳定的太阳入射条件，在相同光照条件下重复观察地面目标，这似乎是非常完美的解决方案！然而高性能的测地卫星要求在不同时间通过同一地区时的高度尽可能不变，但如前所述，J_2 项摄动会引起椭圆轨道长轴(拱线)在轨道面内旋转，导致卫星通过同一纬度地区时的高度可能会有几十公里变化。因此，获得的遥感数据就需要根据卫星星历进行大量的高度补偿和几何修正等后期处理工作，这对于地形测绘、海洋勘测等高精度要求的卫星观测项目来说，就非常的不利。

为此，本节介绍目前应用广泛的冻结轨道，这种轨道拱线方向固定、偏心率小，卫星飞越等纬度地区上空的高度如一，对于测地等进行垂直剖面的科学测量非常有利，常被用于大气探测卫星、海洋卫星、陆地卫星等。从轨道动力学方面分析，冻结轨道是动力学方程的一个稳定平衡解，偏心率和近地点幅角的长期变化项为零，一旦轨道调整到

这种轨道标称值附近，后续拱线将在一个较小范围内振荡，不需要进行主动控制。

如 5.4.3 小节所述，为了使轨道拱线方向固定，应满足以下条件：$i=63.4°$(顺行轨道)和 $i=116.6°$ (逆行轨道)。但是肩负极地冰层覆盖普查任务的近地轨道卫星显然不能采用临界倾角，因为阿拉斯加北部海湾的纬度达到 72°，超过了 63.4° 的倾角，所以近地轨道要实现对全球有效测量不能选择这种特定倾角方案。此时需要考虑更高阶的地球非球形影响，如 J_2 项和 J_3 项的叠加摄动影响。基于 Dirk Brouwer 在 1959 年发表的 *Solution of the problem of artificial satellite theory without drag* 中的轨道力学摄动理论，考虑地球非球形摄动的 J_2 项和 J_3 项，其中 J_2 项表征地球的扁率，称为地球扁率摄动，是地球非球形的主要摄动，J_3 项则反映地球南北不对称，地球呈梨形，北极地区约高出 18.9m，南极地区则凹陷 24～30m，则要使拱线和偏心率固定，有下述两式成立：

$$\begin{cases}\dot{\omega}=\dfrac{3nJ_2R_e^2}{a^2(1-e^2)^2}\left(1-\dfrac{5}{4}\sin^2 i\right)\left[1+\dfrac{J_3R_e}{2J_2a(1-e^2)}\dfrac{\sin^2 i-e\cos^2 i}{\sin i}\dfrac{\sin\omega}{e}\right]=0\\ \dot{e}=\dfrac{-3nJ_3R_e^3\sin i}{2a^3(1-e^2)^2}\left(1-\dfrac{5}{4}\sin^2 i\right)\cos\omega=0\end{cases} \tag{5-175}$$

如果 $\omega=90°$ 或者 $\omega=270°$，则根据式(5-175)中的第二个方程，有 $\dot{e}=0$。为了使拱线固定，再令式(5-175)中第一个方程中的方括号部分为 0，当 $\omega=90°$ 并忽略偏心率的高阶小量时，可以得到：

$$e=\frac{\sin i}{\cos i\cot i-\dfrac{2J_2a}{J_3R_e}} \tag{5-176}$$

也就是说，当偏心率、倾角和轨道半长轴成一定关系，这个轨道的拱线和偏心率就能固定，而不像闪电轨道需要特定的临界倾角。经过计算，对于 1000 公里以下的近地轨道，偏心率在千分之几的范围内，能非常好地满足任务需求。例如，第一颗采用冻结轨道的卫星是美国的海卫-1 卫星，其轨道倾角为108°，远地点高度为 799km，近地点高度为 775km，周期为 101min，当轨道的近地点幅角保持在90°时，卫星飞越同一纬度地区上空的高度如一。

5.5　航天器轨道机动

航天器在中心力场中的开普勒运动和摄动运动，都属于被动运动，即在初始条件给定后完全由环境条件决定的运动。但是，现代航天器的运动并不是完全被动的，有时航天器要利用火箭发动机推力或者利用环境作用力主动改变飞行轨道，属于航天器的主动运动。

轨道机动是指航天器主动地改变飞行轨道的过程。航天器的轨道机动可以人为地分成以下几个类型(但没有绝对的界限)。

(1) 轨道改变或者轨道转移：大幅度改变轨道参数以便从初始轨道过渡到中间轨道或者最终轨道的过程，一般使用大冲量脉冲推力作用。例如，从低轨道转移到高轨道，从椭圆轨道转移到圆轨道，改变轨道平面等。

(2) 轨道保持或者轨道修正：其目的是补偿轨道参数中的误差或由各类干扰引起的偏差，

使航天器回到设计轨道上，一般使用小推力长时间作用，可以利用轨道摄动方程进行分析。

(3) 轨道接近：航天器主动接近某一目标(包括另一航天器)的飞行，如航天器在轨道上的交会、拦截、对接、绕飞、伴飞和编队飞行等，其特征是主动航天器的机动运动总是以另一个空间目标为参考，主要通过控制航天器的相对运动来实现。

若按照持续时间的长短，轨道机动又可以分为大推力脉冲式机动和小推力连续式机动。

大推力脉冲式机动：发动机在非常短的时间内产生推力，使航天器获得脉冲速度。分析时可以认为速度变化是在一瞬间完成的，当然这只是对实际问题的抽象化。目前大多数航天器的轨道机动是采用这种方式，而且关于该脉冲式变轨的理论和技术都比较成熟。

小推力连续式机动：在一段时间内依靠小的作用力改变轨道。例如，利用电粒子火箭发动机、空气动力、太阳光压力等进行的机动。随着小推力发动机制造技术的成熟，越来越多的航天任务，特别是深空探测任务，开始采用这种机动方式。

若按照作用力所在的平面划分，可以将航天器的轨道机动分为共面轨道机动和非共面轨道机动。

共面轨道机动：航天器的机动运动始终在初始轨道所在的平面内。此时作用力在轨道平面内，目的是改变轨道偏心率、长半轴和近地点幅角等，即只改变轨道大小、形状和指向。

非共面轨道机动：航天器机动过程中轨道平面发生改变。此时肯定存在垂直于轨道平面方向上的作用力，可以改变轨道倾角和升交点赤经，即可以改变轨道平面。若作用力在轨道平面内和垂直方向上都有分量，则既可以改变轨道大小、形状和指向也可以改变轨道平面。

5.5.1 脉冲推力轨道机动

脉冲推力轨道机动又称为冲量变轨，是一种理想情况下的变轨机动，假设航天器的发动机在非常短暂的时间内产生推力，使航天器获得脉冲速度，即认为速度变化是在瞬间完成的。在这样的假设下可以认为速度脉冲作用后航天器的位置不发生变化，速度有大小为 Δv 的改变。

5.5.1.1 霍曼转移

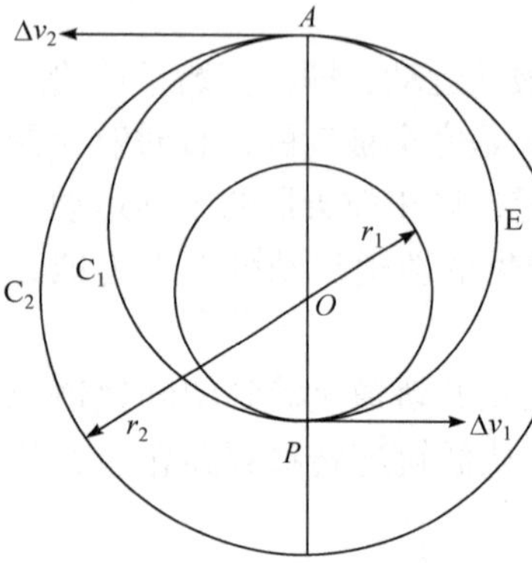

图 5-14 霍曼转移

霍曼(Hohmann)转移是指在同一轨道平面内，两个不相交轨道之间的转移，如图 5-14 所示。霍曼证明了当两圆轨道半径相差不大时，两圆轨道之间能量最省的转移轨道是同时相切于两圆的椭圆。

图 5-14 中，在半径为 r_1 的圆 C_1 的任意点 P 产生第一个脉冲速度 Δv_1，转移到椭圆 E，它的近地点是 P，远地点为 A，在 E 的远地点 A 产生第二个脉冲速度 Δv_2，使轨道转移成半径为 r_2 的圆轨道 C_2。这样的脉冲转移过程称为霍曼轨道转移。

为了求出 Δv_1 和 Δv_2，列出关系方程：

$$\begin{cases} v_{c1} + \Delta v_1 = v_{ep} \\ v_{ea} + \Delta v_2 = v_{c2} \end{cases} \tag{5-177}$$

式中，

$$\begin{cases} v_{c1} = \sqrt{\dfrac{\mu}{r_1}} \\ v_{c2} = \sqrt{\dfrac{\mu}{r_2}} \end{cases} \quad 和 \quad \begin{cases} v_{ep} = \sqrt{\dfrac{2\mu r_2}{r_1(r_1+r_2)}} = v_{c1}\sqrt{\dfrac{2r_2}{r_1+r_2}} \\ v_{ea} = \sqrt{\dfrac{2\mu r_1}{r_2(r_1+r_2)}} = v_{c2}\sqrt{\dfrac{2r_1}{r_1+r_2}} \end{cases} \tag{5-178}$$

所需要的脉冲速度为

$$\begin{cases} \Delta v_1 = v_{c1}\left(\sqrt{\dfrac{2r_2}{r_1+r_2}} - 1\right) \\ \Delta v_2 = v_{c2}\left(1 - \sqrt{\dfrac{2r_1}{r_1+r_2}}\right) \end{cases} \tag{5-179}$$

而总的特征速度为

$$\Delta v_\Sigma = \Delta v_1 + \Delta v_2 \tag{5-180}$$

令 $\gamma = \dfrac{r_2}{r_1}$，则可以得到无因次化的特征速度：

$$\Delta \overline{v}_\Sigma = \frac{\Delta v_\Sigma}{v_{c1}} = \sqrt{\frac{2\gamma}{1+\gamma}} - 1 + \frac{1}{\sqrt{\gamma}}\left(1 - \sqrt{\frac{2}{1+\gamma}}\right) \tag{5-181}$$

令 $\dfrac{\partial \Delta \overline{v}_\Sigma}{\partial \gamma} = 0$，得到 $\gamma = 15.58$，$\Delta \overline{v}_\Sigma = (\Delta \overline{v}_\Sigma)_{\max} = 0.536$。

$\Delta \overline{v}_\Sigma$ 的渐近值为

$$\lim_{r\to\infty} \Delta \overline{v_\Sigma} = \sqrt{2} - 1$$

霍曼转移时间等于过渡椭圆轨道 E 周期的一半：

$$t_p = \frac{\pi}{\sqrt{\mu}}\left(\frac{r_1+r_2}{2}\right)^{\frac{3}{2}} \tag{5-182}$$

下面分析用霍曼转移实现航天器交会的条件。设在初始时刻 t_0，追踪器在半径为 r_1 的圆轨道(称为“停泊轨道”)的 P 点，目标器(被动航天器)在半径为 r_2 $(r_2 \gg r_1)$ 的圆轨道的 T 点，且目标器超前追踪器一个圆心角 f_H，如图 5-15 所示。

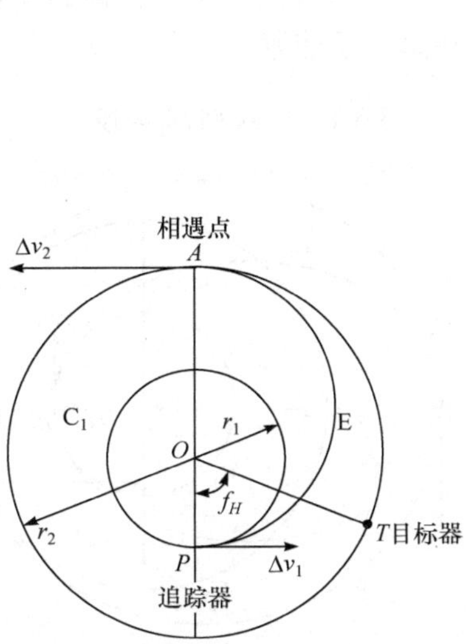

图 5-15　霍曼转移相位角条件

此时，追踪器开始向大圆轨道进行霍曼转移，希望在远地点 A 与目标器交会。追踪器从 t_0 到 A 的时间

为 Δt_A，目标器从 t_0 到 A 的时间为 Δt_B，实现交会的条件是 $\Delta t_A = \Delta t_B$，即

$$\frac{\pi}{\sqrt{\mu}}\left(\frac{r_1+r_2}{2}\right)^{\frac{3}{2}} = \frac{\pi - f_H}{\sqrt{\mu}} r_2^{\frac{3}{2}} \tag{5-183}$$

由此可以得到所需的圆心角条件为

$$f_H = \pi\left[1-\left(\frac{r_1+r_2}{2r_2}\right)^{\frac{3}{2}}\right] \tag{5-184}$$

如果目标器相对于追踪器的圆心角不符合上述条件，如为 $f_H + \Delta f$，则追踪器需要在轨道上等待一段时间 Δt，当 Δf 消除时才开始转移。所需的等待时间为

$$\Delta t = \frac{\Delta f}{\sqrt{\mu}\left(r_1^{-\frac{3}{2}} - r_2^{-\frac{3}{2}}\right)} \tag{5-185}$$

这时，整个转移时间(包括等待时间)的表达式如下：

$$\Delta t_1 = \begin{cases} \dfrac{f - \pi\cdot\left(1-\sqrt{\left(\dfrac{r_1+r_2}{2r_2}\right)^3}\right)}{\sqrt{\dfrac{\mu}{r_1^3}} - \sqrt{\dfrac{\mu}{r_2^3}}} + \pi\sqrt{\dfrac{1}{\mu}\left(\dfrac{r_1+r_2}{2}\right)^3}, & f \geqslant \pi\cdot\left(1-\sqrt{\left(\dfrac{r_1+r_2}{2r_2}\right)^3}\right) \\ \dfrac{f - \pi\cdot\left(1-\sqrt{\left(\dfrac{r_1+r_2}{2r_2}\right)^3}\right) + 2\pi}{\sqrt{\dfrac{\mu}{r_1^3}} - \sqrt{\dfrac{\mu}{r_2^3}}} + \pi\sqrt{\dfrac{1}{\mu}\left(\dfrac{r_1+r_2}{2}\right)^3}, & f < \pi\cdot\left(1-\sqrt{\left(\dfrac{r_1+r_2}{2r_2}\right)^3}\right) \end{cases} \tag{5-186}$$

可以看到，霍曼转移的优点是能量消耗少，但是其转移时间很长。因此，霍曼转移更适合于非紧急任务。

5.5.1.2 双椭圆转移

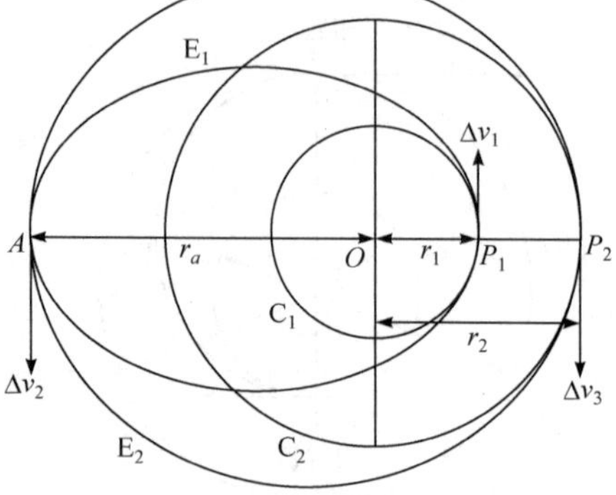

图 5-16 双椭圆转移示意图

如果目标轨道半径 r_2 比初始轨道半径 r_1 大得多，使用三冲量的双椭圆变轨所需要的速度增量比霍曼变轨所需要的速度增量还要小。双椭圆转移的过程如图 5-16 所示。首先在圆轨道 C_1 的点 P_1，施加第一个脉冲速度 Δv_1，使轨道变为椭圆 E_1，它的近地点就是 P_1，远地点是 A；其次在椭圆 E_1 的远地点 A (其地心距为 r_a)施加第二个脉冲速度 Δv_2，使轨道变为椭圆 E_2，它的远地点距离也是 r_a，而近地点距离为 r_2，即椭圆 E_2 的近地点为 P_2，远地点为 A；最后在 E_2 的近地点 P_2 沿飞行反方向施加

第三个脉冲速度 Δv_3，使轨道变为半径为 r_2 的圆 C_2。

利用关系：

$$v_{c1}+\Delta v_1=v_{e1p},\quad v_{e1a}+\Delta v_2=v_{e2a},\quad v_{e2p}-\Delta v_3=v_{c2} \tag{5-187}$$

式中，

$$\begin{cases} v_{c1}=\sqrt{\dfrac{\mu}{r_1}}, & v_{e1p}=\sqrt{\dfrac{2\mu r_a}{r_1(r_1+r_a)}}, & v_{e1a}=\sqrt{\dfrac{2\mu r_1}{r_a(r_1+r_a)}} \\ v_{c2}=\sqrt{\dfrac{\mu}{r_2}}, & v_{e2p}=\sqrt{\dfrac{2\mu r_a}{r_2(r_2+r_a)}}, & v_{e2a}=\sqrt{\dfrac{2\mu r_2}{r_a(r_2+r_a)}} \end{cases} \tag{5-188}$$

可以求出总的特征速度：

$$\Delta v_\Sigma=\Delta v_1+\Delta v_2+\Delta v_3 \tag{5-189}$$

令 $\gamma=\dfrac{r_2}{r_1}$，$\alpha=\dfrac{r_a}{r_1}$，得到无因次化的特征速度：

$$\Delta\overline{\overline{v}}_\Sigma=\frac{\Delta v_\Sigma}{v_{c1}}=\sqrt{\frac{2\alpha}{1+\alpha}}-1+\frac{1}{\sqrt{\alpha}}\left(\sqrt{\frac{2\gamma}{\gamma+\alpha}}-\sqrt{\frac{2}{1+\alpha}}\right)+\frac{1}{\sqrt{\gamma}}\left(\sqrt{\frac{2\alpha}{\gamma+\alpha}}-1\right) \tag{5-190}$$

其渐近值为

$$\lim_{\alpha\to\infty}\Delta\overline{\overline{v}}_\Sigma=(\sqrt{2}-1)\left(1+\frac{1}{\sqrt{\gamma}}\right)$$

r_1 和 r_2 是由转移任务决定的，而 r_a 则是可选择的。由 $\dfrac{\partial\Delta\overline{\overline{v}}_\Sigma}{\partial\alpha}=0$ 可以求出最优的 $(r_a)_{\text{opt}}$ 及相应的 $(\Delta\overline{\overline{v}}_\Sigma)_{\min}$。

已有的研究结果指出：如果 $(r_a)_{\text{opt}}>r_2$，则双椭圆转移可能有利；如果 $(r_a)_{\text{opt}}<r_2$，则采用霍曼转移有利。

由数值计算可以得出：

当 $\gamma\leqslant 11.938765$ 时，霍曼转移为无条件最优转移；

当 $11.938765<\gamma<15.581719$ 时，只要 α 足够大，则双椭圆转移要比霍曼转移更省能量；

当 $\gamma\geqslant 15.581719$ 时，双椭圆转移较霍曼转移有利，但由于过渡时间很长，双椭圆转移的实际意义并不大。

下面分析用双椭圆转移实现交会的条件。在初始时刻 t_0，目标器在半径为 r_2 的目标轨道的 P_0 点，追踪器在半径为 r_1 的停泊轨道的 P_1 点，且 P_0 超前于 P_1 一个相位角 f_H，在此时刻追踪器开始进行双椭圆转移，期望在 P_2 点与目标器相遇。双椭圆转移调相示意图如图 5-17 所示。

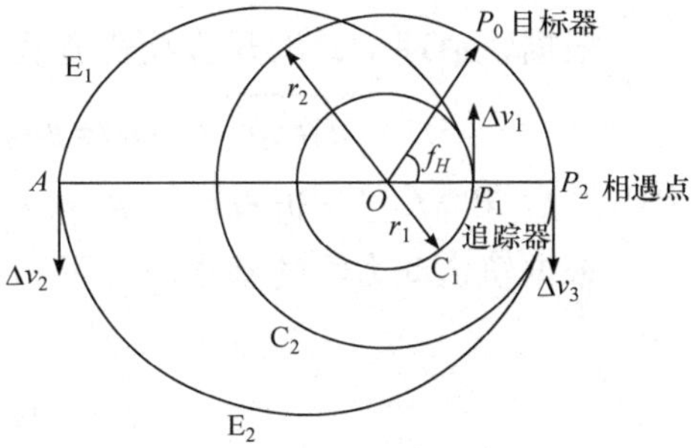

图 5-17　双椭圆转移调相示意图

追踪器在 P_2 点与目标器相遇的条件：目标器从 P_0 沿目标轨道运行到 P_2 的时间应等于追踪器从 P_1 沿椭圆 E_1 运行到 A 然后沿椭圆 E_2 运行

到 P_2 的时间，即

$$\frac{2\pi - f_H}{2\pi}\frac{2\pi}{\sqrt{\mu}}r_2^{\frac{3}{2}} = \frac{\pi}{\sqrt{\mu}}\left(\frac{r_1 + r_a}{2}\right)^{\frac{3}{2}} + \frac{\pi}{\sqrt{\mu}}\left(\frac{r_a + r_2}{2}\right)^{\frac{3}{2}} \tag{5-191}$$

由此得到 f_H 和 r_a 必须符合的条件为

$$f_H = \pi\left[2 - \left(\frac{r_1 + r_a}{2r_2}\right)^{\frac{3}{2}} - \left(\frac{r_a + r_2}{2r_2}\right)^{\frac{3}{2}}\right] \tag{5-192}$$

双椭圆转移方式较霍曼转移方式需要的时间更长，且在施加第二脉冲速度时，航天器的轨道速度很小，脉冲速度的微小误差都会引起转移轨道的轨道参数的很大变化，这就影响了双椭圆变轨的实际应用价值。

5.5.1.3 Lambert 机动

除霍曼转移方式外，对于空间任意两点之间的转移问题，若飞行时间给定，也可以通过 Lambert 机动实现[5]。

首先给出 Lambert 双脉冲机动问题的描述：已知航天器的初始位置 $\boldsymbol{r}_1$ 和速度 $\boldsymbol{v}_{10}$，要求经过 ΔT 的飞行时间，航天器到达终端时刻的位置 $\boldsymbol{r}_2$ 和速度 $\boldsymbol{v}_{20}$，要求确定航天器在初始和终端施加的速度增量 $\Delta\boldsymbol{v}_1$ 和 $\Delta\boldsymbol{v}_2$。双脉冲 Lambert 转移过程如图 5-18 所示。

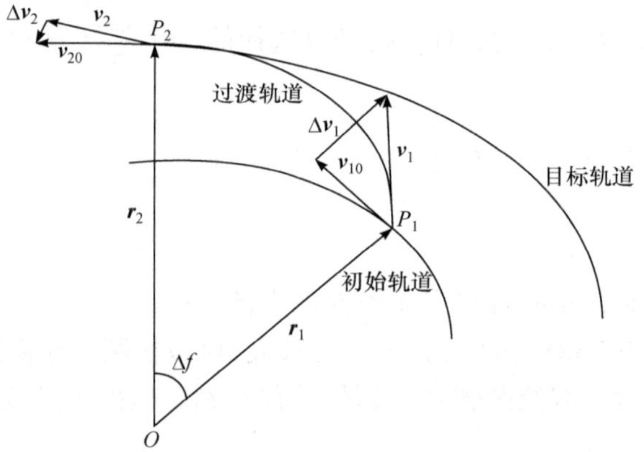

图 5-18　双脉冲 Lambert 转移过程

根据轨道理论，沿开普勒轨道从 P_1 飞行到 P_2 点的时间 $t_2 - t_1$ 应满足如下关系式：

$$\sqrt{\mu / a^3}(t_2 - t_1) = M_2 - M_1 = E_2 - E_1 - e(\sin E_2 - \sin E_1) \tag{5-193}$$

式中，M_1 和 M_2 是平近点角；E_1 和 E_2 是偏近点角。

根据轨道动力学的基本原理可知：

$$r_1 = a(1 - e\cos E_1) \tag{5-194}$$

$$r_2 = a(1 - e\cos E_2) \tag{5-195}$$

将式(5-194)和式(5-195)分别相加、相减可得

$$\begin{cases} r_1 + r_2 = 2a\left[1 - e\cos\dfrac{E_1 + E_2}{2}\cos\dfrac{E_2 - E_1}{2}\right] \\ r_2 - r_1 = 2ae\sin\dfrac{E_1 + E_2}{2}\sin\dfrac{E_2 - E_1}{2} \end{cases} \tag{5-196}$$

若令

$$\begin{cases} d = (E_1 + E_2)/2 \\ g = (E_2 - E_1)/2 \end{cases} \tag{5-197}$$

则可将式(5-196)改写为

$$\begin{cases} r_1 + r_2 = 2a(1 - e\cos d\cos g) \\ r_2 - r_1 = 2ae\sin d\sin g \end{cases} \tag{5-198}$$

在以地心 O 为原点的拱线坐标系中，椭圆上点的坐标为

$$\begin{cases} x_p = a(\cos E - e) \\ y_p = a\sqrt{1-e^2}\sin E \end{cases} \tag{5-199}$$

所以弦线 P_1P_2 的长度 s 的平方为

$$\begin{aligned} s^2 &= a^2(\cos E_2 - \cos E_1)^2 + a^2(1-e^2)(\sin E_2 - \sin E_1)^2 \\ &= 4a^2\sin^2 g(1 - e^2\cos^2 d) \end{aligned} \tag{5-200}$$

若定义：

$$\cos h = e\cos d \tag{5-201}$$

则由式(5-200)可得

$$s = 2a\sin g\sin h \tag{5-202}$$

又由式(5-198)、式(5-202)可得

$$\begin{cases} r_1 + r_2 + s = 2a[1 - \cos(h+g)] \\ r_1 + r_2 - s = 2a[1 - \cos(h-g)] \end{cases} \tag{5-203}$$

再令

$$\begin{cases} \alpha = h + g \\ \beta = h - g \end{cases} \tag{5-204}$$

则可将式(5-203)改写为

$$\begin{cases} r_1 + r_2 + s = 4a\sin^2(\alpha/2) \\ r_1 + r_2 - s = 4a\sin^2(\beta/2) \end{cases} \tag{5-205}$$

式(5-205)表明，α 和 β 由 a、s 和 $r_1 + r_2$ 决定。

将式(5-197)、式(5-201)、式(5-204)代入式(5-193)，可得

$$\frac{\sqrt{\mu}}{a^{3/2}}(t_2 - t_1) = (\alpha - \sin\alpha) - (\beta - \sin\beta) \tag{5-206}$$

式(5-206)称为 Lambert 方程。由此就导出 Lambert 定理：沿开普勒轨道从一个点到另一个点所需的时间取决于轨道半长轴 a，两点的地心距离之和 r_1+r_2，连接两点的弦线的长度 s，而与偏心率无关，也就是

$$\Delta t=t_2-t_1=F(a,r_1+r_2,s) \tag{5-207}$$

因此，相应的 Lambert 问题的描述：已知两个点 P_1 和 P_2 的地心距离 r_1 和 r_2，以及这两个点的中心角 Δf，并给定时间 $\Delta t=t_2-t_1$，要求寻找一条参数为 a、e 的轨道来实现从 P_1 到 P_2 的过渡。

对于 Lambert 问题，显然存在着无数条经过 $\boldsymbol{r}_1$ 和 $\boldsymbol{r}_2$ 的轨道，以它们为过渡轨道都可以实现航天器从 $\boldsymbol{r}_1$ 到 $\boldsymbol{r}_2$ 的转移。但是，在众多的过渡轨道中，只有两条满足所要求的飞行时间，即只有两条能够在 Δt 时间内将航天器从 $\boldsymbol{r}_1$ 转移到 $\boldsymbol{r}_2$。这两条轨道分别称为“短程轨道”和“长程轨道”，如图 5-19 所示，其中 Δf 为 $\boldsymbol{r}_1$ 和 $\boldsymbol{r}_2$ 的夹角，也等于两位置的真近点角之差。

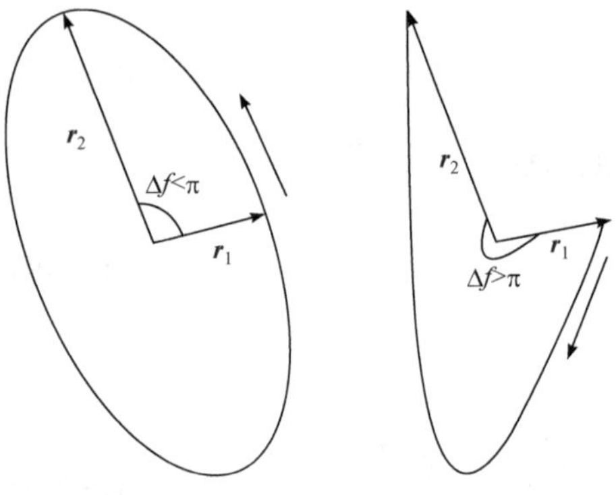

图 5-19 短程轨道和长程轨道

若由 P_1 点到 P_2 点的飞行时间已知，Lambert 问题就是如何确定连接 P_1 点到 P_2 点的飞行轨迹。如果能求出 $\boldsymbol{v}_1$，则由 $\boldsymbol{r}_1$ 和 $\boldsymbol{v}_1$ 就可以确定飞行轨迹上任意一点的位置和速度。

求解 Lambert 问题之前，需要先定义如下的拉格朗日系数：

$$\begin{cases} l=1-\dfrac{r_2}{p}(1-\cos\Delta f)=1-\dfrac{a}{r_1}(1-\cos\Delta E) \\ k=\dfrac{r_1 r_2\sin\Delta f}{\sqrt{\mu p}}=\Delta t-\sqrt{\dfrac{a^3}{\mu}}(\Delta E-\sin\Delta E) \end{cases} \tag{5-208}$$

对其求一阶导数：

$$\begin{cases} \dot{l}=\sqrt{\dfrac{\mu}{p}}\tan\dfrac{\Delta f}{2}\left(\dfrac{1-\cos\Delta f}{p}-\dfrac{1}{r_1}-\dfrac{1}{r_2}\right) \\ \dot{k}=1-\dfrac{r_1}{p}(1-\cos\Delta f) \end{cases} \tag{5-209}$$

式中，r_1、r_2、Δf、Δt 已知；p、a、ΔE 未知。

于是求解 Lambert 问题的过程可转换为求解以上这样一组超越方程，要用迭代法求解，下面介绍采用普适变量法的求解过程。普适变量法是通过引入普适变量 z，建立机动时间 Δt 与 z 之间的函数关系，并利用合适的数值迭代方法(一般可采用 Newton-Raphson 方法)求解 z 值并代入函数关系式中，使所得到的 Δt 与给定机动时间的差值满足精度要求，具体步骤如下[3]。

(1) 计算 r_1 和 r_2：

$$r_1 = \sqrt{\boldsymbol{r}_1 \cdot \boldsymbol{r}_1} \tag{5-210}$$

$$r_2 = \sqrt{\boldsymbol{r}_2 \cdot \boldsymbol{r}_2} \tag{5-211}$$

(2) 选择“短程轨道”或“长程轨道”，并计算 Δf 。

对于“短程轨道”：

$$\Delta f = \begin{cases} \arccos\left(\dfrac{\boldsymbol{r}_1 \cdot \boldsymbol{r}_2}{|\boldsymbol{r}_1||\boldsymbol{r}_2|}\right), & (\boldsymbol{r}_1 \times \boldsymbol{r}_2)_Z \geqslant 0 \\ 2\pi - \arccos\left(\dfrac{\boldsymbol{r}_1 \cdot \boldsymbol{r}_2}{|\boldsymbol{r}_1||\boldsymbol{r}_2|}\right), & (\boldsymbol{r}_1 \times \boldsymbol{r}_2)_Z < 0 \end{cases} \tag{5-212}$$

对于“长程轨道”：

$$\Delta f = \begin{cases} \arccos\left(\dfrac{\boldsymbol{r}_1 \cdot \boldsymbol{r}_2}{|\boldsymbol{r}_1||\boldsymbol{r}_2|}\right), & (\boldsymbol{r}_1 \times \boldsymbol{r}_2)_Z < 0 \\ 2\pi - \arccos\left(\dfrac{\boldsymbol{r}_1 \cdot \boldsymbol{r}_2}{|\boldsymbol{r}_1||\boldsymbol{r}_2|}\right), & (\boldsymbol{r}_1 \times \boldsymbol{r}_2)_Z \geqslant 0 \end{cases} \tag{5-213}$$

式中，

$$(\boldsymbol{r}_1 \times \boldsymbol{r}_2)_Z = r_1 r_2 \sin\Delta f \cos i \tag{5-214}$$

(3) 计算 A：

$$A = \frac{\sqrt{r_1 r_2}\sin\Delta f}{\sqrt{1-\cos\Delta f}} \tag{5-215}$$

(4) 选取普适变量 z 的初值(可取 $z=-100$，通常 z 的取值为从负值→$(2\pi)^2$)。

(5) 利用 z 初值，通过迭代计算下式，求出 z 值：

$$\sqrt{\mu}\Delta t = \left[\frac{\gamma(z)}{C(z)}\right]^{\frac{3}{2}} S(z) + A\sqrt{\gamma(z)} \tag{5-216}$$

为了求出 z 值，利用牛顿迭代法，建立如下函数：

$$F(z) = \left[\frac{\gamma(z)}{C(z)}\right]^{\frac{3}{2}} S(z) + A\sqrt{\gamma(z)} - \sqrt{\mu}\Delta t \tag{5-217}$$

$$F'(z) = \begin{cases} \left[\dfrac{\gamma(z)}{C(z)}\right]^{\frac{3}{2}} \left\{\dfrac{1}{2z}\left[C(z) - \dfrac{3}{2}\dfrac{S(z)}{C(z)}\right] + \dfrac{3}{4}\dfrac{S(z)^2}{C(z)}\right\} \\ \quad + \dfrac{A}{8}\left[3\dfrac{S(z)}{C(z)}\sqrt{\gamma(z)} + A\sqrt{\dfrac{C(z)}{\gamma(z)}}\right], & z \neq 0 \\ \dfrac{\sqrt{2}}{40}\gamma(0)^{\frac{3}{2}} + \dfrac{A}{8}\left[\sqrt{\gamma(0)} + A\sqrt{\dfrac{1}{2\gamma(0)}}\right], & z = 0 \end{cases} \tag{5-218}$$

$$z_{i+1} = z_i - \frac{F(z_i)}{F'(z_i)} \tag{5-219}$$

式中，

$$C(z) = \begin{cases} \dfrac{1-\cosh\sqrt{-z}}{z}, & z<0 \\ \dfrac{1}{2!} - \dfrac{z}{4!} + \dfrac{z^2}{6!} - \cdots, & z \to 0 \\ \dfrac{1-\cos\sqrt{z}}{z}, & z>0 \end{cases} \tag{5-220}$$

$$S(z) = \begin{cases} \dfrac{\sinh\sqrt{-z} - \sqrt{-z}}{\sqrt{(-z)^3}}, & z<0 \\ \dfrac{1}{3!} - \dfrac{z}{5!} + \dfrac{z^2}{7!} - \cdots, & z \to 0 \\ \dfrac{\sqrt{z} - \sin\sqrt{z}}{\sqrt{z^3}}, & z>0 \end{cases} \tag{5-221}$$

$$\gamma(z) = r_1 + r_2 + A\frac{zS(z)-1}{\sqrt{C(z)}} \tag{5-222}$$

直到所解得的 Δt 值与给定飞行时间的差值在误差范围(设为 10^{-8})之内时停止迭代，取此时的 z 值。

(6) 计算拉格朗日级数 l 和 k，以及 $\dot{k}$：

$$l = 1 - \frac{\left[\sqrt{\dfrac{\gamma(z)}{C(z)}}\right]^2}{r_1} C(z) = 1 - \frac{\gamma(z)}{r_1} \tag{5-223}$$

$$k = \frac{1}{\sqrt{\mu}}\left\{\left[\frac{\gamma(z)}{C(z)}\right]^{\frac{3}{2}} S(z) + A\sqrt{\gamma(z)}\right\} - \frac{1}{\sqrt{\mu}}\left[\frac{\gamma(z)}{C(z)}\right]^{\frac{3}{2}} S(z) = A\sqrt{\frac{\gamma(z)}{\mu}} \tag{5-224}$$

$$\dot{k} = 1 - \frac{\left[\dfrac{\gamma(z)}{C(z)}\right]^{\frac{3}{2}}}{r_2} C(z) = 1 - \frac{\gamma(z)}{r_2} \tag{5-225}$$

(7) 由此可计算初始点和终端点速度 $\boldsymbol{v}_1$、$\boldsymbol{v}_2$：

$$\boldsymbol{v}_1 = \frac{\boldsymbol{r}_2 - l\boldsymbol{r}_1}{k} \tag{5-226}$$

$$\boldsymbol{v}_2 = \frac{\dot{k}\boldsymbol{r}_2 - \boldsymbol{r}_1}{k} \tag{5-227}$$

(8) 由 $\boldsymbol{r}_1$ 和 $\boldsymbol{v}_1$ 或者 $\boldsymbol{r}_2$ 和 $\boldsymbol{v}_2$ 就可以计算出轨道要素。

在应用以上方法时需要注意的是，若机动时间过长，求解得到的 Lambert 转移轨道将呈现较大的偏心率，即航天器要沿这条轨道飞行很长的路程才能到达目标位置，这种转移轨道将使航天器消耗的燃料剧增。此时就需要对以上算法进行改进，如转换为多圈 Lambert 转移问题。

5.5.2　连续推力轨道机动

5.5.2.1　连续推力轨道机动运动方程

考虑控制力为连续推力作用下的航天器在中心引力场中的运动，并引入如下假设：

(1) 视中心天体为理想中心引力体，即匀质圆球；

(2) 航天器视为质点，且其质量远小于天体的质量，可忽略不计。

因此，在地心赤道惯性坐标系中，连续推力作用下航天器轨道运动方程为

$$\begin{cases} \dot{\boldsymbol{r}} = \boldsymbol{v} \\ \dot{\boldsymbol{v}} = -\dfrac{\mu}{r^3}\boldsymbol{r} + \dfrac{T}{m}\boldsymbol{u} \\ \dot{m} = -\dfrac{T}{g_0 I_{\text{sp}}} \end{cases} \tag{5-228}$$

式中，$\boldsymbol{v} = [v_x, v_y, v_z]$ 是航天器速度矢量及其在地心赤道惯性坐标系中的投影；$\boldsymbol{r} = [r_x, r_y, r_z]$ 是航天器到地心的距离矢量及其在地心赤道惯性坐标系中的投影；$\boldsymbol{u} = [u_x, u_y, u_z]$ 是推力方向单位矢量及其在地心赤道惯性坐标系中的投影；T 是发动机的推力大小，为定值；m 是航天器的质量；I_{sp} 是发动机比冲；μ 是地球引力常数；g_0 是地球海平面处重力加速度，大小为 9.8m/s^2。

5.5.2.2　连续推力最优机动

任务需求不同，对应的航天器飞行轨迹不同，对于航天器在连续推力作用下的运动，总是期望能够在给定条件下最大化地满足任务要求，这可以通过轨迹优化来实现[6]。一般地，优化目标通过目标函数表示，典型的目标函数有以下三种。

(1) 要求整个轨道机动过程的时间最短，即时间最优，其目标函数为

$$J[\boldsymbol{u}(t)] = \int_{t_0}^{t_f} 1\mathrm{d}t = t_f - t_0 \tag{5-229}$$

式中，t_0 为轨道机动开始时刻；t_f 为轨道机动结束时刻。

(2) 要求在整个轨道机动过程中燃料的消耗最少，即燃料最少或者能量最优，其目标函数为

$$J[\boldsymbol{u}(t)]=\int_{t_0}^{t_f}\sum_{i=1}^{n}\beta_i\,|\,u_i(t)\,|\mathrm{d}t \tag{5-230}$$

式中，$u_i(t)$ 为控制向量 $\boldsymbol{u}(t)$ 的各个分量($i=1,2,\cdots,n$)；β_i 为权重系数，$\beta_i>0$。式(5-230)为燃料最少的性能指标。

$$J[\boldsymbol{u}(t)]=\int_{t_0}^{t_f}\sum_{i=1}^{n}\gamma_i u_i^2(t)\mathrm{d}t \tag{5-231}$$

式中，γ_i 为权重系数。式(5-231)为能量最优的性能指标。

(3) 要求在整个轨道机动过程中时间–燃料或者时间–能量最优，这是一个多目标优化问题，其性能指标为

$$J[\boldsymbol{u}(t)]=\int_{t_0}^{t_f}\alpha\mathrm{d}t+\int_{t_0}^{t_f}\sum_{i=1}^{n}\beta_i\,|\,u_i(t)\,|\mathrm{d}t \tag{5-232}$$

$$J[\boldsymbol{u}(t)]=\int_{t_0}^{t_f}\alpha\mathrm{d}t+\int_{t_0}^{t_f}\sum_{i=1}^{n}\gamma_i u_i^2(t)\mathrm{d}t \tag{5-233}$$

式中，α 为权重系数，α 的大小与整个系统对时间响应的重视程度相关，α 越大表明越重视系统的响应时间。

式(5-232)为时间–燃料最优的性能指标，式(5-233)为时间–能量最优的性能指标。若 $\alpha=0$，式(5-232)、式(5-233)和式(5-230)、式(5-231)表示的性能指标相同；若 $\alpha=\infty$，式(5-232)、式(5-233)和式(5-229)相同，表示不计燃料消耗。

若燃料最少的性能指标写成如下形式：

$$J[\boldsymbol{u}(t)]=\int_{t_0}^{t_f}\dot{m}\mathrm{d}t \tag{5-234}$$

式中，$\dot{m}$ 为燃料的秒消耗量。要求在整个轨道机动过程中燃料的消耗最少，无论 $\dot{m}$ 大小恒定与否，只要总的机动时间越短，则燃料的消耗则越少，特别是在 $\dot{m}$ 为常值时，整个轨道机动期间，燃料的消耗量为 $\dot{m}(t_f-t_0)$。这就将燃料消耗最优问题转化为时间最优问题。

本节的研究对象是在轨运行的航天器，将其运动方程改写成状态方程的标量形式，如下：

$$\begin{cases}\dot{x}=v_x\\ \dot{y}=v_y\\ \dot{z}=v_z\\ \dot{v}_x=-\dfrac{\mu}{r^3}x+\dfrac{T}{m}u_x\\ \dot{v}_y=-\dfrac{\mu}{r^3}y+\dfrac{T}{m}u_y\\ \dot{v}_z=-\dfrac{\mu}{r^3}z+\dfrac{T}{m}u_z\\ \dot{m}=-\dfrac{T}{g_0I_{sp}}\end{cases} \tag{5-235}$$

式中，

$$r=\sqrt{x^2+y^2+z^2}$$

则最优控制即是选择控制矢量 $\boldsymbol{u}(t)$使得性能指标函数达到极小值。

对于时间最短最优轨迹问题可以描述如下：在时间段$[t_0,t_\mathrm{f}]$上的被控系统状态方程可写为

$$\boldsymbol{x}(t)=f\left(\boldsymbol{x}(t),\boldsymbol{u}(t),t\right),\boldsymbol{x}(t_0)=\boldsymbol{x}_0 \tag{5-236}$$

对于连续常推力变轨问题，状态矢量为

$$\boldsymbol{x}(t)=\left[\boldsymbol{r}(t)\quad \boldsymbol{v}(t)\quad m(t)\right]^\mathrm{T}$$

控制矢量为

$$\boldsymbol{u}(t)=\left[u_x(t)\quad u_y(t)\quad u_z(t)\right]^\mathrm{T}$$

控制目标要求在最短时间内达到性能指标，若推力大小恒定，则最短时间等价于燃料消耗最小。

应用极小值原理，将此最优控制问题的性能指标取为

$$J=\min\left(t_\mathrm{f}\right) \tag{5-237}$$

该性能指标仅包含终端时刻的状态，属于最优控制理论中的 Mayer 型问题，当终端状态给定后，可以进行求解。

根据式(5-236)给出的连续推力作用下的状态方程，可建立哈密顿函数如下：

$$H=\boldsymbol{\lambda}^\mathrm{T}f\left(\boldsymbol{x},\boldsymbol{u}\right) \tag{5-238}$$

式中，

$$\boldsymbol{\lambda}=\left[\boldsymbol{\lambda}_r\quad \boldsymbol{\lambda}_v\quad \lambda_m\right]^\mathrm{T} \tag{5-239}$$

$\boldsymbol{\lambda}$ 是协态变量，$\boldsymbol{\lambda}_r$、$\boldsymbol{\lambda}_v$、λ_m 分别为位置、速度、质量协态变量。哈密顿函数的具体表达式为

$$H=\boldsymbol{\lambda}_r\boldsymbol{v}+\boldsymbol{\lambda}_v\left(-\frac{\mu}{r^3}\boldsymbol{r}+\frac{T}{m(t)}\boldsymbol{u}\right)-\lambda_m\frac{|T|}{g_0I_\mathrm{sp}} \tag{5-240}$$

式(5-240)以标量形式表示在地心赤道惯性坐标系下：

$$\begin{aligned}H=&\lambda_{rx}v_x+\lambda_{ry}v_y+\lambda_{rz}v_z\\&+\lambda_{vx}\left(-\frac{\mu}{r^3}x+\frac{T_x}{m}\right)+\lambda_{vy}\left(-\frac{\mu}{r^3}y+\frac{T_y}{m}\right)\\&+\lambda_{vz}\left(-\frac{\mu}{r^3}z+\frac{T_z}{m}\right)+\lambda_m\left(-\frac{T}{g_0I_\mathrm{sp}}\right)\end{aligned} \tag{5-241}$$

由于 $\boldsymbol{u}$ 为推力方向的单位矢量，故存在约束 $\boldsymbol{u}^\mathrm{T}\boldsymbol{u}=1$，引入拉格朗日乘子 $\boldsymbol{\gamma}$，哈密顿函数可改写为

$$\tilde{H} = \boldsymbol{\lambda}_r^{\mathrm{T}}\boldsymbol{v} + \boldsymbol{\lambda}_v^{\mathrm{T}}\left(-\frac{\mu}{r^3}\boldsymbol{r} + \frac{T}{m}\boldsymbol{u}\right) - \lambda_m \frac{T}{g_0 I_{\mathrm{sp}}} + \boldsymbol{\gamma}^{\mathrm{T}}(1 - \boldsymbol{u}^{\mathrm{T}}\boldsymbol{u}) \tag{5-242}$$

根据最优控制原理，可以得到最优控制如下：

$$\boldsymbol{u}^* = \frac{\boldsymbol{\lambda}_v}{\|\boldsymbol{\lambda}_v\|} \tag{5-243}$$

将最优控制代入哈密顿函数，可以得到协态方程：

$$\begin{cases} \dot{\boldsymbol{\lambda}}_r = \boldsymbol{\lambda}_v \dfrac{\mu}{r^3} - \dfrac{3\boldsymbol{\lambda}_v^{\mathrm{T}}\boldsymbol{r}}{r^5}\boldsymbol{r} \\ \dot{\boldsymbol{\lambda}}_v = -\boldsymbol{\lambda}_r \\ \dot{\lambda}_m = -\|\boldsymbol{\lambda}_v\|\dfrac{T}{m^2} \end{cases} \tag{5-244}$$

此时，最优控制问题转变为两点边值问题。由于两点边值问题求解困难，间接法的应用受到很大限制。因此，目前较为常用的求解方法是混合法。混合法是指舍去横截条件，只要求满足状态变量的边界条件，通过调节协态变量的初值和其他参数使性能指标达到最优。这样就将最优控制问题转化为有约束的参数优化问题，再进行求解。虽然混合法的收敛半径较间接法有所提高，但是因协态变量参数无实际的物理意义，初值猜测困难，想要解决这一问题也非常困难。遗传算法具有不需要猜测初始值，收敛性强等特点，是解决这一问题的良好工具。

5.6 航天器姿态运动

航天器的姿态是指航天器在空间的指向角度及角速度。因此，要讨论航天器的姿态，就必须首先选定空间坐标系，这样才能描述航天器的姿态。为了描述航天器的姿态，至少要建立两个坐标系(图 5-20)：

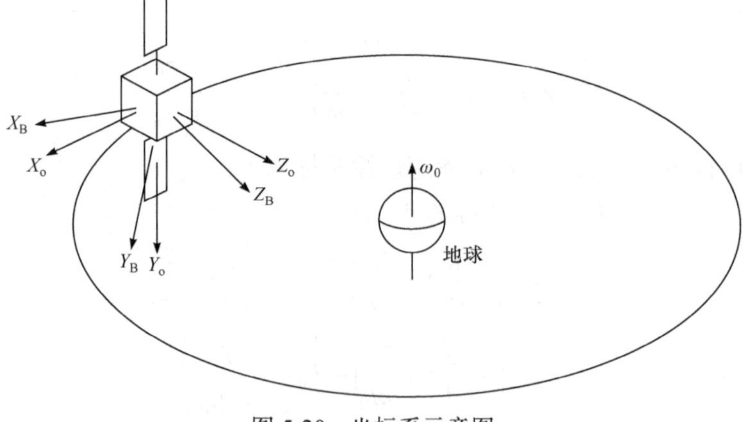

图 5-20 坐标系示意图

(1) 固连于航天器的体坐标系 $S_B(OX_BY_BZ_B)$，定义与前面对导弹体坐标系的定义一致。它是一个正交坐标系，原点位于航天器的质心，三个坐标轴和航天器主惯量轴一致。

(2) 空间参考坐标系，一般选择轨道坐标系 $S_o(OX_oY_oZ_o)$，该坐标系的坐标原点位于航天器质心，OZ_o 轴指向地心，OX_o 轴位于轨道平面内垂直于 OZ_o 轴并指向卫星运动方向，OY_o 轴与其他两坐标轴形成右手坐标系。

$S_B(OX_BY_BZ_B)$ 的坐标轴和 $S_o(OX_oY_oZ_o)$ 的坐标轴之间的角度关系描述了航天器的姿态。如果航天器不旋转，在正常状态下，体坐标系与轨道坐标系重合，航天器的姿态角为零。当航天器受到扰动或者控制力作用后会产生角运动，这两个坐标系不再重合，航天器姿态角不为零，这时分别称 OX_B、OY_B、OZ_B 轴为滚转轴(指向航天器飞行方向)、俯仰轴和偏航轴，绕这三个轴转动的角度分别称为滚转角 γ、俯仰角 φ、偏航角 ψ。

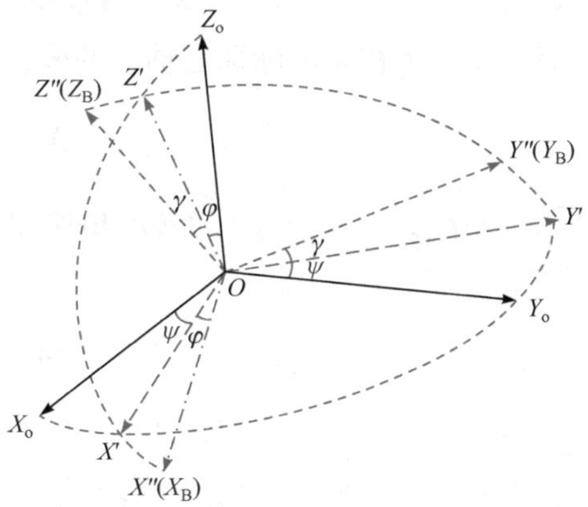

图 5-21　坐标系旋转关系

体坐标系和轨道坐标系之间的关系可以用基于这三个姿态角的方向余弦矩阵表示，若采用 $z(\psi)\to y(\varphi)\to x(\gamma)$ 转动顺序(图 5-21)，可得方向余弦矩阵为

$$C_{OB}=\begin{pmatrix}\cos\varphi\cos\psi & \cos\varphi\sin\psi & -\sin\varphi\\ \sin\gamma\sin\varphi\cos\psi-\cos\gamma\sin\psi & \sin\gamma\sin\varphi\sin\psi+\cos\gamma\cos\psi & \sin\gamma\cos\varphi\\ \cos\gamma\sin\varphi\cos\psi+\sin\gamma\sin\psi & \cos\gamma\sin\varphi\sin\psi-\sin\gamma\cos\psi & \cos\gamma\cos\varphi\end{pmatrix}\tag{5-245}$$

5.6.1　刚体航天器姿态动力学方程

根据刚体质心的动量矩定理知：

$$\frac{\mathrm{d}\boldsymbol{H}}{\mathrm{d}t}=\boldsymbol{M}\tag{5-246}$$

式中，$\boldsymbol{H}$ 为刚体的动量矩；$\boldsymbol{M}$ 为作用于刚体上的合力矩。若以体坐标系为计算坐标系，根据矢量相对导数关系有

$$\frac{\mathrm{d}\boldsymbol{H}}{\mathrm{d}t}=\frac{\delta\boldsymbol{H}}{\delta t}+\boldsymbol{\omega}_T\times\boldsymbol{H}=\boldsymbol{M}\tag{5-247}$$

式中，$\boldsymbol{\omega}_T$ 为刚体在惯性空间的旋转角速度。依据动量矩的关系式，式(5-247)可写为

$$\boldsymbol{J}\cdot\dot{\boldsymbol{\omega}}_T+\boldsymbol{\omega}_T\times\boldsymbol{J}\cdot\boldsymbol{\omega}_T=\boldsymbol{M}\tag{5-248}$$

$\boldsymbol{J}$ 为惯性张量，其表达式为

$$\boldsymbol{J}=\begin{bmatrix}J_x & -J_{xy} & -J_{xz}\\ -J_{xy} & J_y & -J_{yz}\\ -J_{zx} & -J_{yz} & J_z\end{bmatrix}$$

式中，

$$\begin{cases} J_x = \int_B (y^2 + z^2)\mathrm{d}m, & J_y = \int_B (x^2 + z^2)\mathrm{d}m \\ J_z = \int_B (x^2 + y^2)\mathrm{d}m, & J_{yz} = \int_B (yz)\mathrm{d}m \\ J_{xy} = \int_B (xy)\mathrm{d}m, & J_{xz} = \int_B (xz)\mathrm{d}m \end{cases} \tag{5-249}$$

式中，J_x、J_y、J_z 为刚体关于体坐标系 x、y、z 轴的转动惯量；J_{xy}、J_{xz}、J_{yz} 为刚体的惯量积。若 $\boldsymbol{M}$ 在体坐标系三轴上的分量为

$$\boldsymbol{M} = \begin{bmatrix} M_x & M_y & M_z \end{bmatrix}^{\mathrm{T}} \tag{5-250}$$

设 $\boldsymbol{\omega}_T = [\boldsymbol{\omega}_{Tx} \quad \boldsymbol{\omega}_{Ty} \quad \boldsymbol{\omega}_{Tz}]^{\mathrm{T}}$ 为转动角速度在体坐标系的分量形式，则在体坐标系下的欧拉方程为

$$\begin{cases} J_x\dot{\omega}_{Tx} - J_{xy}\dot{\omega}_{Ty} - J_{xz}\dot{\omega}_{Tz} - (J_y - J_z)\omega_{Ty}\omega_{Tz} - J_{yz}({\omega_{Ty}}^2 - {\omega_{Tz}}^2) - J_{xz}\omega_{Tx}\omega_{Ty} + J_{xy}\omega_{Tx}\omega_{Tz} = M_x \\ -J_{xy}\dot{\omega}_{Tx} + J_y\dot{\omega}_{Ty} - J_{yz}\dot{\omega}_{Tz} - (J_z - J_x)\omega_{Tz}\omega_{Tx} - J_{xz}({\omega_{Tz}}^2 - {\omega_{Tx}}^2) - J_{xy}\omega_{Ty}\omega_{Tz} + J_{yz}\omega_{Ty}\omega_{Tx} = M_y \\ -J_{xz}\dot{\omega}_{Tx} - J_{yz}\dot{\omega}_{Ty} + J_z\dot{\omega}_{Tz} - (J_x - J_y)\omega_{Tx}\omega_{Ty} - J_{xy}({\omega_{Tx}}^2 - {\omega_{Ty}}^2) - J_{yz}\omega_{Tz}\omega_{Tx} + J_{xz}\omega_{Tz}\omega_{Ty} = M_z \end{cases} \tag{5-251}$$

当体坐标系三轴与惯性主轴重合且相对于惯性主轴面对称时，惯性积均为 0，方程(5-25)可以简化为

$$\begin{cases} J_x\dot{\omega}_{Tx} - (J_y - J_z)\omega_{Ty}\omega_{Tz} = M_x \\ J_y\dot{\omega}_{Ty} - (J_z - J_x)\omega_{Tz}\omega_{Tx} = M_y \\ J_z\dot{\omega}_{Tz} - (J_x - J_y)\omega_{Tx}\omega_{Ty} = M_z \end{cases} \tag{5-252}$$

可见，一般情况下，坐标轴三个方向的转动运动是相互耦合的，甚至惯性积为零也是这样。

5.6.2 航天器的姿态描述及运动学方程

从 S_o 到 S_B 的转动过程中，是分别绕三坐标轴以角速度 $\dot{\boldsymbol{\psi}}$、$\dot{\boldsymbol{\varphi}}$、$\dot{\boldsymbol{\gamma}}$ 完成的，其矢量和就是合成运动的角速度。假设合成运动的角速度为 $\boldsymbol{\omega}_B$，则有

$$\boldsymbol{\omega}_B = \dot{\boldsymbol{\psi}} + \dot{\boldsymbol{\varphi}} + \dot{\boldsymbol{\gamma}} \tag{5-253}$$

设 $\boldsymbol{\omega}_B$ 为体坐标系相对于轨道坐标系的旋转角速度，其在体坐标系三轴上的分量为 ω_{Bx}、ω_{By}、ω_{Bz}，把 $\dot{\boldsymbol{\psi}}$、$\dot{\boldsymbol{\varphi}}$、$\dot{\boldsymbol{\gamma}}$ 三个角速度矢量也在体坐标系三轴上投影，于是有

$$\begin{pmatrix} \omega_{Bx} \\ \omega_{By} \\ \omega_{Bz} \end{pmatrix} = \begin{bmatrix} 1 & 0 & -\sin\varphi \\ 0 & \cos\gamma & \cos\varphi\sin\gamma \\ 0 & -\sin\gamma & \cos\varphi\cos\gamma \end{bmatrix} \begin{pmatrix} \dot{\gamma} \\ \dot{\varphi} \\ \dot{\psi} \end{pmatrix} \tag{5-254}$$

经变换后得

$$\begin{pmatrix}\dot{\gamma}\\ \dot{\varphi}\\ \dot{\psi}\end{pmatrix}=\frac{1}{\cos\varphi}\begin{bmatrix}\cos\varphi & \sin\varphi\sin\gamma & \sin\varphi\cos\gamma\\ 0 & \cos\varphi\cos\gamma & -\cos\varphi\sin\gamma\\ 0 & \sin\gamma & \cos\gamma\end{bmatrix}\begin{pmatrix}\omega_{Bx}\\ \omega_{By}\\ \omega_{Bz}\end{pmatrix} \tag{5-255}$$

式(5-255)就是理想情况下以欧拉角描述的航天器姿态运动学方程。但是，式(5-255)在某些情况下是不能应用的。例如，当俯仰角 $\varphi=90^\circ$ 时，方程是奇异的，偏航角 ψ 是不确定的。此时，可采用四元数来表示航天器的姿态，并用四元数建立航天器绕质心转动的运动学方程；也可用双欧法克服运动学方程的奇异性，但较复杂。

注意到 S_o 坐标系随着航天器在轨道上运动，它沿 OY_o 轴的反方向绕地心赤道惯性系以 $\omega_0=\dot{f}$ 旋转。考虑 S_o 坐标系的这种运动，设航天器相对惯性坐标系的姿态角速度 $\boldsymbol{\omega}_T$ 在 $OX_BY_BZ_B$ 坐标系中投影的分量为 ω_{Tx}、ω_{Ty} 和 ω_{Tz}，则有

$$\begin{bmatrix}\omega_{Tx}\\ \omega_{Ty}\\ \omega_{Tz}\end{bmatrix}=\begin{bmatrix}\omega_{Bx}\\ \omega_{By}\\ \omega_{Bz}\end{bmatrix}-C_{OB}\begin{bmatrix}0\\ \omega_0\\ 0\end{bmatrix} \tag{5-256}$$

式中，ω_0 是航天器质心绕地心的轨道角速度，它与真近点角 f 有 $\omega_0=\dot{f}$ 的关系。已知航天器的轨道动量矩和半径满足 $\dot{f}=\dfrac{h}{\gamma^2}=\dfrac{\sqrt{\mu p}}{\gamma^2}$，$\gamma=\dfrac{p}{1+e\cos f}$，由此得

$$\omega_0=\dot{f}=\sqrt{\frac{\mu}{p^3}}(1+e\cos f)^2 \tag{5-257}$$

若轨道为圆形，其半径 R 和 p 相等，则

$$\omega_0=\sqrt{\frac{\mu}{R^3}} \tag{5-258}$$

若轨道为接近圆形，则由式(5-257)还可求得

$$\omega_0\approx\sqrt{\frac{\mu}{R^3}}(1+2e\cos f) \tag{5-259}$$

若把式(5-254)和式(5-246)代入式(5-256)，有

$$\begin{bmatrix}\omega_{Tx}\\ \omega_{Ty}\\ \omega_{Tz}\end{bmatrix}=\begin{bmatrix}1 & 0 & -\sin\varphi\\ 0 & \cos\gamma & \cos\varphi\sin\gamma\\ 0 & -\sin\gamma & \cos\varphi\cos\gamma\end{bmatrix}\begin{bmatrix}\dot{\gamma}\\ \dot{\varphi}\\ \dot{\psi}\end{bmatrix}-\begin{bmatrix}\cos\varphi\sin\psi\\ \cos\gamma\cos\psi+\sin\gamma\sin\varphi\sin\psi\\ -\sin\gamma\cos\psi+\cos\gamma\sin\varphi\sin\psi\end{bmatrix}\omega_0 \tag{5-260}$$

反过来求 ω_{Tx}、ω_{Ty}、ω_{Tz} 和 ω_0 对 $\dot{\gamma}$、$\dot{\varphi}$ 和 $\dot{\psi}$ 的关系时，可以用式(5-255)中的矩阵左乘式(5-260)，得

$$\begin{bmatrix}\dot{\gamma}\\ \dot{\varphi}\\ \dot{\psi}\end{bmatrix}=\frac{1}{\cos\varphi}\begin{bmatrix}\cos\varphi & \sin\varphi\sin\gamma & \sin\varphi\cos\gamma\\ 0 & \cos\varphi\cos\gamma & -\cos\varphi\sin\gamma\\ 0 & \sin\gamma & \cos\gamma\end{bmatrix}\begin{bmatrix}\omega_{Tx}\\ \omega_{Ty}\\ \omega_{Tz}\end{bmatrix}+\frac{1}{\cos\varphi}\begin{bmatrix}\sin\psi\\ \cos\varphi\cos\psi\\ \sin\varphi\sin\psi\end{bmatrix}\omega_0 \tag{5-261}$$

式(5-260)和式(5-261)是航天器相对惯性空间的姿态角速度 ω_{Tx}、ω_{Ty}、ω_{Tz} 与 $\dot{\gamma}$、$\dot{\varphi}$、$\dot{\psi}$ 之间的关系。它和式(5-254)与式(5-255)的差别在于多了轨道角速度 ω_0。

坐标变换矩阵是欧拉角的三角函数，它们在微分方程中将使微分方程式呈现非线性，给求解带来不少麻烦。不过，当 S_B 和 S_o 两坐标系接近重合，姿态角是小量，可以认为姿态角的正弦值接近于角度的弧度值，姿态角的余弦值接近于 1，略去二阶小量后，式(5-245)和式(5-260)变为

$$\begin{bmatrix} 1 & 0 & -\sin\varphi \\ 0 & \cos\gamma & \cos\varphi\sin\gamma \\ 0 & -\sin\gamma & \cos\varphi\cos\gamma \end{bmatrix} \approx \begin{bmatrix} 1 & 0 & 0 \\ 0 & 1 & 0 \\ 0 & 0 & 1 \end{bmatrix}, \quad C_{\mathrm{OB}} = \begin{bmatrix} 1 & \psi & -\varphi \\ -\psi & 1 & \gamma \\ \varphi & -\gamma & 1 \end{bmatrix} \tag{5-262}$$

$$\begin{bmatrix} \omega_{Tx} \\ \omega_{Ty} \\ \omega_{Tz} \end{bmatrix} = \begin{bmatrix} \dot{\gamma} \\ \dot{\varphi} \\ \dot{\psi} \end{bmatrix} - \begin{bmatrix} \psi \\ 1 \\ -\gamma \end{bmatrix} \omega_0 \tag{5-263}$$

则式(5-263)可写成

$$\begin{bmatrix} \dot{\gamma} \\ \dot{\varphi} \\ \dot{\psi} \end{bmatrix} = \begin{bmatrix} \omega_{Tx} \\ \omega_{Ty} \\ \omega_{Tz} \end{bmatrix} + \begin{bmatrix} \psi \\ 1 \\ -\gamma \end{bmatrix} \omega_0 = \begin{bmatrix} \omega_{Tx} + \omega_0\psi \\ \omega_{Ty} + \omega_0 \\ \omega_{Tz} - \omega_0\gamma \end{bmatrix} \tag{5-264}$$

如果不计轨道角速度，或者将轨道角速度的影响另行考虑时，式(5-263)和式(5-264)又可以写为

$$\begin{bmatrix} \omega_{Tx} \\ \omega_{Ty} \\ \omega_{Tz} \end{bmatrix} = \begin{bmatrix} \dot{\gamma} \\ \dot{\varphi} \\ \dot{\psi} \end{bmatrix}, \quad \begin{bmatrix} \omega_{\mathrm{B}x} \\ \omega_{\mathrm{B}y} \\ \omega_{\mathrm{B}z} \end{bmatrix} = \begin{bmatrix} \dot{\gamma} \\ \dot{\varphi} \\ \dot{\psi} \end{bmatrix} \tag{5-265}$$

这说明对于小角度的情况，坐标变换时的旋转顺序已不影响变换的结果。

5.6.3 简化的刚体航天器姿态运动方程

如前所述，对于航天器，其姿态角是以轨道坐标系为参考的，而轨道坐标系又绕地心以 $\boldsymbol{\omega}_0$ 运动，因此航天器的绝对角速度应由姿态角速度和轨道运动角速度两部分组成。以 $z(\psi) \to y(\varphi) \to x(\gamma)$ 从轨道坐标系 S_o 向航天器坐标系 S_B 变换为例，其姿态角速度 $\dot{\psi}$、$\dot{\varphi}$、$\dot{\gamma}$ 与 $\boldsymbol{\omega}_T$ 的关系由式(5-260)描述。

把式(5-260)代入 5.6.2 小节中的欧拉方程(5-251)中，就得到了刚体卫星的姿态动力学方程，其复杂程度可以想见，本节不再给出。

上述姿态运动方程是非线性变系数的，多数情况下各轴相互耦合，很难求解。但在有些情况下，可以进行简化。例如，当 S_B 对 S_o 坐标系的偏离很小时，姿态角和姿态角速度都是小量，可以只保留这些角度和角速度的一次项，略去二次及以上各项，使方程线性化。

根据这个原则，先从由式(5-260)简化得到的式(5-263)求出圆轨道卫星的角加速度：

$$\dot{\boldsymbol{\omega}}_T=\begin{bmatrix}\dot{\omega}_{Tx}\\ \dot{\omega}_{Ty}\\ \dot{\omega}_{Tz}\end{bmatrix}=\begin{bmatrix}\ddot{\gamma}-\omega_0\dot{\psi}\\ \ddot{\varphi}\\ \ddot{\psi}+\omega_0\dot{\gamma}\end{bmatrix} \tag{5-266}$$

再和式(5-263)一同代入式(5-252)的姿态动力学方程并略去高阶项，可得

$$\begin{cases}J_x\ddot{\gamma}+(J_y-J_z-J_x)\omega_0\dot{\psi}+(J_y-J_z)\omega_0{}^2\gamma=M_x\\ J_y\ddot{\varphi}=M_y\\ J_z\ddot{\psi}-(J_y-J_z-J_x)\omega_0\dot{\gamma}+(J_y-J_x)\omega_0{}^2\psi=M_z\end{cases} \tag{5-267}$$

该姿态动力学方程表明，俯仰运动和另两轴的运动是解耦的，但滚转运动和偏航运动却互相耦合。

5.6.4　基于四元数的姿态描述

如前所述，用欧拉角描述姿态，不适宜于大幅度的姿态运动，因为在某些特殊情况下，运动学方程会出现奇异。为了克服这个障碍，采用四元数代替欧拉角来描述航天器的姿态[6]。

5.6.4.1　四元数的定义和性质

四元数定义为超复数：

$$\boldsymbol{q}=q_0+q_1\mathbf{i}+q_2\mathbf{j}+q_3\mathbf{k} \tag{5-268}$$

式中，**i**、**j**、**k** 遵循下列的乘法规则(以小圆圈∘来表示四元数乘法)：

$$\mathbf{i}\circ\mathbf{i}=-1,\quad \mathbf{j}\circ\mathbf{j}=-1,\quad \mathbf{k}\circ\mathbf{k}=-1 \tag{5-269}$$

$$\begin{cases}\mathbf{i}\circ\mathbf{j}=-\mathbf{j}\circ\mathbf{i}=\mathbf{k}\\ \mathbf{j}\circ\mathbf{k}=-\mathbf{k}\circ\mathbf{j}=\mathbf{i}\\ \mathbf{k}\circ\mathbf{i}=-\mathbf{i}\circ\mathbf{k}=\mathbf{j}\end{cases} \tag{5-270}$$

式(5-269)表示类似于虚单位的性质，式(5-270)表示类似于单位矢量的性质。因此，四元数具有两重性。

四元数 $\boldsymbol{q}$ 可以分解成标量 q_0 和矢量 $\overline{\boldsymbol{q}}$：

$$\begin{cases}\boldsymbol{q}=q_0+\overline{\boldsymbol{q}}=\mathrm{scal}(\boldsymbol{q})+\mathrm{vect}(\boldsymbol{q})\\ \overline{\boldsymbol{q}}=q_1\mathbf{i}+q_2\mathbf{j}+q_3\mathbf{k}\end{cases} \tag{5-271}$$

四元数 $\boldsymbol{q}$ 的共轭数是

$$q^*=q_0-q_1\mathbf{i}-q_2\mathbf{j}-q_3\mathbf{k}=q_0-\overline{\boldsymbol{q}} \tag{5-272}$$

根据式(5-269)和式(5-270)，推导出四元数的乘法性质如下。

(1) 矢量 $\boldsymbol{p}$ 与矢量 $\boldsymbol{q}$ 的乘积为

$$\overline{\boldsymbol{p}} \circ \overline{\boldsymbol{q}} = -\overline{\boldsymbol{p}} \cdot \overline{\boldsymbol{q}} + \overline{\boldsymbol{p}} \times \overline{\boldsymbol{q}} \tag{5-273}$$

式(5-273)中点积和叉积的含义仍是常规的，即

$$\begin{cases} \overline{\boldsymbol{p}} \cdot \overline{\boldsymbol{q}} = p_1 q_1 + p_2 q_2 + p_3 q_3 \\ \overline{\boldsymbol{p}} \times \overline{\boldsymbol{q}} = (p_2 q_3 - p_3 q_2)\mathbf{i} + (p_3 q_1 - p_1 q_3)\mathbf{j} + (p_1 q_2 - p_2 q_1)\mathbf{k} \end{cases} \tag{5-274}$$

(2) 四元数 $\boldsymbol{p}$ 与四元数 $\boldsymbol{q}$ 的乘积为

$$\boldsymbol{r} = \boldsymbol{p} \circ \boldsymbol{q}$$

式中，

$$\boldsymbol{p} = p_0 + p_1\mathbf{i} + p_2\mathbf{j} + p_3\mathbf{k} = p_0 + \overline{\boldsymbol{p}}$$
$$\boldsymbol{q} = q_0 + q_1\mathbf{i} + q_2\mathbf{j} + q_3\mathbf{k} = q_0 + \overline{\boldsymbol{q}}$$

$\boldsymbol{r}$ 的矢量表达式是

$$r_0 + \overline{\boldsymbol{r}} = p_0 q_0 - \overline{\boldsymbol{p}} \times \overline{\boldsymbol{q}} + p_0 \overline{\boldsymbol{q}} + q_0 \overline{\boldsymbol{p}} + \overline{\boldsymbol{p}} \times \overline{\boldsymbol{q}} \tag{5-275}$$

也就是

$$\begin{cases} \operatorname{scal}(\boldsymbol{p} \circ \boldsymbol{q}) = p_0 q_0 - \overline{\boldsymbol{p}} \cdot \overline{\boldsymbol{q}} \\ \operatorname{vect}(\boldsymbol{p} \circ \boldsymbol{q}) = p_0 \overline{\boldsymbol{q}} + q_0 \overline{\boldsymbol{p}} + \overline{\boldsymbol{p}} \times \overline{\boldsymbol{q}} \end{cases}$$

式(5-275)的矩阵表达式是

$$\operatorname{col}(\boldsymbol{r}) = \operatorname{mat}(\boldsymbol{p})\operatorname{col}(\boldsymbol{q}) \tag{5-276}$$

式中，

$$\begin{aligned} \operatorname{col}(\boldsymbol{r}) &= (r_0 \quad r_1 \quad r_2 \quad r_3)^{\mathrm{T}} \\ \operatorname{col}(\boldsymbol{q}) &= (q_0 \quad q_1 \quad q_2 \quad q_3)^{\mathrm{T}} \end{aligned} \tag{5-277}$$

$$\operatorname{mat}(\boldsymbol{p}) = \begin{pmatrix} p_0 & -p_1 & -p_2 & -p_3 \\ p_1 & p_0 & -p_3 & p_2 \\ p_2 & p_3 & p_0 & -p_1 \\ p_3 & -p_2 & p_1 & p_0 \end{pmatrix} \tag{5-278}$$

则式(5-276)的矩阵形式为

$$\begin{bmatrix} r_1 \\ r_2 \\ r_3 \\ r_4 \end{bmatrix} = \begin{bmatrix} p_0 & -p_1 & -p_2 & -p_3 \\ p_1 & p_0 & -p_3 & p_2 \\ p_2 & p_3 & p_0 & -p_1 \\ p_3 & -p_2 & p_1 & p_0 \end{bmatrix} \begin{bmatrix} q_0 \\ q_1 \\ q_2 \\ q_3 \end{bmatrix} \tag{5-279}$$

此外，可以采用的另一个矩阵形式是

$$\operatorname{col}(\boldsymbol{r}) = \operatorname{mati}(\boldsymbol{q})\operatorname{col}(\boldsymbol{p}) \tag{5-280}$$

式中，

$$\text{mati}(\boldsymbol{q})=\begin{pmatrix} q_0 & -q_1 & -q_2 & -q_3 \\ q_1 & q_0 & q_3 & -q_2 \\ q_2 & -q_3 & q_0 & q_1 \\ q_3 & q_2 & -q_1 & q_0 \end{pmatrix} \tag{5-281}$$

注意 mat 和 mati(i 代表逆序)的差别仅在于右下三阶子矩阵的排列。

按照式(5-273)，有

$$\boldsymbol{q}\circ\boldsymbol{q}^*=\boldsymbol{q}^*\circ\boldsymbol{q}=q_0^2+q_1^2+q_2^2+q_3^2 \tag{5-282}$$

(3) 四元数 $\boldsymbol{q}$ 与矢量 $\boldsymbol{v}$ 的乘积为

$$\boldsymbol{q}\circ\boldsymbol{v}=(q_0+\overline{\boldsymbol{q}})\circ\boldsymbol{v}=-\overline{\boldsymbol{q}}\cdot\boldsymbol{v}+(q_0\boldsymbol{v}+\overline{\boldsymbol{q}}\times\boldsymbol{v}) \tag{5-283}$$

它仍然是四元数。类似地，

$$\boldsymbol{v}\circ\boldsymbol{q}=-\overline{\boldsymbol{q}}\cdot\boldsymbol{v}+(q_0\boldsymbol{v}-\overline{\boldsymbol{q}}\times\boldsymbol{v}) \tag{5-284}$$

也是四元数。

(4) 混合乘积为

$$\begin{aligned}\boldsymbol{q}\circ\boldsymbol{v}\circ\boldsymbol{q}^*&=(-\overline{\boldsymbol{q}}\cdot\boldsymbol{v}+q_0\boldsymbol{v}+\overline{\boldsymbol{q}}\times\boldsymbol{v})\circ(q_0-\overline{\boldsymbol{q}})\\&=(1-2\overline{\boldsymbol{q}}\cdot\overline{\boldsymbol{q}})\boldsymbol{v}+2q_0(\overline{\boldsymbol{q}}\times\boldsymbol{v})+2(\overline{\boldsymbol{q}}\cdot\boldsymbol{v})+2(\overline{\boldsymbol{q}}\cdot\boldsymbol{v})\overline{\boldsymbol{q}}\end{aligned} \tag{5-285}$$

5.6.4.2　用四元数表示坐标系的旋转

设想：坐标系 $Ox_ay_az_a(S_a)$ 围绕轴 ON 转过角 σ 就与坐标系 $Ox_by_bz_b(S_b)$ 重合(图 5-22)。轴 ON 与轴 Ox_a、Oy_a、Oz_a (也是与轴 Ox_b、Oy_b、Oz_b)之间的角是 β_1、β_2、β_3。因而 S_b 相对于 S_a 的取向(或姿态)可以用角 σ、β_1、β_2、β_3 完全确定，也就是用四元数完全确定，即

$$\boldsymbol{q}=q_0+q_1\mathbf{i}+q_2\mathbf{j}+q_3\mathbf{k}$$

式中，

$$\begin{cases} q_0=\cos(\sigma/2) \\ q_i=\sin(\sigma/2)\cos\beta_i, \quad i=1,2,3 \end{cases} \tag{5-286}$$

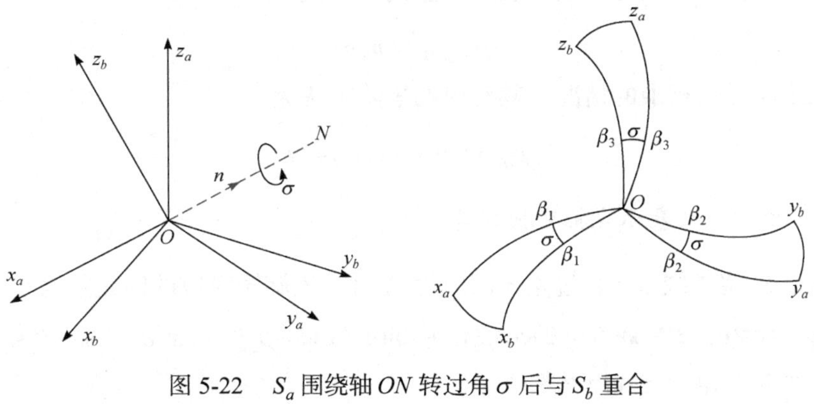

图 5-22　S_a 围绕轴 ON 转过角 σ 后与 S_b 重合

显然它们满足如下约束条件：

$$q_0^2+q_1^2+q_2^2+q_3^2=1 \tag{5-287}$$

因此，在代表旋转的四元数的四个元素中只有三个是独立的。

旋转四元数又可以表示为

$$\boldsymbol{q}=\cos(\sigma/2)+\sin(\sigma/2)\boldsymbol{n}$$

式中，

$$\boldsymbol{n}=\cos\beta_1\mathbf{i}_a+\cos\beta_2\mathbf{j}_a+\cos\beta_3\mathbf{k}_a=\cos\beta_1\mathbf{i}_b+\cos\beta_2\mathbf{j}_b+\cos\beta_3\mathbf{k}_b \tag{5-288}$$

5.6.4.3 以四元数表示刚体的有限转动

设想：矢量 $\boldsymbol{p}_a$ 绕轴线 ON 转过一个角 σ 而成为矢量 $\boldsymbol{p}_b$，轴线 ON 的单位矢量为 $\boldsymbol{n}$。如图 5-23 所示，写出关系式：

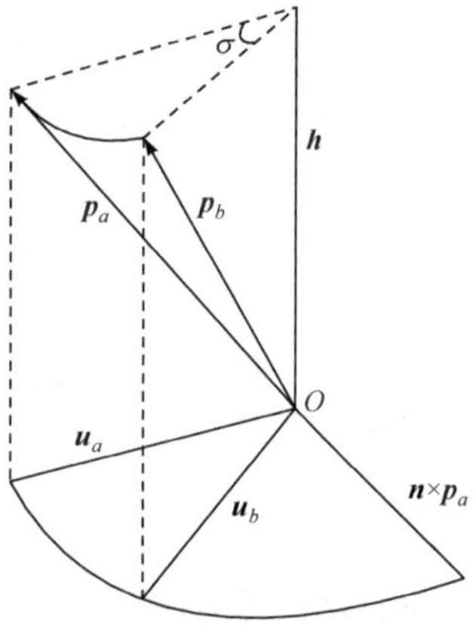

图 5-23 刚体的有限转动

$$\boldsymbol{u}_b=\boldsymbol{u}_a\cos\sigma+(\boldsymbol{n}\times\boldsymbol{p}_a)\sin\sigma$$
$$\boldsymbol{u}_a=\boldsymbol{p}_a-\boldsymbol{h}=\boldsymbol{p}_a-(\boldsymbol{p}_a\cdot\boldsymbol{n})\boldsymbol{n}$$
$$\boldsymbol{p}_b-\boldsymbol{p}_a=\boldsymbol{u}_b-\boldsymbol{u}_a$$

经过推导得到：

$$\boldsymbol{p}_b=\cos\sigma\boldsymbol{p}_a+\sin\sigma(\boldsymbol{n}\times\boldsymbol{p}_a)+(\boldsymbol{p}_a\cdot\boldsymbol{n})(1-\cos\sigma)\boldsymbol{n} \tag{5-289}$$

这就是刚体有限转动的矢量表示法。

另外，由 σ 和 $\boldsymbol{n}$ 形成的四元数为

$$\boldsymbol{q}=q_0+\overline{\boldsymbol{q}}=\cos(\sigma/2)+\sin(\sigma/2)\boldsymbol{n}$$

根据式(5-285)有

$$\begin{aligned}\boldsymbol{q}\circ\boldsymbol{p}_a\circ\boldsymbol{q}^*&=(1-2\overline{\boldsymbol{q}}\cdot\overline{\boldsymbol{q}})\boldsymbol{p}_a+2q_0(\overline{\boldsymbol{q}}\times\boldsymbol{p}_a)+2(\overline{\boldsymbol{q}}\cdot\boldsymbol{p}_a)\overline{\boldsymbol{q}}\\&=\cos\sigma\boldsymbol{p}_a+\sin\sigma(\boldsymbol{n}\times\boldsymbol{p}_a)+(\boldsymbol{p}_a\cdot\boldsymbol{n})(1-\cos\sigma)\boldsymbol{n}\end{aligned} \tag{5-290}$$

比较式(5-289)和(5-290)，得到：

$$\boldsymbol{p}_b=\boldsymbol{q}\circ\boldsymbol{p}_a\circ\boldsymbol{q}^* \tag{5-291}$$

这就是刚体有限转动的四元数表示法。其逆向关系式为

$$\boldsymbol{p}_a=\boldsymbol{q}^*\circ\boldsymbol{p}_b\circ\boldsymbol{q} \tag{5-292}$$

对于三个四元数相乘的情况，其对应的矩阵乘法为

$$\boldsymbol{p}_a=\mathrm{mat}(\boldsymbol{q}^*)\mathrm{mat}(\boldsymbol{p}_b)\boldsymbol{q} \tag{5-293}$$

5.6.4.4 用四元数表示坐标变换矩阵

当坐标系 S_a 绕轴线 ON 转过角 σ 而成为 S_b 时，该旋转对应的四元数为

$$\begin{aligned}\boldsymbol{q}&=\cos(\sigma/2)+\sin(\sigma/2)\cos\beta_1\mathbf{i}_a+\sin(\sigma/2)\cos\beta_2\mathbf{j}_a+\sin(\sigma/2)\cos\beta_3\mathbf{k}_a\\&=q_0+q_1\mathbf{i}_a+q_2\mathbf{j}_a+q_3\mathbf{k}_a\end{aligned} \tag{5-294}$$

由于 S_b 的各坐标轴是由 S_a 绕轴线 ON 转过角 σ 得到的，因此按照矢量旋转式(5-291)有

$$\begin{cases} \mathbf{i}_b = \boldsymbol{q} \circ \mathbf{i}_a \circ \boldsymbol{q}^* \\ \mathbf{j}_b = \boldsymbol{q} \circ \mathbf{j}_a \circ \boldsymbol{q}^* \\ \mathbf{k}_b = \boldsymbol{q} \circ \mathbf{k}_a \circ \boldsymbol{q}^* \end{cases} \tag{5-295}$$

由四元数的乘法式(5-268)可得

$$\begin{cases} \mathbf{i}_b = [q_0^2 + q_1^2 - q_2^2 - q_3^2 \quad 2q_0q_3 + 2q_1q_2 \quad -2q_0q_2 + 2q_1q_3]^{\mathrm{T}} \\ \mathbf{j}_b = [-2q_0q_3 + 2q_1q_2 \quad q_0^2 - q_1^2 + q_2^2 - q_3^2 \quad 2q_0q_1 + 2q_2q_3]^{\mathrm{T}} \\ \mathbf{k}_b = [2q_0q_2 + 2q_1q_3 \quad -2q_0q_1 + 2q_2q_3 \quad q_0^2 - q_1^2 - q_2^2 + q_3^2]^{\mathrm{T}} \end{cases} \tag{5-296}$$

设一矢量 $\boldsymbol{r}$ 在坐标系 S_a 和 S_b 的表达式为

$$\boldsymbol{r} = x_a\mathbf{i}_a + y_a\mathbf{j}_a + z_a\mathbf{k}_a = x_b\mathbf{i}_b + y_b\mathbf{j}_b + z_b\mathbf{k}_b \tag{5-297}$$

则有

$$\begin{aligned} \begin{bmatrix} x_a \\ y_a \\ z_a \end{bmatrix} &= \begin{bmatrix} q_0^2 + q_1^2 - q_2^2 - q_3^2 \\ 2q_0q_3 + 2q_1q_2 \\ -2q_0q_2 + 2q_1q_3 \end{bmatrix} x_b + \begin{bmatrix} -2q_0q_3 + 2q_1q_2 \\ q_0^2 - q_1^2 + q_2^2 - q_3^2 \\ 2q_0q_1 + 2q_2q_3 \end{bmatrix} y_b + \begin{bmatrix} 2q_0q_2 + 2q_1q_3 \\ -2q_0q_1 + 2q_2q_3 \\ q_0^2 - q_1^2 - q_2^2 + q_3^2 \end{bmatrix} z_b \\ &= \begin{bmatrix} q_0^2 + q_1^2 - q_2^2 - q_3^2 & -2q_0q_3 + 2q_1q_2 & 2q_0q_2 + 2q_1q_3 \\ 2q_0q_3 + 2q_1q_2 & q_0^2 - q_1^2 + q_2^2 - q_3^2 & -2q_0q_1 + 2q_2q_3 \\ -2q_0q_2 + 2q_1q_3 & 2q_0q_1 + 2q_2q_3 & q_0^2 - q_1^2 - q_2^2 + q_3^2 \end{bmatrix} \begin{bmatrix} x_b \\ y_b \\ z_b \end{bmatrix} \end{aligned} \tag{5-298}$$

式(5-298)即为用四元数表示的从坐标系 S_b 到 S_a 的坐标变换。

5.6.4.5 四元数与欧拉角的关系

以前用三次旋转所得的欧拉角来表示角位置，而旋转又可用四元数进行表示，因此欧拉角与四元数也必存在确定的关系。为了推导此关系，下面先讨论一下多次旋转坐标变换的四元数表示法。

设任一矢量在坐标系 $A(Oxyz)$ 中表示为 $\boldsymbol{r}$，在坐标系 $B(Ox'y'z')$ 中表示为 $\boldsymbol{r}'$，在坐标系 $C(Ox''y''z'')$ 中表示为 $\boldsymbol{r}''$，又设从坐标系 A 变换为 B 的四元数 $\boldsymbol{q}$ 为

$$\boldsymbol{q} = q_0 + q_1\mathbf{i} + q_2\mathbf{j} + q_3\mathbf{k}$$

从坐标系 B 变换为 C 的四元数 $\boldsymbol{q}'$ 为

$$\boldsymbol{q}' = q_0' + q_1'\mathbf{i} + q_2'\mathbf{j} + q_3'\mathbf{k}$$

从坐标系 A 变换为 C 的四元数 $\boldsymbol{q}''$ 为

$$\boldsymbol{q}'' = q_0'' + q_1''\mathbf{i} + q_2''\mathbf{j} + q_3''\mathbf{k}$$

由式(5-291)知

$$\begin{cases} \boldsymbol{r}' = \boldsymbol{q}^* \circ \boldsymbol{r} \circ \boldsymbol{q} \\ \boldsymbol{r}'' = \boldsymbol{q}'^* \circ \boldsymbol{r}' \circ \boldsymbol{q}' \\ \boldsymbol{r}'' = \boldsymbol{q}''^* \circ \boldsymbol{r} \circ \boldsymbol{q}'' \end{cases} \tag{5-299}$$

把式(5-299)中第一式代入第二式并与第三式比较得

$$\boldsymbol{r}'' = \boldsymbol{q}'^{*} \circ \boldsymbol{q}^{*} \circ \boldsymbol{r} \circ \boldsymbol{q} \circ \boldsymbol{q}' = \boldsymbol{q}''^{*} \circ \boldsymbol{r} \circ \boldsymbol{q}'' \tag{5-300}$$

因此有

$$\begin{cases} \boldsymbol{q}'' = \boldsymbol{q} \circ \boldsymbol{q}' \\ \boldsymbol{q}''^{*} = \boldsymbol{q}'^{*} \circ \boldsymbol{q}^{*} = \left(\boldsymbol{q} \circ \boldsymbol{q}'\right)^{*} \end{cases} \tag{5-301}$$

或表示为矩阵的乘法：

$$\begin{bmatrix} q_0'' \\ q_1'' \\ q_2'' \\ q_3'' \end{bmatrix} = \begin{bmatrix} q_0 & -q_1 & -q_2 & -q_3 \\ q_1 & q_0 & -q_3 & q_2 \\ q_2 & q_3 & q_0 & -q_1 \\ q_3 & -q_2 & q_1 & q_0 \end{bmatrix} \begin{bmatrix} q_0' \\ q_1' \\ q_2' \\ q_3' \end{bmatrix} = \begin{bmatrix} q_0' & -q_1' & -q_2' & -q_3' \\ q_1' & q_0' & q_3' & -q_2' \\ q_2' & -q_3' & q_0' & q_1' \\ q_3' & q_2' & -q_1' & q_0' \end{bmatrix} \begin{bmatrix} q_0 \\ q_1 \\ q_2 \\ q_3 \end{bmatrix} \tag{5-302}$$

式(5-301)与式(5-302)表示了三个坐标变换的四元数之间的关系，多个坐标变换的四元数之间的关系可以类推。例如，四个坐标变换顺序如图 5-24 所示，则易得

$$\begin{cases} \boldsymbol{r}''' = \boldsymbol{q}''^{*} \circ \boldsymbol{r}'' \circ \boldsymbol{q}'' = \boldsymbol{q}''^{*} \circ \boldsymbol{q}'^{*} \circ \boldsymbol{r}' \circ \boldsymbol{q}' \circ \boldsymbol{q}'' = \boldsymbol{q}''^{*} \circ \boldsymbol{q}'^{*} \circ \boldsymbol{q}^{*} \circ \boldsymbol{r} \circ \boldsymbol{q} \circ \boldsymbol{q}' \circ \boldsymbol{q}'' = \boldsymbol{q}'''^{*} \circ \boldsymbol{r} \circ \boldsymbol{q}''' \\ \boldsymbol{q}''' = \boldsymbol{q} \circ \boldsymbol{q}' \circ \boldsymbol{q}'' \\ \boldsymbol{q}'''^{*} = \boldsymbol{q}''^{*} \circ \boldsymbol{q}'^{*} \circ \boldsymbol{q} = \left(\boldsymbol{q} \circ \boldsymbol{q}' \circ \boldsymbol{q}''\right)^{*} \end{cases} \tag{5-303}$$

或用矩阵表示为

$$\boldsymbol{q}''' = \begin{bmatrix} q_0''' \\ q_1''' \\ q_2''' \\ q_3''' \end{bmatrix} = \begin{bmatrix} q_0'' & -q_1'' & -q_2'' & -q_3'' \\ q_1'' & q_0'' & q_3'' & -q_2'' \\ q_2'' & -q_3'' & q_0'' & q_1'' \\ q_3'' & q_2'' & -q_1'' & q_0'' \end{bmatrix} \begin{bmatrix} q_0' & -q_1' & -q_2' & -q_3' \\ q_1' & q_0' & q_3' & -q_2' \\ q_2' & -q_3' & q_0' & q_1' \\ q_3' & q_2' & -q_1' & q_0' \end{bmatrix} \begin{bmatrix} q_0 \\ q_1 \\ q_2 \\ q_3 \end{bmatrix} \tag{5-304}$$

下面以 3-2-1 旋转顺序得到的 ψ 、φ 、γ 为例，应用式(5-304)建立欧拉角与四元数之间的关系。坐标旋转过程如图 5-25 所示。

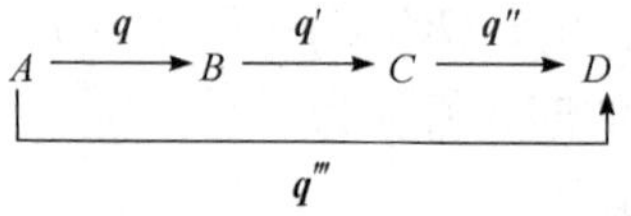

图 5-24　四个坐标变换顺序示意图

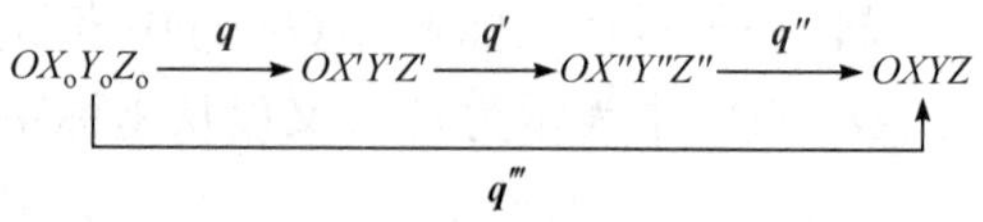

图 5-25　坐标旋转过程

第一次坐标变换绕着 OZ_o 轴旋转了 ψ 角度，因为转轴 OZ_o 与 OX_o 和 OY_o 垂直，所以根据四元数的定义可得第一次旋转的四元数为

$$\begin{cases} \boldsymbol{q} = \cos\dfrac{\psi}{2} + \sin\dfrac{\psi}{2} k \\ q_0 = \cos\dfrac{\psi}{2}, \quad q_1 = q_2 = 0, \quad q_3 = \sin\dfrac{\psi}{2} \end{cases} \tag{5-305}$$

同理可得另外两次坐标系旋转的四元数为

$$\begin{cases} \boldsymbol{q}' = \cos\dfrac{\varphi}{2} + \sin\dfrac{\varphi}{2} j \\ \boldsymbol{q}'' = \cos\dfrac{\gamma}{2} + \sin\dfrac{\gamma}{2} i \\ q_0' = \cos\dfrac{\varphi}{2}, \quad q_1' = q_3' = 0, \quad q_2' = \sin\dfrac{\varphi}{2} \\ q_0'' = \cos\dfrac{\gamma}{2}, \quad q_2'' = q_3'' = 0, \quad q_1'' = \sin\dfrac{\gamma}{2} \end{cases} \tag{5-306}$$

把式(5-305)和式(5-306)代入式(5-304)可得

$$\begin{aligned} \begin{bmatrix} q_0''' \\ q_1''' \\ q_2''' \\ q_3''' \end{bmatrix} &= \begin{bmatrix} \cos\frac{\gamma}{2} & -\sin\frac{\gamma}{2} & 0 & 0 \\ \sin\frac{\gamma}{2} & \cos\frac{\gamma}{2} & 0 & 0 \\ 0 & 0 & \cos\frac{\gamma}{2} & \sin\frac{\gamma}{2} \\ 0 & 0 & -\sin\frac{\gamma}{2} & \cos\frac{\gamma}{2} \end{bmatrix} \begin{bmatrix} \cos\frac{\varphi}{2} & 0 & -\sin\frac{\varphi}{2} & 0 \\ 0 & \cos\frac{\varphi}{2} & 0 & -\sin\frac{\varphi}{2} \\ \sin\frac{\varphi}{2} & 0 & \cos\frac{\varphi}{2} & 0 \\ 0 & \sin\frac{\varphi}{2} & 0 & \cos\frac{\varphi}{2} \end{bmatrix} \begin{bmatrix} \cos\frac{\psi}{2} \\ 0 \\ 0 \\ \sin\frac{\psi}{2} \end{bmatrix} \\ &= \begin{bmatrix} \cos\frac{\gamma}{2}\cos\frac{\varphi}{2} & -\sin\frac{\gamma}{2}\cos\frac{\varphi}{2} & -\cos\frac{\gamma}{2}\sin\frac{\varphi}{2} & \sin\frac{\gamma}{2}\sin\frac{\varphi}{2} \\ \sin\frac{\gamma}{2}\cos\frac{\varphi}{2} & \cos\frac{\gamma}{2}\cos\frac{\varphi}{2} & -\sin\frac{\gamma}{2}\sin\frac{\varphi}{2} & -\cos\frac{\gamma}{2}\sin\frac{\varphi}{2} \\ \cos\frac{\gamma}{2}\sin\frac{\varphi}{2} & \sin\frac{\gamma}{2}\sin\frac{\varphi}{2} & \cos\frac{\gamma}{2}\cos\frac{\varphi}{2} & \sin\frac{\gamma}{2}\cos\frac{\varphi}{2} \\ -\sin\frac{\gamma}{2}\sin\frac{\varphi}{2} & \cos\frac{\gamma}{2}\sin\frac{\varphi}{2} & -\sin\frac{\gamma}{2}\cos\frac{\varphi}{2} & \cos\frac{\gamma}{2}\cos\frac{\varphi}{2} \end{bmatrix} \begin{bmatrix} \cos\frac{\psi}{2} \\ 0 \\ 0 \\ \sin\frac{\psi}{2} \end{bmatrix} \\ &= \begin{bmatrix} \cos\frac{\gamma}{2}\cos\frac{\varphi}{2}\cos\frac{\psi}{2} + \sin\frac{\gamma}{2}\sin\frac{\varphi}{2}\sin\frac{\psi}{2} \\ \sin\frac{\gamma}{2}\cos\frac{\varphi}{2}\cos\frac{\psi}{2} - \cos\frac{\gamma}{2}\sin\frac{\varphi}{2}\sin\frac{\psi}{2} \\ \cos\frac{\gamma}{2}\sin\frac{\varphi}{2}\cos\frac{\psi}{2} + \sin\frac{\gamma}{2}\cos\frac{\varphi}{2}\sin\frac{\psi}{2} \\ -\sin\frac{\gamma}{2}\sin\frac{\varphi}{2}\cos\frac{\psi}{2} + \cos\frac{\gamma}{2}\cos\frac{\varphi}{2}\sin\frac{\psi}{2} \end{bmatrix} \end{aligned} \tag{5-307}$$

式(5-307)即为用欧拉角ψ、φ、γ表示从$OX_oY_oZ_o$到$OX_BY_BZ_B$的四元数$\boldsymbol{q}'''$的表示式。若已知航天器此刻的欧拉角，利用式(5-307)即可求出对应的四元数。需要指出的是，该对应关系和欧拉角的旋转顺序有关系。

同理，可推导出按其他旋转方式，欧拉角与四元数的对应关系，如按照 2-3-1 旋转顺序定义的欧拉角对应的四元数为

$$\begin{bmatrix} q_0''' \\ q_1''' \\ q_2''' \\ q_3''' \end{bmatrix} = \begin{bmatrix} \cos\frac{\gamma}{2}\cos\frac{\varphi}{2}\cos\frac{\psi}{2} - \sin\frac{\gamma}{2}\sin\frac{\varphi}{2}\sin\frac{\psi}{2} \\ \cos\frac{\gamma}{2}\cos\frac{\varphi}{2}\sin\frac{\psi}{2} + \sin\frac{\gamma}{2}\sin\frac{\varphi}{2}\cos\frac{\psi}{2} \\ \cos\frac{\gamma}{2}\sin\frac{\varphi}{2}\cos\frac{\psi}{2} + \sin\frac{\gamma}{2}\cos\frac{\varphi}{2}\sin\frac{\psi}{2} \\ \sin\frac{\gamma}{2}\cos\frac{\varphi}{2}\cos\frac{\psi}{2} - \cos\frac{\gamma}{2}\sin\frac{\varphi}{2}\sin\frac{\psi}{2} \end{bmatrix} \tag{5-308}$$

5.6.4.6 以四元数表示的运动学方程

假定坐标系 S_b 中有一个常矢量 $\boldsymbol{r}_b$，坐标系 S_b 以角速度 $\boldsymbol{\omega}$ 相对惯性坐标系 S_I 旋转，已知由坐标系 S_b 到坐标系 S_I 的四元数为 $\boldsymbol{q}$，于是有

$$\boldsymbol{r}_\text{I} = \boldsymbol{q} \circ \boldsymbol{r}_b \circ \boldsymbol{q}^*$$

将上述方程对时间 t 求导数，得

$$\frac{\mathrm{d}\boldsymbol{r}_\text{I}}{\mathrm{d}t} = \frac{\mathrm{d}\boldsymbol{q}}{\mathrm{d}t} \circ \boldsymbol{r}_b \circ \boldsymbol{q}^* + \boldsymbol{q} \circ \frac{\mathrm{d}\boldsymbol{r}_b}{\mathrm{d}t} \circ \boldsymbol{q}^* + \boldsymbol{q} \circ \boldsymbol{r}_b \circ \frac{\mathrm{d}\boldsymbol{q}^*}{\mathrm{d}t} \tag{5-309}$$

因为 $\boldsymbol{r}_b$ 是坐标系 S_b 中的常矢量，故 $\frac{\mathrm{d}\boldsymbol{r}_b}{\mathrm{d}t}=0$，$\boldsymbol{r}_\text{I}$ 是其模不变的常矢量，它的旋转角速度与坐标系 S_b 的角速度相同，均为 $\boldsymbol{\omega}$。$\boldsymbol{\omega}$ 在坐标系 S_I 中以 $\boldsymbol{\omega}_\text{I}$ 描述，在坐标系 S_b 中以 $\boldsymbol{\omega}_b$ 描述。显然，$\boldsymbol{\omega}_\text{I}$ 与 $\boldsymbol{\omega}_b$ 作为矢量应满足如下四元数关系：

$$\boldsymbol{\omega}_\text{I} = \boldsymbol{q} \circ \boldsymbol{\omega}_b \circ \boldsymbol{q}^* \tag{5-310}$$

另外，

$$\frac{\mathrm{d}\boldsymbol{r}_\text{I}}{\mathrm{d}t} = \boldsymbol{\omega}_\text{I} \times \boldsymbol{r}_\text{I} \tag{5-311}$$

将 $\boldsymbol{r}_b = \boldsymbol{q}^* \circ \boldsymbol{r}_\text{I} \circ \boldsymbol{q}$ 代入式(5-309)，并利用方程：

$$\frac{\mathrm{d}\boldsymbol{q}}{\mathrm{d}t} \circ \boldsymbol{q}^* + \boldsymbol{q} \circ \frac{\mathrm{d}\boldsymbol{q}^*}{\mathrm{d}t} = 0 \tag{5-312}$$

可得

$$\frac{\mathrm{d}\boldsymbol{r}_\text{I}}{\mathrm{d}t} = \frac{\mathrm{d}\boldsymbol{q}}{\mathrm{d}t} \circ \boldsymbol{q}^* \circ \boldsymbol{r}_\text{I} - \boldsymbol{r}_\text{I} \circ \frac{\mathrm{d}\boldsymbol{q}}{\mathrm{d}t} \circ \boldsymbol{q}^* \tag{5-313}$$

若记 $\overline{\boldsymbol{p}} = (\mathrm{d}\boldsymbol{q}/\mathrm{d}t) \circ \boldsymbol{q}^*$，则式(5-313)改写为

$$\frac{\mathrm{d}\boldsymbol{r}_\text{I}}{\mathrm{d}t} = \overline{\boldsymbol{p}} \circ \boldsymbol{r}_\text{I} - \boldsymbol{r}_\text{I} \circ \overline{\boldsymbol{p}} = 2\overline{\boldsymbol{p}} \times \boldsymbol{r}_\text{I} \tag{5-314}$$

比较式(5-311)和式(5-314)，得

$$\overline{\boldsymbol{p}} = \frac{1}{2}\boldsymbol{\omega}_\text{I}$$

所以得到关于四元数 $\boldsymbol{q}$ 的微分方程：

$$\frac{\mathrm{d}\boldsymbol{q}}{\mathrm{d}t}=\frac{1}{2}\boldsymbol{\omega}_{\mathrm{I}}\circ\boldsymbol{q} \tag{5-315}$$

再利用式(5-310)，便得到以 $\boldsymbol{\omega}_b$ 描述的微分方程：

$$\frac{\mathrm{d}\boldsymbol{q}}{\mathrm{d}t}=\boldsymbol{q}\circ\frac{\boldsymbol{\omega}_b}{2} \tag{5-316}$$

式(5-315)和式(5-316)便是要推导的两个四元数微分方程，将其改写为矩阵方程：

$$\begin{bmatrix}\dot{q}_0\\ \dot{q}_1\\ \dot{q}_2\\ \dot{q}_3\end{bmatrix}=\frac{1}{2}\begin{bmatrix}0 & -\omega_x & -\omega_y & -\omega_z\\ \omega_x & 0 & \omega_z & -\omega_y\\ \omega_y & -\omega_z & 0 & \omega_x\\ \omega_z & \omega_y & -\omega_x & 0\end{bmatrix}\begin{bmatrix}q_0\\ q_1\\ q_2\\ q_3\end{bmatrix} \tag{5-317}$$

这就是以四元数表示的航天器姿态运动学方程。

5.6.4.7 使用四元数解算姿态运动学方程

在姿态运动学中应用四元数可以避免奇异性，运算过程也没有三角函数，较为方便，但用四元数表示姿态不直观。应用四元数姿态运动方程解算过程总结如下。

(1) 在计算初始时刻，根据给出的欧拉角初始值计算初始四元数值：

$$\left.\begin{aligned}q_0&=\cos(\gamma/2)\cos(\varphi/2)\cos(\psi/2)+\sin(\gamma/2)\sin(\varphi/2)\sin(\psi/2)\\ q_1&=\sin(\gamma/2)\cos(\varphi/2)\cos(\psi/2)-\cos(\gamma/2)\sin(\varphi/2)\sin(\psi/2)\\ q_2&=\cos(\gamma/2)\sin(\varphi/2)\cos(\psi/2)+\sin(\gamma/2)\cos(\varphi/2)\sin(\psi/2)\\ q_3&=\cos(\gamma/2)\cos(\varphi/2)\sin(\psi/2)-\sin(\gamma/2)\sin(\varphi/2)\cos(\psi/2)\end{aligned}\right\}$$

需要注意的是，该计算公式和旋转方式有关，使用时务必确保旋转方式对应。

(2) 使用姿态动力学方程(5-252)解算当前的姿态角速度，然后将得到的姿态角速度代入四元数运动学方程中：

$$\begin{pmatrix}\dot{q}_0\\ \dot{q}_1\\ \dot{q}_2\\ \dot{q}_3\end{pmatrix}=\begin{pmatrix}0 & -\omega_{\mathrm{B}x} & -\omega_{\mathrm{B}y} & -\omega_{\mathrm{B}z}\\ \omega_{\mathrm{B}x} & 0 & \omega_{\mathrm{B}z} & -\omega_{\mathrm{B}y}\\ \omega_{\mathrm{B}y} & -\omega_{\mathrm{B}z} & 0 & \omega_{\mathrm{B}x}\\ \omega_{\mathrm{B}z} & \omega_{\mathrm{B}y} & -\omega_{\mathrm{B}x} & 0\end{pmatrix}\begin{pmatrix}q_0\\ q_1\\ q_2\\ q_3\end{pmatrix}$$

通过积分该方程可以得到下一个时刻的四元数值。需要说明的是，由于数值积分误差的原因，积分得到的四元数不能保证归一化，因此积分后还需要对四元数进行归一化处理。

(3) 根据欧拉角和四元数的关系方程，计算下个时刻的姿态角：

$$\begin{cases}\sin\varphi=-2(q_3q_1-q_0q_2)\\ \sin\gamma/\cos\gamma=[2(q_2q_3+q_0q_1)]/[1-2(q_1^2+q_2^2)]\\ \sin\psi/\cos\psi=[2(q_1q_2+q_0q_3)]/[1-2(q_2^2+q_3^2)]\end{cases}$$

例 5-1：设轨道坐标系到体坐标系按照 3-2-1 旋转顺序确定的欧拉角 ψ、φ、γ 分别为 20°、10°、30°，试计算：

(1) 用欧拉角计算坐标系旋转的方向余弦矩阵；

(2) 由欧拉角计算四元数，并采用四元数计算方向余弦矩阵；

(3) 由四元数方向余弦矩阵计算欧拉角。

解：(1) 按照 3-2-1 旋转顺序，用欧拉角表示的方向余弦矩阵为

$$C_{\mathrm{OB}} = \begin{pmatrix} \cos\varphi\cos\psi & \cos\varphi\sin\psi & -\sin\varphi \\ \sin\gamma\sin\varphi\cos\psi-\cos\gamma\sin\psi & \sin\gamma\sin\varphi\sin\psi+\cos\gamma\cos\psi & \sin\gamma\cos\varphi \\ \cos\gamma\sin\varphi\cos\psi+\sin\gamma\sin\psi & \cos\gamma\sin\varphi\sin\psi-\sin\gamma\cos\psi & \cos\gamma\cos\varphi \end{pmatrix}$$

代入欧拉角可得

$$C_{\mathrm{OB}} = \begin{bmatrix} 0.9254 & -0.2146 & 0.3123 \\ 0.3368 & 0.8435 & -0.4184 \\ -0.1736 & 0.4924 & 0.8529 \end{bmatrix}$$

(2) 根据 3-2-1 旋转顺序可得欧拉角与四元数的计算关系式为

$$\begin{cases} q_0 = \cos(\gamma/2)\cos(\varphi/2)\cos(\psi/2)+\sin(\gamma/2)\sin(\varphi/2)\sin(\psi/2) \\ q_1 = \sin(\gamma/2)\cos(\varphi/2)\cos(\psi/2)-\cos(\gamma/2)\sin(\varphi/2)\sin(\psi/2) \\ q_2 = \cos(\gamma/2)\sin(\varphi/2)\cos(\psi/2)+\sin(\gamma/2)\cos(\varphi/2)\sin(\psi/2) \\ q_3 = \cos(\gamma/2)\cos(\varphi/2)\sin(\psi/2)-\sin(\gamma/2)\sin(\varphi/2)\cos(\psi/2) \end{cases}$$

将欧拉角代入该关系式可得四元数：$q=\begin{bmatrix}0.9515 & 0.2393 & 0.1277 & 0.1449\end{bmatrix}$，采用四元数计算体坐标系到轨道坐标系的方向余弦矩阵表达式为

$$Q_{\mathrm{BO}} = \begin{bmatrix} q_0^2+q_1^2-q_2^2-q_3^2 & -2q_0q_3+2q_1q_2 & 2q_0q_2+2q_1q_3 \\ 2q_0q_3+2q_1q_2 & q_0^2-q_1^2+q_2^2-q_3^2 & -2q_0q_1+2q_2q_3 \\ -2q_0q_2+2q_1q_3 & 2q_0q_1+2q_2q_3 & q_0^2-q_1^2-q_2^2+q_3^2 \end{bmatrix}$$

代入四元数数值可得

$$Q_{\mathrm{BO}} = \begin{bmatrix} 0.9254 & 0.3368 & -0.1736 \\ -0.2146 & 0.8435 & 0.4924 \\ 0.3123 & -0.4184 & 0.8529 \end{bmatrix}$$

(3) 根据四元数与欧拉角的关系式：

$$\begin{cases} \sin\varphi = -2(q_3q_1-q_0q_2) \\ \sin\gamma/\cos\gamma = [2(q_2q_3+q_0q_1)]/[1-2(q_1^2+q_2^2)] \\ \sin\psi/\cos\psi = [2(q_1q_2+q_0q_3)]/[1-2(q_2^2+q_3^2)] \end{cases}$$

解得 $\sin\varphi = 0.1736$，$\tan\gamma = 0.5774$，$\tan\psi = 0.3640$。最终解得相应欧拉角 ψ、φ、γ 分别为 20°、10°、30°。

5.7 航天器姿态稳定与控制

5.7.1 无外力矩的自由运动及其稳定性

5.7.1.1 轴对称航天器的自由转动特性

这里首先分析刚体自由转动中的章动现象。为了使问题简化，先分析几何形状为轴

对称体的均质航天器的旋转。设轴对称的航天器如图 5-26 所示，$OX_BY_BZ_B$ 是和刚体航天器一同旋转的体固联坐标系，O 是质心，三根坐标轴都是主惯性轴，且有 $J_x = J_y = J_t$，$J_z = J$。设 $Oxyz$ 是不旋转的航天器坐标系，在 $t=0$ 时，$OX_BY_BZ_B$ 与 $Oxyz$ 重合，此后 $OX_BY_BZ_B$ 以角速度 $\boldsymbol{\Omega}$ 绕 Oz 轴(OZ_B 轴)旋转，在整个旋转过程中 Oz 轴和 OZ_B 轴一直重合。根据式(5-252)，自旋航天器姿态运动方程在 $OX_BY_BZ_B$ 中的分量形式是[7]

$$\begin{cases} J_t\dot{\omega}_{Tx} - (J_t - J)\omega_{Ty}\omega_{Tz} = 0 \\ J_t\dot{\omega}_{Ty} - (J - J_t)\omega_{Tz}\omega_{Tx} = 0 \\ J\dot{\omega}_{Tz} = 0 \end{cases} \tag{5-318}$$

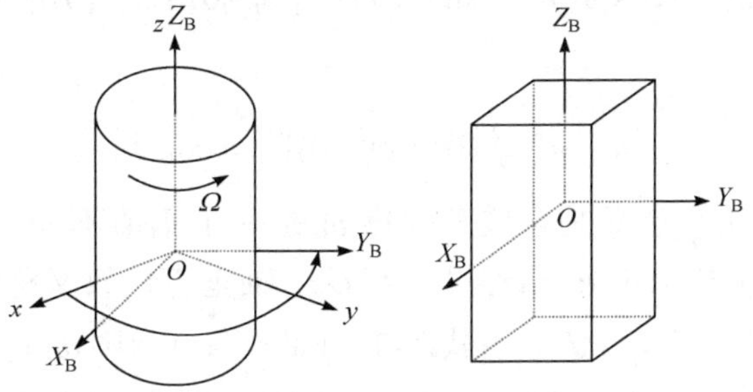

图 5-26　轴对称的航天器

由式(5-318)的第三式可以求得

$$\omega_{Tz} = \Omega = \text{const} \tag{5-319}$$

把式(5-319)代入式(5-318)的第一式和第二式，有

$$\begin{cases} \dot{\omega}_{Ty} - \omega_p\omega_{Tx} = 0 \\ \dot{\omega}_{Tx} + \omega_p\omega_{Ty} = 0 \end{cases} \tag{5-320}$$

式中，

$$\omega_p = \frac{J - J_t}{J_t}\Omega = \text{const} \tag{5-321}$$

由式(5-320)求导得

$$\begin{cases} \ddot{\omega}_{Tx} + \omega_p^2\omega_{Tx} = 0 \\ \ddot{\omega}_{Ty} + \omega_p^2\omega_{Ty} = 0 \end{cases} \tag{5-322}$$

这是关于 ω_{Tx} 和 ω_{Ty} 的二阶常系数微分方程，它们的解是

$$\omega_{Tx} = A\cos\omega_p t + B\sin\omega_p t$$
$$\omega_{Ty} = C\cos\omega_p t + D\sin\omega_p t$$

式中，A、B、C、D 是积分常数，应由初始条件确定。若把 $t=0$ 时刻的 $\omega_{Tx} = \omega_{Tx}(0)$ 和 $\omega_{Ty} = \omega_{Ty}(0)$ 代入，可得

$$\omega_{Tx}(0) = A,\quad \omega_{Ty}(0) = C$$

把它们代入上述解，再利用式(5-320)，可得

$$B = -\omega_{Ty}(0),\quad D = -\omega_{Tx}(0)$$

把积分常数代回原解，得

$$\omega_{Tx} = \omega_{Tx}(0)\cos(\omega_p t) - \omega_{Ty}(0)\sin(\omega_p t)$$
$$\omega_{Ty} = \omega_{Ty}(0)\cos(\omega_p t) - \omega_{Tx}(0)\sin(\omega_p t)$$

若把 $OX_{\mathrm{B}}Y_{\mathrm{B}}$ 视为复平面，并令 OY_{B} 为虚轴，$\mathrm{i} = \sqrt{-1}$，取 $\boldsymbol{\omega}_t = \omega_{Tx} + \mathrm{i}\omega_{Ty}$，则将上两式代入之后有

$$\boldsymbol{\omega}_t = [\omega_{Tx}(0) + \mathrm{i}\omega_{Ty}(0)](\cos(\omega_p t) + \mathrm{i}\sin(\omega_p t)) = [\omega_{Tx}^2(0) + \omega_{Ty}^2(0)]^{1/2}\mathrm{e}^{\mathrm{i}\omega_p t} = \omega_{t0}\mathrm{e}^{\mathrm{i}\omega_p t} \quad (5\text{-}323)$$

式中，

$$\omega_{t0} = [\omega_{Tx}^2(0) + \omega_{Ty}^2(0)]^{1/2} = \mathrm{const} \quad (5\text{-}324)$$

式(5-323)表示的几何意义是合成角速度 $\boldsymbol{\omega}_t$ 是一个幅值不变、相位周期变化的矢量(图 5-27)。由 ω_{Tx} 和 ω_{Ty} 构成的 $\boldsymbol{\omega}_t$ 角速度，与 OZ_{B} 轴垂直，故又称横向角速度。$\boldsymbol{\omega}_t$ 是以正 ω_p 绕 OZ_{B} 轴转动的，当 $J_t > J$，由式(5-321)知 $\omega_p < 0$，则 $\boldsymbol{\omega}_t$ 将以 $\boldsymbol{\Omega}$ 的反方向运动；反之，当 $J_t < J$，$\omega_p > 0$，则 $\boldsymbol{\omega}_t$ 将以 $\boldsymbol{\Omega}$ 正方向旋转。值得注意的是，$OX_{\mathrm{B}}Y_{\mathrm{B}}Z_{\mathrm{B}}$ 是随着航天器在惯性空间以 $\boldsymbol{\Omega}$ 转动的，而 $\boldsymbol{\omega}_t$ 又绕 OZ_{B} 轴以 ω_p 旋转，所以 ω_p 可被看成是一种对刚体航天器的相对转动，称为本体章动角速度，由 $\boldsymbol{\omega}_t$ 引起的运动称为章动。这时的刚体既以 $\boldsymbol{\Omega}$ 自旋，又存在绕 $\boldsymbol{\omega}_t$ 的转动，它的绝对角速度是横向角速度 $\boldsymbol{\omega}_t$ 和纵向角速度 $\boldsymbol{\Omega}$ 之和(图 5-28)，即 $\boldsymbol{\omega} = \boldsymbol{\omega}_t + \boldsymbol{\Omega}$，合角速度的模量为

$$\boldsymbol{\omega} = [\boldsymbol{\omega}_t^2 + \Omega^2]^{1/2} = \mathrm{const} \quad (5\text{-}325)$$

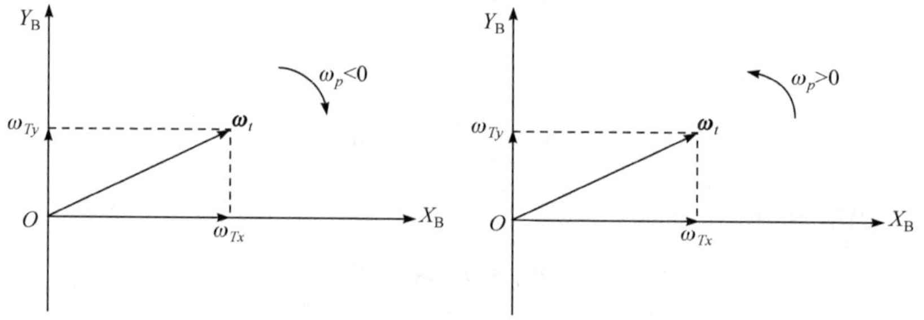

图 5-27　$\boldsymbol{\omega}_t = \omega_{Tx} + \mathrm{i}\omega_{Ty}$ 的几何解

显然 $\boldsymbol{\omega}_t$、$\boldsymbol{\omega}$ 和 $\boldsymbol{\Omega}$ (OZ_{B} 轴)是共面的，称为纵向平面。根据式(5-323)，纵向平面以 ω_p 角速度绕 OZ_{B} 相对刚体航天器做相对旋转，在转动过程中，$\boldsymbol{\omega}$ 形成一个绕 OZ_{B} 轴的锥面(又称“本体锥”)，其锥顶角 ζ 满足：

$$\mathrm{tg}\zeta = \frac{\boldsymbol{\omega}_t}{\boldsymbol{\Omega}} = \frac{[\omega_{Tx}^2(0) + \omega_{Ty}^2(0)]^{1/2}}{\boldsymbol{\Omega}} = \mathrm{const} \quad (5\text{-}326)$$

由于角速度可以分解为横向和纵向两个分量，角动量也可分为横向角动量 $\boldsymbol{J}_t\boldsymbol{\omega}_t$ 和纵

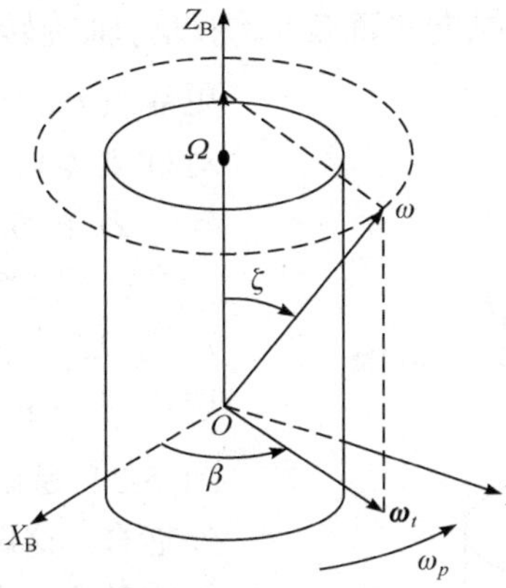

图 5-28　合角速度绕 OZ_B 轴形成一个圆锥(体锥)

向角动量 $\boldsymbol{J\Omega}$，因此总的角动量是

$$\boldsymbol{H} = \boldsymbol{J}_t\boldsymbol{\omega}_t + \boldsymbol{J\Omega} \tag{5-327}$$

其模量为

$$H = [(J_t\omega_t)^2 + (J\Omega)^2]^{1/2} = \text{const} \tag{5-328}$$

它与 OZ_B 轴的交角是 ϕ，称为章动角：

$$\text{tg}\phi = \frac{J_t\omega_t}{J\Omega} = \frac{J_t[\omega_{Tx}^2(0) + \omega_{Ty}^2(0)]^{1/2}}{J\Omega} = \text{const} \tag{5-329}$$

由式(5-327)还可推知 OZ_B 轴和 $\boldsymbol{\omega}_t$ 及 $\boldsymbol{H}$ 共面，这个平面就是前面提到的纵向平面(图 5-29)。

根据动量矩守恒原理，$\boldsymbol{H}$ 在惯性空间的方向和大小应不变，纵向平面只能绕 $\boldsymbol{H}$ 旋转。旋转的结果是 $\boldsymbol{\omega}$ 绕 $\boldsymbol{H}$ 将构成一个锥体，称为空间锥。把本体锥也绘于图 5-30，这两个锥将沿 $\boldsymbol{\omega}$ 相切。刚体以 $\boldsymbol{\omega}$ 相对惯性空间的运动，就成为本体锥无滑动地相对空间锥的转动。当 $J_t > J$ 时，空间锥的锥顶角为 $\phi - \zeta$，它在惯性空间中固定不动，如图 5-30 所示，这就是对称刚体有章动时的自由旋转形态。

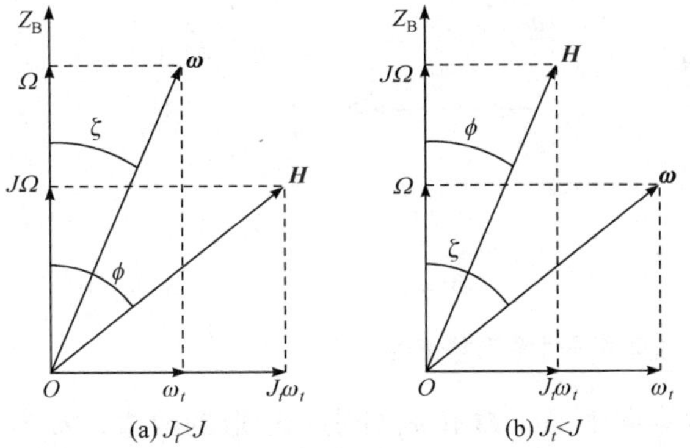

图 5-29　OZ_B 轴和 $\boldsymbol{\omega}_t$ 及 $\boldsymbol{H}$ 构成以 ω_p 旋转的纵向平面

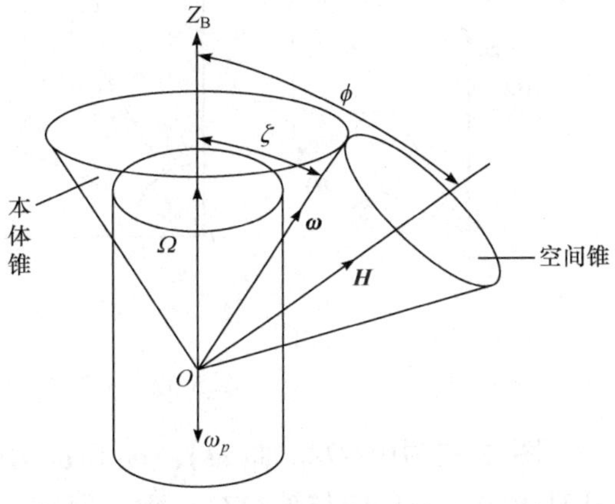

图 5-30　$J_t > J$ 空间锥与本体锥的啮合滚动运动

当 $J_t < J$ 时，除 ω_p 变号使纵向平面反向绕 OZ_B 轴旋转外，也使纵向平面中 $\boldsymbol{H}$ 比 $\boldsymbol{\omega}$ 更靠近 OZ_B 轴($\phi < \zeta$)。图 5-31 是 $J_t < J$ 时对称刚体自由转动的情形，和图 5-30 一样，$\boldsymbol{H}$ 在惯性空间不动，$\boldsymbol{\omega}$ 围绕 $\boldsymbol{H}$ 形成一个在惯性空间固定的空间锥，空间锥和 $\boldsymbol{\omega}$ 绕 OZ_B 轴旋转而成的本体锥相切，其公切线就是 $\boldsymbol{\omega}$。和图 5-30 的不同之处在于，图 5-31 是以本体锥的内表面啮合代替了外啮合。这两种情况下，本体锥绕空间锥的转动方向是相反的，包含着 OZ_B 轴、$\boldsymbol{H}$ 和 $\boldsymbol{\omega}$ 的纵向平面相对 OZ_B 的旋转方向也是相反的，这些都是 $J_t - J$ 符号不同造成的结果。

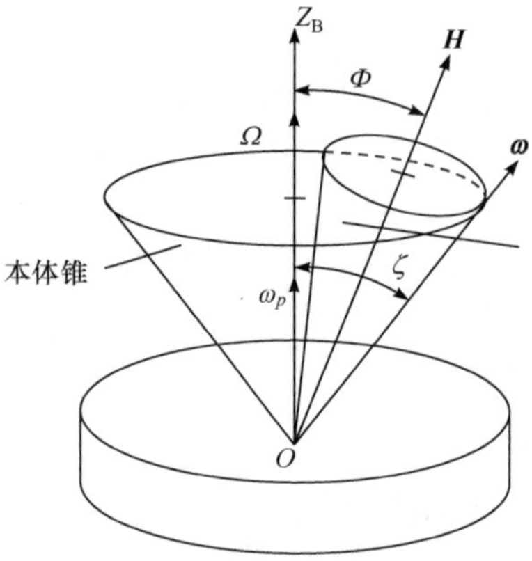

图 5-31　$J_t < J$ 时空间锥和本体锥的啮合滚动运动

通过上面的分析，在已有的四个角速度 $\boldsymbol{\Omega}$、$\boldsymbol{\omega}_t$、$\boldsymbol{\omega}$ 和 $\boldsymbol{\omega}_p$ 中，显然前三者被式(5-330)联系着：

$$\boldsymbol{\omega} = \boldsymbol{\Omega} + \boldsymbol{\omega}_t \tag{5-330}$$

它们描述了刚体自由转动。那么，第四个角速度 $\boldsymbol{\omega}_p$ 又与 $\boldsymbol{\omega}$ 转动有何关系呢？如前分析，纵向平面相对刚体以 $\boldsymbol{\omega}_p$ 转动，则刚体对纵向平面的角速度便是 $-\boldsymbol{\omega}_p$。若设纵向平面相对惯性空间的角速度是 $\boldsymbol{\omega}_n$，显然应有

$$\boldsymbol{\omega} = -\boldsymbol{\omega}_p + \boldsymbol{\omega}_n \tag{5-331}$$

从图 5-32 不难推出 $\boldsymbol{\omega}_n$ 的大小和方向。

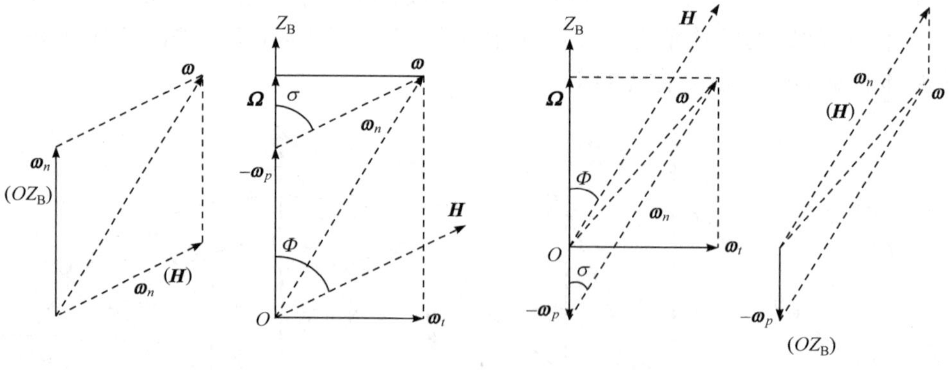

图 5-32　本体章动角速度和惯性章动角速度

图 5-32 中由 OZ_B 轴($\boldsymbol{\Omega}$)、$\boldsymbol{\omega}_t$ 和 $\boldsymbol{\omega}$ 构成纵向平面，$\boldsymbol{\Omega}$ 和 $\boldsymbol{\omega}_t$ 分别是矩形的两边，$\boldsymbol{\omega}$ 为其对角线。$-\boldsymbol{\omega}_p$ 应与轴 OZ_B 一致，但其方向取决于式(5-321)。自 $-\boldsymbol{\omega}_p$ 向 $\boldsymbol{\omega}$ 引矢量，便是 $\boldsymbol{\omega}_n$，因为它满足式(5-331)。可求得 $\boldsymbol{\omega}_n$ 的模为

$$\boldsymbol{\omega}_n = [(\boldsymbol{\Omega} + \boldsymbol{\omega}_p)^2 + \boldsymbol{\omega}_t^2]^{1/2}$$

把式(5-321)代入上式，并考虑到式(5-328)，得

$$\boldsymbol{\omega}_n = \frac{\boldsymbol{H}}{J_t} \tag{5-332}$$

还可求得

$$\tan\sigma = \frac{\omega_t}{\Omega + \omega_p} = \frac{J_t \omega_t}{J\Omega} \tag{5-333}$$

与式(5-329)相比，显然有 $\phi = \sigma$ ，即 $\boldsymbol{\omega}_n$ 应与 $\boldsymbol{H}$ 平行。

由于 $\boldsymbol{\omega}_n$ 是纵向平面(OZ_B 轴)相对空间锥(惯性空间)的角速度，又称为惯性章动角速度。

综上，从运动学观点分析，对称刚体的自由旋转，既可被视为纵向和横向角速度之和 $-\boldsymbol{\omega}_p + \boldsymbol{\omega}_n$ ，又可以当成本体和惯性章动角速度之和 $\boldsymbol{\omega}_t + \boldsymbol{\Omega}$ ，自旋运动包含自转角速率 $\boldsymbol{\Omega}$ 、进动角速率 $\boldsymbol{\omega}_p$ 及章动角速率 $\boldsymbol{\omega}_n$ 。

5.7.1.2 绕惯性主轴旋转的稳定性

首先说明，如果坐标系是非主惯性系，那么不论绕哪一根轴自由旋转，刚体运动都不是稳定的。那么绕惯性主轴的旋转又是怎样的?

设刚体航天器绕 Z_B 轴旋转，角速度为 Ω 。换言之，正常状态时应有 $\omega_{Tz} = \Omega$ ，$\omega_{Tx} = \omega_{Ty} = 0$ 。如果受到扰动便有 $\omega_{Tz} = \Omega + \delta\omega_{Tz}$ ， $\omega_{Tx} = \delta\omega_{Tx}$ 和 $\omega_{Ty} = \delta\omega_{Ty}$ ，把它们代入式(5-252)(为了简便，把下标 T 略去)，有

$$\begin{cases} J_x \delta\dot{\omega}_x - (J_y - J_z)(\Omega + \delta\omega_z)\delta\omega_y = 0 \\ J_y \delta\dot{\omega}_y - (J_z - J_x)(\Omega + \delta\omega_z)\delta\omega_x = 0 \\ J_z \delta\dot{\omega}_z - (J_x - J_y)\delta\omega_x \delta\omega_y = 0 \end{cases} \tag{5-334}$$

若 $\delta\omega_x$ 、 $\delta\omega_y$ 和 $\delta\omega_z$ 是一阶小量，并略去二阶及以上小量，便有

$$\begin{cases} \delta\dot{\omega}_x - \dfrac{(J_y - J_z)}{J_x}\Omega\delta\omega_y = 0 \\ \delta\dot{\omega}_y - \dfrac{(J_z - J_x)}{J_y}\Omega\delta\omega_x = 0 \\ J_z \delta\dot{\omega}_z = 0 \end{cases} \tag{5-335}$$

式中，第二式表示 $\delta\omega_z = \mathrm{const}$ ，而第一式和第二式相互耦合。如果将第一式再求一阶导，将第二式代入；同理，对第二式求导并将第一式代入就得到：

$$\begin{cases} \delta\ddot{\omega}_x + \omega_p^2 \delta\omega_x = 0 \\ \delta\ddot{\omega}_y + \omega_p^2 \delta\omega_y = 0 \end{cases} \tag{5-336}$$

式中，

$$\omega_p^2 = \frac{(J_z - J_x)(J_z - J_y)}{J_x J_y}\Omega^2 \tag{5-337}$$

设式(5-336)的解为 $\delta\omega_i = C_i e^{\lambda t}$ ($i = x, y$)，代入原方程，得

$$\lambda^2 + \omega_p^2 = 0$$

或

$$\lambda = \pm\sqrt{-\omega_p^2} \tag{5-338}$$

由此可知，如果式(5-337)等号右侧的量为负，λ 将有一对正负实数解，其中的正实数解将使 $\delta\omega_i = C_i e^{\lambda t}$ 随时间的推移而发散，刚体的转动就是不稳定的。如果式(5-337)等号右侧的量为正，则 λ 是虚数，即 $\lambda = \pm\sqrt{-1}\omega_p$，因而

$$\delta\omega_i = C_{i1}\cos\omega_p t + C_{i2}\sin\omega_p t, \quad i = x, z$$

是一个小振幅的振动，按照李雅普诺夫稳定性判据，刚体的运动是稳定的。因此，刚体自由旋转是否稳定，取决于式(5-339)的符号：

$$\frac{(J_z - J_x)(J_z - J_y)}{J_x J_y} \tag{5-339}$$

式(5-339)为负，则运动不稳定；为正，则运动稳定。因此，稳定的条件如下：

(1) $J_z > J_x$，$J_z > J_y$，即绕最大惯量轴的运动；

(2) $J_z < J_x$，$J_z < J_y$，即绕最小惯量轴的运动。

例 5-2：设空间站的 T 形扳手如图 5-33 所示，该 T 形扳手外形可简化为 2 个圆柱体，其中 x、y、z 为三个旋转轴，设存在如下的关系式：$r_2 = 2r_1$，$l_2 = 2l_1$，且有 $l_1 = 6r_1$，$m_2 = 8m_1$。若 $r_1 = 1\text{cm}$，$m_1 = 150\text{g}$，请计算绕各转轴的转动惯量，并判断绕 x 轴能否稳定自旋。

解：首先计算单个圆柱体的转动惯量，设某一圆柱体(图 5-34)的质量为 m，则其绕 x 轴、y 轴和 y' 轴的转动惯量为

$$I_x = \frac{1}{2}mr^2, \quad I_y = \frac{1}{4}mr^2 + \frac{1}{12}ml^2, \quad I_y' = I_y + m\Delta y^2 = \frac{1}{4}mr^2 + \frac{1}{3}ml^2$$

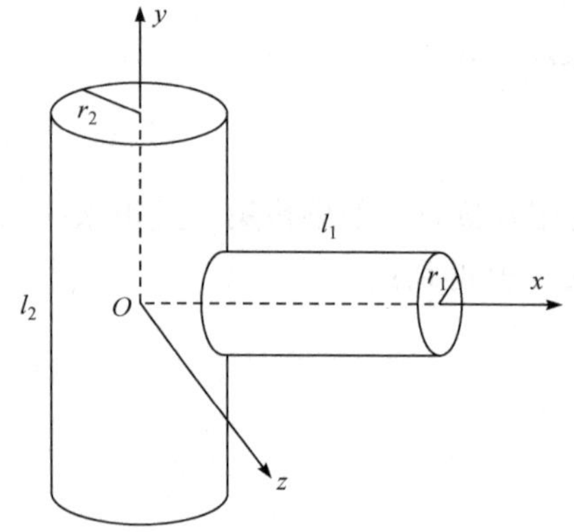

图 5-33 T 形扳手示意图

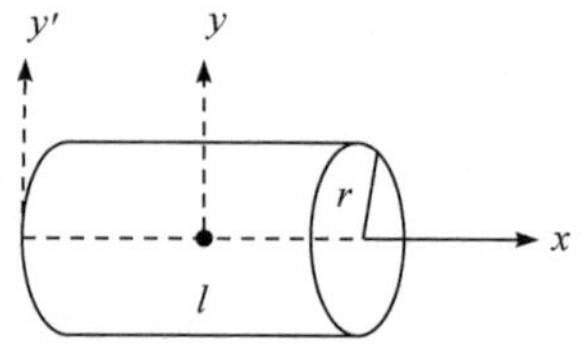

图 5-34 圆柱体示意图

对于 T 形扳手而言，其绕各轴的转动惯量为

$$I_x = \frac{1}{2}m_1 r_1^2 + \frac{1}{4}m_2 r_2^2 + \frac{1}{12}m_2 l_2^2$$

$$I_y = \frac{1}{2}m_2 r_2^2 + \frac{1}{4}m_1 r_1^2 + \frac{1}{12}m_1 l_1^2 + m_1(l_1 + r_2)^2$$

$$I_z = \frac{1}{4}m_2 r_2^2 + \frac{1}{12}m_2 l_2^2 + \frac{1}{4}m_1 r_1^2 + \frac{1}{12}m_1 l_1^2 + m_1(l_1 + r_2)^2$$

将题中已知条件代入可得

$$I_x = 15675\text{g}\cdot\text{cm}^2,\ I_y = 12488\text{g}\cdot\text{cm}^2,\ I_z = 25688\text{g}\cdot\text{cm}^2$$

由计算结果不难发现，I_x 是中间惯性主轴，不能稳定自旋。

5.7.2　采用推力器的三轴姿态稳定控制

一般而言，将不具有陀螺定轴性的卫星三轴稳定系统简称为零动量系统。在此系统中没有动量装置，或虽有动量装置，但它的总角动量很小，建立不起陀螺定轴性。对于自旋稳定航天器而言，通过自旋产生陀螺定轴性实现姿态稳定，就不是零动量系统。三轴稳定航天器主要通过推力器或角动量装置实现姿态稳定和控制，是一种零动量系统[8]。

5.7.2.1　推力器姿态稳定控制概述

以推力器为执行机构的三轴稳定姿态控制系统是一种主动式零动量姿态控制系统。其主要优点是响应快、指向精度较高，适用于在各种轨道上运行的有各种指向要求的航天器。可用于航天器刚入轨后消除初始姿态偏差、速率阻尼、姿态捕获、姿态机动等，也可在正常轨道运行期间和变轨发动机工作期间用于姿态稳定。但推力器控制系统需要消耗推进剂，使航天器的工作寿命受到限制。推力器姿态控制系统有如下特点：

(1) 推力器可以在轨道上任何位置工作，不受外界其他因素的影响。推力器在航天器姿态控制系统中得到广泛应用。

(2) 沿航天器的本体轴产生的控制力矩远大于耦合力矩，可以实现三轴解耦姿态稳定控制，使控制逻辑简单灵活。

(3) 推力器控制系统产生的力矩大，过渡过程时间短。相比之下，外部干扰力矩和内部干扰力矩比喷气反作用力矩小得多，因此在姿态控制系统初步设计时，可以忽略干扰力矩的影响。

为了采用推力器来实现卫星的三轴姿态机动和稳定，一般选用大小两种不同推力水平的姿态控制喷管。姿态机动时采用大推力以克服大干扰力矩和实现快速响应，推力值取决于外部干扰力矩和对动态响应的要求。在轨道控制期间，为了克服变轨发动机推力偏心产生的干扰力矩，往往也使用大推力喷管。然而，对于长期三轴姿态稳定控制，系统处于极限环工作状态，希望极限环速率很小，因此采用小推力喷管，只要小推力喷气

冲量足以克服干扰力矩冲量即可，且使推进剂消耗量最小，喷气次数最少。

在固定推力的推力器姿态控制系统中，可通过改变喷气时间的长度和两次喷气之间的间隔时间(也称“喷气密度”)，使系统处于脉冲调宽调频的工作状态。最小推力脉冲所产生的喷气冲量(称为“最小冲量”)是小推力喷管的重要性能指标，最小冲量决定了姿态稳定期间极限环的高度。在不同干扰力矩作用下，两次喷气之间的时间间隔也不同。在卫星长期的轨道运行期间，控制系统要多次启动发动机，要求电磁阀多次动作，燃烧室多次点火，所以对推进系统的可靠性要求是很高的。

图 5-35 是喷气姿态控制系统的组成方块图。图中，敏感器可以采用位置陀螺、速率积分陀螺、红外地球敏感器、太阳敏感器或星敏感器等。测量系统给出卫星姿态偏差角和姿态角速率信息。控制器常由校正网络和触发器组成，或采用星载数字计算机。

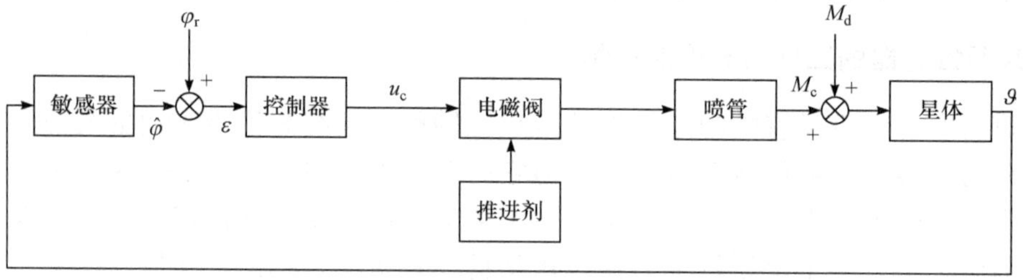

图 5-35　喷气姿态控制系统的组成方块图

φ- 俯仰角；$\hat{\varphi}$- 俯仰角的测量值或估计值；φ_r- 参考输入；ε- 误差信号；u_c- 控制指令；M_c- 控制力矩；M_d- 扰动力矩

5.7.2.2　推力器控制系统工作原理

一般而言，推力器对称成对出现，可以分别进行偏航、俯仰和滚转通道的控制。为了分析简单明了，本书以俯仰通道稳定控制为例，说明推力器进行姿态稳定控制的原理。

1. 推力器开关函数

设航天器经过前序控制后，姿态角和姿态角速度均为小量，同时设参考坐标系的角速度远小于推力器作用下航天器的姿态角速度，并忽略干扰力矩，则在初步分析时，姿态动力学方程可简化为

$$\begin{cases} J_x\ddot{\gamma} + (J_y - J_z)\omega_0^{\ 2}\gamma = M_{xy} \\ J_y\ddot{\varphi} = M \\ \ddot{\psi} + (J_y - J_x)\omega_0^{\ 2}\psi = M_z \end{cases} \tag{5-340}$$

在仅考虑推力器进行姿态控制时，可假设力矩均是由推力器产生的控制力矩，此时，三个通道均解耦。

下面以俯仰通道为例，说明采用推力器进行姿态控制的原理。图 5-36 为某一航天器的推力器配置示意图，俯仰通道由 2#和 5#推力器组对进行控制。其中，2#推力器产生正的俯仰力矩，5#推力器产生负的俯仰力矩。只要给出推力器控制指令，即可实现对俯仰姿态角的控制。一般而言，俯仰通道推力器的控制量为一个开关函数，共有三档：负开、

关闭和正开。开关控制方程可表示为

$$a(t)=\begin{cases}-a_0, & \Delta\varphi \geqslant \Delta\varphi_{开}, \dot{\varphi} \geqslant 0; \Delta\varphi \geqslant \Delta\varphi_{关}, \dot{\varphi} \leqslant 0 \\ 0, & -\Delta\varphi_{关} \leqslant \Delta\varphi \leqslant \Delta\varphi_{开}, \dot{\varphi} \geqslant 0; -\Delta\varphi_{开} \leqslant \Delta\varphi \leqslant \Delta\varphi_{关}, \dot{\varphi} \leqslant 0 \\ a_0, & \Delta\varphi \leqslant -\Delta\varphi_{开}, \dot{\varphi} \leqslant 0; \Delta\varphi \leqslant -\Delta\varphi_{关}, \dot{\varphi} \geqslant 0\end{cases} \tag{5-341}$$

式中，$a_0 = M_{Ry} / I_y$ 为推力器工作时产生的角加速度；$\dot{\varphi}$ 为俯仰角速率；$\Delta\varphi_{开}$ 和 $\Delta\varphi_{关}$ 分别为推力器开和关对应的俯仰角误差角门限值。

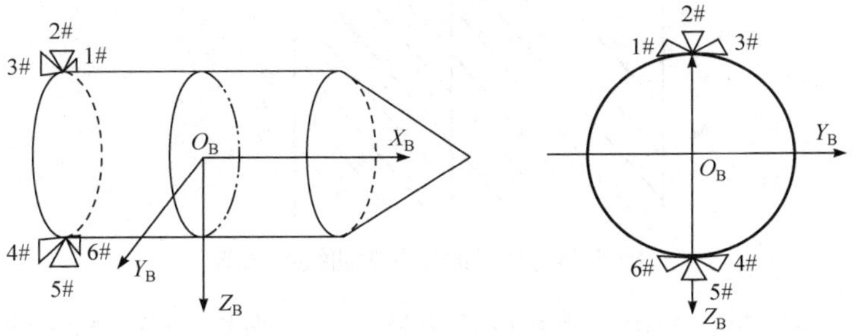

图 5-36 推力器配置示意图

例如，设当前航天器的俯仰角为 φ_t，指令俯仰角为 φ_d，且设 $\Delta\varphi = \varphi_d - \varphi_t > \Delta\varphi_u$，欲使航天器俯仰角达到指令俯仰角，则推力器正开，产生正的俯仰力矩，然后推力器关闭；俯仰角按照一定的俯仰角速率增大，当接近预定指令俯仰角时，推力器负开，使得俯仰角速率为 0 的同时达到指令俯仰角，如图 5-37 所示。

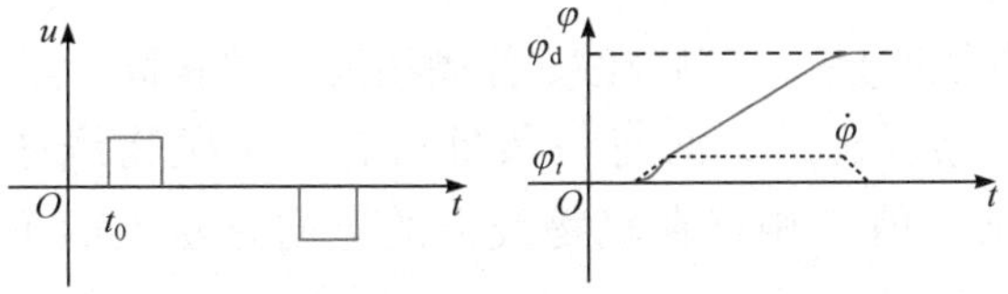

图 5-37 推力器指令及俯仰角变化示意图

2. 基于相平面法的推力器开关控制

研究两个状态变量的开关控制律，用相平面法可以得到非常直观的效果，下面简述采用相平面法实现俯仰角的控制。相平面是以 φ 为横坐标，$\dot{\varphi}$ 为纵坐标。相平面内任一相点 $(\varphi,\dot{\varphi})$ 表示姿态的一种状态。下面先用相平面法来表示式(5-341)的开关控制，则按照相点 $(\varphi,\dot{\varphi})$ 的位置关系形成相平面控制区，如图 5-38 所示。

如图 5-38 所示，式(5-341)把相平面分为三个区。

一区：$a=-a_0$，表示状态变量 $(\varphi,\dot{\varphi})$ 进入这一区时，产生负向力矩的推力器打开。

二区：$a=a_0$，表示状态变量 $(\varphi,\dot{\varphi})$ 进入这一区时，产生正向力矩的推力器打开。

三区：$a=0$，表示状态变量 $(\varphi,\dot{\varphi})$ 进入这一区时，系统不工作。

三个区的交界是四条射线，分别称为负开线、负关线、正开线与正关线。当相点

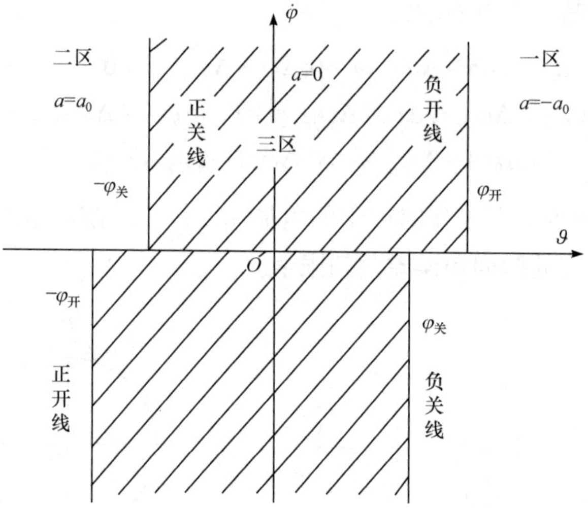

图 5-38　相平面与开关曲线示意图

经过负开线进入一区时，产生负力矩的推力器打开；当相点经过负关线进入三区时，产生负力矩推力器关闭。正开线与正关线也有相同的含义，因此四条射线又合称为开关曲线。

各区内的相点，在控制作用下，其运动轨线可作如下分析。

(1) 一区，$a=-a_0$：

$$\begin{cases}\ddot{\varphi}=-a_0\\ \dot{\varphi}^2=-2a_0\varphi+c\end{cases} \tag{5-342}$$

式(5-342)表示相点轨迹是一簇抛物线，各抛物线形状相同，且对称于φ轴，如图 5-39 所示。在相平面内任一点$(\varphi,\dot{\varphi})$，必有一条且只有一条抛物线通过，此抛物线对应于式(5-342)中参数c为某一值。相点在轨物线上的走向是从上而下。

(2) 二区，$a=a_0$：

$$\begin{cases}\ddot{\varphi}=a_0\\ \dot{\varphi}^2=2a_0\varphi+c\end{cases} \tag{5-343}$$

其相点轨迹的抛物线族如图 5-40 所示。相点在轨线上的走向是从下而上。

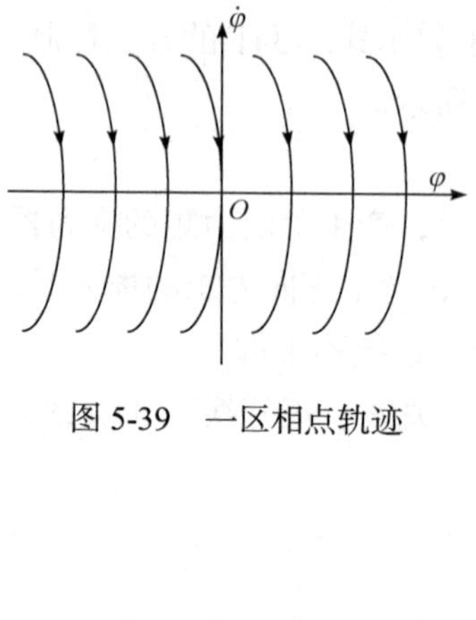

图 5-39　一区相点轨迹

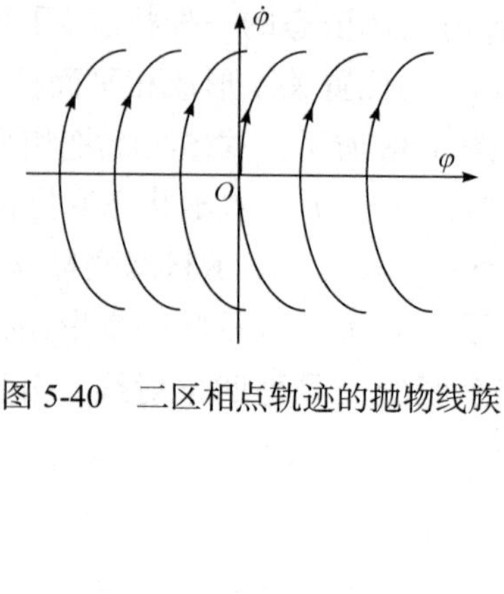

图 5-40　二区相点轨迹的抛物线族

(3) 三区，$a=0$：

$$\begin{cases}\ddot{\varphi}=0\\ \dot{\varphi}=c\end{cases} \tag{5-344}$$

其相点轨迹是平行于φ轴的直线族。相点在轨线上的走向，上半平面是由左向右,下半平面是由右向左，如图 5-41 所示。

根据上述分析的各区中相点运动的规律，以及开关曲线的性质，现在考虑任一初始相点$(\varphi_0,\dot{\varphi}_0)$在式(5-341)控制作用下的运动轨线。图 5-42 中的初始相点$(\varphi_0,\dot{\varphi}_0)$任设在一区。相点先沿一区的轨线到达负关线的点$A_1$后进入三区，接着沿三区的轨线到达正开线的点$A_2$后进入二区，然后沿二区的轨线到达正关线的点$A_3$后又进入三区。相点在控制作用下一个弧段接着一个弧段地向前推进。

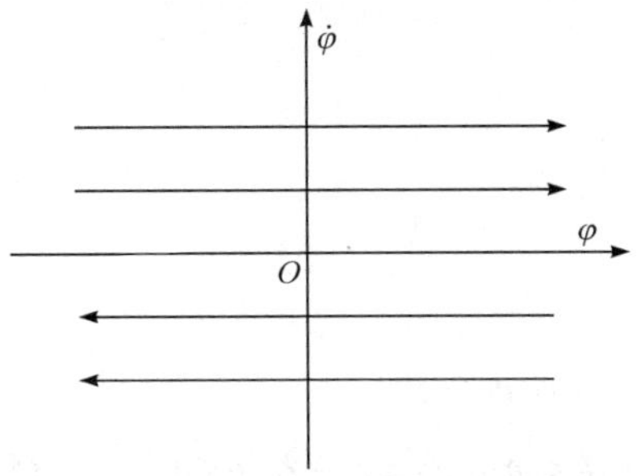

图 5-41　三区相点轨迹的直线族

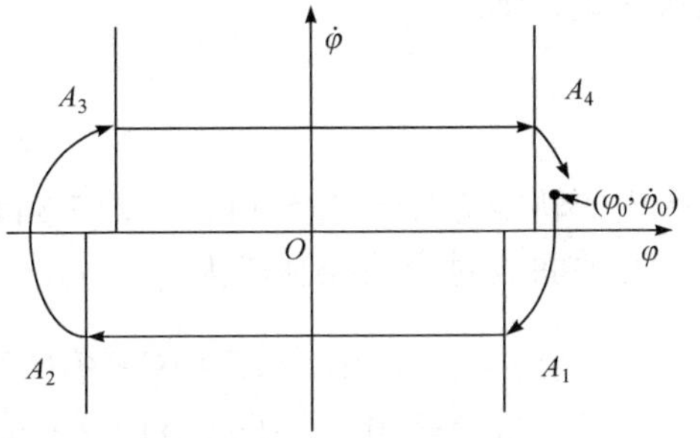

图 5-42　受控相点的轨迹

由图 5-43 可知，相点在式(5-341)的控制作用下，轨线是向外发散的，即每循环一周，相点$(\varphi,\dot{\varphi})$距原点O更远，因此用这样的控制律不能达到消除状态偏差的目的。轨线发散

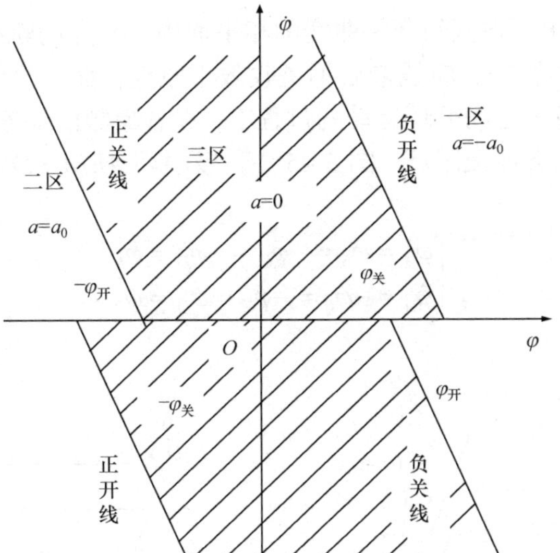

图 5-43　倾斜的曲线开关

是推力器阀门的滞宽造成的，使得Ⅰ和Ⅲ象限的加速时间短于Ⅱ和Ⅳ象限的加速时间。不难看出，要使轨线收敛，必须减少Ⅱ和Ⅳ象限的加速时间。

3. 考虑推力器特性的控制律

为了使轨线收敛，可对上述控制律加以简单的修改，把图 5-38 的开关曲线按反钟向旋转一个角度，如图 5-43 所示，相应开关曲线方程变为

$$\begin{cases}\text{负开线：}\ \varphi+\tau\dot{\varphi}=d\\ \text{负关线：}\ \varphi+\tau\dot{\varphi}=d-\delta\\ \text{正开线：}\ \varphi+\tau\dot{\varphi}=-d\\ \text{正关线：}\ \varphi+\tau\dot{\varphi}=-(d-\delta)\end{cases} \tag{5-345}$$

式中，τ 为开关曲线斜率，是一个可供设计选择的参数；d 为电磁阀的门限值；δ 为电磁阀滞宽，即

$$\begin{aligned}d&=\varphi_{\text{开}}\\ \delta&=\varphi_{\text{开}}-\varphi_{\text{关}}\end{aligned} \tag{5-346}$$

各区内的轨线方程与式(5-342)～式(5-344)相同。

开关曲线对应的控制律为

$$a(t)=\begin{cases}-a_0, & \{\varphi+\tau\dot{\varphi}\geqslant d,\dot{\varphi}\geqslant 0;\varphi+\tau\dot{\varphi}\geqslant d-\delta,\dot{\varphi}\leqslant 0\}\\ 0, & \{-(d-\delta)<\varphi+\tau\dot{\varphi}<d,\dot{\varphi}\geqslant 0;-d<\varphi+\tau\dot{\varphi}<d-\delta,\dot{\varphi}\leqslant 0\}\\ a_0, & \{\varphi+\tau\dot{\varphi}\leqslant -d,\dot{\varphi}\leqslant 0;\varphi+\tau\dot{\varphi}\geqslant -(d-\delta),\dot{\varphi}\geqslant 0\}\end{cases} \tag{5-347}$$

对任一给定的初始相点$(\varphi_0,\dot{\varphi}_0)$，易得相点在式(5-347)控制下的曲线轨迹，如图 5-44 所示。

4. 极限环

由图 5-45 可以看出，在倾斜开关曲线的相平面内，相点的轨线是收敛的。但是由于电磁阀的门限与滞宽的影响，轨线最后不是收敛于原点，而是收敛于一条闭合曲线，即极限环。因为相点在各区之间循环运动的过程中，在各象限的加速时间的差别越来越小，最后趋于相等，轨线闭合成极限环。图 5-45 中，极限环 $AEBCFD$ 具有对轴 φ 与轴 $\dot{\varphi}$ 的对称性，即

$$\begin{cases}\varphi_A=\varphi_B=-\varphi_C=-\varphi_D=\varphi_R\\ \dot{\varphi}_A=-\dot{\varphi}_B=-\dot{\varphi}_C=\dot{\varphi}_D=\dot{\varphi}_R\end{cases} \tag{5-348}$$

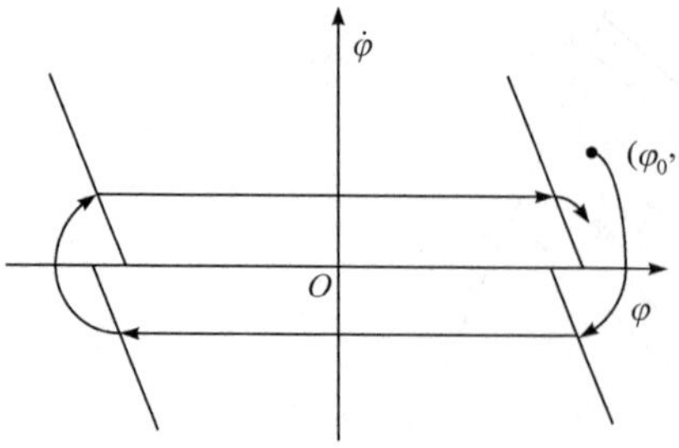

图 5-44　倾斜开关曲线轨迹图

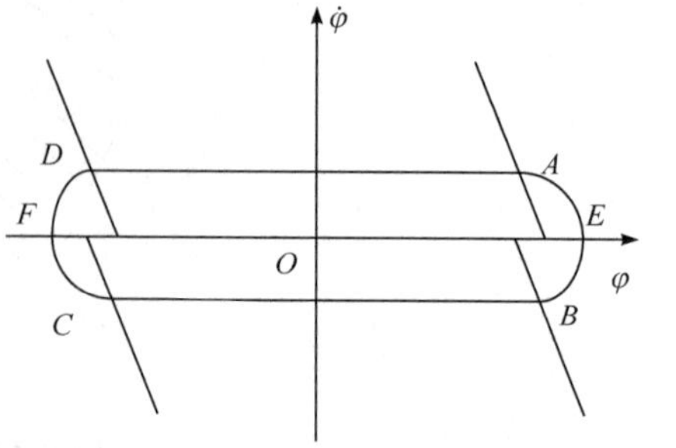

图 5-45　极限环示意图

极限环参数$(\varphi_R,\dot{\varphi}_R)$取决于电磁阀参数$d$和$\delta$，以及开关曲线斜率$\tau$。

5.7.3　采用飞轮装置的三轴姿态稳定控制

长寿命高精度的三轴姿态稳定卫星在轨道上正常工作时，普遍采用角动量交换装置作为姿态控制系统的执行机构，采用角动量交换装置的姿态控制系统简称为轮控系统或飞轮系统。轮控系统的工作原理就是动量矩定理，即航天器的总动量矩矢量(各部件动量矩矢量之和)对时间的导数，等于作用在航天器上外力矩矢量之和。特别当外力矩矢量之和为零时，航天器动量矩守恒。如果设法使航天器的某一部分的动量矩发生改变，则星体的其余部分的动量矩将发生大小相等、方向相反的改变，从而实现对航天器姿态的控制[8]。

5.7.3.1　轮控系统实现姿态稳定控制概述

在轨道控制期间或者消除大姿态偏差甚至进行大姿态机动时，大多采用喷气控制。只有当卫星姿态角速度衰减到很小时，才适合使用轮控系统。现代航天器对姿态控制系统的精度、寿命和可靠性的要求越来越高，通常是采用飞轮系统组成的三轴稳定系统来满足其性能要求。因为飞轮系统具有如下优点[8]：

(1) 飞轮系统不需消耗工质，只需消耗电能，而电能可由星上太阳能电池阵不断补充，不存在小推力器系统的能源耗竭问题，因此适于长期工作。

(2) 飞轮系统能产生较精确的控制力矩，其控制精度较小推力器系统可高出一个数量级。

(3) 飞轮系统适于吸收周期性干扰。在中高轨道上对星体的干扰影响基本上是周期性的，因此飞轮系统更适于在中高轨道上工作。

(4) 用飞轮系统组成的三轴稳定系统，可以带有大型太阳能电池阵，以满足星上对能源的需求，而双自旋稳定系统的太阳能电池只能贴在星体表面，远不能满足现代航天器对能源的需求。因此，许多航天器，如同步轨道上的通信卫星，已不再采用双自旋稳定系统，而改用飞轮系统组成的三轴稳定系统。

在工程中，动量轮系的角动量可以由多个动量轮的角动量合成，它们在航天器上的安装方式多种多样。根据动量轮作用于航天器上的反作用力矩的情况，用于动量轮控制系统的动量轮大致可以分成以下三大类。

1) 固定安装的动量轮

这类装置中，动量轮的转子轴方向不变，只是通过改变转速的大小来产生作用于星体上的反作用力矩。固定安装的动量轮有反作用轮和各种偏置动量轮。

2) 控制力矩陀螺

这类装置中，转子的转速恒定，但转子轴的方向可改变，即通过改变角动量的方向来产生陀螺反作用力矩(控制力矩)。控制力矩陀螺有单框架控制力矩陀螺与双框架控制力矩陀螺两种。

3) 框架动量轮

这类装置中，转子的转速大小与转轴方向都可以改变，框架动量轮有单框架动量轮与双框架动量轮两种。

飞轮系统具有高精度、长寿命的特点，但飞轮系统也存在一些问题，如含有高速旋转部件，使寿命和可靠性受到限制。特别是承受高负载的轴承，由于磨损而影响寿命。目前对机械轴承采用了新的材料和润滑技术，寿命可达 15 年以上。同时磁浮轴承技术已进入工程应用阶段，在寿命与重量方面远优于机械轴承，为高性能飞轮系统的研制创造了条件。另外，飞轮系统还存在饱和问题，因此需要设计相应的去饱和系统。现代航天器的控制系统都备有多种多套执行器，互相补充互相备份，使系统性能达到最佳状态。因此，去饱和问题不会影响飞轮系统在姿态控制系统中越来越重要的作用。

5.7.3.2 考虑轮控系统的姿态动力学方程

设航天器本体的角动量为 $\boldsymbol{H}_{\mathrm{B}}$，其相对惯性坐标系的绝对角速度为 $\boldsymbol{\omega}_T$，动量轮的总角动量为 $\boldsymbol{H}_{\mathrm{w}}$，它相对于星体的角速度为 $\boldsymbol{\omega}_r$，则整个航天器的角动量 $\boldsymbol{H}$ 可表示为

$$\boldsymbol{H}=\boldsymbol{H}_{\mathrm{B}}+\boldsymbol{H}_{\mathrm{w}} \tag{5-349}$$

根据角动量定理有

$$\frac{\mathrm{d}\boldsymbol{H}}{\mathrm{d}t}=\dot{\boldsymbol{H}}_{\mathrm{B}}+\dot{\boldsymbol{H}}_{\mathrm{w}}+\boldsymbol{\omega}_T\times(\boldsymbol{H}_{\mathrm{B}}+\boldsymbol{H}_{\mathrm{w}})=\boldsymbol{M} \tag{5-350}$$

式中，$\boldsymbol{M}$ 为航天器所受合外力矩。因动量轮相对航天器本体的角速度为 $\boldsymbol{\omega}_r$，故有

$$\dot{\boldsymbol{H}}_{\mathrm{w}}=\frac{\partial\boldsymbol{H}_{\mathrm{w}}}{\partial t}+\boldsymbol{\omega}_r\times\boldsymbol{H}_{\mathrm{w}} \tag{5-351}$$

式中，$\dfrac{\partial\boldsymbol{H}_{\mathrm{w}}}{\partial t}$ 为相对于动量轮坐标系的微分，将式(5-351)代入式(5-350)可得

$$\dot{\boldsymbol{H}}_{\mathrm{B}}+\boldsymbol{\omega}_T\times\boldsymbol{H}_{\mathrm{B}}+\frac{\partial\boldsymbol{H}_{\mathrm{w}}}{\partial t}+\boldsymbol{\omega}_T\times\boldsymbol{H}_{\mathrm{w}}+\boldsymbol{\omega}_r\times\boldsymbol{H}_{\mathrm{w}}=\boldsymbol{M} \tag{5-352}$$

当外力矩为零时，得

$$\dot{\boldsymbol{H}}_{\mathrm{B}}+\boldsymbol{\omega}_T\times\boldsymbol{H}_{\mathrm{B}}=-\frac{\partial\boldsymbol{H}_{\mathrm{w}}}{\partial t}-\boldsymbol{\omega}_T\times\boldsymbol{H}_{\mathrm{w}}-\boldsymbol{\omega}_r\times\boldsymbol{H}_{\mathrm{w}} \tag{5-353}$$

式(5-353)等号右端三项便是动量轮对航天器本体的反作用力矩，其中第一项是由于动量轮角动量大小的变化而产生的反作用力矩；第二项是航天器本体的转动引起角动量矢量方向改变而产生的反作用陀螺力矩；第三项是动量轮相对于航天器本体坐标系转动，引起角动量方向变化而产生的反作用陀螺力矩。第一、三项是动量轮可施加于航天器的控制力矩。

可以看出，轮控系统的控制方式多种多样，限于篇幅，下面以反作用飞轮系统为例，介绍通过轮控系统对姿态进行稳定控制的原理。

5.7.3.3 反作用飞轮系统实现姿态控制原理

一般而言，三轴控制的反作用飞轮系统通常是沿着航天器本体三个惯性主轴各装一个飞轮，如图 5-46 所示。

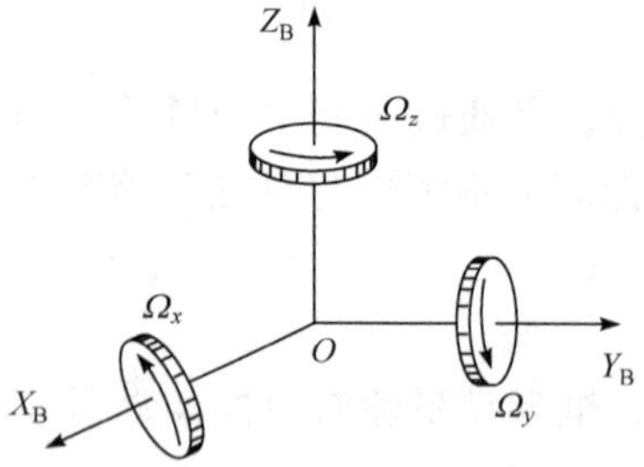

图 5-46 反作用飞轮系统示意图

设三个飞轮的质心重合于航天器质心，三个飞轮的转动惯量分别为 J_{wx}、J_{wy}、J_{wz}，角速度分别为 Ω_x、Ω_y、Ω_z。由于反作用飞轮相对航天器本体方向固定，因此有 $\boldsymbol{\omega}_r=0$。式(5-353)等号左端可依据式(5-267)变为标量形式：

$$\dot{\boldsymbol{H}}_{\mathrm{B}}+\boldsymbol{\omega}_T\times\boldsymbol{H}_{\mathrm{B}}=\begin{bmatrix}J_x\ddot{\gamma}+(J_y-J_z-J_x)\omega_0\dot{\psi}+(J_y-J_z)\omega_0^2\gamma\\ J_y\ddot{\varphi}\\ J_z\ddot{\psi}-(J_y-J_z-J_x)\omega_0\dot{\gamma}+(J_y-J_x)\omega_0^2\end{bmatrix}\tag{5-354}$$

由式(5-263)可知：

$$\begin{bmatrix}\omega_{Tx}\\ \omega_{Ty}\\ \omega_{Tz}\end{bmatrix}=\begin{bmatrix}\dot{\gamma}-\omega_0\psi\\ \dot{\varphi}-\omega_0\\ \dot{\psi}+\omega_0\gamma\end{bmatrix}\tag{5-355}$$

代入式(5-353)等号右边可得

$$-\frac{\partial\boldsymbol{H}_{\mathrm{w}}}{\partial t}-\boldsymbol{\omega}_T\times\boldsymbol{H}_{\mathrm{w}}=-\begin{bmatrix}J_{\mathrm{w}x}\dot{\Omega}_x\\ J_{\mathrm{w}y}\dot{\Omega}_y\\ J_{\mathrm{w}z}\dot{\Omega}_z\end{bmatrix}-\begin{bmatrix}J_{\mathrm{w}z}\Omega_z(\dot{\varphi}-\omega_0)-J_{\mathrm{w}y}\Omega_y(\dot{\psi}+\omega_0\gamma)\\ J_{\mathrm{w}x}\Omega_x(\dot{\psi}+\omega_0\gamma)-J_{\mathrm{w}z}\Omega_z(\dot{\gamma}-\omega_0\psi)\\ J_{\mathrm{w}y}\Omega_y(\dot{\gamma}-\omega_0\psi)-J_{\mathrm{w}x}\Omega_x(\dot{\varphi}-\omega_0)\end{bmatrix}\tag{5-356}$$

反作用飞轮系统可以通过转速控制动量矩，产生控制力矩，因此可令

$$\begin{bmatrix}M_{\mathrm{w}x}\\ M_{\mathrm{w}y}\\ M_{\mathrm{w}z}\end{bmatrix}=\begin{bmatrix}-J_{\mathrm{w}x}\dot{\Omega}_x\\ -J_{\mathrm{w}y}\dot{\Omega}_y\\ -J_{\mathrm{w}z}\dot{\Omega}_z\end{bmatrix}\tag{5-357}$$

将式(5-354)、式(5-356)和式(5-357)代入式(5-353)中，得到：

$$\begin{cases}J_x\ddot{\gamma}+(J_y-J_z-J_x)\omega_0\dot{\psi}+(J_y-J_z)\omega_0^2\gamma+J_{\mathrm{w}z}\Omega_z(\dot{\varphi}-\omega_0)-J_{\mathrm{w}y}\Omega_y(\dot{\psi}+\omega_0\gamma)=M_{\mathrm{w}x}\\ J_y\ddot{\varphi}+J_{\mathrm{w}x}\Omega_x(\dot{\psi}+\omega_0\gamma)-J_{\mathrm{w}z}\Omega_z(\dot{\gamma}-\omega_0\psi)=M_{\mathrm{w}y}\\ J_z\ddot{\psi}-(J_y-J_z-J_x)\omega_0\dot{\gamma}+(J_y-J_x)\omega_0^2+J_{\mathrm{w}y}\Omega_y(\dot{\gamma}-\omega_0\psi)-J_{\mathrm{w}x}\Omega_x(\dot{\varphi}-\omega_0)=M_{\mathrm{w}z}\end{cases}\tag{5-358}$$

式(5-358)较为复杂，为了便于分析，需要进一步对式(5-358)进行简化，假设：

(1) 航天器转动惯量接近，即 $J_x=J_y=J_z$；

(2) 飞轮的轴向转动惯量远小于航天器的主惯量，即

$$J_{\mathrm{w}x}/J_x\ll1,\quad J_{\mathrm{w}y}/J_y\ll1,\quad J_{\mathrm{w}z}/J_z\ll1$$

基于以上假设，并考虑 ω_0 比较小，式(5-358)可被简化为

$$\begin{cases}J_x(\ddot{\gamma}-\omega_0\dot{\psi})-J_{\mathrm{w}z}\Omega_z\omega_0=M_{\mathrm{w}x}\\ J_y\ddot{\varphi}=M_{\mathrm{w}y}\\ J_z(\ddot{\psi}+\omega_0\dot{\gamma})+J_{\mathrm{w}x}\Omega_x\omega_0=M_{\mathrm{w}z}\end{cases}\tag{5-359}$$

由式(5-359)知，俯仰通道与其余两个通道解耦，其工作原理可以单独讨论，故下面

以俯仰通道为例，讲述反作用飞轮系统的姿态控制原理。

考虑干扰力矩存在时，俯仰通道的动力学方程为

$$J_y\ddot{\varphi} = M_{wy} + M_{dy} \tag{5-360}$$

式中，M_{dy} 为俯仰干扰力矩。为分析简便，现假设干扰力矩为一个脉冲干扰，即 $M_{dy} = M_0\delta(t)$。这一干扰相当于航天器获得一个初始角速度，即

$$t = 0,\quad \varphi_0 = 0,\quad \dot{\varphi}_0 = \frac{M_0}{J_y} \tag{5-361}$$

从式(5-360)不难发现，若不施加控制($M_{wy} = 0$)，俯仰角将以常角速率逐渐增大发散。现采用飞轮控制，并采取如下反馈控制律(有多种形式，此处仅以此控制律为例进行分析)：

$$M_{wy} = -k_\varphi\varphi - k_{\dot{\varphi}}\dot{\varphi} \tag{5-362}$$

式中，k_φ、$k_{\dot{\varphi}}$ 为控制增益。将式(5-362)代入式(5-560)得到：

$$J_y\ddot{\varphi} + k_\varphi\dot{\varphi} + k_\varphi = M_{dy} \tag{5-363}$$

记

$$2\zeta_n\omega_n = \frac{k_{\dot{\varphi}}}{J_y},\quad \omega_n^2 = \frac{k_\varphi}{J_y} \tag{5-364}$$

得

$$\ddot{\varphi} + 2\zeta_n\omega_n\dot{\varphi} + \omega_n^2 = M_{dy} / J_y \tag{5-365}$$

式(5-365)是一个典型的二阶系统，通过调节增益 k_φ、$k_{\dot{\varphi}}$ 以满意的性能实现姿态控制。考虑式(5-365)的初始条件，该二阶系统的时域解为

$$\begin{cases} \varphi = A\mathrm{e}^{-\zeta_n\omega_n t}\sin(\sqrt{1-\zeta_n^2}\,\omega_n t) \\ \dot{\varphi} = -\zeta_n\omega_n A\mathrm{e}^{-\zeta_n\omega_n t}\sin(\sqrt{1-\zeta_n^2}\,\omega_n t) + \dfrac{D}{J_y}\mathrm{e}^{-\zeta_n\omega_n t}\cos(\sqrt{1-\zeta_n^2}\,\omega_n t) \end{cases} \tag{5-366}$$

式中，$A = \dfrac{D}{J_y\sqrt{1-\zeta_n^2}\omega_n}$，如取 $\zeta_n = \sqrt{2}/2$，$A = \dfrac{\sqrt{2}D}{J_y\omega_n}$。

由式(5-366)不难发现，当 $t \to \infty$ 时，$\varphi \to 0$，$\dot{\varphi} \to 0$，姿态得以稳定。此时飞轮的转速增量可由式(5-360)推导得到：

$$J_{wy}\dot{\Omega}_y = M_0\delta(t) - J_y\ddot{\varphi} \tag{5-367}$$

对式(5-367)积分得到：

$$\Omega_y - \Omega_{y0} = \frac{1}{J_{wy}}\int_0^t M_0\delta(t)\mathrm{d}t - \frac{J_y}{J_{wy}}\dot{\varphi} \tag{5-368}$$

当 $t \to \infty$ 时，有

$$\Omega_y - \Omega_{y0} = \frac{M_0}{J_{wy}} \tag{5-369}$$

式(5-369)表明，当航天器姿态受到干扰时，这些扰动动量矩通过飞轮调速可以予以吸收，从而达到姿态稳定的效果。当干扰长期存在时，飞控的转动角速度会一直增加，直到达到最大转速，此时飞轮控制能力饱和，需要采用其他控制途径对飞轮系统进行卸载。采用反作用飞轮也可以进行一定程度的姿态机动，此时将式(5-360)和式(5-362)改为偏差动力学和偏差控制量即可。例如，控制律可改为

$$M_{wy} = -k_{\varphi}(\varphi_d - \varphi) - k_{\dot{\varphi}}\dot{\varphi} \tag{5-370}$$

式中，φ_d 为期望的俯仰姿态角。

事实上，根据航天器的任务模式，轮控系统的形式多种多样，此处仅以反作用飞轮为例介绍了其姿态控制原理，其他轮控系统理论方法请读者参阅相关资料。

思　考　题

5.1　求出某一地球静止卫星的高度和速度。

5.2　假设某地球卫星在其轨道上运行，已知近地点高度为 400km，偏心率为 0.6，求该轨道的：①近地点速度；②远地点半径；③长半轴；④远地点速度；⑤轨道周期；⑥最大飞行速度倾斜角以及此时的真近点角。

5.3　假设某卫星在一地心轨道上两点处的高度和真近点角分别为 1545km、126°和 852km、58°。求该卫星轨道的：①偏心率；②近地点高度；③长半轴；④周期。

5.4　假设某卫星在一地心椭圆轨道上运行，其近地点 P 与地心距离为 9600km，远地点 A 与地心距离为 21000km。求该卫星由近地点 P 飞行至真近点角 120°所需的时间，以及自近地点起 3h 后的真近点角。

5.5　假设某卫星在一地心轨道近地点处的速度为 15km/s，卫星在近地点的高度为 300km，求该卫星：①在真近点角为 100°时与地心的距离；②在 3h 后的位置和速度。

5.6　对一给定的轨道，已知其轨道参数：$h = 800\text{km}^2/\text{s}, e = 1.4, i = 30°$，$\Omega = 40°, \omega = 60°$。求地心赤道惯性坐标系下的状态向量 $\boldsymbol{r}$、$\boldsymbol{v}$。

5.7　假设卫星将被发射至周期为 100min 的太阳同步圆轨道上，试确定该轨道的高度和倾角。

5.8　某地球卫星的轨道满足如下条件：太阳同步轨道，近地点幅角为常量，周期为 3h。试确定其近地点和远地点的高度。

5.9　已知某卫星某时刻在地心赤道惯性坐标系中的位置和速度为 $\boldsymbol{r} = -3760\hat{\boldsymbol{I}} - 3870\hat{\boldsymbol{J}} + 4400\hat{\boldsymbol{K}}(\text{km}), \boldsymbol{v} = -4.7\hat{\boldsymbol{I}} - 7.4\hat{\boldsymbol{J}} + 1\hat{\boldsymbol{K}}(\text{km/s})$，试求出 96h 之后该卫星的位置和速度。

5.10　假设某一航天器从半径为 7000km 的圆轨道经双椭圆转移后，到达半径为 105000km 的圆轨道。设第一个椭圆轨道的远地点与地心的距离为 210000km，计算转移所需要的总的速度增量和飞行时间。

5.11　假设某航天器在某一时刻的位置矢量为 $\boldsymbol{r}_1 = -5000\hat{\boldsymbol{I}} + 10000\hat{\boldsymbol{J}} + 2100\hat{\boldsymbol{K}}(\text{km})$，1h 后

的位置矢量为 $\boldsymbol{r}_2=-14600\hat{\boldsymbol{I}}+2500\hat{\boldsymbol{J}}+7000\hat{\boldsymbol{K}}(\text{km})$，求该航天器所在轨道的六要素。

5.12 假设某航天器从初始轨道上出发去拦截空间某一目标,已知初始时刻在惯性坐标系中的位置为[8482.42 2593.34 0]km，要求拦截命中点位置为[−19610.8 6279.39 16764.5]km，给定拦截时间为6017.33s，若使用 Lambert 机动拦截，求拦截轨道的六要素和变轨速度脉冲增量。

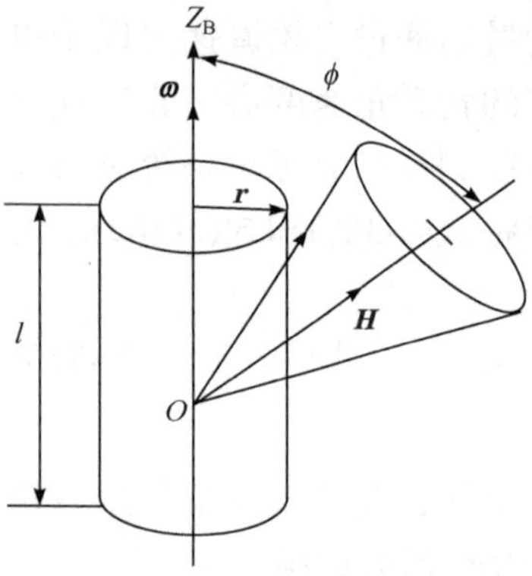

图 5-47 自旋示意图

5.13 圆柱形壳体绕其纵轴做无外力矩自由运动(图 5-47)，若旋转轴轻微摆动，则比率 l/r 为何值时，进动为顺行？何值时为逆行？

5.14 在习题 13 中，令 $r=1\text{m}$，$l=3\text{m}$，$m=100\text{kg}$，章动角 $\phi=20^\circ$，若其自旋速率为 $2\pi\text{rad}/\text{min}$，则进动180°需要多长时间？

5.15 无外力矩自由运动刚体的角动量在惯性坐标系中的分量及欧拉角分别为 $\boldsymbol{H}=320\hat{\boldsymbol{I}}-375\hat{\boldsymbol{J}}+450\hat{\boldsymbol{K}}(\text{kg}\cdot\text{m}^2)$，$\gamma=20^\circ$，$\vartheta=50^\circ$，$\psi=75^\circ$，本体主轴坐标系中的转动惯量 $J=\begin{bmatrix}1000 & 0 & 0\\ 0 & 2000 & 0\\ 0 & 0 & 3000\end{bmatrix}(\text{kg}\cdot\text{m}^2)$，求绝对角加速度在惯性坐标系中的分量。

参考文献

[1] 方群, 李新国, 朱战霞,等. 航天飞行动力学[M]. 西安: 西北工业大学出版社, 2015.
[2] 梁轲. 快速准确轨道机动方法及制导律研究[D]. 西安: 西北工业大学, 2009.
[3] HOWARD D C. 轨道力学[M]. 周建华, 徐波, 冯全胜, 译. 北京: 科学出版社, 2009.
[4] 肖业伦. 航天器飞行动力学原理[M]. 北京: 宇航出版社, 1995.
[5] 高怀. 连续推力轨道机动研究[D]. 西安: 西北工业大学, 2012.
[6] 刘暾, 赵钧. 空间飞行器动力学[M]. 哈尔滨: 哈尔滨工业大学出版社, 2003.
[7] 屠善澄, 陈义庆, 严拱炎, 等. 卫星姿态动力学与控制[M]. 北京: 宇航出版社, 1999.
[8] 黄圳圭. 航天器姿态动力学[M]. 长沙: 国防科技大学出版社, 1997.